吴门饮馔志

王稼句 著

古吴轩出版社

图书在版编目（CIP）数据

吴门饮馔志 / 王稼句著. -- 苏州：古吴轩出版社，
2022.10
ISBN 978-7-5546-2015-1

Ⅰ.①吴… Ⅱ.①王… Ⅲ.①饮食—文化—苏州
Ⅳ.①TS971.202.533

中国版本图书馆CIP数据核字（2022）第202962号

责任编辑：顾　熙
见习编辑：李　倩
装帧设计：韩桂丽
责任校对：李爱华
责任照排：刘知新

书　　　名：吴门饮馔志
著　　　者：王稼句
出 版 发 行：古吴轩出版社
　　　　　　地址：苏州市八达街118号苏州新闻大厦30F
　　　　　　电话：0512-65233679　　邮编：215123
印　　　刷：苏州市越洋印刷有限公司
开　　　本：700×1000　1/16
印　　　张：34.5
字　　　数：544千字
版　　　次：2022年10月第1版
印　　　次：2022年10月第1次印刷
书　　　号：ISBN 978-7-5546-2015-1
定　　　价：88.00元

目　录

引　言　/ 1

天堂食材

莲　藕　/ 11
菱　芰　/ 14
芡　实　/ 17
荸　荠　/ 20
茭　白　/ 22
慈　姑　/ 24
水　芹　/ 27
莼　菜　/ 30
白　果　/ 34
板　栗　/ 37
枇　杷　/ 40
杨　梅　/ 43

柑　橘　/ 47
茶　荈　/ 50
血　糯　/ 59
黄　鱼　/ 62
鲥　鱼　/ 65
刀　鱼　/ 68
河　豚　/ 71
鲈　鱼　/ 75
白　鱼　/ 78
银　鱼　/ 81
虾　子　/ 84
螃　蟹　/ 88

岁时饮馔

正　月　　/ 99
二　月　　/ 108
三　月　　/ 111
四　月　　/ 116
五　月　　/ 121
六　月　　/ 124

七　月　　/ 129
八　月　　/ 131
九　月　　/ 134
十　月　　/ 137
十一月　　/ 140
十二月　　/ 144

家常摭拾

主　厨　　/ 158
三　餐　　/ 167
礼　仪　　/ 173
家　宴　　/ 179
小　集　　/ 183
野　餐　　/ 187
蔬　菜　　/ 191

鱼　腥　　/ 198
暖　锅　　/ 207
合　酱　　/ 210
酱　菜　　/ 212
盐　菜　　/ 216
腌　渍　　/ 219
作　料　　/ 222

市廛掠影

官厨 / 234
市楼 / 240
名馆 / 251
佳肴 / 266
筵席 / 274
礼数 / 280

面馆 / 284
快餐 / 294
熟食 / 297
腌腊 / 307
饮品 / 312
价格 / 316

小食琐碎

饼饵 / 330
糕团 / 340
糖果 / 347
蜜饯 / 352

杂食 / 355
炒货 / 366
店肆 / 369
包装 / 379

花船遗韵

冶　游　　/ 387
舟　楫　　/ 391
船　娘　　/ 401

船　菜　　/ 406
船　点　　/ 414
花　酒　　/ 417

茶酒谈往

茶　风　　/ 427
茶　韵　　/ 432
茶　水　　/ 436
茶　馆　　/ 443
茶　会　　/ 458

茶　食　　/ 462
酒　兴　　/ 465
酒　品　　/ 471
酒　店　　/ 475
酒　令　　/ 483

风味随谭

奢　尚　　/ 496
特　色　　/ 504
食　单　　/ 508

流　风　　/ 518
市　声　　/ 528
著　述　　/ 535

后　记　　/ 543

引　言

　　"上有天堂,下有苏杭",乃脍炙人口的谚语,它本来是"天上天堂,地下苏杭",约在五代时开始流传,当时杭州是吴越首府,如何会将苏州置于杭州之前呢? 其实这一情形,唐代已然。白居易《初到郡斋寄钱湖州李苏州》云:"雪溪殊冷僻,茂苑太繁雄。惟此钱塘郡,闲忙恰得中。"诗中的"雪溪"指湖州,"茂苑"指苏州,"钱塘"指杭州,"繁雄"则是繁华、雄剧的意思。因此范成大《吴郡志·杂志》就说:"在唐时苏之繁雄,固为浙右第一矣。"虽然苏杭都是天堂,历史上还是有点差别的。

　　人间天堂,首先是指一个美好的人居环境。苏州的自然形胜,得天独厚,它地处长江三角洲平原,碧波浩渺的三万六千顷太湖近在西南,万里长江流经北隅,京杭大运河绕城半边,穿越而过。境内土地肥沃,湖泊星罗棋布,河港纵横交错。全年气候温和湿润,雨水沛然,日照充足,故稻粮种植可得一岁三熟的条件。在自然灾难史上,很少看到关于苏州的记载,即使偶然有之,不久也就很快恢复。自古以来,苏州一带就以富庶繁华闻名,《隋书·地理志》说:"江南之俗,火耕水耨,食鱼与稻,以渔猎为业。虽无蓄积之资,然而亦无饥馁。……川泽沃衍,有海陆之饶,珍异所聚,故商贾并辏。"章潢《三吴风俗》也说:"自金陵而下,控故吴之墟,以跨引闽越,则姑苏一都会也。其民利鱼稻之饶,居果布之凑,造作精靡,以缩縠四方。"

自唐代起，苏州就是全国重要的经济文化城市。明弘治十年（1497），苏州府领太仓一州，吴、长洲、吴江、常熟、昆山、嘉定、崇明七县。清雍正三年（1725），苏州府领长洲、元和、吴、吴江、震泽、常熟、昭文、昆山、新阳九县，后又辖太湖、靖湖两厅。其中长、元、吴为附郭县，三县同城而治，在全国是惟一的。苏州工商业的发展，加速了人口积聚，城市规模不断扩大，至嘉庆二十五年（1820），长、元、吴三县人口超过三百万，府城人口超过六十万，成为仅次于北京的第二大城市。虽然明初以后，苏州赋税之重为天下最，但城乡百姓大都能得以温饱度日，王士性《广志绎·两都·南都》就说："毕竟吴中百货所聚，其工商贾人之利又居农之什七，故虽赋重，不见民贫。"

随着苏州商品经济的高度发展，物质财富日益充盈，逾礼越制的现象越来越普遍，体现在衣食住行等各个方面。这种奢侈之风，约起于明代中叶，家住长洲相城的王锜，记下了自己的亲身感受，《寓圃杂记》卷五"吴中近年之盛"条说："吴中素号繁华，自张氏之据，天兵所临，虽不被屠戮，人民迁徙实三郡、戍远方者相继，至营籍亦隶教坊。邑里潇然，生计鲜薄，过者增感。正统、天顺间，余尝入城，咸谓稍稍复旧，然犹未盛也。迨成化间，余恒三四年一入，则见其迥若异境。以至于今，愈益繁盛，闾檐辐辏，万瓦甃鳞，城隅濠股，亭馆布列，略无隙地。舆马从盖，壶觞罍盒，交驰于通衢。水巷中，光彩耀目，游山之舫，载妓之舟，鱼贯于绿波朱阁之间，丝竹讴舞与市声相杂。凡上供锦绮、文具、花果、珍羞奇异之物，岁有所增，若刻丝累漆之属，自浙宋以来，其艺久废，今皆精妙，人性益巧而物产益多。"

以饮食为例，隆庆间何良俊《四友斋丛说·正俗一》说："余小时见人家请客，只是果五色肴五品而已，惟大宾或新亲过门，则添虾蟹蚬蛤三四物，亦岁中不一二次也。今寻常燕会，动辄必用十肴，且水陆毕陈，或觅远方珍品，求以相胜。前有一士夫请赵循斋，杀鹅三十馀头，遂至形于奏牍。近一士夫请袁泽门，闻肴品计百馀样，鸽子斑鸠之类皆有。尝作外官，囊橐殷盛，虽不费力，然此是百姓膏血，将来如此暴殄，宁不畏天地谴责耶。然当此末世，孰无好胜之心，人人求胜，渐以成俗矣。"

清初稍有收敛，未久又故态复还，且愈演愈烈。董含《三冈识略》卷十"三吴风俗十六则"条举顺康间事："苏松习尚奢华，一绅宴马总兵逢知，珍奇罗列，鸡鹅等件，率一对为一盆，水果高六七尺，甘蔗牌坊下可走三四岁儿。视明季，直土硎土篮耳。"至乾隆朝，奢风更其炽盛，袁栋《书隐丛说》卷十"风俗奢靡"条说："苏州风俗奢靡，日甚一日。衣裳冠履，未敝而屡易；饮食宴会，已美而求精。衣则忽长忽短，袖则忽大忽小，冠则忽低忽昂，履则忽锐忽广，造作者以新式诱人，游荡者以巧冶成习。富室贵宦，自堆箧盈箱，不惜纨扇之弃置矣，而贩夫贱隶，负贩稍毕，即鲜衣美服、饮茶听唱以为乐。其宴会不常，往往至虎阜大船内，罗列珍羞以为荣，春秋不待言矣，盛夏亦有为避暑之会者。味非山珍海错不用也，鸡有但用皮者，鸭有但用舌者，且有恐黄鱼之将贱，无钱则宁质蚊帐以货之者。此其衣食之侈靡也。赌博之风，十室而九，白昼长夜，终无休息，处处有赌场，人人有赌具，真所谓十步一楼、五步一阁者矣。秋冬则斗蟋蟀，又斗鹌鹑、黄头，举国若狂，所费不赀。甚而闺阁之中，不娴中馈女红，惟日慕浮荡之习，暗有尼姑、牙婆等为通声气，今日至某处博奕饮酒，明日至某处呼卢宴会。此风何可长耶？古有营妓，今无其籍，有无耻而射利者，倚门迎客，献笑争妍，有为之荒其本业者，有为之罄其家资者，有为之乖其家室者，有为之陨其身命者。触处网罗，惟智者能避之也。人之最丧品而丧家者有四，曰阖、赌、吃、着而已，苏城之风气，独于四者而加详焉，不亦哀哉！又有笃信僧道，以理忏为名，箫琶细乐，其音靡靡，十番孔雀，荡人心志，僧俗满堂，男女杂沓，生不哀而死不安。甚者妇女至春时入庙，以烧香为名，遍处遨游，成群嬉玩，脂粉狼藉，钿舄零落，高门蓬户，莫不皆然，此风俗之尤恶者也。以上诸恶习，上台屡为禁止，亦禁于一时而未能终革也。司柄者当以此为急务，明目张胆，设法以绝之，其可哉。"

苏州的奢侈之风，与经济发展、社会稳定密不可分，陆楫《蒹葭堂杂著摘抄》就分析了两者的关系："予每博观天下之势，大抵其地奢则其民必易为生，其地俭则其民必不易为生者也。何者？势使然也。今天下之财赋在吴越，吴俗之奢，莫盛于苏杭之民，有不耕寸土而口食膏粱，不操一杼而身衣文绣者，不知其几何也，盖俗奢而逐末者众也。只以苏杭之湖山言之，其居人按时出游，游必画舫、肩舆、珍羞、良酝、歌舞而行，可谓奢矣，而不知舆夫舟子、歌童舞妓仰湖山而待爨者，不知其几。故曰彼有所损，则此有所益。若使倾财而委之沟壑，则奢可禁，不知所谓奢者，不过富商大贾、豪家巨族自侈其宫室车马、饮食衣服之奉而已。彼以粱肉奢，则耕者庖者分其利；彼以纨绮奢，则鬻者织者分其利。正《孟子》所谓'通功易事，羡补不足'者也。"顾公燮《消夏闲记摘钞》卷上"苏俗奢靡"条也说："苏郡俗尚奢靡，文过其质，大抵皆典借侵亏，以与豪家角胜，至岁暮，索讨填门，水落石出，避之惟恐不深。其作俑在闾胥阛阓之间，东南城向俱俭朴，今则群相效尤矣。虽蒙圣朝以节俭教天下，大吏三令五申，此风终不可改，而亦正幸其不改也。自古习俗移人，贤者不免。山陕之人，富而若贫；江粤之人，贫而若富。即以吾苏而论，洋货、皮货、绸缎、衣饰、金玉、珠宝、参药诸铺，戏园、游船、酒肆、茶店，如山如林。不知几千万人，有千万人之奢华，即有千万人之生理，若欲变千万人之奢华而返于淳，必将使千万人之生理亦几于绝。此天地间损益流通，不可转移之局也。"同卷"抚藩禁烧香演剧"条又说："治国之道，第一要务在安顿穷人。昔陈文恭公（宏谋）抚吴，禁妇女入寺烧香，三春游屐寥寥，舆夫、舟子、肩挑之辈，无以谋生，物议哗然，由是弛禁。胡公（文伯）为苏藩，禁闭戏馆，怨声载路。金阊商贾云集，宴会无时，戏馆数十处，每日演剧，养活小民不下数万人，原非犯法事，如苏子瞻治杭，以工代赈。今则以风俗之所甚便，而阻之不得行，其害有不可言者。由此推之，苏郡五方杂处，如寺院、戏馆、游船、赌博、青楼、蟋蟀、鹌鹑等局，皆穷人大养济院，一旦令其改业，则必至失业，且流为游棍、为乞丐、为盗贼，害无底止矣。"

雍正二年（1724）六月，江苏布政使鄂尔泰奏曰："受事以来，见江苏地方，外似繁华，中实凋瘵，加以风俗奢靡，人情浮薄，纵遇丰年，亦难为继。"故拟严加整治，世宗不同意这样做法，在奏折上批道："凡转移风俗之事，须渐次化理，不可拂民之意而强以法绳之也。从前如汤斌等及几任巡抚，亦有为此举者，皆不能挽回而中止，反致百姓之怨望，无济于事。如苏州等处酒船、戏子、匠工之类，亦能赡养多人，此辈有游手好闲者，亦有无产无业就此觅食者，倘禁之骤急，恐不能别寻生理，归农者无地可种，且亦不能任劳，若不能养生，必反为非，不可究竟矣。……苏常等处还是礼义柔弱之风，虽习尚奢靡，不过好为嬉戏耳。况人性多巧，颇娴技艺，善于谋食，较之好勇斗狠之风相去远矣。若尽令读书，势必不能；若概令归农，此辈懦怯之人，何能力田服劳。将来不过弃乡弃土，远往他省，仍务其旧业耳，非长策也。"（《世宗宪皇帝硃批谕旨》卷一百二十五）

　　一方面是奢侈的需求，另一方面是经济发展和社会稳定的需求，两相结合，以维持苏州的社会安定和经济繁荣。这种奢侈之风，体现在包括衣饰、饮食、陈设、游赏、观览、百工制作乃至言行举止诸多方面，影响波及各地，引领全国时尚。张瀚《松窗梦语·百工纪》就说："至于民间风俗，大都江南侈于江北，而江南之侈尤莫过于三吴。自昔吴俗习奢华、乐奇异，人情皆观赴焉。吴制服而华，以为非是弗文也；吴制器而美，以为非是弗珍也。四方重吴服，而吴益工于服；四方贵吴器，而吴益工于器。是吴俗之侈者愈侈，而四方之观赴于吴者，又安能挽而之俭也。"

　　由于具有优越的自然环境，相对安定的社会生活，聪颖灵慧的思维方式，再加以奢侈之风的引领，苏州人以极大的热情，表现出对物质生活质量的追求，将日常的衣食住行不断升华到一个新的高度。《吴郡志·风俗》说："吴中自昔号繁盛，四郊无旷土，随高下悉为田。人无贵贱，往往有常产。故多奢少俭，竞节物，好遨游。"袁学澜《苏州时序赋序》也说："江南佳丽，吴郡繁华。土沃田腴，山温水软。征歌选胜，名流多风月之篇；美景良辰，民俗侈岁时之胜。"苏州人对几乎每一个生活层面都十分讲究，体现了生活的丰富性和多样性。这样一种讲究，创造了许多物化的精神产品，其中也包括饮食。

　　苏州饮食，实在是一个丰厚博大的文化系统，不但是日常生活的客观存在，而且体现在社会生活的诸多方面。本书就苏州的饮食现象，分门别类，作一个比较全面的介绍，有的略微深入，有的则点到为止，有时还稍稍延伸开去，让读者从饮食的角度，更多地知道一点苏州历史上的往事。

天堂食材

　　苏州乃物华天宝、民珍国瑞所在，物产之丰饶，无与伦比。朱长文《吴郡图经续记·物产》说："吴中地沃而物夥，其原隰之所育，湖海之所出，不可得而殚名也。其稼，则刈麦种禾，一岁再熟。稻有早晚，其名品甚繁，农民随其力之所及，择其土之所宜，以次种焉。惟号箭子者为最，岁供京师。其果，则黄柑香硕，郡以充贡。橘分丹绿，梨重丝蒂，函列罗生，何珍不有。其草，则药品之所录，《离骚》之所咏，布护于皋泽之间。海苔可食，山蕨可掇，幽兰国香，近出山谷，人多玩焉。其竹，则大如筼筜，小如箭桂，含露而班，冒霜而紫，修篁丛笋，森萃萧瑟，高可拂云，清能来风。其木，则栝柏松梓、棕榈杉桂，冬岩常青，乔林相望，椒棶栀实，蕃衍足用。其花，则木兰辛夷，著名惟旧；牡丹多品，游人是观，繁丽贵重，盛亚京洛。朱华凌雪，白莲敷沼，文通、乐天昔尝称咏。重台之菡萏，伤荷之珍藕，见于传记。其羽族，则水有宾鸿，陆有巢翠，鹍鸡鹄鹭、鸡鹑鸥鹜之类，巨细参差，无不咸备。华亭仙禽，其相如经，或鸣皋原，或扰樊笼。其鳞介，则鯸鲐鳏鲤、鮔鳢鳣鲨、乘鲎鼋鼍、蟹螯螺蛤之类，怪诡舛错，随时而有。秋风起则鲈鱼肥，楝木华而石首至，岂胜言哉！海濒之民，以网罟蒲蠃之利而自业者，比于农圃焉。又若太湖之怪石，包山之珍茗，千里之紫莼，织席最良，给用四方，皆其所产也。"

　　历史上，苏州许多物产都向朝廷进贡。朝贡制度的滥觞，可追溯上古，华夏族的夏、商、周，就要求周围"蛮夷戎狄"朝贡。据说，夏的租税制度就是赋贡，《周礼·天官冢宰》记"大宰之职"，就有"以九赋敛财贿"，"以九贡至邦国之用"。陆德明《经典释文·周礼音义上》引晋干宝语："赋，上之所求于下；贡，下之所纳于上。"这种各地臣属或藩属向君主进献的土贡，乃是赋税的原始形式，自秦汉至明代并未废除，清代虽陆续取消各地进贡，但臣属仍时有报效。

　　苏州的土贡，除丝缎绫罗诸物外，还有稻米、果实、鳞介、羽毛、药材等。唐代的贡品，据《吴郡志·土贡》引《唐书》，有"大小香粳、柑、橘、藕、鲻皮、飯腊、鸭胞、肚鱼、鱼子、五石脂、蛇粟"；又引《大唐国要图》，有"柑子、橘子、菱角"。宋代的贡品，据同书引《九域图》，有"柑、橘、咸酸果子、海味、鲎鱼肚、糟姜"。据正德《姑苏志·土贡》记明前期土贡,纳光禄寺的,有"厨料肥猪、肥鹅、肥鸡、鹧鸪、雁、獐、核桃、菉笋、莳萝、茴香、薄苟、木耳、尖头松子、莲肉、红枣、牙茶、栗子、菱米、榛子、黄腊、灯草、茶叶、蜂蜜、土碱、蘑菰,嘉定县加办山药";纳太医院的,有"药味白扁豆、海金砂、白牵牛、黑牵牛、紫苏、青皮、陈皮、荆芥、紫苏子、小茴香、蝉蜕、粟壳、香附子、山茨菰、枇杷叶、乌梅"。其实不止这些,如鲥鱼,虽由江宁府进办,捕捞则在苏州沿江各州县。既为土贡,具有品种的珍贵性、产地的单一性、享受的至尊性和价值的多重性。

苏州物产丰饶,土贡仅是其中一小部分而已。晚近以来,苏州有代表性的食用物类很多。如水稻、小麦、油菜都有优良品种,尤其是水稻,质地上乘,种类繁多,有红莲稻、香粳稻、鸭血糯等名品。水产资源十分丰富,有各类鳞介之属,苏州人称鲥鱼、刀鱼、河豚为"长江三鲜",称白鱼、银鱼、白虾为"太湖三白",鲈鱼、鳜鱼、鲭鱼、湖蟹等也负有盛名。苏州海物充牣,葑门外有全国闻名的海鲜市场,马元勋《葑门即事》云:"金色黄鱼雪色鲥,贩鲜船到五更时。腥风吹出桥边市,绿贯红腮柳一枝。"蔬菜则自古有名,《吕氏春秋·孝行览·本味》谈到天下"菜之美者","具区之菁"就是其中之一。地产蔬菜有旱生、水生之分,品种极多。旱生蔬菜主要有白菜、菠菜、荠菜、韭菜、马兰头、金花菜、蚕豆、扁豆、豇豆、茄子、芋艿、莴苣等。水生蔬菜主要有莲藕、菱芰、芡实、荸荠、茭白、慈姑、水芹、莼菜八样,苏州人俗称"水八仙",乃水乡寻常之物,鲜嫩水灵,本色清淡,滋味淳真。此外,碧螺春茶、洞庭红橘、白沙枇杷、乌紫杨梅、顶山桂栗等,也各各品传乡味,美不胜收。各类蔬菜、瓜果、水产,应候叠出,市人担卖,四时不绝,故赵筠《吴门竹枝词》云:"山中鲜果海中鳞,落索瓜茄次第陈。佳品尽为吴地有,一年四季卖时新。"

论饮食,首推食材,苏州地方所出,为饮食活动提供了丰富多样的原材料。

莲 藕

　　莲和藕，乃是一物的两端，王祯《农书·百谷谱集三·蔬属》就说："莲，荷实也；藕，荷根也。"莲也称荷、芙蕖、芙蓉等，为多年生水生草本。它的根茎最初细瘦如指，称为蔤，也就是莲鞭，蔤上有节，节再生蔤，至夏秋生长末期，莲鞭先端膨大成藕，横生于泥中。藕的外形如美人之臂，白而丰腴，内则多窍，玲珑剔透。前人巧对故事有"一弯西施臂，七窍比干心"，实在是形象的描绘。《尔雅·释草》说："其中的，的中薏。""的"是莲实，"薏"是莲芽。莲实又称莲心、莲米、莲肉，乃闲食佳品，《儒林外史》第二十六回说王三胖的婆娘，"闲着无事，还要橘饼、圆眼、莲米搭嘴"。鲁迅《零食》也举例说："桂花白糖伦教糕，猪油白糖莲心粥。"莲芽，味微苦，性清凉，可入药。莲实和莲芽，在此表过不提。

　　藕有田藕和塘藕之分，苏州所产都是塘藕。以一节者为佳，二节者次之，三节者更次之。截面为三角形者，窍小肉厚；圆筒形者，窍大肉薄。画中的藕，以二节、三节者为多，固然入眼，滋味却实在很有差别。

　　苏州的藕，在唐代就是贡品。李肇《唐国史补》卷下说："苏州进藕，其最上者名曰伤荷藕。或云叶甘为虫所伤，又云欲长其根，则故伤其叶。近多重台荷花，花上复生一花，藕乃实中，亦异也。有生花异，而其藕不变者。"据说，贡藕产于石湖行春桥北的荷花荡，即所谓南荡，洪武《苏州府志·土产》称

"藕出吴县黄山南荡者佳，花白者松脆且甘"，且"食之无滓，他产不满九窍，此独过之，以此为辨也"。唐人赵嘏《秋日吴中观贡藕》云："野艇几西东，清泠映碧空。褰衣来水上，捧玉出泥中。叶乱田田绿，莲馀片片红。激波才入选，就日已生风。御洁玲珑膳，人怀拔擢功。梯山漫多品，不与世流同。"白居易《六年秋重题白莲》也有"本是吴州供进藕，今为伊水寄生莲"之咏。伤荷藕在历史上声誉隆重，为后世念念不忘，如近人范广宪《石湖棹歌》云："荷花荡水弄潺湲，啮叶虫伤长藕根。九窍玲珑推绝品，伤荷藕进被承恩。"

苏州处处有藕，吴江唐家坊的藕，早在明代就名闻遐迩，宁祖武《吴江竹枝词》云："唐家坊藕太湖瓜，消暑冰肌透碧纱。水上纳凉何处好，垂虹亭子看荷花。"吴县车坊的藕，松脆无比，但皮色粗恶，有失观瞻，也就不十分讨人喜欢了。晚近以来，葑门外黄天荡、杨枝荡的藕，名满江南，以黄天荡金字圩所出者最佳，作浅碧色，俗称青莲子藕，爽若哀梨，味极清冽。

苏州人吃藕的方法很多，最简单的就是将鲜藕片切了，盛在小碟里，用牙签挑了，放入口中，慢慢咀嚼，能得真味。若然在豆棚瓜架之下，晚风清凉，矮几竹椅，闲人几个，小菜数款，酒后奉上一碟藕片，情味尤胜。除生吃而外，有的人家将藕片调以面粉，入油锅煎之，做成藕饼；或将藕丝和青椒炒成一盆，青白分明，清脆爽口，乃是常见的时令小炒。有的人家将糯米实入藕孔，蒸之为熟藕，称为焐熟藕；或将藕切块，和以糯米，煮成藕粥。这些出自家厨的清品，后来都成为市货了。

藕粉，最早见《新唐书·地理志》所记京兆府土贡，可见历史之久远。高濂《遵生八笺·饮馔服食笺上》介绍了它的做法："法取粗藕，不限多少，洗净截断，浸三日夜，每日换水，看灼然洁净，漉出捣如泥浆，以布绞净汁，又将藕渣捣细，又绞汁尽，滤出恶物。以清水少和搅之，然后澄去清水，下即好粉。"食用时和入糖霜，用沸水调冲，即成半透明胶状糊体，食之清芬可口。苏州不但家中自制，市上也有出售。法国国家图书馆藏清佚名《苏州市景商业图册》中有一家专卖藕粉的店家，开设在山塘街五人墓西，悬着"仁和号自磨进呈藕粉""不二价""本塘白莲粉"的市招。1940年代后期，东山殿前街的洞庭土产社,规模化生产"太湖真藕粉",在上海、苏州等地的茶食南货店销售,打出"补血、益气、开胃、养生、清凉、作羹"的广告,一时眷顾者颇多。

叶圣陶有一篇《藕与莼菜》,回忆故乡风物:"同朋友喝酒,嚼着薄片的雪藕,忽然怀念起故乡来了。若在故乡,每到新秋的早晨,门前经过许多乡人:男的紫赤的胳膊和小腿肌肉突起,躯干高大而挺直,使人起健康的感觉;女的往往裹着白地青花的头巾。虽然赤脚,却穿短短的夏布裙,躯干固然不及男的那样高,但是别有一种健康的美的风致;他们各挑着一副担子,盛着鲜嫩的玉色的长节的藕。在产藕的池塘里,在城外曲曲弯弯的小河边,他们把这些藕一再洗濯,所以这样洁白。仿佛他们以为这是供人品味的珍品,这是清晨的画境里的重要题材,倘若涂满污泥,就把人家欣赏的浑凝之感打破了;这是一件罪过的事,他们不愿意担在身上,故而先把它们洗濯得这样洁白,才挑进城里来。他们要稍稍休息的时候,就把竹扁担横在地上,自己坐在上面,随便拣择担里过嫩的'藕枪'或是较老的'藕朴',大口地嚼着解渴。过路的人就站住了,红衣衫的小姑娘拣一节,白头发的老公公买两支。清淡的甘美的滋味于是普遍于家家户户了。这样情形差不多是平常的日课,直到叶落秋深的时候。"

藕以新鲜为佳,但由于时令关系,不能时时得之,旧时储存的办法有两种,一是将它埋在阴湿的泥地里,二是将它用烂泥包裹起来。后一种办法,保藏比较经久,也方便寄远,即使不在苏州,也能品尝到苏州的藕,当然不会有鲜嫩的味觉了。如果将藕节悬挂在屋檐下,越一寒暑,风干了,取下煎汤,凡是患胸膈闷塞的,服饮后能得舒解,也算是它的药用功效。

菱 芰

　　陂塘鲜品，秋来首数及菱。菱端出叶，略成三角形，浮于水面。夏末初秋开白色或淡红色小花。花没入水中，长成果实，即称之为菱。菱分为二角菱、三角菱、四角菱、乌菱等，俗称为菱角，习称为菱芰。段成式《酉阳杂俎·广动植四·草篇》说到菱和芰的区别："芰，今人但言菱芰，诸解草木书亦不分别，惟王安贫《武陵记》言'四角、三角曰芰，两角曰菱'。今苏州折腰菱多两角。"既然唐人对菱、芰已不甚分别，何况今人。但民间对菱还是有一些特别的称呼，凡角为两而小的，称为沙角；圆角的称为馄饨菱，也称和尚菱；四角而野生的，称为刺菱。此外，因为既称荸荠为地栗，菱也就称为水栗。程棨《三柳轩杂识》则称菱为"水客"，实在是个雅致的名字。水红菱最为艳丽，旧时妇女竟尚缠足，越小越俏，窄窄于裙底下者，辄以水红菱相况。如张岱《陶庵梦忆》卷八《王月生》记这位南京朱市名妓，便是"面色如建兰初开，楚楚文弱，纤趾一牙，如出水红菱"。周作人《菱角》说："水红菱形甚纤艳，故俗以喻女子的小脚，虽然我们现在看去，或者觉得有点唐突菱角，但是闻水红菱之名而'颇涉遐想'者，恐在此刻也仍不乏其人罢？"

　　初秋时采菱，真是欢乐的劳动场景。水上绿盈盈的一片，男女各乘小舫或菱桶，箕坐其上，擎牵菱索，纤手乱摘，采撷盈筐，一边采，一边唱，歌声袅袅不绝。袁学澜《采菱词》云："采莲唱罢叶田田，十里菱花叠翠钿。莫道烟波无赋税，近来湖面课租钱。""渔家生计在湖菱，明镜中间界一绳。儿女满船喧笑语，绿杨深处挂鱼罾。"朱琛《洞庭东山物产考·水果部》记载了菱桶的形制："采菱用七尺长椭圆木盆一只，内横尺馀阔、三四尺长板一块，人伏板上，在菱荡中浮游采之。"

苏州河荡遍布，故处处有菱。段成式说的"苏州折腰菱"，为唐代名品，产于太湖之滨。白居易《池上篇序》自述："罢苏州刺史时，得太湖石、白莲、折腰菱、青板舫以归。"钱起《江行》亦云："细竹渔家路，晴阳看结缯。喜来邀客坐，分与折腰菱。"据说折腰菱至南宋时已稍歇，范成大《吴郡志·土物下》说："折腰菱，唐甚贵之，今名腰菱，有野菱、家菱二种。近世复出馄饨菱，最甘香，腰菱废矣。"其实并不尽然，周弼、杨万里等仍有吟咏，只是它的影响越来越小。

宋元间苏州有顾窑荡菱，或是折腰菱的变种，洪武《苏州府志·土产》说："近苏州折腰菱多两角，干之曰风菱。近又有软尖、花蒂二种，产长洲顾邑墓，实大而味美，名顾窑荡菱云。唐东屿诗云：'交游萍藻侣菰蒲，怀玉藏珍类隐儒。叶底只因头角露，此生不得老江湖。'"王世懋《学圃杂疏·蔬疏》说："产于郡城者曰哥窑荡，产于昆山者曰娄县，皆佳甚，须其种种之。"顾震涛《吴门表隐》卷四也说："顾窑荡菱之佳者，软尖味美，出葑门外顾荣墓。"除此而外，苏州的菱还有多种，文震亨《长物志·蔬果》说："两角为菱，四角为芰，吴中湖沼及人家池沼皆种之。有青红二种，红者最早，名水红菱；稍迟而大者，曰雁来红；青者曰莺哥青；青而大者，曰馄饨菱，味最胜；最小者，曰野菱。又有白沙角，皆秋来美味，堪与扁豆并荐。"产自虎丘附近的菱，也为时人所喜欢，顾禄《桐桥倚棹录·市荡》说："菱荡，在虎丘后山浜与西郭桥一带。菱有青红两种，青色而大者名馄饨菱，小者名小白菱，然馄饨菱本荡不多得，小白菱为多。又小者名沙角菱。七八月间，菱船往来山塘河中叫卖，其整艇采买者，散于各处水果行，鬻于贩客，今虎丘地名尚有称菱行河头者。"故沈朝初《忆江南》词曰："苏州好，湖面半菱窠。绿蒂戈姚长荡美，中秋小角虎丘多。滋味赛频婆。"自注："戈姚荡菱，种之最佳者。虎丘又产一种，中秋最多。"一说"顾窑荡"当作"顾姚荡"，乃顾姚两姓合有之荡，"顾窑"、"哥窑"、"戈姚"乃由谐音而来。

洞庭两山也产菱，金友理《太湖备考·物产》说："菱，出西山消夏湾、东山白浮头、武山朱家港。"朱琛《洞庭物产考·水果部》更记了当地特多的野生菱："野生湖滨荒荡，叶茎均如鲜菱，沙角菱皮薄角圆，野菱壳坚角锐。"吴江处处有菱，乃江乡隽味。如震泽，道光《震泽镇志·物产》说："菱种类不一，曰佛耳，出蠡泽湖；曰沙角，出长漾；又有名秋光头者，各荡有之，小而无角味尤佳。"如盛泽，光绪《盛湖志·物产》说："菱，角短无刺，壳薄味甘，名小石子者最佳；大者名馄饨，出大港；又有名青光头者，各荡有之。"相传出徐家荡者角圆性糯，沈云《盛湖竹枝词》云："秋来乡味半湖菱，肉软香清得未曾。剥与郎尝不伤手，徐家荡产最堪称。"至于分湖的菱，叶绍袁《湖隐外史·土产》说："种菱之多，亦未有盛于吾乡者。菱花开时，水上皆白，如静练之飞六出，镜中玉搔头影也。味亦绝胜他处，鲜而且甘。"李日华《紫桃轩杂缀》卷三还记了产于吴江、嘉兴间的小青菱："两角而弯者为菱，四角而芒者为芰。吾地小青菱，被水而生，味甘美，熟之可代飧饭。其花鲜白幽香，与蘋蓼同时，正所谓芰也。春秋时，吾地入楚，屈到所嗜，其即此耶？此物东不至魏塘，西不逾陡门，南不及半路，北不过平望，周遮止百里内耳。"道光《平望志·土产》也说："菱，出莺脰湖者小而angle尖，味佳。他处大而角圆，味稍逊。"故张尚瑗《莺湖竹枝词》云："西湖莲叶苏台柳，曾否平川芰占多。若据日华题品后，竹枝歌合改菱歌。"

初秋时节，暑气未消，将菱盛盘，临窗剥啖，清隽之味，无与伦比。

苏州人对藕和菱这两样水实十分青睐，不但是夏秋间自享的珍品，还常常作为馈赠的土宜，走亲访友，手里拎着用碧绿荷叶包裹的白藕红菱，真十分好看。

芡　实

　　芡实产于水乡泽国，大江南北都有，南称南芡，北称北芡，粳糯之性大异。芡属多年生水生草本，三月生叶，叶大似荷，浮于水面，面青背紫，茎叶皆有芒刺，夏日茎端开紫花，结实如栗球而尖，裹实累累如珠玑，仿佛石榴，又形如鱼目。芡实俗称鸡头，古人称为鸡壅、卵菱、雁喙、雁头、鸿头、水流黄等。在现代京剧《沙家浜》里，众伤员被困芦苇荡中，粮食断绝，有人说："这芦根、鸡头米不是可以吃吗？"苏州一带称芡实为"鸡头米"。小说家言，说杨玉环出浴，微露一乳，玄宗说是"软温新剥鸡头肉"，以芡实作比，真乃千古艳语。

　　苏轼《仇池笔记》卷上引舒州医人李惟熙语曰："菱芡皆水物，菱寒而芡暖者，菱花开背日，芡花开向日，故也。"因为芡实性暖，可以入药，有益精气、利耳目、止烦渴、除虚热等功效。其实，人们爱吃芡实，并没有考虑这么多，只是因为它佳妙可口，别有一种风味。

　　芡实上市，正值初秋，时暑气未褪，买得新鲜的，用清水加冰糖做成芡实汤，清隽无匹，与绿豆汤、冰西瓜、青莲藕一样，都是清暑妙品。文震亨《长物志·蔬果》说："有大如小龙眼者，味最佳，食之益人。若剥肉和糖，捣为糕糜，真味尽失。"但确实有将芡实研粉后煮粥作糕的，高濂《遵生八笺·饮馔服食笺上》说："用芡实去壳三合，新者研成膏，陈者作粉，和粳米三合，煮粥食之，益精气，强智力，聪耳目。"袁枚《随园食单·点心单》也说："鸡豆粥，磨碎鸡豆为粥，鲜者最佳，陈者亦可，加山药、茯苓尤妙。"又提到芡实糕："鸡豆糕，研碎鸡豆，用微粉为糕，放盘中蒸之，临食用小刀片开。"芡实粥和芡实糕，都没有吃过，不知其滋味如何。

苏州洼田水塘处处皆是，故芡实也处处皆有。以出产吴江者为佳，洪武《苏州府志·土产》说："芡生吴江并黄山，青徐淮泗之间谓之芡，南楚江淮之间谓之鸡头，或谓之雁头，盖取其状似鸟首。苏子容谓有五谷之甘，可以疗饥，真佳果也。"弘治《吴江志·土产》也说："惟出吴江者，青壳，味甘美细腻，是种之糯者。虽郡城相去四十馀里，亦不能传其种，是地土所宜也。"入清以后，更推广种植，培育新品，同里尤以芡实为特产。嘉庆《同里志·赋役·物产》说："果之属，曰芡实，一名鸡头，产同里西北荡田者佳，紫梗蒲包，粒肉如榛，秋生有粳糯二种。"时至今日，仍以同里产量为多，质量为优。每当时节，集镇的街头巷口处处有售。

葑门外斜塘、车坊一带的芡实也很有名，沈朝初《忆江南》词曰："苏州好，葑水种鸡头。莹润每疑珠十斛，柔香偏爱乳盈瓯。细剥小庭幽。"其实，车坊芡实色黄，且有粳糯之分。芡实以新鲜为佳，南货店卖的干芡实，滋味远不能及。市上更有冒牌的，1947年出版的《苏州游览指南》就这样提醒来苏游人："若东山南湖之不种自生者，其名鸡头者，与芡实不同，外行人购买，恐一时莫辨，游客最宜注意。"其实冒牌的都是北芡，东山野生湖滨荒荡的，亦有佳味，朱琛《洞庭东山物产考·水果部》说："煮食作秋夜消闲之品，味甘开胃，助气益中，补肾治遗精，乡人曝实致远，名芡实。"

范烟桥是吴江同里人，《茶烟歇》"鸡头肉"条说："顾鸡头有厚壳，须剥去之，乃有软温之粒，银瓯浮玉，碧浪沉珠，微度清香，雅有甜味，固天堂间绝妙食品也，海上罗致四方饮食殆遍，惟此物独付缺如，或以隔宿即变味，而主中馈者惮烦耳。顾吾里妇女有剥壳以售者，筠篮贮碗三四，覆以白巾，走街坊求善价，不更便欤？苏之妇女，何不习此？余殊弗解。尚有野鸡头者，产洪泽湖，壳黑而坚，产处不能用，必以巨船重载，扬帆千里而至吾里，妇女以桑剪去壳，煮之使软，以河砂去其外膜，然后粒粒如玉润珠圆。每于黎明入市求沽于肆，星眼朦胧，云鬟零乱，有故作娇态以惑肆人者，若曰：'我肉白且嫩，宜厚我值。'语妙双关，一时艳称。然十指所获，八口悠赖，统计一市，岁入逾万金焉。"乡间妇女上市兜卖芡实，确是街巷间一景，至于那双关艳语，当然是文人凑趣而杜撰出来的。

芡实果然好吃，剥芡实却是件苦事，因为它的外壳十分坚硬，得用桑剪（今有专用工具）剪开，才能剥肉。江南水乡的蓬门贫女，乃至中人之家的妇女，都将"剪鸡头"作为一项副业，以贴补家用。民国时有人写了这样一首诗，说的就是"剪鸡头"的辛苦："蓬门低檐瓮作牖，姑妇姊妹次第就。负暄依墙剪鸡头，光滑圆润似珍珠。珠落盘中滴溜溜，谑嬉娇嗔笑语稠。更有白发瞽目妪，全凭摸索利剪剖。黄口小女也学剪，居然粒粒是全珠。全珠不易剪，克期交货心更忧。严寒深宵呵冻剪，灯昏手颤碎片多。岂敢谩夸十指巧，巧手难免有疏漏。十斤剪了有几文，更将碎片按成扣。苦恨年年压铁剪，玉碎珠残泪暗流。"节俭人家还将芡壳晒干，作为冬季的燃料，放在手炉、脚炉、掇炉里来代替炭墼。

荸 荠

荸荠，也写作荸脐，因为它的形状逼真人的肚脐，古人还称它为芍、凫茈、凫茨、水芋、马蹄、地栗、乌芋、苾齐、黑山棱等。《尔雅·释草》曰："芍，凫茈。"郭璞注："生下田，苗似龙须而细，根如指头，黑色，可食。"邢昺疏："今俗瀹而鬻之者是也。"荸荠老熟后，呈深栗色或枣红色，苏州产的近乎于黑，相当甘美，它的色泽，沉着而宁静，髹饰木器即有所谓荸荠漆。

荸荠为多年生水生草本，产于浅水田中，初春留种，等其芽生，埋泥缸里，二三月后，复移入田。茎高三尺许，中空似管，无枝无叶，嫩碧可爱，花穗聚于茎端，泥里的茎块也就是荸荠，至秋后结实。荸荠之茎可供观赏，在荷花缸中植以荸荠数枚，则碧玉苗条，与莲叶莲花相掩映，别具雅观。

全国有四大荸荠产地，即苏州、南昌、桂林、黄梅。苏州主要出自葑门外水田，吴宽《东昌道中偶阅画册各赋短句·荸荠》云："累累满筐盛，上带葑门土。咀嚼味还佳，地栗何足数。"尹山、车坊、郭巷、唯亭一带都盛产荸荠，正德《姑苏志·土产》说："荸脐，即凫茨，出华林者，色红味美，不能耐久；出陈湾村者，色黑而大，带泥可以致远，性可软铜。"道光《元和唯亭志·物产》也说："荸荠，即凫菇，有红黑二种，红者味佳，黑者次之。"车坊所出最有名，叫卖者必称车坊荸荠，或虎口荸荠，陆鸿宾《旅苏必读》说："虎口地栗，葑溪特产。以大指与食指相接，曰一虎口，极言其大也，俗名荸荠，苏州贡品也，北京每个须银一钱。"一钱一个，自然是夸饰了，但北京民间确实有"天津鸭儿梨不敌苏州大荸荠"的说法。苏州荸荠远销京师,那是由来已久的,王世懋《学圃杂疏·蔬疏》就说:"荸脐,《方言》曰地栗,亦种浅水。吴中最盛,远货至京,为珍品,红嫩而甘者为上。"谢墉《食味杂咏·荸荠》自注:"幼时贵者,以竹签长尺贯五六于上,削去皮,俱大而白,买之只一钱。今京城称南鼻剂,一枚须二三文食。"又曰:"京师凡公宴,加箈中,必有此品。"黑大而又带泥的车坊荸荠,出现在北京市肆,因其清冽甘甜,虽价格腾贵,人们争相购买,应该也是事实。

荸荠介于果蔬之间,味清而隽。周作人《关于荸荠》说:"荸荠自然最好是生吃,嫩的皮色黑中带红,漆器中有一种名叫荸荠红的颜色,正比得恰好。这种荸荠吃起来顶好,说它怎么甜并不见得,但自有特殊的质朴新鲜的味道,与浓厚的珍果正是别一路的。乡下有时也煮了吃,与竹叶和甘蔗的节同煮,给小孩吃了说可以清火,那汤甜美好吃。荸荠熟了只是容易剥皮,吃起来实在没有什么滋味了。用荸荠做菜做点心,凡是煮过了的,大抵都没有什么好吃,虽然切了片像藕片似的用糖醋渍了吃,还是没啥。"

荸荠固然是生吃能得真味,但最烦人的是削皮,于是市上小贩就有卖"扦光荸荠"的,即是将荸荠削皮后,用竹签串了,一串约有十个,白嫩如脂,爽隽无比,只是往往浸在冷水里,有碍卫生。有儿歌唱道:"小弟弟,有志气,开年带俫城里去,橄榄橘子买勿起,买串烂荸荠,我吃肉来俫吃皮。"其实荸荠不易腐烂,可将它放置篮中,悬挂檐间,苏州人称为风干荸荠,皮皱易剥,更有一种甘美的滋味。据说,鲁迅最喜欢吃风干荸荠。

荸荠还可以制作饮料,杨荫深《饮料食品·浆汁》提到凉粉时说:"吴中有用荸荠汁的称为荸荠膏,浙东有用石花菜的称为冰石花,也有用洋菜制的,都是先熬为汁,而后凝成,所以也是浆汁的一种,不过加以改造而已。"

历史上,荸荠救荒,活人无数。《东观汉记·载记·刘玄》说:"王莽末,南方饥馑,人庶群入野泽,掘凫茈而食,更相侵夺。"王鸿渐《题野荸荠图》云:"野荸荠,生稻畦,苦薅不尽心力疲,造物有意防民饥。年来水患绝五谷,尔独结实何累累。"灾荒时能吃到荸荠,那真是美食了。

茭 白

茭白别名很多，古人称为"菰"，如菰菜，司马光《又和开叔》："向使吴儿见，不思菰菜羹。"如菰首，黄庭坚《次韵子瞻春菜》："纯丝色紫菰首白，蒌蒿牙甜薤头辣。"如菰蒋，李白《新林浦阻风寄友人》："海月破圆景，菰蒋生绿池。"又写作"苽"，《淮南子·原道训》："雪霜滚滚，浸潭苽蒋。"高诱注："苽者，蒋实也，其米曰雕胡。"韩愈《郓州溪堂诗》："溪有蘋苽，有龟有鱼。"也称为"葑"，《晋书·毛璩传》："海陵县界地名青蒲，四面湖泽，皆是菰葑。"何超音义："《珠丛》云，菰草丛生，其根盘结，名曰葑。"它还被称为茭瓜、茭笋、茭葑、茭耳菜、出隧、蘧蔬、凋胡、安胡、绿节等。茭白属禾本科多年生宿根草本，它的根际有白色匍匐茎，由于菰黑粉菌侵入后，刺激细胞增生，基部形成肥大的嫩茎，也就是茭白。

茭白普遍生长在江南低洼地区，苏州所出，量大质优，自古就是有名的水生食用作物，东南城门因此被称为葑门，朱长文《吴郡图经续记·门名》说："葑者，茭土摎结，可以种殖者也，其事或然。"葑门外多水塘沼泽，盛产茭白，三四十年前尚有茭白荡的地名。苏州各处均有茭白，以"吕公茭"最有名气，正德《姑苏志·土产》说："茭白，即菰也。八九月间生水中，味美可啖，中心生薹，如小儿臂，名茭手，或名茭首，以根为首也。各县有之，惟吴县梅湾村一种四月生，名吕公茭。茭中生米，可作饭，即菰米饭也，然今未有作饭者。"莫震《石湖志·土物》也说："他产者八九月方有，惟出石湖荷花荡者，夏初便可食，谓之吕公茭，俗传吕洞宾过此所遗者。中有黑点斑纹，味甘嫩，可生啖，杂鱼肉中煮之如食笋。他处亦不能传其种，盖地土所宜也。"

茭白食用历史悠久，《礼记·内则》提到"食"，首先就是"蜗醢而菰食"，可见它很早就被视作溪荤中的佳品。前人咏茭白很多，如沈约《咏菰》："结根布洲渚，垂叶满皋泽。匹彼露葵羹，可以留上客。"朱熹《次刘秀野蔬食十三诗韵·茭笋》："寒茭翳秋塘，风叶自长短。刳心一饱馀，并得床敷软。"陆游《邻人送菰菜》："张苍饮乳元难学，绮季餐芝未免饥。稻饭似珠菰似玉，老农此味有谁知。"张翰"莼鲈之思"的故事，妇孺皆知，其实他思念的乡味，先是茭白，然后才是莼菜和鲈鱼，《晋书·张翰传》说："翰因见秋风起，乃思吴中菰菜、莼羹、鲈鱼脍，曰：'人生贵得适志，何能羁宦数千里，以要名爵乎？'遂命驾而归。"故许景迁《咏茭》云："翠叶森森剑有棱，柔条松甚比轻冰。江湖若借秋风便，好与莼鲈伴季鹰。"

茭白有种种吃法，如洪武《苏州府志·土产》说："味甘脆，可生啖。煮以苦酒，如食笋。今人用以为菹，或以为鲊，尤佳。"弘治《吴江志·土产》说："甘嫩，可生啖，杂鱼肉中煮之，如食笋。……今人作鲈羹，芼以此物，犹有风味。"后来关于茭白的菜肴越来越丰富，如袁枚《随园食单·杂素菜单》说："茭白炒肉、炒鸡俱可。切整段，酱醋炙之，尤佳。煨肉亦佳，须切片，以寸为度，初出太细者无味。"夏曾传《随园食单补证·杂素菜单》说："以饭锅蒸熟撕碎，用麻酱油拌者，最为本色，馀则供厮役耳。其初生白茅，则今之茭儿笋也，以虾米炒之，最易荐酒。"童岳荐《调鼎集·蔬菜部》记有拌茭白、茭白烧肉、炒茭白、茭白鲊、茭白脯、酱茭白、糖醋茭白、酱油浸茭白诸多名目。苏帮名菜中就有油焖茭白、虾子茭白、香糟茭白等，色白质嫩，清甜香糯，乃席上佳馔。民间则更多，如有茭白炒虾、茭白炒毛豆、茭白炒雪里蕻，但类如茭白炒肉丝、茭白炒鳝丝、茭白炒蛋，那是要将茭白切成丝的，与简斋老人的经验不同。

茭白炒虾是苏州的家常菜，被孩儿们唱入歌谣里去："康铃康铃马来哉，隔壁大姐转来哉。啥个小菜？茭白炒虾，田鸡踏杀老鸦。老鸦告状，告掇文王。文王卖布，卖着姐夫。姐夫关门，关着苍蝇。苍蝇扒灰，扒着乌龟。乌龟撒屁，撒得满地。"（《吴歌甲集》）

慈　姑

　　慈姑，属泽泻科，乃多年生水生草本。《广群芳谱·果谱十三》介绍慈姑得名缘由："一岁根生十二子，如慈姑之乳众子，故名。《尔雅翼》云，岁有闰，则生十三子。"白居易《履道池上作》有"树暗小巢藏巧妇，渠荒新叶长慈姑"，是有名的巧对。慈姑又作藉姑、茨菇、茨菰、苬菰，古人还称它河凫苬、白地栗、水萍、槎牙。它的叶柄粗而有棱，叶片戟形，取其象形，称作剪刀草、箭搭草、燕尾草、槎丫草。种植慈姑，利用球茎无性繁殖，先是育苗，再移栽水田。小暑以后，它的叶腋抽生匍匐茎，钻入泥中，先端一至四节膨大成球茎，呈圆形或长圆形，表面有肥大的顶芽。霜冻以后，茎叶枯黄，球茎已完全成熟，即可采收。

　　慈姑性喜日照充足的温湿气候，适宜在黏壤土中生长，我国北温带地区都有，约有三十个品种，可供食用的，主要有黄白慈姑和青紫慈姑两大类。慈姑是苏州培植历史悠久的水生蔬菜，正德《姑苏志·土产》说："茨菇，《本草》名乌芋，生稻田中。"王世懋《学圃杂疏·蔬疏》说："茨菰，古曰凫茨，种浅水中，夏月开白花，秋冬取根食，味亚于香芋。""凫茨"是荸荠的古称，按徐光启《农政全书·树艺·蓏部》，当是"河凫苬"之误。朱琰《洞庭东山物产考·水菜部》介绍了它的栽种方法："茨菇，冬月种水田中，二月出软苗，三月分栽肥水田内，排行如种秧法。每茎一叶，每丛十馀茎，分三叉如剪刀式，深绿色。五月根抽圆茎，端分小枝，开花六七朵，每四瓣，状如秋海棠，有紫白二种，黄蕊不实。根如芋，四周生子十二枚，逢闰十三枚，大如儿拳，长一二寸，一头有苗向外，色白皮光。秋后掘取，煮食味甘，切片油炸亦美。"苏州慈姑经长年培植，有一种"苏州黄"，属黄白类，特点是皮黄肉白，香糯细腻，苦味少淡。

慈姑向作为菜蔬，宋人王质《绍陶录》卷下《水友续辞》就说："慈菰，花白叶青，根外黄中白，状如大蒜，可食；叶如车前者，为山慈菰。"清人陈淏子《花镜·花草类考》"茈菰"条也说："至冬煮食，清香，但味微带苦，不及凫茨。"因慈姑略微带苦涩，故先要去苦涩，薛宝辰《素食说略》卷二"慈姑"条介绍了一个方法："慈姑，味涩而燥，以木炭灰水煮熟，漂以清水，则软美可食。"据科学分析，慈姑的热量、蛋白质、碳水化合物、维生素B1、维生素E、不溶性纤维、烟酸、磷、钾、镁、铁、锌、铜的含量都比较高，具有一定营养价值。但多食反胃，漏痔下淋，孕妇尤禁忌，因能消胎气也。

苏州人以慈姑入馔，可烧五花肉、烧素鸡、炒青蒜、炒咸菜、炒肉片、炒鸡片、炖蹄髈汤等。北方吃慈姑的风气，都是南方人带去的。汪曾祺的《咸菜茨菇汤》，就提到张兆和炒的慈姑肉片："前好几年，春节后数日，我到沈从文老师家去拜年，他留我吃饭，师母张兆和炒了一盘茨菇肉片。沈先生吃了两片茨菇，说：'这个好！格比土豆高。'我承认他这话。吃菜讲究'格'的高低，这种语言正是沈老师的语言，他是对什么事物都讲'格'的，包括茨菇、土豆。因为久违，我对茨菇有了感情。前几年，北京的菜市场在春节前后有卖茨菇的。我见到，必要买一点回来加肉炒了，家里人都不怎么爱吃，所有的茨菇，都由我一个人'包圆儿'了。"

慈姑不但可入馔，还可做茶食，如慈姑饼、油氽慈姑片等。慈姑饼以豆沙为馅，香甜可口。油氽慈姑片则微咸松脆，下酒最宜。还有焐熟慈姑，蘸以白糖，最能得其真味。陶毂《清异录·百果门》提到一种"云英魦"："郑文宝云英魦，予得食，酷嗜之。宝赠方：藕、莲、菱、芋、鸡头、荸荠、慈姑、百合，并择净肉烂蒸之，风前吹晾少时，石臼中捣极细，入川糖蜜熟再捣，令相得，取出作一团，停冷性硬，净刀随意切食。糖多为佳，蜜须合宜，过则大稀。"所谓"麨"，即是食品原料炒熟后磨粉制成的吃食，慈姑虽仅是其中一品，却断不可少。

慈姑花可供观赏，屠本畯《瓶史月表》称其为"春花小友"。清初查慎行以博学著称，以为前人未曾咏及慈姑花，故作一诗，题曰："茨菰见唐人诗，如白香山云'渠荒新叶长慈姑'，朱放云'茨菰叶烂别西湾'，刘梦得云'菰叶风开绿剪刀'，未有及其花者。余盆池偶种一窠，立秋后忽发细蕊，每节丛生，花开纯白色，如玉蝶梅差小，颇有清香。因作一首，以补诗家之缺。"诗云："旧叶复新叶，碧茎忽抽芽。谁将绿剪刀，剪出白玉花。水边有秋意，凉蝶来西家。"岂不知宋人早就有诗了，杨长孺《茨菰花》云："折来趁得未晨光，清露晞风带月凉。长叶剪刀廉不割，小花茉莉淡无香，稀疏略糁瑶台雪，升降常涵翠管浆。恰恨山中穷到骨，茨菰也遭入诗囊。"

水 芹

　　芹，有水芹、旱芹之分。按现代植物学分类，两者虽同属伞形科，却不是一种。水芹是多年生水生宿根草本，旱芹是一年生或两年生草本。但古人也有混淆不辨的，如王世懋《学圃杂疏·蔬疏》就说："魏文贞公好食芹，世以比曾皙之羊枣。然今南北两京芹皆长数尺，而味绝佳，何必文贞始嗜？盖芹本水际野植，而独两京种之老圃，故佳，想取植之，亦得尔耳。"水际野植者，岂能种之老圃，况且北地是没有水芹的。

　　李时珍《本草纲目·菜一》说："芹，古作蕲，一名水英，一名楚葵。有水芹、旱芹，水芹生江湖陂泽之涯，旱芹生平地。有赤白二种，二月生苗，其叶对节而生似芎䓖，其茎有节棱而中空，其气芬芳。五月开细白花，如蛇床花。楚人采以济饥，其利不小。"旱芹俗称"芹菜"、"药芹"、"蒲芹"，在我国南北各地都有，叶柄作蔬菜，种子作香料，全草及果可入药，有清热、健胃、利尿、降压之效。水芹则生于浅水中，有匍匐茎，茎节易生根，适宜泥层深厚的水田中栽培。一般春季培育母株，秋季栽植，冬季或早春采收。原产亚洲东部，我国中部和南部较多。《诗》中提到的"芹"，指的都是水芹，如《小雅·采菽》"觱沸槛泉，言采其芹"；《鲁颂·泮水》"思乐泮水，薄采其芹"。冯复京《六家诗名物疏》卷四十五释"芹"曰："《尔雅》云：'芹，楚葵。'注：'今水中芹菜。'《本草》：'水芹，味甘平，主养精，保血脉，益气，令人肥健嗜食。一名水英。'陶隐居云:'二三月作英时,可作菹,及熟爁食之,又有渣,芹可生啖。'《别本》注云:'芹有两种,青芹取根白色,赤芹取茎叶,并堪作菹。'《图经》云:'生水中,叶似芎䓖,花白色而无实,根亦白色。'"吃水芹,就是吃白色的嫩茎和叶柄。

水芹很早就成为人们的菜蔬。《吕氏春秋·孝行览·本味》言"菜之美者",就有"云梦之芹"。《列子·杨朱》记了一个故事:"昔人有美戎菽,甘枲茎芹萍子者,对乡豪称之。乡豪取而尝之,蜇于口,惨于腹。众哂而怨之,其人大惭。"盖言那乡豪未得食芹之法也。水芹的美味,历来受到人们的赞扬,杜甫《崔氏东山草堂》有"盘剥白鸦谷口栗,饭煮青泥坊底芹";韩愈《归彭城》有"食芹虽云美,献御固已痴";温庭筠《经西坞偶题》有"微红奈蒂惹蜂粉,洁白芹牙入燕泥";陆游《上章纳禄恩畀外祠遂以五月初东归》有"笭实傍篱收豆荚,盘蔬临水采芹芽"。

水芹的吃法很多,林洪《山家清供》卷上记有"碧涧羹"一款:"二月三月作羹时采之,洗净入汤灼过取出,以苦酒研芝麻,入盐少许,与茴香渍之,可作菹。惟瀹而羹之者,既清而馨,犹碧涧然,故杜甫有'香芹碧涧羹'之句。"高濂《遵生八笺·饮馔服食笺中》于水芹入馔说:"春月采取,滚水焯过,姜醋麻油拌食,香甚。或汤内加盐焯过,晒干,或就入茶供亦妙。"袁枚认为水芹不能与荤腥搭配,《随园食单·须知单》谈到"配搭须知"时说:"凡一物烹成,必需辅佐。要使清者配清,浓者配浓,柔者配柔,刚者配刚,方有和合之妙。其中可荤可素者,蘑菇、鲜笋、冬瓜是也。可荤不可素者,葱、韭、茴香、新蒜是也。可素不可荤者,芹菜、百合、刀豆是也。"《杂素菜单》也说:"芹,素物也,愈肥愈妙。取白根炒之,加笋,以熟为度。今人有以炒肉者,清浊不伦。不熟者,虽脆无味。或生拌野鸡,又当别论。"童岳荐《调鼎集·蔬菜部》介绍了水芹的两种做法,一是炒水芹,"配笋片、麻油、酱油炒;又切碎配五香腐干丁、麻油、酱油炒,又配冬笋片,荤素俱可";二是拌水芹,"滚水焯过,加姜、醋、麻油拌;又取近根白头切寸段,配韭菜、荸荠小片、熟鸡丝、白萝卜丝、盐、醋拌,亦有少加洋糖者"。叶灵凤《薄言采芹》也特别提到拌水芹:

"将芹菜切成寸许的小段,用滚水烫过,加以豆腐干丝和虾米,用酱油麻油和醋拌了吃,清香爽凉像拌萝卜丝拌菠菜一样,是江南一般家庭常吃的一味小菜。"今则荤素并见矣,有凉拌水芹、水芹炒香干、水芹香干炒豆芽、水芹炒肉丝、水芹炒肉皮等,更有将水芹与鲜肉细细剁碎,包馄饨或裹饺子,清香诱人。

苏州栽培水芹的历史很久了,晚唐陆龟蒙《和寄怀南阳润卿》就有"谁怜故国无生计,惟种南塘二亩芹"之咏。迄至于今,苏州水芹的栽培品种,主要有苏州圆叶芹、常熟小青芹、常熟白芹等,生长期短,纤维较少,食用率高。

莼　菜

　　莼菜，又名茆、凫葵、露葵、水葵、锦带、马蹄草等，属多年生宿根湖沼草本，苏州太湖及杭州西湖、萧山湘湖、松江三泖都以出产莼菜闻名。袁宏道《湘湖》对莼菜有很好的描绘："其根如符，其叶微类初出水荷钱，其枝丫如珊瑚，而细又如鹿角菜，其冻如冰，如白胶，附枝叶间，清液泠泠欲滴。其味香粹滑柔，略如鱼髓蟹脂，而清轻远胜。半日而味变，一日而味尽，比之荔枝，尤觉娇脆矣。其品可以宠莲嬖藕，无得当者。惟花中之兰，果中之杨梅，可异类作配耳。"

　　莼菜有两个有名的典故，都收入《世说新语》。《识鉴》说张翰在洛阳做官，见秋风乍起，不由思念起家乡的菰菜、莼羹、鲈鱼脍，于是就以此为托词，翩然而归，这就是"莼鲈之思"的由来。《言语》则记录陆机和王武子的对话，王对陆夸示羊酪，认为没有比它更好吃的了，陆回答说："有千里莼羹，未下盐豉耳。"前代学者于此两句别有解释，如宋人曾三异《因话录》"莼羹"条说："'千里莼羹，未下盐豉。'世多以淡煮莼羹，未用盐与豉相调和。非也！盖'末'字误书为'未'，末下乃地名，千里亦地名，此二处产此二物耳。其地今属平江郡。"于是"千里莼羹"就成为维系人们乡恋的纽带。据贾思勰《齐民要术·羹臛法》介绍，莼羹以鱼和莼菜为主料，煮沸后加盐、豉而成。这是一种古老的烹调办法。

苏州莼菜，本出于松江流域，洪武《苏州府志·土产》说："莼为菜之名品，叶甘滑，最宜芼羹，出松江，叶似凫葵，四月生，名雉尾莼，最肥美。自此，叶舒长，足茎细如钗股，短长随水深浅，名丝莼，五月六月用之。"至明代后期，太湖中亦渐盛，金友理《太湖备考·物产》说："向出三泖，今出太湖中西山之消夏湾、东山之南湖滨，东山尤甚。初山中人未知食莼，食之自邹舜五始。《震泽编》土产不载，盖是时尚未产也。"邹舜五名斯盛，吴县洞庭东山人，尝作《太湖采莼》，小引说："辛酉秋泛太湖，见紫莼杂出蘋荇间，询诸旁人不识也，衍棹求之，得数里许。太湖向无莼，采自余始，因赋诗纪之。"诗凡两首，一云："风静绿生烟，烟中荡小船。香丝萦手滑，清供得秋鲜。荇叶分圆缺，鲈鱼相后先。谁云是千里，采采自今年。"可见太湖莼菜本是野生，自天启元年（1621）邹斯盛方始采食，以后才进行培植。康熙三十八年（1699），圣祖南巡，斯盛孙志宏（一作弘志）因献莼而得官。王应奎《柳南续笔》卷二"莼官"条说："太湖采莼，自明万历间邹舜五始。张君度为写《采莼图》，而陈仲醇、葛震甫诸公并有题句，一时传为韵事。康熙三十八年，车驾南巡，舜五孙志宏种莼四缸以献，而侑以《贡莼》诗二十首，并家藏《采莼图》。上命收莼送畅春苑，图卷发还，志宏着书馆效力。后以议叙，授山西岳阳县知县，时人目为'莼官'。"

太湖莼菜固然有名，但采食已晚，宋时则多记咏吴江莼菜，李彭老《摸鱼子》词曰："过垂虹、四桥飞雨，沙痕初涨春水。腥波十里吴歈远，绿蔓半萦船尾。连复碎。爱滑卷青绡，香袅冰丝细。山人隽味。笑杜老无情，香羹碧涧，空只赋芹美。　归期早，谁似季鹰高致。鲈鱼相伴菰米。红尘如海丘园梦，一叶又秋风起。湘湖外，看采撷、芳条际晓随鱼市。旧游漫记。但望里江南，秦鬟贺镜，渺渺隔烟翠。"此词上片赋吴江春莼，下片赋湘湖秋莼，可见当时吴江之莼已与湘湖齐名。自清中期以来，吴江莼菜以庞山湖所出最佳，嘉庆《同里志·赋役·物产》说："曰莼菜，产庞山湖滨燕浜内，甘滑肥美，比产太湖中者尤为风味。"范烟桥《茶烟歇》"莼"条也说："江浙间湖泽多产莼，惟吴江城东庞山湖所产紫背丝细瘦，与他处白背丝粗肥者风味有别。"

又说："春日买棹看江村春台戏，以莼羹佐饭，可以急下数盂。故吾乡郑瘦山有'一箸莼香拥楫吟'之句，颇能状其妙趣。二月莼初生，三月多嫩蕊，秋日虽亦有之，顾不及春莼之鲜美，故因秋风而动念，不过季鹰之托词耳。莼之产地不广，故嗜者甚少，且有不识为何物者，有疑而不敢下箸者。西湖佳馔，宋四嫂醋鱼外，当推莼羹，惟黏液去之殆尽，减其柔滑，殊不及吾乡所制。江城及濒湖诸乡，每值春仲清晨，荷担呼卖莼菜者，悠扬相接，秋初则多掉舟问售，年来吴郡中亦有此声矣。"

民国年间，莼菜仍有野生的，朱琛《洞庭东山物产考·水菜部》说："莼菜，野生湖荡中，水深四五尺则茎肥叶嫩，水太深不盛，太浅则瘦。清明始生嫩苗，茎粗如灯心，皮有腻液如涎，愈肥则液愈厚，叶如小荷叶而椭圆，面绿背紫。三四月村童掏取嫩者求售，廉时每斤四五文，价贵须数十文，买得拣去老茎及大叶，作羹嫩滑肥美。"

莼菜以嫩茎和嫩叶供食用，地下茎富含淀粉，可制馅心，嫩茎及幼叶外附透明胶汁，做汤入口润滑，清凉可口，别具风味，乃夏季宴席上的佳肴。取莼菜之最嫩之叶，名为卷心，以鸡汤加鲜笋、火腿为羹，味甚鲜美，其次取黄花鱼，做菜花鱼汤。若不得佳汤，则淡涩不能下咽。李渔《闲情偶寄·饮馔部·蔬食》说："陆之蕈，水之莼，皆清虚妙物也。予尝以二物作羹，和以蟹之黄、鱼之肋，名曰四美羹。座客食而甘之，曰：'今而后无下箸处矣。'"叶圣陶《藕与莼菜》也说："在故乡的春天，几乎天天吃莼菜。莼菜本身没有味道，味道全在于好的汤。但是嫩绿的颜色与丰富的诗意，无味之味真足令人心醉。在每条街旁的小河里，石埠头总歇着一两条没篷的船，满舱盛着莼菜，是从太湖里捞来的。取得这样方便，当然能日餐一碗了。"民国《木渎小志·物产》记曾国藩、左宗棠事："同治十年五月，曾文正莅吴，阅太湖形势，道经木渎，驻节许缘仲所寓葛园，遍游灵岩、天平。及晚餐，庖人进膳有莼羹，文正喜曰：'此江东第一美品，不可不一尝风味也。'后左文襄莅苏，宴饮沧浪亭，亦有此语。"

采莼多在晨光晞微之时，揎臂赤足，劳作最是辛苦。吴时德《采莼歌》

云："采菱采莲儿女情,年年不断横塘行。独有西山采薇者,千秋谁得同芳馨。我今采莼太湖汕,紫丝牵向清波里。任尔渔郎笑我为,野鸥亦渐成知己。归来月下放歌频,一片幽心照古人。"这是诗人遥看采莼的联想,实在不是自己的亲身感受。

白　果

　　苏州山间平畴，颇多银杏树，高高耸耸，蔽荫数亩，特别是在洞庭东西两山，颇有漫山遍野之观。姚希孟《游洞庭诸刹记》说："将抵水月寺，长松夹道，寺前银杏数本，大可合围，霜叶凌舞，令人须眉古淡。"汪明际《东山记》说："文冈蔓麓，参差布列，银杏黄半而未匀，橘柚绿奇而可染，荡桨其下，即经年月亦不厌也。"朱用纯《游西洞庭山记》也说："从慧公散步曲岑，其乔林皆乌桕、鸭脚，分明月、杨坞之一二，已堪瞻玩。"时至今日，那里仍有很多树龄五百年以上的银杏树，秋冬之际，叶色纯黄，间枫林间，相错如绣，宛然图画。

　　北宋前并无银杏之名，称为鸭脚，它的果实就称为鸭脚子。李时珍《本草纲目·果部》说："原生江南，叶似鸭掌，因名鸭脚。宋初始入贡，改呼银杏，因其形似小杏而核色白也，今名白果。"各地都俗称银杏实为白果，浙江有的地方又俗称为佛指甲。

　　银杏树属中生代孑遗植物，人称"植物中的活化石"。周作人《吃白果》说："白果树的历史很早，和它同时代的始祖鸟等已于几百万年前消灭了，它却还健在，真可以算是植物界的遗老了。书上称它为鸭脚子，因为叶如鸭脚，又名公孙树，'言其实久而后生，公种而孙方食'，或谓左思赋中称作平仲，后来却不通行，一般还是叫它作白果，据说宋初入贡，乃改名银杏。日本称为耿南,乃是银杏音译转讹,树称伊曲,则是鸭脚的音译,而且都是后起的宋音,可见传入的年代也不很早,大概只是千年的历史罢了。"

独立的银杏树不能结实,即所谓雌雄异株,古人于此早有认识,郭橐驼《种树书》说:"银杏树有雌雄,雄者有三棱,雌者有二棱,合二者种之,或在池边能结子,而茂盖临池照影亦生也。"彭氏《墨客挥犀》卷五说:"银杏叶如鸭脚,独棵者不实,偶生及丛生者乃实。"徐光启《农政全书·树艺·果部下》也说:"其木有雌雄之意,雄者不结实,雌者结实。其实亦有雌雄,雌者二棱,雄者三棱。须雌雄同种,其树相望,乃结实。或雌树临水照影,或凿一孔,纳雄木一块泥之,亦结。"这种办法,即所谓"阴阳相感",因无考察,亦不知其虚实如何。洞庭东西两山是白果的主要产地之一,1960年代初,因大肆砍伐高大的雄性银杏树,白果产量锐减,后从外地买来有花雄枝,绑扎在银杏林中,凭借风力授粉,产量才稍有恢复。

银杏结实,一枝上约有百馀颗,初青后黄,八九月熟后,击下储存,待其皮腐烂后,取其核洗净晒干,能保藏相当一段时间。前人对它颇为珍重,常常以此致远。王鏊退居东山,遣人将山中白果馈贻吴宽,吴宽作《谢济之送银杏》云:"错落朱提数百枚,洞庭秋色满盘堆。霜馀乱摘连柑子,雪里同煨有芋魁。不用盛囊书复写,料非钻核意无猜。却愁佳惠终难继,乞与山中几树载。"

关于苏州白果,康熙《具区志·土产》说:"银杏一名仁杏,一名鸭脚子,实圆者名圆珠,长者名佛手。"圆珠和佛手都是肖其形状的称呼。今常见品种有大佛手、小佛手、洞庭皇、大圆珠、小圆珠、鸭屁股圆珠等,据山中人说,白果以圆珠为佳,佛手则略带苦味。

白果的吃法很多,惟不能生吃,忽思慧《饮膳正要·果品》说:"银杏,味甘苦,无毒。炒食煮食皆可,生食发病。"炒熟来吃,尤其甘芳可口,有特殊滋味。旧时,长街深巷有卖烫手热白果的担子,这常常是在暮色苍茫之时,卖白果者的歌讴叫卖,清宵静尘,往往闻之,也是苏州昔年烟景。周作人《吃白果》说:"它的吃法我只知道有两种。其一是炒,街上有人挑担支锅,叫道'现炒白果儿',小儿买吃,一文钱几颗,现买现炒。其二是煮,大抵只在过年的时候,照例煮藕脯,用藕切块,加红糖煮,附添白果红枣,是小时候所最期待的一种过年食品。此外似乎没有什么用处了,古医书云,白果食满千颗杀人,其实这种警告是多馀的,因为谁也吃不到一百颗,无论是炒了或煮了来吃。"

白果不但能入肴,还可入药,因为它含有氢氰酸、组氨酸、蛋白质等,性平,味苦涩,有小毒,具有温肺益气、定喘嗽、缩小便、止白浊等功效,捣烂后外敷,可治多种皮肤病。

板　栗

苏州板栗主要产自洞庭东西两山和常熟顶山，文震亨《长物志·蔬果》说："杜甫寓蜀，采栗自给，山家御穷，莫此为愈。出吴中诸山者绝小，风干，味更美。出吴兴者，从溪水中出，易坏，煨熟乃佳。以橄榄同食，名为梅花脯，谓其口作梅花香，然实不尽然也。"可见苏州板栗小而味美，自有一方特色。板栗并不以大为贵，讲究的就是小而味美，《广群芳谱·果谱六》引《括地志》："汉武帝果园栗，味甘而小，不如《三秦记》所云固安之栗，天下称之为御栗，因有栗园。"郦道元《水经注》卷二十一记过汝南上蔡县西，"城北名马湾，中有地数顷，上有栗园，栗小，殊不并固安之实也。然岁贡三百石，以充天府"。范成大《良乡》题注："燕山属邑驿中，供金粟梨、天生子，皆珍果，又有易州栗，甚小而甘。"诗云："新寒冻指似排签，村酒虽酸未可嫌。紫烂山梨红皱枣，总输易栗十分甜。"苏州板栗就属于这一类。

先说洞庭两山所出，康熙《具区志·土产》说："栗出洞庭山东山，香味胜绝，微风干之，尤美。"金友理《太湖备考·物产》说："然以花果为生者，苟宜于土，凡桃、梅、枣、栗诸果无不种艺。"又说："栗出东西两山，东山西坞者尤佳。"黄裳《东山之美》说："我在一个叫做'涧桥'的小站下了车，沿了一条平整的石板路走上山去。真是一片浓绿，这早在汽车上所见的公路两侧，就已如此了。一丛丛的栗子、银杏，布满了公路两侧的冈峦。"那里所出的板栗，甘香甜糯，主要品种有九家种、油毛栗、稀刺毛栗、大毛栗、六月白、白毛栗、查湾栗、小金漆栗、茧头栗、早栗、重阳栗、中秋栗、短毛中秋、乌子栗、南阳九家种、羊毛头、野毛蔀、草鞋底等。早栗成熟最早，八月上市；白毛栗最迟，十月末采收，因含水分少，耐久藏，可贮至春节。

比起洞庭两山所出，常熟顶山栗更其有名，顶山在邑北十八里，属虞山别峰。范成大《吴郡志·土物下》说："顶山栗，出常熟顶山。比常栗甚小，香味胜绝，亦号麝香囊，以其香而软也，微风干之尤美。所出极少，土人得数十百枚，则以彩囊贮之，以相馈遗。此栗与朔方易州栗相类，但易栗壳多毛，顶栗壳莹净耳。"因为它十分香软，也称为软栗。南宋时，顶山栗名声远播，常熟梅里人王伯广《咏顶山栗》云："黄篱抱中实，紫苞发外彩。寄踪蜂窠垂，藏头蝟皮隘。讵堪鼯鼠窃，更复猿猱采。心怜使民畏，时须徇儿爱。荆山破金璞，骊珠掩微额。缜密文自保，滋味身乃碎。筠笼贡厥珍，不在粗梨外。罗迤加其仪，顾与菱芡对。易饱屏膏肉，馀功益肝肺。悬风当令坚，致湿忍使败。晋地枣非偶，宣城蜜佳配。谁知麝香囊，可居天下最。"至元代，释古潭《顶山栗》云："峨峨顶山高，十月寒霜肃。霜栗大如拳，紫苞剥黄玉。福荔及夏收，宣栗亦早熟。独尔饱风霜，香甘颇具足。"张雨曾将顶山栗馈贻倪瓒，《新栗寄倪元镇》云："朅来常熟尝新栗，黄玉穰分紫壳开。果园坊中无买处，顶山寺里为求来。囊盛稍共来禽帖，酒荐深宜蘸甲杯。首奉云林三百颗，也胜酸橘寄书回。"可见也是当时的地方特产。

至明宣德时，顶山栗几乎绝种。陆容《菽园杂记》卷一记了一件事："常熟知县郭南，上虞人。虞山出软栗，民有献南者，南亟命种者悉拔去，云：'异日必以此殃害常熟之民者。'其为民远虑如此。"郭南知道顶山栗的佳味，为了不让它成为进贡上呈之物，以免祸害百姓，"亟命种者悉拔去"，在当时也算是明智之举。故嘉靖《常熟县志·物产》说："近岁僧厌客征索，伐其树，种几绝矣。"

常熟除顶山栗外，虞山还有其他品种的板栗，民国《重修常昭合志·物产》说："今产兴福寺前濮家坞者，名蚂蚁栗，其香特盛。"虞山北隅，桂树甚盛，栗树往往与桂树杂植，中秋时节，桂花盛开，桂催栗熟，栗染桂香，故称滋味独绝，当地人称为桂花栗子。生吃固然香甜脆嫩，熟吃则更是纯糯细腻，满口溢香，自是不可多得的妙品。

范烟桥《茶烟歇》"栗"条说："今之陈于糖炒栗子之摊者，皆曰'良乡'。良乡在天津之南，某年秋游鲁，去良乡不远，市上小而薄壳之栗累累然，皆南方所目为奇货之良乡也。然彼中人不知糖炒，且不知其妙处在'热'，热斯糯，冷则硬而无味矣。故名物之须经人工调制者，往往产地不如他方也。童时嬉戏，有隐语，如戒尺打手心，曰'吃马蹄糕'；以手拧面颊，曰'吃肉饺'；而'吃茅栗子'，则屈其食指猛凿其额也。爆熟栗子系以栗置火灰中，片时间闻毕剥声，则已熟矣，香味独绝。冬令吾乡有铜脚炉，中燃火灰，颇便利用。此法欧阳永叔亦喜为之，有诗为证，曰：'晨灰暖馀杯，夜火爆山栗。'则以火灰作燉酒、爆栗两用也。"至今苏州卖糖炒栗子的店家和摊肆依然不少。

板栗的吃法很多，袁枚《随园食单·点心单》说："新出之栗，烂煮之，有松子仁香。厨人不肯煨烂，故金陵人有终身不知其味者。"苏州情形不同，旧时常熟王四酒家、山景园等名馆，都用板栗制成桂花栗饼、桂花栗羹等，作为时令佳点，以饷贵客，袁枚还记有"栗糕"一种："煮栗极烂，以纯糯粉加糖为糕蒸之，上加瓜仁、松子。此重阳小食也。"如果生吃，以风干栗子为最佳，汪曾祺《栗子》说："把栗子放在竹篮里，挂在通风的地方吹几天，就成了'风栗子'。风栗子肉微有皱纹，微软，吃起来更为细腻有韧性。不像吃生栗子会弄得满嘴都是碎粒，而且更甜。贾宝玉为一件事生了气，袭人给他打岔，说：'我想吃风栗子了。你给我取去。'怡红院的檐下是挂了一篮风栗子的。风栗子入《红楼梦》，身价就高起来，雅了。"

枇 杷

　　枇杷，吴船入贡，汉苑初栽，前人以"黄金丸弹"喻之，可称绝妙。苏轼诗中称枇杷为卢橘，却是这位大文豪的疏漏。司马相如《上林赋》云："卢橘夏熟，黄甘橙楱，枇杷橪柿，亭柰厚朴。"其中既有卢橘，又有枇杷，则两者并非一物。朱翌《猗觉寮杂记》卷上说："岭外以枇杷为卢橘子，故东坡云'卢橘杨梅次第新'，又'南村诸杨北村卢，白花青叶冬不枯'。唐子西亦云：'卢橘、枇杷一物也。'按《上林赋》'卢橘夏熟'，李善引应劭云：'《伊尹书》曰：箕山之东有卢橘，夏熟。'晋灼曰：'卢，黑也。《上林赋》又别出枇杷，恐非一物。枇杷熟则黄，不应云卢。'《初学记》张勃《吴录》曰：'建安有橘，冬月于树上覆裹之，明年春夏，色变青黑，味绝美。'继云：'《上林赋》卢橘夏熟。'又《太平御览》载《魏王花木志》：'蜀土有给客橙，似橘而小，若柚而香，冬夏花实相继，亦名卢橘。'又载郭璞注：'《上林赋》卢橘夏熟，蜀中有给客橙，即此橘也。'考二事，则非枇杷甚明。"可见卢橘不是枇杷的别称，而是柑橘的一种，但后世仍有将卢橘作为枇杷的典故。

　　枇杷树大都植于山麓，高一二丈，粗枝大叶，浓荫如幄，四季常绿，经霜不凋。《广群芳谱·果谱三》称其"冬开白花，三四月成实簇结有毛，大者如鸡子，小者如龙眼，味甜而酢，白者为上，黄者次之，皮肉薄，核大如茅栗。相传枇杷秋萌、冬花、春实、夏熟，备四时之气，他物无与类者"。枇杷的花期，正值风雪寒冬，淡黄白色的小花点缀叶间，微有芳香，故人称"枇杷晚翠"。春间花落结实，暮春初夏时采摘上市，满筐满箩，负担唤卖者，声闻数里。

全国有三大枇杷产区，一是浙江杭州塘栖，二是福建莆田宝坑，三便是苏州洞庭东山。东山漫山遍野广植枇杷树，以白沙、纪革、槎湾、俞坞等处尤多。枇杷的皮色有浅黄、深黄、淡红，去皮后，肉色有青有白有红。青或白的称白沙（与村落之名偶合），有照种、青种诸品；红的称红沙，有大红袍、茄子种、锹头种诸品。白沙较红沙为佳，大的如胡桃，小的如荸荠，又称荸荠种，洁白如雪，厚而多汁，味甘如蜜，惜产量较少。故朱琛《洞庭东山物产考·果部》说："白皮青肉最贵，黄皮白肉次之，红皮红肉为下。中含核二三粒如弹，以独核为佳，味甘而酢。"尤侗《枇杷》云："摘得东山纪革头，金丸满案玉膏流。唐宫荔子夸无赛，恨不江南一骑收。"《莫釐风》1946年创刊号有署名言子的《随笔五章》，介绍了白沙照种的由来："原树为王秋涛家所有，被佣人贺照山氏注意，采接穗繁殖，产果优良，渐及邻人，亦改接此种，后呼此枇杷种为照种，本种可谓为贺照山氏之先择传出之种。现在栽培之白沙枇杷，以该种最多，而品质最优。贺照山氏当时栽培之枇杷，现在尚存，在槎湾藏船坞地方同坟墓之附近，在王家之原树已枯死，今留存仅照山氏所接之次代矣。"

拣选枇杷，宜取长形者，因为圆形者核多浆少，长形者核少浆多。仅有一核者，称为"金蜜罐"、"银蜜罐"。文震亨《长物志·蔬果》说："枇杷，独核者佳，株叶皆可爱，一名款冬花，荐之果筵，色如黄金，味绝美。"枇杷以无核者为上品，但因产量特少，不容易尝到。

枇杷熟时，因其甜香，飞鸟往往前来啄食。吴昌硕《枇杷》云："五月天热换葛衣，山中卢橘黄且肥。鸟疑金弹不敢啄，忍饥空向林间飞。"事实并不如此，枇杷在将熟而未尽熟时就已采摘。陆游《山园屡种杨梅皆不成枇杷一株独结实可爱戏作长句》云："杨梅空有树团团，却是枇杷解满盘。难学权门堆火齐，且从公子拾金丸。枝头不怕风摇落，地上惟忧鸟啄残。清晓呼僮乘露摘，任教半熟杂甘酸。"自注："枇杷尽熟时，鸦鸟不可复御，故熟七八分则取之。"枇杷采下后，装入大篰（每只约七八十市斤）或小篓（每只约三四市斤），贩运出山，运到上海、苏州、无锡等地销售，因属时令佳品，可卖得善价。

枇杷果肉营养丰富，滋味鲜甜爽口，除随手剥啖之外，还可加工制作罐头、果酱、果酒等。枇杷冻为清隽食品，人家都可自制，将枇杷去皮去核，切成薄片，加适量的水，以文火煮之，然后沥取其汁，和入糖霜，再调融煮沸，灌入瓶盎，放置冷水或冰窖里，即明莹成冻。中成药枇杷膏以枇杷叶为主要原料，用于清肺、止咳、润喉等，效果很好。

枇杷向为贡品，唐太宗李世民《枇杷帖》就说："使至得所进枇杷子，良深慰悦，嘉果珍味独冠时新，但川路既遥，无劳更送。"但此风不能绝，东山枇杷在宋代也曾入贡，王维德《林屋民风·土产》说："宋建中初，诏江南枇杷岁次第贡，吴人乃以枇杷配闽中荔枝。"延至明代依然，李东阳、吴宽等人都有记咏赐食枇杷之作，于慎行《赐鲜枇杷》云："嘉名汉苑旧标奇，北客由来自不知。绿萼经春开笼日，黄金满树入筐时。江南漫道珍卢橘，西蜀休称荐荔枝。千里梯航来不易，怀将馀核志恩私。"枇杷是江南寻常之物，皇上颁赐臣工，不过借以表示皇恩浩荡罢了。

关于枇杷的佳话，就是它与琵琶的渊源。徐𤊹《徐氏笔精》卷五"琵琶"条说了一个故事，有人送友人枇杷，附了一笺，将"枇杷"写作"琵琶"，莫是龙作诗嘲笑说："枇杷不是这琵琶，只为当年识字差。若使琵琶能结果，满城箫管尽开花。"沈周也有过这样的事，友人送他枇杷，也将"枇杷"写作"琵琶"，沈周便覆他一笺说："承惠琵琶，开奁视之，听之无音，食之有味，不知古来司马泪于浔阳，明妃怨于塞上，皆为一啖之需耳。今后觅之，当于杨柳晚风、梧桐秋雨之际也。"与友人开了一个有趣的玩笑。沈周此笺收入张丑《真迹日录》卷五，可见事实确凿。将"枇杷"写作"琵琶"，真十分可笑吗？也未必，因为琵琶起源于秦汉，本作"枇杷"，一作"批把"，《释名·释乐器》说："枇杷，本出于胡中，马上所鼓也。推手前曰'枇'，引手却曰'杷'，象其鼓时，因以为名也。"另外它的形制亦与枇杷叶相似。迟在六朝时，琵琶已成为歌舞伎人的必备之物，后人用枇杷来指代妓女，也就是很自然的事了。王建《寄蜀中薛涛校书》有"万里桥边女校书，枇杷花里闭门居"之句，后人便称妓女居处为"枇杷门巷"。这当然是题外的话了。

杨 梅

　　宋之问《登粤王台》云："冬花采卢橘，夏果摘杨梅。"枇杷落市后，就是杨梅的天下了。杨梅树乃常绿乔木，高丈许，春开黄白花，初夏果熟，垂垂枝头，红紫可爱。《本草纲目·果部》引马志语曰："杨梅生江南、岭南山谷，树若荔枝树，而叶细阴青，子形似水杨子，而生青熟红，肉在核上，无皮壳。四月五月采之，南人腌藏为果，寄至北方。"又，李时珍曰："杨梅树，叶如龙眼及紫瑞香，冬月不凋，二月开花，结实形如楮实子，五月熟，有红白紫三种，红胜于白，紫胜于红，颗大而核细，盐藏、蜜渍、糖收皆佳。"杨梅又称朹子，段公路《北户录》卷三"白杨梅"条说："杨梅，叶如龙眼，树如冬青，一名朹（音'求'）。"还有称它"圣僧"的，出典无考，瞿佑《咏物诗·白杨梅》云："异味每烦山客赠，灵根犹是圣僧移。水晶盘荐华筵上，酪粉盐花两不知。"《世说新语·德行》有个故事，说梁国杨氏子，才九岁，就异常聪慧，孔坦去看他的父亲，恰好不在，由他出来接待，孔坦指着盘中的杨梅说："此是君家果。"那孩儿应声答道："未闻孔雀是夫子家禽。"由于这个故事，杨梅又被称为"君家果"或"杨家果"。

　　《广群芳谱·果谱三》说："吴中杨梅，种类甚多。名大叶者最早熟，味甚佳。次则下山，本出苕溪，移植光福山中尤胜。又次为青蒂、白蒂及大小松子。此外味皆不及。"洞庭两山向以杨梅著名，王维德《林屋民风·土产》说：

"杨梅,出洞庭山塘里、涵村、慈里者佳,若东山丰圻、俞坞、横阴诸山皆有之,品稍下。"金友理《太湖备考·物产》也说:"杨梅,出东西两山及马迹山。有一种脱核者,出东山西坞,味最佳。马迹有一种,色白如玉,名曰雪桃;又一种,形方有楞,土人呼为八角杨梅,出桃花湾陈氏山垅,他处则无。"西山的紫杨梅最盛,也有白杨梅,尤为人珍视,其形较紫杨梅为小,色洁白无瑕,食之甘而不酸,惜所产不多,不能致远,苏州市上绝无售者。

1947年6月,周瘦鹃、范烟桥、程小青应洞庭西山显庆寺住持闻达之邀,结伴往游,周瘦鹃《杨梅时节到西山》说:"跨上埠头时,瞥见一筐筐红红紫紫的杨梅,令人馋涎欲滴,才知枇杷时节已过,这是杨梅的时节了。闻达上人和山农大半熟识,就向他们要了好多颗深紫的杨梅,分给我们尝试,我们边吃边走,直向显庆禅寺进发。穿过了镇下的市集,从山径上曲曲弯弯地走去,夹道十之七八是杨梅树,听得密叶中一片清脆的笑语声,女孩子们采了杨梅下来,放在两个筐子里,用扁担挑回家去,柔腰款摆,别有一种风致,我因咏以诗道:'摘来甘果出深丛,三两吴娃笑语同。拂柳分花归缓缓,一肩红紫夕阳中。'这一带的杨梅树实在太多了,有的已把杨梅采光,有的还是深紫浅红地缀在枝头,我们尽拣着深紫的摘来吃,没人过问,小青兄就成了一首五绝:'行行看峦色,幽径绝埃尘。一路杨梅摘,无须问主人。'可是这山里的杨梅,原也并不像都市中那么名贵,出了三四千元,就可买到大大的一筐,而路旁沟洫之间,常见成堆的委弃在那里,淌着血一般的红汁,我瞧了惋惜不置,心想倘有一家罐头食物厂开在这里,就可把山农们每天卖不完的杨梅收买了蜜饯装罐,行销到国内各地去,化无用为有用,那就不致这样的暴殄天物了。"

东山杨梅,以丰圻、俞坞、西坞、石井、洪湾等村最多,其地山坞深达数里,产出殊盛。1948年,严士雄《线底黑杨梅》说:"据老农言,东山在全盛时代,杨梅出产每年约有数十万担之数。当时时局平靖,民阜物丰,杨梅树漫山遍野,绿荫层叠,出产额可占百果中半数之钜。到采收时,每有雇佣短工协助采收。此汛期内,满山喧喧嚷嚷,采者挑者,装篰者,送饭菜者,途为之塞,前呼后拥,形如长蛇,足为名果添佳话。"又说:"每届杨梅成熟时间,采办者纷纷前往采办。据内行言,贩卖杨梅最不易赢利,实因无皮容易破烂,而隔夜即生白毛发霉,口味即变,远销者摇船日夜不息运输送货。乡俗有云:'做杨梅生意蚀本,看见栎树子伤心。'话出有因也。奈客人辈鉴于价贱而适合社会上之普销,如遇顺风,码头货少,其利之厚,他果不及,故至今尚能供求不相平。而远处之地,能尝到东山隽品,使名闻江南,皆贩卖者之功矣。"

光福诸山、横山诸坞也盛产杨梅,铜坑附近的安山,居民多种杨梅,那里有钱武肃王庙,乡人世守其祀,每年杨梅初熟,必先供奉于王,然后担出售卖。有人认为光福杨梅比洞庭两山更佳,如文震亨《长物志·蔬果》说:"杨梅,吴中佳果,与荔枝并擅高名,各不相下。出光福山中者最美,彼中人以漆盘盛之,色与漆等,一斤仅二十枚,真奇味也。生当暑中,不堪涉远,吴中好事家或以轻桡邮置,或买舟就食。"王士禛《玄墓竹枝词》云:"枫桥估客入山来,艓子多从木渎开。玛瑙冰盘堆万颗,西林五月熟杨梅。"

常熟宝岩的杨梅也很有名,民国《重修常昭合志·风俗》说:"是月中,宝岩杨梅极盛,游人结队往观,名曰看杨梅。"汪青萍《常熟手册》也说:"五六月间,宝岩杨梅结子,树以百计,万绿丛中,得此累累红宝,亦足寓目。游人买棹置酒,放乎中流,或入宝岩寺少憩,或放舟西湖,清风徐来,水波不兴。在此炎热天气,得一清凉世界,较之酣歌恒舞者,洵别有佳趣也。"诚然是海虞风俗的盛事。

杨循吉《初食杨梅》云:"杨梅本是我家果,归来相对叹先作。往来南北将十年,久不食汝几忘却。忆从年少在吴中,食以成伤难疗药。年年端节即有之,街头卖新先附郭。初间生酸带青色,次见熟从枝上落。吴侬好奇不论钱,一味才逢倾倒橐。生时薰蒸喜烈日,所怕狂风阴雨虐。有红有白紫者佳,大如弹丸圆可握。生芒刺口易破碎,到牙甘露先流腭。黄船奉贡昼夜走,数枚出赐惟台阁。其馀官小那得预,说著江南怀颇恶。吴人盐蜜百计收,不知本味终枯涸。肉存液去但有名,夺以酸甜无可嚼。我今到家又遇夏,正是高林雨方濯。满盘新摘恣狂啖,十指染丹如茜著。细思口实亦小事,其来乃以微官博。使余不有故山归,安得乡鲜列惟错。人生百年在适意,忍口劳劳何所乐。"这首诗写得很有意思,不啻是一段苏州杨梅的掌故。

苏州人吃杨梅,大都总得用盐水渍过,为的是杀菌减酸,其实唐人早就这样做了,李白《梁国吟》便有"玉盘杨梅为君设,吴盐如花皎白雪"之咏,用盐水渍过的杨梅,确实别有风味。杨梅除鲜食外,还可制酱、榨汁、酿酒、盐渍及蜜饯等。将杨梅浸烧酒中,能历久不坏,凡遇因风寒引起的腹泻,食之可止,疗效甚验。

柑　橘

　　秋末冬初，木落天高，或红或黄的柑橘是山野间的最好点缀。柑橘的品种以及自然界中的变种极多，因而名目纷繁，往往不易分辨。一般来说，柑的花较大，橘的花较小；柑的春梢叶片先端凹口模糊，橘的凹口明显；柑的果皮厚而难剥，橘的果皮薄而易剥。柑和橘的不同，大略只能作这样的区分。

　　柑橘树为常绿灌木，干高一二丈，茎多细刺，叶作长圆形，初夏开小白花，厥香甚烈，六七月成熟，惟洞庭两山的橘柚，得霜气而始熟，故韦应物《答郑骑曹青橘绝句》云："怜君卧病思新橘，试摘犹酸亦未黄。书后欲题三百颗，洞庭须待满林霜。"洞庭两山都盛产柑橘，金友理《太湖备考·物产》说："湖中诸山，大概以橘柚为产，多或至千树，贫家亦无不种。"其栽植历史可追溯上古，《尚书·禹贡》记扬州"厥包橘柚，锡贡"，洞庭两山属扬州之域，可见其贡橘之久。至唐代仍入贡，白居易有《拣贡橘书情》云："洞庭贡橘拣宜精，太守勤王请自行。珠颗形容随日长，琼浆气味得霜成。登山敢惜弩骀力，望阙难伸蝼蚁情。疏贱无由亲跪献，愿凭朱实表丹诚。"自宋室南渡后，洞庭两山出现人多田少的局面，柑橘更成为重要的经济作物。康熙《具区志·风俗》说："其土贵，凡栽橘可一树者，值千钱或二三千，甚者至万钱。其民勤，有蓄千金而樵汲树艺未尝废也。"但柑橘难种，如叶梦得《避暑录话》卷下说："今吴中橘亦惟洞庭东西两山最盛，他处好事者，园圃仅有之，不若洞庭人以为业也。凡橘一亩比田一亩利数倍，而培治之功亦数倍于田。橘下之土几于用筛，未尝少以瓦砾杂之。田自种至刈，不过一二耘，而橘终岁耘，无时不使见纤草。地必面南，为属级次第使受日。每岁大寒，则于上风焚粪壤以温之。吾不如老圃，信有之矣。"虽然果农生涯辛苦，但获利良多，诚然也是一方经济命脉。

关于洞庭两山柑橘的品种，诸书所载不同。王维德《林屋民风·土产》说："橘之品不一，最贵者名绿橘，皮细多液，比常橘特大，未霜深绿色，脐间一点先黄，味已全，可啖；平橘，比绿橘差小，色纯黄，方可啖，其皮入药；蜜橘，以甘得名；糖囊，旧名塘南，吴文定公以其甘易今名；朱柑，色最红；染血，似朱柑而小；早红，皮薄而先熟；漆碟红，皮松而早熟；洪州橘，种自洪州来；福橘，种自闽来；襄橘，种自襄阳来，皮粗，至春味甘，其品稍下。"金友理《太湖备考·物产》则将橘、柑、橙三者分别作了介绍："橘，出东西两山，所谓'洞庭红'是也。《本草》云：'橘非洞庭不香。'唐代充贡，白居易刺苏州有《拣贡橘》诗，古人矜为上品，名播天下。自明及今，屡遭冻毙，补植者少，品亦稍下，所产寥寥矣。真柑，《吴郡志》：'出洞庭东西两山，虽橘类而品特高，香味超胜，浙东、江西及蜀果州皆产，悉出洞庭下。'今此产绝少。橙，皮香瓤酢，大者名蜜橙。"文震亨《长物志·蔬果》则说："橘为木奴，既可供食，又可获利，有绿橘、金橘、蜜橘、扁橘数种，皆出自洞庭。"扁橘除洞庭两山外，吴江村落间亦多种之，实最大，其形扁，故名。

"洞庭红"是柑橘的名品，以味甜、汁多、筋少、色艳而闻名遐迩，早在明代就贩运海外。《今古奇观》第九卷《转运汉巧遇洞庭红》有一个情节，说倒运的文若虚突然转运，他"信步走去，只见满街上筐篮内盛着卖的，'红如喷火，巨若悬星。皮未皱，尚有馀酸，霜未降，不可多得。原殊苏井诸家树，亦非李氏千头奴。较广似曰难兄，比福亦云具体'。乃是太湖中东西洞庭山，地暖土肥，与闽广无异，广橘福橘，名播天下，洞庭有一样橘树绝与他相似，颜色正同，香气亦同，只是初出时味略少酸，后来熟了，却也甜美，比福橘之价，十分之一，名曰洞庭红"。文若虚花一两银子买了百馀斤，扬帆出海，在一个叫吉零国的地方,每个竟卖了一千多个银钱。这正是海外贸易中的黄金梦。

"洞庭红"分早红和料红两种,早红之名最早见康熙《具区志·土产》,称其"皮薄而先熟"。实际上早红分粗皮和细皮两个品系,前者果皮粗而厚,汁少味甜,产量少;后者果皮细而薄,汁多味略酸,产量较高。早红比一般柑橘成熟得早,金秋时节就独步上市,因而受到人们的青睐;料红则要经霜后才能采摘,且可贮至春节前上市,故而料红几乎是新年里家家桌上祭先、待客的果品,或是春节里走亲访友的节物。凡来苏城的客人,也总买"洞庭红"携归,清初僧人宗信《续苏州竹枝词》云:"石晖桥下太湖通,日日归帆趁晚风。霜降莫愁时果少,客船争买洞庭红。"

古人爱柑橘,每宠之以诗,王世贞《橘》云:"曾因骚客称嘉树,从此芳名筐篚间。淮浦孤踪一水隔,洞庭千颗两峰殷。烟霞自与长生液,霜霰翻朱渐老颜。棋局便须相伴住,未烦尘世访商山。"释妙声《谢惠橘》云:"洞庭嘉实正离离,满树黄金欲采迟。香比陆郎怀去后,霜如韦守寄来时。开尝宜想千林晚,包贡空含万里悲。江汉风尘愁路绝,食新聊得一开眉。"沈朝初《忆江南》词曰:"苏州好,朱橘洞庭香。满树红霜甘液冷,一团绛雪玉津凉。酒后倍思量。"读来很令人神往。

"一年好景君须记,最是橙黄橘绿时"。橘熟时节,气候爽适,于人最宜,这时很少有与药罐子作伴的,故陈郁《藏一话腴》内编卷上引谚语:"枇杷黄,医者忙;橘子黄,医者藏。"橘皮、橘核、橘络都是药笼中物,有治病救人之功。故取柑橘加工为橘饼、橘红糕、橘羹汤、橘子酱、橘子酒等,也都为食疗清品。

茶 荈

苏州产茶历史悠久，盛唐以后，苏州的茶树栽培已很普遍，太湖诸山有很多茶园。皮日休《茶中杂咏·茶坞》云："闲寻尧氏山，遂入深深坞。种荈已成园，栽葭宁记亩。石洼泉似掬，岩罅云如缕。好是夏初时，白花满烟雨。"陆龟蒙《奉和茶具十咏·茶坞》云："茗地曲隈回，野行多缭绕。向阳就中密，背涧差还少。遥盘云髻慢，乱簇香篝小。何处好幽期，满岩春露晓。"皮、陆所咏之茶园，惜已不能考其所在了。

苏州最早的名茶是水月茶，又称小青茶，出洞庭西山缥缈峰西北水月寺东小青坞。朱长文《吴郡图经续记·杂录》说："洞庭山出美茶，旧入为贡。《茶经》云：'长洲县生洞庭山者，与金州、蕲州味同。'近年山僧尤善制茗，谓之水月茶，以院为名也，颇为吴人所贵。"所引《茶经》，乃五代蜀臣毛文锡《茶谱》中语。陈继儒《太平清话》卷四也说："洞庭小青山坞出茶，唐宋入贡，下有水月寺，即贡茶院也。"水月茶是否入贡，未可遽定，因唐代苏州的茶，品格并不高，陆羽《茶经·八之出》就说："浙西以湖州上，常州次，宣州、杭州、睦州、歙州下，润州、苏州又下。"《吴郡志·土贡》也没有茶贡的记录，水月寺之为"贡茶院"，大概也是后人的附会。

小青坞里有水月泉，冬夏不涸，甘凉异于他泉，绍兴初改称无碍泉，与水月茶相得益彰，如此好茶好水，成为茶人的向往。万历间流传一句俗谚："墨君坛畔水,吃摘小青茶。"墨君坛在水月寺边上,王维德《林屋民风·古迹》说:"汉延平元年,墨佐君于此置坛求仙。上有池可半亩,前有石高丈馀,其下水分南北,百步许有地名吃摘,出茶最佳。"地名吃摘,茶也俗称"吃摘",沈德潜《震泽赋》有"然石鼎,烹吃摘",说的就是水月茶。

水月茶后,苏州名茶有虎丘茶和天池茶。

虎丘茶,因产虎丘而得名。虎丘之产茶,或也甚早,陆廷灿《续茶经·十之图》著录"宋李龙眠有《虎阜采茶图》,见题跋"。以其点之色白,也称白雪茶,冯梦祯《快雪堂漫录》"品茶"条谈到虎丘茶时说:"子晋云,本山茶,叶微带黑,不甚青翠,点之色白如玉,而作寒豆香,宋人呼为白雪茶。"

迟在明代中期,虎丘茶因深受士大夫推崇,更声誉隆重起来。黄德龙《茶说·一之产》简述了它在各地名茶中的地位:"若吴中虎丘者上,罗岕者次之,而天池、龙井、伏龙又次之。新安松萝者上,朗源沧溪次之,而黄山磻溪则又次之。彼武夷、云雾、雁荡、灵山诸茗,悉为今时之佳品。至金陵摄山所产,其品甚佳,仅仅数株,然不能多得。其馀杭浙等产,皆冒虎丘、天池之名;宣池等产,尽假松萝之号。此乱真之品,不足珍赏也。其真虎丘,色犹玉露,而泛时香味,若将放之橙花,此茶之所以为美。"当时对虎丘茶的评价很高,如屠隆《考槃馀事》卷四:"虎丘最号精绝,为天下冠。惜不多产,皆为豪右所据,寂寞山家,无繇获购矣。"李日华《竹懒茶衡》:"虎丘气芳而味薄,乍入碗,菁英浮动,鼻端拂拂,如兰初坼,经喉吻亦快然,然必惠麓水,甘醇足佐其寡。"许次纾《茶疏·产茶》:"若歙之松萝,吴之虎丘、钱塘之龙井,香气浓郁,并可与岕雁行。"文震亨《长物志·香茗》:"虎丘最号精绝,为天下冠,惜不多产,又为官司所据,寂寞山家得一壶两壶,便为奇品,然其味实亚于岕。"当时虎丘茶树集中在金粟山房附近,即今二山门西偏。僧人在谷雨前采摘,撷取细嫩之芽,焙而烹之,色如月下之白,味如豆花之香,氲氤清神,涓滴润喉,令人怡情悦性。

尽管虎丘茶名擅天下,却未曾入贡,谈迁《枣林杂俎·荣植》"茶"条说:"自贡茶外,产茶之地,各处不一,颇多名品,如吴县之虎丘、钱塘之龙井最著。"不入贡的原因，大概有两，一是赝种极多，寺僧于虎丘茶树中杂种其他，非专家往往难辨真假；二是不易贮存，得现采现焙，即时烹之，才得佳味。冯梦祯《快雪堂漫录》"品茶"条记鉴茶名家徐茂吴，"茂吴品茶以虎丘为第一，常用银一两馀购其斤许，寺僧以茂吴精鉴，不敢相欺，他人所得，虽厚价亦赝物也"。卜万祺《松寮茗政》也说："虎丘茶，色味香韵，无可比拟。必亲诣茶所，手摘监制，乃得真产。且难久贮，即百端珍护，稍过时，即全失其初矣。殆如彩云易散，故不入供御耶。但山岩隙地，所产无几，又为官司禁据。寺僧惯杂赝种，非精鉴家卒莫能辨。"为贮存虎丘茶，苏州人想尽办法，当时茶叶包装大都用纸，然而纸收茶气，就改用瓷罐或锡罐，以保持它原本的色香味。虎丘茶虽未入贡，但在宫中是常备的茶品，吕毖《明宫史·饮食好尚》说："茶则六安、松萝、天池、绍兴、岕茶、径山茶、虎丘茶也。"

虎丘茶名声虽大，因隙地极小，产量很少，真正的虎丘茶，一年不过数十斤，故十分名贵。至万历间，苏州地方长官都以虎丘茶来奉承上司。每到春时，茗花将放，吴县、长洲县的县令就封闭茶园，当抽芽之时，狡黠的吏胥便逾墙而入，抢先采得茶叶，后来者不能得，便怪罪僧人，常常将他们痛笞一通，还要予以赔偿。僧人不堪其苦，只能攒眉蹙额，闭门而泣。这种状况持续了三十多年，僧人在无可奈何之下，只得将茶树尽数拔去。事见文震孟《薙茶说》。想不到清初时茶树又长了出来，因有着昔日的辉煌，文人们又开始扬誉起来，如施於民《虎丘百咏·本山茶》云："几株栽傍白云隈，常许枯僧采得回。嫩色直同芳岸柳，幽香不异小庭梅。煎时爱泼风千扇，饮处疑倾雪一杯。好问萧山毛太史，可能重为斗茶来。"又，曹尔堪《忆江南·纪游》词曰："山塘好，匙雪虎丘茶。近水雕梁频坐燕，护晴油幕巧分花。涤器丽人家。"沈朝初《忆江南》词曰："苏州好，绿雪虎丘茶。豕腹旧藏梅里水，官窑新泡雨前芽。香味色俱佳。"同时，官吏们又重蹈覆辙，巧取豪夺。康熙二十三年（1684），汤斌任江宁巡抚，严禁属员馈送虎丘茶，而寺僧看到茶树已经怕了，也懒于艺植，这些茶树便渐渐衰萎了。

虎丘茶的关键，在于采焙。冯时可《茶录》说："苏州茶饮遍天下，专以采造胜耳。徽郡向无茶，近出松萝茶，最为时尚。是茶始比丘大方。大方居虎丘最久，得采造法。其后于徽之松萝结庵，采诸山茶于庵焙制，远迩争市，价倏翔涌。人因称松萝茶，实非松萝所出也。"《滇行纪略》又说："城外石马井水无异惠泉，感通寺茶不下天池、伏龙，特此中人不善焙制耳。徽州松萝旧亦无闻，偶虎丘有一僧往松萝庵，如虎丘法焙制，遂见嗜于天下。恨此泉不逢陆鸿渐，此茶不逢虎丘僧也。"这段话说得明白，虎丘茶的采焙工艺应用于其他地方，也能制作出色香味俱佳的茶叶来。

天池茶，出天池山一带，迟在明代中期就跻身天下名茶之列。沈周《书岕茶别论后》说："昔人咏梅花云：'香中别有韵，清极不知寒。'此惟岕茶足当之。若闽之清源、武夷，吴郡之天池、虎丘，武林之龙井，新安之松萝，匡庐之云雾，其名虽大噪，不能与岕相抗也。"谢肇淛《五杂组·物部三》说："今茶品之上者，松萝也，虎丘也，罗岕也，龙井也，阳羡也，天池也，而吾闽武夷、清源、鼓山三种可与角胜。"又《西吴枝乘》说："余尝品茗，以武夷、虎丘第一，淡而远也；松萝、龙井次之，香而艳也；天池又次之，常而不厌也。馀子琐琐，勿置齿喙。"顾起元《说略·食宪》也说："茶品，独贵者虎丘，其次天池，又其次阳羡；羡之佳者岕，而龙井、六安之类皆下矣。"

上品天池茶，汤色翠绿，芝芬浮荡，韵清气醇，滋味悠长。屠隆《考槃馀事》卷四说："天池，青翠芳馨，瞰之赏心，嗅亦消渴，诚可称仙品，诸山之茶尤当退舍。"虽然天池山方圆不广，但产茶也有分别，文震亨《长物志·香茗》说："天池，出龙池一带者佳，出南山一带者最早，微带草气。"

入清以后，天池茶曾入贡。《词林典故·恩遇》记康熙十七年（1678）四月，"赐学士张英新贡龙井、天池珍茗二瓶，高丽人参一函"，张英有《四月二十六日蒙赐新贡龙井天池珍茗二瓶恭纪四首》。宫中日用，也采办天池茶，据《国朝宫史·经费一》记载，乾隆时期，皇贵妃、贵妃、妃、嫔、贵人，每月"天池茶叶八两"。惜乎大内档案查检不易，否则这方面的材料可得更多，这里只能略记一笔。

明代茶人对天池茶的评价并不一致，有人认为天池茶乃平常之品，只是色相好也,如李日华《紫桃轩杂缀》卷一说:"天池,通俗之材,无远韵,亦不致呕哕。寒月诸茶黯黯无色,则彼独翠绿媚人,可念也。"有人则认为天池茶更下一等,如许次纾《茶疏·产茶》就说:"往时士人皆贵天池,天池产者,饮之略多,令人胀满,自余始下其品,向多非之,近来赏音者始信余言矣。"当事物流行之际,总有不同看法,既有平允肯綮之见,也有标新立异之辞,都属正常现象。

天池茶在谷雨前开始采摘细芽,每当时节,天池山上采茶正忙。陈继儒《天池图》云:"春当三月鸟声忙,柳浪参差麦浪凉。此日吴闾好风景,僧厨十里焙茶香。"徐元灏辑《吴门杂咏》卷十一《天池采茶歌》云:"南山北山雨初歇,乱莺啼树春三月。山村处处采新茶,妇女携筐满阡陌。山南气早采独先,山北土寒未全发。居人种植代耕桑,一春雨露邀天泽。可怜采摘独艰难,卖向侯门半狼藉。痛饮羊羔醉花底,清香谁识龙团美。争似卢仝茶灶间,瀹泉松火山窗里。"

明代苏州诸山也都出好茶,只是产量较少,影响不大,如横山一带,卢襄《石湖志略·物产》说:"有茶,近山诸坞多植之,谷雨前摘细芽入焙,谓之芽茶,又谓之奴茶。一襄入市,市中人争买之,或以馈远。"

约明末清初,洞庭两山各有一种名茶,一曰剔目,一曰片茶。康熙《具区志·土产》说:"茶出洞庭包山者,名剔目,俗名细茶。出东山者,品最上,名片茶,制精者价倍于松萝。"西山所出剔目,既谓之细茶,应该与碧螺春仿佛,但其具体情形,已不得而知,且剔目之名,记咏甚少,惟见厉鹗《秋玉游洞庭回以橘茶见饷》云:"饷我洞庭茶,鹰爪颗颗先春芽。虎丘近无种,剔目名可嘉。功能彻视比龙树,金镜不怕轻翳遮。瀹以龚春壶子色最白,啜以吴十九盏浮云花。"东山所出之片茶,那是古已有之的,既是制作方法,又指成品形状。周高起《洞山岕茶系》说:"县官修贡,期以清明日入山肃祭,乃始开园采造,视松萝、虎丘而色香丰美,自是天家清供,名曰片茶。初亦如岕茶制,万历丙辰僧稠荫游松萝,乃仿制为片。"又说:"近有采嫩叶,除尖蒂,抽细筋,炒之,亦曰片茶。"故东山片茶,就其色香味形来说,应与松萝接近。

　　碧螺春，也写作碧萝春，它的流行，约在清初，与剔目、片茶有共存的阶段。相传它本是野茶，圣祖南巡才题名碧螺春，这个说法传播很广，至今商家仍以此作号召。王应奎《柳南续笔》卷二"碧螺春"条说："洞庭东山碧螺峰石壁产野茶数株，每岁土人持竹筐采归，以供日用，历数十年如是，未见其异也。康熙某年，按候以采，而其叶较多，筐不胜贮，因置怀间，茶得热气，异香忽发，采茶者争呼'吓杀人香'。'吓杀人'者，吴中方言也，因遂以名是茶云。自是以后，每值采茶，土人男女长幼务必沐浴更衣，尽室而往，贮不用筐，悉置怀间。而土人朱正元，独精制法，出自其家，尤称妙品，每斤价值三两。己卯岁，车驾幸太湖，宋公购此茶以进，上以其名不雅，题之曰碧螺春。自是地方大吏岁必采办，而售者往往以伪乱真。元正没，制法不传，即真者亦不及曩时矣。"圣祖题名碧螺春的事，除王应奎这段外，别无文献记载，言行详记《苏州府志》卷首《巡幸》等，均未见有。

　　其实，迟在清初，就已有碧螺春这个名字了。吴伟业《如梦令》词曰："镇日莺愁燕懒，遍地落红谁管。睡起爇沉香，小饮碧螺春碗。帘卷，帘卷，一任柳丝风软。"又《查湾过友人饭》云："碧螺峰下去，宛转得山家。橘市人沽酿，桑村客焙茶。"两者一起来读，这个名字的由来就清楚了。又，陆廷灿《续茶经·八之出》引屈擢升《随见录》："洞庭山有茶，微似岕而细，味甚甘香，俗呼为'吓杀人'，产碧螺峰者尤佳，名碧螺春。"吴、屈两位都是明末清初人，可见碧螺春的得名，与圣祖仁皇帝无关。康雍时，这一野茶又称为洞庭春。缪谟《雪庄词》有《忆故人》一阕，题曰"东山茶之最上者，名洞庭春，又名'吓杀人'"，词曰："骑火惊雷，埭芽岕片俱奴隶。碧螺山下故人居，远信斜封寄。　瓢饮难知此味。洞天春，深深盏底。去年尝后，舌本馀香，而今还记。"不管如何，碧螺春这个名字起得风雅而贴切，它条索纤细，卷曲似螺，茸毛披覆，银绿隐翠，正蕴含着无尽春色。

　　洞庭两山，气候温和，冬暖夏凉，云雾多，湿度大，适宜茶树生长。山上有柑橘、枇杷、杨梅、石榴等二十多种果木，茶树与果木间植，枝叶相接，根脉相通，故相传碧螺春兼具花香、果味、茶韵。碧螺春采早摘嫩，每年春分前后开始采撷，至谷雨前后结束，以春分至清明采制的品质为最佳。一芽一叶初展，芽叶甚小，叶形卷如雀舌，嫩叶背面密生茸毛，也称作白毫，白毫越多，品质越好。炒制半斤好茶，需七八万个芽叶，可见它的精细。朱琛《洞庭东山物产考·灌木部》说："茶有明前、雨前之名，因摘叶之迟早而分粗细也。采茶以黎明，用指爪掐嫩芽，不以手揉，置筐中覆以湿巾，防其枯焦。回家拣去枝梗，又分嫩尖一叶二叶，或嫩尖连一叶，为一旗一枪，随拣随做。做法用净锅，入叶约四五两，先用文火，次微旺，两手入锅急急抄转，以半熟为度，过熟则焦而香散，不足则香气未透。抄起入瓷盆中，从旁以扇搧之，否则色黄香减矣。"近人严士雄《碧螺春茶》介绍了它的焙制："使锅子烧柴使烫，将茶叶放进，用两手快速匀翻，不得停留，虽然火烫非凡，只得连续工作，否则茶叶即焦黄，取出后即行揉搓，然后用水除去腻汁，再放入锅内搅炒，待水份全干呈白毛（谷雨后即少见，所以雨前、明前为可贵耳），即告成功，到市出售矣。"

至于女子采焙碧螺春的故事，向为旧时文人津津乐道，郭麐《灵芬馆诗话续》卷二说："洞庭产茶名碧萝春，色香味不减龙井，而鲜嫩过之。相传不用火焙，采后以薄纸裹，著女郎胸前，俟干取出，故虽纤芽细粒，而无焦卷之患。"据说，民国年间每年清明前十天至五天，有富绅以重金招请当地少女上山采茶，采得茶后放入怀中或含在口里，以为是绝妙之品。

苏轼《次韵曹辅寄壑源试焙新芽》云："戏作小诗君一笑，从来佳茗似佳人。"前人多以女子喻茶，碧螺春似乎更有一种清丽可人的风姿。它碧色悦目，娇嫩易折，正如怀春少女含情脉脉。它最美好的时候，绚烂而短促，正仿佛一个女子的青春，稍纵即逝。再说，采茶者大都为少女少妇，纤手轻摘，纳于怀中，未免让人想起这片片茶叶里满含的柔情。梁同书《谢人惠碧萝春》云："此茶自昔知者希，精气不关火焙足。蛾眉十五采摘时，一抹酥胸蒸绿玉。纤褂不惜春雨干，满栈真成乳花馥。"虽说得有几分轻薄，但实在也写出了碧螺春那如同少女一样的神韵。

自清初起，碧螺春的销量越来越大。据朱琛《洞庭东山物产考》卷首的物产输出表记载，东山一地输出的碧螺春，光绪三十四年（1908）为三千二百五十斤，宣统二年（1910）为四千一百二十五斤，民国元年（1912）为四千三百六十斤。至上世纪末，东山年产约三万五千斤，西山年产约四万三千五百斤。由于洞庭两山茶园有限，且采摘期较晚，同时市场又供不应求，近十几年来，它的品种就复杂起来，想要买到真正地产碧螺春，也就不是容易的事了。

另外，花茶也是苏州的特产。

花茶，以特制绿茶和天然香花拌和窨制而成，叶色柔嫩，茶汤清澈，清冽爽口，茶味花香相得益彰，浓而不浑，郁而不俗。北方人称花茶为"香片"或"香茶"。花茶的创制，约在元明之际，其雏形是莲花茶，顾元庆《云林遗事·饮食》说："莲花茶，就池沼中，早饭前，日初出时，择取莲花蕊略破者，以手指拨开，入茶满其中，用麻丝缚扎定，经一宿，明早连花摘之，取茶纸包晒，如此三次，锡罐盛，扎口收藏。"由将茶叶置于莲花中自然熏陶，逐渐发展到用其他香花来熏蒸。高濂《遵生八笺·饮馔服食笺上》说："木樨、茉莉、玫瑰、蔷薇、兰蕙、橘花、栀子、木香、梅花皆可作茶。诸花开时，摘其半含半放蕊之香气全者，量其茶叶多少，摘花为拌。花多则太香而脱茶韵，花少则不香而不尽美，三停茶叶一停花始称。假如木樨花，须去其枝蒂及尘垢虫蚁，用磁罐，一层花，一层茶，投间至满，纸箬封固，入锅重汤煮之，取出待冷，用纸封裹，置火上焙干收用，诸花仿此。"

花茶品种很多，根据茶的不同，可分炒青花茶、烘青花茶、红茶花茶、乌龙花茶等；根据花的不同，可分茉莉花茶、白兰花茶、珠兰花茶、柚子花茶、玳玳花茶、桂花茶、玫瑰花茶等。茉莉花茶常用烘青，因称茉莉烘青；玫瑰花茶常用红茶，因称玫瑰红茶。

花茶的香气程度，既与花的品种、数量有关，更与窨花的次数有关。所谓窨花，即将花与茶糅合一起，当花香充分被茶吸收后，再用筛子将花和茶分开，然后烘干。好的花茶，往往要进行多次窨花。无论进行多少次，最后都要再窨一次，不再烘干，这个过程称为"提花"。茶庄供应的花茶，通常都标明

"一窨一提"、"二窨一提"、"三窨一提"等。

饮用花茶的风气，主要在北方流行。因此花茶在北方需求量很大，各地茶庄都进了茶叶自己加工，但地产花茶，不及南方花茶，南方花茶以苏州出品者最佳。

苏州茶业向奉陆羽为神，洞庭诸山栽种采焙的茶农，则所祀之神不详。惟明太仓人朱蒙被浙江长兴罗岕山茶农奉为神明，嘉庆《直隶太仓州志·人物·艺术》说："朱蒙，字昧之，精茶理。先是岕山茶叶用柴焙之，蒙易以炭，益香洌，又创诸制法，茶品遂推岕山第一，今山中肖像祀之。其书法亦名家。"

血 糯

血糯为常熟特产，又称鸭血糯，属水稻科，红芒长杆，成熟时，谷粒皮壳呈浅紫色，脱皮精碾后，米粒殷红如鸭血，与胭脂糯、砵砂糯、赤稻糯、猪血糯等应该是同类，乃由栽培稻变异而来的籼型糯稻品种。

据说，血糯是清初才培育出来的新品种。清圣祖时出现了一种御稻米，御制《康熙几暇格物编》有一篇《御稻米》，这样说："丰泽园中有水田数区，布玉田谷种，岁至九月始刈获登场。一日循行阡陌，时方六月下旬，谷穗方颖，忽见一科高出众稻之上，实已坚好，因收藏其种，待来年验其成熟之早否。明岁六月时，此种果先熟。从此生生不已，岁取千百。四十馀年来，内膳所进，皆此米也。其米，色微红而粒长，气香而味腴，以其生自苑田，故名御稻米。一岁两种亦能成两熟。口外种稻，至白露以后数天，不能成熟，惟此种可以白露前收割，故山庄稻田所收，每岁避暑用之尚有赢馀。曾颁给其种与江浙督抚、织造，令民间种之。闻两省颇有此米，惜未广也。南方气暖，其熟必早于北地。当夏秋之交，麦禾不接，得此早稻，利民非小。若更一岁两种，则亩有倍石之收，将来盖藏渐可充实矣。昔宋仁宗闻占城有早熟稻，遣使由福建而往，以珍物易其禾种，给江淮两浙，即今南方所谓黑谷米也，粒细而性硬，又结实甚稀，故种者绝少。今御稻不待远求，生于禁苑，与古之雀衔天雨者无异。朕每饭时，尝愿与天下群黎共此嘉谷也。"据圣祖自述，这种御稻米"色微红而粒长"，正与鸭血糯相似，但它突然出现在丰泽园水田，真有点类乎"雀衔天雨"的妄说。这个新品种，当经过丰泽园农业技术官员的改良，至于利用的是什么种子，也就无法知道了。

圣祖对这种御稻米非常重视，在避暑山庄种植，小有收获。刘廷玑《在园杂志》卷一据邸抄记道："浙闽总督范公（时崇）随驾热河，每赐御用食馔，内有朱红色大米饭一种。传旨云，'此本无种，其先特产上苑，只一两根，苗穗迥异他禾，乃登剖之，粒如丹砂，遂收其种，种于御园。今兹广获其米，一岁两熟，只供御膳。'又有白色黏米，系树上天生一株，软滑似黍，不胶齿牙。此皆希世珍品，外间不独未见，抑且未闻。是草木休应之征也。咸据邸抄，未敢臆说。"圣祖有意将这种御稻米在江南推广，有御制《早御稻》云："紫芒半顷绿阴阴，最爱先时御稻深。若使炎方多广布，可能两次见秧针。"康熙五十四年（1715）令苏州织造李煦和江宁织造曹頫等在苏州、扬州试种双季连作，是年八月二十日李煦上《散发御种稻谷情形并进新谷新米折》："臣蒙赐谷之后，凡苏州官绅有等，咸知御种谷子一年可收两次，无不欢欣羡慕。今臣煦既种有新谷，则此后凡有求种者，俱可遍给。而江南地方，从前止一次秋收，今将变为两次成熟，于是南方万万生民，无不家给人足，群沐圣天子教养之弘恩，永永无极也。"可惜至康熙末，试种的成绩不大。

因御稻米栽植御苑，故也被称为"御田胭脂糯"，《红楼梦》第五十三回记黑山村庄头乌进孝向贾府缴纳年租年礼的单子上，就有"御田胭脂糯二石"。这胭脂糯与江南所出者不同，江南的"谷红粒白"，而"御田胭脂糯"则"粒如丹砂"。《红楼梦》七十四回至七十五回说，王熙凤抄检大观园，折腾了半夜，"谁知夜里下面淋血不止，次日便觉身体十分软弱起来，遂掌不住"。那天晚饭时，贾母要吃粥，"尤氏早捧过一碗来，说是红稻米粥。贾母接来吃了半碗，便吩咐：'将这送给凤姐儿吃去。'"这"御田胭脂糯"能补血益气，凤姐病的是血亏，贾母让她喝这红稻米粥是有道理的。

光绪《常昭合志稿·物产》说："血糯，亦名红莲糯，宜作粥。"常熟血糯，清香扑鼻，色泽鲜红。据医家言，食用血糯，能养血滋阴。因其性较白糯少黏，故烧煮时最好掺以白糯，以三七相和为宜，即三成血糯七成白糯。以血糯做成的酒酿、粉圆子、八宝饭、红米酥、血糯糕等，不仅色泽美观，而且特别香糯可口。血糯八宝饭是苏州人家的寻常甜食，制作时佐以桂花、蜜枣，衬以白糖、莲心，糯饭紫红，莲心洁白，入口肥润香甜。

黄　鱼

黄鱼，或写作鳇鱼、鲩鱼，以其鳞作金黄色得名，有大黄鱼、小黄鱼之分。大黄鱼又称大黄花、大鲜，体长多为四五十厘米，长者可达二米，尾柄细长；小黄鱼又称黄花鱼、小鲜，状类大黄鱼，体长多为二十厘米左右，尾柄较短，鳞较大。古人称黄鱼为石首鱼，因它的鱼脑石硕大坚硬，如白石一般。它的别种很多，称呼也不一，如鲛、鲵、鲰、鳢、黄瓜鱼、黄灵鱼、黄姑鱼、白姑鱼、黑姑鱼、叫姑鱼、黄唇鱼、毛鲿鱼、石头鱼、春来、踏水、江鱼、金鳞、梅鱼等，按现代动物学分类，它们都属石首鱼科。

苏州人吃黄鱼的历史很早，阖闾十年（前505），东夷侵吴，吴王亲征，逐之入海，大批黄鱼，曾充吴军之饥，甚至石首鱼这个名字，也是吴王给起的。《吴郡志·杂志》引《吴地记》："属时风涛，粮不得度。王焚香祷天，言讫，东风大震，水上见金色，逼海而来，绕吴王沙洲百匝。所司捞漉得鱼，食之美，三军踊跃，夷人一鱼不获，遂献宝物送降款。吴王亦以礼报之，仍将鱼腹肠肚，以咸水淹之，送与夷人，因号逐夷。夷亭之名昉此。吴王回军，会群臣，思海中所食鱼，问所馀何在？所司奏云：并曝干。吴王索之，其味美，因书'美'下着'鱼'，是为'鲞'字。今从失，非也。鱼出海中作金色，不知其名，吴王见脑中有骨如白石，号为石首鱼。"

黄鱼平时栖息于较深的海域，三至六月向近海洄游产卵，产卵后分散在沿岸索饵，以鱼虾等为食，秋冬季又向深海迁移。陆容《菽园杂记》卷十三说："石首鱼，四五月有之。浙东温、台、宁波近海之民，岁驾船出海，直抵金山、太仓近处网之，盖此处太湖淡水东注，鱼皆聚之。他如健跳千户所等处固有之，不如此之多也。"故长江口、钱塘江口一带多黄鱼。田汝成《西湖游览志馀·委巷丛谈》说："杭人最重江鱼，鱼首有白石二枚，又名石首鱼。每岁孟夏来自海洋，绵亘数里，其声如雷，若有神物驱押之者。渔人以竹筒探水底，闻其声乃下网，截流取之，有一网而举千头者。泼以淡水，则鱼皆圈圈无力，或鱼多而力不能举，惧覆舟者，则截网使去。头水取者甚佳，二水、三水则鱼渐小而味渐减矣。瞿宗吉《竹枝词》云：'荻芽抽笋楝花开，不见河豚石首来。早起腥风满城市，郎从海口贩鲜回。'"屠本畯《闽中海错疏》卷上说，宁波海上捕捞黄鱼，"以四月小满为头水，五月端午为二水，六月初为三水，其时生者名洋生鱼，其蔑罍也。头水者佳，二水胜于三水，八月出者名桂花石首，腊月出者为雪亮"。明代中期，头水黄鱼曾入贡，俞汝楫编《礼部志稿·主客司职掌·岁进》说："浙江嘉兴府岁进黄鱼三百尾，俱行乍浦河泊所，小满时节采捕，沿途换冰接救到京，通政使司投本尚膳监，交收礼部批回。"雍正《浙江通志·物产二》引天启《平湖县志》："本县例该岁进黄鱼三百尾，每年金役解贡。嘉靖三十年，粮长与苏州冰厂相争诉状，遂免鱼贡。"

江浙近海各处，都好吃黄鱼。小满前后，黄鱼在苏州上市，居人以为时令佳品。《吴郡志·土物上》说："其味绝珍，大略如巨蟹之螯，为江海鱼中之冠。夏初则至，吴人甚珍之。以楝花时为候，谚曰：'楝子花开石首来，笥中被絮舞三台。'言典卖冬具以买鱼也。此时已微热，鱼多肉败气臭。吴人既习惯，嗜之无所简择，故又有'忍臭吃石首'之讥。二十年来，沿海大家始藏冰，悉以冰养，鱼遂不败，然与自鲜好者，味终不及。以有冰故，遂贩至江东金陵以西，此亦古之所未闻也。海上八月间，又有一种石首。此时天凉，不假冰养而自鲜美，谓之回潮石首。"

明清时期，苏州葑门外有规模很大的海鲜集散市场，至此时节，就有"鳞鱼市"。《吴郡岁华纪丽》卷五"鳞鱼市"条说："鳞鱼名石首鱼，脑有小石。鱼在海中，来潮作阵，其来有声，海舶迎之撒网，一网恒以百数计。吴中重午日，居民必买此鱼，为祀先赏节之需。"又说："每当晓色朦胧，担夫争到葑门外冰鲜鱼行贸贩，摩肩接踵，投钱如雨，牙人秤量，忙不暇给，谓之鳒鱼市。"苏州市上的黄鱼，大都从长江口沿海一带运载而来。

苏州人特别推重黄鱼，以为是时令珍味。范成大《四时田园杂兴》云："海雨江风浪作堆，时新鱼菜逐春回。荻芽抽笋河鲀上，楝子开花石首来。"汪琬《有客言黄鱼事纪之》云："三吴五月炎蒸出，楝树著雨花扶疏。此时黄鱼最称美，风味绝胜长桥鲈。"叶方蔼《苏台新竹枝词》云："海门深锁浪头回，不放黄鱼入市来，晓起腥风满城郭，侯家今日绮筵开。"尤侗《鳒鱼》云："杜陵顿顿食鳒鱼，今日苏州话不虚。门客不须弹铗叹，百钱足买十斤馀。""峨峨大艑载鲜还，月令常参四五间。物到热时宜耐冷，鱼山亦复靠冰山。""鲥鱼骨鲠鲳鱼软，未若鳒鱼美且丰。倘遇水晶班爵日，定当封作夏黄公。"袁学澜更有长歌咏之，《鳒鱼》云："海鲜争聚吴阊市，五月鳒鱼最称美。楝花吐紫樱桃红，舶趁长风吹万里。六桅渔艑望洋开，空际潮音波上起。鲛鲡鳗鲢纪异名，巨网横牵千百尾。杂揽泼剌满船舱，体护坚冰尺有咫。载向鲟溪论担售，贩卖喧呶声聒耳。烟灶千家竞朵颐，三台絮被如云委。洗手厨娘作脍忙，老饕恣食忌停匕。吾闻此鱼曾济吴兵饥，沙洲百匝扬鳞鬐。金光逼海救重困，三军果腹驱东夷。又闻鱼城入秋化凫鸥，飞潜变幻争神奇。首中含石知验毒，金羹煮馔同莼丝。吴民只解贪口腹，但夸腴味侔江鲥。鲰生对之书美字，无血谓可供斋期。调和醯酱价不费，曝干作鲞藏花瓷。风晨月夕迟良友，待唤宋嫂来烹治。"不但记咏了黄鱼的苏州故事，还反映了苏州人好吃黄鱼的风气。

犹记1970年代初"备战备荒"，苏州的菜场、南货酱品店挂满了大黄鱼干，价格似亦平常，不少人家的餐桌上就多了一道美味。

鲥　鱼

　　鲥鱼，古称鲥，又称时鱼、迟鱼、箭鱼、三黎，属鲱科。李时珍《本草纲目·鳞部》说："鲥形秀而扁，微似鲂而长，白色如银，肉中多细刺如毛，其子甚细腻。故何景明称其银鳞细骨，彭渊材恨其美而多刺也。大者不过三尺，腹下有三角，硬鳞如甲，其肪亦在鳞甲中。自甚惜之，其性浮游，渔人以丝网沉水数寸取之，一丝罣鳞，即不复动，才出水即死，最易馁败。故袁达《禽虫述》云，鲥鱼胃网而不动，护其鳞也。"鲥鱼生于海，春末夏初入长江产卵，远不过南京，再上游便极少，小满至芒种间为旺汛。鲥从"时"字，因其每到时节而来，故以得名。

　　明代时，鲥鱼为应天府上贡之品，陆路用快马，水路用快船，南京和北京相距遥遥三千里，限三日内抵达，作御宴之需。故宫中时有鲥鱼席，赐臣工品尝。如何景明《鲥鱼》云："五月鲥鱼已至燕，荔枝卢橘未应先。赐鲜遍及中珰第，荐熟谁开寝庙筵。白日风尘驰驿骑，炎天冰雪护江船。银鳞细骨堪怜汝，玉箸金盘敢望传。"于慎行《赐鲜鲥鱼》云："六月鲥鱼带雪寒，三千江路到长安。尧厨未进银刀脍，汉阙先分玉露盘。赐比群卿恩已重，颁随元老遇犹难。迟回退食惭无补，仙馔年年领大官。"入清以后，鲥贡规模更扩大，官民都苦不堪言。吴嘉纪有《打鲥鱼》两首，一首云："打鲥鱼，供上用。船头密网犹未下，官长已鞴驿马送。樱桃入市笋味好，今岁鲥鱼偏不早。观者倏忽颜色欢，玉鳞跃出江中澜。天边举匕久相迟，冰镇箬护付飞骑。君不见金台铁瓮路三千，却限时辰二十二。"另一首云："打鲥鱼，暮不休。前鱼已去后鱼稀，搔白官人旧黑头。贩夫何曾得偷买，胥徒两岸争相持。人马销残日无算，百计但求鲜味在。民力谁知夜益穷，驿亭灯火接重重。山头食藿杖藜叟，愁看燕吴一烛龙。"又，沈名荪《进鲜行》云："江南四月桃花水，鲥鱼腥风满江起。朱书檄下如火催，郡县纷纷捉渔子。大网小网载满船，官吏未饱民受鞭。百千中选能几尾，每尾匣装银色铅。浓油泼冰养贮好，臣某恭封驰上道。钲声远来尘飞扬，行人惊避下道傍。县官骑马鞠躬立，打叠蛋酒供冰汤。三千里路不三日，知毙几人几马匹。马伤人死何足论，只求好鱼呈至尊。"

鲥贡持续了二百馀年，至清康熙二十二年（1683），山东按察使参议张能麟奏请免供鲥鱼，《代请停供鲥鱼疏》说："康熙二十二年三月初二日，接奉部文：安设塘拨，飞递鲥鱼，恭进上御。值臣代摄驿篆，敢不殚心料理。随于初四日，星驰蒙阴、沂水等处，挑选健马，准备飞递。伏思皇上劳心焦思，廓清中外，正当饮食晏乐，颐养天和，一鲥之味，何关重轻。臣窃诏鲥非难供，而鲥之性难供。鲥字从时，惟四月则有，他时则无。诸鱼养可生，此鱼出网则息；他鱼生息可餐，此鱼味变极恶。因藜藿贫民，肉食艰难，传为异味。若天厨珍膳，滋味万品，何取一鱼。窃计鲥产于江南之扬子江，达于京师二千五百馀里。进贡之员，每三十里立一塘，竖立旗杆，日则悬旌，夜则悬灯，通计备马三千馀匹，夫数千人。东省山路崎岖，臣见州县各官，督率人夫，运木治桥，劚石治路，昼夜奔忙，惟恐一时马蹶，致于重遣。且天气炎热，鲥性不能久延，正孔子所谓鱼馁不食之时也。臣下奉法惟谨，故一闻进贡鲥鱼，凡此二三千里地当孔道之官民，实有昼夜恐惧不宁者。"此疏写得情真意切，圣祖天颜为动，准"永免进贡"，从此结束了鲥贡。

常熟（包括今张家港）滨临长江的渔港，乃鲥鱼上岸之地。洪武《苏州府志·土产》说："鲥鱼，出常熟海道，初夏有之，味最腴。初出，郡人以为珍馈。"崇祯《常熟县志·土产》予以纠正："此鱼实产于江，往时多在江阴界，万历末年移产福山港口。"鲥鱼向来比较珍贵，初出时率千钱一尾，非达官巨贾，不得沾箸。但在常熟各渔港，价格并不太高。姚文起《支川竹枝词》云："时物携来巨镇消，冰鲜海上不停挑。牙郎食谱家家熟，一罾鲥鱼尽百条。"自注："海上贩鱼者谓之挑鲜，鲥鱼则各家送售，尽多必罄，俗有'吃食支塘'之称。他物亦称是。"民国时有署名独笑者，在《虞雅》中说："地近长江，江鲜尤美，如浒浦之刀鱼、福山之鲥鱼，出网入市，一炊黍时，城中亦可购得，既鲜且腴。十八年春，偕友人顾苠老赴福山，掉小舟，泊港口，俟鲥鱼出网，即投釜中，鳞晶晶如沃雪，一时诧为异味。"从常熟贩至苏州，价格就攀高了，释宗信《续苏州竹枝词》云："阊关阛货众商居，十万人家富有馀。赶节冰鲜何太早，南濠四月卖鲥鱼。"张英《吴门竹枝词》亦云："杨花落后春潮长，入网霜鳞玉不如。骄语吴侬傲幸杀，千钱昨日吃鲥鱼。"自注："吴人吃鲥鱼，以价高者相诩。"一些豪家的穷奢极欲，也在鲥鱼上反映出来。钱泳《履园丛话·报应》"孽报"条说，清初苏州有大猾施商馀，鱼肉乡里，人人侧目。某天，"施下乡遇雨，停舟某船坊内，主人延之登岸，盛馔款留。施见其家有兵器，遂挽他人以私藏军器报县拘查，施佯为之解救，事得释，曰：'以此报德。'而其人不知也，再三感谢，馈之银，不受。适鲥鱼新出，觅一担送施，以为奇货。施即命其人自挑至厨下，但见鲥鱼已满厨矣"。

至道光时，凡鲥鱼上市，必先进巡抚大人，袁学澜《姑苏竹枝词》云："秧针刺水绿参差，正是冰鲜出市时。万里长风催舶趠，官衙五月进头鲥。"自注："葑门外冰窖，冬月藏冰，夏取以护鲜鱼，名冰鲜。梅雨乍过，有长风随海舶来，旬月不歇，名舶趠风。鲥鱼新出，第一鲥必进抚军，名头鲥。"这是苏州历史上关于鲥鱼的一段故实。

鲥鱼以每条重约二斤者为最佳，因鳞下多凝脂肪，故食时都不去鳞。通常有红烧和清炖两种做法，红烧用酱油、白糖，加葱、姜等佐料，入口肥而不腻；清炖配以火腿、香菇、笋片，加上精盐、葱、姜和少许白糖，用旺火水蒸，肥嫩清鲜，历来为老饕称道。王安石《后元丰行》有"鲥鱼出网蔽洲渚，荻笋肥甘胜牛乳"之咏，其胜味可知。

刀 鱼

刀鱼，古称鱽、鮤、魛、鷯、鮆、鲨、望、蔑刀等，侧薄似刀，细鳞白色，大者长尺馀。其中虽有分别，按现代动物学分类，均属鳀科。李时珍《本草纲目·鳞部》说："鮆生江湖中，常以三月始出，状狭而长，薄如削木片，亦如长薄尖刀形，细鳞白色，吻上有二硬须，腮下有长髯如麦芒，腹下有硬角刺，快利若刀，腹后近尾有短髯，肉中多细刺。煎炙或作鲊鮺食皆美，烹煮不如。"刀鱼有凤鲚、刀鲚、七丝鲚、短颌鲚等品种，凤鲚又称凤尾鱼、烤子鱼，刀鲚又称毛鲚。凤鲚和刀鲚，春夏间集群溯河，分别到河流上游或在河口产卵，形成渔汛，产卵后再返回海中。短颌鲚则已陆封，在湖泊中生长和繁殖。

刀鱼是江南著名鱼鲜，苏轼《和文与可洋川园池三十首·寒芦港》云："溶溶晴港漾春晖，芦笋生时柳絮飞。还有江南风物否，桃花流水鮆鱼肥。"刀鱼入馔，滋味鲜美，陆游就写过不少刀鱼诗，如《初夏》："出波莼菜滑，上市鮆鱼鲜。"《暮春》："辛夷海棠俱作尘，鮆鱼莼菜亦尝新。"《花下小酌》："鮆鱼莼菜随宜具，也是花前一醉来。"《春游》："莼菜鮆鱼初满市，莫将羊酪敌南烹。"又，胡应麟有两首，一首题曰"记十八九时，章二宅中食江鮆，狂饮剧醉，豪兴欲飞，迄今二十馀年，再过瓜洲食此，此物风味，不减畴昔，乃余发则种种不复能作少年态矣"，诗云："玉盘金缕按霓裳，曾倚瓜洲作酒狂。二十馀年重下箸，一生江鮆几回尝。"另一首题曰"鮆鱼，水族中佳品也，江淮惟二月有之，故亦谓时鱼，昔人恨鲥鱼多骨，此物鳞刺尤多，余酷重其风味，每食必尽数盘，座中戏题此绝"，诗云："最爱鲜鳞出素波，金盘玉箸荐银梭。人生事事元堪恨，岂独鲥鱼骨太多。"刀鱼入馔而外，还可以做成鱼干，冯时可《雨航杂录》卷下说："夏初曝干，可以致远，又名鮆鱼。《文字集略》'鮤'亦作'鲦'字，音祭，又音制，炙食甘美。谚曰：'宁去累世田宅，不去鮆鱼额。'"想来这刀鱼干也是异常可口的。

古人将出于江淮的刀鱼称为江鲚，出于湖泊的刀鱼称湖鲚。江鲚早于湖鲚，湖鲚肥于江鲚。苏州既有太湖之薮，又北依长江，故既有湖鲚，也有江鲚。

《山海经·南山经》说："苕水出于其阴，北流注于具区，其中多鮆鱼。"郭璞注："鮆鱼，狭薄而长头，大者尺馀，太湖中今饶之，一名刀鱼。"可见上古时太湖就盛产刀鱼。很久以来，刀鱼就是苏州的特色水产。正德《姑苏志·土产》说："鮆鱼出太湖，狭薄头大，其大者名刀鲚，带子者名鮛子。"黄省曾《鱼经·江海诸品》也说："有鮆鱼，狭薄而首大，长者盈尺，其形如刀，俗呼为刀鲚，初春而出于湖。"金友理《太湖备考·物产》更进而说："鮆鱼，一名刀鱼。《尔雅翼》：'长头而狭，腹背如刀，故名。'俗呼为刀鲚，又名湖鲚，别于江产也。一种小者名梅鲚，渔人鱐之以鬻，盛于浙省诸山中。"朱彝尊《太湖罛船竹枝词》云："黄梅白雨太湖棱，锦鬣银刀牵满罾。盼取湖东贩船至，量鱼论斗不论秤。"又，叶承桂《太湖竹枝词》云："捞虾射鸭傍芦碕，向晚渔罾挂夕晖。拨刺银刀刚出水，落花香里鮆鱼肥。"太湖刀鱼头大鳞细，尾尖长，体形侧扁，银光闪闪，侧望如刀，宜清蒸，腴而不腻，鲜美称绝，惟多细骨，易鲠喉。黄梅天气时出水的，称为梅鲚，有大梅鲚、小梅鲚之分，大梅鲚肉肥骨嫩，口感腴美。据说，自明洪武时起，年年进贡大梅鲚万斤。小梅鲚又称"螳螂子"、"黄尾鮆"，晒干后，可贮存，可致远。

苏州太仓、常熟、张家港沿江一带的刀鱼，即所谓江鲚。每到早春，刀鱼群集溯江而上，谚语云"春潮迷雾出刀鱼"，这时入江的刀鱼，丰腴肥嫩，细嫩至极。嘉庆《直录太仓州志·风土下·物产》说："鮆，俗名刀鲚，多细刺。"

光绪《常昭合志稿·物产》说："曰鮆，正月即出水，较上游为嫩。"光绪《杨舍堡城志稿·物产》记有"鲟、鮰、刀鱼、河豚、鲳鳖、脍残、鲚"，并称"以上七物昔有今无，因江沙涨塞故也"。不知何故，作者将"刀鱼"和"鲚"分作两物，或当地有特殊判断标准。晚近以来，"昔有今无"的局面有了很大变化，张家港沿江是刀鱼和河豚的主要捕捞区域。历史上，吴人珍重长江刀鱼，王逢《江边竹枝词》云："社酒吹香新燕飞，游人裙幄占湾矶。如刀江鲚白盈尺，不独河鲀天下稀。"黄省曾《王履约遗江鲚海蛤》云："东风动沙苑，海蛤带春潮。驿路梅先发，江城雪半消。天寒茅屋小，日暮尺书遥。传语嘉鱼使，因君涤旧瓢。"一般来说，清明前的刀鱼，体大，脂肪多，刺细软；清明后的刀鱼，体小，脂肪少，刺亦变硬，俗称"老刀"。

每当时节，应候而出的刀鱼，以鲜美的滋味赢得佳誉。刀鱼入馔之法很多，能清炖、红烧、油爆、糖醋等，因为鱼刺细而多，取食时常以金花菜同食，可免鱼刺鲠喉。清明前的刀鱼，肉嫩味鲜，刺细软，一蒸后酥松脱骨。将剔除骨刺的鱼肉和在面粉里，制成面条，便是刀鱼面。也有将刀鱼炒成鱼松状，与猪骨、蹄髈、老母鸡等煮成浓汁，浇成面上，称刀鱼汁面。将刀鱼净肉与猪肉作馅，做刀鱼馄饨。还可将刀鱼剁烂后加适量豆腐拌和成饼状油煎，再加佐料用文火烧炙，做成刀鱼饼，俗称鲚饼，风味亦佳。渔民还有一种做法，将黄梅时刚起水的刀鱼，加入调料，煮至七分熟，滤干水渍，用文火在锅里烤炙，直到鱼呈米黄色，称为烙梅鲚，色浓，味香，无腥，脆而不酥，肥而不腻，是佐酒的佳品。刀鱼的内脏，滋味甚美，钱泳《履园丛话·艺能》"治庖"条说："刀鱼本名鱽，开春第一鲜美之肴，而腹中肠尤为美味，不可去之，此为善食刀鱼者。或以肠为秽污之物，辄弃去，余则曰：'是未读《说文》者也。'案《说文·鱼部》，鱽饮而不食，刀鱼也。此鱼既不食，秽从何来耶？故曰人莫不饮食者，鲜能知味也。"

旧时文人好事，毛胜《水族加恩簿》称刀鱼为"白圭夫子"，云是"貌则清臞，材极美俊，宜授骨鲠卿"。这"骨鲠"两字，实在很能说出刀鱼的特点来，但这必是"老刀"矣。

河　豚

　　河豚，也写作河鲀，属鲀科鱼类的俗称，古人又称鯸鲐、鯸鲐、鯸鲐、鯸鲐、鱼、鲑、嗔鱼、吹肚鱼、气包鱼等。李时珍《本草纲目·鳞部》说："豚，言其味美也；侯、夷，状其形丑也；鲀，谓其体圆也；吹肚、气包，象其嗔胀也。"关于河豚的记载很早，《山海经·北山经》说的"赤鲑"和"鲕"，就是河豚。左思《吴都赋》也有"王鲔鯸鲐"，李善注："鯸鲐鱼，状如科斗，大者尺馀，腹下白，背上青黑，有黄文，性有毒，虽小獭及大鱼不敢餤之，蒸煮餤之肥美。"凡沿海带江都有河豚，出自长江口上溯至扬中一段的河豚，最是肥腴鲜美，而常熟（包括今张家港）在下游，早春就能吃到了，崇祯《常熟县志·土产》说："至春则溯江流而上，吾邑居江下流，首春已食之。其在吴江者，曰南江河鲀，味迥不及。"河豚在北宋时就很珍贵。张耒《明道杂志》说："此鱼出时必成群，一网取数十。初出时，虽其乡亦甚贵。在仲春间，吴人此时会客，无此鱼则非盛会。其美尤宜再温，吴人多晨烹之，羹成，候客至，率再温以进。"袁学澜《吴郡岁华纪丽》卷二"河豚上市"条也说："河豚春初从海中来，吴人甚珍之，其膵尤腴美，俗名西施乳。然有毒，烹调失宜，能杀人。"

　　苏州人特别喜欢吃河豚，王士禛《分甘馀话》卷一说："吴俗好尚有三，斗马吊牌，吃河豚鱼，敬畏五通邪神，虽士大夫不能免。"但是河豚的肝脏、生殖腺及血液含有毒素，一不小心，吃了就有性命之虞。苏州有句俗话"拚死吃河豚"，有两层意思，一是说吃河豚有死的危险，二是说吃了河豚死也值得。沿江一带，年年有因吃河豚而死的饕餮者，也有年年吃了河豚而安然无恙的美食家。

历史上，"拚死吃河豚"的人很多，苏轼就是其中一位。孙奕《履斋示儿编》卷十七"西施乳舌"条记了一事："故东坡居常州，颇嗜河豚，而里中士大夫家有妙于烹是鱼者，招东坡享之。妇子倾室闯于屏间，冀一语品题。东坡下箸大嚼，寂如喑者，闯者失望相顾。东坡忽下箸云：'也直一死。'于是合舍大悦。噫！东坡诚有味其言，使嗜色如嗜河豚者而不知戒，皆不免于死。噫！东坡诚有味其言。"吴曾《能改斋漫录·议论》"东坡知味李公择知义"条也记一事："东坡在资善堂中，盛称河豚之美，吕原明问其味如何，答曰：'直那一死。'"为区区河豚而值得去死，可见是美味的极致了，还能用什么语言来表达呢？春天来了，苏轼第一想到的，就是又可以吃河豚了，《惠崇春江晚景》云："竹外桃花三两枝，春江水暖鸭先知。蒌蒿满地芦芽短，正是河豚欲上时。"很可想见他那喜悦的神情。

宋人是很爱吃河豚的，也吃出经验来了，张耒《明道杂志》说："余时守丹阳及宣城，见土人户食之，其烹煮亦无法，但用蒌蒿、荻笋、菘菜三物，云最相宜。用菘以渗其膏耳，而未尝见死者。或云土人习之，故不伤。是大不然。苏子瞻是蜀人，守扬州；晁无咎济州人，作倅。河豚出时，每日食之，二人了无所觉，但爱其珍美而已。"开封吃不到河豚，店肆便有仿制的"假河豚"，聊以煞瘾，这道菜名见《东京梦华录》卷二"饮食果子"条。其实，即使在河豚产地，也有"假河豚"，张耒说："余在真州会上食假河豚，是用江鲖作之，味极珍。有一官妓谓余曰：'河豚肉味颇类鲖而过之，又鲖无脂腴也。'（腴，论咄反，河豚腹中白腴也，土人谓之西施乳，珍美之极。）"

河豚以清明前为佳，鱼皮外毛刺较短软，清明后毛刺变硬，滋味亦差。沈朝初《忆江南》词曰："苏州好，鱼味爱三春。刀鲚去鳞光错落，河鲀剖乳腹膨脝。新韭带姜烹。"自注："河鲀白，俗呼为西施乳。"人称河豚有三美，其一是西施乳，即雄鱼的血白，鲜嫩胜于乳酪；其二是鱼皮，软糯胜于鳖裙；其三才是鱼肉，味似鳗鲡而肉差紧，或谓味在鲤鳊之间。

因为河豚有毒，不擅烹调，就会死人，梅尧臣在范仲淹席上赋《戒食河豚》云："春洲生荻芽，春岸飞杨花。河豚当是时，贵不数鱼虾。其状已可怪，其毒亦莫加。忿腹若封豕，怒目犹吴蛙。炮煎苟失所，入喉为镆铘。若此丧躯体，何须资齿牙。持问南方人，党护复矜夸。皆言美无度，谁谓死如麻。吾语不能屈，自思空咄嗟。"这首诗不但劝戒吃河豚者，而且说出了河豚的习性。欧阳修《六一诗话》说："河豚常出于春暮，群游水上，食絮而肥。南人多与荻芽为羹，云最美。故知诗者谓只破题两句，已道尽河豚好处。圣俞平生苦于吟咏，以闲远古淡为意，故其构思极艰。此诗作于樽俎之间，笔力雄赡，顷刻而成，遂为绝唱。"陆容予以辩正，《菽园杂记》卷九说："吾乡俗语则云：'芦青长一尺，莫与河鲀作主客。'芦青即荻芽也。荻芽长，河鲀已过时矣，而圣俞云然，予尝疑之。后观范石湖《吴郡志》，殆知此鱼至春，则溯江而上，苏、常、江阴居江下流，故春初已盛出，真、润则在二月。若金陵上下，则在二三月之交；池阳以上，暮春始有之。圣俞所云，始池阳、当涂之俗。而欧公所谓'群游水上，食絮而肥，南人多以荻芽为羹'，则又附会之说，非真知河鲀者也。"

但河豚有毒确是事实，毛祥麟《墨馀录》卷六"河豚毒人"条记了一事："医家张麟祥，字玉书，有声于时，求治者踵相接，日得金数十，家顿裕。而供馔之盛，叵拟贯官，凡遇时鲜异味，必以先尝为快。一日出，见肆有河豚，责问厨丁何不市，庖谓此似越宿物，或不宜食。张怒曰：'此我素嗜，尔何知？'庖即往市，得六尾，急烹以进。张呼弟与子同食。食时极口称美，独尽一器。有顷，子觉唇上微麻，以告张，张曰：'汝自心疑耳，我固无他也。'遂乘舆出诊。诊至第五家，忽谓舆夫曰：'速买橄榄来，河豚果有毒。'果至，初尚能嚼，顷之，口渐不能张。舆夫急舁归，入门但呼麻甚，扶坐椅上，仅半时许，气绝矣。初死，面如生，旋闻腹鸣如雷，遍体浮肿，色渐如青靛，继而红，继而黑，则七窍流血焉。同治丁卯二月三日事也。弟与子食幸不多，张归时，已吞粪水，故得不死。初，以其馀馈戚之同嗜者顾某，时正欲食，闻张耗，即命弃去。工人某曰：'生死，数也。食何害？'遂私取食，食且尽。稍顷，自觉舌如针刺，口渐收小，知有异，急自饮便壶中溺，饮已，大吐，遽昏绝，阅二日始醒。时有一猫，又食工人之馀，即腹膨如鼓死。"阮葵生《茶馀客话》卷八"吴俗三好"条说："昔叶讱庵因食河豚致病，陈其年尤酷嗜，在天津食之中毒，面目悉肿，至不可辨识，皆烹制失宜所致。"叶、陈两位还算幸运，属于轻度中毒。

河豚之毒，骇人听闻。因此吃河豚时，往往怀有矛盾心理，陆云士《离亭燕》词曰："三月桃花春水，网撒江鲜初起。不使纤尘沾鼎俎，乳炙西施甚美。下箸且徘徊，此事不如意矣。　昨日传闻西第，醉饱翻成涕泪。子孝臣忠千古事，只是难拚一死。口腹亦可为，竟肯轻生如此。"又，张岱《咏方物·瓜步河豚》题注："苏州河豚肝，名西施乳，以芦笋同煮则无毒。"诗云："未食河豚肉，先寻芦笋尖。干城二卵滑，白璧十双纤。春笋方除箨，秋莼未下盐。夜来将拚死，蚤起复掀髯。"吃河豚时总有点担心，但清早起来，自己居然还活着，总是很欣慰的事。

鲈　鱼

　　范成大《四时田园杂兴》云："细捣枨齑买脍鱼，西风吹上四腮鲈。雪松酥腻千丝缕，除却松江到处无。"这里的松江，即今吴淞江，古称笠泽，又称南江、松陵江。钱大昕《十驾斋养新录》卷二十"松江"条说："唐人诗文称松江者，即今吴江县地，非今松江府也。松江首受太湖，经吴江、昆山、嘉定、青浦，至上海县，合黄浦入海，亦名吴松江。唐时未有吴江县，则松江上流为吴县南境。"说得很明白，今吴江所在即松江上游，故吴江向有鲈乡之称。《吴郡志·土物上》说："鲈鱼，生松江，尤宜脍。洁白松软，又不腥，在诸鱼之上。江与太湖相接，湖中亦有鲈。俗传江鱼四鳃，湖鱼止三鳃，味辄不及。秋初鱼出，吴中好事者竞买之，或有游松江就脍之者。"《后汉书·左慈传》说："左慈，字元放，庐江人也。少有神道，尝在司空曹操座，操从容顾众宾曰：'今日高会，珍馐略备，所少吴江鲈鱼耳。'元放于下坐，应曰：'此可得也。'因求铜盘贮水，以竹竿饵钓于盘中，须臾引一鲈鱼出，操拊掌大笑。"这虽是一个幻戏故事，却说明早在后汉时，松江鲈鱼已名闻天下了。

　　鲈鱼，体白而有黑斑，口大鳞细，鳍很坚硬，外形有点像鳜鱼而略为尖长，一般长两尺馀。它们栖息近海，也进入淡水，以鱼虾等为食，早春在咸淡交界的河口产卵。李时珍《本草纲目·鳞部》说："鲈出吴中，淞江尤盛，四五月方出，长仅数寸，状微似鳜，而色白有黑点，巨口细鳞，有四鳃。杨诚斋诗颇尽其状,云:'鲈出鲈乡芦叶前,垂虹亭下不论钱。买来玉尺如何短,铸出银梭直是圆。白质黑章三四点,细鳞巨口一双鲜。春风已有真风味,想得秋风更迥然。'"杨万里这首诗将鲈鱼的形状描摹得十分真切。

隋大业时,吴郡进献松江鲈鱼干脍,炀帝称之为"金齑玉脍",这是鲈鱼的特殊做法。《太平广记·食》"吴馔"条引《大业拾遗》:"作脍法,一同鲩鱼。然作鲈鱼脍,须八九月霜下之时,收鲈鱼三尺以下者作干脍,浸渍讫,布裹沥水令尽,散置盘内,取香柔花叶相间细切,和脍拨令调匀,霜后鲈鱼,肉白如雪,不腥,所谓金齑玉脍,东南之佳味也。紫花碧叶,间以素脍,亦鲜洁可观。"后世于鲈脍的做法仍有记述,如宋雷《西吴里语》卷三说:"鲈脍,唐吴德昭善造,时人嘲之曰:'脍若遇吴,缕细花铺;若非遇吴,费醋及葫。'江东呼蒜为葫。苏东坡云:'吴兴庖人斫鲈脍,亦足一笑。'乡土以此为盛馔。制时铺成花草鸾凤,或诗句词章,务臻其妙。造齑亦甚得法,谓之金齑玉脍。"高德基《平江记事》说:"鲈鱼肉甚白,杂以香柔花叶,紫花、绿叶、白鱼相间,以回回豆子、一息泥、香杏腻拌之,实珍品也。"

前人对鲈脍颇多赞美,如苏轼《和文与可洋川园池三十首·金橙径》云:"金橙纵复里人知,不见鲈鱼价自低。须是松江烟雨里,小船烧薤捣香齑。"叶茵《鲈脍》云:"围围洞庭阴,西风苦不情。堕罾云叶乱,落刃雪花明。列俎移桃菊,香齑捣桂橙。四腮传雅咏,巨口窃嘉名。误上仙翁钓,羞陪虏使觥。甘腴殊机肉,鲜脆厌侯鲭。银鲫将同调,丝莼久共盟。只缘乡味重,自觉宦情轻。风度偏宜酒,头颅尚可羹。谪仙空汗漫,何处脍长鲸。"虽然鲈脍既能贮存,又有佳味,但想来总不及新鲜鲈鱼。王恽《食鲈鱼》云:"鲈鱼昔人贵,我因次吴江。秋风时已过,满意莼鲈香。我非为口腹,物异可阙尝。口哆颊重出,鳞纤雪争光。背华点玟斑,或圆或斜方。一脊无乱骨,食免刺鲠防。肉腻胜海鲦,味佳掩河鲂。灯前不放箸,愈哚味愈长。张翰为尔游,我今赴官忙。出处要义在,不须论行藏。倚装足朝睡,且快所欲偿。梦惊听吴歌,海日方苍凉。"陆深《和俞国昌食鲈再叠秋字》云:"鲈鱼谁送海门秋,远客思归正倚楼。张翰因风辞洛下,东坡弄月向黄州。脍成飞雪银丝细,目断烟波钓艇浮。剩有诗筒报知己,且凭斗酒慰羁愁。"

北宋庆历间，吴江建利往桥，因桥中有垂虹亭，习称垂虹桥，又东西长千馀尺，俗呼长桥，长虹卧波，为东南胜观。这座桥全国闻名，凡咏唱者，也都忘不了鲈鱼，如梅尧臣《送裴如晦宰吴江》云："吴江田有粳，粳香春作雪。吴江下有鲈，鲈肥脍堪切。炊粳调橙齑，饱食不为餐。月从洞庭来，光映寒湖凸。长桥坐虹背，衣湿霜未结。四顾无纤云，鱼跳明镜裂。谁能与子同，去若秋鹰挚。"如米芾《吴江垂虹亭作》云："断云一片洞庭帆，玉破鲈鱼霜破柑。好作绝句继桑苎，垂虹秋色满东南。"至明代，桥边渔舟丛集，摊贩接踵，成为繁忙的水产集散地。当秋风乍起，各地前来游览赏景、买鲈尝鲜的人们熙熙攘攘，自有一番热闹。唐寅《松陵晚泊》云："晚泊松陵系短篷，埠头灯火集船丛。人行烟霭长桥上，月出蒹葭漫水中。自古三江称禹迹，波涛五夜起秋风。鲈鱼味美村醪贱，放箸金盘不觉空。"

据说，垂虹桥是条分界线，桥北的鲈鱼不及桥南的，桥南所出乃四腮鲈，孔仲平《谈苑》卷一说："松江鲈鱼，长桥南所出者四腮，天生脍材也，味美肉紧，切至终日色不变；桥北近昆山，大江入海，所出者三腮，味带咸，肉稍慢，迥不及松江所出。"前人咏松江四腮鲈的很多，如张镃《吴江鲊户献鲈》云："旧过吴淞屡买鱼，未曾专咏四腮鲈。鳞铺雪片银光细，腹点星文墨晕粗。西塞鳜肥空入画，汉江鳊美阻供厨。季鹰莫道休官去，只解思渠绝世无。"陶安《过吴江》云："人家住处近菰蒲，咫尺风涛隔太湖。暂泊征桡问渔父，如今可有四腮鲈。"王士禛《八册小景》云："八册西风晓镜铺，家家网得四腮鲈。水乡风味江南思，何日扁舟莺脰湖。""八册"乃吴江的一个村落，今作八坼。其实，四腮鲈并不只有松江才有，山东博兴也有，于钦《齐乘》卷四"秋锦亭"条说："其鲈虽小，亦四腮，不减松江，有莼菜，齐人皆不识，目鲈为豸鱼云。"虽说那里的四腮鲈"不减松江"，但毕竟是比不上松江鲈的。

前人往往将鲈鱼与莼菜并提，"莼鲈之思"的典故，脍炙人口。张翰《秋风歌》云："秋风起兮佳景时，吴江水兮鲈正肥。三千里兮家未归，恨难得兮仰天悲。"当时张翰见八王之乱，杀戮惨重，恐祸及己身，于是借口思念家乡的菰菜、莼羹、鲈鱼脍，辞官返家。故陆龟蒙《松江秋书》云："张翰深心怕祸机，不缘菰脆与鲈肥。"

白 鱼

　　白鱼，身窄而长，首尾俱昂，鳞细肉嫩，味极腴美，向为人所爱食。胡世安《异鱼图赞补》卷上"白鱼"条注曰："《本草》亦作鲌，一名鳔鱼，白者，色也；乔者，头尾向上也。刘翰云：'生江湖中，头昂，大者长六七尺。'李时珍云：'鲌，形窄，腹扁，鳞细，头尾俱向上，肉中有细刺。武王白鱼入舟，即此。'《古今注》：'白鱼，雄者曰魱子，好群浮水上，名白萍。'"鲌、鳔、魱子、白萍都是白鱼的古称，按现代动物分类，它归入鲤科。

　　相传隋大业时，吴郡已进贡白鱼卵，在京师繁殖后送东都洛阳。朱长文《吴郡图经续记·杂录》说："大业中，吴郡送太湖白鱼种子，敕苑内海中以草把别迁著水边，十馀日即生小鱼。取其鱼子，以夏至前三五日，白鱼之大者，日晚集湖边浅水中有菰蒋处产子，缀著草上，是时渔人以网罟取鱼。然至二更，则产竟散归深水，乃刈取菰蒋草有鱼子者，曝干为把，运送东都。至唐时，东都犹有白鱼。"北人得尝异味，对白鱼推崇备至。

　　白鱼并非太湖特产，各地都有，甚至淮白鱼在宋代的名声，超过太湖白鱼。曾几《食淮白鱼二首》云："十年不踏盱眙路，想见长淮属玉飞。安得玻璃泉上酒，藉糟空有白鱼肥。""帝所三江带五湖，古来修贡有淮鱼。上方无复蟆珠事，玉食光辉却要渠。"杨万里《初食淮白鱼》云："淮白须将淮水煮，江南水煮正相违。霜吹柳叶都落尽，鱼吃雪化方解肥。醉卧糟丘名不恶，下来盐豉味全非，饕人且莫供羊酪，更买银刀二尺围。"自注："淮人云，白鱼食雪乃肥。"

但太湖白鱼，更具有时令特点，届时而出，最是肥腴鲜美，故叶梦得《避暑录话》卷下说："太湖白鱼实冠天下也。"《异鱼图赞补》也有"太湖擅独"的赞语。每当黄梅时节，太湖白鱼盛出，结群千百，衔尾相接，从太湖经漕湖一路向东入海而去，声如响雷，人称"白鱼阵"，这往往是在入梅十五天前后。范成大《吴郡志·土物上》说："吴人以芒种日谓之入梅，梅后十五日谓之时，白鱼于是盛出，谓之时里白。"王鏊《洞庭两山赋》也有"水族则时里之白，脍残之银"之咏。"时里白"之"时"字，吴人读"慈"音。这时梅雨才过，有风飙飒然，自东南而来，弥月不歇，称之为舶趠风，俗呼拔草风、破帆风，袁学澜《吴郡岁华纪丽》卷五"舶趠风"条说："太湖渔人候此风起，争挂帆抢风布网，以网白鱼。"

太湖水域辽阔，苏州、常州、湖州三郡环绕，各地都以白鱼为特产。朱琛《洞庭东山物产考·鳞部》介绍说："白鱼性愎，身扁而长，腹窄，头尾均向上，与背平，细鳞白色，鬐翅，尾端微红，故又名红条白丝。食各种水草，处太湖中，喜逆水游，出水即死。西太湖中有丈馀长之大白鱼，渔人不敢捕，俗谓湖神，不知何所见而云然也。"宋雷《西吴里语》卷三则说："红白鱼出太湖，惟近湖州有之，他苏、常郡则无也。四五月间水涨时，其味尤佳，叶氏《避暑录》云'太湖白鱼冠天下'，即此鱼也。苏人于此时，以冰函之归卖，为佳品。"其实，太湖白鱼不但湖州水域有，苏州和常州水域也有，哪能以三府的界线来划分呢。浏览所及，吟咏苏州水域白鱼的诗篇甚多，略举数首，汪琬《湖中》云："西山景物近如何，放取轻舟一叶过。乍觉霜风寒割面，白鱼黄雀绕湾多。"潘遵祁《四时山家杂兴》云："又是西风稻熟馀，湖乡风物足村居。疏林一阵飞黄雀，小市连朝卖白鱼。"叶承桂《太湖竹枝词》云："熟梅天气酿轻寒，渔艇初过大小干。出网乱跳时里白，芦芽蕨笋共登盘。"范广宪《太湖渔唱》云："熟梅时节雨浪浪，酿得轻寒尔许长。泼剌纤鲜时里白，蕨芽芦笋佐羹汤。"

白鱼的捕捞，有滚、钓、箔、网牵诸法，钓和网牵为太湖渔民所常用。正德《姑苏志·风俗》说："太湖渔人以三等网行湖中，最下为铁脚，鱼之善沉者遇之，中为大丝网，上为浮网，以截鱼无遗。秋风大发，以舟载钓，系饵沉之巨浪中取白鱼，谓之钓白。"《洞庭东山物产考·鳞部》说："网牵法，湖中有大网船，长六七丈至十馀丈，数十船合帮如舰队，当秋冬西北风狂发之时，每五六船作一排，连网百馀丈，上网系船尾，下网沉水底，每船扯五帆，牵网顺风行数十里举之，获鱼甚富。"唐宋诗词中常见"钓白"一词，那都指"孤舟蓑笠翁，独钓寒江雪"的垂钓而已，而捕捞白鱼的"钓白"，乃属规模化捕鱼，前人亦多咏之，如陈炯《太湖棹歌》云："沉沉铁脚网浮丝，钓白归来舴艋迟。一种依家功德水，半焦鱼产白莲池。"袁学澜《田家四时竹枝百首》云："劈竹编成万匠箷，相将钓白上渔篷。湖堤桠柳能知雨，野岸枯桑解识风。"

苏州人将白鱼作馔，清蒸味美，腌食亦佳，清蒸则最能得其真味。店家所供清蒸白鱼，往往分段以买，以头段骨刺较少，且腴美鲜嫩，故常为食客点吃。

银　鱼

银鱼，尖喙黑目，无鳞皮滑，体长略圆，形如玉簪，通体透明，色泽似白银，肉质肥嫩鲜美，洁净细腻。

古人称银鱼为脍残鱼，也谓之"王馀"，《尔雅翼·释鱼二》说："王馀长五六寸，身圆如箸，洁白而无鳞，若已脍之鱼，但目两点黑耳。《博物志》曰：'吴王江行，食脍有馀，弃于中流，化为鱼，名吴王脍馀。'《高僧传》则云：'宝誌对梁武帝食脍，帝怪之，誌乃吐出小鱼，鳞尾依然，今金陵尚有脍残鱼。'二说相似，然吴王之传则自古矣。""王馀"之说，虽然颇为荒诞，但反映了吴人对银鱼的认识，因其异样而敷衍神奇故事，乃是很自然的事。又称"馀腹"，干宝《搜神记》卷十三说："江东名馀腹者，昔吴王阖闾江行，食脍有馀，因弃中流，悉化为鱼。今鱼中有名吴王脍馀者，长数寸，大者如箸，犹有脍形。"吴伟业则认为这位吴王是夫差，《脍残》云："弃掷诚何细，夫差信老饕。微茫经匕箸，变化入波涛。风俗银盘荐，江湖玉馔高。六千残卒在，脱网总秋毫。"可见银鱼即脍残鱼的说法，已有很悠久的历史了。

因为一般银鱼既白又小，古人又呼为"白小"，杜甫《白小》云："白小群分命，天然二寸鱼。细微沾水族，风俗当园蔬。入肆银花乱，倾箱雪片虚。生成犹拾卵，尽取义何如。"陆游《初冬》云："已罢弹冠欲挂冠，一庵天遣养衰残。雨荒园菊枝枝瘦，霜染江枫叶叶丹。羹釜带鳞烹白小，蓬门和蔓系黄团。

夕阳更动闲游兴，十月吴中未苦寒。"

既然银鱼是"白小"，元至正初薛兰英、蕙英姐妹作《苏台竹枝词》却云："洞庭金柑三寸黄，笠泽银鱼一尺长。东南佳味人知少，玉食无由进上方。"寻常银鱼仅长两三寸，如何会有一尺之长，人们认为夸饰之辞。前人因此将银鱼和脍残鱼分为两事，正德《姑苏志·土产》就说，银鱼"形纤细，明莹如银，出太湖，土人多鲰以致远"；脍残鱼"出太湖，状如银鱼而大，相传吴王江行食脍，弃馀所化。冬月带子者，名挨冰啸。"金友理《太湖备考·物产》则说："银鱼、脍残，旧志别为二种，愚谓银鱼即脍残之小者，脍残即银鱼之大者，非二种也。试观春后银鱼盛出之时，此时小者未大，故无脍残；秋间脍残盈出之时，此时小者尽大，故无银鱼。至冬而更大，长乃盈尺，挨冰啸子，腹溃而毙；所啸之子，交春又生，又以渐而大。瞿宗吉诗'笠泽银鱼长一尺'，人以为夸词，我以为实录，盖指冬月之银鱼也。此以渐而大之一证。"金友理引"笠泽银鱼长一尺"句，误以为瞿佑（宗吉）作，因薛氏姐妹的《苏台竹枝词》被瞿收入《剪灯新话》，实非瞿所作也。

按《辞海》"银鱼"条解释，中国种类颇多，常见的有大银鱼（Protosalanx chinensis）、太湖新银鱼（Neosalanx taihuensis）和间银鱼（Hemisalanx prognathus）等。间银鱼上海俗称"面丈鱼"、"面条鱼"，三四月在长江口区产卵，渔汛颇大，年产数百吨；太湖新银鱼简称"银鱼"，为太湖、淀山湖等地春季重要捕捞对象。间银鱼或就是"笠泽银鱼长一尺"者，但很少见到，一般长五六寸，就算大的了。遁园居士《鱼品》说："江东，鱼国也，有面条鱼，身狭而长，不逾数寸，银鱼之大者也，裹以面糊，油炸而荐之。"

太湖银鱼春末夏初为汛期，朱琛《洞庭东山物产考·腻鳞部》说，银鱼"喜群游，风大则浮游水面，数千成队，波心泛白，甚为美观"。捕捞用夏布网纤之法："湖中大网船，用稀夏布作网，长数十丈，中置尺馀大之袋数百口，数船作排，系网船尾，每船扯三五帆，顺风曳之，行数十里起网，而鱼在布袋中矣。"太湖银鱼更因进献皇上而身价愈重，《太湖备考·巡幸》说："康熙三十八年圣驾南巡，驻跸苏州，四月初三日起更时传旨，明日往东山。初四日巳刻出胥口，下太湖，行十馀里，渔人献鳜鱼、银鱼，叫渔人撒网，又亲自下网，获大鱼二尾，皇上大悦，命赏渔人元宝。"故凡举银鱼，都以太湖出者为上。

松江流域的银鱼也很有名，弘治《吴江志·土产》说："银鱼状似鲦鱼而小，其长不过三寸，其色如玉，无骨无鳞，煮熟如食面，为鲊可致远，鱼中之珍品也。"皮日休《松江早春》云："松陵清净雪消初，见底新安恐未如。稳凭船舷无一事，分明数得脍残鱼。"晚春银鱼，可与深秋鲈鱼媲美，张先《吴江》云："春后银鱼霜下鲈，远人曾到合思吴。"至明清，以吴江平望万家池银鱼享有盛名，道光《平望志·土产》说："银鱼，环莺脰湖数里内皆有之，万家池产者，金睛三尾。"又引邓元语曰："出吴江者良，暴为脯，可以致远。"周廷谔《莺湖竹枝词》云："四鳃缩项著江南，那及银鱼尾却三。细逐浪花看不见，打来只在万家潭。"尤侗《莺脰湖竹枝词》云："万家潭口出银鱼，争道鲈腮味弗如。总被渔翁收拾尽，斜风细雨且归与。"又徐釚《竹枝词》云："万家潭口银鱼美，滑似莼丝味更鲜。甚笑江东老张翰，只将鲈脍向人传。"相传平望的金睛三尾银鱼，黄梅时节最多，略撮即可得之，以此制羹煮蛋，味胜虾蟹。分湖的银鱼，也独擅其胜，叶绍袁《湖隐外史·土产》说："银鱼，比莺脰湖所出更洁白可爱。晴波漾日，二三十艇张帆湖中，乘风若去，映水如归，何必潇湘远浦哉。"乾隆《分湖志·物产》也说："银鱼，出东白荡，细白如丝，风味至佳，不让莺脰湖产者。"

以银鱼烹调的菜肴，有银鱼炒蛋、干炸银鱼、芙蓉银鱼、金丝银鱼汤等，还可以做成银鱼丸、银鱼春卷、银鱼馄饨等。经夏日曝晒后的银鱼干，其色香味形经久不变，故可致远。

虾　子

　　这里说的虾子，并非虾卵，乃吴语，泛指各类的虾。龚明之《中吴纪闻》卷五记有"虾子和尚"："承平时，有虾子和尚，好食活虾，乞丐于市，得钱即买虾，贮之袖中，且行且食。或随其所往，密视之，遇水则出哇，群虾皆游跃而去。后不知所终。"成廷珪《题上海静安寺绿云洞天为宁为无寺之祖师虾子和尚》有"春水满溪虾子活，午阴当户鸟声长"之咏。《警世通言》第四十回《旌阳宫铁树镇妖》也写道："只见水族之中，见了的，唬得魂不附体，鲇鱼儿只把口张，团鱼儿只把颈缩，虾子儿只顾拱腰，鲫鱼儿只顾摇尾。"

　　苏州的虾，品类甚多，大抵江湖所出者，大而色白；溪河所出者，小而色青。凡有数种，米虾、糠虾，以精粗名也；青虾、白虾，以色名也。梅虾以梅雨时有也，蚕天所出之小白虾，俗名蚕白虾。郑逸梅《瓶笙花影录》卷上"虾"条说："普通者曰草虾，又名白虾，一称米虾，以之煎豆腐，为寻常之家馔。虾之至小者，曰糠虾，用以炖酱。又斑节虾，长六七寸，前三对脚之尖端，具有小螯，体色常有青红黄褐等斑。又有龙虾，长七八寸至尺许，体深红色，胸甲有小疣甚多，前端有二短棘，产于近海。"

　　常见的是白虾、青虾，江湖沼泽，所在都有。惟太湖白虾，与白鱼、银鱼并称"太湖三白"，又称长臂虾，俗呼水晶虾，壳薄肉嫩，通体透明，晶莹如玉，略见棕色斑纹，头有须，胸有瓜，两眼突出，尾成叉形，以水草繁茂、风平浪静的浅滩为安身栖息之处。金友理《太湖备考·物产》说："白虾，色白而壳软薄，梅雨后有子有肓更美。"青虾也有称水晶虾的，民国《相城小志·物产》说："阳城湖产一种水晶虾，壳薄身嫩，多销苏沪，年出甚富。"五六月间为虾的产卵期，雌虾抱卵，渔民称之为"蚕子虾"。这时上市的虾，苏州人称为"三虾"，即虾卵饱满、虾脑充实、虾肉鲜美，店家便有炒三虾、三虾面等应市。

鲜活的虾可以生吃，滋味独绝。先将活虾洗净后，放进调好的作料里，端到桌上，那虾仍在盆中活蹦乱跳，将其挟起，蘸了调料来吃，鲜嫩异常。苏州人称之为呛虾、醉虾。陈维崧有《青玉案·咏醉白虾》一阕，词曰："半笼春水溶如镜。早顷向、金盘净。一片空明娇掩映。霜鬐半呷，雪肌半挺，似带春醒病。　寻常虾菜空相竞。谁解得、高阳心性。细忆风姿心自省。十分酒气，三分生气，羞与侯鲭并。"岭南有所谓"虾生"，由来已久，刘恂《岭表录异》卷下说："南人多买虾之细者，生切绰菜兰香蓼等，用浓酱醋先泼活虾，盖似生菜，以热釜覆其上，就口跑出，亦有跳出醋楪者，谓之虾生。鄙俚重之，以为异馔也。"苏州人做呛虾，与《岭表录异》说的不同，调料中没有绰菜兰香蓼之类，只是将那活虾先放在酒中，让它醉去，然后加入调料。徐珂《清稗类钞·饮食类》说："醉虾者，带壳用酒炙黄，捞起，以醋、酱油、麻油浸之。进食时，盛于盘，以碟覆之。启覆，虾犹跳荡于盘中也。入口一嚃，壳去而肉至口矣。苏沪之人亦食此，然大率为死虾，且或以腐乳卤拌之。"死虾是不宜做呛虾的，既已软化，也就无弹性无鲜味了。有的人家，呛虾调料里加入红乳腐露，更有一种特殊的美味。晚清蓬园《负曝闲谈》第二十九回描写了吃呛虾的情景："还有一样虾子，拿上来用一只磁盆扣看，及至揭开盖，那虾子还乱迸乱跳，把它夹着，用麻油酱油蘸着，往口里送。尹仁说：'你们别粗鲁！仔细吃到肚子里去，它在里面翻斤斗、竖蜻蜓，像《西游记》上孙行者钻到大鹏金翅鸟肝子里去，那可不是玩儿的！'众人大笑。"

李渔《闲情偶寄·饮馔部·肉食》说："笋为蔬食之必需，虾为荤食之必需，皆犹甘草之于药也。善治荤食者，以焯虾之汤，和入诸品，则物物皆鲜，亦犹笋汤之利于群蔬。笋可孤行，亦可并用；虾则不能自主，必借他物为君。若以煮熟之虾单盛一簋,非特华筵必无是事,亦且令食者索然。惟醉者糟者,可供匕箸。是虾也者,因人成事之物,然又必不可无之物也。"古今人不相及,苏州人吃虾,有盐水虾、油爆虾、虾片、虾仁、虾圆、虾卷,虾仁又可做成虾仁炒蛋、虾仁羹汤、石榴虾仁、碧螺虾仁、虾绒蛋球、虾珠鲫鱼、孔雀虾蟹等。家常则主要有茭白炒虾、虾烧豆腐。还可以做虾饼,即面拖虾,袁枚《随园食单·点心单》说:"生虾肉,葱盐、花椒、甜酒脚少许,加水调和,香油灼透。"《清稗类钞·饮食类》也说:"面拖虾者,以生虾带壳加花椒、葱、盐、酒、水,和面而灼之。"这是介乎于菜点之间。此外,苏州人俗称虾卵为虾子,味道鲜美,虾子鲞鱼、虾子酱油都是当地特产,虾子海参、虾子茭白等也都是时令佳味。

旧时捕虾的方法,朱琛《洞庭东山物产考·介部》介绍说:"斩二尺长之青松十馀枝,连结用草绳束作团,名虾浮,载入湖中,每数枚一堆,插竹以为标记,带草绳以防风浪。又结网大四尺三角形,形如畚箕,置丫叉木柄。更备细短篙一枝,头装铁钩。每二日放船至虾浮处,斜插网入水,以短篙钩钩虾浮至网内,脚踏网柄,将网曳起,虾浮在网内数数沉之,鱼虾均跌入网,仍抛浮入湖,举网取鱼虾。"阳澄湖畔的昆山正仪,则用虾笼捕虾,宣统《信仪志稿·志事·物产》:"捉虾船,奚家浜为最,用竹笼数百枚,投入香饵,以长绳系连浸水中,虾食饵,能入不能出。翌晨取笼倒之,运至沪,获利颇厚。"吴江同里也用虾笼,嘉庆《同里志·赋役·物产》说:"介之属,曰虾,产水花园者佳,张遍虾笼,荡湾居民每日于此捞之,清晨掉小舟遍摇市镇,名谓虾笼船。"

将虾煮熟晒干,就成了虾干,也称虾皮,略呈淡红色,可长久贮藏,这在太湖沿岸的村镇都能买到,价格并不贵。虾干最宜下酒,一边剥壳,一边品啜,可谓滋味悠长。将虾干去头去壳,就成了虾米,为中馈治肴所常用,俗谓之"开洋",太湖虾米就被称为"湖开"或"湖米",南货店、酱品店有售。太仓茜泾则取海虾之小者,晒干后揉去头壳,肉白者称银钩,色黄者称鹰爪。《红楼梦》第八十七回说,林黛玉因史湘云说起南边的事,不由得又生寄人篱下之感，紫鹃见状，便问道："姑娘们来说了半天话，想来姑娘又劳了神了。才刚我叫雪雁告诉厨房里，给姑娘作了一碗火肉白菜汤，加了一点儿虾米儿，配了点青笋紫菜，姑娘想着好么？"黛玉道："也罢了。"这虾米儿是"湖米"还是"海米"，就不得而知了。

螃　蟹

　　苏州的蟹，久负盛名，向为食家所喜欢。蟹有小年大年，小年产量少，价格较高，大年产量多，价格稍低，但总归属于上乘美味。大概很少有人想到，苏州历史上还有蟹多成灾的事。《国语·越语下》记吴王夫差十三年（前483），吴国"稻蟹不遗种"，蟹竟然吃尽了稻谷，为害之烈，骇人听闻。又干宝《搜神记》卷七记西晋太康四年（283），"会稽郡蟛蜞及蟹皆化为鼠，其众覆野，大食稻为灾"。蟹化为鼠，固为荒诞之谈，而蟹多成灾，却是事实。又高德基《平江记事》记元大德十一年（1307），"吴中蟹厄如蝗，平田皆满，稻谷荡尽，吴谚有'虾荒蟹乱'之说，正谓此也"。回望历史，有时真让人不可思议。

　　苏州乃水乡泽国，湖荡相连，河流纵横，水产资源丰富，蟹的品种也多，但都属于中华绒螯蟹一族。自宋以来，以太湖及松江水系的蟹最著名，松江出太湖，又称吴江、吴淞江，故蟹也称为松江蟹、吴江蟹。陆游《小酌》有云："帘外桐疏见露蝉，一壶聊醉嫩寒天。团脐磊落吴江蟹，缩项轮囷汉水鳊。"高似孙《赵嘉甫致松江蟹》有云："雁知枫已落松江，催得书来急蟹纲。消一两螯如斫雪，强三百橘未经霜。"

　　太湖蟹与吴江蟹的关系，当是一脉相承，洪武《苏州府志·土产》说："盖淞苕之蟹出，西太湖称江左第一，而吴江最盛，其次昆山之蔚洲。吴塘所产特肥大，以及斤一枚为贵，团脐者尤充实。"嘉靖《吴邑志·土产》说："蟹凡数种，江湖海浦皆有之，惟出太湖大而色黄壳软，曰湖蟹，冬月益肥美，名十月雄。""十月雄"的说法，宋人已有了，沈偕《寄贾耘老》云："黄粳稻熟坠西风，肥入江南十月雄。横跪蹒珊钳齿白，圆脐嘘吸斗膏红。蘘须园老香研柚，羹藉庖娘细劈葱。分寄横塘溪上客，持螯莫放酒杯空。"

吴江分湖（一作汾湖）属松江水系，出紫须蟹，莫旦《苏州赋》自注："蟹出吴江之汾湖，特肥大，有及斤一枚者，名紫须蟹。"叶绍袁《湖隐外史·土产》说："湖之产，蟹为最，行不着泥，须皆紫色，甘洁鲜美，品为第一。在芦墟尤佳，湖之东南尽境也。"乾隆《分湖志·物产》也说："紫须蟹，出湖中。凡蟹以腹贴泥而行，独紫须者耸爪行如兽，味甘美不腥，又他产者多黄色厚壳，此蟹壳独薄而青，行漆桌上，爪犀利如锥。周永年诗：'秋宜动食指，地独让分湖。肥为甘黄稻，鲜犹贵紫须。'"紫须蟹得名甚早，罗隐《东归》有云："盈盘紫蟹千卮酒，添得临岐泪满巾。"宋祁《吴中友人惠蟹》亦有云："秋水江南紫蟹生，寄来千里佐吴羹。"分湖紫须蟹是吴江蟹的一种，元人郭鄩《蟹》云："请君听说吴江蟹，除却吴江无处买。岂无郁州与上海，独许汾湖十分倍。筐如负笈行披铠，大者盈斗吁可怪。爬沙惊倒儿女骇，黄金填胸高块磊。十月尖脐更精彩，玻璃玛瑙光璀璨。髓香骨脆味潇洒，坐令华堂厌烹宰。好办糟丘与醯醢，酝藉风流无不改，介夫佳传传千载。"紫须蟹在明代中期尚以硕大闻名，至清代就变小了，《清稗类钞·饮食类》就说："汾湖蟹之脐紫，肉坚实而小，为江南美品，不减松江鲈脍也。宜以酒醉之，不宜登盘作新鲜味也。"范烟桥《没遮拦·阳城湖》也说："吾邑汾湖所产，小而结实，其呼吸器作紫色，土名'紫蒣（读如苏）蟹'，其流不远，故知者甚少。"

昆山一带也属松江水系，蔚洲村有蔚迟蟹。嘉靖《昆山县志·土产》说："蔚迟蟹，出蔚洲村者，大而肥美。"万历《重修昆山县志·土产》说："蔚迟蟹，出蔚洲村者，壳软而味佳。土人藏之粗麻布中，其爪不露。"康熙《昆山县志稿·物产》也说："蟹产蔚村者佳，至秋深，味极肥美。"

常熟辛庄，则有潭塘蟹。嘉靖《常熟县志·物产》说："出邑之潭塘湖乡，巨于常蟹，味腴美，叠于竹笼，其爪拳缩不露，土人云潭塘金爪蟹。"郑光祖《一斑录·杂述四》“常昭土产”条说：“南乡螃蟹，其爪黄色，曰潭塘金爪蟹，白净而肥，不腥而香，洵深秋异品。”光绪《常昭合志稿·物产》也说：“蟹出潭塘者，爪向内，名禁爪，为佳品，亦名金爪。许朝诗句云：‘风味九秋劳客梦，潭塘金爪蟹如盘。’方熊诗句云：‘更爱潭塘金爪蟹，秋深好佐菊花杯。’”

时过境迁，如今苏州之蟹，当推阳澄湖大闸蟹，它的腿茸作金黄色，故俗称金爪蟹，背壳作青黛色，又俗称铁锈蟹，个体硕大，一只宿年大蟹重七八两，甚至斤许，肉肥脂厚，备受食客青睐。阳澄湖古称阳城湖，又称洋澄湖，在郡城东北，属松江水系，虽说水产丰饶，但蟹之得名甚晚。清道光二年（1822），宝山人袁翼写了一篇《湖蟹说》，较早记载了阳澄湖的蟹：

“吴中蟹品，推昆山阳城湖中为第一，土名横泾蟹，然有东西之别，西湖即阳城湖，东湖即傀儡湖，东湖以尖脐胜，西湖以团脐胜，是皆吕亢之所未图，龟蒙之所未志也。阳城弥漫数百里，分汇东湖，成千顷巨浸。凉秋八月，湖水既平，绝流设簖，划艇垂饵。夕阳西坠，渔篷云集，波心之灯影千点，沙背之纬萧四牵。既而水气若练，月华疑霜，榜人夜语于荻洲，吴歌远答于菱荡。余《尔雅》熟读，监州愿无，来往西湖，虽非橙黄橘绿之时，常作浮白持螯之想。壬午十月，泊舟真义，售数篾归家，盛以巨瓮，啖以胡麻。夜不烛以火，恐其爪之惊触也；望后必煮食，恐其黄之渐虚也。在吾邑黄歇浦中者，为沧海长卿，随潮入溆，食江水而肥。团者爪短，而甲筐微圆；尖者爪长，而甲筐稍匾。郭索登盘，想涪翁之大嚼；醽醁开瓮，恐邠老之催租。海虞人争购，以乱湖蟹，舍是则自郐无讥矣。”

道光以后，阳澄湖的蟹，渐见周边乡镇志著录，如道光《元和唯亭志·物产》：“蟹，诸湖俱有，出阳城湖者最大，壳青脚红，名金爪蟹，重斤许，味最腴。”宣统《信仪志稿·志事·物产》：“蟹出阳城湖者，谓之湖蟹，青壳赤爪，重斤许者，味最美。每岁九十月，诸港汊居民处处设簖取之。”民国《巴溪志·土物》：“湖蟹至霜降时渐肥硕，附近港汊处处设簖捕捉，以青壳赤爪重斤许者为贵，试以蟹之中两脚挺直量之，连身一尺有奇，腹有铁锈色者佳，俗谓'九雌十雄'，实系'九月团脐十月尖'之谚。煮时，将蟹身洗涤，以紫苏、生姜同煮，可避寒毒。食时，和以姜丝、酸醋、酱油、白糖，其味鲜美，而以雄者尤胜，持螯对菊，争博朵颐为快。"

何以将阳澄湖蟹称为"大闸蟹"呢？一个说法是由烹饪方法而来，顾禄《清嘉录》卷十"煠蟹"条说："汤煠而食，故谓之煠蟹。"并作引证："《博雅》：'煠，瀹也，汤煠也，音闸。'桂未谷《札朴》云：'菜入汤曰煠。'叶广明《纳书楹曲谱》载无名氏《思凡》一出，有'油锅里煠'之语。"明人已有将"闸"字代"煠"字之例，吾丘瑞传奇《运甓记》第十三出小丑扮牧童唱道："若论我个受用，逢子一年四季，以有茅针乌堵，雀梅蚕豆，以有毛桃鲜笋，野菱芋头，以有炒田螺，闸簖蟹，以有烧黄蟮，煮泥鳅。"但将烹饪方法来作为物产名称，总有点不通。另一个说法由采捕方法而来，傅肱《蟹谱·采捕》说："今之采捕者，于大江浦间承峻流、环苇帘而障之，其名曰断（音锻）。""断"亦作"簖"，那是插在水中阻断鱼蟹行进的栅栏，常用竹枝或芦秆编成。谢墉《食味杂咏·簖蟹》自注："蟹以秋仲日多且肥，内脂既充，外骨亦健。其性趋火，田家夜于簖边明灯泊船，弱者不能过，强者悉越焉，乃即堕船中，雌雄并绝大，名曰簖蟹。其非簖上来者，皆不能如之，曰网蟹，曰田蟹，曰水蟹。"昆山人将"簖"称作"闸"，包天笑《钏影楼回忆录·一天的临时记者》引邑人方还说的话："闸字不错。凡捕蟹者，他们在港湾间必设一闸，以竹编成，夜来隔闸置一灯火，蟹见火光，即爬上竹闸，即在闸上一一捕之，甚为便捷，这便是闸蟹之名所由来了。"这里说的竹闸，就是陆龟蒙《渔具》诗提到的"沪"，题注："沪，吴人今谓之簖。""闸蟹"即"簖蟹"，那是指越过簖的大蟹。这样来解释"大闸蟹"，是否可以呢？还要就教于高明。

蟹的旺季，大抵起于寒露，止于立冬，苏州人有"九月团脐十月尖"、"九月团脐佳，十月尖脐佳"、"九雌十雄"等说法，也就是说，农历九月的雌蟹，十月的雄蟹，性腺发育得最好，长得卵满膏腻，个大肉多，滋味最佳，如《红楼梦》第三十六回中林黛玉所咏之"螯封嫩玉双双满，壳凸红脂块块香"也。大蟹重七八两且雌雄各一只者，称为对蟹，那是很难得的。

蟹有季节性，俗话说："蟹立冬，影无踪。"一过立冬，寒风凛冽，气温骤降，这时的蟹大都已返回浅海，开始它的繁殖期，少数到达不了浅海的，就地蛰伏越冬，一年蟹汛就基本结束了。但在气温较暖的苏州地区，"小雪前，闹踵踵"，一直要延续到寒冬腊月。有人就将蟹贮养起来，待来年开春再吃。民间常用的办法，在冬至前将蟹放在氅里，放些稻草，放些谷子，再放些水，然后将氅口封住，这样蟹就不会死，可以维持相当一段时间。

有的到来年正月十五日上元节，将蟹取出来，作为饷客的珍品，称为"看灯蟹"。高德基《平江记事》说："正月上元，渔人所藏看灯蟹三四只，重一斤，风味殊胜。"嘉靖《昆山县志·土产》以蔚迟蟹为例，称其"大而肥美，土人藏至元宵日鬻于市，俗谓看灯蟹"。乾隆间钱塘人吴锡麒有《惜黄花·看灯蟹》一阕，词曰："秋灯曾照。瘦扶寒蓼。讶相逢，又春风、赏灯筵早。酒外擘香脐，样比金钱小。问买夜、何人笼到。　橙虀徐捣。糟丘堪老。纵无肠，也难忘、泖湖春稻。元夜雪深深，预报丰登好。听一曲、爬沙新调。"上元佳节，火树辉煌，笙歌阗聒，宴席之间，忽送上越冬的大蟹数只，真是繁华年景里的尤物。

有的继续贮养下去，如梅尧臣《吴正仲遗活蟹》云："年年收买吴江蟹，二月得从何处来。满腹红膏肥似髓，贮盘青壳大于杯。"那已是早春天气了。更有甚者，一直要到三月初三上巳节，再将蟹取出来，那就远胜"看灯蟹"了。明万历间吴江人王叔承《上巳日吴野人烹蟹及吴化父兄弟宴集》云："前溪雨足溪水新，夜涨桃花三尺春。三月三日日初丽，浮玉流觞骄醉人。偶过杨柳桥西宅，鱼罾蟹簖当门立。船头活蟹紫堪击，重欲满斤阔逾尺。主人藏蟹真得宜，急流之下青笼垂。日饲稻子数百穗，枫落直过桃花时。蜀椒吴盐落碪细，宝刀香脃春葱丝。雄者白肪白于玉，圆脐剖出黄金脂。主人有蟹不卖钱，但逢嘉客留斟酌。持螯岂慕尚方珍，长对杜康呼郭索。"从诗中来看，这"上巳蟹"并不是养在氅里的，而是垂笼于水，日饲以谷，养殖在天然的环境里，它的存活就比较长久，腹甲也还比较饱满。

蟹的吃法，一般有蒸、煮、面拖等，无论家厨市楼，都这样做。蟹体内的卵巢和消化腺,呈橘黄色,谓之蟹黄,也称蟹膏。将剔出的蟹黄、蟹肉同炒,谓之作蟹粉,可作点心之馅,如蟹粉馒头、蟹粉馄饨,又可作菜肴,如蟹粉炒肉丝、炒蛋、炒虾仁、炒菜心、煨豆腐等。或将蟹粉装入蟹壳内,以蛋清作装饰,称"芙蓉蟹斗",那是有名的蟹馔。更有将蟹黄单独加工,苏州人称"秃黄油",所谓"秃",即独也,或做面浇,或纯做一品,那是上乘美食。有的人家和酒店,将较小的蟹切了,放在酒瓮里,越三天取食,称为醉蟹,其味隽永,最宜下酒。金孟远《吴门新竹枝》云:"横行一世卧糟丘,醉蟹居然作醉侯。喜尔秋来风味隽,衔杯伴我酒泉游。"

　　章太炎夫人汤国梨最爱吃阳澄湖大闸蟹,《澄湖吟》云:"澄湖有蟹大如盘,黄脂白脂分尖团。"又《苏州杂诗》云:"不是洋澄湖蟹好,人生何必住苏州。"那后两句,今已作为店家的号召了。

岁时饮馔

古代中国有"四时八节七十二候",即所谓岁时节令,这是农耕文化的反映,人类就是在万物春生、夏长、秋收、冬藏的自然法则中,认识宇宙运动的规律的。苏州四时食品颇有不同,这些不同的食品,使每个时令各具特色,以多种多样的饮食活动营造了不同时令的气氛,其蕴含的意思是非常丰富的,有节日的关系,有气候的关系,也有风俗与宗教信仰的关系。这些食品的象征意义,要比它们的营养价值重要得多。前人在这些饮食活动中,寄托希望,抒发情怀,享受自然的乐趣,品味多变的人生。

早在西晋时,陆机《吴趋行》便有"山泽多藏育,土风清且嘉"之咏。及至明清,苏州以繁华富庶称誉全国,张大纯《节序》就说:"江南佳丽,自昔为称。吴下繁华,于今犹著。驱车载笔,名流多游览之篇;美景良辰,土俗侈岁时之胜。"《吴中风俗论》又说:"吴俗之称于天下者三,曰赋税甲天下也,科第冠海内也,服食器用兼四方之珍奇,而极一时之华侈也。"

唐寅有一首《江南四季歌》,收入明万历四十二年(1614)何大成刻本《唐伯虎先生外编续刻》卷三,咏道:"江南人住神仙地,雪月风花分四季。满城旗队看迎春,又见鳌山烧火树。千门挂彩六街红,凤笙鼍歌喧春风。歌童游女路南北,王孙公子河西东。看灯未了人未绝,等闲又话清明节。呼船载酒竞游春,蛤蜊上巳争尝新。吴山穿绕横塘过,虎丘灵岩复玄墓。提壶挈榼归去来,南湖又报荷花开。锦云乡中漾舟去,美人鬓压琵琶钗。银筝皓齿声继续,翠纱汗衫红映肉。金刀剖破水晶瓜,冰山影里人如玉。一天火云犹未已,梧桐忽报秋风起。鹊桥牛女渡银河,乞巧人排明月里。南楼雁过又中秋,悚然毛骨寒飕飕。登高须向天池岭,桂花千树天香浮。左持蟹螯右持酒,不觉今朝又重九。一年好景最斯时,橘绿橙黄洞庭有。满园还剩菊花枝,雪片高飞大如手。安排暖阁开红炉,敲冰洗盏烘牛酥。销金帐掩梅梢月,流酥润滑钩珊瑚。汤作蝉鸣生蟹眼,罐中茶熟春泉铺。寸韭饼,千金果,鳖裙鹅掌山羊脯。侍儿烘酒暖银壶,小婢歌阑欲罢舞。黑貂裘,红氍毹,不知蓑笠渔翁苦。"至清康熙间,褚人穫《坚瓠补集》卷六抄录"惜不知谁作"的《吴门歌》一首,与这首《江南四季歌》大同小异。

道咸间,袁学澜仿之,作《吴中四时行乐歌》,咏道:"江南人住繁华地,雪月风花分四季。新年旗队看迎春,元夕鳌山明火树。弦管千家咽暖风,六门灯彩射云红。踏歌游女衣妆靓,步月王孙剑珮雄。落灯风起银蟾没,秋千戏近中和节。蛤蜊上市载芳樽,共来铜井寻香雪。清明烟柳遍横塘,士女嬉春乐水乡。六柱红船沸箫管,灵岩虎阜去烧香。昨过踏青榆荚雨,山塘喧聚龙舟鼓。酒幌齐悬珠串灯,水箸争摇琵琶橹。榴花开后放荷花,水榭凉亭障碧纱。冰山影里人如玉,浴罢金刀破翠瓜。赫煜火云犹未已,梧桐井上商飙起。鹊桥银汉渡双星,乞巧穿针明月底。桂轮飞影耀中秋,十番乐奏剑池头。一声玉笛穿云阙,七里珠帘卷画楼。风雨重阳治平寺,登高把菊藏钩戏。橘枝早染洞庭霜,香粳又熟湖田稴。园林瑞雪白银铺,暖阁安排煮酒炉。销金帐掩梅梢月,浅酌羊羔唱稚奴。四时乐事更番换,年去年来争赏玩。黄金难铸镜中颜,人世抟沙容易散。君不见,上天堂,下苏杭,人生到此真仙乡。好向南朝四百八十寺,醉过百年三万六千场。"

这两首歌咏唱了一年四季苏州风俗的大略,其中饮食是个重要内容,断不可缺。更有一首儿歌,唱一年吃食:"正月里,闹元宵。二月二,撑腰糕。三月三,眼凉糕。四月四,神仙糕。五月五,小脚粽子箬叶包。六月六,大红西瓜颜色俏。七月七,巧果两头翘。八月八,月饼小纸包。九月九,重阳糕。十月十,新米团子新米糕。十一月里雪花飘。十二月里糖菌糖元宝,吃仔就滚倒。"(《吴歌丁集》)可见苏州孩子,自小就烙下什么时令吃什么的印象,尽管吃的都不是希罕之物,但有着时序上的讲究,遵循的也是苏州饮食的基本原则。

正因为如此,在苏州岁时饮馔史上,清嘉和奢华并存,时序和节物同归,正是一道独特的文化景观。

正　月

　　二十四节气，立春为第一，有时还赶在正月之前，古人在这一天迎接春天的到来。苏州立春的食品，主要就是春饼、春糕。正德《姑苏志·风俗》说："迎春日，啖春饼、春糕，竞看土牛，集于卧龙街，老稚走空里。"

　　春饼，东晋时已有了，《四时宝镜》说："东晋李鄂立春日命以芦菔、芹芽为菜盘相馈贶。立春日春饼、生菜号春盘。"虽说立春时节天气尚寒，但小小春盘里的春饼、萝卜诸物，却已透露出春天的消息。顾禄《清嘉录》卷一"春饼"条说："春前一月，市上已插标供买春饼，居人相馈贶，卖者自署其标曰'应时春饼'。"袁学澜《吴郡岁华纪丽》卷一"春饼"条也说："新春市人卖春饼，居人相馈遗。饼薄形圆，裹肉胘及野菜熟之，以佐春盘，邻里珍为上供。"春饼的做法，各地不一，童岳荐《调鼎集·点心部》记了三种，一是"干面皮加包火腿、肉、鸡等物，或四季时菜心，油炸供客"；二是"咸肉、腰、蒜花、黑枣、胡桃仁、洋糖共斩碎，卷春饼，切断"；三是"柿饼捣烂，加熟咸肉肥条，摊春饼作小卷，切段，单用去皮柿饼，切条作卷亦可"。如今流行的春卷，还保留着春饼的遗制。将面粉和水搅成面糊，摊在平底锅中以小火烘出薄饼，即所谓春卷皮子，以鲜肉或荠菜肉丝、冬笋肉丝，或荠菜、木耳、金针菜等作馅，入油锅煎至金黄色，食之脆美芳烈。苏州人爱吃甜食，还常用豆沙做甜馅春卷。立春那天，苏州人家凡有客来，都起油锅煎春卷，金孟远《吴门新竹枝》云:"粗包细切玉盘陈,茗话兰闺盛主宾。每到立春添细点,油煎春卷喜尝新。"

春饼包括近世的春卷,并不是立春才吃,作为节物,整个新年里几乎都吃。如初七人日,煎饼于庭中,称为"熏天";二十五日又大啖饼饵,称为"填仓"。这都是吴门旧俗。

至于春糕,也就是年糕,又称节糕,或家中自制,或坊肆购来,都置办于上年腊月,那是整个年节里的吃食。顾禄《清嘉录》卷十二"年糕"条说:"黍粉和糖为糕,曰年糕,有黄白之别。大径尺而形方,俗称方头糕;为元宝式者,曰糕元宝。黄白磊砢,俱以备年夜祀神、岁朝供先及馈贻亲朋之需。其赏赉仆婢者,则形狭而长,俗称条头糕,稍阔者曰条半糕。富家或雇糕工至家,磨粉自蒸,若就简之家,皆买诸市。春前一二十日,糕肆门市如云。"

立春不但吃春饼、春糕,那天早晨还要吃小圆子。《清嘉录》卷一"拜春"条说:"立春日,为春朝,士庶交相庆贺,谓之拜春。拈粉为丸,祀神供先,其仪亚于岁朝,埒于冬至。"

元日为岁之朝、月之朝、日之朝,宗懔《荆楚岁时记》称"三元之日",也就是今人说的大年初一。唐寅《岁朝》云:"海日团团生紫烟,门联处处揭红笺。鸠车竹马儿童市,椒酒辛盘姊妹筵。鬓插梅花人蹴踘,架垂绒线院秋千。仰天愿祝吾皇寿,一个苍生借一年。"诗中的"椒酒辛盘",就是指椒柏酒和五辛盘。《荆楚岁时记》说:"于是长幼悉正衣冠,以次拜贺。进椒柏酒,饮桃汤,进屠苏酒、胶牙饧,下五辛盘,进敷淤散,服却鬼丸,各进一鸡子。造桃板著户,谓之仙木。凡饮酒次第,从小起。"所谓五辛盘,即盛"五辛"的春盘。关于"五辛"的说法不一,《翻译名义集·什物》说:"言五辛者,一葱、二薤、三韭,四蒜,五兴蕖。"《本草纲目·菜部》说:"五辛菜,乃元日、立春,以葱、蒜、韭、蓼蒿、芥辛嫩之菜,杂和食之,取迎新之意,谓之五辛盘。"总之"五辛"都是辛香之物,按传统医学,食之可辟疠气、开五脏、去伏热。椒柏酒是指椒酒和柏酒,崔寔《四民月令·正月》原注:"正日进椒柏酒,椒是玉衡星精,服之令人能老,柏亦是仙药。进酒次第,当从小起,以年少者为先。"屠苏既是草名，又引申为平屋，饮屠苏酒，除辟瘟气外，亦取其抵御风寒之意。可见古人在大年初一，首先想到的并不是享受口福，而是将对健康的追求，寄托在新年的第一天。

苏州人毕竟口味不同，椒柏酒和五辛盘或许也有，但还用其他来取代，如黄连头，《清嘉录》卷一"黄连头叫鸡"条说："献岁，乡农沿门吟卖黄连头、叫鸡，络绎不绝。"按曰："黄连树，村落间俱有，极高大，其苗可食。今乡农于四五月间摘取其头，以甘草汁腌之，谓小儿食之，可解内热。"可见这黄连头也有五辛的功效。承五辛盘遗意的，就是果盘，《吴郡岁华纪丽》卷一"饤盘果饵"条说："新年亲朋贺岁，相揖就坐，必陈髹漆盘，杂饤果品、糖饵以款客，殆古五辛盘之遗制欤。"苏州人称它"九子盘"，盘中放九碟，无非是柿饼、蜜枣、莲心、瓜子、桂圆、果仁、胡桃仁之类，其中必不可少的是饧糖，也就是胶牙糖，乃老幼皆宜的吃食。

元日那天，例有祭祀祖先的仪式，《清嘉录》卷一"挂喜神"条说："比户悬挂祖先画像，具香蜡、茶果、粉丸、糍糕，肃衣冠，率妻孥以次拜。"光绪《常昭合志稿·风俗》也说："元旦，拈香敬神，拜祖先真容，煮年糕、粉团以荐，遂遍饲家人。"大户人家格外隆重其事，庞寿康《旧昆山风尚录·四季节序》记民国时有的情形："厅堂正中天然几与双拼台子，作为'利市台'，上置四水果，香蕉、梨、橘子、苹果；四热点心，白糖糕、南瓜饼、元宝汤、黄糖糕；四饼饵，杏仁酥、蛋圆、松方、枣泥饼；四干果，桂圆、蜜枣、胡桃糖、糖莲子。中间供奉神道纸马，药王、宅神、玄坛、祝融、顺风、利市等。台上陈列数对烛台（俗称'蜡扦'）及香炉，前面最大一对，深插或方或圆的红色锦绣龙凤大看烛，中间为狮子头香炉，富丽堂皇，色彩熠熠。"祭祀时点燃香烛，恭肃跪拜。"事毕进吾邑独特之糯米糖年糕以祀，其花色有南瓜白糖猪油、赤砂糖赤豆猪油、白糖猪油、素白糖、素黄糖等，香糯柔净，甜美可口"。接着"又进白糖桂花糯米小元宝汤，取进财之意。少顷取油润翠绿、嫩净爽脆之檀香橄榄和雨前茶叶泡饮，名曰橄榄茶。此茶初饮，入口时味有苦涩之感，继觉清甘隽永，回味无穷，以喻为学与从业，初感少趣，如持之恒，必津津有味之意，另有一种大半面呈黄色者，名'黄胖橄榄'，列为次品。有客至，则以托底盖碗泡橄榄香茗，美称为元宝茶者进奉，亦祝贺进财之意。再以状元糕、蜜枣、松子糖、山楂糕、甜杏仁、云片糕、橘子、发芽豆、陈皮梅瓣、西瓜子盛于九子盘中奉客，家属则进长生果、发芽豆、西瓜子，取'长生不老'、'头头利市'、'开口和合'之意"。

从元日起，至十五日上元节止，家家设宴，你邀我请，互为宾主，饮酒贺节，称之为年节酒。袁学澜《吴门新年词·年节酒词》小序说："正月元旦，各上椒酒于家长，称觞介寿，以后日并为酒脯，邻里亲族，递相邀饮，传杯贺节，至十五始罢。长安风俗谓之传座酒，今吴俗称为年节酒。"吃年节酒，并不是为了品味佳肴，实在属于礼数应酬，况且走东家吃西家，要去的地方很多，一般只是稍稍吃几杯，就告辞出门，当然也有尽醉而归的，范来宗《留客》云："登门即去偶登堂，或是知心或远方。柏酒初开排日饮，辛盘速出隔年藏。老饕餍饫情忘倦，大户流连态怕狂。沿习乡风最真率，五侯鲭逊一锅香。"及至民国，风气未移，因为新年无菜市，如有客来，就作"年东"，也就是将过年所馀之菜，装成八碟，加一暖锅，称为"八盆一暖锅"，金孟远《吴门新竹枝》云："贺节纷纭宾客过，年东菜点费张罗。家常小宴无多味，装点八盆一暖锅。"吴江盛泽人家则以"膳盆"来招待客人，皱叟《盛泽食品竹枝词》云："膳盆一品进筵前，交好亲知互拜年。酱肉满铺海蜇底，蛋皮包肉说新鲜。"李炳华注："以海蜇皮切成丝丝打底，上面铺上蛋皮饺、酱肉片等，同作一盆，称为膳盆。乡人以此代盆菜饷客，较为简便。清末，乡亲往来拜年，每食此品。盛泽的酱肉，亦非苏州之酱汁肉，鲜猪肉先以盐腌之，晒干，再置入酱油中，若干天后再取出晒之，即为酱肉。"故盛泽的"膳盆"是别有滋味的。

凡吃年节酒，或是拜年，都得点茶饷客，蔡云《吴歈百绝》云："大年朝过小年朝，春酒春盘互见招。近日款宾仪数简，点茶无复枣花挑。"自注："初三号小年朝，拜贺如元日礼。俗尚年节酒，新正数日，预备酒肴以待客。往时点茶，有用诸色果及攒枣为花者，名挑瓣茶，今废。"挑瓣茶至清乾隆时已废，代之以橄榄茶，即茶盏里放一两枚橄榄，故苏州有"年初一请吃橄榄茶"的俗语，也称元宝茶，不但讨吉利的口彩，也让油腻了的胃口，得到一点清香微苦的味道。金孟远《吴门新竹枝》云："圆子年糕莲桂汤，满壶椒酒味甘芳。醉来笑把茶经读，龙井春浮橄榄香。"自注："岁时以粉圆子和年糕煮之，名元宝汤。以橄榄入茶品之，名元宝茶。"

也有相约去茶馆吃橄榄茶的，《清嘉录》卷一"新年"条记玄妙观："观内无市鬻之舍，支布幕为庐，晨集暮散，所鬻多糖果小吃、琐碎玩具，间及什物而已，而橄榄尤为聚处。"阿宝《新年竹枝词·吃橄榄茶》云："锣鼓喧天岁事更，瓯香橄榄最知名。新春半月观前市，士女倾城第一声。"自注："新正半月，玄妙观中，热闹异常。观前一带茶坊，例于此际在茗碗上加鲜橄榄，游观者每称吃橄榄茶，此风各地仿佛也。"包天笑《钏影楼回忆录·我的外祖家》也说："外祖父领了我们到茶肆里，我们许多孩子团团围坐了两桌。这里的堂倌（茶博士）都认得吴老太爷的，当他是财神光临了。这名为'吃橄榄茶'，橄榄象征元宝，以其形似。玄妙观茶肆里，每桌子上几个碟子，如福橘啊，南瓜子啊，一个堂倌走上来，将最大一只福橘，一拍为两半，称之为'百福'（吴音，'拍'与'百'同声，福橘是福建来的橘子）。外祖父临行时，犒赏特丰，因此他们就更为欢迎。"

一般人家过年，就简朴得多，包天笑《衣食住行的百年变迁·食之部》说："元旦起身，向父母及长亲拜年以后，便吃汤圆。汤圆以粉制，小如桂圆核，煮以糖汤，苏人称之曰圆子，非仅是元旦，即年初三、立春日、元宵夜，亦吃圆子，大约以'圆'字口彩佳，有团圆之意。以下每晨每吃自制的点心，直至元宵为止。在此过程中，例不吃粥。但在年初五，俗称财神生日，则吃糕汤，又曰元宝汤，因年糕中有象形作元宝状者，切之煮糕汤，亦好彩也。"又说："所谓新年点心者，以吴人好甜食，大抵为甜品，如枣子糕、百果糕、玫瑰猪油糕种种。仅有两种是咸的，一为火腿粽子，一为春卷。吴人对于春卷，惟新春食之，不似他处的无论何时期，都可春卷也。"大年初一那天，苏州人家都不吃粥或淘茶饭，若然吃了，凡出远门都会下雨。俗信如此，根深蒂固。

新年里，城乡各处都有热闹去处，郡城如玄妙观、西园寺、朱家庄等，那里的小吃最丰富。如昆山则在老县前，庞寿康《旧昆山风尚录·四季节序》说："老县前设摊及停担货卖者，不计其数。饮食有鲜肉薄皮馄饨、桂花甜酒酿、油豆腐线粉、汤水圆，有用木耳、榨菜、虾米、麻油、辣油、蒜叶、胡椒等作佐料之洁白嫩豆腐花，有各色糕团点心，甜咸杂陈，粳糯齐备，有各种水果、茶食、干果、炒果（或称炒货）等，均价甚低廉，其味可口。"如常熟则在石梅场，《常熟掌故·岁时节日》"石梅场的新年"条说："临时茶棚、食物摊到处皆是，豆腐花、粽子糖、黄连头、甘草梅子价廉物美，尤其受到孩子们的欢迎。"

明代中期，吴江北隅包括石湖一带，正月里还举行赛会，那又是乡民聚餐的快乐时光。弘治《吴江志·风俗》说："至十一日，会首广设酒食，瓦盆木器，杂然而陈，黄童白叟，扶携而至，老者居上，少者居下，贱者居外，使稍通句读之人敬诵《大诰》一章，或教民榜一过，然后酒行无算，鼓吹喧阗，醉则狂歌野叫，抚掌扪腹，以乐太平，连饮三日而散。此风惟一都二三都见之，他都不然。"此记并见莫震《石湖志·风俗》，称"此风惟石湖最盛"。

旧时苏州典当极多，年初二便是典当延订或辞歇朝奉的日子，据说宾东于此都不启齿，只是在午饭时，如果东家要歇了那朝奉的生意，便请他吃一只熟鸡头。因为在典当做事很难，又因为苏州当铺朝奉大都是徽州人，故而有"新年年初二，徽州朝奉怕吃鸡"的俗语。

年初五接财神，商家郑重将事，《吴郡岁时纪丽》卷一"接五路神开市"条说："是时，连街接巷，鼓乐爆竹声聒耳，人家牲醴毕陈，以争先为利市。富者鼎俎，贫者盘飧，鱼肉腥臊，罗列几案。下至舆台马卒，各酹盆蹲。娼家亦出脂粉钱市酒脯，罗筵席，弹鸣弦，作迎神、送神曲。靡不终宵奔凑，达旦忘眠，焚香肃拜，求赢横财，名接路头。"平常人家也饮酒作乐，顾玉振《苏州风俗谈·迷信类》"接财神"条说："是日也，略备酒席，邀集亲朋，以供大嚼，谓之吃路头酒，实则春酒之变相，聊以供新年之娱乐而已。"

经过年初三小年朝、年初五路头日，连日来的鱼肉腥臊，有点油腻了，也就想吃得稍为清淡一点，到了初七人日，就吃由七种蔬菜做的羹，也称为"七

宝羹"。据韦巨源《食谱》记载，苏州人过人日要吃"六一菜"，"六一"者乃
七也。相城一带的情形则不同，民国《相城小志·风俗》说："赤小豆，正月七
日，男吞豆七，女吞豆十四，以避疫症。"初七吃七蔬之羹或吃七豆、十四豆，
除在数字上以符"七"而外，并无更多含义。

到了初七、初八日，人家在年前烧好的菜，大都已经吃完了，故俗话说：
"拜年拜到初七八，厨房里剩两只酸荠荠。"也有吃到初十的，俗话说："拜
年拜到年初十，只剩萝卜不剩肉。"总之初十以后，便不算新年了，俗话说：
"只有年初十，呒不年十一。"

正月十五日为上元，也就是元宵节。旧时苏州上元食品，范成大《上元纪
吴中节物俳谐体三十二韵》云："宝糖珍粗粒（馅拍，吴中谓之宝糖馅，特为
脆美），乌腻美饴饧（乌腻糖即白饧，俗言能去乌腻）。捻粉团栾意（团子），
熬秄膈肸声（炒糯谷以卜，俗名孛娄，北人名糯米花）。"《吴郡志·风俗》也
说："以糖团、春茧为节食。"正德《姑苏志·土产》则说："油堆，用粉下酵裹
糖，制如饼，油煎食之。圆子，捻粉为丸，范成大诗'捻粉团圆意'。二品俱为
元宵节物。"《清嘉录》卷一"圆子油馓"条也说："上元，市人簸米粉为丸，曰
圆子。用下醇裹馅，制如饼式，油煎，曰油馓，为居民祀神、享先节物。"可见
苏州南宋上元节物，有宝糖馅、乌腻糖、团子、孛娄；明清上元节物，则主要是
圆子和油馓。

圆子的由来，传说久远，名《三馀帖》说："嫦娥奔月之后，羿昼夜思惟
成疾，正月十四夜，忽有童子诣宫求见，曰：'臣夫人之使也，夫人知君怀思，
无从得降。明日乃月圆之候，君宜用米粉作丸，团团如月，置室西北方，呼夫
人之名，三夕可降耳。'如期果降，复为夫妇如初。"圆子、粉丸、粉团一类
为上元节物，就是这样来的。自宋以来，圆子是苏州传统上元节物，吴宽《粉
丸》云："净淘细碾玉霏霏，万颗完成素手稀。须上轻圆真易沸，腹中磊块便
堪围。不劳刘裕呼方旋，若使陈平食更肥。既饱有人频咳唾，席间往往落珠
玑。"及至晚近，苏州上元既有搓粉为丸的圆子，又有糖馅、豆沙馅或芝麻馅
的汤圆。顾玉振《苏州风俗谈·节令类》"元宵"条说："苏人又称炒粉圆为炒

元宵,亦重视元宵,故以之名食物也。"

油馄是油炸的馅饼,宋代油炸面食已很普遍,释普济《五灯会元》卷十九《琅邪起禅师法嗣》记"俞道婆,金陵人也,市油糍为业"。袁褧《枫窗小牍》卷下列举当时市食,就有"郑家油饼"。油馄由来已久,郑望之《膳夫录》记"汴中节物",第一款就是"上元油馄"。此风绵延不绝,至明清依然,吴宽《油馄》云:"腻滑津津色未干,聊因佳节助杯盘。画图莫使依寒具,书信何劳送月团。曾见范公登杂记,独逢吴客劝加餐。当筵一嚼夸甘美,老大无成忆胆丸。"据《清嘉录》和《吴郡岁华纪丽》记载,苏州油馄用粉抟饼,以豆沙作馅,下油煎熬,类乎如今的油饺。道光《双凤里志·地域·风俗》说:"十五日上元节,家祀灶必以油馓。"油馓也就是油馄。

苏州上元节食,除圆子、汤圆、油馄外,还有糖粽、荷梗、字娄、瓜子诸品。字娄即爆米花,本来是作为占卜用的,《吴郡志·风俗》说:"爆糯谷于釜中,名字娄,亦曰米花。每人自爆,以卜一岁之休咎。"杨基有《卜流》一首,题注:"吴人于初正以谷占人一年休咎,炒成花者吉,否反是。"诗云:"春入吴门十万家,家家爆谷作生涯。就锅裂碎黄金粟,随手翻成白玉花。红粉佳人占喜事,白头老子问年华。晚来分付儿童戏,数片江梅扑鬓斜。"盛彧《米花》亦云:"吴下字娄传旧俗,人间儿女卜清时。釜香云阵冲花瓣,火烈春声绕竹枝。翻笑绝粮惊雨粟,还疑煮豆泣然其。一年休咎何须问,且醉樽前金屈卮。"这一风俗至清代仍在流行,《吴郡岁华纪丽》卷一"爆字娄"条说:"吴门正月,人家以糯谷入焦釜爆米花,老幼各占一粒,曰爆字娄,亦谓之字罗花。以翻白多者为胜,云卜流年之休咎。"

上元那天,苏州人还有吃馄饨、糕团的,阿宝《新年竹枝词·食粉团》云:"箫鼓声中玉漏催,紫姑乩畔绮筵开。香搓糯粉团新荠,伫看龙灯踏月来。"自注:"正月十五俗例,食荠菜粉团或荠菜年糕。"民国《重修常昭合志·风俗》引《虞乡纪略》:"是夕作馄饨食之,云以兜财;又作糯粉团,以白糖果实为馅,油内炸之,谓之元宵。"据道光《璜泾志稿·风俗·节序》记载,璜泾那天也吃馄饨,亦称"兜财"。

正月十三日是灯市的第一天，称为上灯，至十八夜落灯，也称散灯、收灯。苏州人家在上灯那天要吃圆子，落灯那天要吃糕汤，俗话说："上灯圆子落灯糕。"凡新嫁女儿的人家，都要将油馓送到婿家去。沿至清末民初，苏州人上灯那天吃面，落灯那天吃圆子，金孟远《吴门新竹枝》云："上灯面与落灯圆，灯市萧条月色妍。踏月香街谈笑去，宋仙洲巷烛如椽。"自注："元宵佳节，吴谚有'上灯吃面，落灯吃圆子'之语。"

二　月

　　二月初二日"龙抬头"，俗语说："二月二，瓜菜落苏尽下地。"这时春日融融，该是播种的时候了。苏州风俗，"龙抬头"要吃撑腰糕，即是将剩下的年糕切成薄片，油煎了吃，以为可以强健筋骨、避免腰痛。蔡云《吴歈百绝》云："二月二日春正饶，撑腰相劝啖花糕。支持柴米凭身健，莫惜终年筋骨劳。"许锷《撑腰糕》云："新年已去剩年糕，饱啖依然解老饕。从此撑来腰脚健，名山游遍不辞劳。"徐士铉《吴中竹枝词》亦云："片切年糕作短条，碧油煎出嫩黄娇。年年撑得风难摆，怪道吴娘少细腰。"各邑情形皆然，如常熟，清佚名《海虞风俗竹枝词》云："糕条忙向笼中蒸，朵朵霉花热气腾。那晓卫生忘命嚼，撑腰弗痛究何曾。"如吴江，光绪《盛湖志·风俗》说："二月初二日，家食年糕，谓之撑腰糕，谚云可免腰痛。"如昆山，庞寿康《旧昆山风尚录·四季节序》说："初二日，烧煮剩馀之糖年糕，名曰撑腰糕，和汤食之，谓能壮腰健身。此糕于隔年用立春前之腊水蒸煮，如逢早立春，至二月初二日，此糕已贮放四十馀日，表面已发霉，好似缀以梅花斑点，不易洗净，然亦必食之而后快，霉味则不顾焉。"吃撑腰糕的风俗，其他地方是没有的。

　　二月初二日又是土地神诞日，苏州人称土地神为"土地公公"，例作春社，祭祀五土五谷之神。袁学澜《吴郡岁华纪丽》卷二"土地诞日作春社"条说："二月二日为土神诞日。城中廨宇，各有专祠，牲乐以酬。乡村土谷神祠，农民亦家具壶浆，以祝神厘。俗称田公、田婆，古称社公、社母。社公不食宿水，故社日必有雨，曰社公雨。醵钱作会，曰社钱。叠鼓祈年，曰社鼓。饮酒治聋，曰社酒。以肉杂调和铺饭，曰社饭。"苏州作春社，社饭、社肉、社酒必不可少，另外还有社糕、社粥、社面等，都是祭品，祭神之后，分而食之，被认为是神的恩赐。社饭，即将猪羊肉等杂于饭中或铺于饭上。社肉，宰自社猪，作为祭神的牲肉。社酒，乃平常之酒，此日饮之，即谓社酒。相传饮社酒能治耳聋，叶梦得《石林诗话》卷上引五代李涛《春社从李昉求酒》："社公今日没心情，乞为治聋酒一瓶。恼乱玉堂将欲遍，依稀巡到第三厅。"故社酒又称"治聋酒"，王炎《社日》云："一杯社日治聋酒，报答春光烂漫时。"陆游《春思》亦云："兀兀治聋酒未醒，霏霏泼火雨初晴。"苏州也有此俗信，袁学澜《春社》云："嘈嘈一片酣嬉声，社酒治聋各沾醉。"记下了社酒治聋的风俗故实。

人们饮罢社酒，再去看春台戏，锣鼓开场，连村哄动，茶篷酒幔，食肆饼炉，赌博压摊，喧聚成市，马元勋《乡村观剧》云："柳阴路曲聚村农，四角平台彩几重。胡蝶牡丹春梦短，桃花燕子丽情浓。祈年俗尚迎田祖，堕泪人犹说蔡邕。携稚来观多父老，日斜桑径醉扶筇。"不少人因为社酒喝得太多，看戏时已昏昏欲睡，未及散场，就扶醉以归了。庞寿康《旧昆山风尚录·玩赏》记演春台戏时吃食的丰富："戏场周围设摊、停担或手托头顶叫卖各种食品者，不计其数。有芝麻糖、小米糖、海棠糕、斗糕、方糕、地栗糕、松花饺、团子汤、面饺、馄饨、糖粥、赤豆汤、酒酿、蜂囊糕、梨膏糖、粽子糖、甘蔗、荸荠、白糖梅子、各类炒果及其他饼饵、糕点、水果等，所谓干湿俱备，甜咸杂陈。又有冷饮佳品'凉冰水'，乃木莲俗名木馒头者加水捣烂，提取其汁，凝冻后，加洁白糖用调羹食之，甘凉爽口，沁人心肺，虽沉李浮瓜，不是过也，且价廉物美，贫富共享，惜今已失传，无复有此操作能手。"

二月初，酒酿上市了，在街巷间唤卖。《吴郡岁华纪丽》卷二"卖酒酿"条说："二月初旬，市人蒸糯米，制以麴药，造成酒酿，味甜逾蜜，色浮浅碧。担夫争投店肆贸贩，双橹肩挑，吹螺唤卖，赶趁春场，巡行巷陌。儿童游客，投钱争买，解渴充肠，润齐甘露。茶坊酒肆亦瓷缸满贮，小杓分售，以供游衍，至立夏节方停酿造。俗亦称为酒娘，盖制成数日味老，酝为糟粕，即成白酒。《集韵》称酒淬谓之酪母。《说文》谓麴亦作酕，酒母也。酒娘之称，其亦酪母、酒母之意欤？李艾塘云：'烧酒，未蒸者为酒娘，饮之鲜美，以泉水烧酒和之，则成烧蜜酒。'《梦香词》云'莺声巷陌酒娘儿'是也。"

这时玉兰花开始落瓣了，玉兰早于辛夷，花开九瓣，色白微碧，香味似兰，一树万蕊，不叶而花。二月间，风雨溟濛，云容黯淡，花叶飘零，远望树下如残雪，苏州人称之为薄命花。旧时闺中人纷纷拾取花瓣，做玉兰饼，以佐小食。范烟桥《玉兰花片》说："那玉兰饼是用玉兰花瓣蘸了面粉，加了豆沙脂油的馅，两片合成一个饼，在油里煎过，就可以吃了，吃时有一种清香留在齿颊间，别有风味。"

就在这个时节，白蚬、土附鱼、河豚先后上市。白蚬，正德《姑苏志·土产》称"出白蚬江"，其实江河湖塘随处有之，渔人网得后，秤量论斗，价格低廉，调羹汤甚鲜美，或剖肉去壳，与韭菜同炒，为村厨佳品。苏州人称土附鱼为塘鳢鱼，也称菜花鱼，因菜花盛时，此鱼怀卵，争出荇网，味尤肥美，烹调鱼羹，亦为俊味。因其形似鲈，苏州人又称菜花鲈，蒋元龙《菜花鲈》云："亦拟持竿学钓翁，湖天连日雨濛濛。菜花开后鱼方上，竹笋香时信早通。不识乡音呼土捕，何须归计说秋风。年来枉作吴淞梦，又误春帆一片东。"河豚则出太仓、常熟（包括今张家港）沿江一带，老饕争食，以为天下美味，袁学澜《续咏姑苏竹枝词》云："河豚洗净桃花浪，针口鱼纤刺绣缄。生小船娘妙双手，调羹能称客人心。"但河豚如果烹调失宜，食之者往往中毒难治。

三　月

　　三月初三日上巳，洪武《苏州府志·风俗》说："士女皆于池亭流觞曲水，效修禊故事。"苏州四郊，山水平远，人们竞相出城，纷纷禊饮于湖滨水岸。袁学澜《吴郡岁华纪丽》卷三"上巳修禊"条说："维时，鱼鲦接流，凫鹭浮渚，香烟绀宇，翠柳亭台。杏花天十里一红白，游人鼻无他馥。莺呖呖，劝人去采兰也；蝶翩翩，引人出湔裙也。丹青开于远岫，笙歌和以好风。粥香饧白市，诗牌酒盏筵，藉以祓除不祥，陶写情兴焉。"

　　三月初三日又是"挑菜节"，菜者，荠菜也，苏州人俗呼野菜。《吴郡岁华纪丽》卷三"簪荠菜花"条说："荠有大小数种，小者名沙荠，味甚美；大者名菥蓂，名葶苈，皆荠类，可食。《诗》称'其甘如荠'，师旷之占，以荠为甘草，岁欲丰，甘草先生，荠是也。三月起茎，高四五寸，开细白花，纤琐如点雪，叶细味甘，为羹有真味。"周作人《故乡的野菜》说："荠菜是浙东人春天常吃的野菜，乡间不必说，就是城里只要有后园的人家都可以随时采食。妇女小儿各拿一把剪刀一只'苗篮'，蹲在地上搜寻，是一种有趣味的游戏的工作。那时孩子们唱道：'荠菜马兰头，姊姊嫁在后门头。'后来马兰头有乡人拿来进城售卖了，但荠菜还是一种野菜，须得自家去采。"这与苏州的情形是相同的。

　　苏州人喜欢吃荠菜，夏曾传《随园食单补证·杂素菜单》说："荠菜，吴中盛行，炒笋、炒肉丝、炒鸡皆可。"童岳荐《调鼎集·蔬菜部》则记了三种素食做法，一是东风荠，"采荠一二斤洗净，入淘米水三升，生姜一块，捶碎同煮，上浇麻油，不可动，动则有生油气，不着一些盐醋，如此知味，海陆八珍皆不足数也"；二是拌荠菜，"摘洗净，加麻油、酱油、姜米、腐皮拌"；三是炒荠菜，"配腐干丁，加作料、炒熟芝麻或笋丁炒"。用荠菜作馅的小食，则有荠菜春卷、荠菜猪油馒头、荠菜鲜肉汤团、荠菜糍饭团、荠菜小酥饼等。

古有寒食禁火之俗，相传因春秋晋文公时介之推而起。按《周礼·秋官司寇》司烜氏，"中春以木铎修火禁于国中"，当是防森林起火；按《论语·阳货》"钻燧改火，期可已矣"，当是因"改火"之需，均与介之推无关。上古寒食，有在春、在冬、在夏诸说，惟在春之说为后世沿袭，并改一月为三天，定在清明节前，《荆楚岁时记》说："去冬节一百五日，即有疾风甚雨，谓之寒食。禁火三日，造饧大麦粥。"既为寒食，也就不得起炊火，只能吃预先准备的熟食。

明清苏州的寒食风俗，洪武《苏州府志·风俗》说："寒食则拜扫坟墓，多作稠饧冷粉团以祀先。"延至近代，《吴郡岁华纪丽》卷三"过节寒具"条说："吴民于此时造稠饧冷粉团、大麦粥、角粽、油馓、青团、熟藕，以充寒具口实之笾，以享祀祖先，名曰过节。又以冷食不合鬼神享气之义，故复佐以烧笋烹鱼。"可见苏州地方即使过寒食节，也不禁烟，借个"不合鬼神享气"的理由，照样烧笋烹鱼，享受口福，故尤侗《清明》有"不须乞火邻翁家，吴地从来未禁烟"之咏。关于烧笋烹鱼的情形，蔡云《吴歈百绝》云："不闻百五禁厨烟，烧笋烹鱼例荐先。明日山塘看赛会，几家新柳插门前。"徐达源《吴门竹枝词》云："相传百五禁厨烟，红藕青团各荐先。熟食安能通臭气，家家烧笋又烹鲜。"袁学澜《寒食》亦云："俗禁青烟百五时，门前插柳雨如丝。田家墓祭无多品，烧笋烹鱼酒一卮。"明代苏州寒食节物有冷丸，正德《姑苏志·土产》说："冷丸，用极细粉裹糖煮熟，入冷水食之，为寒食节物。"至清代则仅在暑天有之。

寒食之后是清明，清明是一个隆重的祭祖节日，就饮食而言，与寒食几乎没有什么不同。《清嘉录》卷三"青团焐熟藕"条说："市上卖青团、焐熟藕，为居人清明祀先之品。"光绪《周庄镇志·风俗》说:"清明,插柳,扫墓,食粽子,踏青。"惟上坟照样有鱼有肉,褚人穫《坚瓠续集》卷二"扫墓"条说:"吴中于清明前后,率子女长幼持牲醴楮钱祭扫坟墓,虽至贫乏,亦备壶醿豆豕,间有族人祭无嗣孤冢,女夫祭外父母者,纸灰满谷,哭声哀戚,有古淳俗之风。洞庭山又以饺馀燕诸族人亲友,互相庀具壶觞,腾跃欢呼鼓腹,祭先睦俗之诚,又他乡之所不及。"《吴郡岁华纪丽》卷三"寒食上冢"条也说:"吴俗,清明前后出祭祖先坟墓,俗称上坟。大家男女,炫服靓妆,楼船宴饮,合队而出,笑语喧哗。寻常宅眷,淡妆素服,亦泛舟具馔以往。吴郡墓多在西山,到岸舣舟,坟垅数十里间,子孙提壶挈榼,从人担鱼肉而上,轿马后挂楮锭,粲粲然满道也。"

青团子和焐熟藕是清明的节令食品,袁枚《随园食单·点心单》记有青团的做法:"捣青草为汁,和粉作粉团,色如碧玉。"苏州青团一般都以豆沙为馅。童岳荐《调鼎集·果品部》记有焐熟藕的做法:"藕须灌米加糖自煮,并汤极佳。外卖者多用灰水,味变不可用也。余性爱嫩藕,须软熟,须以齿决,故味在也。如老藕一煮成泥,恐无味矣,并忌入洋糖。"但在寒食清明之时,新藕尚未上市,用的必定是隔年泥裹保鲜的老藕。

苏州清明有烧"野火米饭"的习俗,康熙《具区志·风俗》说:"清明,插柳檐下,妇女踏青、炊饭(谓之野饭)以为乐。"钱思元《吴门补乘·风俗补》也说:"清明日,踏青,儿童对鹊巢支灶煮饭,谓之野火米饭。""野火米饭"也称"野饭",光绪《光福志·风俗》则说:"是日,百果和米对鹊巢支灶煮饭,曰清明饭,小儿食之可聪慧。"

三月桃花水涨之时,正是鳜鱼登网之候。张志和《渔父歌》云:"西塞山前白鹭飞,桃花流水鳜鱼肥。青箬笠,绿蓑衣,斜风细雨不须归。"鳜鱼也名石桂鱼、厨鱼、水豚,《本草纲目·鳞部》说:"鳜生江湖中,扁形阔腹,大口细鳞,有黑斑,采斑色明者为雄,稍晦者为雌,皆有鬐鬣刺人,厚皮紧肉,肉中无细刺,有肚能嚼,亦啖小鱼。夏月居石穴,冬月偎泥帚,鱼之沈下者也。小者味佳,至三五斤者不美。"鳜鱼入馔,或红烧,或清蒸,或切片清炒,均无不可。郑逸梅《淞云闲话》"鳜鱼"条说："鳜少细刺，煎食之殊快朵颐，或着盐镇石，一昼夜即可烹食。或切成薄片炒之，别用荤油、酱油、熟火腿、藕粉、白糖等作料，浇于鱼片之上，肉味鲜美，为家肴中之上品。"苏州人称鳜鱼为桂鱼，语源于石桂鱼，店家则有松鼠桂鱼、千层桂鱼、红汤桂鱼等。

这时燕子初来，山中有名燕笋者，掀泥怒出，厥形尖细，异于他笋，苏州僧厨农家以入春馔，味殊甘美。袁学澜《姑苏竹枝词》云："一林燕笋风莓菜，十亩鱼秧水绣针。著个范村桑苎客，吴音弹出赵师琴。"自注："吴中新燕来时出笋，名燕来笋。"范广宪《光福竹枝词》云："讨春天气燕来时，更喜游邀雨后宜。谁说山家无隽味，岳园香笋每怀思。"自注："岳园笋。阳山土皆赤，惟岳园泥黑色，产笋肥大，香如幽兰。"

这时的甲鱼最腴美，因其行蹙蹙，故称之为鳖，食不宜大，大则肉老。《吴郡岁华纪丽》卷三"鳖裙羹"条说："庖鳖所在有之，而吴中烹治为佳，食市以为奇品，鳖之裙尤肥美。"苏州以鳖裙羹著名，李渔《闲情偶寄·饮馔部·肉食》说："'新粟米炊鱼子饭，嫩芦笋煮鳖裙羹。'林居之人述此以鸣得意，其味之鲜美可知矣。"

这时茶叶也开始采焙了，苏州历史上的名茶，有水月茶、虎丘茶、天池茶等，自明末清初起，就以碧螺春独享盛名了。瞿中溶《洞庭杂咏》云："碧螺春色似兰芽，不亚西山吃摘茶。却怪世人多耳食，只将龙井雨前夸。"自注："碧螺春茶产东山，吃摘茶产西山。"金孟远《吴门新竹枝》云："莫鳌峰在水云乡，半种碧螺半种桑。一片歌声人不见，青山红出采茶娘。"《吴郡岁华纪丽》卷三"碧螺茶贡"条引朱文藻《采茶歌》："采春茶，冒春雨，戴笠持筐走山女。采茶忙，焙茶香，山泉到厨声淙淙，新茶供客客满堂，有馀时与家人尝。君不见，东村蚕娘勤采桑，丝成不得为衣裳。"

三春香市最盛，庙门外的茶栅、摊肆无不利市三倍。如三月初三日真武大帝诞辰，常熟居民群往虞山拂水祠进香，民国《重修常昭合志·风俗》说："乡人结社拜香，每社有会首率之，且诵且拜，鱼贯登山，笋舆踵接，画舫尾衔，三春皆然，是日尤盛。严公祠畔遍设茶栅，以备游人憩坐。饧糖制成粽式，人争购取，旧名剪松糖。"三月二十八日东岳大帝诞辰，或进香，或赛会，或演剧，林林总总，山填海塞，苏州人谓之"草鞋香"，以农人为多也。袁学澜《吴乡岳帝诞日观草鞋香会诗序》说："路旁遍设列肆酒食，燔炙纷腾，饼炉茶幔，地摊杂卖糖饵、泥孩、不倒翁、戏耍玩具，抟面熟之曰麻胡饼，饧和炒米圆之曰欢喜团，秸编盔帽幞额，纸泥糊面具，梅花格簏丝篮，支布为篷，合沓成市。村农尽出游览，看会烧香，摇双橹出跳快船，遨游市镇，或观戏春台。其有荒村僻堡，民贫无资财，亦复摇小艇，载童冠妇女六七人，赴闹市，赶春场，或探亲朋，谋醉饱，熙熙攘攘，以了一年游愿。"

就在三月里，花船画舫出游了，又可品尝船菜、船点；绅富人家的园林，于清明开园，纵人游览，随处有赶卖香糖果饵的摊贩。

四 月

　　四月时，柳絮飘飞，樱桃红熟，落花流水春去也。因为从节气上说，自立夏日起，天气就逐渐炎热起来，进入夏天了。虽然立夏是个大节气，但民间没有什么典礼，只是入市买点时新节物，祀先宴客罢了。

　　自立夏后，蔬果鲜鱼之品，应候叠出，市人担卖不绝，称之为"卖时新"。苏州人重视立夏节，就以应时之品迎节。顾禄《清嘉录》卷四"立夏见三新"条说："立夏日，家设樱桃、青梅、穤麦，供神享先，名曰立夏见三新。宴饮则有烧酒、酒酿、海蛳、馒头、面筋、芥菜、白笋、咸鸭蛋等品为佐，蚕豆亦于是日尝新。"嘉庆《直隶太仓州志·风土上·节序》说："立夏日，采嫩麦蒸磨作细条食之，谓之麦蚕，兼食新蚕豆、樱桃、梅子之属，谓之樱桃九熟。"并引当地谚语："麦蚕蚕豆麦菩提，新茶新笋郁婆蘺，梅子合成芽谷饼，樱桃九熟报君知。"光绪《常昭合志稿·风俗》也说："俗说立夏节物曰樱桃九熟，谓樱桃、青梅、新茶、麦蚕、蚕豆、玫瑰花、象笋、松花、谷芽饼也。是日饮烧酒，食海蛳、腌鸭蛋、腌蒜，或煮豆和糖食之，云免蛀夏。"光绪《盛湖志·风俗》则记盛泽立夏日，"饮火酒，啜芽饼，啖青梅、朱樱、蚕豆、香蛳"。入民国后，顾玉振《苏州风俗谈·节令类》"立夏节"条说："食品之应时者，各节之中，以此日为最多，如樱桃也，梅子也，一红一绿，相映成趣，麦蚕也，酒酿也，海蛳与盐鸭蛋也，均为小孩最喜之食品，并有将以上各种应时品，供献于祖先之前者。旧时风俗，至今犹沿袭之，尚未变更者也。"

立夏节物中的穬麦，即元麦，《授时通考·谷种·麦》说："元麦，俗呼为穬，三月熟者糯，带青炒食似新蚕。"或将其粉捏成蚕状蒸熟，即所谓"麦蚕"，以祈年丰。至于海蛳，与螺蛳同类异种，苏州市上的海蛳，皆产于沿海滩涂，正德《姑苏志·土产》说："海蛳，出海中，土人熟而市之。"

范烟桥认为蚕豆是应该忝列"三新"的，《茶烟歇》"立夏见三新"条说："惟就今日实际情形而言，似宜去穬麦而易以蚕豆，因蚕豆可以一煮而登盘馔，不若穬麦虽为新鲜产物，未能遽以膏馋吻也。樱桃小而圆，有若珊瑚琢成，而艳红胜之，又若红豆，而娇嫩过之，所谓娇小玲珑者已。惟味极平庸，嚼之淡然如无物，只宜作眼底供养也。青梅苦而酸，余殊恶之，居乡时常有以青梅拌白糖其上，较可食。往岁农村收获丰，乘田事未举，醵资招江湖伶人演春台戏，每见此物累累置筠篮求沽。三新中以蚕豆为最佳，吴江所产特腴美，过于他邑，盖皮薄如缯而糯，肉细如粉而腻，个中人号为'吴江青'。若在初穗时，摘而剥之，小如薏苡，煮而食之，可忘肉味。余意若仿广东豆藏诸罐缶，必能得美誉，惜三五日后，即易长足，皮坚肉硬，便减味矣。沈朝初《忆江南》词，分咏三新，状物极工，其咏青梅云：'苏州好，玉叠结梅酸。梦起细含消病渴，绣馀低嗅沁心寒。青脆小如丸。'其咏樱桃云：'苏州好，新夏食樱桃。异种旧传崖蜜胜，浅红新样口脂娇。小核味偏饶。'其咏蚕豆云：'苏州好，豆荚唤新蚕。花底摘来和笋嫩，僧房煮后伴茶鲜。团坐牡丹前。'若令作客他乡者读之，当不胜莼鲈之思矣。"

迟至立夏日，苏州士绅人家要举行饯春筵或送春会，以送春迎夏，也称樱笋厨，因为樱桃和春笋是席上不可缺少的。唐寅《社中诸友携酒园中送春》云："三月尽头刚立夏，一杯新酒送残春。共嗟时序随流水，况是筋骸欲老人。眼底风波惊不定，江南樱笋又尝新。芳园正在桃花坞，欲伴渔郎去问津。"关于苏州市上的樱桃和春笋，袁学澜《吴郡岁华纪丽》卷四"樱笋厨"条说："吴中樱桃出光福、西山，赤如火齐，味甘崖蜜。笋出湖州诸山，商船远贩，昼夜兼行。粉箨绿苞，玉婴骈解。饯春迎夏，把盏开筵，厨人作供，一半樱桃一半笋，真隽味也。"苏州樱桃有朱樱、紫樱、蜡珠、樱珠诸品，以朱紫两种为贵。山中人家在樱桃将熟之时，用鱼网覆盖，以防飞鸟啄食，范成大《四时田园杂兴》云："种园得果廑偿劳，不奈儿童鸟雀搔。已插棘针樊笋径，更铺渔网盖樱桃。"除春笋、樱桃两样以外，席上常见的还有青梅、蚕豆、海蛳、盐鸭蛋诸物，蔡云《吴歈百绝》云："消梅松脆樱桃熟，稴麦甘香蚕豆鲜。凫子调盐剖红玉，海蛳入馔数青钱。"自注："钱春席上，备此数品。食海蛳者，必以钱穿钳去锐处而噙其肉。"清佚名《海虞竹枝词》亦云："海蛳蚕豆麦蚕黄，梅子樱桃酒酿浆。吃罢相争盘石磨，暑天食量胜平常。"

立夏日又时尚吃李子，佚名《玄池说林》说："立夏日，俗尚啖李，时人语曰：'立夏得食李，能令颜色美。'故是日妇女作李会，取李汁和酒饮之，谓之'驻色酒'。一曰是日啖李，令不疰夏。"苏州人将入夏后眠食不服称为疰夏，立夏那天就得预防疰夏，除吃李子之外，民间还有一些办法。《吴郡岁华纪丽》卷四"疰夏饮七家茶"条说："吴俗以入夏眠食不安曰疰夏。盖吴下方言，谓所厌恶之人曰注，则疰夏之说，犹厌恶之意也。人家于立夏日，取隔岁撑门炭烹茶以饮，茗荈则乞诸邻舍左右，阅七家而止，谓之七家茶。或配以诸色细果，馈送亲戚比邻，云饮此茶可厌疰夏之疾。又或煮麦豆和糖食之，或用蚕豆小麦煮饭，名夏至饭。是日天气虽寒，必试纱葛衣，并戒坐门槛，云俱令人夏中强健，可免疰夏。"包天笑《衣食住行的百年变迁·食之部》另记了一个预防疰夏的办法苏州风俗："清明日以一柳条穿一大饼挂檐下，晒在太阳中，到立夏日合家分而食之，谓可以免蛀夏。"此外，有的人家还将猫狗食盆中的剩馀米糁，给小儿吃，称为猫狗饭，据说也可以预防疰夏。

立夏那天，酒店以烧酒招饮长年主顾，不取分文。《清嘉录》卷四"立夏见三新"条说："酒肆馈遗于主顾以酒酿、烧酒，谓之馈节。"正由于这个缘故，街巷间尽是酒醉之人。袁学澜《立夏日即景》云："茅檐煮茧午风香，布谷声中菜荚黄。斝尾一杯酬芍药，时鲜百艇贩鲥鲟。鸣钲尚闹迎神会，食李争传疰夏方。腌蛋海蛳供节物，欢呼人醉遍街坊。"这种风俗现象，实在是不多见的。

当紫楝花开时，海鲜上市了。《吴郡岁华纪丽》卷四"海鲜市"条说："葑门外海鲜行，为海舶渔商群集之所，长樯铁鹿，篷索牵风，青雀黄龙，舳舻蔽水。紫楝花时，清和纪候，晓色朦胧，嚣尘竞起。凡鳖鳝、鲳鳊、江鲚、着甲之属，靡不填萃。就中品贵者为鲥鱼，初网第一头，名头鲥，必献抚军以邀赏，其馀以次递及诸宦家富族。最多者为黄鱼，风干其鲴，曰鲞，用以胶物最固。海鲜多与冰同置，则耐久不馁，名曰冰鲜。鲟溪有冰荫十二所，俱供海鲜之用。钱荇石诗云'海舶鱼鲜户户称，街头处处卖新冰'是也。外更有鲍鱼之肆，以盐渍鱼，糗干成鲞，谓之腌腊。黑鲩白鲦，鳔鲤裙带，云委山积，鲨鱼剪其翼曰鱼翅，水母割其裙曰海蛇，其馀海错族繁，实难以缕述也。"故沈朝初《忆江南》词曰："苏州好，夏月食冰鲜。石首带黄荷叶裹，鲥鱼似雪柳条穿。到处接鲜船。"

小满时节，又有所谓"春熟"，《清嘉录》卷四"小满动三车"说："岁既获，即播菜麦。至夏初，则摘菜薹以为蔬，舂菜子以为油，斩菜萁以为薪，磨麦穗以为面，杂以蚕豆，名曰春熟。郡人又谓之小满见三新。"

四月初八日，乃佛祖阿弥陀佛诞辰，苏州各寺院建龙华会，香花供养，以小盆坐铜佛像，浸以香水，复以花亭铙鼓遍行闾里，男女布施钱财，居人持斋礼忏，也称浴佛节。凡过节，苏州人家都要吃阿弥饭和阿弥糕。《吴郡岁华纪丽》卷四"浴佛"条说："浴佛日，市肆采杨桐叶及细冬青，染饭作青色，名青精饭，或作糕式售卖。僧寺以乌叶染米，或取南天烛叶煮汁渍米，造黑饭，以馈檀越，编户以之供佛，名阿弥饭，亦名乌米饭。"周宗泰《姑苏四季竹枝词》云："阿弥陀佛起何时，经典相传或有之。予意但知唵饭好，底须拜佛诵阿弥。"苏州人说的乌米饭，与阿弥饭谐音。康熙《具区志·风俗》说："四月初，比丘尼馈青精饭。"下注："俗呼为黑草饭。"至于这染米的乌叶，顾震涛《吴门表隐》卷四说："乌叶出支硎山墙壁间，煮汁作黑饭，四月八日用之，名阿弥饭，道家名青精饭。或云即杨桐叶（《事类合璧》）、天南烛叶（《脉药联珠》）。"童岳荐《调鼎集·点心部》记下了乌米饭的一般做法："乌米饭，每白糯米一斗，淘净，用乌桕或枫树叶三斤捣汁拌匀，经宿取起蒸熟，其色纯黑，供时拌芝麻、洋糖，又名青精饭。"

　　苏州城中皋桥东福济观，俗呼神仙庙，奉祀吕洞宾。吕洞宾名岩，相传唐贞元十四年（798）四月十四日生人，苏州人称那天为神仙生日。天未破晓，进香者络绎于途，几至踵趾相接。苏州人称拥挤为"轧"，故称"轧神仙"。相传吕洞宾化为褴褛乞丐，混迹观中，如有难瘳之疾者，就去观中烧香，往往不药而愈。那天观内外摊肆麇集，以贩卖盆栽、泥人为最多，称盆栽为神仙花，称小龟为神仙龟，称垂须钹帽为神仙帽，称楼葱为龙爪葱，称五色粉糕为神仙糕，也称纯阳糕，邻近糕肆，生意格外兴隆。蔡云《吴歈百绝》云："纯阳糕接阿弥饭，不礼仙宫即梵宫。残翠满街人踏运，手擎龙瓜认楼葱。"自注："四月八日弥陀降生，俗造乌米饭食之，盖以协阿弥之音耳。十四日吕仙诞，食神仙糕。"如今"轧神仙"，卖盆栽的风俗尚存，而神仙糕却早已不见影迹了。

五 月

　　古人以五月为忌月，也称毒月或恶月。苏州人则讳言恶月，称为善月。百事多禁忌，不迁居，不婚嫁。僧人道士先期印送文疏于檀越，填注姓字，至五月初一日焚化，称为修善月斋，其实是并不修斋的。

　　初五日称端午，又称端五、端阳、重午，乃一岁中的大节。苏州人过端午节很隆重，顾禄《清嘉录》卷五"端五"条说："五日，俗称端五。瓶供蜀葵、石榴、蒲、蓬等物，妇女簪艾叶、榴花，号为端五景。人家各有宴会，庆贺端阳。药市、酒肆馈遗主顾，则各以其所有雄黄、芷尤、酒糟等品。百工亦各辍所业，群入酒肆哄饮，名曰白赏节。"又同卷"称锤粽"条说："市肆以菰叶裹黍米为粽，象称锤之形，谓之称锤粽。居人买以相馈贶，并以祀先。"

　　端午那天，苏州家家都要吃粽子，粽子也称角黍，以箬叶裹糯米为之，也有用菰叶的，凡用菰叶裹的，称为菱粽。就其外形而言，有三角粽（也称菱角粽）、一角粽（也称称锤粽或小脚粽）、方粽，还有小粽，联束成串，在唐时称为百索粽，宋时称为九子粽，往往为儿童所喜欢。就其味品而言，又有枣子粽、赤豆粽、咸肉粽、鲜肉粽、白水粽等。作为苏州端午节物的粽子，可说是巧制具备，有的从店肆里买来，有的自家裹扎，在亲友邻里间互相馈赠。苏州人认为端午这天不吃粽子是"勿识头"的，故儿歌唱道："端午勿吃粽，死仔呒人送。端午吃仔粽，一夏健松松。"（《吴歌丙集》）常熟有吃雄黄粽的风气，清佚名《海虞风俗竹枝词》云:"今朝夏至莫相忘,麦粥熬成和白糖。酒入雄黄粽子裹,要尝滋味到端阳。"吴江盛泽则以菱白叶裹尖头小粽,称为菱秧粽,蚾叟《盛泽食品竹枝词》云:"记得端阳节又交,黄鱼白肉作家肴。分尝鱼泰相沿久,偏是菱秧细细包。"包天笑《衣食住行的百年变迁·食之部》说:"到了端午节,那便是粽子的世界了。粽子的味儿,有甜的,有咸的,有荤的,有素的。形式有圆的,有方的,有长的,有尖的。有一种白水粽,范烟桥曾以书来告诉我,谓以新制之玫瑰酱,蘸白水粽,可谓色、香、味三绝。我报以诗云:'可笑诗家与画家,珍羞也要笔生花。玫瑰酱蘸水粽白,雪岭似披一抹霞。'玫瑰酱为家制之品,亦于此时当令,我家居吴门时,每年必制此。今以之蘸白水粽,我象征意似大雪山顶,飘拂我国红旗一面呢。"

端午节也是辟邪的日子,如种种俗信,如系长命缕、贴天师符、悬锺馗像、簪钗符健人、挂蒲剑艾旗等等。在饮食上,就是饮雄黄酒,作为辟邪解毒的办法。袁学澜《吴郡岁华纪丽》卷五"雄黄酒"条说:"今吴俗,午日多研雄黄末屑、蒲根和酒以饮,谓之雄黄酒。又以馀酒染小儿额、胸、手足心,云无蛇虺之患。复洒馀沥于门窗墙壁间,以祛辟毒虫。"蔡云《吴歙百绝》云:"称锤粽子满盘堆,好侑雄黄酒数杯。馀沥尚堪祛五毒,乱涂儿额噢墙隈。"自注:"裹黍无角者,名称锤粽,端午节物也。端午饮菖蒲酒,今更和以雄黄。俗以蟾蜍、蜥蜴、蜘蛛、蛇、蚿为五毒。"《白蛇传》故事说端午那天,白素贞装病入房中回避,许仙误以为得了风寒,劝服雄黄酒,白素贞酒后便显出了白蛇的原形。

端午节,苏州家家吃黄鱼。明清时黄鱼集中于葑门外海鲜行,居民争买入馔。袁学澜《姑苏竹枝词》云:"比户悬符五毒虫,黄鱼船集葑门东。画屏醉倒锺馗影,人在蒲香艾绿中。"太仓、昆山、吴江人家那天也吃黄鱼,沈云《盛湖竹枝词》云:"石首鱼来三月天,埠头日日到冰鲜。如何蒲绿榴红后,冯铗空弹食客筵。"自注:"石首鱼即黄花鱼,往时端阳节,家家食黄鱼,近则春末夏初冰鲜已到,每届端阳辄叹无鱼。"

五月十三日相传为关帝诞辰,《清嘉录》卷五"关帝生日"条说:"十三日为关帝生日，官为致祭于周太保桥之庙。吴城五方杂处，人烟稠密，贸易之盛，甲于天下。他省商贾各建关帝祠于城西，为主客公议规条之所，栋宇壮丽，号为会馆。十三日前，已割牲演剧，华灯万盏，拜祷惟谨。行市则又家为祭献，鼓声爆响，街巷相闻。"明清时苏州会馆至多，商贾几遍全国，会馆菜肴异常讲究，介乎市食、家厨之间，又融合八方技艺，乃是"苏帮菜"形成的重要因素之一。那天常熟的关帝社都要聚会，吃社酒，一般用八大碗，满装鸡鸭鱼肉，称为"老八样头"，也有盛办筵席的。

进入夏至节气，标志着炎夏的开始，人们颇生畏惧，苏州人向有"苦夏"之说。酷热可畏，最宜息机养生，故夏至以后，注意起居，讲究饮食，希望健康地安度一夏。范成大《吴郡志·风俗》说："夏至复作角黍以祭，以束粽之草系手足而祝之，名健粽，云令人健壮。又以李核为囊带之，云疗馇。"至明代时，吴江犹存遗风，弘治《吴江志·风俗》说："夏至日作麦粽，祭先毕则以相饷。"清中期以来，太仓、常熟人家那天要吃夏至粥，嘉庆《直隶太仓州志·风土上·节序》说："夏至日，以蚕豆、赤豆及小麦和米煮粥，互相馈遗，谓之夏至粥，亦曰夏健。"光绪《常昭合志稿·风俗》也说："夏至日，以新小麦和糖及苡仁、芡实、莲心、红枣煮粥食之，名曰夏至粥。"由此可见，夏至粥的意义在于清凉消暑，也符合炎夏的饮食要求。

这一时节，枇杷、杨梅相继成熟，沈朝初《忆江南》词曰："苏州好，沙上枇杷黄。笼罩青丝堆蜜蜡，皮含紫核结丁香。甘液胜琼浆。"又曰："苏州好，光福紫杨梅。色比火珠还径寸，味同甘露降瑶台。小嚼沁桃腮。"吴人口福，实实不浅。

六　月

　　六月既是炎暑，饮食固宜清淡。袁学澜《吴郡岁华纪丽》卷六"六月素斋"条说："三伏烈日炎蒸，易感痧暑，食宜淡泊，薄滋味，凡腥臊肥腻食品，咸屏除弗御。吴俗，男妇多清斋素食，一月方复荤，谓之全月素，其少者，亦必二十四日为度。"初四、十四、二十四这三日，苏州人家有"谢灶"习俗，比户都做素馅粉团，俗称"谢灶团子"，另置素菜四样，来祭祀灶神，俗话说："三番谢灶，胜做一坛清醮。"初六逢天贶节，且为清暑日，宜修清暑斋，苏州家家都吃素馄饨，周庄人家有吃素面的，太仓人家除素馄饨外，还得吃马齿苋。二十三日为火神诞日，不吃荤酒，称为火神素。二十四日是雷尊诞日，苏州信奉者十之八九，称为修雷斋，人们都去城中玄妙观雷殿或阊门外四图观，进香点烛，并且开始日日吃素。如果不在斋期，听到雷声，即改吃素，称为接雷斋或接雷素。二十四日又是灌口二郎神诞日，苏州人纷纷去葑门内的二郎神庙素斋进香。二十五日传为雷部辛天君诞日，凡奉辛斋的，每月逢辛日或初六日，都得吃素，俗谓之"三辛一板六"。正因为如此，旧时苏州道观常雇用多名厨师掌勺，专办素斋。功德林素菜馆创建于1926年，吸取了道观素菜的精华，在雷斋期间推出各式素菜名馔，门庭若市，生意鼎盛。常熟的情形就是如此，光绪《常昭合志稿·风俗》说："六月初一日为始，城乡人多持雷斋茹素，亦藉以卫生，至二十四日为止。"其他各邑也几乎整个六月都以素食为主。因此在六月里，苏州的鲜肉摊、熟肉铺都没有什么生意，点心店里的荤素也分得很清。特别是在六月里专做素食的店家，格外重视，顾玉振《苏州风俗谈·迷信类》"雷斋素"条说："市肆之售熟食者，至五月杪，即将器具洗涤洁净，而面馆等尤须将灶头重砌，其郑重将事，可谓至矣。"

苏州风俗，在吃斋之前，亲友都要以荤菜馈贻，或请客大吃一顿，称为封斋；等到斋期结束，亲友又要以荤菜馈贻，或复烹宰治馔，隆重设宴，称为开斋，也称开荤。金孟远《吴门新竹枝》云："三月清斋苜蓿肴，鱼腥虾蟹远厨庖。今朝雷祖香初罢，松鹤楼头卤鸭浇。"自注："吴人于六七月间，好食雷素斋。开斋日，先至雷祖殿烧香，然后至松鹤楼食卤鸭面。"常熟的情形稍有不同，开斋那天，致道观雷祖殿里香客挤挤，通宵达旦，附近有一家近芳园菜馆，前面旷场上排满酒席，食客一边踞坐大嚼，一边看男女烧香，俗话说："近芳园吃抬头。"所谓"吃抬头"是不设整套酒席，只点吃精致小菜。

包天笑小时也吃过素斋，《衣食住行的百年变迁·食之部》说："在我儿童的时候，一到了六月（旧历），苏州许多人家都是吃素的，尤其太太们。在我家，祖母和母亲，到那时候，也是吃素的。名目有多种，有观音素，有雷神素，从初一日起，连续到廿四五日，父亲和我们几个小孩子是不吃素。但有一年，约莫八九岁的时候，我也吃起素来。这是和我姊斗气，说我贪嘴，吃不来素，激起我的好胜心。始而祖母不许，说：'小孩子吃什么素？'父亲笑说：'他既夸口，就让他试试看。'于是我就从六月初一起，吃到廿四日，算功德圆满了。我觉得吃素毫无所苦，何以许多人非肉食不可？但我到了成人以后，习惯成自然，也觉得'宁可居无竹，不可食无肉'了。"

自夏至日起，至第三庚日为初伏，至第四庚日为中伏，至立秋后初庚为末伏，谓之三伏天。俗语说："夏至未来莫道热。"进入三伏天，才是火伞张空、天地为炉的酷暑。《吴郡岁华纪丽》卷六"三伏天"条说："衢路间红尘赤日，于时多道喝者，多病热者。郡有好善之家，舍药裹，施冰茶。街市卖凉粉、冰果、瓜藕、芥辣诸爽口物。用物则有蒲葵叶扇、麻苎手巾、蒲鞋、凉帽、莞席、竹簟、青奴、藤枕之类，沿门担售。有纸剪萤灯，备诸巧样，实萤火以娱呆童。浴室停爇火。茶肆以忍冬花、菊花点汤,名双花饮。面店卖半汤面,未午即散;切肉作小块,曰臊子肉面;以肉汁为浇头,曰卤子肉面;配以黄鳝丝,名鳝鸳鸯。豪门贵宅多架凉棚,设碧纱厨于凉堂水榭,盆累珍珠兰、茉莉成山,中座列冰槃,香风四绕,凉欲生秋。”这称为鳝鸳鸯的面浇,十分著名,沈钦道《吴门杂咏》云:“流苏斗帐不通光,绣枕牙筒放息香。红日半窗刚睡起,阿娘浇得鳝鸳鸯。”袁学澜更有《吴中三伏》云:“吴中风景好,城市夏偏宜。食物随心便,乘凉逐伴嬉。花篮编茉莉,灯舫映玻璃。十字洋边酒,三清殿畔棋。茶楼茗饮洁,饼肆雪糕奇。蔬菜阳春美,园林拙政遗。牙牌喧传博客,药局聚名医。解渴施丸散,清斋馈粉皮。烧香雷祖庙,赌曲虎丘祠。士女车尘影,街衢汗雨丝。摇风金叶扇,消暑碧筲卮。湖藕裁琼片,冰鲋胔玉肌。鸳鸯浇鳝面,弦索唱盲词。茭白挑佣担,鲟黄出荫池。门摊陈淘粥,天幔隔炎曦。闲向荷亭坐,聊吟俗事诗。”从中可以知道一点旧时苏州炎夏的饮食品目。

苏州冰窨,由来已久,《越绝书·外传记吴地传》就说:“阊门外郭中冢者,阖庐冰室也。”又说:“巫门外冢者,阖庐冰室也。”民间冰窨则出现在南宋,莫旦《苏州赋》自注:“腊月取冰藏之,至夏月用,谓之冰荫。范石湖云:‘二十年来沿海大家始藏冰,悉以冰养鱼,遂不败。’按此则南渡之前吴下无藏冰之家与。”清初,葑门外的部分冰窨曾被拆除,查慎行《人海记》卷上“苏州冰厂”条说:“苏州冰厂,明季已有之,凡十六所。本朝兵始至,问厂何为?曰藏冰者,谓伏兵也,焚其五,始悟。”大概不久就重建,仍在葑门外,有二十四座。乾隆《元和县志·物产》说:“冰窨在葑门外,设窨二十四座,以按二十四气。每遇严寒,戽水蓄于荡田,冰既坚,取贮于窨。盛夏需以护鱼鲜,并以涤暑。”至夏至前后,将冰取出,沿街坊担售,苏州人称为“卖凉冰”。水果行买去,以杨梅桃李诸品杂之,称为冰果;海鲜行买去,以保存海鲜,称为冰鲜;豪门大家买去,则琢叠成山,周围席畔,供以磁盆,六月虚堂,凉生四座,真不知屋外“赤日炎炎似火烧”矣。尤侗有《冰窨歌》云:“我闻古之凌阴备祭祀,今何为者惟谋利。君不见葑溪门外二十四,年年特为海鲜置。潭深如井屋高山,潴水四面环冰田。孟冬寒至水生骨,一片玻璃照澄月。窨户重裘气扬扬，指挥打冰众如狂。穷人爱钱不惜命，赤脚踏冰寒割胫。捶舂撞击声殷空，势欲敲碎冯夷宫。冰砰倏惊倒崖谷，淙琤旋疑响琼玉。千筐万筥纷周遭，须臾堆作冰山高。堆成冰山心始快，来岁鲜多十倍卖。海鲜不发可奈何，街头六月凉冰多。""卖凉冰"也是苏州街头一景，袁学澜《卖凉冰》云："一声铜盏响，沿街人卖冰。严冬从所弃，入夏价便增。珍如雪中炭，寒却盘间蝇。朱门热客倚，海市冰鲜登。凉难及道喝，明或晃晶灯。鲟溪廿四所，窖屋高崚嶒。红尘荷担夫，持赠复谁替。"

清康熙时，地方官吏对窖冰巧取豪夺，严重损害窖户利益，江宁巡抚汤斌特下《严行饬禁告谕》："各项当官久经禁革白票取物，有干功令，不意苏城尚有冰窖，承值官府，相沿莫能革除。查设厂藏冰，盖因春夏江海鱼鲜远来，非冰即腐，窖户在于腊月凿窖收贮，待时发卖，以觅微利。而苏州大小衙门，辄以冰为驱暑纳凉之具，每遇夏月，差票络绎，恣意白取，供应上司，饱送知交，视为应得，致窖户雇夫雇船、挑运装送所费不赀。甚且各衙门搭盖马厂，与夫包束家伙需用草索，亦着窖户出夫打造，即或稍给工价，悉被胥差兵役中饱，究竟不沾实惠，种种弊害，殊堪矜悯。合亟饬禁为此示，仰苏郡官役军民人等知悉。"是否令行禁止，由于缺乏记载，不知其详。

六月时，珠兰花和茉莉花上市了，茶叶店也就收购去，珠兰花撮取其子，称之撒梗，以为配茶之用；茉莉花则取其花蒂，称之为打爪花。山塘花肆成市，花农盛以马头篮沿门叫鬻。蔡云《吴歈百绝》云："提筐唱彻晚凉天，暗麝生香鱼子圆。帘下有人新出浴，玉尖亲数一花钱。"自注："夏月卖茉莉、珠兰者，声不绝耳，俗谓'数钱五文曰一花'。"茉莉花又可作和糖舂膏、酿酒钓露之用。周瘦鹃《茉莉开时香满枝》说："把茉莉花蒸熟，取其液，可以代替蔷薇露；也可用作面脂，泽发润肌，香留不去。吾家常取茉莉花去蒂，浸横泾白酒中，和以细砂白糖，一个月后取饮，清芬沁脾。"

烈日如焚，正是做酱的大好时候，《吴郡岁华纪丽》卷六"合酱"条说："以面和豆入甄，蒸熟窖之，曰罨酱黄。窖数日，面豆作霉变色，取向炎日曝之。然后缸贮盐水，择上下火日，投酱黄于缸内，以合酱。"苏州人家做酱，用蘱麦蒸熟，杂以小麦麸皮面，并将黄豆煮烂，一起放入盉中，加以盐屑，在烈日下曝晒，谓之麸豉。

西瓜也在六月里上市，《吴郡岁华纪丽》卷六"贩瓜"条说："今吴中初伏始交，街坊担卖西瓜，居人亦市为享先之用，并相馈遗，剖食祛暑。乡人小艇载贩，往来唤卖，所在成市。"且记下当时苏州的西瓜名品："其出双凤镇法轮寺左右者，名寺前瓜；生长洲大姚村者，名算筒瓜，色白；出昆山杨庄者，名金子瓜，形不甚钜，子小作金色；生吴县跨塘荐福山者，名荐福瓜；出虎丘者，名徐家青；甫里次之。近常熟有梅前结实者，俗称梅瓜。此数者皆瓜种之良，其味甜以松，其质脆以爽，豪贵家消暑之具，必于是焉取之，价且昂，不吝惜也。"其中提到的荐福瓜，以味甘里松著称，范广宪《石湖棹歌》云："炎风扇暑火云斜，解渴清心兴未赊。底物味甘评泊遍，独推荐福绿沉瓜。"这时小贩驾艇载瓜，往来河港叫卖，苏州人俗呼"叫浜瓜"。也有专卖西瓜的铺子，清佚名《苏州市景商业图册》中就有一家，悬着"夏圣祥西瓜行"、"夏圣祥白芦西瓜百合老行"的招子，门前地上摆满西瓜，顾客正在挑选，铺子对面，有人正据案剖瓜零卖。苏州几乎家家有井，买得瓜来，或用篮，或用网，将它用绳子悬入井水中，隔一两个时辰，取出剖开，饱啖一顿，就暑气全消了。

七　月

　　虽说立秋前一月,街坊已担卖西瓜。但到了立秋日,苏州人家始将西瓜荐于祖祢,并以之相馈贶,俗呼"立秋西瓜",取《诗·豳风》"七月食瓜"之意。那天家家必定吃西瓜,以为可以解除暑热。或一边吃瓜,一边饮烧酒,以迎新爽。立秋日,太仓人家除吃西瓜外,还饮新汲之水,相传可免疟疾。常熟又有不同,光绪《常昭合志稿·风俗》说:"立秋日,食瓜,或以赤豆七颗和水吞之,以防疟痢。"这是颇为悠久的古俗,陈元靓《岁时广记·立秋》引《四时纂要》:"立秋日,以秋水吞赤小豆七粒,止赤白痢疾。"又,范成大《立秋二绝》题注:"戴楸叶,食瓜水,吞赤小豆七粒,皆吴中节物也。"一首云:"折枝楸叶起园瓜,赤小如珠咽井花。洗濯烦襟酬节物,安排笑口问生涯。"

　　七月初七日,谓之七夕,相传牛郎织女鹊桥相会,在民间几乎就是妇女的节日,苏州人便称为女儿节,也称小儿节。巧果是七夕的节物,正德《姑苏志·风俗》说:"五月五日卖花胜,三伏卖冰,七夕卖巧果,皆按节而出,喧于城中,每漏下十馀刻犹有市。大抵吴人好费乐便,多无宿储,悉资于市也。"蔡云《吴歈百绝》云:"几多女伴拜前庭,艳说银河驾鹊翎。巧果堆盘卿负腹,年年乞巧靳双星。"自注:"七月七日以油面作巧果,盖以吃巧,叶乞巧也。"各邑巧果与郡城仿佛,嘉庆《直隶太仓州志·风土上·节序》说:"七夕,溲面簇花入油煎之,曰巧。"光绪《常昭合志稿·风俗》说:"以面和糖用油炸之,名曰巧果，相馈遗。"清佚名《海虞风俗竹枝词》云："制成巧果味堪夸，小剪新裁别样花。搓粉和糖油炮烙，外旁还糁黑芝麻。"常熟人家那天要作"浮瓜沉李之宴"，未得其详，大概必有瓜果之类吧。

七夕之夜，苏州人还要遥望银河，看其显晦，卜占秋来市场米价的低昂，晦则米贵，显则米贱。小儿女们一边望着天上银河，一边唱着歌谣："天河斜搁，人家咬菱角；天河阑环，人家吃新米饭。"顾禄《七夕看天河》云："未弦月色映前谿，静夜银弯一望低。欲卜秋来新米价，天孙远嫁在河西。"

七月朔望间，苏州人又要吃三官素，袁学澜《吴郡岁华纪丽》卷七"七子山香市"条说："三官为天官、地官、水官，俗相传即尧、舜、禹也。吴人以上元、中元、下元为三官诞辰。凡正、七、十月朔，至望日，奉斋素食，谓之三官素。"

中元节前后，农人还要"斋田头"，即古之秋社。《吴郡岁华纪丽》卷七"斋田头作秋社"条说："中元，农家祀田神，村翁里保敛钱，于土谷神祠作会，刑牲叠鼓，男女聚观。与会之人，归时各携花篮、果实、食物、社糕而散，又或具粉团、鸡黍、瓜蔬之属，于田间十字路口祝而祭之，谓之斋田头。"这一风俗，古已有之，《史记·滑稽列传》记淳于髡曰："今者臣从东方来，见道傍有禳田者，操一豚蹄，酒一盂，祝曰：'瓯窭满篝，污邪满车，五谷蕃熟，穰穰满家。'""斋田头"或就是古穰田之俗。

苏州人家常见的消暑吃食，有绿豆汤、莲子羹，还有甘蔗浆、酸梅汤、薄荷茶等饮料。

八　月

　　八月初三日为灶君诞日，家家具香烛素羞，以祀福济观灶君殿，进香者络绎不绝。有嗜斋为会者，称灶君素，以妇女为多。

　　八月十五日中秋，乃三大节之一，苏州人十分重视，既要拜月，又要宴饮，袁学澜《吴郡岁华纪丽》卷八"斋月宫玩月"条说："取藕之生枝者，谓之子孙莲；莲之不空房者，谓之和合莲；瓜之大者，细镂如女墙，谓之荷花瓣瓜，佐以菱芡银杏之属。以纸绢线香，作宝塔形，钉盘杂陈，瓶花樽酒，供献庭中，儿女膜拜月下。拜毕，焚月光纸，撒所供，散家人必遍。嬉戏灯前，谓之斋月宫。比户壶觞开宴，灯球歌吹，莫盛于阊门内外、南北两濠。妓馆青楼，陈设更为靡丽。士女围饮，谓之团圆酒。女归安，是日必返其夫家，曰团圆节也。"这一景况，最见苏州风俗的华奢繁靡。

　　月饼是最重要的中秋节物，蔡云《吴歈百绝》云："月饼登筵作净供，黄昏便望月升东。佳人整备走月亮，稚子安排斋月宫。"自注："妇女乘夜至亲戚家，谓之走月亮。以瓜果、月饼祀月，谓之斋月宫。"月饼应市很早，中秋前一月，茶食店里已有出售。月饼的大小形制不一，小者径寸馀，大者有径一尺的，如今则更有大乎其大的。以糖和粉面为之，其馅有豆沙、玫瑰、蔗糖、百果诸品，还有鲜肉、火腿等，人家争相置买，馈赠亲友。十五日夜，则与瓜果等供祭月筵之前，月饼形象团圞，取人月双圆之意。吴存楷《江乡节物词》云："粉膏圆影月分光，每际中秋得饱尝。只恐团圞空说饼，征人多半未还乡。"

包天笑《衣食住行的百年变迁·食之部》有一段回忆:"说起月饼,我们苏州的月饼有盛誉的,我在三十岁以前,只知吃苏州月饼。我们那里有一家茶食店,唤作稻香村,他们也是以月饼著名的,他们还创制一种名曰'宫饼',圆如月轮,以枣泥松子为馅,是他们的专利品。每遇中秋,稻香村陈列'小摆设'(是一种雏形的器物,只有苏州地方有,兹不赘述),因为中秋月明之夜,妇孺辈往往出游,名曰'走月亮',逛到观前街,稻香村以此娱宾呢。广东月饼,苏州没有见过,并非排外性质,实因交通不便。要到辛亥革命以后,才有人到苏州开办了一家广东食品店,广东月饼始见于市。其时在上海,广月与苏月,已分庭抗礼了。"广式月饼的价格,比苏式月饼贵得多,金孟远《吴门新竹枝》云:"皓魄当空香斗燃,深闺儿女祝团圆。中秋一夕豪华甚,月饼蓉酥三百元。"自注:"中秋须拱香斗斋月宫,吃月饼,饼之制于广东店者,贵至三四百元。"

中秋之夜,虎丘至阊门,七里笙歌,两岸灯火,人语喧哗,热闹非凡,画舫妖姬,征歌赌酒,也是一次美食盛会。康熙时人章法《苏州竹枝词》云:"银会轮当把酒杯,家家装束妇人来。中船唱戏傍酒船,歇在山塘夜不开。"自注:"如平酒一般行令,甚至呼拳声达两岸。"郡中妇女盛装出游,携榼胜地,联袂踏歌。比邻同巷,互相往来,有终年不相过问者,于此夕款门赏月,陈设月饼、菱芡、桂栗诸物,延坐烹茶。

虎丘中秋曲会,虽是一次昆曲赛事,但酒食也不可或缺。袁宏道《虎丘》说:"每至是日,倾城阖户,连臂而至,衣冠士女,下迨蔀屋,莫不靓妆丽服,重茵累席,置酒交衢间。"胡胤嘉《游虎丘记》说:"十五以前,歌杂语烦,屣脱裙裂,场无插锥之隙,座有豪饮之宾。十六之夜,遗香坠粉,弦咽笛清,每为凄断。此后两日,灯围舞榭,浮白呼卢,以候月光,脱木露气沾衣,登场送酒,缱绻乃去,吴人所为善游也。"前来听曲的人,以数千计,他们席地而坐,带着酒,带着菜,边听边吃,故黎遂球《虎丘杂记》说:"时千人石竟夕嘈嘈,当歌发则皆屏息而听,不必夜阑,然酒气如蒸,弗清旷也。"

庞寿康《旧昆山风尚录·四季节序》记昆邑中秋节:"八月半为中秋节,是晚银蟾光满,倍于常时,人间团圆,乐也融融。店铺常例,同于端午节,惟端午酒席设于午时，中秋则于晚间。富裕人家，菜肴亦颇丰盛，有桂花甲鱼、去足螃蟹、鸽蛋、圆切东坡、红烧狮子头、宰肉田螺、冬菇、圈子（直肠），均属圆形美味，以喻团圆，实有雅趣。陋巷贫窭，虽典衣质物，亦备一二佳肴，稍享口福。下午，家家户户煮食糖芋艿。民间以月饼相互馈赠，取祝贺团圆之义。市上月饼，全仿苏式，壳薄匀净，酥润柔细，其馅有百果、枣泥、白糖玫瑰、猪油夹沙等，量多质佳，清甜可口。各茶食店为招徕顾客，均钩心斗角，精心制作，其中大街姜鼎丰首屈一指，能与之抗衡者，惟陈墓有之。"又说："邻里互相往来，以西瓜子、良乡栗子、榧子、发芽豆、南瓜子、香瓜子、甜杏仁、银杏、花生米等炒果接待。"

中秋后，苏州游乐宴饮不绝，民国《吴县志·舆地考·风俗一》说："十八日，士女聚于石湖，舟楫如蚁，昏时登楞伽遥望，为串月之游；唯亭士子登状元泾桥候潮。二十四日，以新秫米作糍团祀灶。是月，虎丘看桂，倾城皆出，如竞渡时。妇女取其花，和糖酿浆浸酒蒸露，或结为球，簪于髻。"

秋风乍凉，又到了采菱时节，菱歌四起，髫男雏女，划舟往来，采撷盈筐，提携入市，人喧野岸，论斗称量。苏州人不但将菱作为中秋供月之品，并在秋禊宴上剥尝佐酒，诚然是江乡俊味。吃菱之时，芋艿也已上市。芋艿分水旱两种，苏州产者生于水田，随处有之，其味柔腻而甘。店肆则以糖煨芋艿应市，甜香松美。这时，桂花栗子也在市间叫卖起来，蔡云《吴歈百绝》云："角菱鲜翠满篮装，桂米摇金论斗量。也爱鸡冠饶野趣，半肩秋色杂红黄。"自注："桂栗俗呼木樨米。中秋节例供鸡冠花，故园丁剧之入市。"芡实已剪壳出粒，在街市唤卖，色白如珠，苏人解囊购取，乃为清秋佳妙食品。这时塘藕则已莲房折尽，农夫入塘踏取，洗净后入市争售。

八月二十四日，俗传为稻蘽生日，忌下雨，如果下雨，稻蘽就要腐烂，苏州人称之为灶荒，即无干稻柴作爨也，故吴中有俗话"烧干柴，吃白米"。这一方面祈祷天晴，另一方面又要祀灶，做糍团，也称作粢团，各家糕团店都有出售。旧时小女儿缠足，如果那天吃了糍团，相传能令其脚软，故蔡云《吴歈百绝》云："白露迷迷稻秀匀，糯团户户已尝新。可怜绣阁双丫女，初试弓鞋不染尘。"自注："八月廿四日，煮糯饭为团食之，人家小女子皆择是日裹足。"

九　月

　　袁宏道说苏州人喜好游玩,有道是"苏人三件大奇事,六月荷花二十四,中秋无月虎丘山,重阳有雨治平寺"。上方山治平寺为重阳登高去处,如果那天满天风雨,尽管煞风景,人们还是要去的。这是立秋后第一个寒信,称为"重阳信",从此天气渐寒了。

　　重阳那天,苏州富贵人家都宴于台榭,载酒具、茶炉、食榼,或赁园亭,或闯坊曲,以为娱乐。寻常百姓也家家要吃重阳糕,金盈之《醉翁谈录》卷四录南渡前人所作《京城风俗记》:"是日,天欲明时,以片糕搭儿头上,乳保祝祷之云:'百事皆高。'"又,谢肇淛《五杂组·天部二》引吕公忌语曰:"九日天明时,以片糕搭儿女头额,更祝曰:'愿儿百事俱高。'"此古人九日作糕之意。因五经中无"糕"字,刘禹锡作《九日》诗不用,宋祁则认为《周礼·天官冢宰》笾人所掌"羞笾之实,糗饵、粉餈",即是糕类,故其《九日食糕》云:"飙馆轻霜拂曙袍,糗糍花饮斗分曹。刘郎不敢题糕字,虚负诗家一代豪。"这是重阳糕的一个典故。重阳糕,明代苏州人有特殊做法,正德《姑苏志·土产》说:"骆驼蹄,蒸面为之,其形如驼蹄,重阳节物。"后世则称菊花糕,一般以蔗糖和米粉糅杂为之,糕面上有枣栗星星然,故也称花糕或栗粽花糕。袁学澜《姑苏竹枝词》云:"双螯新买佐萸觞,栗粽花糕满榼香。人对菊花诗思健,喜无租吏扰重阳。"自注:"重九持螯,以菊花、茱萸佐新酒,食栗粽花糕。"糕团店还在糕上插彩色纸旗,称为花糕旗。还有用面和酒麯发成风糕,糁百果于其上,或以面裹肉炊之,或用面和脂蒸之,各不相同。更有所谓五色粉糕,嘉庆《直隶太仓州志·风土上·节序》说:"染粉为红黄色相间作糕,谓之重阳糕(按宋人食谱,谓之米锦)。"庞寿康《旧昆山风尚录·四季节序》记昆邑重阳糕:"是日糕坊制铺作,以糯米粉稍和粳米粉蒸成桂花淡糕,切成长方块,插以彩旗,名重阳糕。卖出时另将赤砂糖熬成之糖油浇于糕上,又名糖渍糕。食之香甜而不黏口,别具风味。"可以这样说,凡重阳节吃的糕,都可称为重阳糕。又,弘治《吴江志·风俗》说:"重九,作角黍、花糕以祀先。"光绪《盛湖志·风俗》说:"以赤豆杂黍为饭食之,取古题糕之意。"光绪《周庄镇志·风俗》也说:"以糯米和赤豆作饭祀灶,祀毕,长幼环坐食之,不啻茱萸会也。"可见有的地方,吃重阳糕外,也有吃粽子、赤豆饭的。

重阳日登高,苏州人都去上方山,不但登高,还要饮酒。申时行《吴山行》有"落帽遗簪拚酩酊,呼卢蹋鞠恣喧哗"之咏。清初僧人宗信《续苏州竹枝词》云:"风风雨雨又重阳,约伴登高走上方。白酒乌菱拚一醉,杏春步月到横塘。"沈朝初《忆江南》词曰:"苏州好,冒雨赏重阳。别墅登高寻说虎,吴山脱帽戏牵羊。新酿酒城香。"自注:"吴山登高,牵羊戏博,俗呼为扑羊。说虎轩在山傍,今之新郭也。"约乾嘉时开始,郡人重阳登高,有的就改去虎丘。顾禄《清嘉录》卷九"登高"条说:"登高,旧俗在吴山治平寺中,牵羊赌彩,为摊钱之戏。今吴山顶机王殿,犹有鼓乐酬神,喧阗日夕者。或借登高之名,遨游虎阜,箫鼓画船,更深乃返。"

从重阳起,年市渐迫,就要"做夜作"了。入冬后百工夜作,古已有之,《汉书·食货志》说:"冬,民既入,妇人同巷,相从夜绩,女工一月得四十五日。必相从者,所以省费燎火,同巧拙而合习俗也。"服虔注:"一月之中又得夜半为十五日,凡四十五日也。"苏州自重阳后,天气清凉,夜长蚊尽,故机织工匠都兴夜作。蔡云《吴歈百绝》云:"蒸出枣糕满店香,依然风雨古重阳。织工一饮登高酒,篝火鸣机夜作忙。"篝灯连巷,刀尺声催,促织鸣阑,小窗人语。这时市廛小民,明灯荷担,在街巷间兜卖夜工们充饥的点心小食,如糖炒栗、熟银杏、汤水圆、茶叶蛋、鲜肉粽、油豆腐、菜馒头等，他们一路叫卖，直至残漏，街巷间始寂人声。

秋渐渐深了，野茭穗结成米，即是菰米，也称雕胡，其中黑者称为乌郁，渔人采作粮食。莼菜也已肥美，香脆柔滑，如鱼髓蟹脂。霜降后的鲈鱼，更是肉白如雪，鲜美不腥，可称东南佳味。

十　月

　　十月初一日,古人有开炉之俗,因自十月起,天气渐寒,人家都开始作围炉饮啖,故于此日开炉,作暖炉会。《吴郡志·风俗》说:"十月朔,再谒墓,且不贺朔。是日开炉,不问寒燠,皆炽炭。"明清时,吴中贵家都于此日新装暖阁,妇女垂绣帘,浅斟缓酌,以应开炉之节。

　　苏州地沃民稠,俗勤种艺,秋尽冬初,正是收获的时节。苏州旧时的稻品,有箭子、红莲、糯稬、雪里拣、师姑粳、早日、金成、乌口、中秋、紫芒、枇杷红、下马看、大头花、瓜熟、靠山青、黄梗籼、一粒珠、麻皮粳、薄十分、香子米、八月白、牛毛白、麦争场、六十日、百日赤、再熟、天落黄、鸭嘴黄、银杏白、老来红等等。其时,刈割的刈割,挑担的挑担,打谷的打谷,碾的碾,筛的筛,一片繁忙景象,农家乐事,无过于此。旧时收成之后也就是交租米的日子,顾莼《吴郡冬日》云:"六城门外水如烟,料峭轻风挂席便。画舫珠帘收拾起,小桥挤满送租船。"自注:"十月朝,游船歇绝,惟有送租船矣。"天气已寒,花船画舫固然没有生意了,但农船挤挤交租米的情景,让人觉得这大千世界里贫富的悬殊,面对收成的年景,心情很有不同。

　　十月间,乡村人家开始酿酒。袁学澜《吴郡岁华纪丽》卷十"冬酿酒"条说:"酿酒以小麦为麹,用辣蓼汁一杯,和面一斗,调以井水,揉踏成片,或楮叶包悬当风,两月可用为酒药。自八月至三月,皆可酿酒,惟以小雪后下缸,六十日入糟者为佳，可留数年不坏。吴俗，田家多效之，谓之冬酿酒。有秋露白、靠壁清、十月白、三白酒诸名。有名榨头酒，初出糟酒也，俗谓之杜茅柴。有以木樨花合糯米同酿，香冽而味杂，名桂香。有以淡竹叶煎汤代水，色最清冷，名竹叶青。市中又有福珍、天香、玉露诸名，其酒醇厚，盛在杯中，满而不溢，甘甜胶口，品之上也。其酿而未煮者，名生泔酒，其品最下。吴俗，收获后，取秫米酿白酒，谓之十月白，过此则色味不清冽矣。"许山《酿白酒》云："江南秫田秋获早，粒粒红香绽霜饱。茅屋疏灯促夜舂，酒泉走檄新移封。大缸小缸春拍拍，家家酿成十月白。白酒之白白于乳，开缸泼面香风起。定州花瓷潋滟明，秋水无痕清见底。东家银瓶琥珀红，西家玉碗珍珠浓。何如此酒有别趣，糟印直与温柔通。雪花晓压林梢重，地炉不暖黄梅冻。倘有骑驴觅句人，不惜殷勤更开瓮。"

前人有道是"秋末晚菘"，菘即是白菜，九月分栽，十月长成，肥味含土膏，气饱风露。立冬以后，苏州农家将白菜盐藏缸瓮。或去其心，名为藏菜，亦称盐菜。有经水浸而淡者，名水菜。或可断菜心，或并缕切萝卜条，撒盐紧压瓶中，倒埋灰窖，过冬不坏，称为春不老。蔡云《吴歈百绝》云："晶盐透渍采霜菘，瓶瓮分装足御冬。寒溜滴残成隽味，解酲留待酒阑供。"自注："晚菘腌于冬月，有经水滴而淡者，名水菜，腊末春初醒酒佳品也。"又许山《腌藏菜》云："鸭脚树黄鸦柏醉，西风送寒吹雁背。旨蓄商量可御冬，吴侬比屋腌藏菜。菜心松美菜叶甜，满盘白雪堆吴盐。溪流新汲器新涤，殷勤十指搓掺掺。烹羊炰羔记时节，拍手乌乌双耳热。醉倒柴门不可呼，大儿拥背小儿扶。阿翁吻渴诗肠枯，醉乡天地空模糊。瓮中忽忆冬菹绿，一寸霜茎抵寒玉。"至于城中人家也都买菜来腌，袁学澜有一首《咏菜》，摹绘情景如画："霜晓门停卖菜船，人家秤度残年。一绳分晒斜阳里，留佐盘餐小雪天。"古人都将腌菜作为御冬旨蓄，其实并不尽然，周作人《腌菜》说："说到腌菜，觉得实在是很好的小菜，其用处之大在世间所谓霉干菜之上。它的缺点就是只适宜于吃米饭，面食便不很相宜。筵菜中还可以有干菜鸭，腌菜也仍然没有用场，可见这是纯民间的产物，是一点没有富贵气味的。若讲吃汤的话，牛兄的小儿已为证明菜汤之鲜,再吃得考究一点,金黄的生腌菜细切拌麻油,或加姜丝,大段放汤,加上几片笋与金钩,这样便可以很爽口的吃下一顿饭了。只要厨房里有地方搁得下容积二十加仑的一只水缸,即可腌制,古人说是御冬,其实它的最大用处还是在于过夏,上边所说的也正是夏天晚饭的供应。"这是很有体味的话。

立冬那天,苏州又别有风俗,郑逸梅《逸梅丛谈》"立冬"条说:"吴中俗尚,于立冬日购一猪胃,中实以糯米、火腿以及果类,缝裹煮之,人啖其一,谓补益胜于寻常。"

这时洞庭山的柑橘红了,叶承桂《太湖竹枝词》云:"渔娃荡桨莫湖东,自唱吴歈趁晚风。解渴不须烹苦茗,饱霜新擘洞庭红。"自注:"按东西两山皆产橘,佳者名洞庭红。"又云:"飘萧槭叶打篷窗,橹唱新翻水调腔。载得黄柑三百颗,洞庭秋色满吴艭。"螃蟹也爬上蟹簖了,《吴郡岁华纪丽》卷十一"煠蟹"条说:"稻熟时,以纬萧障流取之,谓之蟹簖。悬一灯于水浒,则胥胥而来,便可俯拾,盖蟹惟走明故也。渔者乘秋捕之,担入城市,居人买以相馈贶,或宴客佐酒。有九雌十雄之目,谓九月团脐佳,十月尖脐佳也。"

十一月

俗话说"冬至大如年"，苏州人最重冬至节，亲朋以食品相馈遗，提筐担檑，充斥道路，俗呼送冬至盘。徐士鋐《吴中竹枝词》云："相传冬至大如年，贺节纷纷衣帽鲜。毕竟勾吴风俗美，家家幼站拜尊前。"这个习俗，称为拜冬，由来已久，周遵道《豹谈纪隐》就说："吴门风俗，多重至节，谓曰肥冬瘦年，互送节物。寓官顾侍郎度有诗曰：'至节家家讲物仪，迎来送去费心机。脚钱尽处浑闲事，原物多时却再归。'"自家送出的冬至盘，竟然又给他人送了回来，真是可笑的事。

冬至前一夜称冬至夜，柴萼《梵天庐丛录》卷三十三"冬至夜"条说："旧称七夕用六日，清明用前一日，不知何本。吴俗，以冬至前一日之夜，谓之冬至夜，次日冬至，谓之冬至朝。相传其俗起自张士诚，士诚以冬至不宜当日宴贺，宜先一日置酒高会，乃得迎阳。民间因循成俗，至今尚然。"冬至夜家家开筵饮，吴人称为吃分冬酒。钱大昕《竹枝词和王凤喈韵六十首》之一云："生泔酝酿出新篘，令节分冬一醉休。"自注："冬至前一夕饮酒，谓之分冬酒。"分冬酒，俗称冬阳酒，取"冬至一阳生"之义，酒味甚淡，如酒酿汤，或家中自酿，或市中购置，金孟远《吴门新竹枝》云："冬阳酒味色香甜，团坐围炉炙小鲜。今夜泥郎须一醉，笑言冬至大如年。"自注："吴谚有'冬至大如年'之语，故须家人团坐，吃宵夜，饮冬阳酒，以庆良夜。冬阳酒，味甜色绿，每至冬至，由酱园特制以售客，过时不候，故亦名冬酿酒。"

包天笑《衣食住行的百年变迁·食之部》说："十一月的冬至节，颇为隆重，语云'冬至大于年'，因为中国是传统的重农之国，到了冬至，一年的秋收已毕，大家应得欢庆吃一餐饭。所以在冬至节的前夜，名曰'冬至夜'，合家团聚，吃冬至夜饭。这时候的天气，已可以吃暖锅了，鱼肉虾菜，集成一炉。在冬至那一节上，有一种特制的酒，名曰'冬酿酒'，甜酒也，儿童辈争饮之。点心则有自制的冬至团，但此亦上中级人家才有此享受，贫穷人家无此排场，有两句俗语道：'有的冬至夜，无的冻一夜。'可以道出炎凉的态度。"

冬至节前，苏州家家户户磨粉制团，以糖肉、菜果、豆沙、萝卜丝等物馅，名为冬至团。冬至团有大小之分，大者俗称稻窠团，冬至夜祭先品也；小而无馅者称粉团，冬至朝供神品也。故蔡云《吴歈百绝》云："慌将干湿料残年，冬夜亦开分岁筵。大小团圆两番供，殷雷初听磨声旋。"庞寿康《旧昆山风尚录·四季节序》记昆邑冬至团："是日蒸肉馅团子，新糯米不用水磨，柔糯有稻叶香而无韧性，易细嚼而无积滞不消之弊，出笼后即食，香糯可口，肉馅鲜美多汁，为家庭制作之特色食品也。"从那时起，苏州人家纷纷制糕做团，有谢灶团、春朝粉圆、年朝粉圆等，直至岁暮，里巷间磨声不绝。

俗以冬至日数起，至九九八十一天而寒尽，苏州人称为"连冬起九"，即严寒来临之候。时朔风号野，寒景萧条，无论大街小巷，酒帘尽偃，故谚话说："大寒须守火，无事不出门。"富贵人家花户油窗以避寒，新装纸阁以通明，深护绣帷以聚暖。文人雅士则结侣为消寒会，团坐围炉，浅斟低唱，大蟹肥鱼，分曹促席，诗牌酒笺，排日为欢，碧串红牙，倾囊买笑，前人称之为暖冬。

寒冬时的吃食很多，最有时令特色的，应该就是乳酪和饧糖。乳酪是牛奶炼制成的食品，有干湿二种，干者成块，湿者为浆。正德《姑苏志·土产》说："牛乳，出光福诸山，田家畜乳牛，善饲以刍豆，取其乳，如菽乳法，点之名乳饼，可以致运，四方贵之。别点其精者为酥，或作泡螺、酥膏、酥花。"苏州有过小拙者，用之做点心甚佳，张岱《陶庵梦忆》卷四《乳酪》说："苏州过小拙和以蔗浆霜，熬之，滤之，钻之，掇之，印之，为带骨鲍螺，天下称至味。

其制法秘甚，锁密房，以纸封固，虽父子不轻传之。"杨循吉《居山杂志·饮食》说："乳饼者，吴之上味，然市鬻殊不佳。兹山之下田家卖者最美，故以为款客之极馔，而游人多挈以归城为赠遗，盖珍之甚。"莫旦《苏州赋》有"顾村之乳"，自注："吴县顾搭村，出乳饼最佳。"钱思元《吴门补乘·物产补》则有"安雅堂酏酪"之记，推为郡城第一。牛奶也占有相当市场，袁学澜《吴郡岁华纪丽》卷十一"乳酪"条说："寒冬农家畜乳牛，取乳汁入瓶，日担于城，鬻于富家，呼为乳酪。"但也有弄虚作假的，夏曾传《随园食单补证·杂牲单》说："苏州乡人又有担卖者，则以米泔水搀之，久食必泻，其验也。"饧糖即麦芽糖，以麦芽熬米而成。冬时风燥糖脆，利人齿牙。寒宵担卖，锣声铿然，凄绝街巷，夜作人资以疗饥。儿童闻声，启户而买，入口甘甜，欢然语笑，也是西风箪火中的一景。常熟严公祠旁茶肆出的剪松糖，常熟直塘出的葱管糖，昆山出的麻粽糖，都是饧糖的名品。据光绪《盛湖志·物产》记载，吴江盛泽产的饴糖，"以秫麦为之，用以练绸"，故称为绸糖。由生绸而为熟绸，练绸是一道必要的工艺，经练煮而除去丝胶，使之柔软并增加光洁度，就要用到饴糖。故沈云《盛湖竹枝词》云："米制饴糖异杂粮，练绸光洁味甘芳。初非养老兼黏牡，惠蹠何劳论短长。"自注："饴糖以米为之，用以练绸，洁白甘鲜，食之绝佳。他处用杂粮，故皆不及。"

这时在农村里，则将一岁之粮，舂白后存放仓房，称为冬舂米。陆容《菽园杂记》卷二说："吴中民家，计一岁食米若干石，至冬月舂白以蓄之，名冬舂米。尝疑开春农务将兴，不暇为之，及冬预为之。闻之老农云，不特为此，春气动则米芽浮起，米粒亦不坚，此时舂者多碎而为粃，折耗颇多，冬月米坚，折耗少，故及冬舂之。"冬舂米，古已有之，范成大《腊月村田乐府十首序》说："腊日舂米为一岁计，多聚杵臼，尽腊中毕事，藏之土瓦仓中，经年不坏，谓之冬舂米。"《冬舂行》云："腊中储蓄百事利，第一先舂年计米。群呼步碓满门庭，运杵成风雷动地。筛匀簸健无粃糠，百斛只费三日忙。齐头圆洁箭子长，隔箩辉日雪生光。土仓瓦瓮分盖藏，不蛀不腐常新香。去年薄收饭不足，今年顿顿炊白玉。春耕有种夏有粮，接到明年秋刈熟。邻叟来观还叹嗟，贫人一饱不可赊。官租私债纷如麻，有米冬春能几家。"可见当时有米可舂之家，也还是不多的。

吴江有吃"年常酒"之俗，弘治《吴江志·风俗》说："每岁耕牛解犁、米谷入仓之际，坊巷间效古者秋冬报社之说。刲羊宰猪，祭先祀神，以为一岁保禳之礼。事毕，则招亲拉友，笑歌欢饮，谓之年常酒。"

十二月

相传释迦牟尼成佛之前，曾修苦行多年，饿得骨瘦如柴，想放弃苦行，这时遇见一牧女送他乳糜，食后体力恢复，端坐在菩提树下冥思苦想，于十二月初八日成道。中国佛教徒为纪念此事，以米和果物煮粥供佛。因唐代以十二月为腊月，故称此日为腊八，所煮之粥称腊八粥，也称佛粥。孟元老《东京梦华录》卷十"十二月"条记初八日那天，"诸大寺作浴佛会，并送七宝五味粥与门徒，谓之腊八粥。都人是日各家，亦以果子杂料煮粥而食也"。吴自牧《梦粱录》卷六"十二月"条也说："此月八日，寺院谓之腊八，大刹等寺俱设五味粥，名曰腊八粥，亦设红糟，以麸乳诸果笋芋为之供僧，或馈送檀施贵宅等家。"苏州寺院也不例外，僧人以乳蕈、胡桃、百合等，煮五味粥，馈送信众，以矜节物。至今苏州大小寺院，那天都供腊八粥，前来吃粥的人，摩肩如云。寻常百姓则以菜果杂煮，和以莲实枣栗，以多为胜。周宗泰《姑苏四季竹枝词·腊八粥》云："霜降牵连五九风，粥名腊八菜名冬。调和百果成佳味，有碗先盛曝背翁。"庞寿康《旧昆山风尚录·四季节序》记民国昆邑的情形："民间效之，家家户户亦以若干干果入米煮粥，有用湘莲、南塘芡、苡米、蜜枣、桂圆、栗子、胡桃、松子者为'细腊八'，有用银杏、慈菇、荸荠、红枣、芋艿、赤豆、绿豆、扁豆为'粗腊八'。事实上，各家各户，用何干果，用多少种来煮粥，各不相同，均随自己喜爱而定，乃调剂口味而已。"也有加入荤腥的，郑逸梅

《瓶笙花影录》卷下"腊八粥"条说："煮腊八粥法，先将香粳米和水烧煎一透，次将胡桃肉、松子仁、莲心、榛、栗、柿饼、糖霜加入，用文火缓煮，至烂为度，此为甜者。若喜咸食，加入火腿、虾米、鸭肉、猪肉、食盐，亦颇可口。"这与"佛粥"的本意就违拗了。

过了腊八，家家户户开始忙碌起来。首先是准备年糕，年糕是用糯米粉和以蔗糖为之，有黄有白，黄者为黄糖年糕，白者为白糖年糕。大户人家因需求量大，大都雇糕工到家，磨粉自制自蒸，有各种样式，尤多元宝式的，有大元宝、小元宝、金元宝、银元宝。寻常百姓则多去店肆买来，糕上饰以彩色金花，以吸引顾客，故腊月糕肆，门市如云。蔡云《吴歈百绝》云："腊中步碓太喧嘈，小户米囤大户厫。施罢僧家七宝粥，又闻年节要题糕。"自注："俗最重年节糕，大家小户俱有之。"又，许山《年糕》云："飙馆分曹斗糗糍，宋家曾入重阳诗。吾乡此风尚腊月，翻作年糕充馈节。呵冻舂磨连夜忙，满甑玉屑炊甘香。世人由来爱甜口，不妨十倍添糖霜。金刀如风玉纤巧，灯前片片分来好。妇子嬉笑儿女争，满袖分携杂梨枣。叮咛留片过元宵，好待老翁来撑腰。"李福《年糕》云："珍重题糕字，风光又一年。为储春粮饵，预听磨盘旋。筛细堆檐雪，蒸浮裹灶烟。吉祥同粽熟，摩按胜粢坚。甘许糖调蔗，香应稻识莲。尺量圭待琢，寸断线频牵。外倩瓜仁剥，中容枣实填。狭看持石笋，方拟运花砖。品佐酬神馔，盘添压岁钱。馈遗亲谊厚，赏赐大家便。回首重阳酒，撑腰二月天。人情还可笑，黄白肖形偏。"此风直至晚近依然，范烟桥《岁寒景物略·年糕》说："时逢腊尽，磨一斛米，作十斤糕，馈赠亲邻，以为酬应。或向肆中售之者，图省力也。其专供赏给佣仆者，曰脚糕，糖而不荤者也。有制作成元宝形者，则以之供祖先、敬天地、担年节盘之用焉。"清末民初，宁波年糕的做法传入苏州，色白味淡，可以肉丝、冬笋同炒，宜于咸食。

苏州有的人家，则在腊月里腌菜，包天笑《衣食住行的百年变迁·食之部》说："每到十二月中旬，家家都要腌菜，大概每菜一担（一百斤）腌置在'牛腿缸'，我家从前每年要两缸，一缸是青菜，一缸是雪里蕻（此菜，人每写成雪里红，腌过的运到别处，便称之为咸菜，用途甚广）。这些盐渍菜，一直要吃到明年的二月里。"

将过年了，苏州人家争入市廛，购买荤素食品，称为买年货，因为既要过年，又新年元日至初四日不设市，故买以作为肴馔之需。熟食铺里，豚蹄鸡鸭都较平时货卖有加。饼馒店里，更有一种别处所无的盘龙馒头，为过年祭神之品，以面粉抟为龙形，蜿蜒于上，复加瓶胜、方戟、明珠、宝锭之状，皆取美名，以谶吉利。苏州人将这岁末的购物热潮称为"年底市"。袁学澜《吴郡岁华纪丽》卷十二"年底市"条说："腊月将残，市肆贩置南北杂货，备居民岁晚人事之需。各乡争出置买，市中交易较常增倍，带阓通阛，肩摩踵接，嚣尘昼涌，灯火宵红。凡海物噩噩，陆物猱猱，水物喙喙，羽物毡毡。斑斓五色者，为纸物；馨烈百和者，为香物；玲珑编缉者，为竹器；质坚纹细者，为窑器。洎一切食品果蔬、纤屑之物，无不毕萃杂陈。锻磨、磨刀、杀鸡诸色工人，亦应时而出。喧阗衢巷，总谓之年底市。"又"年货"条说："岁暮人家，争入市廛，杂买荤素食品，以克馈间，及山珍海错，鲜蓏脯腊，以为肴馔之需，谓之年货。"街市间正是一片热闹景象。吴江盛泽则将年市俗称为"打南货"，沈云《盛湖竹枝词》云："家家南货打来忙，掸去尘埃送灶王。漫道家庭无失德，胶牙多用几分糖。"自注："年终争购瓜子、花生、赤白糖等，嘈嘈杂杂，甚形忙碌，谓之打南货。相传灶神画尘记善恶，将诉天帝，故送灶前，先掸去之，以灭其迹。祀品用汤饼之类，恐其上天言人家过失，故祷之，且取胶牙之意。"

吴江黎里称年市为"轧廿八"，平静人《辞旧历迎新年》说："年底前，市场上最闹猛的一天，要算十二月廿八了，俗称'轧廿八'。农村大多数人家要上街买年货，回去准备过年。上市时，热闹的街段，如黎西庙桥头至杨家桥间，黎中塘桥两侧，东市相家桥头至太平桥间，南货店、酒酱店的柜台前挤满了人，买包扎，沽酒拷酱油，棉布、百货、烟纸、锅碗店也是门庭若市，剪布、买红头绳、帽子、袜子、碗筷、铁锅，以及红纸头、爆竹等等。为什么农村里都挤在廿八这天上街轧闹猛呢？主要是以前农村经济凋敝，过年是一个沉重的负担。好年景，还可勉强过去；如遇灾歉年成，这个'年关'就有点过不去了。而'廿八'这日子，离大年夜只有两天，再也拖不下去了，只好凑点钱，买点年货回去准备过年。另一说法是，年三十是逼讨欠债的最末一天，有的人为了避开这一难关，故把'廿八'作为一年的最后一次出街上，这也许有点道理。"

岁末街市间这一片热闹景象，前人咏之者甚多，如蔡云《吴歈百绝》云："送佛柴枝束束齐，照厨竹挂双双提。燂汤砺刃独何业，惨听连声叫杀鸡。"自注："送佛柴者，以冬青、松柏枝供藉地送神马之用。竹挂为厨下灯，旧者以送灶故，须易新者。赛神例用鸡，小户有不忍手宰者，或代宰之。种种生计，乘时而出。竹挂有雌雄，故言双。"周宗泰《姑苏竹枝词》云："又是残冬急景催，街头财马店齐开。灶神人媚将人媚，毕竟钱从囊底来。"袁学澜《续咏姑苏竹枝词》云："枭米完粮岁事并，预搬年货馈亲情。朦胧晓雾闻人语，无数村船摇入城。"

过年之前，店肆总要馈送常年顾客一点自家的特色产品，以联络感情。顾禄《清嘉录》卷十二"年市"条说："酒肆、药铺，各以酒糟、苍术、辟瘟丹之属馈遗于主顾家。"这个风俗习惯，称为"打抽风"，顾玉振《苏州风俗谈·补遗》"年底之打抽风"条说："光复以前，每至年底，煤炭店送欢喜团、送撑门炭，粮食店送黄豆，酱园送酒糟，蜡烛店送小贡烛，茶博士送橄榄，坟客送灶柴，和尚、尼姑送年夜饭。此等习俗，名曰打抽风。近年废止旧历，此虚伪之事，日见其少矣。"

岁暮时节，苏州农村人家围炉宴集，自相慰劳，谓之"泼散"，朱翌《猗觉寮杂记》卷上说："淮人岁暮，家人宴集，曰泼散。韦苏州云：'田妇有嘉献，泼散新岁馀。'"《吴郡岁华纪丽》卷十二"围炉饯腊"条说："朔风正寒，塞向墐户，田家务闲，邻曲相过，围炉就暖，酌酒饯腊，烹羊炰羔，相劳作近局饮。酒酣耳热，击缶歌呼，亦乡园一乐事也。"并引王粲英《围炉饯腊》："岁晚务闲事，酒朋聚三五。安排榾柮炉，短筵列果脯。欢笑传杯觞，艰难说肺腑。瓶罄兴未阑，冲寒益村酤。冻云覆屋茅，拇战喧宾主。踉跄醉步归，深雪迷林坞。"

城中士绅都以酒食相邀，亲友欢宴，卑幼行礼于尊长，称为别岁，也称为辞年。袁学澜《别岁》云："老觉岁行速，幼苦年去迟。回头思往事，如梦安可追。残腊忽已尽，挽之渺无涯。光阴有来日，少壮鲜还时。稍闻爆竹动，渐见春草肥。节序相代谢，虚度良可悲。短筵急须设，深杯且莫辞。聊尽终夕欢，及我犹未衰。"虽然说是酒食的欢宴，然而流年似水，一年又将过去，难免有点淡淡的伤逝之嗟。

苏州农村人家大都养猪，到了腊月里就宰杀，卖与郡中居民，以作年馔之需，苏州人称为冷肉。或乡人自备以祭山神的，祭毕再卖于人，称之为祭山猪。苏州地方祭神，都用新鲜猪头，以示尊敬。

过了腊月二十日，城乡居民都要用米粉裹豆沙馅做团子，作为祭灶的一品，感谢灶君一年来的庇护和上天言好事的功德，称为谢灶团。这谢灶团子都做得很大，含意寄托于田里的庄稼，团子做得越大，收获越丰盛。吴江盛泽人家做的谢灶团，其馅不一，有萝卜馅，有菜馅，有豆沙馅，也有肉馅，除祭灶、自吃之外，还互相赠送，皷叟《盛泽食品竹枝词》云："岁腊将残谢灶王，粉团蒸出满笼香。萝卜野菜夹沙馅，羡说他家聂切忙。"

褚人穫《坚瓠续集》卷二"大尽小尽"条说："宋人以腊月二十四日为小节夜，三十日为大节夜。今称小年夜、大年夜，古今语大略相同。"今改二十九日为小年夜。苏州风俗，二十四日夜，家家都得祭灶。范成大《腊月村田乐府十首序》说："腊月二十四夜祀灶，其说谓灶神翌日朝天，白一岁事，故前期祷之。"《祭灶词》云："古传腊月二十四，灶君朝天欲言事。云车风马小留连，家有杯盘丰典祀。猪头烂熟双鱼鲜，豆沙甘松粉饵团。男儿酌献女儿避，酹酒烧钱灶君喜。婢子斗争君莫闻，猫犬触秽君莫嗔。送君醉饱登天门，杓长杓短勿复云，乞取利市归来分。"祭灶也称送灶，苏州人称为"送灶家老爷"。先把旧灯篝糊成一顶轿子，或是去市上买一顶纸扎的送灶轿，轿中放置纸马，以谢灶团、菜蔬、茶酒、胶牙糖、糖元宝等为祭。用胶牙糖、糖元宝为祭，一说意在胶住灶君之口，不言人家过失之事；一说灶君上天，都甜言蜜语也。祭时焚化僧尼送的灶经，将送灶轿放入置有冬青松柏的盆中，举火焚烧，送门外。同时，将稻草剪得寸断，和青豆俱撒屋顶，称为神马秣。送灶上天，阖家罗拜，祝曰："辛甘臭辣，灶君莫言。"并以酒糟涂抹灶门，谓之醉司命。蔡云《吴歈百绝》云:"媚灶家家治酒筵,妇司祭厕莫教前,锉柴撒豆餕神马,小小篮舆飞上天。"自注:"范《志》:'十六日妇女祭厕姑,男子不得至。'今未闻。廿四夜祀灶,妇女不得预。俗说灶君翌日朝天,白一岁事,故前期祷之。儿童剪柴和豆,撒之空中,云以'餕马',又用竹挂竹兜云'舁神上天'者。"沈朝初《忆江南》词曰:"苏州好,腊尽火盆红。玉屑饧糖成锭脆,紫花香豆著皮松。媚灶最精工。"自注:"腊月廿四以松火送灶,锭糖炒豆,奉之极诚。"既有送灶,就有接灶,苏州接灶是在除夕之夜,安灶神马于灶陉之龛,并祭以酒果糕饵。

送灶的第二天,即腊月二十五日,苏州士庶人家都以赤小豆杂米煮粥,以祀神食。祭祀后,阖家长幼人人都得吃一碗,即使是襁褓中小儿及豢养的猫犬之属,也得象征性吃一点,凡外出未归者,也当覆贮以待,这称为口数粥。说是吃了口数粥,可以辟瘟气,如果杂以豆渣吃了,还可以免罪过。口数粥的风俗悠久,据说,炎帝之裔共工,生不才之子,在冬至日死,为疫鬼,生性畏怕赤小豆,故冬至日作粥禳之。这一风俗在苏州流行,也由来已久。淳祐《玉峰志·风俗》说:"二十五日食赤豆粥,下至婢仆猫犬皆有之,有出外者亦分及,名口数粥。"范成大《腊月村田乐府十首序》说:"二十五日煮赤豆作麋,暮夜阖家同飨,云能辟瘟气,虽远出未归者亦留贮口分,至襁褓小儿及僮仆皆预,故名口数粥。豆粥本正月望日祭门故事,流传为此。"《口数粥行》云:"家家腊月二十五,淅米如珠和豆煮。大杓鐳铛分口数,疫鬼闻香走无处。馒姜屑桂浇蔗糖,滑甘无比胜黄粱。全家团栾罢晚饭,在远行人亦留分。襁中孩子强教尝,馂波遍沾获与臧。新元叶气调玉烛,天行已过来福桥。物无疵疠年谷熟,长向腊中分豆粥。"

除夕之前,苏州风俗有送岁盘的习俗,即古之馈岁。亲友邻里之间,互以豚蹄、青鱼、糕饼、鲜果等物馈贻,称为馈岁盘,俗呼送年盘。那几日,仆妪成群,络绎道途,受盘之家,必给脚钱。袁学澜《吴门岁暮杂咏·馈岁词》云:"残腊世俗隆虚文,节仪到处遗纷纭。乡邻洽好童仆喜,彼此酬酢无差分。豚肩酒担路充斥,尽向高门投屦迹。入秦赵璧有时回,赏赍舆台钱浪掷。贫者亦复通赠贻,糕盘果榼随所宜。不惟其物惟其意,交际亲情系在兹。吁嗟乎,睦姻厚道今人弃，德色耰锄视常事。赖此投桃报李情，岁岁饩羊存古谊。"郑逸梅《逸梅丛谈》"年糕"条说："我吴旧俗，当年头岁尾，戚家佣仆前来者，必给以糕钱，曰糕封，糕封只三十文，而佣仆得之，已色然而喜。近来生活程度日高，给赏佣仆，最少须小银圆二角，相差远矣。"晚近昆山的情形，庞寿康《旧昆山风尚录·四季节序》说："中上之家亲朋之间，礼尚往来，除了特殊珍贵物品外，一般礼品为十几斤重连爪之鲜猪腿一只（简称一脚肉）及十馀斤重青鱼一条，贴以红纸，象征吉利，由佣仆肩挑而送。送礼者多，收受者亦须还礼，于是辗转相送者甚多，此亦所谓'人情大如债'，不得不如此耳。诗云：'阑残岁序尚奢华，馈赠亲朋添锦花。人情世故难周旋，愁煞劳苦大众家。'"直至1990年代，年前送礼，还是一条大青鱼，外加一本挂历，认为是最得体的。

到了除夕那天，家家淘白米，盛竹箩中，置红橘、乌菱、荸荠诸果及糕元宝，并插松柏枝于上，松柏枝上还挂铜钱、果子、历本等物，陈列内室，至新年时蒸而食之，取有馀粮之意，称为万年粮。又将除夕的剩饭盛起后，置果品于其上，作为元旦的吃食，也取有馀不尽之意，苏州人称为年饭或隔年饭。闵华《年饭》云："风俗隔年陈，中堂位置新。但教炊似玉，不使甑生尘。苍翠标松正，青红钉果匀。家家欣鼓腹，留此待开春。"也有人家将这隔年饭施于街衢乞丐，寄寓去故取新之意。

除夕之夜，阖家举宴，长幼咸集，谓之年夜饭、合家欢，也称分岁筵。筵中必有一道雪里青，以风干茄蒂，缕切红萝卜丝，杂果蔬为羹，下箸必先此品，称为安乐菜。蔡云《吴歈百绝》云："分岁筵开大小除，强将茄蒂入盘蔬。人生莫漫图安乐，利市偏争下箸初。"自注："除夜祭先竣事，长幼聚饮，谓之分岁，于小除祭先者亦然。节物有安乐菜，杂果疏茄蒂为之，下箸必先此品。案《本草》，茄一名落苏，盖吴音'落'、'乐'同音，因以为谶耳。"《吴郡岁华纪丽》卷十二"安乐菜"条说："盖菜羹滋味淡而称长，能食之者，自无不安乐也。"并有《安乐菜》云："冷淡家风不费钱，菜羹滋味乐终年。霜塍劚出连根煮，甜到千家饯岁筵。"今之年夜饭，必有青菜、黄豆芽各一盆，称青菜为"安乐菜"，称黄豆芽为"如意菜"，一年安乐而百事如意也；必有笋干，取"节节高"之意；必有肉圆、虾圆、鱼圆，取大小团圆之意；必有蛋饺，取像元宝之意；必有鱼，取"年年有馀"之意；米饭中必有荸荠，像金银宝藏，藏而不露，若然盛饭时得之，"掘藏"之意也。

吃罢年夜饭，有终夜不睡者，谓之守岁。袁文《瓮牖闲评》卷三说："古来除夕阖家团坐达旦，谓之守岁，此事不知废自何时。前此四五十年，小儿尚去理会，今并不闻矣。此事虽近儿戏，然父子团圞，把酒笑歌，相与竟夕不眠，乃是人家所乐者，何为遽止也。尝观杜子美《守岁》诗云：'四十明朝过，飞腾暮景斜。'苏东坡诗亦云：'欲唤阿咸来守岁，林乌枥马斗喧哗。'以至'寒暄一夜隔，客鬓两年催'。昔人多见于篇咏，则知前古，大人无不守岁者，今小儿亦不复讲，可惜也。"但苏州至明清时依然有守岁之俗，且至今尚未完全消歇。顾禄《清嘉录》卷十二"守岁"条说："家人围炉团坐，小儿嬉戏，通夕不眠，谓之守岁。"沈朝初《忆江南》词曰："苏州好，除夕合家欢。金盏满斟椒叶酒，兽炉频炙太平丹。守岁五更寒。"苏州人家守岁，不但有酒有菜，还有各色糖食、水果，谓之守岁盘。《吴郡岁华纪丽》卷十二"守岁筵"条说："吴俗是夕有守岁盘，小儿女终夕不寝，就灯前博戏投琼，家人酌酒唱歌，围炉团坐，谓之守岁。盖以酒食酬终岁之劳苦，叙天伦之乐事。"所谓"终夕"，并非通宵也，一般过了子时，也就收拾一下歇息了。宋人薛泳久客江湖，濒老怀归，作《客中忆·守岁》词曰："一盘消夜江南果。吃栗看书只清坐。罪过梅花料理我。一年心事，半生牢落，尽向今宵过。　此身本是山中个。才出山来便带错。年种青松应也大。缚茅深处，抱琴归去，又是明年话。"

过了除夕，就是新的一年了。

家常摭拾

所谓"家常"，即日常生活也，自然也包括饮食。贾思勰《齐民要术·飧饭》说："因家常炊次，三四日，辄以新炊饭一碗酸之。"张元幹《浣溪沙》词曰："棐几明窗乐未央，薰炉茗碗是家常。"李守兼《戒事魔十诗》之一云："肉味鱼腥吃不妨，随宜茶饭守家常。朝昏但莫为诸恶，底用金炉爇乳香。"僧人化缘以"家常"来代替家常茶饭。齐己《寄山中叟》云："青泉碧树夏风凉，紫蕨红粳午爨香。应笑晨持一盂苦，腥羶市里叫家常。"释普济《五灯会元》卷十一《临济义玄禅师》说："师到京行化，至一家门首，曰：'家常添钵。'有婆曰：'太无厌生！'师曰：'饭也未曾得，何言太无厌生？'"更有将厨婢称为"家常"的，徐伯龄《蟫精隽》卷十"名婢"条引《谈薮》："朱谦之云，婢名难得驯雅者，常欲命庖者曰家常、随宜，爨者曰淅玉，拥篲者曰无尘，更衣者曰抱衾。"这个"家常"，就与日常饮食的关系更紧密了。

日常饮食，渊薮甚大，难以缕述，一日三餐，也有一日两餐的，更是人生不可或缺。

就以古代苏州农民来说，饮食生活最是平淡无奇，然而也乐在其中。褚人穫《坚瓠己集》卷三"田家乐"条引《田家乐词》，相传为沈周作，咏道："我见黎农快活因，自说村居不厌贫。自有宅边田数亩，不用低头俯仰人。虽无柏叶珍珠酒，也有浊醪三五斗。虽无海错美精肴，也有鱼虾供素口。虽无细果似榛松，也有荸荠共菱藕。虽无麻菰与香菌，也有蔬菜与葱韭。虽无歌唱美女娘，也有村妇相伴守。虽无银钱多积蓄，不少饭兮不少粥。虽无翠饰与金珠，也有寻常粗布服。煎鳔皮，强似肉，乐有馀，自知足。不能琴，听弹孝行也赏心。不能棋，五花六直惯能移。不能书，牛契田縢写有馀。不能画，印板故事满壁挂。花朝节，年年赏花花不缺，花前不放酒杯歇。桃花尽尽开，菜花香又来。风雨时高歌，酌酒掩柴扉。牧童骑犊过村西，风吹箬笠横，无腔笛韵清。月明夜，清光澹澹茅檐射，有肴无酒邻家借。无板曲高歌，猜拳豁一壶。雪落天，江上渔翁钓罢还，火箱煨热坐团团，片片飘来不觉寒。四时快活容易过，饥来吃饭困来眠。米自舂，酒自做，纺棉花，织大布。野菜馄饨似肉香，秧芽搭饼甜酒浆，炒豆松甜儿叫娘。有时车田跋小溇，乌背鲫鱼大小有。软骨新鲜真个肥，胜似鲥鱼与石首。杜洗麸，爊葫芦，煸苋菜，糟落苏。蚬子清汤煮淡齑，葱花细切炙田鸡。难比羔羊珍羞味，时常也得口头肥。自说村居无限好，自有地段种瓜枣。自种槐花染淡黄，自种红花染红袄。自有菜油能照读，自有豆麦能罨酱。自拉小园种细茶，不用掂斤与播两。邻家过，说家务，不愿小小贵，不愿大大富。自有船，尽可渡。自有牛，不用雇。且吃荤，莫吃素。黄脚鸡，锅里熩。添些盐，用些醋。买斤肉，掘笋和，煨芋艿，煎豆腐，沉沉吃到日将暮。深缸汤，软草铺，且留一宿到明朝，田家快乐真好过。”这词虽然俚俗，但反映了自给自足的农村生活，尤以日常饮食活动为咏唱的主要内容。

即使居住城镇，即使经济富裕，尽管酒楼饭店所制各擅胜场，但也不会天天去吃，天天美馔佳肴，总会腻口。再说古往今来，长期依靠进馆子过活的人，总在少数，绝大多数男女老少，一年四季几乎都在家中吃饭。在家佐饭之菜，即所谓家常菜，天天吃也吃不厌，罗大经《鹤林玉露》卷四就引范仲淹语曰：“常调官好做，家常饭好吃。”甚至市间也有“家常便饭”的招子。仅就这一点来说，家常饭菜的魅力也就不在店家盛宴之下了。

陆文夫《姑苏菜艺》说：“一般的苏州人并不是经常上饭店，除非是去吃喜酒，陪宾客什么的。苏州人的日常饮食和饭店里的菜有同有异，另成体系，即所谓的苏州家常菜。饭店里的菜也是千百年间在家常菜的基础上提高、发展而定型的。家常过日子没有饭店里的那种条件，也花不起那么多的钱，所以家常菜都比较简朴，可是简朴并不等于简单，经济实惠还得制作精细，精细有时并不消耗物力，消耗的是时间、智慧和耐力，这三者对苏州人来说是并不缺乏的。吃也是一种艺术，艺术的风格有两大类，一种是华，一种是朴，华近乎雕琢，朴近乎自然，华朴相错是为妙品。人们对艺术的欣赏是华久则思朴，朴久则思华，两种风格轮流交替，互补互济，以求得某种平衡。近华还是近朴，则因时因地因人而异。吃也是同样的道理。比如说，炒头刀韭菜、炒青蚕豆、荠菜肉丝豆腐、麻酱油香干拌马兰头，这些都是苏州的家常菜，很少有人不喜欢吃的。可是日日吃家常菜的人也想到菜馆里去弄一顿，换换口味。已故的苏州老作家周瘦鹃、范烟桥、程小青先生，算得上是苏州的美食家，他们的家常菜也是不马虎的,可是当年我们常常相约去松鹤楼'尝尝味道',如果碰上连续几天宴请,他们又要高喊吃不消,要回家吃青菜了。"从这段话,很可见得饭店菜与家常菜的辩证关系。苏州人家的日常生活,简约而精致,也将一日三餐及寻常的饮食活动做得有滋有味。

有人甚至认为,苏州菜的正宗出自家厨,《现世报》1938年第二十期有署名"第三种苏州人"的《食在苏州》,其中说:"苏州菜馆虽然有不少是苏州人开的,却是京菜、徽菜的作风,不能算是苏州菜的标准作品。其实苏州菜是一种家园菜而已,靠着洋澄湖里新鲜的鱼虾蟹鳗,和南园上的菜豆茭白,在苏州娘姨的手里,烹调起来,的确鲜美可口。因此要吃苏州菜,只有到苏州亲戚家去叨扰,方有真滋味。但是普通苏州人家,平时也不讲究烹调之术,亲友来了,都到菜馆里叫菜来应客,结果苏菜没有尝着,仍旧吃的是'馆菜'。"

就历史的客观情形来看,苏州人家一般由妇女主厨,美味佳肴,层出不穷。从饮食的本土观念上来说,苏州人家的日常饮食,体现了本地丰富的食材来源、精细的烹饪工艺、淡雅的口味时尚、独特的美食标准,同时反映了本地的社会经济和民风习俗。在这个基础上,分析出家厨和市食两条不同的发展脉络,互相影响,取长补短,形成各具特色的饮食体系。

日常饮食的内容,十分丰富,不仅是厨下的经验和特色,又牵涉到食材的选择,调料的使用,冠婚丧祭的形式,以及出自家厨的各种饮食活动等。

主　厨

旧时操持家厨的，一般都是妇女，古人将妇女在家操持饮食诸事称为中馈。《易·下经·家人》曰："六二，无攸遂，在中馈，贞吉。"孔颖达疏："妇人之道，巽顺为常，无所必遂。其所职，主在于家中馈食供祭而已。"《诗·小雅·斯干》曰："无非无仪，惟酒食是议。"郑玄笺："妇人之事，惟议酒食尔。"两者意思相同。故张衡《同声歌》云："绸缪主中馈，奉礼助蒸尝。"王粲《出妇赋》云："竦余身兮敬事，理中馈兮恪勤。"《古今小说》第二十二卷《木绵庵郑虎臣报冤》写贾涉初见胡氏，对胡氏说："下官往京候选，顺路过此，欲求一饭，未审小娘子肯为炊爨否？自当奉谢。"胡氏答道："奴家职在中馈，炊爨当然。况是尊官荣顾，敢不遵命。但丈夫不在，休嫌怠慢。"由妇女供膳诸事，引申为酒食，曹植《送应氏》云："中馈岂独薄，宾饮不尽觞。"《后汉书·王符传》章怀注："中馈，酒食也。"由此又引申为妻室，张齐贤《洛阳搢绅旧闻记》卷三记张从恩继室事："张之正室亡，遂以士子之妻为继室，后封郡夫人。及为中馈也，善治家，尤严整，动有礼法。"李伯元《官场现形记》第三十八回在介绍戴世昌时就说："他是上年八月断弦，目下尚虚中馈。"由此看来，"中馈"一词的本义是很清楚的。

寻常百姓之家大都由主妇治庖，稍富裕的人家有厨婢，更富裕的便雇用厨娘，但厨娘和厨婢的界限，有时也不甚明晰。

历史上最早被记录的厨娘，为唐穆宗时丞相段文昌家的膳祖，陶毂《清异录·馔羞门》说："段文昌丞相尤精馔事，第中庖所榜曰'炼珍堂'，在途号'行珍馆'。家有老婢，掌修膳之法，指授女仆。老婢名膳祖，四十年阅百婢，独九者可嗣法。文昌自编《食经》五十章，时称'邹平公食宪章'。"这位厨娘主持府中厨房四十年，带出了九名厨婢，故尊称她为膳祖。

厨娘都受过职业训练，本色当行，手艺非凡。南宋人廖莹中《江行杂录》说："京都中下之户，不重生男，每生女则爱护如捧璧擎珠，甫长成，则随其姿质，教以艺业，用备士大夫采拾娱侍。名目不一，有所谓身边人、本事人、供过人、针线人、堂前人、杂剧人、拆洗人、琴童、棋童、厨娘，等级截乎不紊，就中厨娘最为下色，然非极富贵家不可用。"宝祐五年（1257），他在江陵听说一个故事，说是有位告老还乡的太守，欣羡京都厨娘的菜馔，以为极其适口，便托朋友去物色一位厨娘，不久物色到了，朋友遣人送来。她在距城五里的地方停下，亲笔写了一封告帖，遣脚夫送来，字画端楷，言辞委曲，请老太守派四顶轿子去迎接。老太守见之，以为非庸碌女子可及，便允其请。及入门，见她容止循雅，红裙翠裳，老太守不由心喜。厨娘随身携带全套厨具，锅铫盂勺汤盘之属，煒灿耀目，都白银所制，刀砧杂器，也一一精致异常，旁观者都啧啧不已。试厨时，她等下手们将物料洗剥停当，才徐徐站起，"更围袄、围裙，银索攀膊，掉臂而入，据坐胡床，切徐起取抹批脔，惯熟条理，真有运斤成风之势。其治羊头也，漉置几上，别留脸肉，馀悉掷之地。众问其故，厨娘曰：'此皆非贵人所食矣。'众为拾顿他所，厨娘笑曰：'若辈真狗子也。'众虽怒，无语以答。其治葱韭也，取葱微彻过沸汤，悉去须叶，视楪之大小，分寸而截之，又除其外数重，取条心之似韭黄者，以淡酒醯浸渍，馀弃置，了不惜。凡所供备，馨香脆美，济楚细腻，难以尽其形容"。菜肴上桌，座客饱餐后赞不绝口，以为天下珍味。撤席后，厨娘便当面讨赏，还表明这是成例，她取出昨天在某官处得赏的单子，"其例每展会支赐绢帛或至百匹，钱或至三二百千"。老太守无奈，只好如数支给，不由感叹说："吾辈事力单薄，此等筵宴不宜常举，此等厨娘不宜常用。"未久便找个借口，将那厨娘打发走了。

这样的厨娘,确实是"非极富贵家不可用"。

宋代厨娘的形象,至今尚能看到,中国历史博物馆藏河南偃师酒流沟出土的宋墓砖刻,所见拓本共四幅。第一幅"整装",厨娘身穿小袖对襟旋袄、围腰、长裙,脚穿翘头鞋,双手扶住"元宝冠"的底部,正用带子将它系结于头顶,似乎正在作下厨的准备。第二幅"涤盏",那厨娘正在用布巾擦拭餐具,那长方形的桌子铺罩着桌帏,质地似为绸缎之类,洛阳北宋乐重进石棺画像《赏乐图》上也有,如果将桌帏掀去,则就是赵佶《文会图》上的小方桌,临时搬来当作厨桌的,它的作用类乎如今饭店包厢里的备餐桌。第三幅"温酒",厨娘站在方形火炉旁,正用火夹拨弄炉中的炭墼,炭墼上放着一只酒壶,这种酒壶称为酒注,也称注子,出现于唐代中期,至北宋极为流行。第四幅"斫脍",也就是通常说的切鱼片。那厨娘上穿交领窄袖袄,下穿长裙,裙外系有围腰,正一边挽袖一边准备收拾桌上的鱼,方桌上有一把短柄刀,大圆墩上有一条大鱼,刀旁还有柳枝穿的三条小鱼,脚边放着洗鱼的水盆,桌前的方形炉子上架着双耳铁锅,炉火熊熊,锅中的水已沸腾了,斫脍以快,正是得鲜美滋味的要诀。沈从文《中国古代服饰研究》第一一二《宋砖刻厨娘》认为这组人物,"本来应当是家庭厨娘形象,但是和《东京梦华录》'饮食果子'条记北宋汴梁(开封)卖酒妇女服饰有相通处,'更有街坊妇人,腰系青花布手巾,绾危髻,为酒客换汤斟酒,俗谓之焌糟'。可见当时市面上的卖酒娘子装束,也极相近。有可能反映的恰正是北宋社会上层一般情形,出现于墓葬中,和用'丁都赛'作主题用意相同"。

厨娘在宋代很普遍,进入劳动力市场,吴自牧《梦粱录》卷十九"雇觅人力"说:"如府宅官员、豪富人家欲买宠妾、歌童、舞女、厨娘、针线供过、粗细婢妮,亦有官私牙嫂及引置等人。"其中技艺高超者不可胜数,如"宋嫂鱼羹"、"麻婆豆腐"之类,就由家厨而成为市食,得以千古留名。田汝成《西湖游览志馀·帝王都会》记了一个厨娘的故事:"高宗尝宴大臣,见张循王俊持一扇,有玉孩儿扇坠,上识是十年前往四明误坠于水,屡寻不获,乃询于张循王,对曰:'臣于清河坊铺家买得。'召问铺家,云:'得于提篮人。'复遣根问，回奏云：'于候潮门外陈宅厨娘处买得。'又遣问厨娘，云：'破黄花鱼腹中得之。'奏闻，上大悦，以为失物复还之兆，铺家及提篮人补校尉，厨娘封孺人，循王赏赐甚厚。"由此可知，那厨娘就是一位家厨。又，叶梦得《避暑录话》卷下则记了梅尧臣家老婢的事："往时南馔未通，京师无有能斫脍者，以为珍味。梅圣俞家有老婢，独能为之。欧阳文忠公、刘原甫诸人每思食脍，必提鱼往过圣俞。圣俞得脍材，必储以速诸人，故集中有'买鲫鱼八九尾，尚鲜活，永叔许相过，留以给膳'，又，'蔡仲谋遗鲫鱼十六尾，余忆在襄城时获此鱼，留以迟永叔'等数篇。"区区数尾鲫鱼，经老婢烹调，便成至味，且留下了梅尧臣和欧阳修、刘敞等人友情的佳话。有的权豪之家，厨婢众多，郑望之《膳夫录》就说："蔡太师京厨婢数百人，庖子亦十五人。"那数百厨婢，应该是各司其职，真正操持烹饪的，大概也没有几个。

迟在南北朝，女子主持家厨，已是一个重要的生活内容，《颜氏家训·治家篇》就说："妇主中馈，惟事酒食衣服之礼耳。"故她们在出阁前，都得接受祖母或母亲的培训。旧时风俗，新娘婚后三日，须入厨房试菜，唐人王建《新嫁娘》云："三日入厨下，洗手作羹汤。未谙姑食性，先遣小姑尝。"明清时期，苏州人家仍有此风俗，康熙《具区志·风俗》说："新妇始拜堂，拜公姑，下厨复款妇翁，以小筵而后归。"袁学澜《姑苏竹枝词》云："画眉双烛结花齐，牵彩繁文相女媭。三日调羹厨下走，晓窗同听合啼鸡。"大户人家的新妇下厨，只是行个仪式，文康《儿女英雄传》第二十八回写何姑娘与安公子新婚第二天早晨，便被两个仆妇引进内厨房，"一进房门，只见一个连二灶上弄着大旺的火，上面坐着个翻开的铁锅，地下站着几个衣饰齐整的仆妇，又有个四十馀岁鲇鱼脚的胖老婆子，也穿件新蓝布衫儿，戴朵红石榴花儿，鼓着俩大奶膀子，腆着个大肚子，又着八字脚儿，笑呵呵的跪下，说：'请大奶奶安哪！'姑娘这才明白，原来是公婆的内厨房。只见伺候的仆妇在灶前点烛上香，地下铺好了红毡子，便请拜灶君。二位新人行礼起来，那个胖女人就拿过一把柴火来，说：'请奶奶添火。'又舀过半瓢净水来，说：'请奶奶添汤。'随有众仆妇给他拉着衣服、搂着袖子，一一的添好了。姑娘暗想，往后要把这件事全靠了我，我可干不了哇！那知这是安水心先生的意思，他道：'古者，妇人主中馈者也。除了柴米油盐酱醋茶之外，连那平钉堆绣扎拉扣都是第二桩事。'所以定要把这'三日入厨下，洗手作羹汤'的两句文章作足了"。苏州风俗大致相同。不管新娘三朝是否下厨，在以后的日子里，厨房和灶头便逐渐成为她主宰的天地了。

费孝通《话说乡味》说："在那个时代，除了达官贵人大户人家雇用专职厨司外，普通家庭的炊事都是由家庭人员自己操作的。主持炊事之权一般掌握在主妇手里。家里的男子汉下厨的是绝无仅有的，通行的俗话里有'巧妇难为无米之炊'，说明炊事属于妇女的专利，可是专业的厨师却以男子为多。以我的童年说，厨房是我祖母主管的天下。她有一套从她娘家传下的许多烹饪手艺，后来传给我的姑母。祖母去世后，我一有机会就溜到姑母家去，总觉得姑母家的伙食合胃口，念了社会人类学才知道这就是文化单系继承的例子。中国的许多绝技是传子不传女，而烹饪之道是传女不传媳。我在讲到'佛跳墙'时不是提到过福建有新媳妇要'试厨'的风俗，'试厨'不就是烹饪技术的公开考试么？"

夏丏尊《谈吃》说："中馈自古占着女子教育上的主要部分，'食不厌精，脍不厌细'，'沽酒市脯'，'割不正'，圣人不吃。梨子蒸得味道不好，贤人就可以出妻。家里的老婆如果弄出好菜，就可以骄人。古来许多名士，至于费尽苦心，别出心裁，考案出好几部特别的食谱。"家厨确是随着婚姻而交流发展，不断变化饮食风味，不断创造出精美的肴馔。当然不仅是婚姻，袁枚有一位婢女招姐，就精于烹饪，蒋敦复《随园轶事》"嫁婢"条说："先生家婢招姐，年少貌韶秀，服役甚勤，裁缝浣濯之外，兼精烹饪。先生不时之需，招姐先已预备，有所谓听于无声、视于无形者。方姬聪娘，本熟识先生嗜好，招姐更左之右之，先生尝自诩口福也。有不速之客来，摘园蔬，烹池鱼，筵席可咄嗟办，具馔供客，有绿秀风。招姐年二十三而嫁，先生曰：'鄙人口腹，被夫己氏平分强半去矣。'闻者笑之，或曰盖赠刘霞裳秀才也。"像招姐那样能烧一手好菜的婢女，旧时不知多少，只是未能遇上像袁枚那样的风流名士，她们的名字也就像炉灶里冒出的炊烟一样飘散了。

在家中主厨的妇女，虽然不是官府市楼的厨师，但天地之大，人数之多，远非官庖店厨可比，并由此逐渐形成了陆文夫《美食家》说的另一"体系"。她们中有人还将自己的厨下经验记录下来，如南宋浦江吴氏的《中馈录》，大概是最早一本女子撰写的烹饪专著，分脯酢、制蔬、甜食三部分，记菜点七十多种，都是江南民间家食做法；清华阳曾懿的《中馈录》，总论之外，记述了二十种菜点的做法；清武进钱孟钿擅做点心，其《浣青诗草》卷六有《长日多暇手制饼饵糕糍之属饷署中亲串辄缀小诗得绝句三十首》，吟咏了三十种点心，不仅是食单，也是闺阁饮食活动的记录。有的则口传心授，将经验传诸后人，明弘治间宋诩就整理了母亲朱氏的烹饪经验，他在《宋氏养生部序》中说："余家世居松江，偏于海隅，习知松江之味，而未知天下之味竟为何味也。家母朱太夫人，幼随外祖，长随家君，久处京师，暨任二三藩臬之地，凡宦游内助之贤，乡俗烹饪所尚，于问遗饮食，审其酌量调和，遍识方土味之所宜，因得天下味之所同，及其肯綮，虽鸡肋羊肠亦有隽永存之而不忍舍。至于祭祀宴饮，靡不致谨。又子孙勿替引长之事，余故得口传心授者，恐久而遗忘，因备录成帙，而后知天下之正味，人心所同，有如此焉者，非独易牙之味可嗜也。"这一部分的内容，在食品科学和烹饪理论上颇有贡献，特别在菜点制作上，比《齐民要术》的记载又大大向前发展了一步。

苏州历史上，也出现不少中馈人物，据浏览所及，略记其中几位。

孟光，字德曜，东汉扶风平陵人，梁鸿妻。《后汉书·梁鸿传》记梁鸿避乱至吴，"依大家皋伯通，居庑下，为人赁春"。梁鸿每天回家，"妻为具食，不敢于鸿前仰视，举案齐眉。伯通察而异之，曰：'彼佣能使其妻敬之如此，非凡人也。'乃方舍之于家"。"举案齐眉"的成语就是这样来的。至于孟光如何"具食"，则无可稽考。

顾梦麟妻，明末太仓人，姓名无考。梦麟嗜学不仕，与张采、张溥、周锺等结应社，入清后隐居双凤。其妇擅制蔬菜，名闻江南，与扬州包壮行制灯齐名，刘銮《五石瓠》卷三"包灯顾菜"条说："扬州包壮行手制灯，太仓顾梦麟妇手制蔬菜,崇祯中名于一时。"

王荪,字兰姒,号秋士、琴言居士,清吴县人,常熟薛熙妾,著有《绿水唱酬集》。鱼翼《海虞画苑略补遗》"王荪"条说:"熙尝寓居郡中朱园,日与士人论文唱咏,户屦充塞。荪克主中馈,治具无倦,善画墨竹。"

徐映玉,字若冰,号南楼,清钱塘人(一说昆山人),长洲诸生孔统良妻,居木渎,乾隆时在世,著有《南楼吟稿》。沈大成《徐媛传》说:"余往来吴中,馆其家,尝留惠征君松崖饮,媛入厨治具,或以为腆,曰:'吾重惠先生之经学也。'它日,戚有为县者饭其舍,或又以为俭,曰:'若徒知取科名耳,安得侪惠先生哉?'"

唐静涵姬人王氏,静涵家在城中曹家巷。袁枚《随园诗话》卷七说:"静涵有姬人王氏,美而贤,每闻余至,必手自烹饪。先数年亡,余挽联云:'落叶添薪,心伤元相贫时妇;为谁截发,断肠陶家座上宾。'"《随园食单》提到的炒鳗鱼片、唐鸡、青盐甲鱼诸品,或即出自王氏之手。

陈芸,字淑珍,清苏州人,沈复妻,嘉庆八年(1803)卒,年四十岁。沈复《浮生六记·闲情记趣》说:"余素爱客,小酌必行令。芸善不费之烹庖,瓜蔬鱼虾一经芸手,便有意外味。同人知余贫,每出杖头钱,作竟日叙。"

在苏州中馈人物中,最有艳名的,莫过于董小宛。小宛名白,以字行,又字青莲,明末金陵秦淮名妓,曾流寓苏州山塘多年,后归如皋冒襄,居家治菜,独具风味,有吴下精细之致。冒襄《影梅庵忆语·纪饮食》说:"姬性澹泊,于肥甘一无嗜好。每饭,以岕茶一小壶温淘,佐以水菜、香豉数茎粒,便足一餐。余饮食最少,而嗜香甜及海错、风熏之味,又不甚自食,每喜与宾客共赏之。姬知余意,竭其美洁,出佐盘盂,种种不可悉记,随手数则,可睹一斑也。酿饴为露,和以盐梅,凡有色香花蕊,皆于初放时采渍之,经年香味颜色不变,红鲜如摘,而花汁融液露中,入口喷鼻,奇香异艳,非复恒有。最娇者为秋海棠露,海棠无香,此独露凝香发,又俗名断肠草,以为不食,而味美独冠诸花。次则梅英、野蔷薇、玫瑰、丹桂、甘菊之属,至橙黄、橘红、佛手、香橼,去白缕丝,色味更胜。酒后出数十种,五色浮动白瓷中,解醒消渴,金茎仙掌，难与争衡也。取五月桃汁、西瓜汁，一穰一丝漉尽，以文火煎至七八分，始搅糖细炼，桃膏如大红琥珀，瓜膏可比金丝内糖。每酷暑，姬必手取其汁示洁，坐炉边静看火候，成膏不使焦枯，分浓淡为数种，此尤异色异味也。制豉，取色取气先于取味，豆黄九晒九洗为度，颗瓣皆剥去衣膜，种种细料，瓜杏姜桂，以及酿豉之汁，极精洁以和之，豉熟擎出，粒粒可数，而香气、醭色、殊味，迥与常别。红乳腐烘蒸各五六次，内肉既酥，然后削其肤，益之以味，数日而成者，绝胜建宁三年之蓄。他如冬春水盐诸菜，能使黄者如蜡，碧者如菭。蒲藕笋蕨、鲜花野菜、枸蒿蓉菊之类，无不采入食品，芳旨盈席。火肉久者无油，有松柏之味。风鱼久者如火肉，有麂鹿之味。醉蛤如桃花，醉鲟骨如白玉，油蜢如鲟鱼，虾松如龙须，烘兔、酥雉如饼饵，可以笼而食之。菌脯如鸡堫，腐汤如牛乳。姬细考之食谱，四方郇厨中一种偶异，即加访求，而又以慧巧变化为之，莫不异妙。"

晚近以来，周瘦鹃夫人胡凤君，也是中馈佼佼者。1943年5月，周瘦鹃从上海回苏州，在家中享用了夫人烹调的一顿午餐，《紫兰小筑九日记》说："午餐肴核绝美，悉出凤君手，一为腊肉炖鲜肉，一为竹笋片炒鸡蛋，一为肉馅鲫鱼，一为竹笋丁炒蚕豆，一为酱麻油拌竹笋。蚕豆为张锦所种，而笋则劚之竹圃中者，厥味鲜美，非沪壖可得。此行与凤君偕，则食事济矣。"

中馈之制，尤以年长者而富有经验者，更出手不凡。周瘦鹃《紫兰小筑九日记》记赴友人邹某家宴："是日佳肴纷陈，咸出邹老夫人手，一豚蹄入口而化，腴美不可方物，他如莼羹鲈脍，昔张季鹰尝食之而思乡，予于饱啖之馀，亦油然动归思矣。"范烟桥《吴中食谱》亦记一事："余友黄若玄、转陶兄弟，时折柬相邀，手谈竟夕，太夫人往往手制佳肴以饷客。余最爱其四喜肉，腴美得未曾有。尝以烹法相询，云纯以酒煮，不加滴水，故真味不去，即一勺之羹，亦留舌本之隽永也。"即使是最简单的裹馄饨，也别有佳味，郑逸梅《瓶笙花影录》卷上"馄饨"条说："先大母在时，喜购面皮，实以虾仁肉类，自裹馄饨，和以上好酱麻油，厥味乃绝鲜隽，非市售者所可比侔。"

以上只是举例而已，幸有文字的偶然记载，才让她们留下了影子，就生生世世的芸芸众生来说，真渺乎其少也。

男性家厨，则纯粹是一种职业，范烟桥《吴中食谱》就说："大家庖丁，每有独擅胜场之作，而亲手调羹，尤足耐人回味。"诗人陈衍晚年寄寓苏州，所用家厨就是一位出色行家。郑逸梅《逸梅丛谈》"陈石遗家之良庖"条说，陈衍"近居吴中胭脂桥畔，家具良庖，有韦郇公风。春秋佳日，制馔宴客，有栗泥及玉燕团二种，尤为特色，客有饫之者，谓随园食谱不能专美于前也。栗泥，捣栗为之，松甘芳美，无与伦比。玉燕团，则斩猪肉为醢，及干，摊成薄衣，更屑肉搓为小团，煮以鲜羹，入口而化，因有人造燕窝之称。其心裁别出，朵颐大快，足使老饕涎垂三尺"。

三　餐

　　苏州有句俗话，说某人"不吃粥饭"，意思就是这个人竟然不懂寻常道理。可见粥和饭是苏州人一日三餐的主食。

　　相传清圣祖认为苏州经济繁荣、市民富庶，误会苏州人是一日五餐。钱泳《履园丛话·旧闻》"康熙六巡江浙"条记三十八年（1699）第三次南巡，圣祖问两江总督张鹏翮、江苏巡抚宋荦："闻吴人每日必五餐，得毋以口腹累人乎？"张鹏翮答："此习俗使然。"圣祖笑着说："此事恐尔等亦未能劝化也。"张、宋两大臣不能如实回答皇上的问话，只能以"习俗"来搪塞。吴人的饮食习俗，也是一日三餐，徐珂《清稗类钞·饮食类》说："其实上达天听者，传之过甚耳。如苏、常二郡，早餐为粥，晚餐以水入饭煮之，俗名泡饭，完全食饭者，仅午刻一餐耳。其他郡县，亦以早粥、午夜两饭者为多。"

　　至晚近，苏州寻常人家，早餐仍以吃粥为主，从不吃饭，如不煮粥，则吃点心；中餐吃饭，都不吃粥；晚餐，苏州人说是"吃夜饭"，那是有饭有粥，中下之家，下午不烧饭，即以中餐所馀之饭，加水煮成泡饭，也称泡饭粥，米粒有韧劲，别有一种焦香之味。粥则为米粥，色白汁稠，腻若凝脂。也有吃面的，童岳荐《调鼎集·铺设戏席部》说："每日饭食，三日中不妨略为变换，或面或粥，相间而进可也。"至于佐饭之菜，则"早饭素，午饭荤，晚饭素"，并注："亦有早饭晚饭用粥者，似觉省菜。"这当然是就一般平民而言的。

粥和饭虽然平常，但要做得可口，也不容易。李渔《闲情偶寄·饮馔部·谷食》说："粥饭二物，为家常日用之需，其中机彀，无人不晓，焉用越俎者强为致词？然有吃紧二语，巧妇知之而不能言者，不妨代为喝破，使姑传之媳，母传之女，以两言代千百言，亦简便利人之事也。先就粗者言之，饭之大病，在内生外熟，非烂即焦；粥之大病，在上清下淀，如糊如膏。此火候不均之故，惟最拙最笨者有之，稍能炊爨者，必无是事。然亦有刚柔合道，燥湿得宜，而令人咀之嚼之，有粥饭之美形，无饮食之至味者，其病何在？曰：'挹水无度、增减不常之为害也。'其吃紧二语，则曰：'粥水忌增，饭水忌减。'米用几何，则水用几何，宜有一定之度数。如医人用药，水一钟或钟半，煎至七分或八分，皆有定数。若以意为增减，则非药味不出，即药性不存，而服之无效矣。不善执爨者，用水不均，煮粥常患其少，煮饭常苦其多。多则逼而去之，少则增而入之，不知米之精液全在于水，逼去饭汤者，非去饭汤，去饭之精液也。精液去则饭为渣滓，食之尚有味乎？粥之既熟，水米成交，犹米之酿而为酒矣。虑其太厚而入之以水，非入水于粥也，犹入水于酒也。水入则酒成糟粕，其味尚可咀乎？故善主中馈者，挹水时必限以数，使其勺不能增，滴无可减，再加以火候调匀，则其为粥为饭，不求异而异乎人矣。"

凡煮粥饭，入锅之水分，炉灶之火候，固然重要，而稻米性质不同，水之多少，火之强弱，不能一律，此笠翁未尝提及也。《调鼎集·点心部》谈到饭的标准是"颗粒明分，入口软糯"，要诀有四："一要米好，或香稻，或冬霜，或晚米，或观音籼，或桃花籼，春之极熟霉天，风摊播之，不使惹霉发黦；一要善淘，净米时不惜功夫，用手揉擦，使水从箩中淋出，竟成清水，无复米色；一要用火，先武后文，闷起得宜；一要相米放水，不多不少，燥湿得宜。往往见富贵人家，讲菜不讲饭，逐末忘本，真为可笑。"至于粥，也有讲究："见水不见米，非粥也；见米不见水，非粥也。必使水米融洽，柔腻如一，而后谓之粥。人云'宁人等粥，毋粥等人'，此真名言，防停顿而味变汤干故也。"

包天笑《衣食住行的百年变迁·食之部》在谈到清末民初苏州人家的日常饮食时说："我是江南人，自出世以来，脱离母乳，即以稻米为主食，一日三餐，或粥或饭，莫不藉此疗饥。但说到了辅食，每日的点心、闲食，一切糕饼之类，都属于麦粉所制。尤其是面条，花样之多，无出其右，有荤面、素面、汤面、煎面、冷面、阳春面（价最廉，当时每大碗仅制钱十文，以有阳春十月之语，美其名曰阳春面。今虽已成陈迹而价廉者仍有此称）、糊涂面（此家常食品，以青菜与面条煮得极烂，主妇每煮之以娱老人），种种色色，指不胜屈。更有一种习俗，家庭中如有一人诞辰，必全家吃面，好像以此为庆贺，名之曰寿面，也蔚成为风气呢。其次则为馒头（又名包子），或甜或咸，或大或小，每多新制，层出不穷。这都属于面食，恐数百种未能尽述吧。"又谈到当时吃的黄米和白米："我自从脱离母乳以后，也和成人一般的吃粥吃饭了，直到如今，并无变迁之可言。但米谷亦有种种名质的不同。我在儿童时代所食的米，唤作黄米，黄米似与白米对待而言，作淡黄色，其实黄白原是一种，不过加工分类而已。因为我家祖代是米商，在苏州阊门外开一米行，太平天国之战烧了个精光大吉，不过我的祖母，还知道一些米的名称。当时我们日常所食的，名曰'厥心'，说是黄米中的高级者。要问黄米有什么佳处呢？也和苏州人的性质一样，柔和而容易消化，不似白米的有一种梗性（当时白米也没有现在好）。这不仅我家如此，凡苏城中上人家都是如此。只是工农力作的人，他们宁愿吃白米，以黄米不耐饥呀。当时的米价，最高的也不到制钱三千文一石（当时用钱码所谓制钱，即外圆内方的铜钱，文人戏呼之为'孔方兄'，每一千文，约合后来流行的银币一元），数量亦以十进一，一石为十斗，一斗为十升，一升为十合。那时买米重容量，今则计轻重，也是一个变迁呢。我们有一家十馀年老主顾的米店，在黄鹂坊桥吴趋坊巷，每次送米来，总是五斗之数。我笑说，这是陶渊明不肯折腰也。可是我家食指少，五斗米可吃两个月，足见当时的物价低廉了。除主食外，对于副食，我们经常购糯米一二升，磨之成粉（我家常有一小磨盘），可以制糕、制团、制种种家常食品，以之疗饥，更足以增进家庭趣味。再说苏州人吃黄米的风气，不到十九世纪之末，我大约十馀岁的时候也渐渐改变了，改吃了白米，始而觉得不惯，继而也渐同化了，因为别的地方都吃白米，何以你这里独异呢？"

由此可知，约在十九世纪末，苏州人吃黄米的情况发生变化，逐渐开始吃白米了。苏州人家除白米饭外，也经常做蛋炒饭、咸肉菜饭等，变化口味，并可省去佐饭之菜。

辛亥革命后，人力摇面机在苏州推广使用，生面业兴旺，人家经常以面条为主食。市上供应机制馄饨皮子后，人家也经常以馄饨作为主食。包馄饨，苏州人称为裹馄饨。据说，裹馄饨也有讲究，因为一只只馄饨仿佛一只只元宝，当即将裹成时，凡正面向里的能守财，正面向外的会失财，这当然是子虚乌有的事。家中裹馄饨，有纯肉心、虾肉心、菜肉心等，菜可用青菜、白菜，以荠菜肉馄饨最为美味。

苏州人早餐，大凡吃粥吃面，或是吃点心，点心品类繁多。最经济实惠的是大饼油条，北方人称为烧饼油条，口味既有不同，形制也大相径庭，苏州的大饼油条都小巧精致，大饼一两一只，油条一两两根，夹着吃，或再来一碗豆腐浆，就是一顿方便的早餐，故而以前大饼油条店门前往往排着长队。大饼油条最具北味。大饼用发过酵的面擀成饼状，有咸甜之分，又有芝麻、葱油之别，咸大饼作圆形，甜大饼作椭圆形，刚出炉的大饼，外脆内软喷喷香，粗犷朴实；油条则在和好的面里掺入适量的苏打粉，擀成条形后略略转曲后放入油锅，迅速膨胀开来，捞出后入口又松又脆，油露露的。苏州人称油条为"油炸桧"，据说与秦桧有点关系，顾震涛《吴门表隐》附集说："油炸桧，元郡人顾福七创始，然始于宋代，民恨秦桧，以面成其形，滚油炸之，令人咀嚼。"但范寅《越谚·名物·饮食》说："麻花，即油煤桧，迄今代远，恨磨业者省工无头脸，名此。"认为油炸秦桧之说是望文生义。不管如何，油条的历史确很悠久了。两根油条，一只大饼，称为一副，也有只买油条的，拿回家去佐粥吃，蘸点虾子酱油或乳腐露，滋味另有不同。早餐常见的面点，除大饼、油条外，还有糕饼、馒头、油氽紧酵、生煎馒头、烧麦、春卷等；米点则有糕团、汤圆、汤团、粢饭糕、粢饭、米风糕、斗糕、藕粉圆子、赤豆糊糖粥、八宝饭、血糯米饭等。吴江盛泽人家早晨都买点心来吃，沈云《盛湖竹枝词》云："户户眠迟早难起，清晨试检点心单。登春周氏汤团好，牢九胡皱亦可餐。"自注："镇人率不朝餐，购熟食食之，名曰点心。登春桥汤团，数百年老店。牢九即今包子。胡敏，饼饵名，见宋人诗注。"面和馄饨，则是苏州人早餐的大项，故供应面和馄饨的店家或摊头，每天早晨的生意特别兴隆。

关于苏州人家的日常三餐，包天笑《衣食住行的百年变迁·食之部》说："虽说家常餐，也大分阶级制度，阶级密密层层，我姑分为上、中、下三级。上级是上等人家，吃得精美是不必说了，还有一种以大家庭夸示于人的，如张公艺九世同居，史籍传为'美德'。我有一家亲戚就是一个大家族，自祖及孙，共有十馀房，同居一大宅。家中厨子开饭，便要开十馀桌，两位西席师爷开两桌，帐房先生十馀人开两桌，老管家、门公，其他佣仆等，也要另开，每餐恐要二十桌呢。那些娇贵的少奶、小姐们，吃不惯大镬的饭、大锅的菜，她们另有小厨房，诸位读了《红楼梦》，便可以见到此种排场呀。……中级最普通人家，无男厨子，亦有女佣精于烹调的，文言中往往称为厨娘。这些厨娘，并不弱于男厨，雇用一人，合家赞赏，此一例也。……我把传统的家食情形说一说，这也是大家本来所知道的。书本上往往酒食并称，家常饭是没有酒的，不比筵席餐总是酒以合欢。但也偶或有之，有些家长老先生们，每日要过醉乡生活，便不能不备有一壶酒，大概也在夜饭时行之。'晚来天欲雪，能饮一杯无'，就是此种境界，至于晨餐、午餐，却是少见的。餐时有一定坐位，长者居上座，少者处下座，家家如此，不必说了。从前家中吃饭从不用圆桌，亦不似西方人的用长桌，总是用方桌，江南人称之为'八仙桌'，坐满一桌，适符八人，八口之家，最为适宜。讲到家常餐饭菜的分量吧，大概一桌有八人的，约须五六样菜；一桌有六人的，约须四五样菜；一桌有四人的，亦须三四样菜。但每菜必有汤，譬如六样菜肴，就是五菜一汤，以此类推，三样菜肴，亦是两菜一汤。我好饮汤，我对于餐事中的饮汤，却有些研究。在我们家常餐中，几乎无有一物不可以煮汤，鸡、鸭、鱼、虾以及各种肉类、水产类、蔬菜类，应有尽有。这恐于物产的丰盈有关，江南本属水乡，而且在太湖流域，鱼类既多，洗手作羹，他乡恐无此鲜味呢。"

徐珂则将苏州、绍兴的一日三餐作了比较，《呷馀放言》"越饭吴粥，草具精馔"条说："日常裹腹之三餐，越（山阴、会稽）人皆以饭，吴（长洲、元和、吴县）人则午饭而晨夕粥。以言肴，越人六七簋，率草具；吴人二三簋，率精馔。盖亦如清诗人之'朱贪多、王爱好'也。由斯以言，越人体魄宜远胜吴人，乃适得其反，日三饭者，不及一饭二粥者之强。吴女之力田（长、元、吴三县之外亦然）、舁轿（游天平山者，恒乘之上山），世鲜知之，乃惟知其色美而靓饰，吴女冤矣。"

苏州人一般都是一日三餐，也有一日两餐的，包天笑《衣食住行的百年变迁·食之部》说："就我家乡苏州而言，各业中颇有一日两餐的。据云，一为水木工人（修造房子的，都为苏州香山镇人），一为船家（雇用于人的），其他我所未知的职工尚不少。他们大概废止早餐，出外就做工，或者沿途购取大饼、油条之类，塞住饥肠，到了午间十二点钟，正式吃饭，随后到晚上七点钟光景便是吃夜饭，吃过晚饭，便上床睡觉了。我虽不曾加以调查，大概农人也是如此，古人的所谓'日出而作，日入而息'，原来是这样的。为什么早睡呢？那时电灯未兴，火油未来，照明取给于食油，岂能浪费。"

也有一日四餐的，即在中餐、晚餐之间吃一次点心，苏州人称为"夜点心"。包天笑《六十年来饮食志》说："其实在苏州上中阶级的家庭间，也有四餐制，因为他们通常一顿晚点心终要吃的。苏州人喜欢吃点心，所以点心的种类很多，每至下午四五点钟的时候，娘姨大姐们携了精巧的篮子，去买各种各样的点心，住在观前街前后左右的人家，尤为便利。因为苏州住宅间，吃夜饭并不早，往往至八九点钟。更有几位写意朋友，每天在夜饭前必定喝几杯酒，那就更没有一定时候了。"又有儿歌唱道："道士先生，苦恼天尊。早晨吃粥，腌菜过顿。午时吃饭，酱油索粉。下昼点心，菜心馄饨。夜里夜饭，三样荤腥。肉䐉吃着，狗咬脚跟。"（《吴歌乙集》）那是嘲弄穷道士的。

这就是十九世纪末、二十世纪初苏州人家的饮食情状。

礼 仪

夏丏尊《谈吃》说:"遇到婚丧,庆吊只是虚文,果腹倒是实在。排场大的大吃七日五日,小的大吃三日一日,早饭、午饭、点心、夜饭、夜点心,吃了一顿又一顿,吃得来不亦乐乎,真是酒可为池,肉可成林。"又说:"不但活着要吃,死了仍要吃。他民族的鬼,只要香花就满足了,而中国的鬼,仍依旧非吃不可,死后的饭碗,也和活时的同样重要,或者还更重要。普通人为了死后的所谓'血食',不辞广蓄姬妾,豫置良田。道学家为了死后的冷猪肉,不辞假仁假义,拘束一世。朱竹垞宁不吃冷猪肉,不肯从其诗集中删去《风怀二百韵》的艳诗,至今犹传为难得的美谈,足见冷猪肉牺牲不掉的人之多了。"从这段议论,可知饮食在礼仪活动中确实是一个重要内容。

苏州冠婚丧祭等礼仪中的饮食,兴废嬗变,难以详述,只能就其一般情形略作介绍。

冠礼,《礼记·曲礼上》曰:"男子二十冠而字。"郑玄注:"成人矣,敬其名。"苏州男子略早,一般年十六以上行冠礼,女子则将嫁行成人礼。嘉靖《吴江县志·典礼·风俗》说:"童子十二或十四始养发,发长为总角,十六以上始冠。女子将嫁而后筓。冠筓之日,蒸糕以馈亲友,名头上糕。"道光《平望志·礼仪》记女子"如受聘,夫家以蒸糕及他物贺,即以馈亲友,将嫁而加筓于首,如男子礼"。民国《吴县志·舆地考·风俗一》则说:"冠礼久废,郡城固绝无仅有，而乡俗犹存遗意，则将于婚时行之。迎娶之先，具冠，命赞礼者冠之，其冠多出亲长所赐。又蒸糕以馈亲邻，名为上头糕。礼失求野，于此益信。"

婚礼，旧俗最是繁文缛节，就饮食而言，当男家求允、女家充吉之后，男家要"送盘"，其中必有荔枝、桂圆、胡桃、枣子四色，并红绿茶叶各一瓶，又小茶叶瓶百个；女家"回盘"，其中必有榛子、松子、莲子、桂圆四色，及喜糕百匣、万年粮两袋。太湖洞庭两山，女家"回盘"则做大粉团，康熙《具区志·风俗》说："女家回盘，俗尚实心大粉团，每团以斗米为之，外以土朱涂红，最为可鄙。"新妇入门，周庄风俗有吃交杯酒者，《周庄镇志·风俗》说："媵取卺杯，实酒酳婿；御取卺杯，实酒酳妇，曰交杯，古之合卺也。"太仓将新人合卺而饮称为坐花筵。康熙《具区志·风俗》则说："两家各选送亲中善饮者，相当钥门投辖，灌以巨觥，必尽醉而后止。"嘉庆《同里志·典制·风俗》说："迎娶毕，男女两家掌礼收去，即城中鸡鱼肉面礼也。"既婚，新妇三朝见礼，谒拜翁姑，与男家亲戚相见，姑设席宴请，鼓乐进酒。宣统《太仓州镇洋县志·风土·风俗》说："旧俗满月归宁，近于婚之明日行之。婿至女家，献茶纳贽，谓之望静。女子父及兄弟至婿家，谓之望房。"康熙《具区志·风俗》说："越三日，庄启请妇翁，曰大筵，有级数，以多为贵，而妇翁之犒费不赀（以红绳穿钱分馈陪客，凡内外役人各有犒，明日婿饮妇家亦如之）。明日又延饮，曰覆酌（俗呼曰覆脚饭）。酌罢，翁携婿归，遍谒亲族，各有贽，而婿之犒费更不赀。又明日，延饮如前，亦名曰覆酌。至是而翁婿之礼竣矣。"苏州郡城更有"做七朝"之俗，顾玉振《苏州风俗谈·喜庆类》"做七朝"条说："嫁女后第七朝，坤宅必备大肉圆若干枚，大鲫鱼若干尾，送至乾宅。其烹调须选善于其事者任之，肉圆之中藏有鸡子，鲫鱼之中塞以猪肉，煎熬适宜，质料浓厚，必使乾宅之人食之赞美不已，始为称快。若遇乾宅族大而尊长多者，以每人赠肉圆二枚、鲫鱼一尾计之，其数已属可观。旧式婚嫁，繁文之多，此事亦其一端。凡七朝盘送至乾宅，不仅二色已也，又必佐以他物，合成八件，最少者亦须四件。又不仅此正盘已也，更有副盘，俗称房里盘，系送于新房中者，其数大概四色，与正盘之送于老房者，有所区别也。"郑逸梅《逸梅小品续集》"鲫"条也提到七朝盘中的鲫鱼塞肉："我苏风俗，嫁女七朝，必煮大鲫鱼，实肉隆然，以馈婿家，谓之七朝盘。婿家乃以之分贻戚属，同快朵颐，以为乐事。"晚近移风易俗，婚礼简化，但甘蔗、花生、枣子、团子、蒸糕等仍不可少。婚宴也颇隆重，苏州人称"吃喜酒"，那是婚礼的高潮，包天笑《钏影楼回忆录·结婚》说："苏州人对于吃喜酒，那是最欢欣鼓舞的事。想起了从前的物价，使现代青年人真有所不信，那时普通的一席菜，只要两元，有八只碟子，两汤、两炒四小碗，鸡、鸭、鱼、肉、汤五大碗，其名谓之'吃全'。绍兴酒每斤二角八分。八席酒菜，总计不过二十元而已。不过最高价的筵席，则要四元，那是有燕窝、鸽蛋等等。我们那天的'待宾'节目，即用此席，新娘例不沾唇，留待家人分饷。"

丧礼，旧时丧事持续五七三十五天，亲朋前来吊奠，丧家留酒饭，以素菜为主。光绪《周庄镇志·风俗》说："款以蔬食，豆腐为主，曰吃豆腐。古之亲朋各以其服吊，今乃丧家给之。《通礼》：'待客以茶。'今乃食客满座，是即张稷若所讥宾客之饮食衣服不敢不丰者也。"太仓地方更有所谓"丧虫"，嘉庆《直隶太仓州志·风土上·风俗》说："绅衿豪族丧葬，择日受吊，无赖者相率登门，横索酒食，谓之丧虫。如遇喜庆，谓之喜虫。稍不遂意，叫骂争扰，甚至登桌卧榻，滋害不浅。"出殡之日，又有路祭者，嘉靖《吴江县志·典礼·风俗》说："发引之日，亲友集送，至亲则各具酒肴于途，代丧家款客，抵墓拜别而散。"如今丧事简办，时间一般三至五天，结束丧事后要吃离事饭，因席上必有豆腐，俗称"豆腐饭"，菜肴数量无定，惟必须单数。亲友离席时，主人要送馒头和云片糕，称为离事馒头、离事糕，数量无定，也必须单数。相传人死之后，其灵魂必于一定时日回复原处，称为眚回，凡接眚，须备鸡、鱼、肉三牲，祭毕而烹之，作为菜肴，并备酒数觥，供人大嚼，谓之吃凤凰酒。凡曾在丧家伴尸的邻里亲族，是日必赴席，否则大不利，若菜肴食之有馀，必倾弃之，不留过宿。

祭礼，吴俗祭祀，有祭神、祭祖之分。民国《重修常昭合志·风俗》说：

"祀神，每因何事则祀何神（市肆多有某神纸马），祭用三牲（鸡鱼肉三品），杂陈蔬果面饭，尊以醴酒（名曰白酒，白米所酿），谓致洁也。祭毕，焚金银纸宝，燃爆竹送之，名曰禳灾，亦曰保福。祭祖以节，不在祖堂，设于正寝，器无定数，均用常味，并焚楮钱。至宗祠合祭，或陈少牢，兼用家常器皿。其隆杀，视各祠定之。"故一岁之中，于清明节、夏至日、七月望、十月朔、冬至日、除夕，设案于厅事，合始祖以下荐飨之，谓之"过时节"。顾玉振《苏州风俗谈·祭祀类》"祀先"条说："所荐肴馔，忌无鳞鱼，不知何意。肴馔之外，必加点心一盆，各节不同，清明节用青团子、焐熟藕，端阳节用粽子，中元节用豇豆糕，下元节用山芋、油酱，冬至节用南瓜团子，除夕用年糕，此久而不易者也。"晚近更重墓祭，必具香烛纸锭，及肴馔数色，清酒数杯。民国《吴县志·舆地考·风俗一》说："至墓祭，则每岁举行两次，春祭在清明，重拜扫也；秋祭在十月朔，感霜露也。其族大者，长幼毕集，衣冠济济，其祭品必丰必备，而寒素之家则有春祭而秋不祭者。"吴江盛泽还有"敲猪头"之俗，沈云《盛湖竹枝词》云："吴俗由来阛一隅，命求星算病求巫。猪头敲到几何桌，大嚼还添酒数筵。"自注："乡民疾病不求医，取巫觋语，延羽士，鸣锣奏神曲，祀品用猪头，有多至十馀桌者，谓之敲猪头，亦曰献菩萨。祭毕，亲邻宴饮，须臾而尽。"这一风俗，苏州其他地方是没有的。

生育，女子分娩之月，男家必送临产应用之物至女家，其中有熟面、染红鸡蛋，谓之催生面、催生蛋。常熟则做肉团，光绪《常昭合志稿·风俗》说："及孕将产，母家以秫粉裹肉馅为大丸馈，谓之催生团（俗必令人当日啖尽）。子生周岁，谓之达期（音如'搭基'），以糖和粉作大饼馈亲族，谓之期团。"道光《平望志·礼仪》则说："妇人妊子，亲戚以糖、蛋、核桃、龙眼等物馈者，曰送汤。其母家以粽馈，曰解缚粽，寓易产意也。子生三日，具汤饼燕亲友，曰三朝面。亲友以银钱及他物在一月内馈者，亦曰送汤。至戚馈鱼肉等物，曰送熟汤。满一月剃发，曰剃满月头。复具酒肴燕亲友，曰满月酒。子生一岁，设寿星、神马，具果馔、酒食拜神，又设盘具、笔砚、权衡、印剑等物，使子自取之，曰拏周岁盘。"苏州旧俗大略如此。今则满月酒要吃双浇面，也有做双满月、百日的，宴会结束，主人将面条、红蛋分送邻里亲友。

寿诞，苏州风俗，五十岁始做寿，逢五称小生日，逢十称大生日，一般做九不做十。至寿日，设寿堂，挂寿幛，点寿烛，吃寿面，子孙拜祝，亲友送礼庆贺。寿堂摆设荔枝、桂圆、核桃、红枣、松子、榛子、莲心、栗子、寿桃、寿面十只素供，以及寿酒、仙茶、水果、甜汤等。亲友送的寿礼，就食品而言，有寿桃、寿糕、寿面等，数量要超过寿星的年龄，只可多，不可少，并必须逢双。寿桃和寿糕不能全数收下，要留下一定数量，俗谓之"留福"。寿宴要吃双浇面，寿星碗上还须另加两只不剪须的大虾。寿宴结束，由晚辈将面条、寿桃、寿糕分送邻里亲友，数量无定，惟必须逢双，俗谓之"散福"。

入学，古称进学，外家要送糕和粽，取"高中"之意。包天笑《钏影楼回忆录·上学之始》说："上学时送糕粽，谐音是'高中'，那都是科举时代的吉语。而且这一盘粽子很特别，里面有一只粽子，裹得四方型的，名为'印粽'；有两只粽子，裹成笔管型的，名为'笔粽'，谐音是'必中'。苏州的糕饼店，他们早有此种技巧唎。"拜师仪式上，要吃一碗"和气汤"，"这也是苏州的风俗，希望师生们、同学们，和和气气，喝一杯和气汤。这和气汤是什么呢？实在是白糖汤，加上一些梧桐子（'梧'与'和'音相近）、青豆（'青'与'亲'音相同），好在那些糖汤，是儿童们所欢迎的"。第一天课程结束，"临出书房时，先生还把粽子盘里的一颗四方的印粽，教我捧了回去，家里已在迎候了。捧了这印粽回去，这是先生企望他的学生，将来抓着一个印把子的意思"。

科举的初阶是童试，分县考、府考、院考，合格就成为生员，俗称秀才。童生参加考试，必须预备考食，放在考篮里，包括糕点和水果，糕点以蜜糕为大宗，故考试又被戏称"吃蜜糕"。

在各项人生礼仪中，宴饮都是重要内容，如"留发"和"留须"，顾玉振《苏州风俗谈·喜庆类》"留发"条说："光复以前，男子女子皆蓄发垂辫，男子无足言，若女子至十三岁，不再薙发，谓之留发。留发之后，即盘发作髻，男女之界限于此始分，盖以吾国昔时素重礼教，非今日之解放可比。留发之日，亲族俱有馈赠，为之父者，恒设筵以飨亲族。"又"留须"条说："苏人之留须者，必在一与六，一、六者，指岁数而言也，最早者为三十六岁，次为四十一、四十六、五十一、五十六，数者之中，以四十一岁为最多。留须之日，亲友前往道贺，主人恒设筵款待之，若为留髯，大概须至六十一岁。此相传之风俗也。"

苏州礼仪饮食的奢俭，既受时局的影响，又几经反复，大致趋向是由俭而奢，如光绪《常昭合志稿·风俗》所说："邑中治家，多从朴素，衣冠筵宴，恒不轻举。惟值父母寿辰，子弟入泮乡举，乃具柬邀客，然亦用寻常肴馔。必有贵重远客至，或一具盛筵耳。至朋饮，则各视其人为丰啬。"民国《重修常昭合志·风俗》继而说："今则日趋奢靡，酬酢渐多，饮馔较前为丰腆矣。"郡城及各邑的情形，大致相同。

家 宴

　　江南生活，自古奢侈，颜之推《颜氏家训·治家篇》说："今北土风俗，率能躬俭节用，以赡衣食，江南奢侈，多不逮焉。"苏州更是风气浓烈，弥散浸漫，朱长文《吴郡图经续记·风俗》就说："顾其民，崇栋宇，丰庖厨，嫁娶丧葬，奢厚逾度，捐财无益之地、蹶产不急之务者为多。"至元末，如沈万三、顾阿瑛、徐达左辈，家赀富饶，不在区区饮食之耗，且以常熟虞宗蛮为例，王应奎《柳南随笔》卷三说："元末吾邑富民，有曹善诚、徐洪、虞宗蛮三家，而虞独不见于邑乘，故知者绝少。今支塘之东南有地名贺舍、花桥、鹿皮衖者，皆虞氏故迹。贺舍者，相传宗蛮家有喜事，特筑舍以居贺者，故曰贺舍；花桥为其园址；鹿皮衖者，杀鹿以食，积皮于其地，衖以此得名。衖旁又有勒血沟，每日杀牲以充馔，血从沟出流，涓涓不止。其侈奢如此。迨洪武中，大理卿熊概抚吴，喜抄没人，一时富家略尽，宗蛮盖其一也。"这样的富庶人家，举行家宴，真可谓豪富侈汰之极了。

　　入明以后，由于重赋重徭的迫压，苏州出现民不聊生、户口逃亡、农田抛荒、赋税逋积的局面，但家庭请宴仍是社会交际的常用手段，官场应酬，朋友互访，亲戚往来，都由主人设宴招待，至于逢年过节，家家都有宴饮的习俗，只是薄具而已。历经正统、景泰、天顺、成化四朝，苏州经济开始进入良性循环。

与之相应，饮食活动也日趋繁富。嘉靖时普通人家的宴会菜肴，以八盘为限，每席四人。万历以后，社会风气更其奢靡，宴饮规制大大提高，富裕之家竞相攀比，一席菜肴动辄耗费数千钱，就是一般平民，也多有仿效，至清前期更盛。叶梦珠《阅世编·宴会》谈到明末清初宴席规格时说："肆筵设席，吴下向来丰盛。缙绅之家，或宴长官，一席之间，水陆珍馐，多至数十品。即士庶及中人之家，新亲严席，有多至二三十品者，若十馀品则是寻常之会矣。"姚廷遴《记事拾遗》也说："明季请客，两人合一桌，碗碟不甚大，虽至廿品，而肴馔有限，即有碗上丰盛者，而两人所用亦有限。至顺治七八年，忽有冰盘宋碗，每碗可容鱼肉二斤，丰盛华美，故以四人合一桌。康熙年间，又翻出宫碗洋盘，仍旧四人合一桌，较之冰盘宋碗为省。二十年后，又有五簋碗出，其式比前宋碗略大，又加深广，纳肴甚多，可谓丰极，未知后日又如何样式。此又食用之一变也。"针对这个问题，张潮《酒社刍言小引》说："原五簋之初，只以惜费耳，不知其费更甚。盖簋既少，则形必大；形既大，则馔必丰；数止于五，则必以价昂者为之，大约一簋而需二簋之费。此不便之在主者也。人之嗜好，各有不同，既有偏好，亦有偏恶。馔之为类也多，必有值其好者。今止于五而已，设半投其所恶，客不几于馁乎？此不便在客者也。"

事实确也如此，富豪之家举宴，虽循五簋之制，但肴馔之精致丰盛，令人叹为观止。如褚人穫《坚瓠癸集》卷二"夸食品"条说："吴中某富翁自夸食品之妙，历举数物，友人即以其言作诗嘲之，曰：'秋白烧鳗世所稀，鳜鱼哪哼栗瓜虀。剃光黄蟹常吞蛋，渴极团鱼时饮醨。醋灌鸭肠卵如卵，火蒸鹅掌脆还肥。久烹着甲能销骨，浸透银鱼定出蛆。虾米数宵难剩肉，海参七日不留皮。易牙自古称知味，不道兄翁味更奇。'盖言雄蟹剃去螯毛，以甜酒调蛋灌之，则蟹黄满腹结如膏；置鳖鱼于温汤中，渴极伸头，则以葱椒酒娘饮之，味尤奇美；着甲久煮，脆骨如腐；银鱼、虾米、海参必以久浸为贵，故诗言及之。"

清初苏州有赵朱两家斗富的事，顾公燮《丹午笔记》"赵朱斗富"条说："康熙初年，阳山朱鸣虞富甲三吴，迁于申文定公旧宅。左邻有吴三桂侍卫赵姓者，混名赵虾，豪横无忌，常与朱斗富。凡优伶之游朱门者，赵必罗致之。

时届端阳，若辈先赴赵贺节，皆留量饮。赵以银杯自小以至巨觥罗列于前，曰：'诸君将往朱氏乎？某不强留，请各自取杯，一饮而去，何如？'诸人各取小者立饮，赵令人暗记，笑曰：'此酒是连杯皆送者。'诸人悔不饮巨觥。其播弄如此。"由此颇可见当时的奢侈风气。

这种奢侈，与儒家传统是背道而驰的，《论语》就说："君子食无求饱，居无求安。"（《学而》）"士志于道，而耻恶衣恶食者，未足与议也。"（《里仁》）"奢则不孙，俭则固。与其不孙也，宁固。"（《述而》）故提倡节省、反对侈汰，乃是正统舆论，其中警戒宴会奢侈是重要的内容。刘宗周《人谱类记》卷下就举了前人的几个例子，一是司马光事："司马温公在洛下，与诸故老时游集，相约酒行果实食品，皆不得过五，谓之真率会。尝自言曰：'先公为群牧判官，客至未尝不置酒，或三行或五行，不过七行，酒沽于市，果止梨、栗、枣、柿，肴止于脯、醢、菜羹，器用瓷漆。当时士大夫皆然，人不相非也。会数而礼勤，物薄而情厚。近日士大夫家，酒非内法，果非远方珍异，食非多品，器皿非满案，不敢会宾友，常数日营聚，然后敢发书。苟或不然，人争非之，以为鄙吝。故不随俗奢靡者鲜矣。嗟乎！风俗颓敝如是，居位者虽不能禁，忍助之乎？'"二是薛瑄、魏了翁事："待客之礼，当存古意。今人多以酒肉相尚，非也。闻薛文清公在家，宾客往来，只一鸡一黍，酒三行，就食饭而罢。又魏文靖公在家，宾客相望，必留饭，食止一肉一菜，年虽高，必就舟次，回拜之公府，有所相遗，必有报礼，不虚受人惠。此二公者可以为法。"三是刘大复、董朴事："董损斋成进士后，以奉差过华容，造谒刘忠宣公，留之饮，饭麦糈，馔惟糟虾一碟，无他具。董因感省，终身持雅操云。"

袁枚虽是一位美食家，但主张节约，讲究实惠，反对排场和浪费，《小仓山房尺牍》卷四《答章观察招饮》说："蒙招饮甚喜，闻多菜甚愁。南朝孔琳之曰：'所甘不过一味，而食前方丈，适口之外，皆为悦目之资。'斯言最有道理。今之人非但悦目也，兼且悦耳。每张饮，必震而惊之曰'三撤席'，曰'两重台'，燕窝如山，海参似海。耳闻者以为既多且贵，敬客之心，至矣尽矣。不知名手作诗，经营惨淡，一日中未必得一二佳句，其所谓对客挥毫、万言立就者，皆以欺妇女童蒙，而不可以示识者也。饮食亦然，但使一席之间，羹过七簋，则虽易牙调和，伊尹割烹，其不能佳可知也。且工于作诗者，所用之字，不过月露风云；工于制菜者，所用之物，不过鸡猪鱼鸭。今不求之于本物自然之味，而徒求之价高名重之物，以钱费自夸，是不如盘碗中散盛明珠一斛矣，其如不可食何？昔何曾日食万钱，犹嫌无下箸处，人多怪其过侈。余以为世之知钱者多，知味者少，故何曾蒙此恶声。夫下箸与不下箸，岂在钱之多寡哉？"《随园食单·戒单》更有"戒暴殄"一款："暴者不恤人功，殄者不惜物力。鸡、鱼、鹅、鸭自首至尾，俱有味存，不必少取多弃也。尝见烹甲鱼者，专取其裙而不知味在肉中；蒸鲥鱼者，专取其肚而不知鲜在背上。至贱莫如腌蛋，其佳处虽在黄不在白，然全去其白而专取其黄，则食者亦觉索然矣。且予为此言，并非俗人惜福之谓，假使暴殄而有益于饮食，犹之可也。暴殄而反累于饮食，又何苦为之？"

饮食最能体现生活的奢华和简朴，故前人就提出了一般宴客规格的建议，如康熙间许汝霖《德星堂家订》第一款"宴会"就说："酒以合权，岂容乱德。燕以洽礼，宁事浮文。乃风俗日漓，而奢侈倍甚。簋则大缶旧瓷，务矜富丽；菜则山珍海错，更极新奇。一席之设，产费中人；竟日之需，瓶罄半载。不惟暴殄，兼至伤贱。尝与诸同事公订，如宴当事，贺新婚，偶然之举，品仍十二。除此以外，俱遵五簋，继以八碟。鱼肉鸡鸭，随地而产者，方列于筵；燕窝鱼翅之类，概从禁绝。桃李菱藕，随时而具者，方陈于席；闽广川黔之味，悉在屏除。如此省约，何等便安。若客欲留寓，盘桓数日，午则二簋一汤，夜则三菜斤酒。跟随服役者，酒饭之外，勿烦再犒。"尤侗《簋贰约》更定出一个待客的标准："凡二簋，一肉一鱼，或参鸡鸭，加一汤，虾蛤之类，可以下饭，他如燕窝、海参难得之物，不必设也；更坐，蔬果九碟，杂以小鲜，再加汤点，可以说饼，酒无算爵，及量而止；席不过二，客不过八，过从不拘日期，尺素一邀，辰集酉散，不卜其夜；酒杯食器，皆用陶瓦，勿用金银犀玉之物；从者一人，给以腐饭，或用便舆，犒以酒钱。"即使这样，依然能保持宴饮的规格，显示主人的热情，费用上却是大大节省了。

小 集

黄省曾《吴风录》说："自王、谢、支遁喜为清谈，至今士夫相聚觞酒，为闲语终日，然多浮虚艳辞，不敦实干务。"可见苏州文人小集酌饮，具有悠久的传统。小集与设宴请客不同，不讲究什么规制，比较随意轻松，自然也不是纯粹享用旨酒佳肴了。

李日华《紫桃轩又缀》卷二有一篇《花鸟檄》，谈到这种小集的意义："吾辈生居泽国，幸有闲身。读书谈道，久空蜗角蝇头；跌石抑松，尽洽鸥情鹤趣。顾同人罕集，孤赏终属寂寥；雅会未联，好景半归虚掷。况吾地曲流浅渚，恰受之航，处处可通；满前姹柳娇花，拍浮之樽，时时可举。且陶汰俗情，渐跻清远；互相倡咏，亦益灵性。不负含哺，作太平之民；非敢效颦，为耆英之续。"他还制订出若干章程，如"品馔不过五物，务取鲜洁，用盛大墩碗，一碗可供三四人者，欲其缩于品而裕于用也"；"攒碟务取时鲜精品，客少一盒，客多不过二盒，大肴既简，所恃以侑杯匀者，此耳，流俗糖物粗果，一不得用"；"用上白米斗馀，作精饭，佳蔬二品，鲜汤一品，取其填然以饱，而后可从事觞咏也"；"酒备二品，须极佳者，严至螫口，甘至停膈，俱不用"；"用精面作炊食一二品，为坐久济虚之需"；"从者每客止许一人，年高者益一童子，另备酒饭给之"。这套作为文酒之会的饮食方案，颇为简约朴素。

有的文人雅集，具有特色，且也并不铺张浪费，如张岱《陶庵梦忆》卷八

《蟹会》说："一到十月，余与友人兄弟辈立蟹会，期于午后至，煮蟹食之。人六只，恐冷腥，迭番煮之。从以肥腊鸭、朱乳酪，醉蚶如琥珀，以鸭汁煮白菜如玉版。果蔌以谢橘，以风栗，以风菱。饮以玉壶冰，蔬以兵坑笋，饭以新馀杭白，漱以兰芽茶。由今思之，真如天厨仙供，酒醉饭饱，惭愧惭愧！"

入清以后，苏州社会奢侈风气盛行，张大纯《吴中风俗论》说："至于服食器用之侈，则非吴俗之旧也。闻之五六十年前，被服不过布素，宴好不过蔬肉，婚丧宾祭，务从俭约，尊卑上下，各有分限，未有如今日之杂然逾制者也。"即使人家小集，也颇靡费，故袁学澜《吴俗箴言》便劝诫道："宴会所以洽欢，何以争夸贵重，烹调珍错，排设多品，一席费至数金。小集辄耗中人终岁之资，徒博片时之果腹，重造暴殄之孽因。自后正事张筵，不得过八菜，费限一金；小集定以一簋。酌丰俭之宜，留不尽之福。物博而情敦，费省而礼尽，何苦而不为也。"

"酌丰俭之宜"，即取决于主人的经济条件。沈复夫妇借居友人鲁半舫家萧爽楼，时有友人来聚，芸娘备茶酒供客。《浮生六记·闲情记趣》说："芸则拔钗沽酒，不动声色，良辰美景，不放轻过。"还定下一些规矩："萧爽楼有四忌，谈官宦升迁，公廨时事，八股时文，看牌掷色，有犯必罚酒五斤。"又以对子相较，各携青蚨二百，小有输赢，"一场，主考得香钱百文，一日可十场，积钱千文，酒资大畅矣"。这样的小集，不在酒菜之多，然其精致味美，确为要素。另外对食器也有讲究，沈复提到芸娘所置一只梅花盒："贫士起居服食，以及器皿房舍，宜省俭而雅洁，省俭之法，曰'就事论事'。余爱小饮，不喜多菜。芸为置一梅花盒，用二寸白磁深碟六只，中置一只，外置五只，用灰漆就，其形如梅花，底盖均起凹楞，盖之上有柄如花蒂。置之案头，如一朵墨梅覆桌；启盖视之，如菜装于花瓣中。一盒六色，二三知己可以随意取食，食完再添。另做矮边圆盘一只，以使放杯箸酒壶之类，随处可摆，移掇亦便，即食物省俭之一端也。"

沈复提到的梅花盒，即所谓攒盒或攒盘，《红楼梦》里称为攒心盒子，第四十回说贾母要在大观园宴请，宝玉建议道："我有个主意，既没有外客，吃的东西也别定了样数，谁素日爱吃的，拣样儿做几样，也不要按桌席，每人跟前摆一张高几，各人爱吃的东西一两样，再一个十锦攒心盒子，自斟酒，岂不别致？"第二天，那几个婆子捧出的攒盒，都是"一色捏丝戗金五色大盒子"，盒中有一款是鸽蛋，凤姐对刘老老说："一两银子一只呢，你快尝尝罢，冷了就不好吃了。"刘老老用筷子夹不住，"满碗里闹一阵，好容易撮起一个来，才伸着脖子要吃，偏又滑下来，滚在地下，忙放下筷子，要亲自去拣，早有地下的人拣了出去了"。刘老老叹道："一两银子，也没听见个响声儿就没了！"一两银子一只鸽蛋，对沈复他们来说，那是不能想象的。

攒盒之制，盛行于晚明，范摅《云间据目抄·记风俗》说："设席用攒盒，始于隆庆，滥于万历，初止士宦用之，近年即仆夫龟子，皆用攒盒，饮酒游山，郡城内外始有装攒盒店，而答应官府，反称便矣。"可见攒盒至明末已经普及，不论贫富皆用之，而盒中之菜馔，却有高下贵贱之分。童岳荐《调鼎集·铺设戏席部》记有攒盒的一份菜单："白煮肥鸡，嫩鹅，糟笋，酥鲫鱼，晾干肉，熏蛋，糟鱼，火腿，鲜核桃仁（去皮）加冬笋、腌菜束之，其馀如时鲜之黄瓜之类，皆可搭配。"又举菜品七款："烧东坡肉，葵花肉圆，莴苣干炒鸡脯条，烧鸡杂，天花煨鸡，炒鸡球，生炒子鸡配菱米。"这在沈复他们看来，真会馋涎欲滴的。

在家中小集，实在也别有风味，特别是小有花木之胜的人家，春秋佳日，移席园中，其中意趣又与临窗小酌不同。周瘦鹃在王长河头的紫兰小筑便得如此环境，1943年他自上海归来，邀友人小酌，外有花匠张锦张罗，内有夫人胡凤君掌勺，风味迥然有别，《紫兰小筑九日记》说："是日因赵国桢兄馈母油鸭及冷十景，张锦亦欲杀鸡为黍以饷予，自觉享受过当，爰邀荆、觉二丈共之。匆遽间命张锦洒扫荷池畔一弓地，设席于冬青树下，红杜鹃方怒放，因移置座右石桌上，而伴以花荻、菖蒲两小盆，复撷锦带花数枝作瓶供，藉供二丈欣赏，以博一粲。部署甫毕，二丈先后至，倾谈甚欢。凤君入厨下，为具食事，并鸡鸭等得七八器，过午始就食，佐以家酿木樨之酒。予尽酒一杯，饭二器，因二丈健谈，逸情云上，故予之饮啖亦健。餐已，进荆丈所贻明前，甘芳沁脾，昔人谓佳茗如佳人，信哉！寻导观温室前所陈盆树百馀本，二丈倍加激赏，谓为此中甲观，外间不易得。惟见鱼乐国前盆梅凋零，则相与扼腕叹惜，幸尚存三十馀本，窃冀其终得无恙耳。"这是真正的花下饮酒、醉后看花。

如果有客忽至，全无料想，那就要有应急举措，将家中贮存的食材取出，做出几道菜来。袁枚《随园食单·须知单》就说："凡人请客，相约于三日之前，自有工夫平章百味。若斗然客至，急需便餐；作客在外，行船落店，此何能取东海之水救南池之焚乎？必须预备一种急就章之菜，如炒鸡片、炒肉丝、炒虾米豆腐及糟鱼、茶腿之类，反能因速而见巧者，不可不知。"家中备些腌肉、火腿、香肠、皮蛋、鸡蛋、虾米、海蜇、鱼丁、木耳、香菇之类，就能饷食不速之客了。

野　餐

　　苏州人喜欢游山玩水，顾禄《清嘉录》卷三"游春玩景"条说："游玩天平、灵岩诸山者，探古迹，访名胜，兜舆骏马络绎于途。虎丘山下，白堤七里，彩舟画楫，衔尾以游。南园、北园，菜花遍放，而北园为尤盛，暖风烂漫，一望黄金，到处皆绞缚芦棚，安排酒炉茶桌，以迎游冶。青衫白袷，错杂其中，夕阳在山，犹闻笑语。盖春事半在绿阴芳草之间，故招邀伴侣，及时行乐，俗谓之游春玩景。"苏州人既好游览，往往自具酒肴，或在山边，或在水涯，或借园林一角，围坐品酌，谈笑风生，实在是一件愉快的事。

　　沈复《浮生六记·闲情记趣》记了一次别开生面的野餐："苏城有南园、北园二处，菜花黄时，苦无酒家小饮，携盒而往，对花冷饮，殊无意味。或议就近觅饮者，或议看花归饮者，终不如对花热饮为快。众议未定，芸笑曰：'明日但各出杖头钱，我自担炉火来。'众笑曰：'诺。'众去，余问曰：'卿果自往呼？'芸曰：'非也，妾见市中卖馄饨者，其担锅灶无不备，盍雇之而往。妾先烹调端整，到彼处再一下锅，茶酒两便。'余曰：'酒菜固便矣，茶乏烹具。'芸曰：'携一砂罐去，以铁叉串罐柄，去其锅，悬于行灶中，加柴火煎茶，不亦便乎。'余鼓掌称善。街头有鲍姓者，卖馄饨为业，以百钱雇其担，约以明日午后，鲍欣然允议。明日，看花者至，余告以故，众咸叹服。饭后同往，并带席垫，至南园，择柳阴下团坐。先烹茶，饮毕，然后暖酒烹肴。是时风和日丽，遍地黄金，青衫红袖，越阡度陌，蝶蜂乱飞，令人不饮自醉。既而酒肴俱熟，坐地大嚼。担者颇不俗，拉与同饮。游人见之，莫不羡为奇想。杯盘狼藉，各已陶然，或坐或卧，或歌或啸。红日将颓，余思粥，担者即为买米煮之，果腹而归。芸问曰：'今日之游乐乎？'众曰：'非夫人之力不及此。'大笑而散。"芸娘雇用一副馄饨担，锅灶齐备，既省事，又方便，故被丈夫的朋友们赞赏不已。

有人还自己设计郊游野餐的炊具和餐具，高濂《遵生八笺·起居安乐笺》便记了溪山逸游用的提盒和提炉："提盒，余所制也，高总一尺八寸，长一尺二寸，入深一尺，式如小厨，为外体也。下留空，方四寸二分，以板匣住，作一小仓，内装酒杯六，酒壶一，箸子六，劝杯二。上空作六格，如方盒底，每格高一寸九分。以四格，每格装碟六枚，置果肴供酒筋。又二格，每格装四大碟，置鲑菜供馔箸。外总一门，装卸即可关锁，远宜提，甚轻便，足以供六宾之需。""提炉，式如提盒，亦余制也。高一尺八寸，阔一尺，长一尺二寸，作三撞。下层一格，如方匣，内用铜造水火炉，身如匣方，坐嵌匣内。中分二孔，左孔炷火，置茶壶以代茶。右孔注汤，置一桶子小镬有盖，炖汤中煮酒。长日午馀，此镬可煮粥供客。傍凿一小孔，出灰进风。其壶镬迥出炉格上太露不雅，外作如下格方匣一格，但不用底以罩之，便壶镬不外见也。一虚一实共二格，上加一格，置底盖以装灰，总三格成一格，上可箭关，与提盒作一副也。"提盒和提炉，虽然做得很轻便，但毕竟不是文弱书生可以提得，好在有仆人跟随着，那些问柳寻花、看山弄水的雅人们，自然是并不劳累的。

有时出游，走得较远，就要预先做好一些菜肴，即所谓"路菜"。周作人《路上的吃食》说："从前大凡旅行，路上的吃食概归自备，家里如有人出外，几天之前就得准备'路菜'。最重要的是所谓'汤料'，这都用好吃的东西配合而成，如香菇、虾米，玉堂菜就是京冬菜，还有一种叫做'麻雀脚'的，乃是淡竹笋上嫩枝的笋干，晒干了好像鸟爪似的。它的用处是用开水冲汤，此外当然还有火腿家乡肉，这是特制的一种腌肉，酱鸡腊鸭之类，是足够丰美的。"邓云乡《"茄鲞"试诠》也说："'路菜'要较为经久不坏，要有荤腥保证口味和营养，要便于携带，不能有汤汁等等。最普通的如肉丁、鸡丁、开洋等炒辣酱呀，五香大头菜切丝炒肉丝、干丝呀，鸡丁、香干丁炒乳酱瓜丁呀，斑鸠丁炒笋丁、乳酱瓜丁呀，油焖春笋、冬笋呀，以及或糟或蒸的鲫鱼、白鲞呀等等。其特征是重油、稍咸、无汁，可以经久不坏；便于冷吃，食用方便；香而多油，但不腻，宜于吃粥下饭；无汤水卤汁，放在瓷罐中或菜篓中便于携带。旧时大小菜篓是用细柳条或竹丝编制，再用绵纸、桐油糊过里子，外面也上了桐油，既不漏油漏水，也不怕外面水湿。当年运送大量油、酒等流体物，都用这种大油篓、酒篓，比瓷缸、木桶都好。因其坚韧而稍有弹性，不大重的碰撞不会破裂。用小的小口大肚的菜篓装'路菜'，菜中少量的油汁也不会从篓中漏出，走长路十天半个月可以大大解决吃菜问题。但这类菜还不等于、同于冷菜。"另外，为了保存食物，传统烹饪技艺又有腌、腊、糟、醉、烤、熏、风干等办法，"不惟保存了食物，而且创造出了别有风味的食物。它们的花样越演越繁，每一样又有不同的炮制方法，用的材料也不同，如同样是腌，用粗盐腌、细盐腌、花椒盐腌、橘皮炒盐腌、盐水腌、醋腌、芥菜醋腌、糖腌、蜜渍、曝腌、泥腌等等。这些腌、腊、糟、醉、风干等等食品，都代有名家，各地都有风味隽永的美味，其制法也常有独得之秘"。故"路菜"的品种也就更丰富了。

清代苏州有专卖"路菜"的店肆，称之为"小菜行"，清佚名《苏州市景商业图册》就画有一家，悬有"万昌字号京省驰名小菜行"、"自造四时小菜发贩"、"上□蜜制各式小菜"的市招，货架上放着一只只罐子。将加工好了的鱼肉鸡鸭等装在罐子里，能使食品质量保持相当的时间。

有的则将饭菜合一，抄本《醇华馆饮食脞志》中的《消暑妙品》记有"荷叶饭"一款："取新鲜荷叶一张洗净，把烧好的一碗白饭，加些虾仁、烧鸭丁、冬菇丁、火腿丁和猪油、酱油、盐、清水少许，拌匀，一齐放在荷叶上面，包好，然后放在蒸笼里面蒸，或隔水蒸均可，二十分钟内便可出笼。其味芬芳无比，可消暑，且携带便利，旅行时可代点心。"

小镇上的文人雅集，不会走得太远，往往就近聚餐。王韬《漫游随录·鸭沼观荷》就记了少年时在甫里清风亭的诗酒胜会："池种荷花，红白相半，花时清芳远彻，风晨月夕，烟晚露初，领略尤胜。里中诗人夏日设社于此亭，集裙屐之雅流，开壶觞之胜会。余亦获从诸君子后，每至独早。时余年少，嗜酒，量颇宏，辄仿碧筒杯佳制，择莲梗之鲜巨者，密刺针孔，反复贯注，自觉酒味香冽异常，一饮可尽数斗。又取鲜莲瓣糁以薄粉，炙以香膏，清脆可食，亦能疗饥。社友群顾余而笑曰：'子真可谓吞花卧酒者矣。'……观荷之约，以花开日为始，三日一会，肴核以四簋为度，但求真率，毋侈华靡。甫里本属水乡，多菱芡之属。沉瓜浮李、调冰雪藕之外，青红错杂，堆置盘中，亦堪解暑。"乡里韵事，也颇有引人怀恋之处。

1920年前后，范烟桥在吴江县第二高等小学任教，他在《野饮》中回忆："到了春天，乡间菜花开得遍野皆是，和风吹来，别有一种使人愉快的感觉。我们约了几个人，各带些干食，到野里去吃酒。那时已有热水瓶，酒放在热水瓶里，可以不冷。想着《浮生六记》芸娘替沈三白计划，约定馄饨担，挑到那里去煮菜，这个法子很聪明，我们也如法炮制。不过还嫌煮菜太麻烦，只把他的馄饨下酒。喝得差不多，就扑倒在草地上睡一个大觉。有时有孩子们来放风筝的，我们去夺了来玩。有的带了胡琴、笛子，拉着，吹着，我们信口无腔地乱唱。真是胡天胡地，不知是在什么世界里。直到太阳快下山了，才收拾酒具，跌跌撞撞地走回家去。在三十年前，物价不像现在的贵，每人凑二三百文，已可以觅得一醉了。并且江乡鱼虾贱，预先在家里煮好了，包在荷叶里带着，惠而不废，轻而易举。目下上海酒家，一斤酒要四角多钱，一碟菜至少四角，吃一回总得五六块钱，虽非'富家一席酒，贫汉半年粮'，却已足够家里好几天的饭食了。几并且在尘嚣甚上的酒家闹得人头痛，哪里有野炊的清趣呢？"

蔬 菜

李渔《闲情偶寄·饮馔部·蔬食》说："吾谓饮食之道,脍不如肉,肉不如蔬,亦以其渐近自然也。草衣木食,上古之风,人能疏远肥腻,食蔬蕨而甘之,腹中菜园,不使羊来踏破,是犹作羲皇之民,鼓唐虞之腹,与崇尚古玩同一致也。所怪于世者,弃美名不居,而故异端其说,谓佛法如是,是则谬矣。"蔬菜是饮食结构的重要组成,与提倡俭朴不是一个话题,与佛教信仰也没有什么关系。

苏州蔬菜有旱生、水生之分,种植历史悠久,品种极多,四季不绝,故有"杭州不断笋,苏州不断菜"之说。沈学炜《娄江竹枝词》云:"薄荷苗向春前种,扁豆棚开秋后花。最好山厨樱笋了,筠篮唤卖画眉瓜。"袁景辂《庞山湖竹枝词》云:"鸭咀船携鸭咀锄,卖蔬归去又栽蔬。生小庞山山下住,夏菘春韭赛鲈鱼。"蔬菜中自有绝妙之品,可以作为敬客的甘腴肴馔,范烟桥《吴中食谱》举例说:"在清明前后,有糖菌者,为吴下产物,小而圆,嫩而脆,多产于附郭诸山,过时即如老妪之鹤发鸡皮矣。此外,若新鲜香椿头,若青蚕豆,若莼菜,虽为田园风味,偶而登盘,亦足以当大雅一下箸也。"

苏州旱生蔬菜,据民国《吴县志·舆地考·物产一》记载,菽之属,有黄豆、黑豆、白豆、青豆、紫豆、绿豆、赤豆、紫罗豆、玛瑙豆、藊豆、豌豆、蚕豆、红豆、刀豆;杂粮之属,有脂麻、玉蜀黍、芦穄、甘薯、番瓜、菰米、马铃薯;蔬之属，有菘菜、乌菘菜、塌科菜、羊角菜、薹菜、春菜、芥菜、荠菜、苋菜、菠菜、蕹菜、生菜、苦菜、花菜、黄菘菜、卷心菜、菊花菜、花椰菜、鸡毛菜、芜菁、马兰、蒌蒿、苜蓿、襄荷、雪里蕻、芦菔、韭、葱、蒜、胡荽、莴苣、药芹、辣茄、茄、蕨、薹、木耳、芋、薯蓣；蓏之属，有黄瓜、王瓜、西瓜、香瓜、酱瓜、生瓜、丝瓜、南瓜、冬瓜、北瓜、苦瓜、瓠、匏；竹之属，有笋。它们的产地，分布在四郊乃至各县，明清时城内多旷地，如南园、北园、天赐庄、王废基、桃花坞等都广有种植。

苏州水生蔬菜，据民国《吴县志·舆地考·物产一》记载，蔬之属，有莼、荇、芹、菰；果之属，有菱、芡实、莲实、藕、荸荠、慈姑。这在各邑水泽之地都有，主要分布在郡城东南、西南低洼沼泽地区，如葑溪茭白、梅湾吕公荭、顾窑荡菱、娄县（讹作留远）菱、吴江芡实、车坊芡实、南荡莲藕、陈湾荸荠、太湖莼菜等，都久负盛名。

苏州蔬菜不但种类多，并且质量好，像白菜在明宣德前，在北方不能存活，贾铭《饮食须知·菜类》便说"北地无菘"。陆容《菽园杂记》卷六说："菘菜，北方种之，初年半为芜菁，二年菘种都绝。芜菁，南方种之亦然。盖菘之不生北土，犹橘之变于淮北也，此说见《苏州志》。按菘菜即白菜，今京师每秋末，比屋腌藏以御冬，其名箭干者，不亚苏州所产。闻之老者云，永乐间南方花木蔬菜，种之皆不发生，发生者亦不盛。近来南方蔬菜，无一不有，非复昔时矣。橘不逾淮，貉不逾汶，雏鸧不逾济，此成说也。今吴菘之盛生于燕，不复变为芜菁，岂在昔未得种艺之法，而今得之邪？抑亦气运之变，物类随之而美邪。"但苏州蔬菜能在北方广泛种植，除气候变化、栽培技术改进等原因外，品种的优良是个重要因素。

范烟桥《茶烟歇》"苏蔬"条说："苏州居家常吃菜蔬，故有'苏州不断菜'之谚。城外农家园圃，每于清晨摘所产菜蔬入市，善价而沽，谓之'挑白担'，不知何所取义。城南南园土肥沃，产物尤腴美，庖丁亦善以菜蔬为珍羞之佐，如鱼翅虾仁，类多杂之，调节浓淡，使膏粱子弟稍知菜根味也。春令菜蔬及时，市上盈筐满担，有号马来头者，鲜甘甚于他蔬，和以香豆腐干屑，搀以冰糖麻油，可以下酒，费一二百钱，便能觅一醉矣。菜晒成干，别有风味，用以煮肉，胜于其他辅品。惟苏州菜不及吴江菜之性糯，宁波制为罐头之干菜更逊。吾乡多腌菜，我家文正公在萧寺断齑画粥，齑即腌菜，苏人至今称腌菜为腌齑。枸杞于嫩时摘食，清香挂齿，而豆苗更清脘可口，宋牧仲开府吴门，曾题盘山拙庵和尚《沧浪高唱画册》云：'青沟辟就老烟霞，瓢笠相过道路赊。携得一瓶豆苗菜，来看三月牡丹花。'即此。王渔洋《香祖笔记》记载之，注云：'豆苗出盘山，盘山在河北蓟县西北，为京东胜地。'不知北国豆苗与苏州豆苗孰美。荠菜，吾乡称野菜，苏州人则读'荠'为'斜'字上声，即《诗经》'谁谓荼苦，其苦如荠'之荠，可知二千年前，已有老饕尝此异味矣。荠菜炒鸡、炒笋俱佳。有花即老，谚有'荠菜花开结牡丹'之语，则暮春三月，即不宜食。周庄每以腌菜与茶奉客，谓之'吃菜茶'，别成风俗。"

在地产旱生蔬菜中，以荠菜、马兰头、金花菜三种野菜最有特色，也最受吴人的青睐。

荠菜，乡村田野间到处都是，即城中旷地亦蔓延丛生。顾福仁《姑苏新年竹枝词》云："王府基前荠菜生，媵他雏笋压凡羹。多情绣伴工为馅，不是春盘一例擎。"荠菜的做法很多，除用它来炒肉丝、炒鸡片外，常见的有荠菜豆腐羹，只见羊脂白玉似的豆腐上，点缀着青翠欲滴的荠菜碎叶，再有一点切得绝细的肉丝，鲜香扑鼻，令人胃口大开。还有将荠菜盐渍后，挤出汁液，拌以香豆腐干屑，再浇上麻油，实在是下酒、佐餐的佳品，真是百吃不厌；富裕人家还在其中加入虾米、火腿屑，味道自然更加可口。荠菜肉丝炒年糕，则是美味的佳则，既可作正餐，也可当作点心来吃。苏州人家裹馄饨，以荠菜肉馄饨最为美味。然而裹一次荠菜肉馄饨，贫寒人家也算是盛宴了，有童谣唱道："阿大阿二挑野菜，阿三阿四裹馄饨，阿五阿六吃得屁腾腾，阿七阿八舔缸盆，阿九阿十哭子一黄昏。"（《吴歌甲集》）僧多粥少，不能人人裹腹，说来也是让人感慨的。

马兰头，以嫩叶入馔，马兰头的"头"，即嫩头之意。嘉庆《黎里志·物产》说："野蔬中有马兰头者，冬春间随地皆有，取其嫩者瀹熟，拌以麻油，味极佳,曝干可久贮饷远。二月初每当清晨,村童高声叫卖,音节类山歌,三五成群,若唱若和,卧近市楼者辄为惊觉。"沈云《盛湖竹枝词》云:"春盘苜蓿不须愁,潭韭初肥野菜稠。最是村童音节好,声声并入马兰头。"叶灵凤对马兰头怀有非常的感情,《江南的野菜》说:"在这类野菜之中,滋味最好的是马兰头,最不容易找到的也是这种野菜。这是一种叶上有一层细毛,像蒲公英一样的小植物。采回来后,放在开水里烫熟,切碎,用酱油、麻油、醋拌了来吃,再加上一点切成碎粒的茶干,仿佛像拌茼蒿一样,另有一种清香。这是除了在野外采集,几乎很少有机会能在街上买得到的一种野菜。同时由于价钱便宜,所以菜园里也没有人种。"

金花菜,包天笑《衣食住行的百年变迁·食之部》说:"金花菜,植物学上唤做苜蓿,别处地方,又唤做草头。乡村人家小儿女,携一竹篮,在田陌间可以挑取一满篮而归,售诸城市,每扎仅制钱二文。金花菜鲜嫩可口,且富营养,我颇喜之。"林俪琴《新馔经》也说:"太仓之金花菜,则辟地种植,浇以肥水,专供食品,故其肥美,尤较他处所产之金花菜为佳,若拌以太仓老意诚之药制糟油,食之别饶风味。金花菜,太仓俗呼'草头'。"苏州人吃金花菜,做法很多,最常见用旺火重油来炒,属供馔上品。郑逸梅《逸梅小品续集·金花菜》说:"煮金花菜,必须油多,将熟,置上好高粱酒少许,啖之自然馨逸。又金花菜炒肉丝,既隽且腴,别有风味。"也可用它来做狮子头、红烧肘子、红烧鸡鸭的衬菜,既入荤味,又解油腻。或焯后凉拌,加入火腿、虾米、鸡丝、榨菜、香干,别有滋味。还可以腌了来吃,一是炒熟后盛入酱油钵中,可以下粥佐面;一是盐渍后晒干,加入细盐、茴香等,苏州人称腌金花菜,那是作为消闲吃食的。

苏州人家后园,大都有一二株香椿树,香椿芽叶,称为香椿头,新鲜的可入馔,或拌食,或炒蛋,盐渍的则是盛暑厌食时的开胃妙品。

苏州近郊诸山及常熟虞山还多野生蕈,各有品味。杨循吉《居山杂志·饮食》说:"山中雨后多生菌,其一名曰蕈,凡有数种,惟春末最多,八月虽有而不时,其小者可食,山人餍之,而城居不多得也。樵童得者,负以筊笼,多售于枫桥市,郭人争买之,与珍异等,以其非植而有故也。"莫震《石湖志·土物》说："蕈，地菌也，其形如伞，出横山者最佳，或肉或豆腐中同煮，或醋藏为蔬，风味超胜。"吴林《吴蕈谱》将苏州的野生蕈分上中下三品，另列有毒蕈若干，以作辨识。所举上品，凡九种。一是雷惊蕈，"一名戴沙，一名石蕈。二月间应惊蛰节候而产，故曰雷惊。时东风解冻，土松气暖，菌花如蕊，迸沙而生，故又曰戴沙。菌质外深褐色如赭，裥白如玉，莹洁可爱，大则伞张，味甘美柔脆。一种色黑者曰乌雷惊，色正黑裥带红，山中人谓红裥乌蕈，此种最早，先诸蕈而出，味甘滑。初生者俗呼蕈子，色黄者曰黄雷惊，嫩黄如染色似松花，故又名曰松花蕈，味殊胜。当蛰虫未动，毒蕈未生，下箸勿疑，为苏郡之佳胜，以冠诸蕈"。二是梅树蕈，"多产梅树下，形小味殊，菌质淡白，略带微青，作莲肉色"。三是菜花蕈，"质瘦小，外沉香色，裥白净，菌口稍捲，不作伞张，二三月菜花将开时生，故名"。四是谷树蕈，"形瘦而小，高脚薄口，不作伞张，质纯黄如沉香色，味鲜，作羹微韧，二三月生"。五是茶棵蕈，"黄黑如酱色，白裥，大面长脚，味胜，微韧。阳山西白龙祠左右茶树下往往有之，山园茶棵下亦皆产，不及白龙者香美，祠僧云能清肺"。六是桑树蕈，"紫色，亦有黄色者，形如香蕈，产桑园中，沿山园树下处处有之，光福诸山尤多。山中人语云食之眼明、解毒"。七是鹅子蕈，"俗云鹅卵蕈，状类鹅子形大，不作伞张，外有护膜，裥在膜内，久则裂开，方见有折，味殊甘滑。白者曰粉鹅子，黄者曰黄鹅子，黑者曰灰鹅子，俱为佳品；更有黄色小于鹅子者，曰黄鸡卵蕈，亦一类也"。八是茅柴蕈，"产贞山、玉遮山，丛生茅柴中，菌质上下涓洁，莹白圆润，初如蕊珠，大则伞张，折作茜色，如桃花含露，稍久变深紫色，一名红裥蕈，味鲜美柔脆，春夏俱有"。九是糖蕈，"即松蕈也，于松树茂密处，松花飘坠，著土生菌，一名珠玉蕈，赭紫色，俗所谓紫糖色也，卷沿深裥，味甘如糖，故名糖蕈。黄山、阳山皆有之，惟锦峰山昭明寺左右产之尤甚，最为佳品"。上品诸蕈中，以松蕈最有名，又称松茸、松伞，外形青霉绿烂，颇不耐看，又因散长在草丛树脚或绿苔地上，颜色不显，采集不易。松蕈每在秋天上市，以小如制钱而厚者为上，乃时令佳品。僧家有种种做法，以饷施主。入荤腥亦有至味，如炒虾仁、炒肉丝、炒鸡丝等。

有的野生菌有毒，不能误食，否则性命不保，王士禛《香祖笔记》卷十一就记了两起中毒事件，其一："予门人吴江叶进士元礼（舒崇）之父叔，少同读书山中，一日得佳菌，烹而食之，皆死。"其二："天平山僧得蕈一丛，煮食之，大吐。内三人取鸳鸯草啖之，遂愈；二人不啖，竟死。"鸳鸯草即金银花。至道光年间，寒山寺更发生一起惨剧，据薛福成《庸盫笔记·述异》"蕈毒一日杀百四十馀人"条记载，那天方丈生日，特设素面以供诸僧，厨人见后园有两枚大蕈，就撷以调羹浇汤，想不到，"寺僧之老者、弱者、住持者、过客者，凡一百四十馀人"，尽死寺中，惟那厨人未吃面，仅闻其香，故昏迷后复苏。这样一来，寒山寺就给废了。这些往事，应该引以为戒。

苏州多笋，有哺鸡笋，范成大《吴郡志·土物下》说："哺鸡竹，叶大多浓阴，虽围径难得极大者，而至易种。其笋蔓延满地，若鸡之生子众多，故名哺鸡。吴人谓鸡鹜伏卵为哺。"有谢豹笋，陆游《老学庵笔记》卷三说："吴人谓杜宇为谢豹，杜宇初啼时，渔人得虾，曰谢豹虾；市中卖笋，曰谢豹笋。"至明清时，阳山兰花笋声誉最著，味厚而肥鲜。乾隆《吴县志·物产》说："兰花笋，阳山皆赤土，惟岳园泥黑色，笋肥大，香似幽兰。"沈朝初《忆江南》词曰："苏州好，香笋出阳山。纤手剥来浑似玉，银刀劈处气如兰。鲜嫩砌瓷盘。"自注："阳山西白龙寺有地半亩许，产笋最佳，香气如兰，名兰花笋，离此皆常味矣。"兰花笋或就是团笋，岳岱《阳山志·饮食第九》说："笋惟毛竹者生最先，春初可食矣。冬月生土中者，曰团笋，剧而出之，味益鲜美，但不可多得。市鬻者皆远自湖浙，故味不及也。"常熟虞山的笋，也很不错，曹淞生《常熟的吃》说："在过年隆冬时有冬笋，至了春二月里有春笋上市，继有燕笋，春笋及燕笋都很鲜嫩，食用都要蒸熟切条块加重麻油、好酱油拌食，味确鲜美爽口。清明节前有象笋，以烧煮蚕豆为最好吃。再到四五月里有黄笋，可煮猪肉或烧豆腐吃。到了夏天，笋已过时，但却有笋鞭，即竹之根茎上生出的嫩尖，要在泥土中去挖出来，以烧毛豆汤最佳。笋亦可做笋干，也可以熬煮成笋油。"至于苏州市上的笋，大都从浙江贩运而来，《吴郡岁华纪丽》卷四"笋党船"条说："湖州太湖诸山，修竹连山，土人剧笋装船，运入吴城售买。巨舶盈载，闭置船舱，春气薰蒸，笋必骤长，若舟行稍迟，船必迸裂。以是载笋之船，篙工楫师每船必三十馀人，快橹双摇，帆桨并举，驶行若箭，名笋党船。"浙江之笋，以天目笋为最佳，袁枚《随园食单·小菜单》就说："天目笋多在苏州发卖。其篓中盖面者最佳，下二寸便搀入老根硬节矣。须出重价，专买其盖面者数十条，如集狐成腋之义。"这当然是属于美食家的苛求了。

清代中叶以来，苏州人又有以果子花叶入菜的，钱泳《履园丛话·艺能》"治庖"条说："近人有以果子为菜者，其法始于僧尼家，颇有风味。如炒苹果，炒荸荠、炒藕丝、山药、栗片，以至于油煎白果、酱炒核桃、盐水熬花生之类，不可枚举。又花叶亦可以为菜者，如胭脂叶、金雀花、韭菜花、菊花叶、玉兰瓣、荷花瓣、玫瑰花之类，愈出愈奇。"郑逸梅《瓶笙花影录》卷上"花果充馔"条，列举了"肴馔中有撷花摘果以为之，而隽雅可喜者"，有夹肉藕、玉胎羹、雪梨鸭、南瓜饼、西瓜鸭、籴玉兰片、桂花蛋、栗子鸡、菊花鱼翅、山楂羹、樱花团、荷叶鲊、荸荠饭、杏仁豆腐、芡实粥、葡萄羹、荔枝鸭等。

每天清晨，南园、北园和近郊的菜农，纷纷挑担入市。金孟远《吴门新竹枝》云："胶白青菠雪里红，声声唤卖小桥东。担筐不问兴亡事，输与南园卖菜翁。"自注："盘门内南园，农人多以种菜为业。按胶菜、白菜、青菜、菠菜、雪里红菜，皆南园名产也。"苏州蔬菜应候而出，率五日更一品，以四月初夏为最盛。菜贩生意以抢时为贵，故戴月披星割来，黎明叫市。既拧草以扎样，复洒水以润色，方能卖得善价。吴镛《姑苏竹枝词》云："买菜吴娘系短裙，脸堆雪粉鬓梳云。朝朝持秤东西市，只秤人情不秤斤。"

苏州人家几乎天天买菜，不厌其烦，图的是一个新鲜，还可以顿顿调换花样，如童岳荐《调鼎集·铺设戏席部》就说："居家饮食，每日计日计口备之。现钱交易，不可因其价贱而多买，更不可因其可赊而预买。多买费，预买难查。今日买青菜则不必买他色菜，如买茄不买茄之类。何也？盖物出一锅，下人上人多等均可苦食，并油酱柴草不知省减多少也。"及至1980年代前期，冰箱还远离寻常百姓，主妇清晨上街买菜，只是几分钱的青菜，几角钱的肉，即使去酱园买调料，也零拷两分钱酱油、三分钱料酒，但端上桌来，照样有荤有素还有汤。

鱼　腥

　　鱼腥者，本指鱼虾等散发的腥气，亦泛指水族，杜甫《奉酬薛十二丈判官见赠》云："谁矜坐锦帐，苦厌食鱼腥。"章甫《从贾倅乞猫》云："携之俱东泛江水，厌饫鱼腥二千里。"可见古已有此称。徐珂《闻见日抄》"太原肴馔之俗"条说："苏州人于入馔之水族，目之曰腥气。"而"鱼腥虾蟹"一词，更是吴人的口头禅。

　　苏州本是鱼米之乡，水产资源十分丰富，渔猎总在农耕之前，故吴地先民很早以前就已渔鱼而食了。有人说"吴"字就是"鱼"字，或许说得太简单，但苏州人读"吴"字，确是读如"鱼"音的。春秋时，公子光使专诸行刺吴王僚，就利用僚嗜好"炙鱼"的口福之欲，让专诸奉进"炙鱼"，在鱼腹藏匕首一柄，僚因嗜"炙鱼"而丧命，公子光篡夺王位，也就是吴王阖闾。阖闾曾在越来溪西建造鱼城，《吴郡志·古迹上》说："吴王游姑苏，筑此城以养鱼。"相传范蠡辅越灭吴后，归隐五湖，养鱼种竹，著有《养鱼经》。可见苏州水产的养殖、捕捞和加工，都具有悠久历史。

　　有一首儿歌唱道："摇摇摇，摇到吴江桥，买条鱼烧烧，头勿熟，尾巴焦，盛拉碗里必八跳，白米饭，鱼汤浇，吃仔宝宝又来摇。"（《吴歌乙集》）苏州人从小就吃鱼，几乎是天天的锻炼，因此很少有骨鲠在喉的事，偶尔有了，也不要紧，如细骨可吃饭团咽下，如骨稍大，无法咽下，街巷间就有"虎撑"取骨者。清吴县人石渠有《街头谋食诸名色每持一器以声之择其雅驯可入歌谣者各系一诗，凡八首》，其一即咏"虎撑"，题注："外圆中空，范铁为之，相传孙真人遗制，以撑虎口探手于喉出刺骨者。"江湖中有此一业，可见苏州人吃鱼的普遍和频繁。

苏州鱼腥，品种丰富。据民国《吴县志·舆地考·物产二》记载，鳞之属，有鲈鱼、鳜鱼、鳊鱼、银鱼、脍残鱼、白鱼、鲞鱼、破浪鱼、鲤鱼、青鱼、鲢鱼、鲩鱼、鲫鱼、石首鱼、河豚鱼、斑鱼、玉筋鱼、针口鱼、鮠鱼、鮸鱼、鲇鱼、土附鱼、虾虎鱼、推车鱼、鲻鱼、鳎鱼、黄颡鱼、鳢鱼、鳇鱼、白戟、鲂鲏鱼、鲦鱼、鳌鲦鱼、鳠鱼、鳗鲡等；介之属，有龟、鳖、鼋、鼍、蟹、彭蜞、虾等；贝之属，有蚌、蛤蜊、蚬、蛏、螺蛳、田螺等。这当然是不完全的，如鲗鱼、鲳鱼、鰤鱼等未被列入，鳠鱼、鳗鲡也不当列入"鳞之属"。

三江五湖所出，各有特产。以吴江盛泽为例，沈云《盛湖竹枝词》云："北通莺脰又分湖，紫蟹银鱼味绝殊。何似入春乡味好，燕来新笋菜花鲈。"自注："莺脰湖在平望界，产银鱼。分湖在梨里界，产紫苏蟹，俱有名。而盛湖所出银鱼，烂溪所出蟹，亦与之埒。笋之早者曰燕来，菜花时有鱼名土附，其形似鲈，俗呼菜花鲈。"又云："小庙港中水菜船，拌烹酱腊味浓鲜。阿侬剖得珠盈颗，带水论斤也值钱。"自注："蚌肉俗呼水菜，出溪荡者，往往剖得湖珠小者，时有大者间出。其船皆停小庙港，含水分极多，购归秤之，辄十不得五。"又云："水涨黄梅上土银，烂溪矶畔好垂纶。白肥自足盘飧媚，不数寸馀针口鳞。"自注："土银鱼出烂溪，大者长四五寸，多肉有子，极肥美，为盛泽特产。见《盛湖志》。针口鱼，大不盈寸，以口上有针故名，味亦美。"

苏州的野生鱼腥，虽然极多，但乡间还筑有鱼池，人工养殖市场需求的鱼类。如东山，严退园《东山之养鱼业》说："鱼池分布于潦里、茭田、金湾、卜家、武山等处，有自主，有租赁，或代养。大者据十数亩，年产鱼三十馀担；小者亦五六亩，年产鱼十馀担。筑鱼池法：以荷荡地开掘至丈馀深度，四周筑堤，宽高视地平线。堤上种植花果及桑树，俾使树根绊泥，不致缎颓，年浇河泥，藉补雨水冲失。大抵老池泥土肥沃，鱼易长成，新者瘠薄，收入颇有出入。鱼秧都从外方装来贩卖，按尾论值，种有青鱼、草鱼、花鲢、白鲢等之分。饲料方面，以螺蛳、水草、豆饼、菜饼等为主要食品。"再如黄埭一带，民国《黄埭志·物产》说："在十一都二三五十等图，几有无家不以养鱼为业，以鱼池之多少论贫富，大者常至数十亩不等。"并引凌寿祺《鱼池》诗："居人既备耕与樵，于中又有栽鱼苗。青苔湖上数百家，家家种鱼鱼池饶。鱼池近河与河隔，围以垂杨间以陌。五月鱼秧湖上来，餧以豆浆入水白。看看鱼长种可分，鲭鱼鲢鱼各有纹。鲢鱼欲去鲭欲存，谨慎如别莸与薰。鱼长食螺复食草，池水浅深要量好。水长鱼自乐，却恐鱼出跃。水小鱼难肥，复将鱼分稀。鱼大欲卖未时，朝朝暮暮看鱼池。何如小渔家，一舟浮水涯。出没长荡黄花泾，关前日日卖鱼虾。"

到了寒冬腊月，例有"起荡鱼"之俗，顾禄《桐桥倚棹录·市荡》说："长荡南北又多蓄鱼池，每岁寒冬起荡，如青鱼、鲢鱼、鲩鱼，亦艇载而出，坌集于市，名曰起荡鱼。"袁学澜《吴郡岁华纪丽》卷十一"起荡鱼"条也说："吴郡水乡也，城以外陂泽弥望，波潋潋，流汤汤。其深矣，鱼之；其浅矣，莲之，菱芡之。即不莲且菱芡也，水则自能蒲苇之，茭荙之，水之才也。茭之利为饲牛刍，茭根丛密，寒鱼聚焉。业荡之家，设人守御，若舟鲛焉。每至冬月，渔人毕集，来此打鱼，必向荡户言价，抽分其利，俗称包荡。然后笭箵争投，鸣榔四绕，谓之起荡。荡主视其具，衡值之低昂，而矢鱼之多寡，各有不同。鱼价较常顿铦，俗谓之起荡鱼。"王光熊《莺脰湖棹歌》云："鸥鹭无声冰欲澌，太湖西去聘渔师。五更鼓角喧村落，知是帘船下荡时。"自注："业荡者于冬至后唤渔者以竹帘周围其荡，五更鸣鼓吹角，驱鱼入围，渐围渐窄，旬后彻围取鱼，谓之起荡。渔者皆太湖来，为帘船，至则各荡争接恐后。"起荡一般采用戽干荡水的方法，渔人下荡，用网用箄用盆进行捕捞，几乎将鱼荡清理一空。所起荡鱼，品种不一，大小不等，以应年市，价格也较平常低廉。

苏州人对鱼腥不但有所选择，且讲求时令，因鱼腥的上市时间有先后，故都以"尝头鲜"为尚。如正月塘鳢鱼、二月刀鱼、三月鳜鱼、四月鲥鱼、五月白鱼、六月鳊鱼、七月鳗鱼、八月斑鱼、九月鲫鱼、十月草鱼、十一月鲢鱼、十二月青鱼，季节性极强。如菜花开时的塘鳢鱼、甲鱼，小暑时的黄鳝，苏州人十分称赏，一旦过了时节，便身价大跌，如夏天的甲鱼，便称为"蚊子甲鱼"，一般也就很少上桌面了。这与苏州人的口味也大有关系，钱泳《履园丛话·艺能》"治庖"条就说："惟鱼之一物，美不胜收，北地以黄河鲤鱼为佳，江南以螺蛳青为佳，其馀如刀鱼、鲈鱼、鲫鱼、时鱼、连鱼、鳊鱼，必各随其时，愈鲜愈妙。若阳城湖之壮鳗，太湖之鼋与鳖，终嫌味太浓浊，比之乡会墨卷，不宜常置案头者也。"

水馐鱼肴有炒、爆、汆、炸、煎、蒸、炖、焖、煮、焯等等烹饪手法，菜肴色香味形之丰富多采，亦为大千世界。以陈墓为例，乾隆《陈墓镇志·物产》记有数品，如"水晶脍，以鲤鱼慢火熬烂，去骨及滓，待冷即凝，切片入之"；"塞肉鲫鱼，用猪肉斩烂，和砂仁、葱、白糖、酱油入鱼腹烹之"；"酒制鲫鱼，用猪油切小块，和白糖入鱼腹，酒酿、盐煮之"；"腌和鲭，以腌猪肉同鲭鱼切块，用葱、椒、酒酿煮之"；"虾腐，即虾圆，以虾肉打烂，即将虾壳和酱炊熟，取其汤，先置镬中，将虾肉作圆入汤，一滚即食。虾圆和入鸭子、猪油、笋皆可"；"虾子鲞，用蟹虾子铺鲞上，蒸熟晒干，味极美，亦是路菜"；等等。常熟的水产资源丰富，有各种鱼腥菜肴，曹淦生《常熟的吃》说："家乡河泊纵横，四通八达，又临近山前湖及阳澄湖，福山港通入长江，故鱼虾产量丰富。河虾鲜活，洗取其虾卵特制虾子酱油，其味最鲜美。鳝鱼肥嫩，精致的吃法做脆鳝，完全要靠火候及上好的手艺，吃起来才会松脆。乡人平日常吃的家常菜中，如清炖螺蛳及鲫鱼炖蛋等，非但价廉物美，且亦省时省力，又可不动用油锅，只要放在煮饭锅上蒸熟即可佐餐。冬天可吃到湖蚌烧冰豆腐，要放些咸菜，味道独到。说到鱼类，家乡的青鱼多鲜肥，像台湾的草鱼，切块烧细粉汤吃，一定要放青蒜叶才吊得出汤的味道。鲢鱼有花鲢和白鲢，二者以花鲢较好吃。此外有土孵鱼及银鱼烧蛋，味更鲜美。新鲜的鱼，要清蒸才有纯真味道，要用网油，除料酒、葱姜外，再佐以香菇、火腿及竹笋等。鱼能上正式筵席的，首推鲥鱼，依次则为鲈鱼、鳜鱼、鳊鱼及鲫鱼了。"

鱼腥最讲求新鲜，在水乡小镇的鱼行里，那些鲜活的大鱼小鱼，都用竹编的笼子养着。吴岩《江南名镇序》就谈到孩提时在周庄所见的大鱼笼："我家老宅对面就开着两爿鱼行，鱼行前门面对市街，后门临着一个水面广阔的潭子。一早一晚都有渔民来把刚捕获的活鱼卖给鱼行。鱼行在后门口用竹子在水面上搭了一个架，架子上挂着六口装活鱼的竹笼，浸在水里。那竹笼可大哩，像我这样的小学生，至少能装上十多个，所以活鱼可以在其中悠然自得地游来游去，身居囚笼而不知囚笼的危险，直到某一天有个长柄网兜从上面把它捞起来时，也还欢蹦乱跳地走向刀俎。当年我这个小学生有可怜和同情那些鱼；可离乡背井的那六十年里，我在哪儿也没见过那么大的浸在水里的鱼笼，却又以故乡的大鱼笼为骄傲，深深地惦念着它们了。"

这里再介绍几种并非鱼的鱼腥。

俗话说"正月螺蛳二月蚬"，春天最早入市的便是螺蛳和蚬子。

螺蛳价极低廉，又因其吃起来有失风雅，高档宴席上绝无，在家里则可随意，烧个酱炒螺蛳，将鲜活的螺蛳养在清水里，滴几滴菜油供其排净污秽，然后剪去尾部，洗净后入锅烹炒，加入葱姜料酒，未等开锅就已满厨皆香。螺蛳肉特别鲜美，介乎鱼味和肉味之间，但比鱼醇厚，比肉更鲜，将它作为下酒物，因有停顿吸食，故最适宜。清明前后的螺蛳，味道最美，如果去市上买，花不了几文钱，去芦埂滩上、石桥洞里摸索，也极易得，有人将草绳扔在水里，不一会回，草绳上便是一长串，当然最好是急水活螺蛳，可称上品。螺蛳还可炒酱，蚊叟《盛泽食品竹枝词》云："渔妇谋生不惜勤，朝朝唤卖厌听闻。螺蛳剪好还挑肉，炒酱以汤做小荤。"

蚬子也是小荤，乃水乡常馔。袁学澜《吴郡岁华纪丽》卷二"白蚬登盘"条说："蚬视蛤而小。郡志称出白蚬江，然所在有之。二月初，渔人网得之，称量论斗，债甚贱，调羹汤甚鲜美。或剖肉去壳，与韭同炙食之，村厨中常具也，不为贵。惟不为贵，乃得充藜藿肠，是为食品之正焉耳。"蚬子以周庄白蚬江所出最有名，嘉庆《贞丰拟乘·土产》说："白蚬江向出白蚬子，味极鲜，今不能多得矣。"吴江莺脰湖也出蚬子，道光《平望志·土产》说："蚬，出莺脰湖者佳，口青，馀皆口黑，名潮蚬。"王光熊《莺脰湖棹歌》云："一片蘼芜放鸭台，儿家门傍绿杨开。客来莫道无兼味，青蚬红虾入馔来。"自注："梅家荡青口蚬、莺湖红壳虾皆载入志。"又云："杨柳楼台入画图，饯春时节唤提壶。湖莼入市鲈鱼嫩，园笋掀泥蚬子篊。"阳澄湖滨还有一座白蚬山，乾隆《元和县志·山阜》说："白蚬山在阳城湖滨，渔户堆螺蚬于土阜上，日积月累，渐次成山，远近过者，照耀如晴雪云。"蚬子春生秋长，暖肥寒瘦，以生溪河者味腴，他产有土气，以清水养之，逐日换水，数日土气自除。蚬子的吃法很多，或剖肉去壳，与韭菜或雪里蕻同炒，或调羹作汤，味之鲜美，无与伦比。

至于螃蟹，过去价格很便宜，尤其在水乡，几文钱可以买一串，乃寻常人家的时令美食。苏州各处都有螃蟹，如今以出阳澄湖者最著名，其实出周庄者也堪称佳妙。光绪《周庄镇志·物产》说："蟹，牝者圆脐，牡者尖脐，近地诸湖俱有之，惟出吴淞江者大而色黄，出分湖者，两螯大小，益肥美。"吴岩《江南名镇序》对周庄螃蟹有一段描述："念念不忘的，还有故乡的螃蟹，总觉得江南的螃蟹比苏北或安徽的肥嫩鲜美，甚至认为周庄的螃蟹虽然没有阳澄湖大蟹名气大，论质量，其实有过之无不及，我小时候在鱼行里'观察'、'研究'过的。秋冬之际，鱼行里要对它储备的蟹进行一番鉴别筛选，留下最强壮的在严冬应市，甚至酌留若干过冬。他们把蟹从鋬里一只只的拿出来，让它在平滑的八仙桌上爬行，凡爬行时八只脚悬空，肚皮不碰到桌面的方能入选。肚皮离桌面远的，就是腿脚有力，长得结实的铁证。这一点，大人们从上往下看，往往看不真切，所以他们请我这个身长比八仙桌高不了多少的小学生当'观察员'，充分发挥小不点儿'平视'的优越性。我在几年的'观察'过程中得出了一个牢不可破的结论，故乡的螃蟹个儿不算大，可长得结实，身强力壮，其中不少能过冬哩。"

旧时苏州宴席上是极少有整蟹的，因为掰吃既不雅观，又不合卫生之道，况且"螃蟹上桌百味淡"，螃蟹一上，其他美味佳肴相形失色。还有一个原因，就是掰吃整蟹时往往冷场，食客都只顾啄啄剥吃，无暇再作谈笑。宴席不上整蟹，但可以做成雪花蟹斗、清炒蟹粉、蟹粉豆腐等等，让客人一尝蟹味。当然，掰吃整蟹能得本味，也更鲜美，这就适宜在家里吃。一家长幼或约三五知己，每人两三只，边呷酒边剥蟹边聊天，悠悠享用，其味无穷。李渔就是吃整蟹的推崇者，《闲情偶寄·饮馔部·肉食》说："蟹之为物至美，而其味坏于食之之人。以之为羹者，鲜则鲜矣，而蟹之美质何在？以之为脍者，腻则腻矣，而蟹之真味不存。更可厌者，断为两截，和以油、盐、豆粉而煎之，使蟹之色、蟹之香与蟹之真味全失。此皆似嫉蟹之多味，忌蟹之美观，而多方蹂躏，使之泄气而变形者也。世间好物，利在孤行。蟹之鲜而肥，甘而腻，白似玉而黄似金，已造色香味三者之至极，更无一物可以上之。"

苏州人家煮蟹方法极简单，将它们洗净后，一只只放入大镬子，添冷水，加紫苏生姜，再将大镬盖盖上，用旺火煮蒸，不用多久，那琥珀般颜色的熟蟹就上桌了。吃蟹蘸料无非是陈醋嫩姜，可戒腥去寒，包天笑则认为加点白糖更为鲜甜，又有滴入少许太仓五香糟油的，除腥提鲜，风味更佳。

约在明末清初，苏州人发明了一套吃蟹的小工具，起先只有三件，瀛若氏《琴川三风十愆记·饮食》说："始自漕书及运弁为之，每人各有食蟹具，小锤一，小刀一，小钳一，锤则击之，刀则划之，钳则搜之，以此便易，恣其贪饕，而士大夫亦染其风焉。"后来发展为八件，人称"蟹八件"，水乡人家几乎家家都有，往往作为嫁妆中的一物。钱仓水《蟹趣》说："蟹八件包括小方桌、圆腰锤、长柄斧、长柄叉、圆头剪、镊子、钎子、小匙，分别有垫、敲、劈、叉、剪、夹、剔、舀等多种功能，一般是铜铸的，讲究的是银打的，造型美观，闪亮光泽，精巧玲珑，使用方便。螃蟹蒸煮熟了，端上桌，热气腾腾的，吃蟹人把蟹放在小方桌上，用圆头剪刀逐一剪下二只大螯和八只蟹脚，将腰圆锤对着蟹壳四周轻轻敲打一圈，再以长柄斧劈开背壳和肚脐，之后拿钎、镊、叉、锤，或剔或夹或叉或敲，取出金黄油亮的蟹黄或乳白胶粘的蟹膏，取出雪白鲜嫩的蟹肉。一件件工具的轮番使用，一个个功能的交替发挥，好像是弹奏一首抑扬顿挫的食曲，当用小汤匙舀进蘸料，端起蟹壳而吃的时候，那真是一种神仙般的快乐，风味无穷。靠了这蟹八件，使苏州人吃蟹，壳无馀肉，吃剩的蟹砣活像个蜂窝，脚壳犹如一小堆花生屑，干干净净，既文明又雅致。"在陆文夫写的《美食家》里，朱自冶说："那一年重阳节吃螃蟹，光是那剔螃蟹的工具便有六十四件，全是银子做的。"这套工具竟然是"蟹八件"的八倍，当然是小说的夸张，但也由此可见苏州人的懂吃和会吃。

旧时苏州菜市，都是约定俗成形成的，卖蔬菜的，卖鸡鸭的，卖禽蛋的，卖鱼腥的，卖豆制品的，甚至卖葱姜蒜的，每天清晨在城门内外、街边桥畔设摊求售，这往往是在鱼行、小菜行、肉砧墩、腌腊南货店、酒行附近，与道路交通、沿河埠头以及附近人口密集程度有关。清佚名《苏州市景商业图册》就描绘了这样的情形，桥堍沿街三间，分别悬着"乾泰号八鲜时鱼老行发卖"、"胡天玉大小鱼行发贩"、"各色清菜"、"张君卿小菜行"、"协茂号张君卿子玉章四时小菜老行"等招子，街上摆满装着蔬菜、果子的竹篓，街侧一家，有"糟烧煮酒药烧栖烧老行发贩"的招子，有两人正在船上搬运酒瓮。另一条街上有悬"八鲜店"的市招，大缸中养着鱼，柜台上摊着鱼。

明清时期，还有专业性的鱼市，顾禄《桐桥倚棹录·市荡》说："鱼市，亦谓之鱼摊，日过午，集于虎丘山门之大马头、二马头，谓之晚鲜。其人皆生长于桐桥内及长荡一带。每出操小舟，以丝结网，截流而渔，俗称丝网船。大率多鲤鱼、鲂鱼之属。"鱼市不止虎丘一处，近太湖和吴淞江流域到处都有，只是规模大小不同而已。

鱼行由鱼市进货，或向渔民直接收购，品种很丰富，故鱼行门前往往都挂着"八鲜鱼行"的大灯笼，这"八鲜"是指鱼、虾、蟹、蚌、鳗、鳝、螺、鳖，正是苏州人家餐桌上不可缺少的美味。有的渔民捕得鱼腥，船载入城，自己售卖，彭孙遹《姑苏竹枝词》云："一斗霜鳞一尺形，钓车窄似小蜻蜓。橹声一歇鼓声起，满市齐闻水气腥。"黄兆麟《苏台竹枝词》亦云："一夜腥风散水乡，阊门昨到太湖航。家家坐艇买鲜去，尺半银鲈论斗量。"有的并不上岸设摊，就在船上叫卖起来，苏州人称之为卖鱼船。有的卖鱼船形制有点特别，称之为"活水船头"，这船的部分底舱有活络机关，河水溢入舱中，而鱼则不会游出，仍然在水里活蹦乱跳，这在其他地方是很少见到的。临河人家，便在窗口和船上的卖鱼人交易，讨价还价后，就将绳子将竹篮吊下来，卖鱼人将鱼秤了吊上去，买者再将铜钿吊下来，交易也就成了。虽说是近乎萍水相逢的买卖，却很少有短斤缺两、偷大换小或以死充活的事，那正是水巷里的一道风景。卖鱼腥虾蟹的，基本都是清一色的中年妇女，苏州市民称她们为"卖鱼娘娘"。

也有走街串巷，给熟悉的大户人家送货上门，谢墉《食味杂咏·活虾》云："日暮厨娘持剪待，雨中渔妇易钱还。"自注："家乡名渔家之船曰网船，渔妇曰网船婆，夏秋鱼虾盛时，网船婆蓑衣赤脚，与渔人分道卖鱼虾，自率儿女，携虾桶登岸，至所识大户厨下，卖虾易钱，回船不避大风雨。"

关于苏州的鱼腥，实在说不尽说，只能拾零而谈。

暖 锅

冬至以后，苏州人家的饭桌上往往有一只暖锅。钱泳认为暖锅滥觞于上古鼎彝，《履园丛话·鬼神》"祭品用热"条说："考古之鼎彝，皆有盖，俱祭器也。其法，先将牺牲粢盛贮其中，而以盖覆之，取火熬热，上祭时始揭盖，若今之暖锅然。所谓'歆此馨香'也，若祭品各色俱冷，安谓之'馨香'耶？余家凡冬日祭祀，必用暖锅，即古鼎彝之意。以此法用之扫墓，尤宜。敢告世人共知之，此理之易明者。"

从鼎彝发展成为暖锅有一个漫长过程。先是有火锅，用金属或陶瓷制成锅炉合一的食具，炉置炭火，使锅汤常沸，以熟菜肴，且随煮随吃。这种样式的火锅，前人已称为暖锅，又称它为边炉，文献记载并不很早，元末昆山吕诚《南海口号六首》之一云："炎方物色异东吴，桂蠹椰浆代酪奴。十月暖寒开小阁，张灯团坐打边炉。"明人陈献章《赠袁晖用林时嘉韵》云："风雨相留更晚台，边炉煮蟹饯君回。扁舟夜鼓寒潮枕，又是江门一度来。"边炉的说法，很可能由岭南而来，江南隆冬寒冷，用这种食具就餐，就吃得热气腾腾了，黄佐《湛子宅夜燕和吕子仲木边炉诗》云："围炉坐寒夜，嘉宾愕以盱。朱火光吐日，阳和满前除。众肴归一器，变化斐然殊。食美且需熟，充实谅由虚。妙悟得同志，揽环誓相于。"

苏州人又将这种暖锅称为"仆憎"，都印《三馀赘笔》"急须仆憎"条说：

"吴人呼暖酒器为急须,呼暖饮食具为仆憎。急须者,以其应急而用,吴人谓须为苏,故其音同。仆憎以铜为之,言仆者不得窃食,故憎之也。"胡侍《墅谈》卷二"急须仆憎"条也说:"又有暖饮食具谓之仆憎,杂投食物于一小釜中,炉而烹之,亦名边炉,亦名暖锅。围坐共食,不复别置几案,甚便于冬日小集,而甚不便于仆者之窃食,宜仆者之憎之也,故名。"陆容则认为"仆憎"乃"步甀"之讹,《菽园杂记》卷八说:"今称暖熟食具为仆憎,言仆者不得侵渔,故憎之。王宗铨御史尝见内府揭帖,令工部制步甀,云即此器,乃知仆憎之名传讹耳。"

暖锅都用黄铜或紫铜制成,中烧木炭,也有用烧酒作燃料的,上有圆筒拔风。从《墅谈》"杂投食物于一小釜中"来看,早先的暖锅中间是不分格的,诸肴混杂一起,约明末清初开始出现锅中分格的暖锅。清初曹庭栋《老老恒言·杂器》说:"冬用暖锅,杂置食物为最便,世俗恒有之。但中间必分四五格,使诸物各得其味。或锡制碗,以铜架架起,下设小碟,盛烧酒燃火暖之。"

暖锅在苏州很盛行,特别是过年的时候,顾禄《清嘉录》卷十二"暖锅"条说:"年夜祀先分岁,筵中皆用冰盆,或八,或十二,或十六,中央则置以铜锡之锅,杂投食物于中,炉而烹之,谓之暖锅。"其实,暖锅并非年里才用,整个冬天都适宜这种炊食方式。袁学澜《吴郡岁华纪丽》卷十一"暖锅"条说:"腊残冰冱,馔肴易寒,镕锡范制成锅,装铜作胆,投鱼肉珍错于内,炽火中心,炉而烹之,可佐酒谈,无羹寒之虑,谓之暖锅。"又引自作《咏暖锅》:"嘘寒变燠妙和羹,镕锡装成馔具精。五味盐梅资兽炭,一炉水火配侯鲭。肉屏围席欣颐养,蜡炬炊厨熟鼎烹。夜饮不须愁冻脯,丹田暖气就中生。"

有人并不喜欢暖锅,袁枚《随园食单·戒单》就说:"冬日宴客,惯用火锅,对客喧腾,已属可厌,且各菜之味,有一定火候,宜文宜武,宜撤宜添,瞬息难差。今一例以火逼之,其味尚可问哉?近人用烧酒代炭,以为得计,而不知物经多滚总能变味。或问,菜冷奈何?曰,以起锅滚热之菜,不使客登时食尽,而尚能留之以至于冷,则其味之恶劣可知矣。"简斋指的暖锅,大概已是锅中分格的了，但他说"物经多滚总能变味"，自有一定道理。徐珂《可言》卷十三也说："凡以动植物杂置一器烹之者，曰一品锅，大率以鱼翅、海参、鸡、鸭、豚蹄为主，而辅之以菘、笋、鸡卵。其火候未到者，质硬味淡，汤亦薄如太羹。评之者辄曰：'怒发冲冠之鱼翅，百折不回（一曰皮里阳秋）之海参，年高德劭之鸡，酒色过度（一作五劳七伤）之鸭，恃强拒捕之豚蹄，臣心如水之汤。'又有'薄若红纸之火腿，硬挺僵尸之酥鱼，丢冠卸甲之醉蟹，坚如石卵之皮蛋'，则指四冷荤而言。盖以一品锅、四冷荤为至简之宴客也。"正因为如此，就有对暖锅菜肴的要求了。苏州人家一般用腊肉、蛋饺、熏鱼、咸鸡诸物，比较经得起"多滚"，蔬菜则是随下随吃，而控制炭火，也是一个重要因素，前人用烧酒代炭，就是一个措施。

迄至于今，暖锅仍是冬日里最受欢迎的炊具，只是形制改进了，燃料也变化了，有用电的，有用酒精的，有用煤气的，有用液化气的，固然干净方便，但失去了木炭的烟火气，失去了炉中摇曳的火光，故也失去了那暖融融的气氛了。

合　酱

　　酱在旧时饮食中占有重要地位,钱泳《履园丛话·笑柄》"酱"条引了袁枚说的一个笑话:"今南方烹庖鱼肉,皆用酱,故不论大小门户,当三伏时,每家必自制之,取其便也。其制酱时必书'姜太公在此'五字,为厌胜,处处皆然。有问于袁简斋曰:'何义也?'袁笑曰:'此太公不善将兵,而善将酱。'盖戏语耳。后阅颜师古《急就章》云:'酱者,百味之将帅,酱领百味而行。'乃知虽一时戏语,却暗合古人意义。"

　　农历六月,赤日炎炎似火烧,苏州人家开始制酱,以面和豆入甑,蒸熟窨之,窨数日,面豆作霉变色,取出后在炎日下曝晒,然后投酱黄于盐水缸里,即所谓合酱。昼晴则晒之,使酱色浓厚;夜晴则露之,使酱味鲜美。这合酱的事本来未必一定要在盛夏,只因在烈日之下,酱中不会滋生细菌。

　　费孝通《话说乡味》说:"酱是家制的,制酱是我早期家里的一项定期的家务。每年清明后雨季开始的黄霉天,阴湿闷热,正是适于各种霉菌孢子生长的气候。这时就要抓紧用去壳的蚕豆煮熟,和了定量的面粉,做成一块块小型的薄饼,分散在养蚕用的扁里,盖着一层湿布。不需多少天,这些豆饼全发霉了,长出一层白色的绒毛,逐渐变成青色和黄色。这时安放这豆饼的房里就传出一阵阵发霉的气息。不习惯的人,不太容易适应。霉透之后,把一片片长着毛的豆饼,放在太阳里晒,晒干后,用盐水泡在缸里,豆饼溶解成一堆烂酱。这时已进入夏天,太阳直射缸里的酱。酱的颜色由淡黄晒成紫红色。三伏天是酿酱的关键时刻。太阳光越强,晒得越透,酱的味道就越美。逢着阴雨天,酱缸要都盖住,防止雨水落在缸里。夏天多阵雨,守护的人动作要勤快。这件工作是由我们弟兄几人负责的。暑假里本来闲着在家,一见天气变了,太阳被乌云挡住,我们就要准备盖酱缸了。最难对付的是苍蝇,太阳直射时,它们不来打扰,太阳一去就乘机来下卵。不注意防止,酱缸里就要出蛆,看了恶心。我们兄弟几个觉得苍蝇防不胜防,于是想了个办法,用纱布盖在缸面上,说是替酱缸张顶帐子。但是酱缸里的酱需要晒太阳,纱布只能在阴天使用,太阳出来了就要揭开,这显然增加了我们的劳动。我们这项'技改'受到了老保姆的反对。其实她是有道理的,因为这些蛆既不带有细菌也无毒素,蛆多了,捞走一下就是了。"

昆山人家则在五月合酱,庞寿康《旧昆山风尚录·四季节序》说:"芒种后,遇壬为入梅,初交黄梅,各家各户以新蚕豆燃煮成酥,然后放入一定比例之面粉,拌和切块,蒸成麦糕,分为小块,满铺匾中,置于不通风之阴暗处,俟霉黄有绒毛,乃取出和入适量盐水,浸拌后,放入扁缸,曝晒于日光下,时时搅拌,使成糊状,至大暑前后完全成熟,即为吾苏属各县独特之家制食品豆瓣面酱,简称曰酱,因略有甜味,故亦称甜酱。"

夏曾传《随园食单补证·补作料单》说:"酱有面酱、豆酱之分,面酱甜,豆酱咸,用之各有所宜也。吴中人家自制伏酱,不筭酱油厚者,味而鲜,入馔最佳。"甜面酱本身就可作菜,包天笑《衣食住行的百年变迁·食之部》就提到"炖酱"一菜:"我记得有一种菜,名曰炖酱,用甜面酱加以菜心、青豆、冬笋、豆腐干等,那是素的,若要荤的,可加以虾米、肉粒等等。每天烧饭,可以在饭镬上一炖,这样菜可以吃一星期。"费孝通《话说乡味》也说:"我小时候更多的副食品是取自酱缸。酱缸里不但供应我们饭桌上常有的炖酱、炒酱——那是以酱为主,加上豆腐干和剁碎的小肉块,在饭锅上炖熟,或是用油炒成,冷热都可下饭下粥,味极鲜美。"用糠虾炖酱,滋味独绝,乃最价廉物美的荤腥。

酱　菜

　　用酱又可制作各种酱菜，如麸豉瓜姜，采摘王瓜、生瓜、嫩姜，切碎杂搀入盘，浸渍多日，取出晒干存贮。吃的时候，取出切细，以佐馔粥，味甜而脆，也是贫家的美食。如酿瓜，择青瓜片去瓤，用盐搓其水，加生姜、陈皮、薄荷、紫苏，切作丝，茴香、砂仁、砂糖拌匀入瓜内，投酱盎中，五六日取出，晒干收贮。如做十香豆豉，摘生瓜并茄子相半，用盐腌一宿，加生姜、紫苏、甘草、花椒、茴香、莳萝、砂仁、藿香等，将黄瓜煮烂，用麸皮拌，罨成黄色，热过后筛去麸皮，止用豆豉，用酒一瓶，醋糟半碗，与前诸各物拌和漉干，入瓮捺实，用箬叶扎口，封晒日中四十日，取出风干后，入瓮收贮。费孝通《话说乡味》说："这酱缸还供应我们各种酱菜，最令人难忘的酱茄子和酱黄瓜。我们家乡特产一种小茄子和小黄瓜，普通炖来吃或炒来吃，都显不出它们鲜嫩的特点，放在酱里泡几天，滋味就脱颖而出，不同凡众。"故吴锡麒《消夏第二集同咏夏事八首》之《造酱》，就有"凉并梅诸登，甜杂瓜脯饷"之咏。

　　酱菜最早出自家制，后来有了酱园，不少人家图个省事，就去酱园买来，佐粥下饭。苏州很有几种有名的酱菜，可作一点简略的介绍。

　　酱萝卜，各处皆有，以甪直所出最有名。乾隆《吴郡甫里志·风俗·物产附》有"酱瓜"一条，可见甪直酱菜的历史悠久。道光年间，镇之东市有一家张源丰，以制鸭头颈萝卜有名，因其价廉物美，成为方圆百里居民的佐餐佳品。至同治某年，鸭头颈萝卜生产过剩，为避免霉变，就将酱缸封覆，来年春夏之际起缸，想不到萝卜色泽变得透明，将它切成薄片，轻咬细嚼，口味清酥香醇，甜中带咸，上市后大得顾客青睐，于是就如法炮制，且久藏不坏，被誉为"素火腿"。由于"源丰萝卜"之名家喻户晓，镇上酱园纷纷仿制，真源丰假源丰难以辨别，于是都称甪直萝卜。

蜜汁乳黄瓜，也称童子蜜黄瓜，以吴江平望所出为佳，咸甜适中，既是酱菜，又有蔬菜的本味。采瓜得在芒种至小暑间，选择鲜嫩、长直、少子、色青、带花的乳黄瓜，精心腌制，配以白糖、蜂蜜、甜酱浸渍，因此入口具有鲜、甜、脆、嫩的特点，鲜甜主要靠酱，脆嫩取决于瓜。袁枚《随园食单·小菜单》说："将瓜腌后，风干入酱，如酱姜之法，不难其甜，而难其脆。"旧时周庄也以黄瓜作酱菜，光绪《周庄镇志·物产》说，黄瓜"四月生黄花，结实，皮多癟刺，至老则黄，可生食，并可作酱蔬"。

玫瑰大头菜，吴江平望特产。大头菜即芜菁，也称蔓菁、圆根，北宋时传入江南，陆游《蔬园杂咏·芜菁》云："往日芜菁不到吴，如今幽圃手亲锄。凭谁为向曹瞒道，彻底无能合种蔬。"顾震涛《吴门表隐》卷五说："菁即红萄葡，名大头菜，出太湖诸山。"平望制玫瑰大头菜，即取材于太湖周边，剥皮后入瓮腌制，腌坯起瓮后切削整形，再切成薄片，片片联缀不断，然后用甜面酱浸渍，配以白糖、玫瑰花片等辅料加以精制。成品呈椭圆形，显深褐色，刀纹清晰，每片之中又有鲜红的玫瑰花瓣，鲜艳夺目，馨香扑鼻，以瓿装最能保持原味。

香大头菜，创制迄今已有数百年历史，以吴江震泽所出最有名，民国《震泽镇志续稿·物产》说："芜菁，俗称香大头菜，北马赋一带乡人多植之。苗产嘉兴，自光绪朝始移植兹土，滋长繁育，甚合土宜，产销颇广。"震泽香大头菜体形较小，一般一斤四五只，色泽淡黄，质地细嫩，味道鲜香，咸中带甜，十分爽口，以佐粥为最宜。震泽人称之为"合掌菜"，因其腌制的成品酷似五指合并的手掌，故又含吉祥之意。

乳腐，乃属经特殊加工的豆制品，虽然亦出自酱园，但与通常说的酱菜有别。

关于乳腐的一般做法，李化楠《醒园录》卷上"豆腐乳法"条说："将豆腐切作方块，用盐腌三四天，出晒两天，置蒸笼内，蒸至极熟，出晒一天和便酱，下酒少许，盖密晒之，或加小茴末和晒更佳。"乳腐做法大同小异，因配料不同，故有名目的分别。做乳腐起于民间，苏州人家的做法，别具风味，品类也多，有糟方、酱方、清方、酒方等，还有再加工为玫瑰乳腐、火腿乳腐、蘑菇乳腐、虾子乳腐种种。清初"温将军庙前乳腐"，被《吴门补乘·物产补》列为"业有地名者"的著名市食，袁枚《随园食单·小菜单》也说："乳腐，以苏州温将军庙前者为最佳，黑色而味鲜。有干湿二种，有虾子腐亦鲜，微嫌腥耳。"光绪初，夏曾传《随园食单补证·小菜单》说："温将军庙店已无存，闻昔时又有曹家巷一家，今亦无之矣。杭州人制火腿腐乳，味甚微，不能辨也。苏州之酒腐乳亦佳。"清佚名《苏州市景商业图册》画有一家专卖乳腐的酱园，朝东悬四方市招，分别是"正大五香乳腐"、"正大进京甜瓜"、"正大青盐乳腐"、"海宁分此"，店内有堂招"进京异味乳腐"，它的南面有个庙宇，不知是否就是温将军庙。

糟乳腐，即糟方，乃乳腐的一种，《醒园录》卷上"糟豆腐乳法"条说："每鲜豆腐十斤，配盐二斤半（其盐三分之中，当留一小分，俟装坛时拌入糟膏内）。将豆腐一块切作两块，一重盐，一重豆腐，装入盒内，用木板盖之，上用小石压之，但不可太重。腌二日，洗捞起，晒之至晚，蒸之。次日复晒复蒸，再切寸方块。配白糯米五升，洗淘干净煮烂，捞饭候冷（蒸饭未免太干，定当煮捞脂膏，自可多取为要）。用白麴五块，研末拌匀，装入桶盆内，用手轻压抹光，以巾布盖塞极密。次早开看起发，用手节次刨放米箩擦之（次早刨擦，未免太早，当三天为妥），下用盆承接脂膏，其糟粕不用，和好老酒一大瓶，红麴末少许拌匀。一重糟，一重豆腐，分装小罐内，只可七分满就好（以防沸溢）。盖密，外用布或泥封固，收藏四十天方可吃用，不可晒日（红麴末多些好看，装时当加白麴末少许才松破，若太干，酒当多添，俾膏酒略淹豆腐为妙）。"苏州有句俗话"徐家衖口糟乳腐"，说的就是起于明末的齐门下塘徐家衖口复茂豆腐作，善制酒糟乳腐，装磁砂罐出售，其味可口，每岁五六七月，无数小贩前来，肩挑竹担，在长街短巷间唤卖，虽属小本生意，利亦不薄。吴江盛泽人家则以豆腐干坯以酒腌之，俾其出毛，名为鲜毛乳腐，属酒糟乳腐的别裁。蚾叟《盛泽食品竹枝词》云："检点随园旧食单，家厨何足劝加餐。鲜毛乳腐多加酒，制法难于豆腐干。"

乳腐加皂矾，就成为臭乳腐。沈复之妻芸娘，喜欢吃茶泡饭，又喜欢佐以臭乳腐和卤虾瓜，《浮生六记·闺房记乐》说："其每日饭必用茶泡，喜食芥卤乳腐，吴俗呼为臭乳腐，又喜食卤虾瓜。此二物余生平所最恶者，因戏之曰：'狗无胃而食粪，以其不知臭秽；蜣螂团粪而化蝉，以其欲修高举也。卿其狗耶？蝉耶？'芸曰：'腐取其价廉而可粥可饭，幼时食惯。今至君家，已如蜣螂化蝉，犹喜食之者，不忘本也。至卤瓜之味，到此初尝耳。'余曰：'然则我家系狗窦耶？'芸窘而强解曰：'夫粪，人家皆有之，要在食与不食之别耳。然君喜食蒜，妾亦强啖之。腐不敢强，瓜可掩鼻略尝，入咽当知其美，此犹无盐貌丑而德美也。'余笑曰：'卿陷我作狗耶？'芸曰：'妾作狗久矣，屈君试尝之。'以箸强塞余口，余掩鼻咀嚼之，似觉脆美，开鼻再嚼，竟成异味，从此亦喜食。芸以麻油加白糖少许拌卤腐，亦鲜美。以卤瓜捣烂拌卤腐，名之曰双鲜酱，有异味。余曰：'始恶而终好之，理之不可解也。'芸曰：'情之所锺，虽丑不嫌。'"

芸娘喜欢吃的卤虾瓜，又称卤鱼瓜或鱼卤瓜，莲影《苏州的小食志》介绍说："一曰鱼卤瓜，凡盐鱼店贮鱼之器，积久必馀下卤汁，以稀麻布滤成清汁，另盛他器，将尚未长成半途枯萎之小王瓜，长寸许，粗如簪者，浸入此清汁中，久之浸透，其味咸而鲜美。今菜馆所用粥菜采用之，彼中人美其名为虾卤瓜云。"

三白夫妇间的一席对话，真可见得寻常之物的无穷滋味。

盐　菜

　　吴语称醝腌之物为盐，故苏州人称腌菜为盐菜。陆人龙《型世言》第三十一回说，落魄相士胡似庄，"只见一个丫鬟拿了些盐菜走来，道：'亲娘见你日日淡吃，叫我拿这菜来。'"钱德苍《缀白裘》十集卷三《荆钗记·哭鞋》副唱道："冷庙里菩萨请出，盐菜缸里石头掇出，皮匠担里楦头搬出，脚汤水潵出，亲家母依我请出。"腌蕨菜，则称为盐蕨菜，朱彝尊《食宪鸿秘·蔬之属》就记有"南方盐蕨菜"一款，省称"盐蕨"，孙漱石《续海上繁华梦》第一集第八回说："我也说你是盐蕨缸内的石头了，那晓得你却还偏有用处；还有一只簇新鲜的盐蕨缸儿，那一缸菜没有你这石头，便一定腌不成他。"为方便阅读，这里仍称腌菜。

　　旧时到了寒冬腊月，苏州城乡几乎家家户户都要腌菜，或在院子天井里，或在僻巷旷场上，拉起草绳，草绳上挂满了将腌的白菜，一般人家都要腌上一两缸，古人作为御冬旨蓄。吴锡麒《腌菜》云："刷来野圃带泥香，旨蓄经冬料理忙。风雪光阴如有约，酸咸者好未能忘。酒人灯下频频索，笋事江南恰恰偿。食肉我知无骨相，不愁梦诉蹴蔬羊。"

　　顾禄《清嘉录》卷十"盐菜"条说："比户盐藏菘菜于缸瓮，为御冬之旨蓄，皆去其心，呼为藏菜，亦曰盐菜。有经水滴而淡者，名曰水菜。或以所去之菜心，刓菔蔓为条，两者各寸断，盐拌酒渍入瓶，倒埋灰窖，过冬不坏，俗名春不老。"黄埭雪里蕻也一样,民国《黄埭志·物产》说:"黄埭西乡有晚菘,俗名雪里蕻,腌于冬月,经水滴淡者名水菜,为醒酒佳品。"沈云《盛湖竹枝词》云:"半畦腆翠曝茅檐,秋末晚菘霜打甜。郎踏菜时双白足,教侬多掺一星盐。"自注:"晚菘俗呼青菜,亦曰八月菜,以盐腌之,经旬而熟,味极可口。"吴江盛泽人家还将薹心菜,稍加马兰头,装入小瓿腌之,俗称瓶里菜,历久不坏,风味独绝。蚾叟《盛泽食品竹枝词》云:"散金遍地看黄花,摘得马兰选嫩芽。妙法制成瓶里菜,田园风味亦堪夸。"迄至于今,苏州水乡各镇都有瓶里菜出售,那是真正放在玻璃瓶里的。至于《清嘉录》提到的春不老,则是腌菜中的常品,包天笑《衣食住行的百年变迁·食之部》说:"春不老,此亦盐渍物,冬末春初,以青菜心佐以嫩萝卜,用精盐渍之,加以橘红香料,其味鲜美,宜于吃粥,名曰'春不老',亦大有诗意呢。"汪曾祺《吃食和文学》也说:"我吃过苏州的春不老,是用带缨子的很小的萝卜腌制的,腌成后寸把长的小缨子还是碧绿的,极嫩,微甜,好吃,名字也起得好。"

腌菜的方法,顾仲《养小录·蔬之属》介绍说:"白菜一百斤,晒干,勿见水,抖去泥,去败叶。先用盐二斤,叠入缸,勿动手,腌三四日,就卤内洗净,加盐,层层叠入罐内,约用盐三斤,浇以河水,封好可长久。"薛宝辰《素食说略》卷一"腌菜"条也说:"白菜拣上好者,每菜一百斤,用盐八斤,多则味咸,少者味淡。腌一昼夜,反覆贮缸内,用大石压定,腌三四日,打稿装坛。"又"腌五香咸菜"条说:"好肥菜,削去根,摘去黄叶,洗净,晾干水气。每菜十斤,用盐十两、甘草六两。以净缸盛之,将盐撒入菜桠内,排于缸中。入大香、莳萝、花椒,以手按实。至半缸,再入甘草茎。俟缸满,用大石压定。腌三日后,将菜倒过,扭去卤水,于干净器内别放。忌生水,将卤水浇菜内。候七日,依前法再倒,仍用大石压之。其菜味是香脆。若至春间食不尽者,于沸汤内瀹过,晒干,收贮。夏日用温水浸过,压干,香油拌匀,盛以瓷碗,于饭上蒸食最佳,或煎豆腐面筋,俱清永。"书中还介绍了腌莴苣、腌瓜、腌菜菔、腌胡莱服、腌雪里蕻等。虽然薛宝辰是陕西西安人,游宦北京,但其所记诸种腌菜法,与江南情形大致相同。

　　还有梅菜，也有苏州人称其为霉菜、霉干菜。谢墉《食味杂咏·梅菜》自注："亦名梅干菜，江南人或呼为菜干。凡腊月腌菜皆可为之，而以芦菔菜为之者为真梅菜。春初取出暴干，蒸熟之，乃细切之，又屡蒸屡暴之，乡俗或于蒸时洒以油，干后色黑如墨乃佳。其名曰梅菜者，盖以蒸之正梅花时，及其制成可食，则梅子熟时，当梅雨潮溽，凡蔬食腥膳多不能越宿，惟以此菜调烹者，可浃旬不变，故宜夏日，而行远者益资之。其以梅名，义尤专于梅炎时也。"将其切至粉末蒸熟，伴鲜猪肉红焖，愈蒸而味愈出，且不易馊，盛泽人称为霉菜烧肉，夏季家家户户均食之。蚊叟《盛泽食品竹枝词》云："常将肉类汁包燔。检点家厨不厌烦。霉菜晒干还切细，拌同烹食胜燕豚。"

　　市肆也有卖腌菜的，青木正儿《中国腌菜谱·腌青菜》说到在常熟遇到的事："在江南作春天的旅行，走到常熟地方那时的事情。从旅馆出来，没有目的地随便散步，在桥上看到有卖腌青菜的似乎腌得很好。这正如在故乡的家里，年年到了春天便上食桌来的那种青菜的'糟渍'，白色的茎变了黄色，有一种香味为每年腌菜所特有的，也同故乡的那种一样扑鼻而来。一面闻着觉得很有点怀恋，走去看时却到处都卖着同一的腌菜。这是此地的名物吧，要不然或者正是这菜的季节，所以到处都卖吧，总之这似乎很有点好吃，不觉食欲大动，但是这个东西不好买了带着走吧。好吧，且将这个喝一杯吧，我便立即找了一家小饭馆走了进去。于是将两三样菜和酒点好了，又要了腌菜，随叫先把酒和腌菜拿来，过了一刻来了一碗切好了的腌菜，同富士山顶的雪一样，上边撒满了白色的东西。心想未必会是盐吧。便问是糖么？答说是糖，堂倌得意的回答。我突然拿起筷子来，将上边的腌菜和糖全都拨落地上了。堂倌把眼睛睁得溜圆的看着，可是不则一声的走开了。我觉得松了一口气，将这菜下酒，一面空想着故乡的春天，悠然的独酌了好一会儿。"（周作人译）青木正儿以为加了白糖的腌菜，失去了它的本味，尤其是当作下酒物时，更不能让他喜欢。但江南人家喜欢甜味，作为消闲吃食的腌菜，确是需要放点糖的。

腌　渍

　　腌腊和糟渍,也是苏州人家常用的食品加工方法。

　　周作人《腌鱼腊肉》说:"腌鱼腊肉是很好吃的东西,特别我们乡下人是十分珍重的。这里边自然也有珍品,有如火腿家乡肉之类,但大抵还以自制的为多,如酱鸭风鸡,糟鹅糟肉,在物力不很艰难的时光,大抵也比制备腌菜、干菜差不了多少,因为家禽与白菜都可能自备,只有猪肉须得从店铺里去买来。"腌腊诸品,虽说市肆有腌腊店、南货店等专卖,但苏州人也自己腌制,至今腊月里,仍可看到人家屋檐下满满地挂着腌好的鸡鸭鱼肉。

　　家中腌猪肉,冬夏均可,方法甚多。朱彝尊《食宪鸿秘·肉之属》就记了五种腊肉制法:"肉十斤,切作二十块,盐八两、好酒二斤和匀,擦肉,令如绵软,大石压十分干,剩下盐、酒调糟涂肉,篾穿,挂风处,妙。又法:肉十斤,盐二十两,煎汤,澄去泥沙,置肉于中,二十日取出,挂风处。一法:夏月腌肉,须切小块,每块约四两,炒盐洒上,勿用手擦,但擎钵颠簸,软为度,石压之,去盐水,干,挂风处。一法:腌就小块肉,浸菜油坛内,随时取用,不臭不虫,经月如故,油仍无碍。一法:腊腿腌就,压干,挂土穴内,松柏叶或竹叶烧烟薰之,两月后,烟火气退,肉香妙。"

　　徐珂《清稗类钞·饮食类》记了三种:"夏月可腌猪肉,每斤以炒热盐一两擦之,令软,置缸中,以石压之一夜,悬于檐下,如见水痕,即以大石压干,挂当风处不败，至冬取食时，蒸煮均可。""冬日之腌猪肉也，先以小麦煎滚汤，淋过使干，每斤用盐一两擦腌，三两日翻一次，经半月，入糟腌之，一二宿出瓮，用原腌汁水洗净，悬静室无烟处，二十日后半干湿，以故纸封裹，用淋过汁净干灰于大瓮中，灰肉相间，装满盖密，置凉处，经岁如新。""风肉者，以全猪斩八块，每块以炒盐四钱细细揉擦，高挂有风无日处。"

还有一种很有名的腌肉，称"千里脯"，王士雄《随息居饮食谱·毛羽类》说："冬令极冷之时，取煺净好猪肋肉，每块约二斤馀，勿侵水气，晾干后，去其里面浮油及脊骨肚囊，用糖霜擦透其皮，并抹四围肥处（若用盐亦可，然藏久易瘴也），悬风多无日之所。至夏煮食，或加盐酱煨，味极香美，且无助湿发风之弊，为病后、产后、虚火食养之珍。"

苏州人家腌肉，往往是在冬至后，这与岁暮节俗有关。《吴郡岁华纪丽》卷十二"岁猪"条说："乡人豢猪于栏，极其肥腯。俟腊月宰之，充年馔祭神享先之用，谓之岁猪。陆放翁诗所谓'釜粥粉香饷邻父，阑猪丰腯祭家神'是也。里俗岁终祀神，尤尚猪首，必选择猪首如'寿'字纹者为佳。于是腌透风干，至年外犹足充馔。"这一风俗由来已久，苏轼《与子安兄》说："此书到日，相次岁猪鸣矣。老兄嫂团坐火炉头，环列儿女，坟墓咫尺，亲眷满目，便是人间第一等好事，更何所羡。"陆游《残历》云："残历不盈纸，苦寒侵弊裘。岁猪鸣屋角，傩鼓转街头。未死犹当学，长贫肯复忧。雪晴农事起，且复议租牛。"又《别岁》云："故乡于此时，酿熟岁猪肥。骨董羹延客，屠酥酒饷儿。灶涂醉司命，门贴画锺馗。多少伤怀事，溪云带梦归。"岁猪在祭神享先之后，将其入缸瓮腌制，在阳光下洒干的，通常称咸肉，在风中吹干的，通常称风肉。

庞寿康《旧昆山风尚录·四季节序》记昆邑的情形："冬至后，立春前，为腌制腊肉等之适宜季节。其法先以鲜肉腿用盐擦透，重压月馀，此后时时取出曝晒。来年食用，清明时节'笋腌鲜'为我昆家庭菜肴之上品。盖此时腌制，天气日寒，贮藏不易变质也。"吴江盛泽亦然，沈云《盛湖竹枝词》云："腊猪得酱晾风前，鱼鸭编绳庭共悬。笋党船来好烹煮，应夸味胜肉鲜鲜。"自注："腊月家购豚肉，敷以椒盐渍酱油中，与鸡鸭鲤鱼同挂檐下，望之累累。二三月中，笋船成群而至，名曰笋党。生猪肉俗呼为鲜鲜肉。"太仓的风鸡和腊蹄，就是由家制而成为市货的，宣统《太仓州镇洋县志·风土·物产》说："风鸡，味绝腴美，为邑佳产。腊蹄，腊月腌豚蹄，至清明后食之，风味剧佳。"风鸡为太仓特有，稻熟后饲以赤谷，使之极肥，用椒盐干腌之，然后再晾干。

糟渍以鱼肉为主，徐珂《闻见日抄》"苏人好用糟渍食物"条介绍了糟肉："苏人好以糟渍食物。岁之腊，城中居民煮豕肉使熟，微冷入坛，亟以上等绍兴酒和香糟，匀置新布袋中覆肉，再以绍酒倾于上，取重物压坛，二三日可食。此熟肉冷糟之法也。又有熟肉熟糟者，治同上，晨制之，夕可食矣。姜佐禹尝以家制者见贻，珂啖而甘之，与少壮时在馀姚所食者相类。佐禹又言洞庭东山所制糟肉之法如下：十二月净洗豕肉，俟干以盐力擦之，使正反面俱透，取香糟之干者密涂之，每使肉稍露于外，入坛，封坛口以泥，压坛以重物。至四月，置坛于屋瓦多太阳之处。六月食之，但须脔切，不必炊煮而已熟，视城人所糟者为尤香。"

朱彝尊《食宪鸿秘·鱼之属》介绍了糟鱼："糟鱼（腊月制），鲜鱼治净，去头尾，切方块。微盐腌过，日晒，收去盐水迹。每鱼一斤，用糟半斤、盐七钱、酒半斤，和匀入坛，底面须糟多，封好，三日倾到一次，一月可用。"并附带介绍了糟蟹："糟蟹（用酒浆糟，味虽美，不耐久），'三十团脐不用尖，老糟斤半半斤盐。好醋半斤斤半酒，八朝直吃到明年'。蟹脐内每个入糟一撮。坛底铺糟一层，再一层蟹一层灌满，包口。即大尖脐，如法糟用，亦妙。须十月大雄，乃佳。蟹大，量加盐糟。糟蟹坛上用皂角半锭，可久留。蟹必用麻丝扎。"

童岳荐《调鼎集·江鲜部》也记下好几种糟鱼法，如糟鲤鱼："腊月将鱼治净，切大块拭干，每斤用炒盐四两，擦过腌一宿，洗净晒干。陈糟一斤，炒盐四两拌匀，加烧酒，盖口装坛封泥。又，冬月大盐腌干，次年正月取陈糟和烧酒，拖鱼入坛糟，得浇烧酒、花椒封泥，四五月用。"糟鱼关键要用老卤，"一切腌鱼卤有留之二三十年者，凡鱼治净晒干，如时鱼等浸入，一两年不坏。其卤每年下锅一煎"。

作　料

　　袁枚《随园食单·须知单》说："厨者之作料，如妇人之衣服首饰也，虽有天姿，虽善涂抹，而敝衣蓝缕，西子亦难以为容。善烹调者，酱用伏酱，先尝甘否；油用香油，须审生熟；酒用酒娘，应去糟粕；醋用米醋，须求清冽。且酱有清浓之分，油有荤素之别，酒有酸甜之异，醋有陈新之殊，不可丝毫错误。其他葱、椒、姜、桂、糖、盐，虽用之不多，而俱宜选择上品。"家庭烹饪，讲究的就是作料，童岳荐《调鼎集·铺设戏席部》甚至说："酱油、盐、醋、酒、腌菜必须自制。"

　　酱油，乃由大豆、小麦、米麸皮等经发酵加盐水而制成的调味品。王士雄《随息居饮食谱·调和类》说："篘油则豆酱为宜，日晒三伏，晴则夜露。深秋第一篘者胜，名秋油，即母油。调和食物，荤素皆宜。"《随园食单·须知单》所举"上品"，首先提到的就是苏州秋油："苏州店卖秋油，有上中下三等。"苏州人称秋油为母油，一般人家都用母油来烹调菜肴。欲煮好菜，全赖酱油，酱油不好，虽有名厨，也难得佳肴。特别是白斩鸡、白切肉、白肚一类冷食盆菜，都蘸母油以食，滋味更为鲜美。清末民初，苏州以顾得其、潘所宜、恒泰兴等酱园所制为最佳。

　　虾子酱油，乃苏州特产，其他地方是没有的。早在乾隆朝，袁枚就提到虾子酱油的做法，《随园食单·小菜单》说："买虾子数斤，同秋油入锅熬之，起锅用布沥出秋油，乃将布包虾子，同放罐中盛油。"旧时苏州人家都自制，范烟桥《吴中食谱》说："每至黄梅时节，虾乃生子，于是虾子酱油之制比户皆是。此品居家不可不备，如食白鸡、白肉、冬笋、芦笋皆需之，虽市上亦有出售，大都杂以鱼子，故不如自制之可口。"郑逸梅《瓶笙花影录》卷上"虾"条也说："仲夏之际，虾辄抱子，俗称带子虾，味最鲜美，价亦较寻常者为昂。有取虾子制虾子酱油者，其法购上好酱油，入锅煎之，待其沸，净去其浮沫，然后倾入漂清之虾子，每斤酱油约倾入虾子三两，多则以之为比例，并加入烧酒、葱姜、冰糖等，至相当火候而止，万不可沸溢，沸溢则虾子上浮，尽付牺牲矣。储于瓶盎，随时勺取，虽留至来年不坏也。"费孝通《话说乡味》回忆："我记得我去瑶山时，从家里带了几瓶这种酱油，在山区没有下饭的菜时，就用它和着白饭吃，十分可口。"苏州人家做虾子酱油，都在五六月里，此风至今尚未消歇。店家所制，以稻香村、石家饭店最著名，已有百年以上的制销历史，选料制作都精湛，受到顾客欢迎，走亲访友，也将它作为馈赠的土宜。

松蕈油，蕈味鲜美，非一般野生蘑菇可比，取新鲜松花蕈加菜油、酱油熬之，称为蕈油，香气扑鼻，鲜美异常，人称素中之王，可藏数月之久。寺院里，僧厨都采松花蕈熬制蕈油，盛在罐子里，作为招待施主的上品。至于寻常人家，也从市上买来松花蕈熬油，炒菜漉面，妙不可言。夏传曾《随园食单补证·补作料单》说："以鲜菌或入香油，或入酱油，均可。光福、木渎人优为之，余向于天平之无隐庵尝之，大妹家亦尝制以见遗，味终不及。"木渎石家饭店自制松蕈油，选料严格，制作精湛，堪称一方特产。至今常熟兴福寺有蕈油面供应，天天吃客盈门。王世襄《春菰秋蕈总关情》回忆："记得十一二岁时，随母亲暂住南浔外家。南浔位在太湖之滨、江浙两省交界处。镇虽不大，却住着不少大户人家。到这里来佣工的农家妇女，大都来自洞庭东西山。服侍外婆的一位老妪，就是东山人。她每年深秋，都要从家带一鬏'寒露蕈'来，清油中浸渍着一颗颗如钮扣大的蘑菰，还漂着几根灯草，据说有它可以解毒。这种野生菌只有寒露时节才出土，因而得名。其味之佳，可谓无与伦比。正因为它是外婆的珍馐，母亲不许我多吃，所以感到特别鲜美。"其实这一臠"寒露蕈"就是蕈油,《洞庭东山物产考·菌部》说:"用豆油或菜油,加盐、糖、酱油熬煮,可以入坛致远。"熬过的蕈并不捞出,如果用来炒菜溉面就是佐料了。

笋油,取笋或蒸或煮,捞出榨压,其汁如油,即谓之笋油。方以智《物理小识·饮食类》"笋油"条说:"浙煮笋作笋鲞,武火一日,文火养一夜,后采之笋,皆入此中煮积之,即笋油。"朱彝尊《食宪鸿秘·酱之属》"笋油"条说:"南方制成笋干,其煮笋原汁与酱油无异,盖换笋而不换汁故。色黑而润,味鲜而厚,胜于酱油,佳品也。山僧受用者多,民间鲜制。"笋油乃僧厨常用调料,范烟桥《吴中食谱》说:"寺院素食,多用菌油、麻油、笋油,偶尔和味,别有胜处。"

麻油,即食用芝麻油,厨下不可或缺,烹调肴馔,荤素咸宜。夏曾传《随园食单补证·补作料单》说:"磨油有小磨、大磨之分,以小磨为佳,"旧时常熟城里新县前有一居姓店家所制小磨麻油,质量上乘,芳香扑鼻,堪称上品。太仓麻油也为佳制,宣统《太仓州镇洋县志·风土·物产》有"小磨麻油,味极香美"之记。

糟油,以糟入油料调制而成,调馔香美。顾仲《养小录·酱之属》介绍了它的一般制法:"作成甜糟十斤,麻油五斤,上盐二斤八两,花椒一两,拌匀。先将空瓶用希布扎口贮瓮内,后入糟封固,数月后,空瓶沥满,是名糟油,甘美之甚。"糟油以太仓、嘉兴所出为有名,据说太仓糟油为乾隆时邑人李梧江所创,袁枚《随园食单·小菜单》说:"糟油出太仓州,愈陈愈佳。"《调鼎集·调和作料部》也说:"糟油,嘉兴枫泾者佳,太仓州更佳。其澄下浓脚,涂熟鸡鸭猪羊各肉,半日可用。以之作小菜,蘸各种食亦可用。"可见由来已久了。嘉庆二十一年(1816),太仓老意诚酱园开业,逐渐形成糟油产销规模。时太仓为直隶州,辖镇洋、嘉定、宝山、崇明四县,往来之人都买糟油作为土宜,后来竟成为官礼。北京市上也有糟油,谢墉《食味杂咏·糟油》自注:"南酒肆中间有糟油,价贵于酒。"邑人钱鼎铭,同治间任河南巡抚,他将家乡的糟油送给李鸿章,李又转献慈禧太后,太后以为"味绝",赐老意诚酱园"进呈糟油"匾,可知其名不虚,故宣统《太仓州镇洋县志·风土·物产》说:"色味俱胜,他邑所无。"确乎是一方独绝之品。糟油能解腥气,提鲜味,开胃口,增食欲,香味浓郁,且宜于贮存,存愈久其味愈香。荤素菜肴,无论红烧清炖,还是冷拌热炒,只要烹饪时放上少许,便有特殊风味,如红烧肉即有五香酱肉之味,如海味则无腥且更肉嫩味美,如面食、馄饨、水饺、春卷用以热蘸,口味更绝,糟油煎馄饨是夏令佳名。用糟油做成的糟蛋,与五香茶叶蛋相比,则另有一种独特的美味。

酒麻,旧时江南人家的常用调料。谢埔《食味杂咏·酒麻》自注:"酒沫也,苏松嘉湖一带土音,以沫为麻音之转也。白酒成时,有沫浮起,捞漉净尽,酒乃清洌。此沫以油盐调和蒸食之,风味鲜美绝伦。以酒案酒,诸品皆出其下,亦异矣。"诗云:"百末兰生妙久酋,糟床注后酒痕浮。麹尘盎盎凝缸面,云液英英长瓮头。淡泊相遭融五味,醇醨五变废千篘。和羹绝品裁清酤,每饭何能忘竹篘。"晚清以后,就少见记载了。

豆豉,一般用大豆或黑豆蒸煮以后,经发酵制成,多用于调味。吴江平望曾以此著名,道光《平望志·土产》说:"豆豉,以黄豆、杏仁、榛仁、瓜子、陈皮、姜丝等浸酱中,最能耐久。"太平军乱后无有矣,光绪《平望续志·疆土·物产》说:"豆豉载翁《志》,兵燹后制法失传,今无此物。"

辣酱和辣油,以吴江平望所出名闻遐迩。光绪十一年(1885),黎里人鲍问槎在镇上殊胜寺侧创办达顺酱园,作前店后坊格局,除辣油、辣酱外,还生产酱菜、酱油、糟烧等。至1940年代,平望有达顺、达隆、聚顺、德兴四家较具规模的酱园,都生产辣酱、辣油,但仍以达顺最有声誉。达顺制作时选择浙江鸡爪辣椒和佛手辣椒,肉头厚,辣味足,色泽红,故做出的辣酱和辣油色泽鲜艳,细腻透明,辣中有甜,甜中有香,滋味鲜美。制作时都手工操作,且用旺火熬汁,文火炙味,因而有特别的细、浓、鲜、辣、艳,贮存愈久,色味更为醇厚。用以烹调菜肴或拌制面食,更鲜美可口,增加食欲,也有助消化。平望是沪、苏、嘉、湖的交通枢纽,途经的旅人,都要买点辣酱、辣油回去,故而声名远扬。

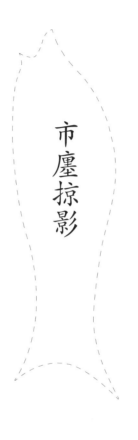

市塵掠影

唐代江南，社会安定，农桑丰稔，商业兴盛，苏州经济迅速发展，大历十三年（778）升为江南惟一雄州，属全国经济中心和财赋重地，城市建设也举世瞩目。韦应物《登重玄寺阁》云："时暇陟云构，晨霁澄景光。始见吴郡大，十里郁苍苍。山川表明丽，湖海吞大荒。合沓臻水陆，骈阗会四方。"白居易《九日宴集醉题郡楼兼呈周殷两判官》亦云："半酣凭槛起四顾，七堰八门六十坊。远近高低寺间出，东西南北桥相望。水道脉分棹鳞次，里闾棋布城册方。人烟树色无隙罅，十里一片青茫茫。"其间室庐舟楫之盛，服饰饮食之奢，为人所誉扬不绝。官府楼馆，市井酒肆，遍布城郭，还出现了不受坊市制度限制的夜市。远方客商纷至沓来，促进了苏州的城市繁荣。

钱氏吴越时期，苏州社会安定，经济富足，人民安居乐业，孙觌《枫桥寺记》说："盖自长庆讫宣和，更七代三百年，吴人老死不见兵革，覆露生养，至四十万家。"谚语"天上天堂，地下苏杭"、"苏湖熟，天下足"，就在这时开始流传的。入宋以后，苏州被誉为"天下之乐土"，朱长文《吴郡图经续记·物产》说："若夫舟航往来，北自京国，南达海徼，衣冠之所萃聚，食货之所丛集，乃江外之一都会也。"饮食业兴旺，市楼更其宏丽。宋室南渡以后，苏州又融汇了丰富的中原文化，饮食品类增多，自然行业发展，形成许多帮式。元军平定江南后，由于政令疏阔，赋税宽简，苏州经济很快恢复，方回《姑苏驿记》就说："男女异路，贞信有别；狱讼鲜少，道不拾遗；城社屏迹，巷无郑声；酤籴烹庖，物饶价平。"即使到了元末张士诚据吴之时，战事连续，但城中依然繁华，杨仪《垄起杂事》记元夕张灯："街衢杂踏，人物喧哗。士诚登观风楼，开赏灯宴，令从者赋诗，号望太平。"

明代前期，苏州遭赋税重压，邑里萧然，生计鲜薄。至正统以后稍有舒缓，城乡景象逐渐改观，莫旦《苏州赋》说："至于治雄三寝，城连万雉；列巷通衢，华区锦肆；坊市棋列，桥梁枅比；梵宫莲宇，高门甲第；财货所居，珍奇所聚；歌台舞榭，春船夜市；远土钜商，他方流妓；千金一笑，万钱一箸。所谓海内繁华、江南佳丽者与。"就在明代，以阊门为中心，延伸出四条繁华的街市：一条是由阊门至枫桥的上塘街，一条是由阊门至虎丘的山塘街，一条是由阊门至胥门的南濠街，还有一条就是城内的阊门大街（又称中市大街，今西中市、东中市）。郑若曾《江南经略·枫桥险要说》便说："天下财货莫聚于苏州，苏州财货莫聚于阊门。"王心一《重修吴县志序》也说："尝出阊市，见错绣连云，肩摩毂击。枫江之舳舻衔尾，南濠之货物如山，则谓此亦江南一都会矣。"在那阛阓骈阗之地，市楼、酒店、茶馆、戏园遍布，唐寅《姑苏杂咏》云："长洲茂苑占通津，风土清嘉百姓驯。小巷十家三酒店，豪门五日一尝新。市河到处堪摇橹，街巷通宵不绝人。四百万粮充岁办，供输何处似吴民。"

入清以后，苏州作为市场繁荣、功能全面的经济大城，更趋繁荣。孙嘉淦《南游记》说："姑苏控三江、跨五湖而通海。阊门内外，居货山积，行人水流，列肆招牌，灿若云锦。语其繁华，都门不逮。"至乾隆朝，苏州城市规模仅次于北京，万家烟树，商肆辐辏，贸易之盛，甲于天下。李斗《扬州画舫录·城北录》引刘大观语曰："杭州以湖山胜，苏州以市肆胜，扬州以园亭胜，三者鼎峙，不可轩轾。"以至《红楼梦》第一回这样说："这东南有个姑苏城，城中阊门，最是红尘中一二等富贵风流之地。"

正如徐珂《清稗类钞·饮食类》所说："饮食之事，若不求之于家而欲求之于市，则上者为酒楼，可宴客，俗称为酒馆者是也。次之为饭店，为酒店，为粥店，为点心店，皆有庖，可热食。欲适口欲果腹者，入其肆，辄醉饱以出矣。"苏州饮食业随城市商业的发展而兴盛，酒楼、饭店、面馆、粥店、酒肆、茶馆、茶食店、糕团店、小吃摊鳞次栉比，尤其是酒楼、茶馆环境幽雅，有的更在庭院里叠山凿池，构亭建榭，向着园林化方向发展，冰盘牙箸，酒茗佳肴，靡不精洁。山塘、胥江、荷花荡、石湖等处游船画舫上的船菜、船点日臻完美，闻名遐迩。同时，名厨辈出，吸收、交流、整合烹饪经验，逐步形成独步天下的苏帮菜系。

日本海社美术馆藏雍正十二年（1734）印制的《姑苏阊门图》，描绘了当时阊门外的繁华景象，近景为街市，店肆林立，可辨识的饮食业市招，吊桥堍、上塘街有"五香乳腐，进京小菜"、"顾二房"，南濠街及与上塘街交会处，有"茶食"、"孙春阳"、"三鲜鸡汁大面"、"茶室"，沿河大街有"酒坊"、"酱园"等。日本神户市立博物馆藏乾隆五年（1740）印制《姑苏万年桥图》，则描绘了万年桥落成当年的景象，百花洲有酒店、饭店，城外及桥堍的市招有"万仙馆"、"精洁馄饨"、"茶室"，胥江对岸的市招有"酒坊"、"同春号酱园"等。在乾隆二十四年（1759）徐扬绘《盛世滋生图卷》上，木渎镇中市街沿河有一酒楼，檐下挂"本店包办各色酒席"市招，楼上又悬招牌"五簋大菜"、"各色小吃"、"家常便饭"，酒楼东为饼馒店，悬招牌"上桌馒头"，又东为茶食店，悬招牌"状元香糕"，对岸一酒楼，座无虚席，也高高挑出"包办酒席"的招牌；至胥门外接官厅一段，面河墙上大书"五簋大菜"、"童叟无欺"及"面馆"等字。由此可见清代中叶苏州饮食业的繁荣。日本江户时期汇编的文献丛刊《视听草》，收入一份《江南省苏州府街道开店总目》，这是清高宗南巡期间苏州著名商号的实录，凡二十五家，其中与饮食有关的有十家，引录于下："第三店，芳馥斋，拣选各种茗茶发客"；"第五店，源盛号，精造进京三白名酒，此酒店也"；"第六店，永吉号，火腿鱼鲞行，此盐腊鱼肉店也"；"第九店，美芳馆，精洁肉食，此熟食店也"；"第十一店，源发号，长路粮食，此米店也"；"第十三店，森禄斋，法制精巧果品茶食，此果子店也"；"第十五店，此奥馆，荤素酒饭，此酒馆也"；"第十六店，上元馆，精洁满汉糕点，此糕品店也"；"第二十店，大有号，酱园，此酱油醋浆萝瓜并各小菜店也"；"第二十四店，美乐馆，荤素大面，此面馆"。

　　咸丰十年（1860），阊门、胥门外的商市几毁于兵燹，殃及西半城，由于东半城损失较小，使得今临顿路一带的市面迅速兴起，颇形热闹，范烟桥《吴中食谱》说："盖自临顿桥以迄过驾桥，中间菜馆无虑二十馀家，荒饭店不计，茶食糖色店称是，而小菜摊若断若续，更成巨观，非过论也。"于是遂有"吃煞临顿路"的俗语。同治、光绪年间，观前街逐渐繁荣，饮食店家增多，玄妙观内茶肆食摊丛集，故市井又有"吃煞观前街"之说，观钦《苏州识小录·里巷》说："城内有四街，性质各异，仓街冷落无店铺，北街多受阳光，观前街食铺林立，护龙街衣肆栉比。苏人之谣曰：'饿煞仓街，晒煞北街，吃煞观前街，着煞护龙街。'"随着沪宁铁路的建设，修筑阊门外大马路，菜馆业纷纷择址兴建，广济桥、鸭蛋桥、吊桥一带的饮食业日盛一日，阊门外商市逐渐复兴。

随着苏州饮食业的不断发展,不同行业、职业的行会组织纷纷建立起来。酒馆业的菜业公所,创办于乾隆四十五年(1780),设址宫巷关帝庙内,光绪二十八年(1902)迁东美巷,改称友乐公所;饭馆业的膳业公所,创办于道光初,设址金姆桥东高冈上;无锡帮饭馆业的梁溪膳业公所,创办于同治四年(1865),设址海红坊;官厨业的官厨公所(即九邑官厨公所、厨小甲公所),创办于道咸间,设址东采莲巷;红白案厨师的庖人公所,创办于嘉庆年间,设址宫巷;面馆业的面业公所,创办于乾隆二十二年(1757),设址宫巷关帝庙内;炉饼业的集庆公所,创办于乾隆间,设址玄妙观雷尊殿内;茶食业的江安公所,创办于道咸间,设址胥门外由斯弄底通渭桥,同治间重建于西百花巷;海货业的永和公堂,创办于咸丰八年(1858),设址南濠黄家巷;肉店业的三义公所,创办于道光二十五年(1845),设址夏侯桥;酱坊业的酱业公所,创办于同治十二年(1873),设址颜家巷;酒行牙商的醴源公所,创办于道光二十四年(1844),设址胥门外窑弄。另外,浙台饼业公所在北石子街,南枣公所在枣市街,糖业公所在施相公弄,腐业公所在大营门唐寅坟,茶叶公所在神道街,五丰公所在菉葭巷,米豆公所在胥门水仙庙,猪业公所在齐门下塘。公所是处理本行业公众事务的团体,以周恤同业的慈善事业为主,兼有限制竞争、议定行规、规范经营诸多职能,而行业神崇拜是统一本行的重要手段。如庖人公所,顾震涛《吴门表隐》卷九说:"庖人公所在宫巷中,祀关帝、宋相公礼、阙祖师任元。(其神有夙沙、支离、伊尹、易牙、彭篯、虞悰、娄护、何曾、郑虎臣、段成式祔。)嘉庆□□年呈官公建,庖厨同业奉香火。"在上述厨神中,惟郑虎臣是南宋苏州人,居鹤舞桥东,府第甚盛,号"郑半州",相传著有《集珍用品》、《闱灯实录》各一卷,或说前者多记饮食事,故庖人公所奉他为厨神。从这一侧面,也可见得苏州饮食业的兴旺发达。

辛亥革命后,苏州饮食业在长期发展过程中,不断从衙门官厨、寺院僧厨、画舫船厨、富户家厨、民间私厨中汲取所长,博采广纳,兼收并收,形成了具有鲜明地方特色的菜肴、面点、糕团、茶食、小吃等,称之为苏帮或苏式,品种之多,风味之佳,享誉四方。因苏州五方杂处,徽帮、京帮、广帮、常熟帮、无锡帮、镇江帮以及素菜馆、清真馆等名厨荟萃，不断推动饮食业的发展，涌现了一批名店。一些店家还适应新潮，兴办礼堂，以供举行礼仪宴集。

1937年，阊门外遭日机重点轰炸，商市大半被毁。沦陷后，饮食业多集中于观前街一带，特别是北局太监弄几乎都是酒楼饭馆，故民间又有"吃煞太监弄"之说。许家元《劫后之苏州·工商》说："苏人善烹调，味美适口，故凡莅苏土者，莫不一尝盛肴，以快口腹，故饮食品店，遍设各地。事变而后，亦不减往昔，且大小饮食品店，皆雇有女子招待，可供侑觞，一曲清歌，令人忘醉，此亦事变后之新兴事业之一也。其他如各种糖果铺等，大都恢复旧状，玄妙观中饮食小摊肆，则较前更形增多矣。"谷水《旧地重逢》说得更具体："新亚、味雅等酒楼，乐乡、皇后、大陆等旅社，酒绿灯红，金碧辉煌，令人真是头晕目眩。菜馆里嚼着美味价廉的菜肴，饮着甘醇清洌的酒；旅馆里又是门庭若市，夜夜客满。""在中午的时候，各家酒菜肆里，男男女女，挤着一堂，侍役的叫唤声和宾主的酬酢声，混成一片，旅社酒楼里的向导女的歌唱嬉笑声，更见杂沓。因为社会上应酬日繁，所以目前的酒菜馆，如雨后春笋一般连一接二地开设起来。……同时玄妙观里的吃玩的点心店、菜馆、杂件店，拥着不少的吃客，一桌去了一桌又来，把整个玄妙观都塞满了人的细胞，这样的热闹，直到天黑了，才得停止。"

抗战胜利后不久，时局发生动荡，饮食业受通货膨胀和抢购风潮影响，大批店家倒闭，较有实力的大户也亏损累累，处于奄奄一息的状态。

1949年后，社会变革，服务对象发生变化，一部分属高价消费的大菜馆被淘汰，为大众服务的中小型店家有所增加。1956年，饮食业实行公私合营或合作化，调整商业网点，扩大和发掘了一批老字号、名店、大店，以保持地方传统特色。同年十月，在玄妙观举办的饮食品展览，轰动一时，名厨名师纷纷献艺，二十天内展出名菜名点一千馀种，天天观者如潮。1958年后，饮食业发展历经曲折，国民经济困难时期，饮食业一落千丈。"文革"发动，老字号被改名，名菜名点被一概取消，代之以大众化菜点；城内茶馆被取缔，仅剩几家悉迁市郊。1979年后，商业体制改革，国营、集体、个体饮食业得到全面发展，店家迅速增加。自1980年代起，整个饮食业出现前所未有的繁荣局面。

官　厨

　　唐宋元三朝，凡苏州官府宴客大都在郡治举行，郡治即最高行政机关所在地。唐宋州治、府治，元平江路总管府，均设在子城。据南宋绍定二年（1229）《平江图》标识，子城的大致范围，东至玉带河（今公园路），西至锦帆泾（今锦帆路），南至今十梓街，北至今言桥下塘。郡治南部为治事之所，北部为园圃，有池塘山石之胜，楼台厅堂、亭榭斋馆密迩相望，实为一处规模宏大的官署园林。郡治内宴客之处，主要有木兰堂、齐云楼、西楼、东楼等。

　　木兰堂在郡圃之西，又称木兰院，也称州宅后堂。《吴郡志·官宇》引《岚斋录》："唐张抟自湖州刺史移苏州，于堂前大植木兰花。当盛开时，燕郡中诗客，即席赋之。陆龟蒙后至，张联酬浮之，龟蒙径醉，强执笔题两句云：'洞庭波浪渺无津，日日征帆送远人。'颓然醉倒。抟命他客续之，皆莫详其意。既而龟蒙稍醒，援笔卒其章曰：'几度木兰船上望，不知元是此花身。'遂为一时绝唱。"建炎四年（1130）毁，绍熙中重建，范成大书额，已非复故址。

　　齐云楼在郡圃后子城上，相传即为古月华楼，白居易《和公权登齐云楼》云："楼外春晴百鸟鸣，楼中春酒美人倾。路傍花日添衣色，云里天风散珮声。向此高吟谁得意，偶来闲客独多情。佳时莫起兴亡恨，游乐今逢四海清。"又《忆旧游》云："长洲苑绿柳万树，齐云楼春酒一杯。"建炎兵燹毁，绍兴十四年（1144）重建。

西楼在子城西门上，白居易《城上夜宴》云："风月万家河两岸，笙歌一曲郡西楼。诗听越客吟何苦，酒被吴娃劝不休。"刘禹锡《八月十五日夜半云开然后玩月因诗一时之景兼呈乐天》云："斜辉犹可玩，移宴上西楼。"又名望市楼、观风楼。建炎兵燹毁，绍兴十五年（1145）重建。

东楼在子城东门之上，独孤及《重阳陪李苏州东楼宴》云："是菊花开日，当君乘兴秋。风前孟嘉帽，月下庾公楼。酒解留征客，歌能破别愁。醉归无以赠，祇奉万年酬。"

除此以外，郡圃宴客之处，还有初阳楼、东亭、西亭等。

南宋时，又先后在乐桥之南建清风楼，在西楼之西建黄鹤楼和跨街楼，在饮马桥东北建花月楼，在乐桥东南建丽景楼。花月、丽景两楼，为淳熙十二年（1185）知府邱崈建，雄盛甲于诸楼。这些官办酒楼，装饰豪华，食具精洁，酒香四溢，艳姬浅唱，有幸登临与席者，无不有难忘今宵之感。

苏州客馆之设甚早，例有厨传之供，《汉书·王莽传》颜师古注："厨，行道饮食处；传，置驿之舍也。"春秋吴国时就有巫欐城，相当于国宾馆，《越绝书·外传记吴地传》说："巫欐城者，阖庐所置，诸侯远客离城也，去县十五里。"旧传又有全吴、通波、龙门、临顿、升羽、乌鹊、江风、夷亭古馆八所。宋元时期，苏州处于重要的交通位置，宾客往来纷纷。《吴郡图经续记·亭馆》记元丰前已新增按部、缁衣、济川、皇华、使星、候春、褒德、旌隐等亭馆，联比于岸，城中更有怀远、安流两亭，以安置高丽国宾客。

南宋时，客馆以姑苏馆规模为最大，《吴郡志·官宇》说："姑苏馆，在盘门里河西城下，绍兴十四年郡守王㬇建。体势宏丽，为浙西客馆之最，中分为二，曰南馆、北馆。绍兴间始与虏通和，使者岁再往来，此馆专以奉国信。贵客经由，亦假以牺船。登城西望，吴山皆在指顾间。故又作台于城上，以姑苏名之，虽非故处，因馆而名，亦以存旧事也。制度尤瑰，特为吴中伟观。此台正据古胥门，门迹犹存。又有百花洲在台下，射圃在洲之东，台洲亦皆㬇所建，并馆额皆吴说书。"除姑苏馆外，在明泽桥之东、吉利桥之西的河北岸沿流建吴会亭、升羽亭、候春亭、茂苑亭、春波亭，在饮马桥东北岸建皇华亭、平汇亭,在梵门桥南建升平馆,在贡院前河西建宾兴馆,在阊门河南建望云馆,在盘门内建吴门亭。另外又新增两处高丽馆,一在阊门外,一在盘门外,专门接待高丽国客人。

元末,张士诚据子城为太尉府。至正二十六年(1366)十一月,徐达等率军进围平江城,据黄暐《蓬轩吴记》卷上记载,翌年九月,徐达等破城,张士诚"遣嫔御悉自经于齐云楼下,竟钥户举火,须臾烟焰涨空,娇娃艳魄,荡为灰烬",一座宏丽壮观的子城,就这样消失在历史的风尘里了。废墟残堞,鞠为茂草,荒凉了五百多年,人称王废基。

明清时期,江苏巡抚行台在今书院巷,江苏布政使署在今学士街升平桥西北,江苏提刑按察使署在今道前街歌薰桥东,苏州府署在今道前街(旧称府前街)织里桥东,吴县署在今古吴路,长洲县署在今长洲路,元和县署在今元和路,此外城内还有大小衙门数十处。

自清康熙时宋荦抚吴起,苏州官府宴集一般都在沧浪亭举行。《吴郡岁华纪丽》卷三"清明开园"条说:"宋商丘抚吴,构亭山巅,复其旧观,饶有水竹之胜,陶云汀中丞复建五百名贤祠于侧,为郡僚游宴之所。"雍正七年(1729),江苏巡抚尹继善在今可园衍东一带建近山林,作为奉使宴客之所。沈复《浮生六记·闺房记乐》记乾隆四十五年(1780)中秋傍晚偕芸娘登沧浪亭,"隔岸名近山林,为大宪行台宴集之地,时正谊书院犹未启也"。嘉庆十年(1805)辟近山林为正谊书院,官府宴集仍在沧浪亭。咸丰初潜庵《苏台竹枝词》云:"新筑沧浪亭子高,名园今日宴西曹。夜深传唱梨园进,十五倪郎赏锦袍。"自注:"沧浪亭为大吏宴客之所,久废,新葺。倪郎隶大雅部,色艺兼绝,为时所重。"咸丰兵燹,沧浪亭遭受很大毁坏,同治间重建。

官府宴集,一般都有相应规制,然而情形各别,难以理出头绪。袁枚《随园食单·戒单》说:"唐诗最佳,而五言八韵之试帖,名家不选,何也?以其落套故也。诗尚如此,食亦宜然。今官场之菜,名号有十六碟、八簋、四点心之称,有满汉席之称,有八小吃之称,有十大菜之称,种种俗名,皆恶厨陋习,只可用之于新亲上门,上司入境,以此敷衍,配上椅披桌裙,插屏香案,三揖百拜方称。

若家居欢宴,文酒开筵,安可用此恶套哉?必须盘碗参差,整散杂进,方有名贵之气象。"袁枚不喜欢官府菜,以为"落套",而按规制来办,难免如此。

清承明制,在江宁、杭州、苏州各设织造衙门,隶属内务府。织造监督属钦差,有专折奏事权,除管理织务、机务和征收机税等,兼理采办及皇上交办事宜,且有监察地方之责。苏州织造衙门在带城桥东北隅(今属第十中学),顺治三年(1646)工部侍郎陈有明即明嘉定伯周奎故宅改建,自康熙二十三年(1684)圣祖首举南巡起,即辟为行宫,圣祖、高宗各六次南巡,都以此为驻跸所在。在《南巡盛典·江南名胜》的"苏州府行宫"图上,西侧有"御膳房"、"御茶房"等建筑标志。据中国第一历史档案馆藏乾隆三十年(1765)《江南节次膳底档》记载,高宗南巡膳食,例由随行御厨主持,织造衙门厨子协办,另有地方大员进呈各式菜点,呈现异常烂漫的饮食景观。

以乾隆三十年(1765)南巡为例,二月十四日,高宗御舟尚在宝应境内海棠庵大营,苏州织造普福就有进呈,"苏州织造普福进糯米鸭子一品、万年青炖肉一品、燕窝鸡丝一品、春笋糟鸡一品、鸭子火熏馅煎粘团一品(系普福家厨役做)、银葵花盒小菜一品、银碟小菜四品",且带了厨役张成、宋元、张东官三人,让他们一路为皇上治膳,"总管马国用奉旨,赏织造普福家厨役张成、宋元、张东官每人一两重银锞二个"。张成、宋元做菜,张东官做点心,早中晚三膳中,他们中的一人只做一道。惟有两次例外,一次是上船的第二天,在崇家湾大营中膳,三人各做了一道,张成、宋元做了肥鸡徽州豆腐、燕窝糟肉,张东官做了栗子糕,大概算是试菜;还有一次是最后一天,三月二十一日在镇江金山行宫,总管孙进朝奉旨:"赏苏州府厨役张成、张东官、宋元每人一两重银锞二个,仍交给普福,就叫他们回苏州府去。钦此。"晚膳时,三人又各做了一道,张成做了糟火腿,宋元做了煤八件鸡,张东官做了鸭子火熏馅煎粘团。在这一路上,皇上有时还要让他们特别做点喜欢的吃食,如闰二月初十日在杭州西湖行宫,上传"苏州厨役打卤过水面一品";闰二月十七日在西湖行宫又"上传苏州厨役做燕窝脍五香鸭子一品"。

南巡时,皇上还时有赐食臣工之举,如圣祖就曾赐江苏巡抚宋荦,陈康祺

《郎潜纪闻二笔》卷一"宋牧仲恩遇之隆"条说:"《西陂类稿》中有恭纪苏抚任内迎銮盛事云,某日,有内臣颁赐食品,并传谕云:'宋荦是老臣,与众巡抚不同,著照将军、总督一样颁赐。'计活羊四只、糟鸡八只、糟鹿尾八个、糟鹿舌六个、鹿肉干二十四束、鲟鳇鱼干四束、野鸡干一束。又传旨云'朕有日用豆腐一品,与寻常不同,因巡抚是有年纪的人,可令御厨太监传授与巡抚厨子,为后半世受用'等语。此世俗深朋密戚之所希闻,而以万乘至尊,垂念人臣餔啜之需,乃至纤至悉如此,宜身受者举箸不忘也。"这当然是莫大的恩典。

从南巡膳食档案中,可以分析归纳出当时苏州菜点的一部分。虽然御膳有很大的局限性,但可藉以了解一个大概。

官中宴请,各有名目,即童生也有机会享用,包天笑《六十年来饮食志》说:"官中宴享,往往用十大碗,我在县府考试的时候,吃过一次十大碗。县府考的最后一次提覆,人数最少,县尊府尊,每请童生吃一顿饭,八人一桌,十个大碗。里面的菜,不堪下咽,然而考生们,以能吃这一次的十大碗为荣,大概吃到这十大碗的人,明年必有入泮的希望。十大碗中,有一样菜,那是必定有的,是肉圆线粉汤,这是祝颂抢元之意。倘然一桌是八个人,那有八个小肉圆,这肉圆觉得很名贵的。"生员入学,又有公堂宴,如吴县,就在县学明伦堂举行,由知县主持,每人一席,席上点红烛,并有甘蔗牌楼,菜有六簋四碟,但都不可吃,只饮三爵而礼成。诸生上前行一跪九叩礼,时陪席者退避,知县也退立,惟教谕、训导两位学官端坐受礼,相传为旧例。

乾隆四年(1739)状元,官至江苏、湖北、浙江、福建巡抚的庄有恭,写过一本《偏途论》,"偏途"是相对"正途"而言的,他对"长随"一类在衙门做事的人循循规劝,传授职业经验和办事要诀,其中也包括管理厨事的人员,最后一篇《司管厨事论》说:

"凡管厨一事,要知官府天性喜爱奢华朴实,平常酷好何物,向来咸淡口味。请客有彩、觞、筵、雅、酒之名目,酒席有满汉、烧烤、大小便饭之分别,总宜应时酌一菜单,呈官删改添换为主。常时饭菜,亦宜逐日更换,煨烧、烹炒、凉拌、煮羹、香粘、甜脆、饭粥、饼馒,必得时时留心。接差酒席,谅(量)

使之。大小办差朋友，和气相待，以酒席拨换。厨房用物，各有行规，柴米煤炭，碗店屠头，酱园糟坊，面店盐店，各处虽异，有旧规章程。买办、厨子、煮饭、打杂、挑水夫、火夫，统计若干名数，分别公食多寡。惟厨役选取老手，加以另眼看待，渠知好歹，不但不废材料，而可关心打算。倘剩菜肴，亦要量为给食，不可过紧，亦不宜太松，酌乎其中。谅（量）厨房之出息，除应给工钱之外，稍加帮贴，尽知好歹，再加贴补，如不知好歹之人，方可更换，伊亦无怨。再者，买办、厨子、打杂、水夫、火夫，亦提防里应外合，勾手作弊，暗中须留心，一经察出，重则回官，轻则驱逐。古云：'礼治夫子，势压小人。'最难言者，逐日同人例饭菜，均宜美而且丰，如过省减，同事不无物仪，倘竞丰盛，朋友眼中出气。能切近与官之人，无不歌颂其美，异口同声，岂不为快者。话虽如此，而同事兄弟亦当体贴，虽知管厨之难，羊羔美酒，众口难调，管厨就是恶水缸，有意挑剔而言之。菜蔬全要调度，上要免责，下要免冤（怨），此乃妥善之道也。跟班有内外之别，同事有家乡旧人之间，不可得罪合署朋友，相隔一半月间，另添菜肴三样，在人运用维持，此曰应酬，又曰嘴头请天神，闲时栽培，到时自有关照，如其各执各行之见识，从中挑持，官不察详细，反致申斥。或在请客场中，值席者，头菜中暗入盐醋，使其咸酸，难以入嘴，官府不知暗算，岂不生气，必定呼唤管厨，当场出丑。或在缴账之际，跟班之友进献谗者，难免拨账折头。"

从中可侧面了解官厨的组成结构、人员分工、职业规则等。

官厨领衔的，苏州人称"厨小甲"，每署一人，想要当这个差使也不容易。光绪元年（1875）《长洲县准许蒋元充当府厨小甲毋得借差滋扰碑》就郑重其事地宣告："现在府厨小甲一役，已饬蒋元充当承值府署差使，嗣后该小甲倘敢借差滋扰，或有棍徒冒充小甲，向店铺索费扰累，许被扰之人，指名禀县，以凭提案严办，决不宽贷。"

官厨本不属市廛范畴，但市廛的繁盛，官厨的作用不可或缺，不少市楼的主厨，就是官厨出身，于是将官菜引入市菜，在一定程度上，引领着市菜的变化发展，故将官厨置市廛之首而论之。

市　楼

　　唐宋时，苏州阊门内外阛阓辐辏，最是繁盛去处，酒楼、饭馆、茶肆之设，举目皆是。李绅《过吴门二十四韵》云："烟水吴都郡，阊门架碧流。绿杨深浅巷，青翰往来舟。朱户千家室，丹楹百处楼。"白居易《登阊门闲望》云："阊阖城碧铺秋草，乌鹊桥红带夕阳。处处楼前飘管吹，家家门外泊舟航。"市面不仅在白昼，夜间也有市楼酒筵、水巷小卖，如卢纶《送吉中孚校书归楚州旧山》云："沿溜入阊门，千灯夜市喧。"杜荀鹤《送人游吴》云："夜市卖菱藕，春船载绮罗。"又《送友游吴越》云："夜市桥边火，春风寺外船。"小食点心，也随处皆有，陆游《物外杂题》云："晓入姑苏市，阊门系短篷。老人元不食，买饼饲山童。"

　　及至明代，苏州更是楼台处处，迎朝晖，送夕阳，以美酒佳肴接待八方来客。唐寅《阊门即事》云："世间乐土是吴中，中有阊门更擅雄。翠袖三千楼上下，黄金百万水西东。五更市买何曾绝，四远方言总不同。若使画师描作画，画师应道画难工。"伊乘《阊门夜景》云："钓桥通郭俯清流，月照朱帘卷画楼。醉里笙歌喧夜市，千家灯火似扬州。"特别是七里山塘，酒肆茶店，鳞次栉比，当垆之女，身着红裙，神情顾盼，乃是一道独特的风景。郭谏臣《新夏登虎丘山阁》云："山楼杯酒坐移时，醉倚阑干日欲西。芳草丛深麋鹿走，残花落尽杜鹃啼。林藏宿雨枝头重，风压轻云水面低。游客不知春已去，画船箫鼓聚香堤。"王穉登《虎丘寺》云："桥外行人听暮钟，寺前杨柳落秋风。白公堤上黄花酒，片片青旗山影中。"又，曹堪《点绛唇·虎丘》词曰："每到吴门，马蹄踏遍春风境。茶香泉冷。蘸破红梅影。　屋角烟霞，浅薄凭谁领。春一径。楼头酒醒。十里游人近。"

清初艾衲居士作《豆棚闲话》，第十则《虎丘山贾清客联盟》说："苏州风俗，全是一团虚哗，一时也说不尽。只就那拳头大一座虎丘山，便有许多作怪。阊门外，山塘桥到虎丘，止得七里。除了一半大小生意人家，过了半塘桥，那一带沿河临水住的，俱是靠着虎丘山上，养活不知多多少少扯空砑光的人。即使开着几扇板门，卖些杂货，或是吃食，远远望去，挨次铺排，倒也热闹齐整。仔细看来，俗话说得甚好，翰林院文章，武库司刀枪，太医院药方，都是有名无实的。一半是骗外路外的客料，一半是哄孩子的东西，不要说别处人叫他空头，就是本地有几个士夫才子，当初也就做了几首竹枝词，或是打油诗，数落得也觉有趣。"

这席话，说出了苏州风气的浇薄，虽然比较酸刻，但将当时山塘街店家的经营特色给写出了，尤其这几首打油的竹枝词，大半有关饮食，如《茶寮》（兼面饼）云："茶坊面饼硬如砖，咸不咸兮甜不甜。只有燕齐秦晋老，一盘完了一盘添。"《酒馆》（红裙当垆）云："酒店新开在半塘，当垆娇样幌娘娘。引来游客多轻薄，半醉犹然索酒尝。"《小菜店》（种种俱是梅酱、酸醋、饧糖捣碎拌成）云："虎丘攒盆最为低，好事犹称此处奇。切碎捣虀人不识，不加酸醋定加饴。"《蹄肚麻酥》云："向说麻酥虎阜山，又闻蹄肚出坛间。近来两样都尝遍，硬肚粗酥杀鬼馋。"《海味店》云："虾鲞先年出虎丘，风鱼近日亦同侔。鲫鱼酱出多风味，子鲚鳔皮用滚油。"《茶叶》云："虎丘茶价重当时，真假从来不易知。只说本山其实妙，原来仍旧是天池。"

入清以后，苏州饮食业更其繁荣，尤侗《沧浪竹枝词》云："春日游人遍踏歌，茶坊酒肆一时多。何当新制沧浪曲，孺子歌残渔父歌。"朱彝尊《雨中陈三岛过偕饮酒楼兼示徐晟》云："皋桥桥西多酒楼，妖姬十五楼上头。百钱一斗饮未足，半醉典我青羔裘。"刘廷玑《阊门晚泊》云："近水重楼几万家，湘帘高卷玉钩斜。何须越国来西子，只合吴宫问馆娃。两岸花明灯富贵，六街烟锁月繁华。居人只作寻常看，四季笙歌五夜哗。"又，沈朝初《忆江南》词曰："苏州好，酒肆半朱楼。迟日芳樽开槛畔，月明灯火照街头。雅坐列珍羞。"

虎丘山塘一带，酒楼更是鳞次栉比，山水之胜色，菜肴之味美，布置之精雅，当垆之俏丽，为人啧啧嗟赏。章法《苏州竹枝词》云："不缘令节虎丘游，昼夜笙歌乐未休。尝恐画船装不尽，绕堤多贮酒家楼。"释宗信《续苏州竹枝词》云："一番春雨近花朝，步傍阊门翠柳条。才过半塘行市尽，酒帘茶幌接桐桥。"吴绮《程益言邀饮虎丘酒楼》云："新晴春色满渔汀，小憩黄垆画桨停。七里水环花市绿，一楼山向酒人青。绮罗堆里埋神剑，箫鼓声中老客星。一曲高歌情不浅，吴姬莫惜倒银瓶。"赵翼《山塘酒楼》云："清簟疏帘软水舟，老人无事爱清游。承平光景风流地，灯火山塘旧酒楼。"又，袁学澜《续咏姑苏竹枝词》云："携得青蚨挂杖头，闲游到处足勾留。十家店肆三茶室，七里山塘半酒楼。""比屋常厨餍海鲜，游山船直到山前。相逢尽说吴中好，四季时新吃着便。"当时山塘酒楼，以三山馆、山景园、聚景园三家最为有名。

咸丰十年（1860），繁华的七里山塘遭兵燹，几为废墟。同治光复后，市面稍有恢复。李慈铭《姑苏道中杂诗》云："夜夜金阊醉酒游，家家明月水边楼。画船渐近箫声细，小队银灯下虎丘。"虽然酒楼灯火、画船箫鼓依然，但与乱前的盛况相比，已不可同日而语。特别是十月以后，山塘更是街市冷落，行人稀少。同治十二年（1873）三月初九日《申报》有嫽溪梅花庵主人的《吴门画舫竹枝词》二十四首，其中两首写尽山塘的萧条："下元节过最消魂，寥落山塘风景昏。闲煞姑苏数画棹，红妆无赖尽关门。""西风乍起卷蒲芦，沽酒偏宜脍碧鲈。冷落主人窗半掩，乡村历乱是催租。"

承平时，地近阊门的朱家庄也颇形热闹，袁学澜《续咏姑苏竹枝词》云："朱庄花暖蝶蜂捎，打野开场锣鼓敲。楼外绿杨楼上酒，有人凭槛望春郊。"自注："阊门外朱家庄，广场旷野，春时游人并集，百戏竞陈，地近平康，酒楼相望，亦踏青胜地也。"

　　当时在苏州戏馆里，可以一边观剧，一边饮酒，骄奢之状，以此为最。钱泳《履园丛话·臆论》"骄奢"条说："今富贵场中及市井暴发之家，有奢有俭，难以一概而论。其暴殄之最甚者，莫过于吴门之戏馆。当开席时，哗然杂遝，上下千百人，一时齐集，真所谓酒池肉林，饮食如流者也。尤在五、六、七月内，天气蒸热之时，虽山珍海错，顷刻变味，随即弃之，至于狗彘不能食。呜呼！暴殄如此，而犹不知惜耶。"袁学澜《吴郡岁华纪丽》卷七"青龙戏团班灯舞"条也说："盖金阊戏园，不下十馀处，士商宴会，皆入戏园，为待客之所，酒炙纷纭，咄嗟立办，宾朋满座，极娱视听。"且引佚名《戏馆》："金阊市里戏园开，门前车马杂遝来。烹羊击鲤互主客，更命梨园演新剧。四围都设木阑干，阑外客人子细看。看杀人间无限戏，知否归场在何地。繁华只作如是观，收拾闲身闹中寄。"更有在船上演戏，另雇船看戏者，顾公燮《消夏闲记选存》"郭园始创戏馆"条说："苏郡向年款神宴客，每于虎丘山塘，卷梢大船头上演戏，船中为戏房，船尾备菜，观戏者另唤沙飞、牛舌等船列其旁。客有后至者，令仆候于北马头，唤荡河船送至山塘，其价不过一钱六分之事。"这种卷梢大船，卖酒卖菜，以供观众，也被称为酒船。"昔汤文正公抚吴，以酒船耗费民财，将欲禁之，或言此小民生计，乃止"。由此也可见得苏州的奢侈风气。

　　苏州乾隆间印制的年画《庆春楼》（今存残本），反映了戏园的宴饮场景。图上主体为戏园，门首悬"庆春楼"额，左右各有楹联状水牌，左曰"本楼新正初三日至十三日上演全本忠义水浒"，右曰"本楼新正十四日至廿四日上演全本三遂平妖传"。入门有账台，台侧搁置"酒席"两字的牌子，两人坐台后，似是账房先生，一侍者倚台而立。堂内有散席三桌，客人正在畅饮，戏台则不可见（或正在残缺部分）。门外站立两人，似在招徕和迎候客人，一客人正入门。门侧有卖蒸糕的摊子，一妇人正在等候生意。这幅年画今藏日本海社美术馆，反映了清中期苏州戏园的一般情形。

　　在科举时代，童试的县考、府考、院考是一件盛事，苏州贡院在定慧寺巷，那一带酒楼、饭店较少，平时生意很清淡，只有到了考试之时，才有一番热闹的景象。包天笑《钏影楼回忆录·考市》说："在此时期，临近一带的菜馆、饭店、点心铺，也很热闹。从临顿路至濂溪坊巷，以及甫桥西街，平时食店不多，也没有大规模的，到此时全靠考场了。假如身边有三百文钱（那时用制钱，有钱筹而无银角），三四人可以饱餐一顿，芹菜每碟只售七文（此为入泮佳兆，且有古典），萝卜丝渍以葱花，每碟亦七文，天寒微有冰屑，我名之曰冰雪萝葡丝。我们儿童不饮酒，那些送考的家长们、亲友们半斤绍兴酒，亦足以御寒，惟倘欲稍为吃的讲究一点，那些小饭店是不行的，就非到观前街不可了。"

民国初年，世风更新，宴请讲究排场，特别是店家开业，人家办婚宴、寿宴、丧宴，少则近十席，多则几十席，为迎合此风，乐桥南堍天来福于1918年率先借租邻宅大厅开办礼堂筵席，可设大场面宴会。于是各菜馆纷纷仿效，也有专办礼堂的，如古市巷的三新礼堂，祥符寺巷和砂皮巷的聚丰园礼堂，东白塔子巷的新兴园礼堂、福新园礼堂，塔倪巷的百双礼堂，东支家巷的鸳鸯礼堂，临顿路的天和祥礼堂，东中市的金和祥礼堂，养育巷的天兴园礼堂，仓米巷的天性来福礼堂，道前街的大鸿运礼堂，阊门下塘的德元馆礼堂等。一些旅馆客栈，也利用大厅承办筵席。

据1925年12月7日《苏州明报》报道，当时"城内外各饭店约计七百馀家"。随意小酌之处，更是遍布通衢小街，陆鸿宾《旅苏必读》说："饭店随地皆有，烹调亦不恶，价亦甚廉，费二三角小洋，即可谋一饱，如欲饮酒，绍酒、玫瑰酒都有。今石路上亦有二三店，如不喜浪费者，尽可一试也。"

当时酒楼饭馆的服务极其周到，这里只介绍上门送菜和上门烧菜。

上门送菜，由来已久，尤侗《沧浪竹枝词》云："数见行厨载酒过，苏公一斗不为多。土人更赛蕲王庙，白马金枪唱楚歌。"章法《苏州竹枝词》云："酒担豚肩匝地过，香甜柔脆到门多。五簋一点挑来卖，不买些吞待若何。"自注："其物可欲，其香触鼻，其涎直挂。"至民国时，居民、商店、旅社、银行、钱庄等都可以向店家叫菜，哪怕叫一只菜也不嫌麻烦，"脚步钿"肯给多少，就给多少，不给也不争，还要上门收餐具。据俞平伯《癸酉年南归日记》记载，

1933年秋回苏，住在观前街附近的三姊家，就"在松鹤楼叫菜四色至彼处吃晚饭"。

上门烧菜，先由杂务将食材、调料、餐具等挑送上门，一般家宴只去一个厨师，称为"落镬"，三五桌以上，就要叫上一个堂倌相帮上菜，酬金按筵席价格的百之分十至十五收取，称为"落镬钿"，由厨师和堂倌分得，有时主人还另给小费。1932年冬，梅兰芳一行抵苏，下榻韩家巷鹤园，园主严庆祥和乾泰祥店主姚君玉先后在鹤园摆宴，请来松鹤楼张文炳、陈仲曾主厨，梅兰芳吃得很满意，特地打赏八十大洋，以示谢意。有的银行、钱庄或大店铺举行聚餐，也请厨师上门，王铭和《旧时银行职员的伙食》说："逢年过节，行里是不摆筵席的，只有行庆，即银行开门纪念日，则请木渎石家饭店专派厨师来掌勺，事先和石家饭店掌柜确定菜单。因行中有一位出纳主任是地道的美食家，他的脑瓜子里什么吃法的玩意儿可说是层出不穷。据我记得起的，石家饭店的看家菜是一定有的，如酱方、八宝鸭、熘虾仁（要串成葫芦样，称为葫芦虾仁，这只菜的要求就是虾个头要大，火要旺，要勾芡，入口既鲜又嫩），鱼类大概总是松鼠桂鱼（鳜鱼）、清蒸白鱼、青鱼头尾等等。而最讲究的要算几道点心，一道是荠菜猪油馒头，那时荠菜都是野生的，斩得很细，加上板油块、白糖，蒸煮后板油化入馅心，鲜甜可口。但是吃时一定要小心，因猪油是烫的，如果大口一咬，其汁如沸，烫得你哭笑不得，所以'天吃星'吃荠菜猪油馒头真格要'摆点魂灵头勒身浪向的'。另一道是枣泥拉糕，再有就是八宝饭，无非是桂圆、莲心、枣泥、豆沙等组成，这道点心，对嗜爱甜食者来讲，是最煞瘾，可谓口福无穷。"不上菜馆，也能尝得菜馆的佳味。

还特别应该提一下的是响堂，这是传统饮食店堂的服务方式，古已有之。孟元老《东京梦华录》卷四"食店"条说："客坐，则一人执箸纸，遍问坐客。都人侈纵，百端呼索，或热或冷，或温或整，或绝冷，精浇、臕浇之类，人人索唤不同。行菜得之，近局次立，从头唱念，报与局内。当局者谓之'铛头'，又曰'着案'。讫。须臾，行菜者左手杈三碗，右臂自手至肩，驮叠约二十碗，散下尽合各人呼索，不容差错。"吴自牧《梦粱录》卷十六"面食店"条也说："每店各有厅院，东西廊庑，称呼坐次。客至坐定，则一过卖执箸遍问坐客。杭人侈甚，百端呼索取覆，或热或冷，或温或绝冷，精浇爊烧，呼客随意索唤。各桌或三样皆不同名，行菜得之，走迎厨局前，从头唱念，报与当局者，谓之铛头，又曰著案。讫，行菜，行菜诣灶头托盘前去，从头散下，尽合诸客呼索指挥，不致错误。或有差错，坐客白之店主，必致叱骂罚工，甚至逐之。"沿至民国，响堂已经简化。当顾客进门，堂倌就有腔有调地大声招呼落座；当点菜时，又有声有调地大声报一遍菜名，问一遍做法；当上菜时，又吆喝着端将上来；当顾客惠钞时，一笔笔报得清楚，若然弄错，堂倌是要受到处罚的。包天笑《钏影楼回忆录·外国文的放弃》说："我最佩服那些菜馆饭店的伙计（苏州称'堂倌'），即使有客七八人，吃得满台子的碗碟，及至算账起来，他一望而知，该是多少。而且当时苏州用钱码，这些菜馆用钱码又不是十进制度，以七十文为一钱。如果一样菜，开价是一钱二分，就是八十四文，这样加起来，积少成多，他们稍为点一点碗碟，便立刻报出总数了。"当时能喊响堂的店家已不多了，松鹤楼还有，金孟远《吴门新竹枝》云："三百年来风味留，跑堂惯喊响堂喉。苏帮菜味无边好，酒绿灯红松鹤楼。"自注："苏帮菜馆，以松鹤楼为首屈一指。按从前菜馆盛行响堂，近则渐归淘汰，惟松鹤楼以创立三百年之资格，跑堂犹有能喊响堂者。"皋桥头的老聚兴也尚存遗音，姚民哀《苏州的点心》说："值堂与灶上呼应之声口，按腔合拍，颇可解颐。"

据陆鸿宾《旅苏必读》等记载，1920年代苏州菜馆有苏馆、京馆、徽馆等帮式。

苏馆，有阊门大马路的大庆楼、义昌福西号、新太和，道前街的三雅园，养育巷的大雅园、天兴园、泰昌福，宫巷的义昌福东号、义丰园，临顿路苹花桥南的天祥和，临顿路北白塔子巷口的德和祥，临顿路北的三兴园、荣福楼，东白塔子巷的福和祥，接驾桥西的新和祥，南仓桥的新昌福、复兴园，护龙街的天来福，东中市的金和祥、老西德福，观前街醋坊桥的西德福，祥符寺巷西口的聚丰园，萧家巷口的南新园，观前街的松鹤楼，中市下塘的德元馆，横马路的太白楼，青龙桥的鸿运楼，南濠的南乐园等。当时苏馆一般都专治整席，所谓定桌头，不预零点，但像大庆楼、义昌福、松鹤楼几家可以零点，松鹤楼还兼营面食。

京馆，有鸭蛋桥的久华楼，阊门大马路的宴月楼，司前街的鼎和居等。

徽馆，有阊门吊桥的聚成楼，阊门大马路的添新楼，渡僧桥的聚福楼，石路的同新楼，万人码头的尚乐园，观前街的丹凤楼、易和园，都亭桥的万源馆，皋桥的六宜楼、添和馆，府前街的万福楼等。

当时还有一家常熟馆，即阊门大马路的嵩华楼；一家素菜馆，即阊门横马路同安坊口的功德林。

西餐馆在晚清已兴起，时称西餐为大餐、番菜或大菜。西餐在内地，菜肴的食材和制法已有变化，给适合既想品尝异味又能接受异味的食客。天哭的小说《新苏州》，再版于宣统二年（1910），第三回写何觅春、齐三知偕妓去普天香点吃番菜，有鸡绒鸽蛋汤、虾仁卷筒、炸板鱼、牛排、鸡片香肠、火腿蛋饭，"可笑这三知，莫说没有吃过，连见都没有见过"，可见当时吃西餐已是一种时尚。1920年代，苏州的西餐馆，有观前察院场的青年会、阊门大马路的一品香、阊门横马路的万年青、钱万里桥的惟盈旅馆、新民桥马路的铁路饭店。1922年出版的《旅苏必读》有万年青的一则广告："本馆开设苏州横马路同乐坊口历有年数，专办各国番菜，泰西名酒、罐头食物，无不价廉物美。现又改建三层楼房，空气流通，器具全新，座位宽畅，冬夏咸宜，招待周到。倘蒙各界惠临，不胜欢迎。"此外，模范农场、苏州饭店也供应西餐。1935年，广州食品公司在二楼设大酒楼，全套银制餐具、景德镇细瓷盆碟，陈设豪华，特聘上海国际饭店和冠生园西点师掌勺，一时名流纷纷慕名前往，当时在苏州读书的蒋纬国也经常偕友光顾。

宵夜馆也是西风东渐的产物，陆鸿宾《旅苏必读》说："宵夜馆为广东人所开设，每份一冷菜、一热菜、一汤，其价大抵大洋两角。冷菜为腊肠、烧鸭、油鸡、烧肉之类，热菜为虾仁炒蛋、油鱼之类，亦可点菜。冬季则有各种边炉鱼，有鱼生、蛋生、腰生、虾生等，临时自烧，三四人冬夜围炉饮酒，最为合宜。又有兼售番菜、莲子羹、杏仁茶、咖啡、鸭饭、鱼生粥等。"苏州城内的宵

夜馆主要有两家，一家是在观前街的广南居，一家是在养育巷的广兴居。广
南居宵夜，鱼、虾、鸡、鸭等，每生（一盆）小洋两角，奉送菠菜、粉丝，风炉一
只，瓦罐一具，炭火熊熊，自烫自吃，别有风味。

1930年，在观前街拓宽工程进行时，松鹤楼等老字号纷纷翻建扩大，装
潢门面，采用霓虹灯广告等，店堂宽敞，陈设讲究。北局、太监弄一带饮食店
增多，1931年三六斋素菜馆在太监弄开业，随后扬州僧厨也来太监弄开办觉
园素馆。据1937年《无锡区汇览》记载，当时苏州的著名菜馆有四十三处，阊
门外有大中华、义昌福（西号）、新太和、老正和、晏庆楼、添新楼、太白楼、
老仁和、新仁和、功德林蔬食处、京江礼堂，观前街有松鹤楼、丹凤楼、沙利
文西菜社、易和园礼堂、广州食品公司（西菜楼），太监弄有觉林素食处、老
正兴（复记），北局有三和食品社，宫巷有义昌福（东号），接驾桥有民和楼
徽馆，南濠街有尚乐园（东号），西中市有六宜楼、添和楼、德源楼，东中市有
西德福、金和祥、万源楼，护龙街有聚丰园、天来福、护中楼，临顿路有天和
祥、老通源、新兴园，通和坊有宝庆园，养育巷有天兴园，道前街有太鸿楼，
府前街有万福楼，南仓桥有福兴园，东白塔子巷有新兴园、福新园，虎丘有长
兴、振兴。

苏州各帮菜馆在长期的同行竞争中，各自形成擅长的看家菜，以招徕顾
客。如松鹤楼的松鼠桂鱼，天和祥的虾丝烂糊、蜜汁火方，义昌福的油整鸭、
鱼翅，天来福的金银大蹄，聚丰园的什锦炖，老德和的羊肉，大庆楼的冻鸡，
老通源的口丁锅巴汤，丹凤楼的滑丝高丽肉，添新楼、太白楼的清炒鳝背、红
烧甩水，粤馆的鸭煲饭，常熟馆的叫化鸡，各店俱擅胜场。

1930年代前期，苏州除正式的酒菜馆外，还有不少卫生粥店，较多集中
在阊门外一带。绿竹《谈吴县的小吃》说："阊门外大马路东吴旅社斜对面的
一所卫生粥店，我曾光顾好几回，这所粥店，倒真蛮干净格。门前的装潢别
致，很可'引人入胜'呢，两旁立了两个大玻璃橱，里面放着许多腊肠呀，香肚
呀，莲鸡呀，酱肉呀，虾球呀……真是琳琅满目。……粥店里最负盛名而大量
生产的要算糖粥、莲子鸡粥、五香排骨面、新鲜栗子煨鸡、冬笋虾仁炒腰花、

火腿丝炒鸡杂、红烧蹄髈、莼菜清炖豆腐涝……只要你说得出,他就烧得出,而且烧得别有滋味,鲜嫩无比。"卫生粥店的特点是环境干净,价廉物美,"有时只化了两角小洋,吃得是蛮开胃的"。

以上是1937年苏州沦陷前菜馆的大概情状。

1938年5月,伪江苏省政府在苏州成立,苏城人口骤增,经济畸形发展,饮食业也异乎寻常地繁荣起来,苏民《苏州沦陷以后的衣食住行》说:"吃食店,毕竟仍是一种颠扑不破的行业,菜馆如松鹤楼、义昌福、天来福等,茶食店如采芝斋、稻香村、悦采芳、叶受和等,点心店如鸿兴馆、观振兴、黄天源等,都已先后复业,营业还算不恶。一块钱的和菜,三盆一汤,内容充实,居然有大虾仁可吃。采芝斋的脆松糕、桂圆糖,稻香村、叶受和的月饼等等,依然有人光顾,卤鸭面过桥,卖辅币二角五分,大馄饨卖辅币一角,这是苏州人最爱好的点心,依然可以大快朵颐。"沦陷时期,观前街一带菜馆较为集中,太监弄有大春楼、三吴茶社、味雅酒楼、新新饭店、苏州老正兴、上海老正兴、鸿兴馆、璇宫、大新央,北局有月宫菜社、新璇宫、大中央,察院场有中央饭店菜部,观西有新雅饭店、红叶饭店,大成坊口有鹤园,加上原有的松鹤楼、老丹凤、易和园、广南居、自由农场等,不少于二十一家。护龙街新添护中楼,养育巷新添三乐宫,阊门外新添雅仙居、卡尔登、申源楼等。申源楼属教门馆,尤玄父《新苏州导游》说:"至若崇信回教人士,则可就食于教门菜馆。阊门外有申源楼,烹调甚佳。此种菜馆,市招上皆标明'清真'二字,业是者多南京人,皆崇信回教,教规禁食猪肉,故往就食者,亦不得携猪肉入门也。"

抗战胜利后的1947年,吴县县政府印了一本《苏州游览指南》,其中有半页广告,可见当时苏州的主要菜馆,它们是观前街的松鹤楼和记菜馆、新雅饭店、新安茶室,宫巷的老义昌福菜馆,太监弄的苏州老正兴、上海老正兴、味雅酒楼、三吴菜社,北局的青年会食堂,临顿路的天和祥菜馆,中正路的新聚丰菜馆、福源祥菜馆、新太和酒楼、仁和馆饭店,石路的上海老正兴第一支店、正兴馆德记,阊门大马路的义昌福菜馆,虎丘西山门的正源馆。

常熟自古繁华,旧时食肆林立。自同治二年(1863)平乱后,开设的菜馆，城内先后有金童子巷口的长华馆（后迁儒英坊）、槐树巷的钱馆、醋库桥的裘馆、会元坊的如意馆、言子巷的聚丰园、书院弄的山景园、石梅的近芳园、道南横街的惠乐园、寺后街的鸿运楼、陶家巷的瞿楼等，城外有虞山北麓的王四酒家，都很著名，至于规模较小的，则不可胜数。

名　馆

在苏州饮食史上，市楼酒家甚多，但留名于文献者寥寥可数，特别是清同治前的市廛情状，大都已被历史风尘所湮没。聊可幸慰的是，山塘的三山馆、山景园、聚景园三家，承顾禄《桐桥倚棹录》记录及清人咏唱，稍稍留存故实。

三山馆在斟酌桥畔，赵氏创设于清初。《桐桥倚棹录·市廛》说："酒楼，以斟酌桥三山馆为最久，创于国初，壶觞有限，只一饭歇铺而已，旧名白堤老店。有往来过客道经虎丘者，设遇风雨，不及入城，即止宿于是。赵姓数世操是业，烹饪之技，为时所称，遂改置凉亭暖阁，游者多聚饮于其家。"且引顾我乐绝句："斟酌桥边旧酒楼，昔年曾此数觥筹。重来已觉风情减，忍见飞花逐水流。"因三山馆历史悠久，且点缀溪山景致，凡游山者、饕餮者、访艳者前来，往往乐而忘返。施於民《虎丘百咏·斟酌桥》云："东风摇曳布帘斜，斟酌桥边景更赊。矮屋半添新燕垒，芳洲渐没旧鸥沙。偶牵白版寻诗舫，来觅红楼卖酒家。重到当初沉醉处，门前开遍刺桐花。"顾瑶光《虎丘竹枝词》云："白皙风流年少郎，一春不着旧衣裳。未到三山馆中去，拗花先过玉兰房。"狄黄铠《山塘竹枝词》亦云："斟酌桥头卖酒家，数钱姹女面如花。惭余不是金貂客，只吃山僧一碗茶。"又，王寿庭《酒泉子·斟酌桥酒楼题壁》词曰："柳气蒙蒙花气暖，一霎酒旗风影乱。浅斟细酌画桥边，红闹夕阳天。　撷筝人似真娘媚，未尽芳尊心已醉。醉扶归去听春莺，莺外又搊筝。"

山景园在引善桥下塘，戴大伦建于乾隆年间。《桐桥倚棹录·市廛》说：
"乾隆某年，戴大伦于引善桥旁，即接驾楼遗址筑山景园酒楼，疏泉叠石，
略具林亭之胜。亭曰坐花醉'，堂曰勺水卷石之堂，上有飞阁，接翠流丹，额曰
'留仙'，联曰：'莺花几纳屐，虾菜一扁舟。'又，柱联曰：'竹外山影，花间
水香。'皆吴云书。左楼三楹，扁曰'一楼山向酒人青'，程振甲书，摘吴蘭次
《饮虎丘酒楼》诗句也。右楼曰涵翠、笔锋、白雪阳春阁。冰盘牙箸，美酒精
肴。客至则先飨以佳荈，此风实开吴市酒楼之先。"引善桥即迎恩桥，在普济
堂西。接驾楼是戏台，又称接驾台，南巡时建，为迎銮演剧之处，山景园之留
仙阁即是台址。主人戴大伦不但善于经营，还疏泉叠石，构亭置阁，将酒楼建
成园林一般。吴周钤《饮虎丘山景园》云："树未雕霜水叠鳞，秋来泛棹记初
巡。为呼绿酒凭高阁，恰对青山似故人。弦管渐随花月减，园林催斗晚香新。
眼前风景堪留醉，且喜偷闲半日身。"袁学澜《续咏姑苏竹枝词》云："鼍鼓
云锣节拍繁，纳书楹谱调新翻。敬亭评话昆生曲，山景园前斗十番。"方濬颐
《虎丘灯船竹枝词》云："山景园边柔橹摇，野芳浜外缓停桡。繁星万点齐齐
挂，笑倚郎肩看打招。"潜庵《苏台竹枝词》云："青山招手入琼楼，阁号留仙
客共留。酒天花天春不老，那须海外问瀛洲。"自注："山景园卧水结楼，面山
作座，衣香扇影，尽在俯眺之中。"李云栋《山塘竹枝词》亦云："玻璃面面碧
于油，暍好篷窗胜画楼。却笑灯船围火伞，那如虾菜一扁舟。"自注："五字乃
山景园楹联。"

聚景园在塔影桥畔，嘉庆二年（1797）塔影桥落成后，李氏始创，初名李
家馆。《桐桥倚棹录·市廛》说："嘉庆二年，任太守兆坰建白公祠于蒋氏塔影
园故址，祠前筑塔影桥，于是桥畔有李姓者增设酒楼，名曰李家馆，亦杰阁连
甍，与山景园、三山馆鼎峙矣。今更名为聚景，门停画舫，屋近名园，颇为海涌
增色。"

《桐桥倚棹录·市廛》还介绍了这三家酒楼的影响和特点："金阊园馆，
所在皆有。山景园、三山馆筑近丘南，址连塔影，点缀溪山景致，未始非润色

太平之一助,且地当孔道,凡宴会祖饯,春秋览古,尤便驻足。……三山馆四时不断烹庖,以山前后居民有婚丧宴会之事,多资于是,非若山景园、聚景园只招市会游屐,每岁清明前始开炉安锅,碧槛红阑,华灯璀璨,过十月朝节,席冷樽寒,围炉乏侣,青望乃收矣,是以昔人有'佳节待过十月朝,山塘寂静渐无聊'之句。"经咸丰兵燹,三山馆荡然无存,同治十一年(1872)十月十三日《申报》有邓尉花农《山塘竹枝词》云:"翠幕红栏俯碧流,三山清饮费觥筹。而今怅望停桡处,指点槎浮旧酒楼。"至于山景园,范广宪《山塘倚棹词》云:"酒樏茶铛取次清,闹红艇子泛来轻。迎恩桥近凉如水,山景园林好遣情。"似乎尚存世间,其实只是作者凭吊追怀而已。聚景园则自兵燹后再无记咏了。

咸丰十年(1860)兵火前,山塘岂止这三家酒楼。在乾隆二十四年(1759)徐扬《盛世滋生图卷》上,桐桥东堍就有一家酒楼,号曰"和合馆";桐桥西堍的一家酒楼,规模更大,惜无字号,悬挂"包办酒席"市招。整个山塘自东迤西,酒楼食铺不少,分别有"五簋大菜"、"包备酒席"、"大肉馒头"、"酒坊"、"上用小菜"、"茶室"、"酒馆"等市招。山塘桥南沿河亦悬"荤素小吃"、"家常便饭"等市招。清佚名《苏州市景商业图册》也描绘了五人墓东边的一家,悬有"天和轩包备酒席(大字)小吃俱全(小字)"的市招,柜上还陈列了八碗做好的菜肴。

苏城内外,起建于太平军兵燹之前,今所知仅松鹤楼、石家饭店、凤林馆三家,但它们的早期历史都不很清晰。

松鹤楼在观前街,相传创设于乾隆年间,但未见确凿的记载。松鹤楼向是酒菜和面业兼营,较早参加面业公所,在苏州方志馆藏道光二十五年(1845)《面业公所重修设立万年宝鼎壹坐各商号捐款碑》拓片上,就有松鹤楼捐款十五元的记载,所捐金额,在一百十三家面业公所成员中名列第二。同治二年(1863),苏城克复,经济逐渐复苏,饮食业也随之兴旺起来,松鹤楼在《申报》上出现的频率较高,如光绪元年(1875)十二月二十三日有《食面窃锅》的报道:"本月十七日晚间,苏州元妙观西大成坊巷口万盛酒店，忽有二人来饮，继又向其左间壁松鹤楼酒馆叫锅面一锅，以为下酒物。"从这则报道来看，当时松鹤楼坐落在大成坊巷南口的观前街上，与万盛酒店毗邻，为坐北朝南格局，不但是菜馆（属酒馆业），又是面馆，可见它的经营特色。光绪二十四年（1898）五月十七日有《金阊客述》的报道："省城元妙观前徐锦如所开松鹤楼面馆，生涯之盛，素推巨擘。"可见当时主人为徐锦如。今存光绪二十八年（1902）碑刻两方，一方《酒馆业集资移设公所仍照旧规办理碑》说："据监生华标，民人徐金源、章生、王增发、张文炳禀称，窃生等均开酒馆为业，专办筵席，自店东、司帐以及烹庖操刀之人，实繁有徒。"另一方《苏州府示谕保护面业公所善举碑》说："据民人赵福昌、徐荣春、邓鸿元、陆阿仁、陈阿新、刘川玉等禀称，窃身等籍隶无锡、常州，在苏开设松鹤楼、邓许正元、赵义兴、观正兴等面馆生理。"从这两段碑记来看，松鹤楼曾分别参加酒馆业公所和面业公所。徐金源是松鹤楼参加酒馆业公所的代表，在这份禀帖上，他是列在第一位的。面业公所中，松鹤楼也是名列前茅，徐春荣疑为松鹤楼参加面业公所的代表。他们与徐锦如究竟是什么关系，已无可稽考。就在光绪年间，填塞了观前街南侧的河道，拆除了顾周桥、观桥、永通桥，松鹤楼就移建于街南，作坐南朝北格局。整体建筑为小三开间门面，两层楼砖木结构。当门一座楼梯，东半边沿街设有面灶一座，灶后是帐房，楼梯旁设有座位。

宣统二年（1910），徐金源病故，后人不治产业，经营陷入困境。1918年，以招牌年租六十石大米、生财出盘八百大洋盘给张文炳，改合股经营，股东六人，并冠以"和记"两字，以示与前不同。张文炳，江苏武进横林人，从小学厨，光绪初在苏州、昆山、太仓等地从业，后入太仓州衙司厨，约光绪二十年（1894）与苏子和在临顿路苹花桥南创设天和祥菜馆。张文炳既精烹饪，且善经营，既盘下松鹤楼，遣徒陈仲曾掌勺，又聘无锡大新楼京帮厨师刘俊英、顾荣桂等，他们都是名厨好手，使得松鹤楼声望大振，由此而进入全盛时期。1929年观前街拓宽，松鹤楼在原址翻建，上下两层，楼上前堂为散席，后堂为雅座九间，共可设席三十桌；门悬悟禅和尚手书金字招牌，左右有张荣培撰联一副："入郇侯厨，举谪仙杯，豪兴风生，且付红牙歌一曲；挟新丰侣，作平原饮，逸情云上，尽拚金谷罚三升。"朝东墙上有"各色大菜，驰名京沪，只此一家，并无分出"十六个大字；楼梯两旁，一字儿排着云南白铜制的水烟筒，客人来了，可免费吸食，用以招徕生意。从此，地方名流宴请必假座于此，梅兰芳、冯玉祥、李烈钧等都曾莅止。抗战胜利后，松鹤楼的营业仍然红火，徐玲《姑苏如画》说："松鹤楼，这号称有三百馀年历史的老菜馆，顿时挤得水泄不通，刚一桌坐下吃，就有一批立着在边上等，一批吃了就走，马上又是来了一批。老苏州们看了眼红，不觉脱口而说：'难道不要钱的么？'"

民国时期的松鹤楼，技术力量在同行业中首屈一指，无论在选料、刀工、火候、烹制，也无论在色、香、味、形、器等方面，都非常讲究。当时松鹤楼最受欢迎的菜肴，有原汁鱼翅、虾子刺参、白汁元菜、虾丝烂糊、松鼠桂鱼、清熘大玉、秃黄油、卤鸭、荷叶粉蒸肉、红烧头尾、西瓜盅、网包鲥鱼、蜜汁火方、响油鳝糊、鲃肺汤、炸虾球、白什拌、青鱼卷菜、糟熘鱼片、口蘑锅巴汤等，还有独具特色的"三黄焖"，即黄焖鳗、黄焖栗子鸡、黄焖着甲。

石家饭店在木渎镇中市街，相传里人石汉创办于乾隆五十五年（1790），初名叙顺楼，人称"石叙顺"。传至民国初年，店主石仁安善于经营，遂成一方名馆。于右任、李根源等咸相延誉，于右任为题"名满江南"四字，且有诗赞该店名菜鲃肺汤，于是闻名而来者不知多少，李宗仁、张治中、邵力子、白崇禧、李济深、蔡廷锴、沈钧儒、沙千里、史良、盖叫天、周信芳、张大千及"海上闻人"黄金荣、杜月笙等都曾到此品尝佳肴。石家饭店以"石菜"著名，有油爆大虾、三虾豆腐、清溜虾仁、白汤鲫鱼、松鼠桂鱼、油泼童鸡、母油肥鸭、美味酱方、鸡油菜心、鲃肺汤十道名菜，尤以鲃肺汤最是脍炙人口。

鲃肺汤之"鲃肺"，实为斑肝之误，斑鱼味似刀鱼而少刺，鲜若河豚而无毒，其肝做汤尤佳，当地有谚曰："秋时享福吃斑肝。"费孝通《肺腑之味》说了"鲃肺"由来的故事："1929年秋，有一位当年的社会名流于右任先生来苏州，放舟太湖赏桂花。傍晚停泊在木渎镇，顺便到叙顺楼用餐，吃到了斑肝汤，赞不绝口。想来当时已酒过三巡，颇有醉意，追问汤名，堂倌用吴语相应，于老是陕西籍，不加细辨，仿佛记得字书中有'鮰'字，今得尝新，颇为得意，乘兴提笔写了一首诗：'老桂花开天下香，看花走遍太湖旁。归舟木渎犹堪记，多谢石家鮰肺汤。'石家是饭店主人之姓，鮰系口音之差，而肺则是肝之误，但'石家鮰肺'一旦误入名家诗句，传诵一时，也就以误传误，成了通名。过了两年，另一名流，当时退居姑苏的李根源先生来到店里，也喝上了这种汤，连连称绝。店主人出示于老之诗，他叹服于老知味，遂即提笔挥毫写了'鮰肺汤馆'四字，又觉得叙顺楼太俗，不如径取诗中石家之名，因题'石家饭店'四字为该店招牌。于、李两老先后唱题，雅人韵事，不胫而走，一时传遍三吴。乡间土肴，一跃而为名声鹊起的名菜。以误夺真，斑讹作鮰，肝成了肺，连叙顺楼旧名也从此湮没无闻，石家饭店成了旅游一帜，应了早年土谚，不喝此汤不算是到过湖边名镇木渎了。"

于右任对"石家鮰肺汤"念念不忘，1930年作《苏游杂咏》，一首云："桂花香里鮰鱼肥，载酒行吟归不归。秋老太湖人醉也，江山满目雁南飞。"

1943年4月，周作人一行到石家饭店，因为时令关系，鮰肺汤没有尝到，而一道荠菜豆腐羹却让周作人赞不绝口，他应饭店主人之请，写了四句："多谢石家豆腐羹，得尝南味慰离情。吾乡亦有如家菜，禹庙开时归未成。"翌年春上，苏青、文载道一行从上海来游，也在石家饭店午餐，文载道《苏台散策记》说："可惜这天因时令尚早，吃不到那边名产的鮰肺汤。但另外如与众不同之馒头、菜心、烧肉诸菜，大约一半是得土膏露气之真，一半确是烹调之得当。"

1948年，有雷红者在石家饭店不但吃到了鮰肺汤，还吃了酱方，他在《东南食味》中说："我们在夏末时分来到木渎，侥幸鮰肺汤已经上市，当然要一尝此阔别已久的佳味。鱼腥之类，本是制汤上品，再加这是秋令中极少的珍品，用以串汤，的确清鲜可口。据肆中人云，鮰鱼都是活杀，取其肝脏（俗称鮰肺）入汤，加以火腿、鱼片、虾仁，自然集各种新鲜的东西于一碗，格外觉得其味之美了。乡间鱼虾得之极易，又不会陈宿，这是容易讨好之处，盖以地理环境取胜者也。石家饭店另外有一味'酱方'，也是好菜。酱方是煮烂的红烧肉，作长方形的一整块，并不十分油腻，春秋佳日，以酱方下饭，能增食欲。"

　　石家饭店还出售自制松蕈油、虾子酱油，选料严格，制作精湛，堪称一方特产。

　　凤林馆在阊门外探桥，创设于咸丰兵燹前，兵燹后继续营业，以平民百姓为主顾，历三代而衰。莲影《食在苏州》说："出老阊门，折北，迤逦而前，有桥，名探桥，因年久失修，坍去一角，民间遂误探为坍，由是坍桥之名反著。桥上有饭铺，名凤林馆，始业于洪杨以前，店主本系长洲县官厨，东人解组，遂失其业，因略有积蓄，即营业于斯。初不过小试其技，藉为糊口之需，嗣以艺媲易牙，居然远悦近来，'坍桥面之饭'，啧啧人口，并有简称为'坍饭'矣。顾客如云，但多中下阶级之流，至于驷马高车，绝不一觊。每值良辰佳节，辄见斜戴其冠、半披其衣之辈，于于道路中，友好问其何往？莫不曰：'吃坍饭去！'当时生意之隆盛，概可想见。余家老仆吴升，有侄曾学艺于该店，尝将彼店烹调之如何研究，肴品之如何精美，为余津津道之。时余尚在童年，闻之不觉馋涎欲滴，久思一尝其味，但彼店地处遐陬，不得其便。荏苒十余年，吴仆已殁，闻该店仍开原处，因决计鼓勇前往。比至该店，见房屋两进，业已破旧不堪，且泥地而不铺以砖，座客亦寥寥无几，心窃异之。姑入座点菜，一为虾仁炒猪腰，一为清煮糟鱼汤，讵炒虾腰一味，彼竟回绝无有，余大奇之。因问糟鱼汤之价目，答云：'二钱四。'盖彼时铜圆尚未流行，市上通用者，皆制钱，故当时菜肴以钱计，而不以银计，凡制钱七文为一分，七十文为一钱，彼云二钱四者，盖制钱一百六十八文也，较诸他店之糟鱼汤，竟两倍其值。想必物品较为考究，故其价独昂，亦未可知。讵该汤至前，鱼腥之气扑鼻，似下锅时未用姜酒者，乃勉强尽饭一盂，扫兴而出。询诸该地父老，云凤林馆坍饭，当年确有盛名，今已传三代，店运日渐衰微，肴馔亦无人注意焉。嗟乎坍饭！已如告朔之饩羊，名存而实亡矣。"

　　苏州创设于光绪年间的名馆，有天和祥、义昌福、新聚丰等。

　　天和祥在临顿路苹花桥南，约光绪二十年（1894）由苏子和、张文炳合资开办，后期则归张氏父子独资经营。范烟桥《吴中食谱》说："吴中菜馆虽多，要以苏式为最占势力，苹花桥之天和祥，宫巷之义昌福，为一时瑜亮。此外偶然卖力，亦见长处，未足以执大纛周旋坚敌也。天和祥之蜜渍火方，白如玉，红如珊瑚琥珀，入口而化，不烦咀嚼，真隽品也。"除蜜渍火方外，天和祥的特色菜肴，有黄焖鳗鱼、黄焖栗子鸡、黄焖着甲、响油鳝糊、松鼠桂鱼、清溜虾仁、白汁甲鱼、荷叶粉蒸肉、西瓜鸡、网包鲥鱼、糟溜鱼片、虾丝烂糊、蟹粉鱼翅等，做得都很道地，还移植其他店家的名菜，像木渎石家饭店的鲃肺汤等，也上了天和祥的筵席，故一时成为苏州菜馆翘楚。天和祥的荠菜肉馒头，为人所津津乐道，皮极薄，菜极细，一口咬下去，满嘴清香。1929年，苏州进行城市基础设施改造，拓宽城内主要干道，临顿路也在其中，本来临顿路上有许多菜馆，有的歇业，有的改行，天和祥虽然照样营业，但店多成市的格局不再，生意也就差了很多。

义昌福创办人张金生，相传十四岁时投师虎丘斟酌桥三山馆学红案，光绪九年（1883）在宫巷开设义昌福。但据1943年印制的《最新苏州游览地图》所刊广告，有"义昌福菜馆，创设四十馀年"诸字，则其开业当于光绪二十年（1894）以后。后来张金生又在阊门大马路开设新义昌福，称西号，称宫巷义昌福为东号，也称老义昌。大马路义昌福门悬"京苏大菜"、"承办筵席"、"随意小酌"、"应时名菜"四块招牌，因经营有方，在阊门外独占鳌头。张金生也因有城内城外两大菜馆，成为苏州餐饮界的头面人物。1922年，张金生去世，由内弟唐松林接管；唐去世后，则由股东人等经营。1943年4月，周作人一行到苏州，伪江苏省教育厅和"中日文化交流协会"在老义昌福设席宴请，席间有个小插曲，店主请周作人题字，周便写了古诗里的一句"努力加餐饭"，上款是"老义昌福主人惠存"，那位店主人小声咕哝："努力加餐就够了，为啥还要添个饭字呢？"在他想来，这位大文人也不过如此，下笔有些欠通。百馀年来，义昌福菜肴既随时代变化而改革，又保持苏州传统特色，故影响至大。《吴中食谱》说："义昌福之鱼翅，亦称擅场，近在城中饭店别张一军，时出心裁，每多新作，如番茄鱼片，如加厘鸡丁，略参欧化，颇餍所好，一时仿而行者，几于满城皆是，然终弗逮也。"义昌福的名菜，还有青鱼甩水、蜜汁火筒、清汤火筒、南腿肥鸡、南腿炖鸭、蟹粉鱼翅、蟹粉狮子头、网包鲥鱼、腐乳呛活虾、蛤蜊氽鲫鱼、鸡屑豆腐、生焙母油整鸡、荠菜鸭糊、神仙童鸡、荷叶粉蒸肉、美味酱方、烤方、素黄雀等。

新聚丰原名聚丰园，相传创设于光绪三十年（1904），早期店址在护龙街祥符寺巷口。民国初年由朱坤业、张炳生主持店务，曾在砂皮巷和祥符寺巷开办两家礼堂。1940年由王庆生接管后，易名新聚丰。1946年改由张桂馥主持，荟萃苏帮名厨，以正宗苏帮菜肴点心和承办筵席为特色，一时艺压群芳，享誉苏城。新聚丰的名菜有菊花青鱼、银鼠桂鱼、三丝鱼卷、糟熘塘片、高丽虾仁、母油船鸭、荷叶清蒸鸡、美味酱方、松花塘蕈、鸡油菜心等。做的点心也很有名，有松子枣泥拉糕、藕粉甜饺、扁豆凉糕、鲜肉锅贴等十多种。

需要说明的是，太监弄的得月楼，有好事者杜撰创设于明代中叶，其实不然。苏州历史上的得月楼不止一处，但都是别墅或青楼，不是酒楼饭馆。如顾禄《桐桥倚棹录·第宅》说："得月楼，在野芳浜口，为盛蘋洲太守所筑。张凤翼赠诗云：'七里长堤列画屏，楼台隐约柳条青。山云入座参差见，水调行歌断续听。隔岸飞花游骑拥，到门沽酒客船停。我来常作山公醉，一卧垆头未肯醒。'"盛蘋洲名林基，字嘉荫，号蘋洲，长洲人，乾隆二十四年（1759）举人，历官威远同知，《苏郡城河三横四直图说》就是他刊刻的。赠诗之张凤翼，字仪廷，号芝冈，长洲人，乾隆四十六年（1781）进士，选任太平府学教授。杜撰者不知盛蘋洲是何人，认为这个张凤翼是"前有四皇，后有三张"的张凤翼，故有创设于明代中叶之说。至嘉庆间，冶坊浜（即野芳浜）也有得月楼，为妓女李倚玉居处，西溪山人《吴门画舫录》说："李倚玉，行三。白皙而顾，而秋波一剪，盈盈欲语，尤可疗饥。居虎丘得月楼，楼枕河干，在花市西头，即俗呼冶坊浜者，为游船停聚处。"这是否就在盛蘋洲得月楼故处，已不可考，但都不是酒楼。作为酒楼的得月楼，得从苏州市滑稽剧团1958年上演的《满意不满意》说起，它以松鹤楼服务员孙荣泉的事迹为原型，将故事安排在一家名叫得月楼的菜馆里，1963年由长春电影制片厂改编拍摄成喜剧故事片，分苏州方言版和普通话版，在全国上映后，引起轰动。1980年代初，苏州市滑稽剧团续编《满意不满意》，便题名《小小得月楼》。1982年，改苏州烹饪学校实习基地苏州菜馆为得月楼，可见是先有戏然后再有店的。由于底子较好，加上戏里虚拟的得月楼名声在外，故也堪称名馆。门首有费新我书联："吴地明厨，远来近悦；琼楼玉宇，醉月飞觞。"得月楼的名菜有得月童鸡、甪里鸭羹、千层桂鱼、水晶元菜、南腿菜脯、三虾豆腐等，点心则取船制，往往以苏州园林景点作造型，那是颇可观赏而难以下箸的。

苏属各邑的名馆，也很有不少，略作介绍。

常熟王四酒家，为里人王祖康创设于光绪十三年（1887），初在北门外虞山北麓兴福街北段，店号王万兴，自酿自卖桂花白酒，又将田间青蔬、山边嫩笋、林中禽鸟、河塘鱼腥随地取来，烹调下酒小菜，香客游人得尝田园农家风味，赞口不绝。金病鹤《北门》之一云："北门风味早秋凉，蕈子新鲜栗子香。白玉笋鞭翡翠豆，银丝萝卜象牙姜。鲈羹鸡片人嫌贵，薄酒清茶我惯尝。野饭花灯本无用，醉归犹得趁斜阳。"翁同龢、张鸿、黄谦斋、费念慈等先后为写匾额楹联，翁同龢联曰："带经锄绿野，留露酿黄花。"张鸿联曰："白玉笋鞭翡翠豆，银丝萝卜象牙姜。"说的正是这家酒店的特殊风味。1920年王祖康去世后，由其子王渭璋继续经营。1926年秋，经张鸿等建议，改王万兴为王四酒家，因王祖康排行第四，"王四"两字正可作纪念，且杜甫《江畔独步寻花》有"黄四娘家花满蹊，千朵万朵压枝低"之句，"王"、"黄"两字，吴人读音相同也。因营业兴旺，原有的三间老屋已不足敷用，1928年在山道外建造新楼，为三开间两层，在隔道墙上大书"山肴野蔌，黄鸡白酒"八字以作号召，店中生意更加兴隆了。1933年，《扬州闲话》作者易君左游虞山，在店中小酌，留诗一首："名山最爱是才人，心未能空尚有亭。王四酒家风味好，黄鸡白酒嫩菠青。"丰子恺赠画《绿杨深护酒家楼》，萧蜕（退庵）赠联："山肴野蔌多真味，白酒黄鸡富闲情。"邓散木（粪翁）赠额"宾至如归"，屡经文人延誉，王四酒家更声名远播了。楼上更有兴福寺住持持松所书一联："我意已超然，闲坐闲吟闲饮酒；人生如寄耳，自歌自舞自开怀。"僧人为酒楼写对，实属少见。王四酒家以燂锅油鸡、叫化鸡、松蕈油、燂山鸡、南腿蚕豆、春笋鸡丝、燂油螺蛳、鲜椿豆腐、黄笋豆腐、炒血糯、栗子羹、冰葫芦等菜点闻名，尤其是燂锅油鸡，香嫩鲜肥，有独得之妙，为老饕激赏。

游人都很欣赏王四酒家菜肴的本色，如温肇桐《黄鸡白酒嫩菠青》说："王四酒家的菜，自然各色俱全，可是最著名的是油鸡，用着祖传秘法烹制的，又名爊鸡，浸在芳香的暖黄色的菜油之中，鸡肉鲜嫩无比，闻到了这种异样的香味，真会相信他祖传秘法的神妙呢。如果把吃剩的鸡油，向侍者要一些生豆腐拌着吃，会觉得别有一种美味。这是一些老食客的惯伎，不会有伤大雅的。其他的名菜，还有古铜色的松树蕈、象牙色的黄笋烧豆腐、翡翠色的香椿头拌白玉色的豆腐，还有著名的点心，甜的是山药糕、血糯八宝饭，咸的是松树蕈面。假如秋天去，又可以尝到蜜汁桂花栗子呢。这许多山肴野蔌，已经是名闻海内。"白地《虞山履迹》也说："王四在一年惟于春秋二季营业，因备'应时山肴野蔌，完全乡村风味'的缘故，各地游客，莫不聚至。坐落的地位又好，从高看去，先是一眼桃林，虞山在望。这里的酒是酿桂花白酒，这酒的佳点，在乎你一拿起杯子，就有一缕缕——你吃过酒酿没有——香喷喷的异香冲入你鼻中，你别因此而放怀畅饮，这酒太容易醉，看一桌桌都不扑着醉客？你不会喝酒，这里的菜的优点就是完全新鲜。油鸡油得的的可滴，很鲜腴，吃完了鸡，你不妨叫他们拿一盆豆腐来，在油酱里一拌，这更是你不会想到的美味了。"

1947年10月19日，宋庆龄、宋美龄一行从上海至常熟，午间在王四酒家用餐。据第二天常熟《青年日报》报道，想不到当天中午王四酒家客满，店主请他们在附近散步一会再去，"孙蒋两夫人等就在兴福头山门一带密林之间畅游，一过二十分钟后，回至王四，讵料桌子还没有空，一行贵宾又往各地游览，凡往返三次，仍无隙座，最后乃由蒋夫人决定，命王四抬出桌子一张及酒菜，送到鸢背脊的草坪上，举行野餐。同桌者除孙蒋两夫人外，尚有二位男宾同坐，边饮边眺赏秋林山色，情景极为幽闲，而宣司令、孔令侃等则在王四楼上分二桌共进午饭，至二时五十五分，餐毕"。两夫人的光临，让王四酒家的名气更响了。

常熟山景园在城内书院弄，创设于光绪十六年（1890），主人黄培章，人称大坤司,乃随宦进京的家厨,归里后,与当地名厨钱少云、薛福林、朱浩蓉等筹建菜馆。山景园门首有何绍基书联:"稻秧正青白鹭下,桑椹烂紫黄鹂鸣。"出陆游《小憩前平院戏书触目》;又有翁同龢书联:"采菊东篱下,种葵北园中。"乃集陶潜、陆机句也。先是以承办满汉全席闻名,食客多官吏、豪绅、富贾。相传两江总督端方巡视江防至常熟,一日三餐都由山景园承办,由是声誉日隆。1916年因失火被毁,在原址重建中西式两层楼,可西望虞山辛峰亭,其境益副其名。山景园的名菜有叫花鸡、出骨生脱鸭、清汤脱肺、白汁细露笋等,时令佳肴有出骨刀鱼球、清蒸鲥鱼、母油干蒸鲥鱼、高丽鲥鱼、红烧鲥鱼、鲥鱼球、软煎蟹合、炒蟹粉、籴蟹球、炒蟹球、薄炒蟹羹等。点心也丰富多采,春有炸元宵,夏有扁豆酥,秋有桂花栗饼,冬有山药糕,还有八宝南枣、冰葫芦、荸荠饼等。

1937年4月,上海报界同人偕游常熟,经曾虚白之介,中午聚餐于山景园,冯柳堂《记虞山半日游》说:"菜中之著名者,为常熟鸡、长江鲥、虞山松蕈。常熟酱鸭,已为沪上人士所喜嗜,煨鸡则非至常熟不易得食(上海酒馆中虽亦有之,未臻其妙)。煨鸡者,本为乞丐食鸡之煮法,宰鸡,清肚实,连毛涂泥,投于火中而煨之,及熟,脱泥,鸡毛附着于泥而皮肉可食,味香美可口。食者仿其法,有包以荷叶,实以五香肉钉,已非叫化鸡之本色矣。鲥鱼本为当令之食品,又为常熟之名产,就长江渔船买鱼归,举以烹调,故肥鲜卓绝。松蕈在新雨之后,愈觉鲜嫩可爱。余以为内地菜馆有二长:一、能得味之真,盖用原汁烹煮,故原味不至走失,不若上海小菜无论其为包饭作为酒菜馆,喜用调味粉末,味皆千菜一律;二、能得味之鲜,盖蔬菜之味永,全在一'鲜'字,宿则味变矣,即如上海就地所卖之小菜,亦于上日采得,留待翌日出售,远方贩运而来者更论矣,安得尚有鲜嫩之可言。至一地有一地之特菜,其馀事也。"

旧时常熟名馆的名菜很多,如长华馆的烤鸭,脆嫩多油,不减北京烤鸭,清蒸圆菜也极有名,甲鱼内纳入鸡、肉、火腿及各种调料,放入鸡汤内在炭火上缓缓蒸煮,汁清味厚,甲鱼裙边柔软味美,此外还有五香甲鱼、蜜饯火腿等。聚丰园有八宝鸭、银红鸭、三鲜品锅和"百鸟朝凤",后者用鸡及鸽子、斑鸠、麻雀等同烹，浓酽非常，美味绝伦；尤擅操治整桌筵席，邑人逢春秋两季酒会及冬日消寒会，都假座于此。鸿运楼有清炒蟹粉、虾子海参，擅烹"五代同堂"，制法类乎聚丰园的"百鸟朝凤"，惟以鸭代鸡，浓鲜特著。裘馆以乳腐肉驰名，也称醋肉，价廉物美。瞿楼以糟鸭著名，用十八种草药香料制成糟油，浇在白斩鸭上，汁香味鲜，技艺独绝，故远近闻名，顾客盈门。北赵弄还有一家菜馆，牌号失记，所煮起油豆腐汤，掺以虾仁、干贝、火腿丁、鲜肉丁、草鸡丁等，有独到之妙，他家无法仿制。

昆山名馆，民国时尚有不少，今则早已影踪全无。庞寿康《旧昆山风尚录·饮食》说："吾邑大小菜馆、饭店、摊肆，如茶坊、酒家，分布于闹市街坊者颇多，有名者为云记馆、瑞丰馆、盛兴馆等，山珍海味，无不毕备，烹调技术，众口一辞。婚丧喜庆，无论上中下酒席，有多至数十桌者，均能全部承办。备货不足，同行中可互通有无，名曰'拆货'。馆中配料及烹调为主要职司。有小型喜庆或接待高贵亲朋而仅需单桌在家设宴者，馆中可预先配就生鲜盆菜及携带油、盐、酱、醋、糖、葱、姜、酒、胡椒、蒜叶等一应佐料，担送以客家，派一厨师前往煎炒烧煮，烹调整桌酒席，无异于在馆子之中。至于四色、六色、八色的中高档和菜，则在馆中煮就然后送货上门。冬令暖锅，下层填脚爪者称'硬底'，填粉丝者称'软底'，亦可装满火炭单独送户，当然'硬底'价亦稍贵于'软底'。丰盛酒席，八仙桌四角置高脚盆四色，内盛'二干'如甜杏仁、西瓜子，'二湿'如瓢橘、楂糕。冷盆如蚶子、熏鱼、皮蛋、排骨。'八炒'如鱼翅、干贝、明玉参、鳝糊、鱼片、蟹粉、虾仁、鸡片。甜羹如楂酪汤、桂花栗子。'二点心'如八宝饭、水晶包子。大菜如锡锅鸭、糖醋桂鱼、东坡、腊肉、甲鱼、海参、肉丝、雪笋汤，此仅一例耳。"云记馆在北大街，主人管氏，善于经营，名菜有冰糖圆菜、酱汁肉、东坡肉、时鲜虾蟹、青鱼划水、腊肉氽糟等，春秋佳日，顾客常满，多至几十桌。盛兴馆在宣化坊，主人盛氏，以小酌、碗菜为主。还有一家文明园，在弓箭街，顾客都为中上层人士，以小碗时鲜炒菜和秋季蟹宴为特色。

旧时太仓市面较小，不及常熟、昆山，但饮食业也很发达，其中尤以陆金记为城厢菜馆的佼佼者。陆金记在南牌楼西首，1921年由厨师陆金林创设，能做京帮、苏帮、徽帮和本帮菜，还能置办素席。特色菜肴，如荷色清翅、吕宋鱼翅、虾蚧鱼翅、虾仁鱼唇，味浓不腻，馀味无穷；红烧大乌参、虾子明玉参，软烂糯滑，汁浓味厚；蜜炙火方，选用金华雪舫蒋腿，甜而不腻，鲜美醇厚；葱烧八宝鸭，内填火腿丁、干贝、蘑菇、笋丁、莲心等佐料，葱香扑鼻；菊花锅，用雪笋鲜汤，配以虾仁、鸡鸭肫、青鱼片、鸡片、鸡蛋、菠菜等，随烫随吃；白鲫鱼汤，汤色乳白，汁浓肉嫩。此外，还有火腿西瓜盅、冻鸡、荷叶粉蒸肉、奶油菜心、炒三冬、炒荠燕、炒鳝背、椒盐鸽蛋、雪底燕窝、龙井虾仁、馀糟鱼等。点心如虾仁土司、虾仁烧卖、虾仁水饺、鲜肉韭菜饼、豆沙猪油韭菜饼、玫瑰蚕豆糕、山药糕、翡翠包子、杏仁茶、山楂酪等，也都色香味俱全。又抗战前，石皮弄泰和轩由吴姓老太母女三人主厨，专做具有家庭风味的菜肴，如青鱼肚杂、虾脑豆腐、蟹粉菜心、四喜肉等，很受吃客青睐。

吴江各大镇都有名馆，较多集中在盛泽，蚍叟《盛泽食品竹枝词》有数首咏及晚清时的菜馆佳馔："成群三五意相同，今夜侬家愿作东。朱鼎隆酒泳兴菜，一千记账是青铜。""时光盼盼是三冬，每约良朋四五从。生爊羯羊泳兴馆，洋河佳酿色醇浓。""猪肉虾仁不足奇，天开异想说高丽。庖丁试用荤油灼。松脆向宜佐酒庖。""不妨肉食瘦还肥，解事庖丁听指挥。称号锅油尝异味，辛酸上口辨依稀。""条条黄鳝丝丝勒，莫为无鳞戒食鱼。分付庖丁重糊辣，泳兴馆外别无如。""吾是高阳旧酒徒，非关君子远庖厨。方方块肉称红冻，市脯偏教味转腴。""屠门大嚼又红蹄，市脯家肴费品题。老汁制成风味好，买来不让自家低。"词中提到的朱鼎隆和泳兴馆，在当时盛泽是数一数二的菜馆。油灼猪肉或虾仁，松脆可口，下酒最宜，负有盛名，盛泽人称为高丽肉，几乎每家菜馆都擅烹调。更有所谓"红冻"，光绪《盛湖志补·物产》说："红肉，用红麴、冰糖、酒爊制，味极腴美，惟冬间有之，馈遗者以为珍品。"清末民初，盛泽名馆有协顺兴、悦来兴、义昌福（后改义锠福）、怡和园（后改松鹤楼）、双和馆、复兴馆等，在新开弄的沈福兴，专做绍帮菜，盛泽绍籍人较多，故吃客盈门。

苏州郡城和各邑寺院都有素斋,烹调水平不一。范烟桥《吴中食谱》说:"城中佛事,近都茹荤,故素斋亦绝少能手。旧时以宝积寺为最,然不及玄墓圣恩寺,有山蔬可尝也。"街市间的素菜馆,因为专业性强,又应市作商业运作,有的就非常出色。这里只以常熟觉林素食处为例,聊窥一斑。

觉林素食处,由兴福寺僧人和地方士绅合股创办于1933年,设址道南横街,为五开间楼房,可设十五桌,全日供应香茗、素点、素菜,承办佛事素斋、丧事素筵、应召上门烩菜等业务。宋以天《常熟最早的素菜馆》说:"觉林素食处制作净素菜的原料,主要系蔬菜、瓜果、三菇六耳(三菇,北菇、鲜菇、蘑菇;六耳,雪耳、黄耳、石耳、木耳、榆耳、桂花耳)以及竹笋、豆制品等。先料要求很高,香菇须挑金钱冬菇、厚香菇,口蘑菇必须是张家口地产;笋是按季节选用浙江冬笋、嫩尖玉兰笋、虎尖笋;夏季则专程去吴县东山采购太湖鲜莼菜;制作素白鸡,非平湖的豆腐饭粢不可;做素火腿,务必用浙江糯性的豆腐衣;一般的麻油豆腐、百叶也采用本县大义镇特制的盐卤豆腐、百叶。用料规格也很注意,如冬笋,专拣形圆肉厚、只头大小相近的上品,冬笋则取用尖端部分,豆腐干临用时除去四边,仅留用其中心。佛门称为五辛五荤的葱、蒜、韭等配料则忌用。觉林素食处的刀工技巧不同寻常,所制的素鸡、素鸭、素鱼圆、素海参、素鱼翅、素红烧狮子头、素走油肉等花色菜肴,其形态逼真。烹煮时调味适度,重视火候,故其菜肴味鲜而不腻口,别具风味,深得食客赞赏。如制素火腿,须预先配好红白两种卤汁,拎起腐衣两角,分别浸入红白汁中,入味后取出,将红白腐衣相叠,初卷成半圆形,然后将两卷合扎成圆筒状,上笼蒸半小时,出笼冷却,切成薄片装盆,形若火腿,几能乱真,上桌时淋上麻油,入口清香味美。觉林素食处在扬帮和本帮厨师的精心配合下,掌握了制作素肴的特点,创制的素馔佳肴达一百馀种。创制的素点,有白果甜羹、蜜饯桂栗、夹心山药糕、血糯八宝饭以及各种素浇的面,素心的馒头、春饼等品种。"惜乎1937年常熟沦陷,觉林素食处房屋被毁,后来股东也无意复业,就悄然消失了。

佳　肴

　　苏州佳肴珍馔，不可指数，限于篇幅，只能略略举例，以况其馀，并且仅是浮光掠影的初浅记录。

　　松鼠桂鱼，松鹤楼名菜。桂鱼即鳜鱼，每到春来，桃花水发，就肥硕可食了。以鲜活鳜鱼烹制，保留头尾安好，在鱼身上剞菱状纹，经油炸后，鱼肉蓬松如毛，装入盆中，昂首翘尾，犹如金黄的松鼠，挂卤时且"嗤嗤"作声，仿佛松鼠吱叫。此菜外脆内嫩，晚近用番茄酱挂卤，甜酸适口，堪称色、香、味、形俱佳。

　　千层桂鱼，1940年代应市，原汁原味，咸中带鲜，深受食客青睐。千层者比喻层次之多，将鳜鱼及火腿、香菇、黄蛋糕等原辅料切片，间隔相叠，使之色彩绚烂，形状美观，且能入味。

　　煮糟青鱼，青鱼素称鱼中上品，与鳜鱼一样，肉质肥嫩，骨疏刺少，逢年过节，苏州人家都将它作为馈赠礼品。此为传统名菜，取香糟与青鱼同煮，并取火腿片、香菇片、笋片和菠菜等，出锅时将诸品铺放鱼段，具有糟香浓烈、入口鲜嫩的特点。

　　青鱼甩水，义昌福名菜。吴谚有"青鱼尾巴鲢鱼头"，青鱼尾肥腴肉嫩，尾鳍黏液更有滋味，是为青鱼最佳处，苏州人将鱼尾呼为甩水，故得此名。此菜将青鱼尾竖斩成带尾鳍的条状鱼块，加调料精烹而成，色呈酱红，咸中带甜，肉质肥嫩。

五香熏青鱼，青鱼有乌青、血青之分，此肴以血青为之，加酱油、绍酒、桂皮、茴香、砂仁等腌渍，再入油锅中汆熟，加上卤汁及五香粉即成。具有色泽红褐、五香味美、咸中带甜、肉嫩鲜洁的特点，最宜下酒，也可作馈赠亲友的美食。

清汤脱肺，常熟山景园名菜，将红烧青鱼杂改为白汤，色味俱佳，鱼肠为淡白色，鱼肝粉红色，肠肥而烂，肝微酥，葱姜清香，汤清味醇。

出骨刀鱼球，常熟山景园名菜，相传因翁同龢年老齿落而创制。先将刀鱼沿脊骨片成两爿，鱼肉刮下后与虾仁、肥膘一起剁烂成主料，加蛋清、料酒搅拌，做成圆子清蒸，再用鸡汤烧煮，另将鱼骨加葱姜等煮汤，汤沸时，将鱼圆入汤，然后用文火，再加熟猪油等。鱼球浮于汤面，肥嫩鲜美，入口即化。

清汤鱼翅，鱼翅即鲨鱼鳍干，属八珍之一，一因物希为贵，二因加工复杂，有剪边、浸泡、焖制、褪沙、去腐肉、出骨等涨发工序，故属高档菜馔，上席益增其价。又因鱼翅本身无味，故须用其他辅料同烹。清汤鱼翅最有真味，鱼翅外，用熟火腿、新母鸡、青菜心、猪肥膘等，以汤清、味鲜、翅糯为特点，备受食客赞赏。

莼菜汆塘片，新聚丰名菜。塘片即塘鳢鱼片，切去鱼头，批去骨刺，以净鱼片入馔，莼菜无味，故另加猪油肉汤、火腿丝等。这是一道以清隽称胜的汤菜，莼菜碧绿，塘片白嫩，羹汤清鲜，馀味无穷。

塘鳢鱼豆瓣汤，苏州菜花塘鳢鱼为时令佳品，肉质细嫩，两颊有蚕豆瓣状面颊肉，取而作汤，称为"豆瓣汤"。这道菜颇有来历，宋人陈世崇《随隐漫录》卷二说："偶败篋中，得上每日赐太子《玉食批》数纸，司膳内人所书也。"其中就有"土步辣羹"，做法是"土步鱼止取两腮"。土步，也作土附，即塘鳢鱼。一汤所用之鱼，非数十尾上百尾不可。旧时木渎石家饭店有之，用鱼肉鱼骨熬成浓汤，放入"豆瓣"、南腿片、笋片，其味鲜美无匹。1970年代初，柬埔寨西哈努克亲王访苏，曾得一尝。

糟熘鱼片，南北都有，北方用鲤鱼，苏州各市楼则用鳜鱼。王世襄《鱼我所欲也》说："鲜鱼去骨切成分许厚片，淀粉蛋清浆好，温油拖过。勺内高汤对用香糟泡的酒烧开，加姜汁、精盐、白糖等佐料，下鱼片，勾湿淀粉，淋油使汤汁明亮，出勺倒在木耳垫底的汤盘里。鱼片洁白，木耳黝黑，汤汁晶莹，宛似初雪覆苍苔，淡雅之至。鳜鱼软滑，到口即融，香糟祛其腥而益其鲜，真堪称色、香、味三绝。"

鲃肺汤，木渎石家饭店名菜，后各大市楼均有。鲃鱼即斑鱼，头大尾细，形如蝌蚪，也俗称蝌蚪鱼，肺乃是肝，以烹调鲃肺汤著名。费孝通《肺腑之味》说："斑鱼原是太湖东岸乡间的家常下饭的土肴，各家有各家的烹饪手法，高下不一。大多也知道这鱼的鲜味出于肝脏，但一般总是把整个鱼身一起烹煮。叙顺楼的主人却去杂存精，单取鱼肝和鳍下无骨的肉块，集中清煮成汤，因而鱼腥全失，鲜味加浓。汤白纯清澈，另加少许火腿和青菜，红绿相映，更显得素朴洒脱，有如略施粉黛的乡间少女。上口时，肝酥肉软，接舌而化，毋庸细嚼。送以清汤，淳厚而滑，满嘴生香，不忍下咽。"鲃肺汤为秋令佳肴，以斑鱼肝为主料，伴以蘑菇、鸡汁、南腿、菜心，肝色澄黄，菜心碧绿，色泽悦目，汤味鲜美。

带子盐水虾，青虾于端午节前后为盛产期，以太湖所出为多，个大肉饱，有卵在腹外，当时令烹制，皆为水煮，以显其清淡之致。因虾子本身别有鲜味，故水煮时，仅需加入葱、姜、酒即可，以突出本味，诚乎是夏令佳肴。

碧螺虾仁，以太湖白壳虾仁和碧螺春茶精烹而成，具有浓郁的苏州地方特色。白壳虾壳薄肉多，易挤虾仁，且肉质细嫩；碧螺春叶瓣纤弱，茶味甘醇。此菜先用碧螺春泡茶，取茶汁作调料，烹调后以清溜虾仁装盘，取碧螺春茶叶点缀作盘边围饰，绿白相映成趣，别具清香风味。

卷筒虾仁，1940年代应市，选料时用熟火腿、甜小酱瓜、甜嫩姜、香菇、鸡蛋等辅料，用猪油包裹，用花生油炸制，故而色泽金黄，外脆里嫩，肥而不腻，入口鲜香，为下酒上品。如果另备一碟甜面酱，蘸之以食，益臻其味。

翡翠虾斗，以整个青椒与河虾仁为主料烹制，青椒碧绿，近乎翡翠，故以名之。青椒宜用柿子椒，辣味较淡，适合吴人口味，且个大肉厚，宜于造型。

此菜属派菜,每客一份,色泽上绿白相映,口味上青椒具脆性,虾仁则鲜嫩爽滑,以色、香、味、形完美结合见长。

孔雀虾蟹,以鲜活河虾仁和清水大闸蟹肉为原料,以孔雀作造型。烹制时用虾茸、蹄筋、鸡脯、香菇等辅料分别制成孔雀的头、冠、羽,这与用南瓜、萝卜等作雕镂不同,堪称苏州本帮造型菜中的别裁。

三虾豆腐,木渎石家饭店名菜。三虾者,即虾仁、虾子、虾脑,以太湖白虾和近郊五龙桥清水大虾为佳,因为带子虾惟有端午节前后始有,故此菜具有时令性。做这道菜前,豆腐要略加造型,然后在豆腐上配上虾仁、虾子、虾脑及调料,放入砂锅,以旺火烧至汤稠,装盆后菜形美观,色呈棕黄,肥滑鲜美。相传石家饭店专请灵岩山僧人加工豆腐,有金和尚者最为擅长,所制豆腐白嫩腴美,滋味独特。

十锦豆腐,杂取诸物而成豆腐一品者,由来已久,袁枚《随园食单·杂素菜单》记"王太守八宝豆腐":"用嫩片切粉碎,加香蕈屑、蘑菇屑、松子仁屑、瓜子仁屑、鸡屑、火腿屑,同入浓鸡汁中,炒滚起锅,用腐脑亦可。用瓢不用箸。孟亭太守云:'此圣祖赐徐健庵尚书方也。尚书取方时,御膳房费一千两。'太守之祖楼村先生为尚书门生,故得之。"顾禄《桐桥倚棹录·市廛》所记食单有"十锦豆腐"。"十锦"也作"什锦"、"十景",夏曾传《随园食单补证·杂素菜单》说:"吴门酒馆有十景豆腐者,制亦相类。"

天下第一菜,即锅巴汤,木渎石家饭店名菜。它的由来,历来传说很多,都属无稽之谈。此菜主料用金黄松脆的锅巴、玉白鲜嫩的虾仁、红润酸甜的番茄,先将锅巴油炸后盛在荷叶汤盆内,再浇上虾仁、番茄做成的汤汁,锅巴遇热汤爆裂出声。此菜声悦耳,色醒目,香扑鼻,味可口,颇有食趣。

清蒸大闸蟹,烹制最为简单,将蟹洗净后,用席草或稻草将蟹的八腿两螯绕圈扎紧,放在锅内笼格上隔水清蒸,如此则蟹脚不会脱落,装盆完整,鲜味不失。吃蟹蘸食的佐料,用生姜末、醋、糖、酱油拌和而成,也有不用佐料者,以能得其真味也。

软煎蟹合,又称芙蓉蟹斗,常熟山景园名菜,既省剥壳之烦,又增蟹肉之味。烹法是先将整蟹煮熟,取其背壳为盒,剔出螯足间蟹肉和蟹黄,再佐以火腿末、姜末等,置于蟹盒内,覆上蛋清,入锅煎至结糊成软盖,即可上桌,色泽金亮透红,蟹粉格外鲜嫩,蘸食香醋姜丝,风味特佳。

响油鳝糊,苏州有"小暑黄鳝赛人参"之说,此菜亦以小暑为时令。烹法是将鳝丝用熟猪油炒熟,加高汤、调料,烧至汤汁收稠,再将淀粉等作成鳝糊,另用滚烫麻油一碗,同时上桌,将油浇在鳝糊上,有"噼叭"之声,再撒上胡椒粉。

刺毛鳝筒,宜用大黄鳝,活杀后,配以猪肉酱,卷曲成筒状,因为鳝肉上剞网眼花刀纹,如刺毛状,故以得名。

黄焖鳗,天和祥、松鹤楼名菜。河鳗以夏末秋初时为最佳,宜大锅焖制,小锅复烧。范烟桥《吴中食谱》说:"鳗鲡则非深夏不办,而城中以松鹤楼为最腴美。"它起锅装盘时,先放鳗段,再匀放笋片、木耳等,色泽棕黄,卤汁浓稠明亮,肉质细嫩,口味咸鲜中略微带甜。

甪里鸭羹,得月楼名菜。吴地多鸭,甪里鸭声名远播,典出陆龟蒙"能言鸭"故事。此肴以煮熟之鸭,拆骨碎肉,与蹄筋、火腿、冬菇、鱼圆、干贝、虾米等置于砂锅,焐至酥烂,上席时撒上荠菜末,五色纷呈,浓肥鲜美。

出骨生脱鸭,常熟山景园名菜。用五斤重肥一只,处理干净后,从颈部开刀,使骨肉脱离,将糯米、芡实、莲心、香菇、火腿、虾仁等加酱油、料酒、葱姜等拌好后,纳入鸭肚内,用纱线扎成鸭之原状,用文火炖烂后装盆。鸭味浓厚,肉质酥烂,清香鲜美。

母油船鸭,新聚丰名菜。母油即头油,醇厚鲜美,尤以伏酱秋油为佳。选用太湖绵鸭,形大肥壮者,取整鸭配以猪脚爪、肥膘等,加母油焐煨而成。汤醇不浊,鸭酥脱骨,色浓味鲜。由于油层复满汤面,看似不热,食时烫嘴,素以火候功夫到家著称,为秋冬佳肴。

五香扒鸭,松鹤楼名菜。将鸭去脏洗净后,加白汤烧沸,取出另置砂锅,加入各种调料,用微火将鸭煮至七分熟,然后将香菇、笋片排齐放入鸭腹,再加原汤、酱油、白糖、料酒,上屉旺火蒸至酥烂,上桌时扣入盘中。此肴具有色泽酱红、香味四溢、酥烂脱骨、咸中带甜的风味特点。

早红橘酪鸡，松鹤楼名菜。早红橘为洞庭东山特产，甜中带酸，烹制此肴时，去皮去核去络，加佐料制成糊状橘酪，选用稻熟上市当年新母鸡，先将整鸡油炸，呈橘黄色，然后加橘酪上笼焖煨，装盆时以橘瓤饰成花朵围边。

荷叶粉蒸鸡镶肉，新聚丰名菜。吴俗用荷叶包裹后蒸煮的佳肴很多，如叫化鸡、粉蒸肉、粉蒸鱼等。此肴以嫩母鸡、五花肋条肉，拌上炒粳米、茴香粉等，用鲜荷叶包裹后上笼蒸制，咸中带甜，松糯不黏，油润不腻，且渗入荷叶清香，素称夏令佳肴。

叫化鸡，又名煨鸡，早先流行常熟，长华馆、山景园、王四酒家等都有，后苏州市楼也有了。范烟桥《吴中食谱》说："有所谓叫化鸡者，以鸡满涂烂泥，酒及酱油自喉中下注，然后燃炭炙之，既熟略甩，泥即脱然，香拂箸指。相传此为丐者吃法，盖攘窃而来，急于膏吻，不暇讲烹调事也。常熟馆中有此馔，美其名曰'神仙'。前年阊门有琴川嵩犀楼，枉颐尝新者颇众，后以折阅而辍业，此味遂不得复尝矣。"所记制法或为想当然耳。林俪琴《新馔经》说："泥涂鸡为常熟特出之嘉肴，闻其烹法，是一丐者发明，盖丐者善偷鸡，既得苦无釜镬烹之，因发明泥涂鸡焉。至其烹调之法，则以未经去毛之鸡，挖空其腹，中贮油、酒、葱、姜等物，外涂以泥，置火中烤之，及闻鸡香外溢，取出敲去其泥，剖而食之，香洌无比，亦食鸡中别开生面之烹调法也。"晚近以来，叫化鸡均选用当地三黄母鸡，用鸡肫丁、火腿丁、精肉丁、香菇丁、大虾米等作配料，填塞鸡腹，以荷叶包裹鸡身，涂以酒坛封泥，入炉烤制。上席前脱泥解叶，其味独特，酥烂鲜嫩，香气四溢。

爊锅油鸡，常熟王四酒家名菜。选用鹿苑壮鸡，用自制香料爊过，冷却后切块装盆，淋上油卤，用酱油蘸食，鸡鲜嫩，卤清香，风味特佳。

白汁圆菜，松鹤楼名菜。河鳖也称团鱼、元鱼，苏人称为甲鱼，菜馆行话则呼圆菜。甲鱼以春秋两季最为肥美，春天的菜花甲鱼，秋天的桂花甲鱼，都称佳品。此菜以活甲鱼宰后切快，与猪肥膘等入大锅煮焖酥烂，再以冬笋、山药、木耳等入小锅复烹而成。此菜甲鱼肉酥，裙边透明，汁稠似胶，滋味淳厚，颇受食客青睐。

析骨圆菜，本是镇江做法，传入苏州，成为诸家市楼的一道名菜。林俪琴《新馔经》说："析骨圆菜，乃京口著名之嘉馔，我乡菜馆中人亦能为之。其法甚简，始以已枭首而未去壳之甲鱼，和冷水置之釜中，温火煎之水沸，俟水自冷，再煮如前，待沸水微温，即将甲鱼取出，时鱼身已酥，可不待刀剖，用指分析足矣。至其烹法有二种，一即白汤，一即红烧。白汤之烹法，与白汤鲫鱼之烹法大同小异；红烧之烹法，与普通红烧猪肉之烹法类似，兹不赘述。惟圆菜一经析骨而烹，则其'裙边'之肥美乃益可口，故圆菜之食法，当推析骨者为尤。"

西瓜童鸡，松鹤楼名菜。此乃夏季消暑妙品，以西瓜作盛器，蒸煮童子鸡而成。西瓜选用个头圆整、色泽绿莹、纹路清爽者，截瓜顶为盖，挖去瓜瓤，外皮镂雕花纹图案，或刻喜庆吉祥之语，将煮成八成熟的童鸡与火腿片、香菇、笋片等置瓜中，加佐料调料，按下瓜盖，上笼蒸煮即成，此菜造型别致，鸡嫩汤鲜，别具瓜香，可称集观赏和品尝于一体。

乳腐肉，又称腐乳肉，松鹤楼名菜。汪曾祺《豆腐》说："腐乳肉是苏州松鹤楼的名菜，肉味浓醇，入口即化。"以猪肋肉为主料，煮至六七成熟，捞出，俟冷，切大片，每片须带肉皮，肥瘦肉，用煮肉原汤入锅，红乳腐碾烂，加冰糖、黄酒，小火焖。乳腐肉嫩如豆腐，颜色红亮，下饭最宜。

樱桃肉，做法与乳腐肉相似，惟以红麹代替红乳腐，然滋味大异。以带皮五花肉为主料，洗净刮清，煮沸至皮软取出，肉皮朝上剞十字形花刀，至皮断肉连，馀同乳腐肉。将煸好的菜心和豆苗作围边，红绿相映如樱桃。品尝一口，肉质酥烂，肥而不腻，甜中带咸。

金腿凤翼，松鹤楼名菜，乃由蜜汁火方改制而成。主料采用金华火腿、江西莲子、鸡翅、菜心，将火腿切片后加水和冰糖蒸熟，摆盘中呈水波形，将莲子铺在火腿片上，再加水和冰糖再蒸，另将鸡翅出骨穿入火腿片，同香菇片、笋片，放绍酒、精盐、葱段、姜片上屉蒸熟，浇上卤汁放少许桂花即成，以菜心作围边。红白相间，色泽美观，甜酥带咸，清香爽口。这是一道选料讲究、刀工精细的功夫菜。

白汁西露笋，常熟山景园名菜。先将熟笋用旋转刀法削成一寸宽长薄笋片，再将生虾仁、鱼肉、火腿膘油拌和包入笋片中，卷成笋原状，以火腿末粘于笋底部，放入荤油锅中煎透，加入鸡汤佐料等，汤鲜笋嫩，清爽可口。

鸡油菜心，苏州四季皆有青菜，以小塘菜为最佳，菜心翠绿鲜嫩，且形状美观。此菜取整棵菜心，十字剖开，以火腿片为辅料，熟鸡油为调料，烹调而成，菜心完整，色泽油绿，嫩糯爽口，尤其宜于品尝荤腥之后，咀嚼菜心，滋味倍佳。

筵 席

筵席者，本指铺地藉坐的垫子。古时制度，筵铺在下，席加在上。《周礼·春官宗伯》曰："司几筵，下士二人。"郑玄注："铺陈曰筵，藉之曰席。"贾公彦疏："设席之法，先设者皆言筵，后加者为席。"孙诒让《正义》："筵长席短，筵铺陈于下，席在上，为人所坐藉。"古人席地而坐，筵长于席，故食品咸置于筵间，故有筵席之称，后也泛指酒席、宴会。

筵席首先讲究席面，叶梦珠《阅世编·宴会》介绍了明清时苏州中上阶层宴会的规制："肆筵设席，吴下向来丰盛。缙绅之家，或宴官长，一席之间，水陆珍羞，多至数十品。即士庶及中人之家，新亲严席，有多至二三十品者，若十馀品则是寻常之会矣。然品必用木漆果山如浮屠样，蔬用小磁碟添案，小品用攒盒，俱以木漆架架高，取其适观而已。即食前方丈，盘中之餐，为物有限。崇祯初始废果山碟架，用高装水果，严席则列五色，以饭盂盛之。相知之会则一大瓯而兼间数色，蔬用大铙碗，制渐大矣。顺治初，又废攒盒而以小磁碟装添案，废铙碗而蔬用大冰盘，水果虽严席，亦止用二大瓯。旁列绢装八仙，或用雕漆嵌金小屏风于案上，介于水果之间，制亦变矣。苟非地方长官，虽新亲贵游，蔬不过二十品，若寻常宴会，多则十二品，三四人同一席，其最相知者，即祇六品亦可，然识者尚不无太侈之忧。及顺治季年，蔬用宋式高大酱口素白碗，而以冰盘盛漆案，则一席兼数席之物，即四五人同席，总多馈馀，几同暴殄。康熙之初，改用宫式花素碗，而以露茎盘及洋盘盛添案，三四人同一席，庶为得中。然而新亲贵客仍用专席，水果之高，或方或圆，以极大磁盘盛之，几及于栋，小品添案之精巧，庖人一工，仅可装三四品，一席之盛，至数十人治庖，恐亦大伤古朴之风也。"又说："近来吴中开桌，以水果高装徒设而不用，若在戏酌，反掩观剧，今竟撤去，并不陈设桌上，惟列雕漆小屏如旧，中间水果之处用小几，高四五寸，长尺许，广如其高，或竹梨、紫檀之属，或漆竹、木为之，上陈小铜香炉，旁列香盒箸瓶，值筵者时添香火，四座皆然，薰香四达，水陆果品俱陈于添案，既省高果，复便观览，未始不雅也。"

席面的美观，首论食器。瀛若氏《琴川三风十愆记·饮食》说："食味已尽，讲及器皿，某品宜用官窑，某品宜用哥窑，又某品虽恒有，宜用宣窑。味取诸远来，器取诸上古，此前浓肥饕餮之风，忽又一变。"袁枚《随园食单·须知单》也说："古语云：'美食不如美器。'斯语是也。然宣、成、嘉、万窑器太贵，颇愁损伤，不如竟用御窑，已觉雅丽。惟是宜碗者碗，宜盘者盘，宜大者大，宜小者小，参错其间，方觉生色。若板板于十碗八盘之说，便嫌笨俗。大抵物贵者器宜大，物贱者器宜小。煎炒宜盘，汤羹宜碗，煎炒宜铁锅，煨煮宜砂罐。"

陆文夫《美食家》描写了孔碧霞整治的一圆席："人们来到东首，突然眼花缭乱，都被那摆好的席面惊呆了。洁白的抽纱台布上，放着一整套玲珑瓷的餐具，那玲珑瓷玲珑剔透，蓝边淡青中暗藏着半透明的花纹，好像是镂空的，又像会漏水，放射着晶莹的光辉。桌子上没有花，十二只冷盆就是十二朵鲜花，红黄蓝白，五彩缤纷。凤尾虾、南腿片、毛豆青椒、白斩鸡，这些菜的本身都是有颜色的。熏青鱼、五香牛肉、虾子鲞鱼等等颜色不太鲜艳，便用各色蔬果镶在周围，有鲜红的山楂，有碧绿的青梅。那虾子鲞鱼照理是不上酒席的，可是这种名贵的苏州特产已经多年不见，摆出来是很稀罕的。那孔碧霞也独具匠心，在虾子鲞鱼的周围配上了雪白的嫩藕片，一方面为了好看，一方面也因为虾子鲞鱼太咸，吃了藕片可以冲淡些。十二朵鲜花围着一朵大月季，这月季是用勾针编结而成的，可能是孔碧霞女儿的手艺，等会儿各种热菜便放在花里面。一张大圆桌就像一朵巨大的花，像荷花，像睡莲，也像一盘向日葵。"

讲求菜肴摆设之美，讲求菜肴本身的色彩之美，是苏州筵席的重要特色之一。

旧时苏州酒楼饭店的筵席菜馔有种种名色，丰俭由人，有整席和零点之分。整席者，有烧烤席、燕菜席、鱼翅席、鱼唇集、海参席、蛏干席、三丝席（鸡丝、火腿丝、肉丝）以及全羊席、全鳝席、全素席等。凡碟碗所盛之食物，或有酒楼代定，或由主人酌定，客人则不问，只管吃便是。零点则不同，包天笑《六十年来饮食志》说："零点则由客点菜，他们称之为'随意小酌'，又曰'零拆碗菜'，价较昂贵，往往在整席之上，俗谓谓之'小吃大惠钞'。不过可随人数多寡而增损之。"嘉道年间的情形，顾禄《桐桥倚棹录·市廛》说："盆碟则十二、十六之分，统谓之围仙，言其围于八仙桌上，故有是名也。其菜则有八盆四菜、四大八小、五菜、四荤八拆，以及五簋、六菜、八菜、十大碗之别。"通常有十六碟、八大碗、八小碗，有十二碟、六大碗、六小碗，有八碟、四大碗、四小碗，以碟碗的多少分别高下。碟即通常说的碟子，一种小而浅的器皿，用以放置冷荤、热荤、糖果、干果、鲜果、调料等。冷荤如熏鱼、酱鸭、香肠之类；热荤如鸡、肉、鱼等炒菜，第较盛碗中者为少；糖果是指蜜渍的果品；干果如果玉、胡桃仁、瓜子之类；鲜果如梨、橘、葡萄、西瓜之类。大碗用以盛全鸡、全鸭、全鱼，或汤或羹，小碗则盛各式煎炒。点心进两道或一道，有一人分食一器者，有一席共食一器者，如果是两道，一般甜点、咸点各一道。有时请宴作零点，客人除冷荤、热荤、干果、鲜果外，可按自己的爱好选择一菜，主人则听之，大都是小碗，主人只须备大碗之菜四品或二品以敬客。此外，又有和菜，和菜之名，由"碰和"而来，"碰和"是赌博的一种，仅四人。所谓和菜，乃足敷四人之便餐，例不点菜，由店家安排，凡有四碟、四小碗、两大碗。如碟为油鸡、酱鸭、火腿、皮蛋之类，小碗为炒虾仁、炒鱼片、炒鸡片、炒腰子之类，大碗为走油肉、三丝汤之类。

至同治、光绪年间，筵席一般不用小碗，而用大碗、大盘，有十大件，有八大件，进饭时再加一汤。碟也用得较少，最多十二碟，不再有糖果。点心仍有，多则两道，少则一道。

清末民初，移风易俗，于请客之事，讲究的排场无限，节约的往往一汤四菜，不以为吝。徐珂《清稗类钞·饮食类》说："晚近以来，颇有以风尚奢侈，物价腾踊，而于宴客一事，欲求其节费而卫生者，则一汤四肴，荤素参半，汤肴置于案之中央，如旧式。若在夏日，则汤为火腿鸡丝冬瓜汤，肴为荷叶所包之粉蒸鸡、清蒸鲫鱼、炒豇豆、粉丝豆芽、蛋炒猪肉，点心为黑枣蒸鸡蛋糕或虾仁面，饭后各一果。惟案之中央，必有公碗公箸以取汤取肴。食时则用私碗私箸，自清洁矣。且一汤四肴，已足果腹，不至为过饱之侏儒也。"

苏州筵席向来讲究上菜顺序，前人说法并不完全一致，如袁枚《随园食单·须知单》说："上菜之法，盐者宜先，淡者宜后；浓者宜先，薄者宜后；无汤者宜先，有汤者宜后。且天下原有五味，不可以咸之一味概之。度客食饱，则脾困矣，须用辛辣以振动之；虑客酒多，则胃疲矣，须用酸甘以提醒之。"钱泳《履园丛话·艺能》"治庖"条则说："仆人上菜亦有法焉，要使浓淡相间，时候得宜。譬如盐菜，至贱之物也，上之于酒肴之前，有何意味；上之于酒肴之后，便是美品。此是文章关键，不可不知。"筵席往往以冷盆开头，间有热炒、甜食、大菜、点心等。压轴之菜往往有所寓意，或用荷花集锦砂锅，取"满堂全福"之意；或用整鱼，取"吃剩有馀"之意。

《美食家》记朱自冶在自家花园里宴客，桌上放着十二只冷盆，朱自冶说："丰盛的酒席不作兴一开始便扫冷盆，冷盆是小吃，是在两道菜的间隔中随意吃点，免得停筷停杯。"宴会开始了，先上热炒，第一道是番茄塞虾仁，朱自冶介绍说："一般的炒虾仁大家常吃，没啥稀奇。几十年来这炒虾仁除了在选料上与火候上下功夫以外，就再也没有其他的发展。近年来也有用番茄酱炒虾仁的，但那味道太浓，有西菜味。如今把虾仁装在番茄里面，不仅是好看，而且有奇味，请大家自品。注意，番茄是只碗，不要连碗都吃下去。"接着，"各种热炒纷纷摆上台面。我记不清楚到底有多少，只知道三只炒菜之后必有一道甜食，甜食已经进了三道：剔心莲子羹，桂花小圆子，藕粉鸡头米"。十道菜之后，"下半场的大幕拉开，热菜、大菜、点心滚滚而来：松鼠桂鱼，蜜汁火腿，'天下第一菜'，翡翠包子，水晶烧卖……一只'三套鸭'把剧情推到了顶点。所谓三套鸭便是把一只鸽子塞在鸡肚里，再把鸡塞到鸭肚里，烧好之后看上去是一只整鸭，一只硕大的整鸭趴在船盆里。船盆的四周放着一圈鹌鹑蛋，好像那蛋就是鸽子生出来的"。这是让人叹为观止的。

苏州菜的烹饪，最讲究放盐，筵席的成败，关键也是放盐。朱自冶说："东酸西辣，南甜北咸，人家只知道苏州菜都是甜的，实在是个天大的误会。苏州菜除掉甜菜之外，最讲究的便是放盐。盐能吊百味，如果在鲃肺汤中忘记了放盐，那就是淡而无味，即什么味道也没有。盐一放，来了，肺鲜，火腿香，莼菜滑，笋片脆。盐把百味吊出之后，它本身就隐而不见，从来就没有人在咸淡适中的菜里吃出盐味，除非你是把盐放多了，这时候只有一种味，咸。完了，什么刀功、选料、火候，一切都是白费！"进而又说："这放盐也不是一成不变的，要因人、因时而变。一桌酒席摆开，开头的几只菜都要偏咸，淡了就要失败。为啥，因为人们刚刚开始吃，嘴巴淡，体内需要盐。以后的一只只菜上来，就要逐步地淡下去，如果这桌酒席有四十个菜的话，那最后的一只汤简直就不能放盐，大家一喝，照样喊鲜。因为那么多的酒和菜都已吃了下去，身体内的盐分已经达到了饱和点，这时候最需要的是水，水里还放了味精，当然鲜！"

如果筵席上喝酒，一般不止一种，那也讲究顺序。《美食家》写朱自冶家宴开始前，"包坤年立即打开酒橱，拿出一套高脚玻璃杯，两瓶通化的葡萄酒。这一套朱自冶不说我也懂了，开始的时候不能喝白酒，以免舌辣口麻品不出味"。葡萄酒干了以后，开始喝黄酒，"朱自冶又拿出一套宜兴的紫砂杯，杯形如桃，把手如枝叶，颇有民族风味。酒也换了，小坛装的绍兴加饭、陈年花雕。下半场的情绪可能更加高涨，所以那酒的度数也得略有升高。黄酒性情温和，也不会叫人口麻舌辣"。当筵席到最后阶段，进入高潮了，才开始喝白酒。

陆文夫的《美食家》，虽然是小说，但对苏州饮食的认识，很有独到之处，不乏精辟的见解和形象的描述。

凡零点筵席，点菜最是关键，总要推出一人来调度一切，包天笑称之为"提调"，《六十年来饮食志》说："吃菜必须有提调，以提调的差使不好当，而也不可以幸政，必积数十年之经验，方能处此。提调必熟谙各菜馆的性质，知道某一家擅长何物，某一家善治何品，因与之素日相习，故同一菜也，他人价昂而物劣，经某提调之手，则价廉而物美了。又提调必知时价、察物情，适合乎供求相需。因此凡是大宴飨，以及小小的聚餐，有了提调可就便利得多了。"

清中期筵席，更讲究"换茶"，王侃《江州笔谈》卷上说："乾隆、嘉庆间宦家宴客，自客至及入席时，以换茶多寡别礼之隆杀。其点茶花果相间，盐渍蜜渍以不失色香味为贵，春不尚兰，秋不尚桂，诸果亦然，大者用片，小者去核，空其中，均以镂刻争胜，有若为饤盘者，皆闺秀事也。茶匙用金银，托盘或银或铜，皆錾细花，髹漆皮盘则描金花，盘之颜色式样，人人各异，其中托碗处围圈高起一分，以约碗底，如托酒盏之护衣碟子。茶每至，主人捧盘递客，客起接盘，自置于几。席罢，乃啜叶茶一碗而散，主人不亲递也。今自客至及席罢皆用叶茶，言及换茶，人多不解。又今之茶托子，绝不见如舟如梧襄鄂者。事物之随时而变如此。"晚近以来，苏州筵席之前，先上叶茶，并摆上干果四色，如西瓜子、南瓜子、带壳花生、椒盐杏仁，这应该是"换茶"的遗意。

礼　数

　　宴集的礼数，除妓院外，无论在公署，在酒楼，在园亭，或是在主人家里，大致相同。

　　凡举宴集，有邀约、布席、碟碗各节。顾起元《客座赘语》卷七"南都旧日宴集"条介绍了明代中叶的情形："外舅少冶公尝言，南都正统中延客，止当日早，令一童子各家邀云'请吃饭'，至巳时，则客已毕集矣，如六人、八人，止用大八仙桌一张，肴止四大盘，四隅四小菜，不设果，酒用二大杯轮饮，桌中置一大碗，注水涤杯，更斟送次客，曰'汕碗'，午后散席。其后十馀年，乃先日邀知，次早再速，桌及肴如前，但用四杯，有八杯者。再后十馀年，始先日用一帖，帖阔一寸三四分，长可五寸，不书某生，但具姓名拜耳，上书'某日午刻一饭'，桌肴如前。再后十馀年，始用双帖，亦不过三折，长五六寸，阔二寸，方书'眷生'或'侍生某拜'，始设开席，两人一席，设果肴七八器，亦巳刻入席，申未即去。至正德、嘉靖间，乃有设乐及劳厨人之事矣。"瞿兑之《养和室随笔》"明代饭桌之制"条说："余按起元所谓八仙桌延客者，盖指士庶小集会耳。既而风俗渐靡，不肯用此简便之法，乃有所谓看席（开席盖即看席）。入清以后，寻常小宴，复趋简便，又复正统中风俗矣。"

　　隆庆间何良俊《四友斋丛说·正俗一》说："凡平居燕会，其揖逊拜跪之礼，皆当以左为尊无疑也。今世南北之礼不同，凡客至相见作揖，南方则主人让客在东边，是右手；北方则主人让客在西边，是左手。人但怪南北不同，而竟不穷其故。盖古人初见必拜，先令人布席。南方人东西布席，则宾当就东，主当就西，盖一堂之中，东是左，西是右，则是正以左为尊也。北方人北向布席，比肩而拜，则宾当在西，主当在东，亦以左为尊也。今南人不知布席之由，北向作揖，亦让客在东手，则是尚右。处以凶事，失礼甚矣。"至于子侄辈不与同席的规矩，明代中期也有了变化。同书说："吾松士大夫家燕会，皆不令子侄与坐，恐亦未是。顷见顾东桥每有燕席，命顾茂涵坐于自己桌边；东江每燕，亦令顾伯庸坐于桌边，不另设席；今存斋先生三四子皆与席；衡山每饭，必有寿承、休承；皇甫百泉、许石城二家，其二郎亦皆出坐，与客谈谐共饮。盖儿子既已长成，岂能绝其不饮，若与我辈饮，则观摩渐染，未必无益，不愈于与群小辈喧哄酗酒也。"

晚明风气奢侈，宴集讲究，礼数也更周全，至清初又有一变。叶梦珠《阅世编·宴会》说："向来筵席，必以南北开桌为敬，即家宴亦然。其他宾客，即朝夕聚首者，每逢令节传帖邀请，必设开桌，若疏亲严友，东客西宾，更不待言。主人临定席时，必先奉觞送酒，曲尽酬酢诸礼，子弟自入小学以上者，即随行习礼焉。近来非新亲贵游严席，不用开桌，即用亦止于首席一人。送酒毕，即散为东西桌，或四面方坐，或斜向圆坐，而酬酢诸礼，总合三揖，便各就席上，删繁文苛礼，似极简便，但后生不知礼者，恐习以为常，古道不复见耳。"又说："昔年严席，非梨园优人必鼓吹合乐，或用相礼者。今若非优伶，则径用弦索弹唱，不用鼓乐。其迎宾定席，则弹唱人以鼓乐从之。若相知雅集，则侑觞之具一概不用，或挟女妓一二人，或用狎客一二人，弹筝度曲，并坐豪饮以尽欢。"

徐珂《清稗类钞·饮食类》也说："主人必肃客于门，主客互以长揖为礼。既就坐，先以茶点及水旱烟敬客，俟筵席陈设，主人乃肃客一一入席。席之陈设也，式不一。若有多席，则以在左之席为首席，以次递推。以一席之坐次言之，则在左之最高一位为首座，相对者为二座，首座之下为三座，二座之下为四座。或两座相向陈设，则左席之东向者，一二位为首座二座，右席之西向，一二位为首座二座，主人例必坐于其下而向西。将入席，主人必敬酒，或自斟，或由役人代斟，自奉以敬客，导之入座。是时必呼客之称谓而冠以姓字，如某某先生、某翁之类，是曰定席，又曰按席，亦曰按座。亦有主人于客坐定后，始向客一一斟酒者。惟无论如何，主人敬酒，客必起立承之。肴馔以烧烤或燕菜之盛于大碗者为敬，然通例以鱼翅为多。碗则八大八小，碟则十六或十二，点心则两道或一道。猜拳行令，率在酒阑之时。粥饭既上，则已终席，是时可就别室饮茶，亦可迳出，惟必向主人长揖以致谢意。"

另外，付给酒保、仆人小费，已成为宴集的惯例。《清稗类钞·饮食类》说："至饭时，佐餐之盐渍、酱渍各小菜，则亦佣保所献，无论南北皆然。以本有劳金加一之赏，故不另给。加一者，例如合酒肴菜茶饭一切杂费而计之为银二十圆，须更给二圆也。"苏州船菜的小费，也依照此例。随主人而来的仆从、轿夫、车夫等，也都要安排好，包天笑《六十年来饮食志》说："从前主人宴客，而其客携有仆从来者，主人也必为之备食，敬其宾也及其使，这种菜谓之'下桌'，然而最简约亦为之备五簋。五簋，古制也，记得从前有一位江苏巡抚徐雨峰中丞，在沧浪亭宴僚属，也只以五簋请客。五簋者，质言之，便是五样菜。若轿夫、车夫等，有发轿饭钱、车饭钱的。若仆从则势不能不备饭，而且饷以残羹，也觉主人太吝了。"

凡与宴集，并不提倡谦谦之风，主人也不可过分热情，夹菜舀汤不休，那会出现尴尬的。袁枚《随园食单·戒单》之"戒强让"说："治具宴客，礼也。然一肴既上，理宜凭客举箸，精肥整碎，各有所好，听从客便，方是道理，何必强勉让之。常见主人以箸夹取，堆置客前，污盘没碗，令人生厌。须知客非无手无目之人，又非儿童、新妇，怕羞忍饿，何必以村妪小家子之见解待之，其慢客也至矣。近日倡家，尤多此种恶习，以箸取菜，硬入人口，有类强奸，殊为可恶。长安有甚好请客而菜不佳者，一客问曰：'我与君算相好乎？'主人曰：'相好。'客跽而请曰：'果然相好，我有所求，必允许而后起。'主人惊问：'何求？'曰：'此后君家宴客，求免见招。'合坐为之大笑。"

清初正规的设席，一桌最多六人，空出一面，不仅以示座次的尊卑，也便于主人致词敬酒或上菜、加汤、添酒。有的宴集比较随便，特别是在乡间，往往不拘礼节，一席八人，也不按程式上菜，五荤三素一下子全上了桌，于是上菜、加汤、添酒就从坐客的肩上耳边进出，淋淋于衣衫也是经常的事。如果满座以后，再来客人，只能插在两人之间，但又不能并坐，只能移凳稍后，兼跨两边谓之"骑"，故称为"骑马席"。康熙间常熟知县赵澹有诗云："二八佳宾两桌开，五荤三素一齐来。仔细肴从肩上过，急忙酒向耳边催。可怜臂短当隅位，最恨肥躯占半台。更有客来骑马坐，主人站立笑相陪。""骑马席"虽然不合礼数，但确乎是客观存在的宴饮现象，故聊存一笔，以供谈助。

包天笑《六十年来饮食志》也提到了一些禁忌："饮食时亦有许多忌讳，如同席不能有十三人，不得以盐粒洒落桌上等等，这都是欧风东渐以后的禁忌。在中国旧时，亦有种种禁忌。商界中吃'接路头酒'，以肴馔中之鸡头向某人，某人即有停歇之虞。（问宁波人有此规矩，苏人则无之。）又在船上吃饭，不得以箸搁置碗上。（向来俗例，以筷搁饭碗上，表示敬礼。）诸如此类，亦视各地风尚有种种的不同。"

庞寿康《旧昆山风尚录·日常琐屑》则提到了请客的基本礼数："请人宴饮，必待宾客餐毕，然后停箸，如是客可从容就餐。餐后应以筷搁于碗上，虽曰礼貌，实则便于收拾耳。当宾客面，不呵欠，不涕吐，不剔牙，不探鼻孔，不挖耳垢，因此等有伤文雅之动态，亦属无礼貌故也。"

面　馆

古无"面"（繁体作"麵"，异体作"麪"）字，但这种细而长的水煮面食由来已久，不晚于两汉，由于前人表述不同，对面的称呼不一，有"汤饼"、"索饼"、"不托"、"馎饦"等，俞正燮《癸巳存稿》卷十《面条古今名义》，考辨了面与其他水煮面食的区别。至南宋以后，"面"字就很流行了，指向也更明确了，如"切面"、"拉面"、"索面"、"挂面"、"面汤"、"水引面"等。

面条可分细面、阔面，还有熟面，即俗称杠棒面或棍面者，而挂面实在是昆山的首创，淳祐《玉峰志·土产》说："药棋面，细仅一分，其薄如纸，可为远方馈，虽都人朝贵亦争致之。"洪武《苏州府志·土产》也说："棋子面，其法以细白面、绿豆粉入蜜水，溲匀薄，打如纸，切成小方片，有如钱眼者，曝干，可以致远。"乾隆《震泽县志·物产》则谓之"豆生面"，"溲匀薄，打如纸，切如细线"。由此可见苏州地方谙熟吃面之道，并将它发展到一个新阶段。辽宁省博物馆藏托名仇英的《清明上河图卷》，画的虽不是苏州实景，却有苏州的阛阓风情，卷中就有专卖生面的铺子，悬有"上白细面"的招子，反映了苏州人吃面的常态化。

苏州人吃面，向以浇头面为主，夏传曾《随园食单补证·点心单》说："扬州之面，碗大如缸，望而可骇，汤之浓郁，他处所不及也。襄阳之面，重用蛋清，故入口滑利，不咽而下喉，颇有妙处。京师则有所谓一窝丝者，面长而细，以不断为贵。至若吴门下面，无论鱼肉，皆先起锅而后加，故鱼肉之味与面有如胡越，甚无谓也。徽州面类扬式，而浇头倍之。"各地之面，无有轩轾，皆由饮食传统而来。苏州的面，确以浇头为特色，花色甚多，有焖肉、炒肉、肉丝、排骨、爆鱼、块鱼、爆鳝、鳝糊、虾仁、三虾、虾蟹、卤鸭、冻鸡、三鲜、十锦等等，不下数十种，一种之内又有分别，如焖肉有五花、硬膘等，如鱼有头尾、肚裆、甩水、卷菜等。另外，还以面汤多寡分为宽汤面、紧汤面、拌面，拌面中又有热拌、冷拌之别。苏州的面，最讲究汤的口味，俗话所谓"厨师的汤，艺人的腔"，"唱戏靠腔，面条靠汤"，店家都十分重视面的底汤，这是至关重要的。

苏州人吃面，讲究时令。清明前吃刀鱼面，这时的刀鱼，刺细软，肉细嫩，一蒸后酥松脱骨，将剔除骨刺的鱼肉和在面粉里，制成面条，本身就鲜美无比。五六月时吃三虾面，以虾子、虾脑、虾肉作浇头。六七月间，面的名色最多，顾禄《清嘉录》卷六"三伏天"条说："面肆添卖半汤大面，日未午，已散市。早晚卖者，则有臊子面，以猪肉切成小方块为浇头，又谓之卤子肉面，配以黄鳝丝，俗呼鳝鸳鸯。"袁学澜《姑苏竹枝词》云："水槛风亭大酒坊，点心争买鳝鸳鸯。螺杯浅酌双花饮，消受藤床一枕凉。"鳝鸳鸯属双浇面，最具夏令特色。此外还有鳝糊面、爆鳝面、卤鸭面、枫镇大面等。深秋时节，用蟹黄加工为秃黄油，那是颇为奢侈的面浇。入冬以后，则就以羊肉面作号召了。

苏州面馆业向称发达，早先情形无可稽考，至清代渐见记咏，如康熙时人章法《苏州竹枝词》云："三鲜大面一朝忙，酒馆门头终日狂。天付吴人闲岁月，黄昏再去闯茶坊。"自注："面，傍午则歇；酒馆，自晨至夜；茶坊，为有活招牌故也。"可见当时面馆只做早市，至午前就上门落栓了。沈复《浮生六记·浪游记快》也提当胥门外的面馆，说与友人顾金鉴去寒山登高，"遂携榼出胥门，入面肆，各饱食"。俞樾《耳邮》卷一也写道："客因言苏州旧有一面店，以鳝鱼面店得名，日杀无数，有佣工怜之，每日必纵十数尾。"这虽是小说家言，但也反映了苏州面馆的规模和特色。

不少大面馆，实际就是饭店酒楼，如松鹤楼、老丹凤就是。破额山人《夜航船》也记了一家，卷八"计倒面馆"条说："吴人食物，奢华甲于他邑，其所斗肥争鲜、诱人来食者，莫如阊门面馆。馆内厅堂楼阁，葺理焕然，叠坐连楹，陈设精巧。客一坐定，走堂者即送汤来，谓之单汤，沉浸秾郁，诚哉可口。汤后，点酒点菜，随心所欲，顷刻罗列，四五人消耗一二金者常事，酒肴为主，面不过名而已。"

苏州城内外面馆星罗棋布，大街小巷都有。乾隆二十二年（1757），由许大坤等发起创建面业公所，设址宫巷关帝庙内，专为同业议事之所，并以办理赒恤等项事宜。据光绪二十四年（1898）《面业公所捐款碑》记载，因重建公所大殿，同业捐款，捐八角者四十六家，捐五角者五十一家，捐三角者一百六十三家，共计有二百六十家。又据光绪三十年（1904）《苏州面馆业议定各店捐输碑》记载，因"翻造头门戏台一座，公所南首平屋门面二间，后楼披厢一间"，同业按每月利润"每千钱捐钱一文"，最多每月捐四百五十文，最少每月捐六十文，共有八十八家。兹抄录月捐一百五十文以上的店家名录，可见当时苏州面馆业的盛况，它们是观正兴、松鹤楼、正元馆、义昌福、陈恒锠、南义兴、北上元、万和馆、长春馆、添兴馆、瑞兴馆、陆鼎兴、胜兴馆、正元馆、鸿元馆、陆同兴、万兴馆、刘万兴、泳和馆（娄门）、上琳馆、增兴馆、凤琳馆、兴兴馆（悬桥）、锦源馆、新德源、洪源馆、正源馆、德兴馆、元兴馆、老锦兴、锦兴馆、长兴馆（老虎）、陆正兴、张锦记、新南义兴、瑞兴馆，凡三十六家。入民国后，诸多面馆发生停业、转让、合并种种变化，如今已很难去一一稽考查索了。但民国年间，苏州很有几家知名的面馆，各有特色，周振鹤《苏州风俗·物产》附录"商店有名出品"，有"观振兴，蹄髈面"、"松鹤楼，卤鸭面"、"老丹凤，小羊面"之记。莲影《苏州的小食志》则说："大面以皮市街张锦记为最，观西松鹤楼次之，正山门口观正兴又次之，妙处不外乎肉酥、面细、汤鲜，此外面馆虽多，皆等诸自郐以下矣。"

张锦记在皮市街，莲影《食在苏州》说："皮市街金狮子街张锦记面馆，亦有百馀年之历史者也。初店主人仅挑一馄饨担，以调和五味，咸淡适宜，驰名遐迩，营业日形发达，遂舍却挑担生涯，而开张面馆焉。面馆既开，质料益加研究，其佳处在乎肉大而面多，汤清而味隽，一般老主顾，既丛集其门，新主顾亦闻风而至，生意乃日增月盛。该店主尤善迎合顾客心理，于中下阶级，知其体健量宏，则增加其面，而肉则照常；于上流社会，知其量浅而食精，则缩其面而丰其肉。此尤大为顾客所欢迎之端，迄今已传四五代，而店业弗衰。"张锦记以白汤面著名，吊汤方法取诸枫镇大面，用黄鳝诸物，故而特别鲜洁。

松鹤楼在观前街，相传创设于乾隆年间，本是酒菜和面食兼营，由于吃面的人多，就规定吃光面的只可在楼下，吃浇头面的方可上楼，后被人诟病，才将这条陋规废去。店中的面浇众多，鱼、虾、鸡、肉均有，但以卤鸭面最为著名，可说是苏城夏令一绝。范烟桥《吴中食谱》说："每至夏令，松鹤楼有卤鸭面。其时江村乳鸭未丰满，而鹅则正到好处。寻常菜馆多以鹅代鸭，松鹤楼则曾有宣言，谓苟能证明其一腿之肉，为鹅而非鸭者，任客责如何，立应如何！然面殊不及观振兴与老丹凤，故善吃者往往市其卤鸭，而加诸他家面也。"卤鸭面的面和卤鸭分别盛碗、装碟，苏州人称为"过桥"。

观振兴在观前街，原名观正兴，创于同治三年（1864），起初在玄妙观照墙边，1929年观前街拓宽，照墙拆除，由德记地产公司在山门口两侧建两幢三层楼，观振兴租其西楼底层营业。观振兴的生面，经特别加工，熟糯细软，撩面擅用"观音斗"，撩面入碗，出水清，不拖沓，汤水讲究，采用的焖肉汤，具有清、香、浓、鲜四大特色。以白汤蹄髈面最负盛名，蹄髈焐得烂而入味，肉酥香异，入口而化。《吴中食谱》说："苏城点心，惠而不费，而以面为最普遍。观前观振兴，面细而软，肉酥至不必用齿啮，傍晚蹄髈面更佳，专供苏州人白相观前点饥之用，故大碗宽汤，轻面重浇，另有一种工架也。"金孟远《吴门新竹枝》云："时新细点够肥肠，本色阳春煮白汤。今日屠门须大嚼，银丝细面拌蹄髈。"自注："观前观正兴面馆，以白汤蹄髈面著名于时。按本色、阳春，皆面名也。"此外，像爆鱼、爆鳝浇头，呈酱澄色，甜中带咸，汁浓无腥，外香里鲜。端午节前后，有枫镇大面应市，也是别具风味的传统面点。

此外，黄天源、老丹凤、万泰饭店、朱鸿兴、小无锡、老聚兴等店家的面，也颇颇有名。

黄天源约创设于道光初，本在东中市都亭桥畔，1931年迁玄妙观东脚门。黄天源主业糕团，为吴门一枝独秀，而以炒肉面名冠一时，相传有个故事。有一位店中熟客，常常既买炒肉团子，又买一碗阳春面，他将团子里的炒肉馅挑出来，放入面中当浇头，吃得津津有味，店主由此得到启发，也就做个炒肉浇头试试。在试做时，选料十分精细，瘦肉、虾仁、香菇剁碎炒成面浇头，浇头香，面汤鲜，炒肉面就一下走红了。

老丹凤在观前街大成坊口，创设于晚清，乃是一家徽菜馆，所做徽州面颇有名气，《吴中食谱》说："面之有贵族色彩者，为老丹凤之徽州面，鱼、虾、鸡、鳝无不有之，其价数倍于寻常之面，而面更细腻，汤更鲜洁，求之他处，不可得也。"另外，老丹凤的虾蟹面、小羊面、凤爪面、锅面，也闻名远近。锅面乃面与浇头同烩于小铁锅内，浇头滋味深入面中，三五人叫一锅面，较每人一碗合算。

万泰饭店在渔郎桥，创于光绪初年，既善制家常饭菜，也以面点著名，特别是开洋咸菜面，受到食客青睐。金孟远《吴门新竹枝》云："时新菜店制家常，六十年来挂齿芳。一盏开洋咸菜面，特别风味说渔郎。"

朱鸿兴本在护龙街鱼行桥塊，创设于1938年，后来居上，成为正宗苏式面馆。店主朱春鹤善于经营，除各色时令汤面外，精心烹制日常浇头，如焖肉面，用三精三肥肋条肉，焖得酥烂脱骨，焐入面中即化，但又化得不失其形，口感极佳，其味妙不可言；排骨面，松脆鲜嫩，略带咖哩鲜辣；蹄膀面，葱香扑鼻，膏汁稠浓，具擅一时之胜。所用生面又是绝细的龙须面，入味快，吃口好，惟下面不仅要甩得快，而且还得有软硬功夫，甩得慢了面容易烂，甩得轻了面卷不紧，会带进不少面汤，便会泡软发胀。因此，朱鸿兴的面特别适宜"来家生"，即带了盛器来，拿回家去吃，仍然原汁原味。店中盛面的碗也大有讲究，蹄膀面用红花碗，肉面用青边碗，虾仁面用金边碗，一般的面就用青花大碗，这也是与众不同的地方。

小无锡，约1926年开设于宫巷面业公所隔壁，以肉丝面闻名，浇头烹制与众不同，用大焐罐将肉丝、扁尖等一起焐至酥烂，原汁原汤，鲜味醇厚，肉丝入口即化。1935年在玄妙观西脚门内搭屋一所，挂起正式牌号"聚兴斋"，但老顾客仍称它小无锡，面浇品种增多，特别是葱油蹄髈面，葱香肉酥，浓油重味，很受吃客欢迎。

老聚兴在皋桥附近，姚民哀《苏州的点心》说："松鹤楼之鱼面、肉面，亦为苏人所赞美，然就愚兄弟两口辨别，不若观山门口之观振兴可口。但观振兴面味虽佳，其中堂倌之面目，实在难受，对于顾客任意简谩，又不如老聚兴（在阊内中市皋桥头）堂倌之招呼周到，面味亦可与观振兴颉颃。"

此外，阊门外的近水台，初在鲇鱼墩，创设于光绪十年（1884），以苏式焖肉面闻名，有"上风吃下风香"的美誉，又有刀切面，也受到吃客的欢迎。西中市的六宜楼，以青鱼尾为面浇，称甩水面，属于难得的美味。还有四时春的小肉面、五芳斋的两面黄、卫生粥店的锅面，都是旧时苏州较有影响的面点。

枫镇大面乃枫桥市店所创，当地人称为白汤大面，久负盛名，传入城中，几乎各家面馆都有，备受食客赞赏，推为夏日清隽面点。它的独特之处在于面汤，用肉骨、黄鳝、螺蛳等熬成，再用酒酿吊香，故汤清无色，醇香扑鼻。浇头乃特制焖肉，酥烂奥味，入口即化。面条用细白面粉精制而成，撩入碗中如鲫鱼之脊，吃在口中滑落爽口，真乃色香味俱佳。

昆山面馆业兴盛，以半山桥堍的奥灶馆最著名，它开设于咸丰年间，初名天香馆，后改复兴馆，光绪年间由富户女佣颜陈氏接手面馆，以精制红油爆鱼面闻名县城。颜陈氏的面汤与众不同，以鲜活肥硕的青鱼黏液、鳞鳃、鱼血加佐料秘制成面汤，鱼肉烹制成厚薄均匀的爆鱼块，用本地菜子油熬成红油，并且自制生面，打成状如银丝、细腻滑爽的细刀面。一碗面端上来，讲究五烫，即碗烫、汤烫、面烫、鱼烫、油烫。一时顾客盈门，名声鹊起，半山桥一带的大小面馆于此十分嫉妒，谑称颜陈氏的面"奥糟"，即昆山方言醒齷的意思，呼其面馆为奥糟馆，后来改称奥灶馆，面亦称为奥灶面。庞寿康《旧昆山风尚录·饮食》亦记其事，说的稍有不同："各面馆以半山桥无牌号而以女店主康太名馆者为首屈一指，录太众咸呼之为阿康，其首创之红油面，绝不杂以鲤鱼、鲢、鳙，而纯用每条二十来斤之青鱼，切块油爆。其香料佐味，配合得当，火候及时，且炸得之鱼油，与小片卤肉液汁及鸡鸭原卤合成面汤，色泽肥润，突出鲜美原味，故顾客盈门。迨后百花街小四平常馆继之而起，曾一度与之抗衡，因早点亦有菜馆中之热炒虾仁、鳝糊、蟹粉等，且店堂比较洁净，故亦座无虚席，但碗面之丰腴，总不能与阿康媲美。因阿康之面，虽食之将尽，依然色泽而油润，鲜味始终不减，且其面条，扁薄细切，易渗入浓汁，鲜美无比，食后回味无穷。"此外，朝阳门市口的聚和馆，也生意兴隆，一个早市可卖浇头五六百只。在宣化坊口的隆顺馆，以卤鸭面著称，早市吃客盈门。

昆山面馆的名色极多，服务也很周到，庞寿康《旧昆山风尚录·饮食》说："吾邑红油面、卤鸭大面，驰誉苏沪一带。客至，则以各色面浇如卤汁肉、鸡、鸭、腊肉、爆鱼、走油肉、焖肉、鳝丝等分别盆装，置放桌上，任客选食。如有喜用鸭头、膀、脚下酒者，亦可呼唤堂倌取至。又有在切鸡鸭浇时，将多馀小块并集装盆，名曰并浇，此与头、膀、脚同为佐酒妙品。面前先上鲜美细丝血汤一小碗，别有佳味。如欲进面，则立即下锅，少顷端至。食毕，计浇收款，馀则全部退回，不取分文。此种竭诚待客，经营之法，他处罕见。"庞氏提到的红油面，即以奥灶面为代表。卤鸭大面，民国时也极有名，周越然《吃鸭面》说："常闻人云'昆山鸭面极佳，不可不吃'，余虽一岁数往，然疑其语为本地人之广告，或旅行人之吹牛，深恐受骗，未尝一试。今尝之，果然不差，从前之疑，自愚也，自欺也，以后当设法补足之。"邻近昆山的巴城，也以鸭面闻名，民国《巴溪志·土物》说："鸭面系冬令朝点之美味，与昆山西门煮法相同。先煮鸭脯，以鸭汤漉面，盛大碗，使汤多于面，切鸭脯加面上，曰浇头，鲜肥可口。旅游巴地者，咸喜食之。"

常熟的面馆各有特色，曹淦生《常熟的吃》回忆："北门新公园早上有三虾面吃，色香诱人，入口鲜沁，鲜美之至"；"北市心的瑞丰馆以爆鱼面最出名，爆鱼类似熏鱼，但做法略不同，吃时加些青蒜叶更加味美。笔者在抗战胜利后回乡，曾去瑞丰馆吃过，那时恰碰到金圆券上市，物价管制，我特别吃了四浇爆鱼面"；"寺前大街的正兴馆，以三鲜大肉面著名，但我不喜大肉面，常去吃小肉面，还要'拣瘦'，即全要精肉而无肥肉的浇头"。

　　太仓城厢卫前湾朱凤轩,以油爆湖州青鱼浇著名,所用红油系用鱼鳞氽得,其味纯正,为他处所无;大桥北堍万云楼每届冬令有羊肉面应市,风味独绝。双凤羊肉面更是有名,旧时以西市孟永茂(俗呼"孟家")为最佳,专选雌性山羊,宰后分档入锅,加陈黄酒、老姜、甘露或三套酱油等,用文火焖煮,味入骨肉,酥浓香肥,绝无膻气,面则用跳面,和得匀,跳得薄,切得细,下锅不烂,食时原汤热浇,鲜美无匹,远道慕名而来就食者甚多。

　　寺院的素面最为地道,面浇以麸皮、豆类、蕈、笋所谓"四大金刚"为原料,加以各种新鲜蔬菜,另以笋油、蕈油、秋油、麻油作调料,滋味清美。旧时苏城仓米巷隆庆禅寺方丈僧炯庵,用自制素油点汤漉面,备受称道。常熟蕈油面自古有名,郑光祖《一斑录·杂述四》"常昭土产"条说:"山麓松菌熬油,浇面绝佳,而人必称三峰僧院所供为上者,以游人出北城,流连山水七八里,至彼饥者易为食也。"

　　关于面馆里的名色和特殊称呼,不知究竟的人,会感到莫名其妙。即以光面为例,称之为"免浇",即免去浇头;也称为"阳春",取"阳春白雪"之意,白雪者什么也没有也;还称为"飞浇",意为浇头飞掉了,还是光面。朱枫隐《饕餮家言·苏州面馆中之花色》,这样说:"苏州面馆中,多专卖面,其偶卖馒首、馄饨者,已属例外,不似上海等处之点心店,面粉各点无一不卖也。然即仅一面,其花色已甚多,如肉面曰'带面',鱼面曰'本色',鸡面曰'壮(肥)鸡'。肉面之中又分瘦者曰'五花',肥者曰'硬膘',亦曰'大精头',纯瘦者曰'去皮',曰'蹄髈',曰'爪尖';又有曰'小肉'者,惟夏天卖之。鱼面中又分曰'肚裆'。曰'头尾',曰'头爿',曰'忩(音豁)水',即鱼鬃也,曰'卷菜'。总名鱼肉等佐面之物曰'浇头',双浇者曰'二鲜',三浇者曰'三鲜',鱼肉双浇曰'红二鲜',鸡肉双浇曰'白二鲜'。鳝丝面、白汤面(即青盐肉面)亦惟暑天有之,鳝丝面中又有名'鳝背'者。面之总名曰'大面',曰'中面',中面比大面价稍廉,而面与浇俱轻;又有名'轻面'者,则轻其面而加其浇,惟价则不减。大面之中又分曰'硬面',曰'烂面'。其无浇者曰'光面',光面又曰'免浇'。如冬月之中,恐其浇不热,可令其置于面底,名曰'底浇'。

暑月中嫌汤过热，可吃'拌面'。拌面又分曰'冷拌'，曰'热拌'，曰'鳝卤拌'，曰'肉卤拌'，又有名'素拌'者，则以酱、麻、糟三油拌之，更觉清香可口。喜辣者可加以辣油，名曰'加辣'。其素面亦惟暑月有之，大抵以卤汁面筋为浇，亦有用蘑菇者，则价较昂。卤鸭面亦惟暑月有之，价亦甚昂。面上有喜重用葱者，曰'重青'，如不喜用葱，则曰'免青'。二鲜面又名'鸳鸯'，大面曰'大鸳鸯'，中面曰'小鸳鸯'。凡此种种名色，如外路人来此，耳听跑堂口中之所唤，其不如丈二和尚摸不着头者几希。"

据祝华《昆山鸭面话旧》介绍，在昆山面馆里，浇头和做法也都有特殊词儿，鸭浇有"飞跳"，"飞"是鸭翅膀，"跳"是鸭脚，"鸭望天"是鸭颈，"时件"是鸭肫肝，"尾壮"是鸭尾部；肉浇有"隔花"，即三精三肥；卤子浇有"撇面"、"卤底"，"撇面"是浮在镬面的小肥肉，"卤底"是沉在镬底的小瘦肉；"本色"是白汤面，"红油"是红汤鱼油面；"出角"是指面量要多，"飘面"是指面量要少，"桃子"是指面量要更少；拌面除"卤拌"、"鳝拌"外，还有"镬拌"，那是将面煮熟后，放入炒虾仁镬中去拌。

面馆里的堂倌，也有响堂，就将这些特殊的用语喊成一片，声音洪亮温润而有节奏，如"一碗本色肚当点，重油免青道地点"，诸如此类。

陆文夫《美食家》里的朱自冶，喜欢吃朱鸿兴的头汤面，小说写道："朱自冶起得很早，睡懒觉倒是与他无缘，因为他的肠胃到时便会蠕动，准确得和闹钟差不多。眼睛一睁，他的头脑里便跳出一个念头：'快到朱鸿兴去吃头汤面！'这句话需要作一点讲解，否则的话只有苏州人，或者是只有苏州的中老年人才懂，其馀的人很难理解其中的诱惑力。那时候，苏州有一家出名的面店叫作朱鸿兴，如今还开设在怡园的对面。至于朱鸿兴都有哪许多花式面点，如何美味等等，我都不交待了，食谱里都有，算不了稀奇，只想把其中的吃法交待几笔。吃还有什么吃法吗？有的。同样的一碗面，各自都有不同的吃法，美食家对此是颇有研究的。比如说你向朱鸿兴的店堂里一坐：'喂（那时不叫同志）！来一碗××面。'跑堂的稍许一顿，跟着便大声叫喊：'来哉，××面一碗。'那跑堂的为什么要稍许一顿呢，他是在等待你吩咐吃法：硬面，烂面，宽汤，紧汤，拌面；重青（多放蒜叶），免青（不要放蒜叶），重油（多放点油），清淡点（少放油），重面轻浇（面多些，浇头少点），重浇轻面（浇头多，面少点），过桥——浇头不能盖在面碗上，要放在另外的一只盘子里，吃的时候用筷子搛过来，好像是通过一顶石拱桥才跑到你嘴里……如果是朱自冶向朱鸿兴的店堂里一坐，你就会听见那跑堂的喊出一连串的切口：'来哉，清炒虾仁一碗，要宽汤，重青，重浇要过桥，硬点！'一碗面的吃法已经叫人眼花缭乱了，朱自冶却认为这些还不是主要的；最重要是要吃'头汤面'。千碗面，一锅汤。如果下到一千碗的话，那面汤就糊了，下出来的面就不那么清爽、滑溜，而且有一股面汤气。朱自冶如果吃下一碗有面汤气的面，他会整天精神不振，总觉得有点什么事儿不如意。所以他不能像奥勃洛摩夫那样躺着不起床，必须擦黑起身，匆匆盥洗，赶上朱鸿兴的头汤面。吃的艺术和其他的艺术相同，必须牢牢地把握住时空关系。"这段描写，可真将旧时苏州人对吃面的讲究写尽了。

快　餐

　　快餐古已有之，如《新唐书·食货志》就记长安有许多"沽浆卖饼之家"，还有出摊卖蒸饼的，卖馄的，卖粥的，卖馎饦的等等，都是快餐。至宋代，品种更加丰富，据吴自牧《梦粱录》卷十六记载，就以面条和馒头两种来说，面条有猪羊盦生面、丝鸡面、三鲜面、鱼桐皮面、盐煎面、笋泼肉面、炒鸡面、大麭面、子料浇虾燥面、菜面、熟齑笋肉淘面、大片铺羊面、炒鳝面、卷鱼面、笋辣面、笋菜淘面，以及各色蝴蝶面等（见"面食店"条）；馒头有四色馒头、生馅馒头、杂色煎花馒头、糖肉馒头、羊肉馒头、太学馒头、笋肉馒头、鱼肉馒头、蟹肉馒头、假肉馒头、笋丝馒头、裹蒸馒头、菠菜果子馒头、辣馅糖馅馒头等等。凡"市食点心，四时皆有，任便索唤，不误主顾"；"就门供卖，可以应仓卒之需"（见"荤素从食店"条）。如面条、馒头一类，烹饪及时，就食方便，可称是价廉物美的快餐。

　　除面食外，米饭也有快餐，一种是将饭和菜混合烹饪，如盘游饭，苏轼《仇池笔记》卷下说："江南人好作盘游饭，鲊脯脍炙无不有，埋在饭中，里谚曰：'掘得窖子。'"陆游《老学庵笔记》卷二也说："《北户录》云，岭南俗家富者，妇产三日或足月，洗儿，作团油饭，以煎鱼虾、鸡鹅、猪羊灌肠、蕉子、姜、桂、盐豉为之。据此即东坡先生所记盘游饭也。二字语相近，必传者之误。"盘游饭类乎于后来的菜饭，饭菜合一，自然也可归入快餐范畴。

南宋临安市肆，有面食店专卖菜肴以供下饭的，《梦粱录》卷十六"面食店"条说："又有下饭，则有焙鸡、生熟烧、对烧、烧肉、煎小鸡、煎鹅事件、煎衬肝肠、肉煎鱼、炸梅鱼、鮏鲫杂熁、豉汁鸡、焙鸡、大熬燠鱼等下饭。更有专卖诸色羹汤、川饭，并诸煎肉鱼下饭。……又有专卖家常饭食，如撺肉羹、骨头羹、蹄子清羹、鱼辣羹、鸡羹、耍鱼辣羹、猪大骨清羹、杂合羹、南北羹，兼卖蝴蝶面、煎肉、大熬虾燥等蝴蝶面，又有煎肉、煎肝、冻鱼、冻鲞、冻肉、煎鸭子、煎鲚鱼、醋鲞等下饭。……又有卖菜羹饭店，兼卖煎豆腐、煎鱼、煎鲞、烧菜、煎茄子，此等店肆，乃下等人求食粗饱，往而市之矣。"虽然都是快餐性质，食客的阶层是分得很清的。有人吃得好些，有人吃得差些；有人悠悠地吃，有人急急地吃。故灌圃耐得翁《都城纪胜》就说："凡点索食次，大要及时，如欲速饱，则前重后轻，如欲迟饱，则前轻后重。"所谓轻，指吃不饱的菜肴；所谓重，指容易果腹的菜肴，包括主食。

晚近苏州的快餐客饭，由于内容和等级不同，也有种种差别。一种称为盖浇饭，意思很明白，也就是将菜盖在饭上。盖浇饭除白米饭一大碗外，菜可以选择，有清炒肉丝、炒鱼块、炒猪肝、炒鳝丝、炒三鲜、炒什锦、红烧肉，喜欢吃什么，店伙就给你舀什么，连同汤汁一起盖在饭上，另外还奉送清汤一碗。盖浇饭之外，菜饭也是很受欢迎的快餐客饭，太监弄里新新菜饭店，虽只有一楼一底，生意却特别好，天天满座，店家做饭用的青菜，只用当天摘下的新鲜菜，米则选用糯性的白粳米，煮饭时还加入适量猪油。除供应菜饭外，也有菜肴供应，如小蹄髈、脚爪、排骨、红烧肉、菜心肉圆、辣酱、百叶包肉、面筋塞肉、红烧狮子头、酱煨蛋等，照例也奉送蛋皮清汤。如果有人只买饭不买菜，店伙也会在饭上浇一勺红烧肉的汤汁。

这里再介绍一下民国时苏州的包饭作和荒饭摊。

包饭作大都利用自家的房屋，也未必一定要店面，有的阖家老小自行操办，有的则雇用几个人。包饭作的服务对象，就是银行、钱庄或较大商店，因为这些行业按惯例，都得向职员供应中午一餐，但自办膳食不合算，便由包饭作来承接，将饭菜送至门上。包饭一般八个菜，至少六个菜，菜肴味道要好，而且还要经常变化口味,看得见时鲜货。八个菜,通常是三荤三素两汤,也有四荤三素一汤,上等的,荤菜必有大荤,像红烧蹄髈、鲫鱼塞肉、生炒鸡块之类,素菜也总要有一两样时鲜菜。冬至一过,还要换上暖锅,不过可以减去一荤一素一汤。每逢节令,店家还要奉送只把拿手菜。1940年代前期,观前有一家商业银行,免费供应三餐,那是比较特殊的,王铭和《旧时银行职员的伙食》回忆:"早餐,主食为白米稀饭,有油条、馒头之类,过粥菜可以说是相当的高级,素的除了玫瑰乳腐、宝塔瓜、嫩黄瓜外,主要是荤的,如彩蛋(即皮蛋)、咸蛋、熏鱼、酱鸡、酱鸭、熏蛋等,这些品种是每天轮换,不是一哄而上的。这些卤菜,因地理条件好,观前马咏斋、龙凤斋等野味店,近在咫尺,厨师隔夜或当天买都很便利。中餐,是一天伙食中最好的一顿,因岁月太远,记忆中大概是四荤二素一汤,鸡鸭鱼肉蛋天天翻花样,冬天还有羊肉。而这名无锡籍的厨师拿手杰作是一只白菜炖,具体配料及烹调过程是,用一只特大号碗,一层白菜叶上置有鸡块、虾仁、干贝、海参、火腿、冬笋、香菇、水发蹄筋等,堆如宝塔样有好几层,放在文火上隔水炖,一小时甚至更长一些时间,其味鲜美可口,不用味精。苏州人说法'吃仔格只白菜炖,鲜得眉毛匣(也)要拖脱哉!'……晚餐主食有干有稀,菜肴比早餐好不到多少。"大多数包饭,只有中餐一顿。因此,中午时分的观前街上,只见挑饭菜笼的店伙,穿梭往来,一家家去送饭;过了一会儿,他们又挑担回去,有时还没有走出观前街,担中的残羹冷饭,已被一群乞丐抢光了。

荒饭摊都摆在城郭边缘,像胥门角落,娄门角落,石路附近的弄堂口,一年四季除春节外,几乎天天摆摊,有的只供应中午一顿,有的还做夜市。摊上以素菜为主,小荤为辅,清汤都奉送。素菜有黄豆芽、绿豆芽、炒青菜、拌芹菜、素鸡、五香豆腐干等,小荤则有百叶炒肉丝、荷包蛋、粉丝血汤、小排骨萝卜汤等,价格十分便宜。到荒饭摊上的顾客,大都是短档,像人力车夫、马车夫、轿夫、跑单帮的小生意人,穿长衫的也有,那是落魄的算命先生和江湖艺人,他们的流动性很强,只能走到哪里吃到哪里。这些饭摊也很注意卫生,盛菜的砂锅都用白纱布罩着,盛饭的饭桶则盖上木盖,不但卫生,还有保暖作用。

熟 食

　　苏州的熟肉卤菜业历史悠久，相传北宋时已有市肆，在绍定二年（1229）
镌刻的《平江图》上，"鹅阑桥"、"鸭舍桥"等或就是店家豢养之处。及至明
清，已相当普遍。乾隆《吴县志·物产》说："野鸭以蒋姓著，谓之蒋野鸭；熏
蹄以陈姓著，谓之陈蹄，此因人而名者也。"注曰："熏腊之业，今则以陆稿荐
出名，而陈不复著矣。近来陆稿荐之熏腊，京师亦盛行。盖此项熏烧之物，海
内未有能如吴地者，盖其积年之汁，祖孙相继，实有秘传，分析之时，亦必先
分此汁也。"

　　如果从晚近苏州熟食的主要体系来说，一个是以陆稿荐、三珍斋为代
表的本帮，以制卖酱鸭、酱肉为主，品种较为单一，人称熟肉店。另一个是野
味，野味又有以马詠斋、龙凤斋为代表的常熟帮，以协盛兴、桃源斋为代表的
无锡帮。常熟帮以制卖酱鸡、油鸡、野鸟为主；无锡帮除制卖野味外，还有素
鸡、豆腐干等豆制品卤菜。

　　陆稿荐创设于康熙二年（1663），本在东中市崇真宫桥堍，主人陆姓，这
个字号的来历，附有奇闻，况周颐《眉庐丛话》说："相传陆氏之先设肆吴阊，
有丐者日必来食肉，不名一钱，主人弗责偿也。后竟寄宿店庑，亦不以为嫌
也。丐无长物，惟一稿荐，一日忽弃之而去。久之，店偶乏薪，析荐以代，则燔
炙香闻数十里，因以驰名。继此凡营是业者，即非姓陆，亦假托冀增重云。"

稿荐者,稾荐也,那是用稻草编成的垫褥,章炳麟《新方言·释器》说:"稾秸之席曰草荐,扬州谓之稾荐。"陆稿荐的酱蹄,著名于乾嘉间,沈钦韩《咏陆稿荐熟蹄二十韵》云:"掩豆婴犹陋,剆干唅亦粗。独签传市食,雁棱赛官厨。稿荐儞儞法,春阳浇店模。焊同浊氏胃,点藉贺家酥。貊炙虚全馈,韩羊却胖腴。熊消分沃泊,龙具效编苴。牂圈披枅格,鲜红溢灶觚。浅脆留贵骨,缓火候申晡。琥珀膏浮匕,珑璁傁忆炉。不须人乳浥,略要杏浆敷。打碗涎饕客,操盂听啬夫。鹤骹随健步,乌翅送神都。北地持尘面,南烹照座隅。明灯黯风雪,辍箸渺江湖。泛索调青子,家风唤酪奴。年年饷胜腊,得得老菰芦。遮莫无心炙,频番广额屠。穰衣佳出手,侯印足光驱。禁脔分甘愧,恩门供顿娱。伸眉亦萧瑟,故事记中吴。"顾震涛《吴门表隐》附集记"业有混名著名者",就有"陆稿荐蹄子"。袁学澜《姑苏竹枝词》云:"鲊美春阳鲐子鱼,陆蹄松酒佐欢醻。四时欢馔多珍品,应补潜夫市肆书。"自注:"孙春阳鲐子鱼,陆稿荐熟蹄,皆吴中有名美味。"光绪二十八年(1902),陆稿荐的招牌被枫桥人倪松坡租赁,将他在醋坊桥的熟食店易名陆稿荐,后称大房陆稿荐,将西中市皋桥堍的本店,改称老陆稿荐,并在临顿桥堍开设协兴肉店。1923年,朱枫隐《饕餮家言·陆蹄赵鸭方羊肉》说:"陆蹄,谓陆稿荐之酱蹄,现在其店已分为四,一在阊门大街之都亭桥,一在临顿路之兵马司桥,一在观前街之醋坊桥,一在道前街之养育巷口。"后来愈开愈多,苏州有近二十家,上海也有十几家,惟醋坊桥的大房陆稿荐为最正宗,旧时门首有四方市招,分别是"五香酱肉"、"蜜汁酱鸭"、"酒焖汁肉"、"进呈糖蹄",正是陆稿荐的特色产品。五香酱肉相传从"东坡肉"演变而来,以咸甜相宜、软糯鲜香著称;蜜汁酱鸭,选料严格,加工精细,都选用娄门土麻鸭或太湖鸭,以约四斤重的新鸭为最佳;酒焖汁肉也就是酱汁肉,色泽鲜艳,介乎桃红和玫瑰红之间,肉酥而不烂,肥而不腻,甜中有咸,以热吃为佳;糖蹄,即沈钦韩所咏的熟蹄,将猪蹄盐腌后晾干,加糖、酒、茴香、花椒等同煨,滋味独绝。此外还有时令卤菜,清明有酱汁扎骨、腿胴、门枪,初夏有糟鹅、糟肉、糟脚爪,初秋有卤鸭,入冬则有冻鸭杂、冻蹄髈等。

三珍斋，苏州以"三珍斋"为字号的熟食店很多，如渡僧桥堍的杜家老三珍斋，也称杜三珍，陆炜创设于光绪八年（1882）。光绪三十年（1904），俞樾有诗咏及杜三珍酱肉，诗题作"郋亭极道阊门外杜三珍斋酱肉之美，适子原在坐，命从骑往购之，余笑曰，此《西都赋》所谓轻骑竹庖也，率赋一诗，以存一日之兴"，郋亭是汪鸣銮；子原是许祐身，俞樾次女婿，时任苏州知府。诗云："三珍老店杜家开，吴下争将美味推。岂我骨人堪领取，烦君肴驷特传来。一脔乍向盘中奉，匹马旋从郭外回。割肉方正兼得酱，何妨市脯佐樽罍。"又《闲事》云："杜家买到三珍肉，唐氏传来万应膏。"又有一家三珍斋，在道前街，始创无考。颜文樑在1921年所作色粉画《老三珍》（又名《肉店》），写实地描绘了店堂内外的情景。三珍斋的酱鸭颇有名气，以秋冬时最肥嫩，顾客远近而来；其次是蹄筋，因每天所制不多，买者需凑准时候，否则就要抱向隅之叹；酱肉也相当出色，所制必选用湖猪，这种猪生长期短，脚梗细，做出的酱肉，色泽光亮，肉质细嫩。

在熟食行中，陆稿荐和三珍斋齐名，范烟桥《吴中食谱》说："陆稿荐、三珍斋酱鸭、酱肉，几乎尽人皆知，惟城内城外无虑数十家，非经尝试，何从鉴别。就所心得，以观前醋坊桥下之陆稿荐，及道前街之三珍斋为上。酱鸭在秋令最肥嫩，一至冬深，便咸硬如嚼蜡矣。喜食瘦肉者，可购蹄筋，惟须与酱肉同买，过早过晚，均不易得，其名贵如此。立夏以后，乃有酱汁肉，与寻常酱肉异其味，至夏伏即停煮。"莲影《苏州的小食志》也说："熟肉店以陆稿荐、三珍斋两家最为驰名，其出品，以酱鸭、莲蹄为上，蹄筋、酱肉次之，至于汁肉，则品斯下矣。欲知货物之佳否，不在招牌之老否，而在手段之精否。熟肉之最佳者，莫如观东之老陆稿荐，馀则皆甚平庸。"周振鹤则认为两店的酱汁肉最佳，《苏州风俗·食馔》说："苏州陆稿荐、三珍斋二肉铺，以善煮酱鸭、酱蹄著名，然此二者犹属普通之品，其最特别而为他处所无者，莫如酱汁肉。此物上市，大抵在清明前后，至中秋节后而止。其价亦甚廉，每块仅售铜元七八枚而已，而其重量，每块约有两许，实熟食中之最廉者也。其佳处在肥者烂若羊膏，而绝不走油，瘦者嫩如鸡片而不虞齿决。如欲远寄，但购取新出锅者,俟其冷透,装于洋铁罐中,紧封其口,可历半月之久而其味不变。"

旧时苏州野味店极多,大街通衢,巷口桥畔,处处可见。郑振铎《黄昏的观前街》说:"野味店的山鸡野兔,已烹制的,或尚带着皮毛的,都一串一挂地悬在你的眼前——就在你的眼前,那香味直扑到你的鼻上。"店中野味品种很多,店堂的样子也大致仿佛,沿街的柜台上放一只大而扁的玻璃柜,有浅褐色的野鸡、野鸭、麻雀,琥珀色的熏蛋,黄褐色的熏鱼,乳白色的糟蛋等,有的野味店还兼买卤味黄豆,黄豆是放在野味汤里一起熬烧的,故特别入味,尤为下酒所宜,孩子们也喜欢买来吃,几个铜板就可以买一大包。

苏州历史上有名的野味店不少,据钱思元《吴门补乘·物产补》记载,乾隆时有"野味场野鸟",既称"野味场",当是野味店肆相对集中,惜已不能考其故处。莲影《苏州的小食志》说:"熟肉店外,更有野味店,就观前街言,稻元章最为著名,此外各店,余尚未一一试验,不敢妄评。迩年忽有常熟老店来苏,马詠斋倡于先,龙凤斋继于后。据云,马店主人,本系老饕,于肉食研究有素,后家渐中落,试设小摊,售卖自己所发明之熟肉一种,因号'马肉',岂知生意大佳,逾于所望,遂开一熟肉铺,即以己号詠斋名其店云。马肉之佳处,肥而且烂,宜于年老无齿之人,而不宜于肠不坚之辈。马肉外,更有酱鸡一味,为苏地熟肉店所无者。馀如野味而附售于非野味店者,如茶食之店兼售熟鸭是,凡稻香村、叶受和、东禄、悦采芳皆有佳制,胜于专售野味之店,而其价亦较贵焉。"晚近以来,野味以马詠斋最为有名。店主马永茂本是常熟罟里人,在乡间以小本经营逐渐做大,光绪三十四年(1908)得铁琴铜剑楼主人瞿启甲帮助,在常熟城北赁屋设铺,称马詠记,以精湛烹技赢得声誉。宣统二年(1910)迁寺前街,形成前店后坊规模,门悬黑底金字招牌"马詠斋",出自名医金清桂(兰升)手笔,当时是常熟城内首屈一指的野味店。马永茂去世后,其子马骥良继为店主。1931年来苏州开设分店,苏州马詠斋总号和工场在观前街棋杆里,后又移至施相公弄口,有一分号在观前街洙泗巷口,另一分号在宫巷。继而又在上海开了两家分号,一家在浙江路,一家在大世界对面。马詠斋的酱肉,重糖汁浓,酥糯不腻,其他如三黄油鸡、湖葱野鸭、鸡鱼肉松、红炙鸡鸭、醇烧肉蛋、凤鸡板鸭等,也很受食客青睐。据说选用的三黄鸡,必是常熟鹿苑鸡。所制肉松,选料均净,油而不腻,不让太仓倪鸿顺。还有熟火腿,批切成均匀薄片,乃佐膳闲食的佳品。

严衙前(今十梓街)东小桥的赵元章,以野鸭闻名,用的是正宗野鸭,烧制时鸭肚里塞满胡葱,胡葱的香味透入鸭肉,鸭肉的鲜味又透入胡葱,鸭香葱鲜,相得益彰。傍晚时分,从赵元章飘出的香味,在小河上洋溢起来,走过望星桥或者迎枫桥,远远就可闻到了。朱枫隐《饕餮家言·陆蹄赵鸭方羊肉》说:"赵鸭,谓赵元章之野鸭,店在葑门严衙前之东小桥;又有名赵允章者,在南仓桥,则冒牌也。"范烟桥《吴中食谱》则另记一处野鸭:"城南西新桥野鸭有异香,虽稻香村、叶受和亦逊一筹,惟只在冬令可购,易岁即无之。"

常熟熟食店很多,以民国时寺前街的几家来说,各有特色,如五芳斋的方块肉,其色鲜红,其形整方(肥肉带皮),其肉熟烂,其味咸甜;益泰丰的熏青鱼,与众不同,皮焦而肉不枯,油多而质不腻,滋味和淡,鲜美无匹;春申阳的火腿片,肥瘦连接,薄如纸张,鲜嫩无比。

昆山城内的熟食店,民国时以酒坊桥南堍的老珊记最有名,中市和晚市供应酱肉、酱鸭、腊蹄。酱板蹄则是昆邑特产,各家都有制售,林俪琴《新馔经》说:"昆山之板蹄,隽品也。惟无腿无爪,仅具臀部之肉一方,且甚小,而取价则殊昂,每蹄约价一元内外。余喜食之,尝命家人切块蒸于饭锅,比饭熟,则肉亦可食矣,其味之美,不亚杭州之蒋腿也。如以板蹄和水煮食,则失本来之美味,故食此当以蒸食为佳,谓予不信,请尝试之。"

太仓城内的熟食店,民国时以三珍斋为代表,创制的水风鸡,入冬以后应市,肉质鲜嫩,皮内夹冻,香酥肥腴而不腻,广受食客赞赏。正和祥南货店前有苏阿金摊子,专售猪头肉,香味纯正,入口即化。

吴江各乡镇都有熟食店,有的品种,影响溢出本乡本土。如盛泽汪鼎兴的酱鸭,以老汁汤用火锅煮成,吃口既嫩又脆,苏沪等地绸商都将它作为土宜带回去。盛泽三珍斋的酱汁肉,每块二两,八块一斤(十六两制),旧时售价每块铜元八枚,故称"八肉",盛夏时销售最旺,不到午前,已售一空。同里的三珍斋，主要有酱汁肉、酱鸭、鸭汤豆腐干、野味等，其酱汁肉分五花、排骨两种，一天可卖出四五百块。同里谷香村的熏鱼，也堪称一绝，选用八斤以上的活青鱼，经开片、油氽后，浸泡在用姜汁、黄酒、酱油、白糖调制的卤汁中，捞起后，撒上秕谷茴香粉末，色香味俱佳。

用爐锅烧制野味，乃常熟、昆山、太仓一带的传统工艺，以昆山周市所出为最早。周市向有爐味之制，包括爐鸭、爐鸡、爐兔等，由于地处昆山、太仓、常熟三县交界处，来往客商较多，爐味也就成为当地的特色食品。迟在光绪四年（1878），周市有爐味店十多家，以太和馆、邱德斋最为出众。太和馆吴中堂、景福父子对祖传秘方悉心研究，以十多味草药及七种调料配制成爐锅老汤，汲取苏州酱鸭、南京板鸭、常熟叫化鸡之长，专制爐鸭，遂独占鳌头。由于野鸭不敷所需，改用四斤以上的大麻鸭来代替。爐鸭风味独特，肥而不腻，嫩而不烂，香鲜入骨。昆山城内朝阳门的顾同兴、南街的凤鸣苑，秋冬时收购北乡野味，以爐味野鸡、野鸭、野鸽、野兔应市，尤为特色。太仓岳王有王源兴五香野味，每天秋凉开锅时，四乡送来禾花鸡、鹌鹑、竹鸡、野鸡、麻雀等，入锅爐制，统称为爐雀，至来年初夏始罢，爐味中另有兔腿、鸡蛋等。王氏爐锅历三世百年，爐味之美，为一邑之冠。

按传统养生理论，吃野味有益健康，袁枚《随园食单·羽族单》说："薛生白常劝人勿食人间豢养之物，以野禽味鲜，且易消化。"可见薛雪这位吴门医家对野味情有独锺。野味讲究烹制，苏州家厨往往有极妙之法，袁枚记了两款，一是包道台家野鸭，一是沈观察家煨黄雀。但家厨和市肆毕竟不同，家厨可得精湛之致，而市肆则有大锅老汤，故滋味高下，也难以分别。

糟鹅为传统卤菜，久已闻名，选用太湖白鹅，尤以端午节前后上市的新鹅为佳，活宰后先加佐料煮熟，然后置入糟缸，加大麯酒，严实盖紧，店家一般上午加工，下午应市，当天做当天卖掉，不失为夏令佳肴。糟鹅有季节性，糟鸡、糟鸭则可常年应市，清佚名《苏州市景商业图册》就画了一家，门悬"文先香糟鸡鸭"的市招，店内橱中放的，钩上挂的，都是糟好的整只鸡鸭，柜上盆中则是斩好了的。

羊肉店各处都有,羊肉、羊糕、羊汤、羊杂碎是寒冬腊月里的美味。袁学澜《吴郡岁华纪丽》卷十一"烹羊"条说:"严冬风雪,烹肥羜以速宾,围炉煮酒,正其时矣。葑门严衙前,方姓熟羊肉肆,世擅烹羊。就食者侵晨群集,茸裘毡帽,扑雪迎霜,圜坐肆中,窥食朕,探皮阁,以钱给庖丁,迟之又久,先以羊杂碎饲客,谓之小吃。然后进羊肉羹饭,人一碗,食馀重汇,谓之走锅。专取羊肝脑腰脚尾子,攒聚一盘,尤所矜尚,谓之羊名件。葑门人于是有赵野鸭、方羊肉之目。盖其地有赵姓野鸭店,亦以世擅烹鸭得名也。然方羊出锅在早,不能与贪眠者会食,一失其时,则冷炙冻脯,便少风味。"朱枫隐《饕餮家言·陆蹄赵鸭方羊肉》说:"方羊肉,谓方姓之羊肉,在葑门之望信桥,惟洪杨役后,其店已闭。现在羊肉,以阊门皋桥堍之老德和馆为最,观前丹凤楼之小羊面,亦不弱。"清末民初,东山、藏书的羊肉店进入苏城,以白切羊肉为特色,用文火煨煮,原味深入其中。太仓双凤的羊肉面,以原汁熬汤,面用手工"跳面",入水便熟,久煮不烂。吴江盛泽的蒸缸羊肉,以瓦缸作炊具,羊肉用稻草扎块,加入老姜、红枣、白糖、酱油等,文火慢煨五六个时辰,使之酥而不烂、油而不腻,入口味道鲜美,旧时新开弄口胡立大、庄面上雷老三都以此著名。

苏州还有回民经营的教门馆,专卖油鸡、烤鸭、牛肉之类,清佚名《苏州市景商业图册》画有一家,上悬"教门马店异味"的市招,店内挂着不少鸭子。范烟桥《吴中食谱》说:"阊门外某教门馆,专制回回菜,不用猪羊,而烤鸭独肥美鲜洁。据云,于喂鸭时,先以竹竿驱鸭,使惊慌乱走,然后给食,故皮下脂肪称特别发达。虽此馔以京馆为最擅胜场,然亦不如其肥脆也。"

此外,还有熏胴摊,一般都摆在酒店、酱园门前,"胴"就是大肠,见葛洪《抱朴子·仙药》。熏胴摊上就专供熏肠、熏肚、熏肝、熏肺心、熏碎肉、熏蹄、熏爪、熏猪耳等,也有熏鱼、油爆虾、豆腐干、马兰豆等小菜。那些熏货是摊主在家里熏好的,傍晚时分挑着提着到街市上来,设摊求售。因为猪内脏熏货,有一股奇香,入口又好吃,最宜下酒,价钱更是便宜得匪夷所思,二三个铜板可买一小堆,那些喜欢吃"落山黄"的中下层市民,就买了上酒店、酱园里去。

旧时苏州茶食店往往兼售野味，如稻香村、叶受和、东禄、悦采芳都有佳制，甚至胜过专门的野味店，只是价格相对贵些。

虾子鲞鱼是传统特产，茶食店、野味店、南货店都有制售，以稻香村所出最有名气。鲞鱼一般用鲚鱼来做，有南洋鲞、北洋鲞、灵芝鲞之别。袁枚《随园食单·水族有鳞单》称为"虾子勒鲞"，记其制法曰："夏日选白净带子勒鲞，放水中一日，泡去盐味，太阳晒干。入锅油煎，一面黄取起，以一面未黄者铺上虾子，放盘中，加白糖蒸之，一炷香为度。三伏日食之，绝妙。"苏州坊间虾子鲞鱼制法，大致仍按袁枚旧说，但家制尤有精妙者，莲影《苏州的小食志》说："一曰虾子鲞，制法，以勒鱼煮熟，外敷炒熟干虾子。茶食、南货、野味等店皆有之，但不去骨，味亦不佳。凡考究肴馔之人家，以盐勒鱼煮熟，去净细芒之骨，碎为细末，更以鲜虾子同上好酱油煎干，和入鲞末中，印以模型，成小饼样，于烈日中晒干，藏诸密器，用时取一饼，以沸汤冲化之，下酒佐餐，极饶风味，惜各店无有仿之者。"

又有糟鹅蛋，为野味店专营，均从外地贩运而来。莲影《苏州的小食志》说："一曰糟鹅蛋，现南货店、野味店所售之糟蛋，俱系鸭蛋，且味咸而不适口，惟糟鹅蛋，咸少甜多，味颇隽美。其初盛行于浙省平湖，而上海珠家阁继之。制法，以盐和酒酿入坛，纳蛋其中，久之乃成。今观前亦盛兴野味店亦有出售，盖从出产地运苏者也，但因其价甚昂，顾客稀少，久之味变，由坛移入玻瓶，但甜味已变酸矣。"

肉松，主要有苏式、闽式两种。徐珂《清稗类钞·饮食类》说："肉松者，炒猪肉使成末也。以肩肉为佳，切长方块，加酱油、酒，红烧至烂，加白糖收卤，检去肥肉，略加水，以小火熬至极烂，卤汁全入肉内，用箸搅融成丝，旋搅旋熬。至极干无卤时，再分数锅，用文火，以锅铲揉炒，焙至干脆即成。此苏人制法也。闽中所制，则色红而粒粗，炒时加油，食时无渣滓。"可见苏式为绒状，闽式为屑状。

苏式肉松，以太仓所出者最著声誉，名闻遐迩已有一百多年历史。有倪德者，咸丰初流落太仓，在老意诚糟油店学艺，相传某次不慎将红烧肉的汤熬干了，肥肉成油渣，肉皮变卷筒，卤汁全吸入精肉，稍动锅铲，块肉便成金黄色纤细绒毛，然异香扑鼻，滋味迥异，太仓肉松便由此而来。同治三年（1864），倪鸿顺肉松店开业，在1915年的巴拿马国际博览会上，倪鸿顺的"葫芦牌"肉松获得甲级奖，于是驰名海外。太仓肉松原料用老猪后腿，除膘、去皮、剔筋后，加入佐料边炒边加酒边品尝，至少炒三小时方能出锅揉松，其味鲜香酥松，丝长而绒，入口即化，以不留残渣者为上品。宣统《太仓州镇洋县志·风土·物产》说："肉松，制法创于倪德，以猪、鸡、鱼、虾肉为之。德死，其妻继之。味绝佳，可久贮，远近争购，他人效之，弗及也。"倪鸿顺的猪肉松、鸡松、鱼松、虾肉等，可称佐粥、下酒佳品。据1919年7月9日《江苏省省报》报道："有倪鸿顺肉松，鸡、鱼、虾松，味美耐久，为太仓之特产，销路甚畅。"又1936年4月30日《太嘉宝日报》报道："倪鸿顺所出之货，味咸耐久，不变其味，是其特长。"由此也可见倪鸿顺历史之久、出品之佳。有人特别欣赏倪鸿顺的虾松，林俪琴《新馔经》说："鸡、鱼、虾、肉松，苏沪间皆有制售者，然终不及太仓倪鸿顺所制者之美耳。就中以虾松之味最为可口，盖虾本鲜味，用以制松，宜其味美而无比也。惟索价甚钜，每两取值需洋四角。他若鸡、鱼、肉松，取价虽略低，然其味亦足快老饕之朵颐，以鸡肉松佐食稀饭尤佳。"

徐珂《清稗类钞·饮食类》则另记一个故事："光绪初，太仓富室王某事母至孝。母酷嗜肉松，终不得佳品，为之不欢。会有居其院后之苏媪率其女来乞施与，闻之，以善制肉松自荐。命试之，则谓非得全猪不可，从之。又乞归治，盖秘其法也。制成进献，尝之，固为特味。遂给其衣食，令随时供制无缺。媪出其馀，提筐鬻于市。积久，获资颇丰，乃赘货郎子为婿，婿为媪治棚购猪畜。是时肉松苏媪之名已大噪，购者趋之若鹜，媪复购地建屋设门市焉。外埠来购者络绎不绝，媪遂制筒，以便远道之采购。肉松之外，复制酱排，即以制肉松所馀之骨制之。"

苏媪之制，晚于倪氏，惟均出自太仓，自有其渊源。

苏州人对熟食，还有些特殊称呼，如梁绍壬《两般秋雨盦随笔》卷六"市井食单"条说："猪耳朵，名曰'俏冤家'；猪大肠，名曰'佛扒墙'，皆苏人市井食单名色。"陆稿荐卖的猪耳朵，谓之"顺风"。又取猪头上脆骨、牙咬、碎头肉等白煮而成的熟食，价格甚廉，俗称"两头望"，因买的人不好意思，先要左右望望，见没有熟人才买下，故就得此佳名。

腌　腊

　　腌腊者,指腌制后风干或熏干的鱼、肉、鸡、鸭等。李斗《扬州画舫录·草河录上》说:"淮南鱼盐甲天下,黄金坝为郡城鲍鱼之肆,行有二,曰咸货,曰腌切。地居海滨,盐多人少,以盐渍鱼,纳有楅室,糗干成薨,载入郡城,谓之腌腊。"腌腊有专营店肆,或在兼营南北货、海货、酱货、炒货的综合性店家出售,若论历史之久,规模之大,影响之深入人心,又卓然有经营之法的,莫过于苏州孙春阳。

　　钱泳《履园丛话·杂记下》"孙春阳"条说:"苏州皋桥西偏有孙春阳南货铺,天下闻名,铺中之物亦贡上用。案春阳,宁波人,明万历中年甫弱冠,应童子试不售,遂弃举子业为贸迁之术。始来吴门,开一小铺,在今吴趋坊北口,其地为唐六如读书处,有梓树一株,其大合抱,仅存皮骨,尚旧物也。其为铺也,如州县署,亦有六房,曰南北货房、海货房、腌腊房、酱货房、蜜饯房、蜡烛房,售者由柜上给钱取一票,自往各房发货,而管总者掌其纲,一日一小结。一年一大结。自明至今已二百三四十年,子孙尚食其利,无他姓顶代者。吴中五方杂处,为东南一大都会,群货聚集,何啻数十万家。惟孙春阳为前明旧业,其店规之严,选制之精,合郡无有也。"范烟桥《茶烟歇》"孙春阳"条也追记了这家名店的故事:"苏州城外南濠有南货肆号孙春阳,毁于洪杨之劫。始创于明季,有地穴,藏鲜果,不及其时,可得异品。初有友与合资,忽梦孙春阳缢户外，觉而恶其不祥，走孙所，欲毁约，孙许之，即以姓名为肆号，悬户外。至是，其友始悟梦言之征在是矣。营业颇盛，明亡，有持万历年间所发之券，往易货物，肆中人立付之，不稍迟疑。自是名益著，获利不资。”

孙春阳的字号，不但苏州人如雷贯耳，天南地北的客商也慕名而来，纷纷进货，孙春阳的出品也就行销各地了。这一盛况，一直延续到清后期，梁章钜《浪迹续谈》卷一“孙春阳”条就说：“京中人讲求饮馔，无不推苏州孙春阳店之小菜为精品。”孙春阳货物的特点，一是质量上乘，二是品类齐全。袁枚《随园食单·小菜单》记了两种，一种是玉兰片，“以冬笋烘片，微加蜜焉。苏州孙春阳有盐、甜二种，以盐者为佳”。玉兰片以楠竹的冬笋或春笋为原料，精制加工而成，因它的外形和色泽与玉兰花瓣相似，故得其名。还有一种熏鱼子，“熏鱼子色如琥珀，以油重为贵。出苏州孙春阳家，愈新愈妙，陈则变味而油枯”。熏鱼子是鱼子糕的一种，将鱼子去血膜后，淡水和酒，漂净沥干，加蛋清、虾米、香蕈、花椒等佐料，重油煎熟。还有一种虾子鲞鱼，即虾子鲞鱼的一种，夏曾传《随园食单补证·小菜单》说：“孙春阳卖者，以鱼焙干，虾子皆附鱼身，每包大小二枚，味颇不恶。今则有效颦者，而味迥不侔矣。虾子鱼，今名子鲞鱼，实虾子鲞鱼之省文也。”欧阳兆熊、金安清《水窗春呓》卷下“孙春阳茶腿”条，则提到孙春阳的茶腿和瓜子，“火腿以金华为最，而孙春阳茶腿尤胜之。所谓茶腿者，以其不待烹调，以之佐茗，亦香美适口也。此外各蜜饯无不佳，即瓜子一项，无一粒不平正者，皆精选而秘制，故所物皆驰名”。孙春阳所制香糟也很有名，童岳荐《调鼎集·调和作料部》说：“苏州吴县孙春阳家香糟甚佳，早晨物入坛，午后即得味。”孙春阳还有专门储藏水果的地窖，使得一年四季，能够有各样水果应市，如寒冬腊月的西瓜、炎日酷暑的蜜橘等等，不当其时而每有异品，当然这种水果的价格，想来一定是非常昂贵的。

自明迄清，孙春阳的总店几经徙移，先是至皋桥西偏，后又到南濠，总不离阊门阛阓之区，在雍正十二年（1734）印制的《姑苏阊门图》上，孙春阳就坐落在南濠街上，两楼两底，位置很是突出，店堂内有柜有架，有“孙春阳”

号额，又有"茶食"等市招，地上置大缸数只，上悬火腿、咸肉累累。孙春阳分号的分布情况，由于没有记载，不得其详。这家著名店肆，起于万历中叶，毁于咸丰兵燹，后来也不曾重新开业。近人瞿兑之《杶庐所闻录》"孙春阳"条说："孙春阳为吾国店肆中之历史最悠久者，观其制度，益深得科学管理法者。"孙春阳是否是中国店肆中持续历史最长的，还没有做过很好的梳理，但它的经营管理方法，确实科学合理，算得上是古代坐商的翘楚。

康熙五十七年（1718），海、淮、洋、泗四地腌腊商人在阊门外潭子里创建高宝会馆，即江淮会馆。据乾隆七年（1742）《长洲县革除腌腊商货浮费碑》记载，"腌腊鱼货，汇集苏州山塘贩卖"者，有二百四十人之多。乾隆年间，兖、徐、淮、阳、苏五地腌腊鱼蛋咸货商人又在胥门外创建江鲁会馆，可见腌腊业的兴盛。在徐扬的《盛世滋生图卷》上，凡南北杂货店内都悬挂腌腊诸品，累累排列，在胥门外接官厅一肆悬"金华火腿"市招，山塘桥北堍更有一肆，山墙上大书"胶州腌猪老行"，临河悬"宁波淡鲞"、"南京板鸭"、"南河腌肉"三方市招，山塘街口有一家悬"白鲞银鱼老店"。清佚名《苏州市景商业图册》画某街一家火腿店，上悬"天恒火腿"、"天恒字号南北火腿发行"、"天恒南北火腿零拆店"的市招，反映了当时苏州腌腊店家的普及。咸丰八年（1858），海货商人也在南濠黄家巷建立永和堂，与上海的关系更加紧密。据同治十二年（1873）《海货业设立永和公堂办理同业善举碑》记载，"是时海货产并无专业，归入南北杂货，捐资给恤"；"现今苏帮一业，皆在上海，行少捐微，随时陆续收取"。1912年《吴县示禁保护金腿业永仁堂善举碑》说："据腿业永仁堂司董陈维瑞、许绍基、杨祖年、李铭□、□鸿勋、王家□、胡锦章、张□□等禀称，窃商等在旧长元吴三县邑境内开设金腿货铺，历有年所。"可见民国初年，苏州金华火腿业有公所永仁堂。

同治以后，苏州腌腊店肆主要有大东阳、生春阳、仁和堂等字号。生春阳在观前街洙泗巷口，原名巨成祥腿栈，为绍兴祝氏创设于同治年间，光绪十五年（1889）祝氏病危，委托小女未婚夫许瑞卿经营店务，时观前大东阳腿铺生意好于巨成祥，许瑞卿求得隆兴寺主持资助，从东阳、金华、义乌及如皋等地购进火腿，其进货严格，所售火腿均打上黑色圆形店号印记，营业日渐兴旺，遂与大东阳相匹敌。光绪十七年（1891）改号生春阳，乃仿用老字号"孙春阳"，由于音同字不同，社会上亦无非议。光绪三十三年（1907），生春阳加入商务总会。民国初年，生春阳将火腿运销香港，时价火腿仅两个银元一只，生意大好，获利颇丰，从此开始批发火腿业务。大东阳则营业萎顿，无力从产地直接进货，改向生春阳进货，终因难以维持，出盘给生春阳。于是生春阳成为苏州腌腊渔腿业的巨擘，购进大儒巷东口房屋一所作为库房，常储火腿十万只上下。1937年，苏州沦陷，生春阳、大东阳被洗劫一空。及至抗战胜利，生春阳盛况不再，仅能维持而已。

金华火腿在苏州，市场颇大，家厨市食皆常用之，称为"金腿"、"南腿"。徐珂《清稗类钞·饮食类》说："火腿者，以猪腿渍以酱油，熬于火而为之，古所谓火脯者是也。产浙江之金华者为良，上者为茶腿，久者为陈腿，以蒋姓所制为更佳，人皆珍之，称曰南腿。"瞿兑之《养和室随笔》"火腿"条也说："火腿盛行于近百年，几无远弗届，然见于记载者绝鲜。吴慈鹤《凤巢山樵集》有诗题云：'金衢花猪甲天下，盖土人以白饭饲之，绝不食秽，故香洁独胜。兰溪舟妇悉豢此，几与同卧起，若猫犬然。冬月宰之，以盐渍其蹄，风戾以致远，可数年不腐，味尤隽永。吴庖能和蜜煮之，甘腴无比。'此指金华火腿而言，云南之宣威腿尚无人吟味者。"苏州的金华火腿几乎都贩贸而来，也有自己腌制的。有金华人流落吴江盛泽，以弹棉絮为业，而家制南腿，滋味称绝，后竟以此为业。岥叟《盛泽食品竹枝词》云："金华籍贯浙东人，卷絮弹花是客民。独出冠时南腿肉，钵头衔里话前因。"闻名遐迩的金华火腿，竟然在盛泽冠时独出，也可见得饮食文化的交流，钵头衔这个地名，就留下了历史的痕迹。

苏州各邑及乡镇的腌腊业，分布很普遍，以吴江同里为例，徐深《三十年代同里商业市容》说："腌腊业有四五家，记得新填地有三家，东埭、西埭各一家。其中开设在新填地的衡泰规模较大，在荷花荡有作场、堆栈和晒场，部分咸货自己制作。每到夏天，常见职工把落露（回潮）的咸货从堆栈里扛出来，放在铺着芦席的晒场上曝晒，收敛水分。腌腊店平时供应各种咸鱼咸肉，我记得有腌制的鲤鱼、桂鱼、鲢鱼、鲫鱼、黑鱼、鳗鱼、带鱼、小黄鱼、马鲛鱼、鲞鱼等。立夏端午供应新鲜的大小黄鱼、鲳鳊鱼、黄泥蛋，冬季供应新鲜的带鱼、海蜇头，春节时还有上好的加香肉、火腿供应。咸货的销路，主要是农村。每当农忙时，农民十分劳累，有的农家劳力少，还要请亲友帮忙，一般没有空闲上街买菜，所以多买一些咸鱼咸肉，吃用方便，存放得起，不易坏掉。"

饮　品

　　除茶酒而外，自宋元以后，坊肆间饮品纷陈，种种名色，令人目不暇接，特别是夏季，人们买以消暑，生意格外红火。周密《武林旧事》卷六"凉水"条记有十七种，它们是甘豆汤、椰子酒、豆儿水、鹿梨浆、卤梅水、姜蜜水、木瓜汁、茶水、沉香水、荔枝膏水、苦水、金橘团、雪泡缩皮饮、梅花酒、香薷饮、五苓大顺散、紫苏饮。高濂《遵生八笺·饮馔服食笺》也记有"汤品"三十二种，它们是青脆梅汤、黄梅汤、凤池汤、橘汤、茴香汤、梅苏汤、天香汤、暗香汤、须问汤、杏酪汤、凤髓汤、醍醐汤、水芝汤、茉莉汤、香橙汤、橄榄汤、豆蔻汤、解醒汤、木瓜汤、无尘汤、绿云汤、柏叶汤、三妙汤、干荔枝汤、清韵汤、橙汤、桂花汤、洞庭汤、木瓜汤（又方）、参麦汤、绿豆汤。以上仅是举例，实际存在的名目，当远远不止此数。

　　晚近以来，许多饮品早已失去，流行于市间者，仅银耳羹、杏仁茶、奶酪、橘酪、莲心红枣汤等，苏州则以酸梅汤和甘蔗浆最为常见。

　　酸梅汤，醇香质纯，以冰镇之，又甜又酸，沁人心脾，其味能挂喉不去，故每当夏令，店家生意格外兴隆。酸梅汤制作讲究，一律用开水泡制，原料是干货店里的干梅子名酸梅，中药店里也有，称为乌梅，要用冰糖，加桂花露、玫瑰露发挥香味，绝对不用生水，也不用糖精。店家制成酸梅汤后，灌入白地青花的细瓷大罂中，周围镇以冰块，包裹严密，保持一定凉度。其汤色有两种，浓的色如琥珀，香味醇厚；淡的颜色微黄，清醇悠远。其凉镇齿，一杯入口，烦暑都消，可称是旧时消暑的佳味。酸梅汤大都由水果铺或糖果店供应，至1960年代改用机制冰镇，约五分一杯，味道似乎就不及过去醇真。

旧时苏州人家还自制梅酱，王应奎《柳南续笔》卷三"梅酱"条说："今世村家，夏日辄取梅实打碎，和以盐及紫苏，赤日晒热，遇酷暑，辄用新汲井水，以少许调和饮之，可以解渴。按《周礼·浆人》：'掌六饮，其五为医。'医当读倚，郑注以为梅浆能生津止渴者，想即今之梅酱也。但古为王者之饮，而今为村家之物，有不入富贵人口者，故特表而出之。"晚近以来，茶食店有酸梅粉和酸梅汁出售，人家买来，调以冰水，就成了酸梅汤，以味而言，汁远胜于粉。

甘蔗浆也是由来已久，古人称为柘浆，"柘"通"蔗"。《楚辞·招魂》曰："腼鳖炮羔，有柘浆些。"《汉书·礼乐志》录《郊祀歌》："百末旨酒布兰生，泰尊柘浆析朝酲。"颜师古注引应劭曰："柘浆，取甘柘汁以为饮也。"梁元帝《谢东宫赉瓜启》云："味夺蔗浆，甘逾石蜜。"杜甫《进艇》云："茗饮蔗浆携所有，瓷罂无谢玉为缸。"可见甘蔗浆既是筵席上的饮料，且能醒酒，其实它的最大功效，还在于消暑解热，故王维《敕赐百官樱桃》云："饱食不须愁内热，大官还有蔗浆寒。"庞铸《却暑》云："蔗蜜浆寒冰皎皎，画帘钩冷月梢梢。"顾阿瑛《碧梧翠竹堂炎雨既霁凉阴如秋与客醉赋得星字》亦云："莼香翠缕雪齿齿，蔗浆玉碗冰泠泠。"可见古人消夏，就将甘蔗浆当作妙品。

甘蔗本是平常物，市间的甘蔗浆价格便宜，不算是奢侈的享受。特别是老人，齿牙动摇，不能大嚼甘蔗，甘蔗浆就大大方便了，其中滋味又胜过嚼甘蔗。周瘦鹃《蔗浆玉碗冰泠泠》说："暮春三月，苏州的许多水果铺、水果摊就开始供应蔗浆了。旧时用木制的榨床，将切成的段头榨出浆来，现在改用了金属的压榨机，更觉便利而清洁，现榨现卖，盛以玻璃杯，大杯一角五分，小杯九分，全市一律如此。我也偏爱蔗浆，觉得比汽水更为甘美适口，并且有消除内热的功效。从前甘蔗以广东所产的最为著名，而浙江塘栖的产品也不坏；现在苏州的蔗浆，大都是用塘栖甘蔗来榨成的。据说以上海之大，却喝不到蔗浆,所以上海人来游苏州,就要大喝一下,这是水果铺中人告知我的。"

另外,消暑隽品还有绿豆汤、莲子羹等。包天笑《衣食住行的百年变迁·食之部》说:"夏日饮冰,古已有之,见于纪载,但中国内地当时绝少藏冰之所。什么冷饮品,如汽水、啤酒、冰棒、雪糕之类,都没有到中国来。然亦有解暑之物,一为绿豆汤,加以冰糖薄荷等,饮之亦觉齿颊清凉;一为莲子羹,采得新鲜莲蓬,剥取其子,亦觉清香可口。这些都是高级人士消暑食品,劳动阶级无此福分呢。……上中级人家,则惟有仰仗于西瓜,故中国无论何处,都加以种植。到了大热天,还嫌西瓜不足以解暑,则贮以竹篮,投诸井中,越两小时,剖而食之,凉沁心脾也。至于冰桃雪藕之类,不过为词章家点缀的名词而已。既而舶来的种种冷饮品来了,好之者嗜之如甘露,嫉之者目之为盗泉,真如洪水之泛滥乎中国。但我国宝藏的矿泉,也崛然以兴了。"包天笑说舶来的冷饮,国人未必都喜欢,如郑逸梅就是,他在《微茫梦堕录》中说:"进西菜,辄殿冰结凝一杯,脍炙鲜肥之馀,经此极冷之刺激,往往滞不消化,易于致疾,非妥善之道。鄙意以为亟宜改革,不当盲从西俗也。"金季鹤《苏台竹枝词》亦云:"番菜洋楼拾级登,白兰地酒怯难胜。阿侬体贴檀郎意,频劝今宵莫饮冰。""冰结凝"或作"冰淇琳",今通译作冰激凌。

苏州的现代冷饮业起步较早。光绪二十四年(1898),设址青旸地二马路的滋德堂,已开始制销汽水,时称荷兰水。光绪三十二年(1906),设址胥门泰让桥堍的瑞记公司也开始制销汽水。这是中国最早的两家汽水生产厂家。1926年,范烟桥《吴中食谱》说:"苏州旧有瑞记汽水,味甜而少噫气之效。去年'五卅'案起,久挂人齿之正广和汽水,遂无人说起,于是华英药房之汽水,遂起而代之,形式相似,而味则远逊,故喜冷食者改饮冰。天赐庄之教师、学生、大司务乃合力而成一味可公司,售各式冰淇淋,以玫瑰之颜色为最艳,以香蕉之滋味为最甘,老牌之广南居与马玉山颇受其影响。"华英汽水公司也在胥门泰让桥堍。至1920年代,酒楼、冷饮室已用天然冰制造的纸杯冰激凌出售。1934年,广州食品公司购得从旧军舰上拆下的制冷设备,自制自售刨冰、冰激凌、冰冻鲜橘水等。至1938年,好莱坞、百乐棒冰厂开业,当时日本制造的氨制冷压缩机已投入市场，先后又有多家棒冰厂开业。1946年，中国汽水厂苏州分厂成立，设址于胥门外大马路，有中国牌商标。1947年，科达饮品制造厂成立.设址于北局三贤祠巷，有骆驼牌商标。同年，爵士汽水厂成立，设址于营房场，有金爵牌商标。同年，大华汽水厂成立，设址于胥门外大王庙，有双球牌商标。上述诸厂主要生产汽水、柠檬水、鲜橘水等。1947年，商业同业公会成立，时有北极、美女、郑福斋、白雪、银雪、银星、金星、三吴、小朋友、美琪十家，主要生产棒冰，少量生产雪糕，郑福斋还兼产酸梅汤。

常熟第一家冷饮店，是冠生园协记糖果店，自1931年起供应冷饮。楼上设雅座，可容五十馀人，自制冰激凌、刨冰、酸梅汤等，还销售上海正广和汽水和海宁洋行的美女牌棒冰。冰激凌售价大杯一角一分，中杯一角，盛于高脚玻璃杯中，小杯即蛋卷冰激凌，每只五分；正广和汽水每瓶一角。刨冰有香草、可可、橘子、柠檬诸色。昆山的文明园，夏日兼营冷饮，自制冰激凌和荷兰水，为邑中嚆矢。

值得一提的是，明清之际，苏州有一种特产，名曰花露，它从花瓣中提取的液汁，可作饮料，可作调味品，可以点茶，可以醒酒，既有明显的药用功效，又能起护发护肤的作用。以虎丘仰苏楼、静月轩出品的最有名，顾禄《桐桥倚棹录·市廛》说："花露以沙甋蒸者为贵，吴市多以锡甋。虎丘仰苏楼、静月轩，多释氏制卖，驰名四远。开瓶香洌，为当世所艳称。"用各色花露调制的饮料，乃属清暑上品，戴延年《吴语》记名妓乔秀，"客至不供茗，以玫瑰、蔷薇、兰桂诸花露手自调注碧瓯，稍温以进，甘香沁腑，令人作玉液想"。用花露瀹茗，别有佳味，袁学澜《虎阜杂事诗》云："鸭泛萍茵月浸池，茶香薇露沁花瓷。年时红袖同消夏，转眼人间换局棋。"自注："吴中豪贵家，夏日每携姬人避暑于虎阜花神庙及甫里祠，庙中花露茶最芳烈，祠中有斗鸭栏诸胜。"花露在市上也有销售，清佚名《苏州市景商业图册》画有一家，悬着"天禄号各种自制花露"、"费天禄发各色花露药酒老铺"的市招，货架上放着颜色不同的瓷罐。这家的贴邻是"手巾老店"，可见都是以夏天为销售季节的。

价　格

　　瞿兑之《杶庐所闻录》"明清物价"条引录前人记载，约略可见明清饮食物价的一般趋势："《益都县志》有明知县赵行志《崇俭约规》一篇云：'今约凡大小会皆二位一桌；每桌前，冬春饼子四盒，夏秋果四碗，菜碟四个，案碟四个，大会肉菜九碗，面饭二道，米饭二道，小会肉菜五碗，面饭二道，米饭一道；每桌攒盆一个，每格止用一品。此外小饭，小碗与夫燕窝、天花、羊肚、猴头、鹅鸭俱不用，家中即有馀蓄，亦不许多加一碗，以防渐增。家人一汤一饭，但饱而止，或每家人折钱十文亦可。惟官席远客方设独桌，果看各加五品，其看席五牲之类俱不必用。若闲常偶会，每桌四人，四面攒坐，即八人攒坐亦可，小菜四碟，每人米面饭各一器。'龚炜《巢林笔谈》：'清河与太原联姻，两家皆贵，而瞻其记顺治三年嫁费，会亲席十六色，付庖银五钱七分，盖其时兑钱一千，只须银四钱一分耳。而猪羊鸡鸭甚贱，准以今之钱价，斤不过一二分有奇，他物称是，席之所以易办也。'光绪《吴川编志》引陈舜系《乱离见闻录》曰：'予生万历四十六年，时丁升平，四方乐利，又家海内鱼米之乡，斗米钱二十文，鱼钱一二，槟榔十颗钱二文，柴十束钱一文，斤肉、只鸭钱六七文，斗盐钱三百文。'长沙周寿昌于咸丰初年撰《思益堂日札》云，长沙风俗醇朴，故储粟较丰，十年以来，户口日贫，食用日侈。嘉庆二十四五年及道光初年，童子尚无衣裘帛者，间有之，皆引以为戒，弱冠后即制裘亦甚朴，又必素封家乃如此，否则以织绒代之。今则十岁后皆着羊裘，此后灰鼠、丰狐、海龙、天马，视力所能致者皆致之，无论年与分也。更有以湖绸江绸为小儿绣褓者，尤暴殄。嘉庆时，民间宴客用四冰盘两碗称极腆，惟婚典则用一碗蛏干席。道光四五年间，改用海参席。八九年间，加四小碗，果菜十二盘，如古所谓饾饤者，虽宴常客亦用之。后更改用鱼翅席，小碗者八，盘者十六，无所谓冰盘者矣。近年更有用燕窝席，三汤四割，较官馔尤精腆者。春酌设彩觞宴客，席更丰，一日糜费，率二十万钱，诸旧家知事体者尚不然。长沙视善化亦稍朴，以巨商游宦多寓南城也。"

　　苏州饮食价格的大势，略同各地。然而作为时尚之都，奢侈风气盛行，饮食之费，也领先于其他地方。当然这是相对而言的，如"十里洋场"的上海兴起后，苏州就相形见绌了。

　　民国《吴县志·舆地考·风俗一》说："清初物价，已较明代为昂，此不第苏州为然，而苏州为尤甚。顺治时，某御史疏言风俗之侈，谓一席之费至于一金，一戏之费至于六金。又《无欺录》云，我生之初，亲朋至，酒一壶为钱一，腐一篮为钱一，鸡凫卵一篮为钱二，便可款留，今非丰馔嘉肴不敢留客，非二三百钱不能办具，耗费益多，而物价益贵，财力益困，而情谊益衰。又晋江王伯咨尝于其《家训》中述往事，银三钱可易钱一百二十文，每日买柴一文，三日共菜脯一文，计二十日，用三十七文有奇，尚存九十馀文，可买米一斗五升，足家中二日半之粮。盖此时银一两，仅值四百文，斗米不过六十文，薪菜之值尤极贱也。至康熙时，则斛米值银二钱。雍正时，市平银一两可易大制钱八九百文，色虽有高下，每石市价以百文上下为率。乾隆庚寅，斗米值三百五十文，《武昌县志》已列灾异。道光以来，米价极贱时，一斗二百馀文，昂时或增加至数倍，每银一两从无千钱以内者。始知往日物轻钱重，官中所谓例价者，乃常价，非故为抑勒也。同光以后，则一筵之费或数十金，一戏之费或数百金，而寻常客至，仓猝作主人，亦非一金上下不办，人奢物贵，两兼之矣。生计日促，日用日奢，以捉襟现肘之底蕴，曾不能灭其穷奢极欲之豪情。万方一概，相习成风，纵生长富贵之家，恐亦不能持久，而况闾阎之民乎。"

　　这是就一般饮食生活而言的，若然就冰鲜而言，其价格之昂贵，令人咋舌，章法《苏州竹枝词》云："冰鲜海上未沾牙，飞棹吴门卖酒家。一戬黄金尝一尾，人夸先吃算奢华。"自注："鸣金夺路，驿马信追。真三等大老官吃食户。"石嘉言《姑苏竹枝词》亦云："山珍海错市同登，争说居奇价倍增。独羡深宵风雨里，有人还对读书灯。"乾隆时苏州酒楼筵席，都很豪华，耗费甚巨，一席费至数金，小小宴集，即耗中人终岁之资。顾禄《桐桥倚棹录·市廛》记嘉道年间山塘街三山馆、山景园、聚景园的酒席价格，"每席必七折，钱一两起至十馀两码不等"。春秋佳日，游人既多，价格就更高了。袁学澜《吴郡岁华纪丽》卷三"游山玩景"条说："至于红阑水阁，点缀画桥疏柳间，斗酒品茶，肴馔倍常价，而人愿之者，乐其便也。"有的食材或成品，因产地、店家、时令等关系，价格就有很大不同，常辉《兰舫笔记》说："江南人喜标榜，于食物亦然，如江宁之板鸭，上海之风鸡，吴江之糟黄雀，昭文之熏豆腐，南汇之沙里钩（小蟹也），松江之四腮鲈，奉贤之双凤瓜，上海之水蜜桃，娄门之大鸭，无锡之馒头，此皆以地名者；若陆高渐之烧蹄，王回子之熏鸭，孙纯阳之点心小菜，此又以人名者。士民争购，主人应接不暇，余皆领之，不过少加寻常，而其值则倍矣。余窃谓物之价廉而味美者，曰新笋、秋菱、雪藕、杨梅、枇杷、鲥鱼之数者，惟鲥鱼价少昂，然皆他处所不能得者，余至不忘焉。"其中提到的"陆高渐"当是陆稿荐，"孙纯阳"当是孙春阳。

　　晚清时，一般饮食的价格，相对还算较低，郑逸梅《艺海一勺续编·名人饮食琐谈》说："检得清同治间之伙食账簿，其时物价之廉，出于意外。所列如绍酒每斤四十文，冬笋每两十三文，肉每斤一百廿文，皮蛋每个十二文，馒头每个四文，龙井茶叶每两八十四文，汤面每碗二十八文。"至于筵席，包天笑《衣食住行的百年变迁·食之部》说："关于筵席的问题，其变迁之过程，可说是简单，也可以说是复杂。就简单而言，便是一味的增高价值。在十九世纪之末，有一二银元的菜，便可以肆筵设席的请客了。即以我苏州而言，有两元一席的菜，有八个碟子（冷盆、干果）、四小碗（两汤、两炒）、五大碗（大鱼大肉、全鸡全鸭），还有一道点心。这种菜，名之曰'吃全'，凡是婚庆人家都用它，筵开十馀桌，乃是绅富宅第的大场面了。最高的筵席，名曰'十六围席'，何以称之为'十六围席'呢？有十六个碟子（有水果、干果、冷盆等，都是高装）、八小碗（其所以称为特色者，小碗中有燕窝、鸽蛋，时人亦称之为燕窝席），也是五大碗，鸡鸭鱼肉变不出什么花样，点心是两道，花样甚多，苏州厨子优为之。这一席菜要四元。那种算是超级的菜，在婚礼中，惟有新娘第一天到夫家（名曰'待贵'），新婚第一天到岳家（名曰'回门'）始用之。"

至民国年间，筵席价格就上去了。徐珂《可言》卷十四说："筵席之资，十馀年来，以渐而长，至癸亥（中华民国十二年）尤骇听闻，姑以姜佐禹所言苏州酒楼吃全之价征之。吃全者，丰俭适中之筵也，其食品为九大盆、两汤、两炒、五大菜、一点心。九大盆者，中有高装之四冷荤、两蜜饯、一干果、一水果、一瓜子，亦有改为四冷荤、四热荤、一瓜子者。两汤，有汤之肴也。两炒，炒虾仁、炒腰花也。五大菜，一鱼吉烂污，二半鸭，三火踵（火腿之近爪者），四黄焖鸡，五腥气（蟹粉或蒸鱼或鳖，皆曰腥气）。一点心，人各一，一品馒头也。当孝钦后六十万寿时，出银币一元四角，可吃全矣。其后加二角，续又加四角，光绪末三元，宣统末民国初为三元二角，为三元六角，丙辰、丁巳（中华民国五年、六年）间为四元，为四元二角，今则非五元六角或五元二角不办。以一元四角之值，较之今一筵，昔可四筵也。予乃告以乾嘉时宴客之俭，述《金壶七墨》之言曰，乾嘉米一升仅二文，鱼肉称是，中人之家宴客仅费百钱。"

据陆鸿宾《旅苏必读》等介绍，1922年前各市楼的价格如下。

苏馆：吃全（十二盆、五菜、四小碗、一道点，或九大盆、四菜、六小碗、一道点），每桌洋五元；吃全换全翅，每桌加洋二元八角；吃全换半翅，每桌加洋一元七角；吃全，一菜换整鸭，每桌加洋六角；吃全，一菜换整鸡，每桌加洋五角；吃全，小碗换银耳、鸽蛋，每样加洋四角。四菜、四小碗、四大盆，每桌洋三元五角；八盆、五菜，每桌洋三元五角；四盆、四菜，每桌洋二元八角；和菜，每桌洋二元八角；光五菜，每桌洋二元三角；五篸，每桌洋二元；中四，每次洋二角五分；起码全翅，每次洋四元；起码半翅，每次洋二元五角，起码点心，每道加洋三角；正果，每桌加洋六角。酒另算，小账加一。

京馆：吃全，无定。和菜，二元四角；壳席，三元；正全翅，二元四角；扒翅，四元半。

徽馆：吃全，无定。大和菜（四冷荤盆、四小碗、三大菜、一道点），二元二角；中和菜（二冷荤盆、二小碗、二大菜），一元三角；小和菜（二炒一汤），五角。

西餐馆：公司菜，每客一元，菜六样；每客八角，菜五样；每客六角，菜四样。加果盘、土司、咖啡、牛乳，一应在内，小账加一。皮酒、香宾、荷兰汽水计瓶算，当面开。点菜每样二角、三角、四角不等。

宵夜馆：每份一冷菜、一热菜、一汤，约二角。

比较起来，徽馆点吃较苏馆为廉，吃和菜尤为便宜。如果加酒，无论苏馆，还是京馆、徽馆，都另外结算，加付小账一成。

苏州饮食价格的高下，还有一个重要因素，那就关乎食料的早晚多寡。上市时贵，落市时贱；应市少者贵，应市多者贱。范烟桥《吴中食谱》说："物必以时，罕而见贵，一年中如着甲、团鱼、黄鳝、螃蟹、鲥鱼，在当行出色之时，其价之昂，骇人听闻。某年立夏，鲥鱼每两卖八百文，一时引为谈资。近着甲一斤卖一元，亦为近年所未有。闻诸渔人云，自冬至春，着甲之来苏者，未及四十尾，大者可二百斤，鱼行得十一之佣，其利甚溥。惟招徕渔人，亦颇费本钱，盖每年秋风起，例以'作裙'赠渔人之为长者，多至三四十袭，少亦一二十袭云。'作裙'者，渔人围身之裳，得之分赂伙伴，不啻受鱼行之定钱，终岁不得别就交易矣。"如1930年代前期，周劲在苏州吃"蟹黄油"，那是除松鹤楼外绝无的，《令人难忘的苏菜》说："它全用雄蟹的膏油制成，一菜所需，不知需用多少只雄蟹，我清楚记得其时的价钱为银元六元。"

1935年的市价，据舒新城《江浙漫游记》记载，他在常熟山景园晚餐，"每席十元，有六碟十碗，有本地之叫化鸡、新松蕈等，味均可口"；在常熟兴福寺素餐，"四元素餐，有四碟六盆一汤，味均可口，平时不易得也"。沦陷时期，物价上涨，如螃蟹的价格，与1920年代初相比，已陡然而升，范烟桥《街头碎弦·阳城湖》说："忆彼时蟹价每两仅八九文，今则须三四元，回首前尘，无异隔世矣。"

据温永涛《烹饪五十年回忆片断》说，1935年，锡沪公路常熟段通车，在常熟几个地方设席，共二百四十五桌，"那天的菜肴是四盆六菜，冷盘是油鸡、盐水虾、糖醋排骨等，六菜是全鸭、炒鱼片、清汤鲫鱼、椒盐樱桃肉、蟹粉面筋、白汁桂鱼，按当时的价格来估，每席约六元"。1938年，山景园的出骨刀鱼球，每碗卖二元；罗汉菜，"内有火腿片、鸡条、冬笋、干贝、松蕈、开洋、蹄筋，用大汤碗装，鲜洁清香，每碗一元二角"。抗战胜利后，山景园推出"惠尔菜"，"一客'惠尔菜'共三菜一拼盆一汤，外加一壶酒（一斤），价格二元"。

素菜馆因食材相对便宜，价格稍低，但筵席则与市价接近。宋以天《常熟最早的素菜馆》记觉林素食处的价格："和菜，三菜一汤，价洋一元；四菜一汤，价洋一元二角；四盆六菜，价洋二元。一般炒菜如素什景，价洋二角四分。筵席有八元、十元，最高为十六元。"

至于1950年代初的市价，何满子《苏州旧游印象钩沉》说："价格也想象不到的低廉，一小碟两条鲫鱼，只要一千五百元，即一九五四年改革币制后的一角五分。牛肉、虾球、半边鸽子，和有松子和花生仁的肉圆，也都是一二千元，顶贵的不超过五千，即后来一角至五角。总之，两人对酌，花一万元（一元）就很丰富满意了。"

至1978年，苏州饮食价格还算便宜，《姑苏春》作者树棻从上海来搜集素材，住在观前街一家招待所里，他在《走出第一步》中说："这家招待所不供应伙食，但这也无妨，走出大门就是食肆林立的观前街，苏州有名的点心店和饭店如观振兴、黄天源、得月楼、松鹤楼等都在同一条街上，朱鸿兴、新聚丰等也都相距不远，就餐十分方便，并能丰俭随意。那回我算是上海文艺出版社派出去出差的，按例每天有一元五角的伙食补贴。每天早晨到观振兴去吃一客汤包，中午到素香斋吃一餐素菜客饭，晚饭上朱鸿兴吃一碗双浇葱油焖肉面。三餐相加，也就是一元五六角钱，都由公家开支，自己基本上不用再掏钱了。"作者回忆有误，当时得月楼尚未开业。

自1980年代中期起，物价指数陡然而高，饮食价格的飙升显得尤为突出。

小食琐碎

　　北方人讲究实惠，苏州人则讲究精细，小食点心，无不做得异乎寻常，就是所谓"少吃多滋味"，让食客永远存着一点对美食的回味。周作人《北京的茶食》说得很清楚："我们于日用必需的东西以外，必须还有一点无用的游戏与享乐，生活才觉得有意思。我们看夕阳，看秋河，看花，听雨，闻香，喝不求解渴的酒，吃不求饱的点心，都是生活上必要的——虽然是无用的装点，而且是愈精炼愈好。"最典型且最普遍而常见的，便是苏州的小馄饨和豆腐花。小馄饨盛在白瓷的尖底浅碗里，数量不会太多，清澈的汤里漂浮着几只兰花似的馄饨，半透明的皮子薄如蝉翼，中间透出一点粉红色，汤面上撒一层橘红色的虾子，其色泽和形态，使人食欲大动，津津有味地吃完，意犹未尽。再如豆腐花，主料就是未经滤水的嫩豆腐，用一把浅得像一片圆叶似的铜勺，撇上两片嫩豆腐，放入滚开的汤中烫一下，连汤带豆腐盛入浅碗里，几粒虾米，几丝肉松，几根榨菜，几片紫菜，几滴辣油，实在轻柔得很，说是吃了，实际并没有吃到什么，说是没吃，却品尝到了美味。确乎苏州的小吃，并不在于果腹，而在于品尝，当年黄天源的鲜肉汤团，被人赞赏的，并不是它的味美肉大，而是皮薄汤多，这就是苏州小吃的精髓，评弹艺人蒋月泉对此有过生动的描述。王统照《吴苑》说："苏州人善做小点心，也讲究吃，不过这不是如一般人所说的奢靡的浮华，二十个铜板的水饺，不到一只小洋的软糕，味道与色彩都满足你的味觉与视觉的享受。苏州的风景，人与物，都小巧玲珑，吃的点心也一样不出此例。"

　　小食、点心、茶食诸多名目，大概也不能细分。吴曾《能改斋漫录·事始二》"点心"条说："世俗例以早晨小食为点心，自唐时已有此语。按唐郑修为江淮留后，家人备夫人晨馔，夫人顾其弟曰：'治妆未毕，我未及餐，尔且可点心。'其弟举瓯已罄，俄而女仆请饭库钥匙，备夫人点心，修诉曰：'适已给了，何得又请。'云云。"小食一词，出现得更早，王楙《野客丛书》卷三十"以点心为小食"条说："或谓小食亦罕知出处，仆谓见《昭明太子传》，曰：'京师谷贵，改常馔为小食。'小食之名本此。"徐珂《清稗类钞·饮食类》也说："世以非正餐所食而以消闲者，如饼饵糖果之类，曰小食。盖源于《搜神记》

所载,管辂谓赵颜曰:'吾卯日小食时必至君家。'小食时者,犹俗所称点心时也,苏、杭、嘉、湖人多嗜之。"至于茶食,洪皓《松漠纪闻》卷上记金国婚俗,"男女异行而坐,先以乌金银杯酌饮(贫者以木),酒三行进大软脂、小软脂(如中国寒具)、蜜糕(以松实、胡桃肉渍蜜和糯粉为之,形或方或圆,或为柿蒂花,大略类浙中宝塔糕),人一盘,曰茶食"。可见所谓小食、点心、茶食等,无非是正餐之外的享用,有的虽也可作为正餐的一品,但其意义,主要还属于零食。

苏州小食点心的坊肆,由来已久,最著者莫过于阊门外张手美家,乃开设于五代吴越国时期,陶谷《清异录·馔羞门》说:"阊阖门外通衢有食肆,人呼为张手美家,水产陆贩,随需而供,每节则专卖一物,遍京辐凑,号曰浇店。偶记其名,播告四方事口腹者:元阳脔(元日),油画明珠(上元油饭),六一菜(人日),涅盘兜(二月十五),手里行厨(上巳),冬凌粥(寒食),指天馉馅(四月八),如意圆(重午),绿荷包子(伏日),辣鸡脔(二社饭),摩睺罗饭(七夕),玩月羹(中秋),盂兰饼馂(中元),米锦(重九糕),宜盘(冬至),萱草面(腊日),法王料斗(腊八)。"正德《姑苏志·杂事》则说:"阊门外通衢有食肆,人呼为张手美家。其肆通连六七间,水陆南北之物毕具,随需而供,虽坐列十客,人各异品,亦唾手可办。每节则专卖一物,遍京辐辏,以不得为不足,缚木成栏,倾钱其中,至高丈馀,先一日开说,来者不拒,号曰浇店。"当时坊肆之多,自然无可统计,《吴郡志·桥梁》记载之"雪糕桥"、"沙糕桥",洪武《苏州府志·坊市》记载之"水团巷"(两个)、"豆粉巷"等地名,或许都是南宋以来的行业集中之地。

小食点心,大都由家制而成为市货,由一般市货而成为地方特产。钱思元《吴门补乘·物产补》说:"苏州方物,著名前代,如山楂饤、山楂糕、松子糖、白圆、橄榄脯及带骨鲍螺之类,已载张岱《梦忆》。今河山既异,名物亦更。其以姓名著者,有方羊肉、袁小菜;以混名著者,有野荸荠饼饺、小枣子橄榄;以地名者,有野味场野鸭、温将军庙前乳腐;以招牌名者,有悦来斋茶食、安雅堂酶酪。若斯之类,不可胜记,虽为小食,雅负时名,苟遇泗水潜夫,定采入《市肆记》矣。"至嘉道间，钱思元所举小食点心之名品，有的依然尚在，更增加了不少，据顾震涛《吴门表隐》附集记载，"业有招牌著名者"有"有益斋藕粉"、"紫阳馆茶干"、"茂芳轩面饼"、"方大房羊脯"，"业有地名著名者"有"鼓楼坊馄饨"、"南马路桥馒头"、"周哑子巷饼饺"、"小邾衕内钉头糕"、"善耕桥铁豆"、"百狮子桥瓜子"、"马医科烧饼"、"锣驾桥汤团"、"甪直水菱豆糕"、"黄埭月饼"、"徐家衕口腐干"，"业有混名著名者"有"曹箍桶芋艿"、"家堂里花生"、"小青龙蜜饯"等。时过境迁，如今这些小食点心已很难一一去作稽索了，但它提供了当年苏州特产的一份名录，那是非常难得的。至于市廛景象，在乾隆二十四年（1759）徐扬绘《盛世滋生图卷》上，木渎斜桥南堍有一家茶食店，一字儿悬着"乳酪酥"、"桂花露"、"玉露霜"、"状元糕"、"太史饼"五方市招；城中按察使署西有一家三元斋，上悬"状元糕"等市招；山塘街上也有"茶食"、"点心"等市招，约略可见当时行业繁荣的情形。许多苏州小食，给人留下无尽美好的记忆，周越然《苏人苏事》就说："至于物，则更妙矣，瓜子香而且整，糖果甜而不腻，其他如小肉包、良乡栗子，及一切小食，使人人有口不忍止，不顾胃病之势。"

在儿童歌谣里，也将苏州的糕点唱了进去："韩家湾里十条糕，条子糕，长腰腰；火炙糕，两头巧（翘）；雪片糕，薄稀揭；沙仁糕，诸人要；桂圆糕，实在好；糖切糕，烂糟糟；鸡蛋糕，黄漫漫；豇豆糕，黑里俏；脂油糕，滋味好；大方糕，印子好。"（《吴歌丙集》）

至民国时，陆鸿宾《旅苏必读》说："点心店凡四种，如面店、炒面店、馄饨店、糕团店。面店则有鱼面、肉店、虾仁面、火鸡面；炒面店则有炒面、炒糕，看夜戏回栈，尚可喊送来栈；馄饨店则有馄饨、水饺、烧卖、汤包、汤团、春卷；糕团则有圆子、元宵、年糕、团子、绿豆汤、百合汤。"以糕团店为例，时有黄天源、颜聚福、乐万兴、谢福源、柳德兴五户，颇有名气，民间有"黄颜乐谢夹一柳"或"四根庭柱一正梁"之说。苏城内外，遍布大大小小的小食点心坊肆，虽然是街市上的寻常风景，却有不寻常的意味。周作人《苏州的回忆》说："我特别感觉有趣味的，乃是在木渎下了汽车，走过两条街往石家饭店去时,看见那里的小河,小船,石桥,两岸枕河的人家,觉得和绍兴一样,这是江南的寻常景色,在我江东的人看了也同样的亲近,恍如身在故乡了。又在小街上见到一爿糕店,这在家乡极是平常,但北方绝无这些糕类,好些年前曾在《卖糖》这一篇小文中附带说及,很表现出一种乡愁来,现在却忽然遇见,怎能不感到喜悦呢。只可惜匆匆走过,未及细看这柜台上蒸笼里所放着的是什么糕点,自然更不能够买了来尝了。不过就只是这样看一眼走过了,也已很是愉快,后来不久在城里几处地方,虽然不是这店里所做,好的糕饼也吃到好些,可以算是满意了。"这样的心情,实在也表现出一种悠远而深刻的想法。

在苏州人回忆里,小食点心是最能惹起乡愁的,曹淦生《常熟的吃》说:"家乡的吃,实在不少,也很大众化。暑天城内方桥头沈鼎茶食店出售的黄切糕、茯苓糕、方块头糕等,过是价廉物美。此外街巷间随时可买到的,如鸡笃面筋、红烧肥肠、白肚、茶叶蛋等菜肴,点心则有糖芋艿、油豆腐细粉、豆腐团、生嵌油片、豆腐花、蟹肉馒头、米团、粢饭糕、桂花芋头、烤山芋、烘糕、麻团、藕粥、糖藕、糯米莲心红枣粥和用凉薄荷汤做的绿豆粥等等。我们幼年在乡,放学回家都要吃些点心充饥,记得吃馄饨时另加个嫩鸡蛋,也感到特别鲜美。"嵇同耀《故乡唐市的美点》说:"我老家在东唐市河东街中段,正处市中心,店肆林立,茶食点心铺有多家。在杨园和望贤楼茶室中间有家周洽兴的点心铺,以制盘香饼出名,它用重油酥卷成细条,再盘成长圆形的饼,蘸满黑芝麻入灶烘制成,有甜咸两种,香酥可口。我家门口有爿叫'四四开'的面店,每到夏季下午常制薄皮中包供应,中包顶上开一小口淌着玫瑰猪油,每笼出灶,食客们总不怕烫手抢着购买,皮薄馅多,边吃边淌着糖油汁。我家对门开着一爿叫'盐公顺'的腌腊店,一到暑天下午,每天总要煮几只咸猪头出售,切成一薄片,用鲜荷摊着,有肥有瘦,任人选购,俗名叫'等大',乘热吃下,鲜美异常,别有风味。源大的方糕,厚厚的一方块,中间装满了玫瑰猪油,味美胜过苏州黄天源和桂香斋的大方糕。还有一个叫温大的,每天傍晚,他挑着一副担子沿街叫卖:'阿要买油氽臭豆腐干!……'引得许多老吃客围拢来买以,他自制豆腐干胚,入油锅时掌握火候,两面金黄,上口又香又鲜。……其他还有纽家弄倪少斋的懒饼，河西街史家朶的韭菜饼、粢饭糕，义香村的酒醉饼、肉饺和冬夜沿街叫卖香喷喷的烘馒头，都是故乡精美的点心！"

苏州的小食点心，名目繁多，难以尽述，如袁学澜《吴郡岁华纪丽》卷一"粉团油馓"条所说："今世殊时异，其制或传或不传。是虽口实小食之笾，未足深究，然忆承平之风景，纪食单之品目，其流传亦古矣。"即就其类分而述之，以聊窥大概。

饼　饵

　　松花饼，历史颇为悠久，元人已咏及，如张雨《松花饼》云："怪来粗粝作鹅黄，浑是苍髯九粒香。甜味中边唯食蜜，苦心早晚待休粮。仙人骐骥留看取，道士嵩阳远寄将。笑比红绫春餤巧，齿牙根底嚼糖霜。"正德《姑苏志·土产》说："松花饼，春夏之交，山人取松花调蜜作饼，颇为佳胜，僧家尤贵之。"杨循吉《居山杂志·饮食》说："松至三月花，以杖叩其枝，则纷纷坠落，张衣裓盛之，囊负而归，调以蜜，作饼遗人，曰松花饼，市无鬻者。"至清代仍很流行，汪琬《王咸中至山庄以松花饼作供二首》之一云："斜阳有客款柴荆，留试椿芽与箭萌。别为松花出方略，山家风味十分清。"沈钦韩《徐良卿啖予松花饼以诗志之》亦云："有齿如冰为甚酥，山中宰相应清癯。屑金略用红丝硙，煮玉全同苍璧模。十字珍难荐豪馔，一瓻香欲酿贫厨。牢丸间向深宵说，风味应能似此无。"夏曾传《随园食谱补证·点心单》则记一种"松花藏饼"："用糯粉以澄沙为馅，拌松花蒸之，色嫩黄而香甘可爱，一名鹅头颈。"这是松花糯粉团子，不是松花饼旧制了。

　　蓑衣饼，起于晚明的苏州虎丘特产，乾隆《吴县志·物产》说："蓑衣饼，大而薄，层数最多，最松。又名眉公饼，云创自陈眉公也。虎丘山人皆能为之，人家亦有能为者，实饼中之上乘，他处所无也。"乾隆《元和县志·物产》也说："蓑衣饼，脂油和面，一饼数层，惟虎丘制之。"它的皮层酥松，层次丰富，清晰不乱，味道有甜有咸，或用椒盐，甜中带咸，很受食客欢迎。施闰章《虎丘偶题》云："虎丘茶试蓑衣饼，雀舫人争馄饨菱。欲待秋风问鲈脍，五湖烟月弄渔罾。"赵洇《虎丘杂咏》云："红竹栏干碧幔垂，官窑茗盏泻天池。便应饱吃蓑衣饼，绝胜西山露白梨。"施於民《虎丘百咏·蓑衣饼》亦云："滴粉搓酥满案香，饼师捧出喜初尝。乍经折裂如梨雪，复自更番糁蔗霜。软异牢九难比并，脆同不托略相当。小鬟却解怜枯嚼，一碗新茶煮绿洋。"乾隆以后，就很少看到蓑衣饼的记咏了，这与顾禄《桐桥倚棹录·市荡》说的相吻合："今虎丘白云茶已萎，而山上蓑衣面饼亦如广陵散，绝响久矣。"《桐桥倚棹录》初刻于道光二十二年（1842），如果此时已"绝响久矣"，那么它的开始消歇差不多是在乾隆初。袁枚《随园食单·点心单》记下了它的做法："蓑衣饼，干面用冷水调，不可多，揉擀薄后，卷拢再擀薄了，用猪油、白糖铺匀，再卷拢擀成薄饼，用猪油煤黄。如要盐的，用葱椒盐亦可。"夏曾传《随园食单补证·点心单》说："蓑衣饼与酥油饼间相近，当即一物。然吴山之酥油饼，纯用麻油起酥，两面松脆，如有千层，惟近心处稍软腻，馀则触手纷落，掺以白糖，食之颇妙，亦有作椒盐者。"

　　苏式月饼，乃烤制酥皮类糕点中的精品，历史颇为悠久，相传始于唐而盛于宋。苏轼官江浙，特别喜欢酥甜点心，《留别廉守》就有"小饼如嚼月，中有酥和饴"之咏。苏式月饼工艺有独到之处，形制或如满月，或如平鼓，金黄油润，香酥蜜甜，皮层酥松，馅心无水，久储则佳味不变。其花色品种繁多，以口味分为甜咸两种，以制法分为烤烙两种。甜者以烤为主，品种有大荤、小荤、特大、大素、小素、圈饼等，其味分玫瑰、百果、椒盐、豆沙四色四品，还有黑麻、薄荷、干菜、枣泥、金腿等。咸者以烙为主，品种有火腿猪油、香葱猪油、鲜肉等，其味各有千秋。徐珂《可言》卷十二说："今苏州饼师所制，其馅曰鸡丝南腿，曰猪油洗沙，曰砂仁葱油，曰椒盐薄荷，曰五仁黑麻。"另外还有清水玫瑰、精制百果、白麻椒盐等。月饼皮酥用小麦粉，荤的用熟猪油，素的用植物油，甜的馅料有松子仁、瓜子仁、核桃仁、芝麻仁、青梅干、玫瑰花、桂花、糖渍橙丁、赤豆等，咸的馅料有火腿、猪板油、猪腿肉、虾仁、香葱等，都肥而不腻。鲜肉月饼出现较晚,起先只有火腿猪油和香葱猪油两种,莲影《苏州的小食志》说:"至于火腿、葱猪油两种月饼,其制法,与肉饺大略相同。但火腿月饼,有名无实,盖猪油居十之八,火腿居十之二,实与葱油月饼大同小异。且此两种月饼,因猪油太多之故,热食则腻膈,冷食则滑肠,有碍卫生,非佳品也。"鲜肉月饼取长补短,后来居上,受到食客的喜爱。另有所谓宫饼和幢饼,宫饼,饼之大者也,其制本由宫中而来,《帝京景物略》卷二"春场"条说:"月饼月果,戚属馈相报,饼有径二尺者。"幢饼者,叠饼为幢也,每幢五只、七只、九只,均为单数。苏式月饼各处都有,城中以稻香村所制为最佳,也最有影响,属邑乡镇所制也各有特色,如光绪《周庄镇志·物产》说:"月饼,油多而松,糖亦洁白,不亚于芦墟者,惟近年夹沙馅中多用洋糖,为嫌耳。"光绪《黎里续志·物产》也说:"月饼随处都有,出黎里陆氏生禄斋者,制配精而蒸煎得法,驰名远省,都下名公有从轮舶寄购者。"注引李堂《寿朋侄惠黎里月饼》:"人来褉湖曲,路遇竹林贤。匆促苞苴寄,寒温书札芟。松疑冰解冻,圆似镜开函。相对楼头月,思余老更馋。"

枣泥麻饼,属烤制浆皮类糕点的代表作,也是苏式糕点的传统品种,相传隋唐时由京师传入苏州,经不断变化改进,成为风味独特的一方特产。它采用白砂糖、饴糖、鸡蛋、猪油、小麦粉和油制作皮面,以枣泥、松仁、胡桃仁等为馅料,双面沾铺芝麻,精心焙烤,芝麻粒粒饱满,枣泥细腻醇郁,松仁肥嫩清香,玫瑰芬芳扑鼻,具有色香兼顾、形味并重的特色。枣泥麻饼有荤素两种,都香甜可口。苏州所出,有稻香村松子枣泥麻饼、木渎枣泥麻饼、相城麻饼、梅园三色大麻饼等,其配料、工艺、规格、风味各尽其妙,品种有松子枣泥、松桃枣泥、松子枣泥豆沙、枣泥猪油、玫瑰猪油、百果猪油等。稻香村所出,色泽金黄,表面油亮,周边腰箍微裂,滋味纯正,肥甜适口,且有麻香、枣香和松仁之香,堪称色香味形俱佳。木渎所出,形制精美,香而不焦,甜而不腻,油而不溢,吃口松脆,以费萃泰(后改乾生元)所制最有名,凡游山入湖,途经木渎,必买几筒归去,馈赠亲友。金孟远《吴门新竹枝》云:"春来一别几回肠,遗尔琼瑶湘竹筐。今日张盘无别物,枣泥麻饼脆松糖。"自注:"苏俗, 亲戚间久缺音问者, 每遣娘姨 (女仆, 吴语谓之娘姨) 送时新礼物数式, 储竹篮中, 名曰张盘, 以吴语称探望曰张也。枣泥麻饼, 为木渎特产, 而脆松糖, 则采芝斋之名制也。"相城所出, 以老大房历史最为悠久, 迄今已逾九十年, 选用黑枣、松仁、赤豆、板油、桂花、白糖、白麻为原料, 外形圆整, 皮薄松脆, 馅多味美, 清香可口, 如果从中间切开, 五个层次分明, 各具色泽。

炸食, 稻香村传统糕点, 以小麦粉、白糖、鸡蛋等调制面团, 模印后入锅油氽, 使之呈金黄色后起锅。炸食造型繁多, 小巧精致, 松酥香甜, 深受食客青睐。

酒酿饼, 夏传曾《随园食单补证·点心单》说: "吴人以酒酿发面成饼, 煤之。"不仅可口, 且兼具药性, 有活血行经、散肿消结之效。旧时苏州以同万兴、野荸荠所制最有名, 其次是稻香村, 品质柔软, 颇耐咀嚼。酒酿饼的品种, 有溲糖、包馅和荤素之分, 包馅又有玫瑰、豆沙、薄荷诸品。酒酿饼以热吃为佳, 甜肥软韧, 油润晶亮, 各式不同, 滋味分明。苏式糕点有春饼、夏糕、秋酥、冬糖的大约时序, 酒酿饼即是在春天上市的。

米风糕, 又名米枫糕、碗枫糕, 乃是以甜酒酿发酵的米粉制品, 采用粳米粉、小麦粉、白糖、甜酒酿、松子仁、熟猪油等为主辅料。旧时苏州以周万兴、同万兴、同森泰所出最有名, 有松子米风糕、红枣米风糕等, 色泽白净, 柔绵软糯, 可堪咀嚼。

状元糕, 由来已久, 即火炙糕, 属米粉制品, 旧有创意者, 印一状元像于糕上, 因此得名。苏州科举兴盛, 状元糕口彩极好, 生意大佳。

太师饼, 太仓特产, 形圆而薄, 两面芝麻, 油酥重, 馅心软, 馅心用白糖、椒盐、香葱等, 吃口香甜酥肥。万历时邑人王锡爵官至建极殿大学士, 告老还乡, 人称王太师, 相传有邻人某氏, 幼时与王稔熟, 正经营一家号为鸿发的糕饼小肆, 生意清淡, 王便买了些鸿发所制的小饼, 凡来客拜望, 便以此为饷, 结果鸿发的生意蒸蒸日上, 人们便称这小饼为太师饼。

方脆饼, 太仓特产。清末民初, 崇明人蒋云卿在璜泾小石桥东首开设蒋天茂号糕饼坊, 为适应老人孩子爱好松脆干点的要求, 创制方脆饼, 饼形长方,两面沾白芝麻,油酥轻薄如纸,一层层折叠,故又称经折饼。其制法有独到之处,将面团擀薄后,折叠再擀,然后在木炭炉中壁贴烘烤,出炉后把它放在箩内,利用炉内馀热再烘烤一夜,第二天上市,故就特别松脆。

竹片糕,太仓特产,以面粉、白糖、猪油、鸡蛋、糖桂花拌和,做成状如竹片的小糕,入炉烘烤,色泽金黄,鲜香松脆。

盘香饼,常熟特产,由来已久。民国初年,以石梅新梅林茶馆内的沈兴记饼馒店所出最负盛名,故以石梅盘香饼作号召。相传盘香饼由烧饼改制而来,用面粉糅白糖、板油等擀为长条,另取玫瑰、香葱、椒盐、百果诸馅中之一品,再盘转为饼状,饼面刷饴糖水,沾白芝麻,入炉中以文火烘烤至熟,状如盘香,色泽黄霜,出炉装盒,外香里酥,糖甜油润,趁热食之,最为可口。唯亭也有盘香饼,取意略有不同,道光《元和唯亭志·物产》说:"盘香饼,脂油和糖,一并数盘。"

云片糕,因其形狭长如带,其色洁白如玉,又称玉带糕。旧时苏州有三层玉带糕,袁枚《随园食单·点心单》说:"以纯糯粉作糕,分作三层,一层粉,一层猪油白糖,夹好蒸之,蒸熟切开,苏州人法也。"晚近以来,云片糕以糯米粉、白砂糖、胡桃仁为原料,因其松脆可口、香甜不腻、风味独特而受人喜爱。云片糕工艺,关键有炒米、蒸煮、刀切三节,炒米使之色白,蒸煮使之松脆,刀切则使之精细美观也。据说云片糕长约八寸,要切八十多刀,一片片既薄又匀,不断不散。沈云《盛泽竹枝词》云:"薄于蝉翼云片糕,争说饼师手段高。斤运成风丝不起,祖传惟有许湾刀。"自注:"云片糕一名雪片糕,处处有之,惟切糕之刀皆制于许家湾。相传湾前之水用以锻炼,刀锋犀利而糕不起丝云。"光绪《盛湖志补·物产》记载了这一专用工具:"糕刀,专切云片所用,以许家湾水琢磨制成,锋利而不胶糕,各处来贩,故有通省糕刀之称。"晚近以来,周庄所制云片糕独擅胜场,不但是当地茶食的常品,还作为一方土宜,远销各处。

四色片糕,苏式糕点名品,色泽美观,两边呈本色,中间分别为红、黄、绿、白四色,有四种不同滋味。红的为玫瑰片,黄的为松花片,绿的为苔菜片,白的为杏仁片。另外还有椒盐片，中为黑色，甜中带咸，实际为五色，但仍习称四色片糕。它是由云片糕演变而来的，先是软片糕，后为了便于存放，改为烘片糕。四色片糕除吃口香脆、风味不同外，还有一定的食疗功效：玫瑰片能利气行血、散淤止痛，松花片能养血祛风、益气平肝，苔菜片能清热解毒、软坚散结，杏仁片能滋养缓和、止咳停喘。话虽如此说，但这种功效是很浅微的。

五香麻糕，以白芝麻、核桃仁、炒糯米粉、白糖等为主辅料，用文火炖糕，静置过夜，刀切后再文火烘烤，趁热整理包裹上柜。它片形小巧，色泽浅黄，松脆可口，能增进食欲。旧时诸多店肆都做五香麻糕，以稻香村所出最能销行。

椒盐桃片，为烘糕型的代表，旧时以太仓鼎顺祥所出最有名。它以黑芝麻、核桃仁、糯米粉为主料，糕面乌黑，两边呈黄白色，镶嵌核桃仁，则为淡黄色，糕片平正，厚薄均匀，香脆爽口，甜中带咸，有核桃和芝麻之味。

八珍糕，苏式糕点中的食疗名品，稻香村参照民间验方，精心制作，驰名江南。相传这一验方经名医叶桂（天士）审定，用意颇为审慎，选用怀山药、白扁豆、芡实、苡仁、莲子、茯苓、党参等，故具有健脾运胃的功效，可以肥儿，可治疳积，可供调养，通辅兼顾，为儿童的强身食品。八珍糕制作，选用晚稻粳米，焙炒碾粉，和以白糖、素油，且以八味中药为辅料，由国药店研成粉末，与主料混和。制糕用模印，再进行烘烤。

杏仁酥，属烤制油酥类糕点的代表，相传唐宋时苏州糕点中已有此品。旧时制糕时在糕面中间镶嵌一颗杏仁，故以得名。杏仁酥有大有小，有荤油有素油，无论荤素，都用小麦粉、鸡蛋及白玉扁甜杏仁等作主辅料，用文火烘烤，待糕面自然开花后出炉。它的色泽金黄，花纹自然，吃口香酥松甜，且价格便宜，可放十数天而滋味不变，故深受食客欢迎。

松子酥，苏式糕点的传统品种，据说已有两百多年的产销历史。它常年应市，色泽橙黄，面底一致，外形圆整，微孔均匀，中心露出玫瑰红馅子，饼面作曲线条纹。吃口松酥爽口，滋味纯正。

袜底酥，陈墓（今属昆山）特产，相传本为宫中小食，南宋时传入当地。旧时织袜，要用一个架子，底部的平面，就是袜底，此饼形状相似，故以得名。小小酥饼，一层层薄如蝉翼，吃口清香松脆，因有椒盐，故甜中带咸，乃人们喜爱的传统茶食。它精选配料，做工考究，用油酥和面时，要反复糅五六次至完全均匀为止，这样烘烤出来的袜底酥才一层层薄得透明。馅心制作更是精细，如椒盐的盐要在镬里煨熟，再用擀面杖擀得极细，小葱要捣成碎末，这样酥饼才不穿空、不露馅。另又有"三分料，七分烤"之说，烤制时炉火不能太旺，并要不时翻动，直到酥饼呈鲜亮光泽，散发出清香时才出炉。袜底酥本称显饼，乾隆《陈墓镇志·物产》说："显饼，以面擦入荤素油，装入椒盐，熬盘炙熟，两面有芝麻，此系朱显章始置制，故名。"这应当是旧制，自百年前孙长隆南货店制销后，它的名气越来越响了。

到口酥，托名朱彝尊的《食宪鸿秘·饵之属》说："到口酥，酥油十两，化开，倾盆内，入白糖七两，用手擦极匀，白面一斤，和成剂，擀作小薄饼，拖炉微火熯。或印或饼上栽松子仁，即名松子饼。"此乃陈墓特产，乾隆《陈墓镇志·物产》说："到口酥，以面入荤素油、胡桃肉炙熟。"

芙蓉酥，不止一种。一是以糯米为原料，莲影《苏州的小食志》说："更有名芙蓉酥者，先以糯米淘净，浸透烧空，复以洁净白糖和熬熟荤油，融化锅中，稍冷，于其欲凝未凝时，将炒米拌入起锅，印以模型，冷而倾出即成。入口松脆非常，亦隽品也。"另一是糯粉为原料，浒墅关下塘北街味香村创制于1930年代，为时令性糕点，每年九月至来年三月上市。制法是取上好糯粉，和入白糖制成条糕，入荤油锅氽，加糖浆制成酥块，上面缀以绵白糖、玫瑰花、木樨花、猪油块等，色泽白中略显金黄，其味香甜沁人，且吃口松脆。这种芙蓉酥既为浒墅关所出，附近的望亭、东桥、通安等处也都来味香村进货。

小方酥，吴江特产，已有近三百年产销历史。相传最早为芦墟开罗斋所制，传入京城，人们不详其名，见其形如官印，便称为"一颗印"，由是闻名遐迩。它以糯米粉、麦芽粉为原料，辅以芝麻、白糖、糖桂花等，肥而不腻，松香脆甜，入口而化，最为老人孩子所喜爱。

东坡酥，苏州各处都有，以吴江莘塔所出最著名。其名由来，当与"苏"

字有关，取与"酥"谐音也，俞樾《糕饵中有曰东坡酥者戏赋此诗》云："玉屑银泥到口无，佳名更喜借髯苏。何当更起东坡问，可是当年为甚酥。"它属于米粉制品，辅以绵白糖、猪油、玫瑰、桂花、芝麻等，作方形，小而薄，分成三色，每块糕上模压文字和花卉图案，如"进京贡品"、"福禄寿鼎"等。它的特点是糕小色美，味香而甘，入口酥化，齿颊留芳。

糖枣，昆山陆家浜特产，如红枣般大小，用糯米粉拌饴糖入油锅炸余，再用白糖渍桂花拌制而成，也称油梗、油枣、金果，类乎枇杷梗，但又不同，相传光绪间里中陈万兴茶食店首创。旧时每逢农历八月十八日龙王生日那天，陆家浜都要举行庙会，四邻八乡的男女老少都要到龙王庙进香，热闹非凡，所在成市，这时糖枣就在摊子上出现了，因其甜而不腻，松而不黏，香脆而有回味，男女老少皆喜食之，轻轻咀嚼，满嘴桂花香味。以后不断改进工艺，口感逾佳，传播苏浙沪，享有盛名，长销不衰。

麻雀蛋，太仓双凤特产，以西市老桂香斋所出最佳，以其状呈椭圆形且色白，形如雀卵，因而得名。它始创于晚清，距今已有百年以上的历史。以精白面粉和白砂糖为原料，加工炒焙而成，外敷桂花，故有香甜松脆、落地而碎的特点。相传曾进呈宫中，为慈禧太后所赏识。

枇杷梗，因形似枇杷之梗而得名，乃冬春间的佳妙茶点。它用糯米粉、白砂糖、绵白糖、饴糖等为主辅料，调制成形后油炸，再上浆、拌糖，以形制一致，中不透油者为上。它的特点是金黄色泽，外敷白糖，内孔多汁，入口香脆，遇水松酥，为老幼皆宜的吃食。

肉饺，也称文饺、眉毛饺，夏传曾《随园食单补证·点心单》说："文饺，苏州式也，以油酥和面，包肉为饺，燠熟之，杭俗则曰蛾眉饺。"其包馅卷边，长条形状，两端略狭，形似眉毛，乃茶食中的常见之品。肉饺是在苏式月饼基础上的创制，反映出苏式糕点酥皮点心制作的高超技艺。莲影《苏州的小食志》说："茶食甜者居多，咸者绝少，只有肉饺及火腿月饼、葱猪油月饼而已。但月饼须七八月上市，肉饺则常年有之，以稻香村为最佳，其制法，选择上品猪肉，去净筋膜，刀剁如泥，加入顶好酱油，更用干面和以荤油作外衣，入炉烘之，如能趁热即食，则酥松鲜美，到口即融，别饶风味也。设冷后复烘，则其汁走入皮中，便无味矣。"肉饺以稻香村所出最有名，野荸荠亦为翘楚，香酥味嫩，鲜美可口。唯亭所出者称为金饺，道光《元和唯亭志·物产》说："金饺，金姓做者，故名，不减于郡中野荸荠。"

酥糖，为苏式糕点中熟粉制品包屑折叠类的代表。它以用油的不同，分荤素两种，品种有玫瑰白麻酥糖、椒盐黑麻酥糖、玫瑰猪油酥糖、椒盐猪油酥糖等，夏天还有饴糖坯的夏酥糖。旧时以稻香村所制最负盛名，皮薄屑重，罗纹密细，凤眼心形，四小块为一小包。凡旅苏游人都要买些带回去，馈赠亲友。

米花糖，色泽洁白，质地疏松，香甜松脆，不油腻，不沾牙，入口而化，且价格低廉，尤得老人孩子喜欢。其品种有沙炒、爆米花、油氽等，从色香味各方面来看，以油氽者为佳。此乃太仓传统特产，嘉庆《直隶太仓州志·风土下·物产》说："米花糖，出直塘镇。"晚近以沙溪鼎顺祥所出猪油米花糖为最佳，用料讲究，米用常熟"统扁"糯米，油用太仓璜泾"大花脸"猪油，再加上广东白糖、苏州桂花，故远近闻名。常熟也有桂花猪油米花糖，酥松爽口，香味浓郁。

巧果，乃节令食品，旧时七夕风俗，家家吃巧果、巧酥。袁学澜《吴郡岁华纪丽》卷七"巧果乞巧"条说："吴中旧俗，七夕市上卖巧果，以面和糖，绾作苎结形，或剪作飞禽之式，油煮令脆，总名巧果。"巧果用小麦粉、绵白糖、饴糖、芝麻仁、嫩豆腐等调制面团，然后压成极薄状，横向整齐折叠，纵向开切成形，入油锅炸氽。其特点是外观金黄，黑麻镶嵌，薄松香脆，甜中带咸。每年四月初十日后上市，七月初十日后渐渐从市肆间失去踪影。

冰葫芦，常熟特产，为山景园出品。用面粉裹白糖、板油作馅，搓成一头带铃的葫芦形，逐只下猪油锅中炸脆至葫芦色，上盆后撒上绵白糖，宛或冰霜，外松脆，内滚烫，具有香、脆、甜、肥的特点。

饭粢糕，各处都有，以常熟梅李陈日升茶食店所制最佳，相传创制于道光年间。它的配料十分讲究，在磨细的米粉中掺入赤砂糖，拌入松仁、青丁、橘皮、桂花等佐料,有搓拌、上黄、划糕、蒸糕、倒正、开糕、烘糕等工序。因其价廉物美,受到食客青睐。制作时,坯料发酵要足,炉火要旺,但又不能烧焦。这样烘制出来的干糕,甜香松脆,色泽焦黄,仿佛饭粢,故以得名。

拖炉饼,杨舍(今属张家港)特产,至今已有一百六十多年历史。它的烘烤需用两只炉子,下为底炉,上为顶炉,两炉同时加热,并以顶炉的热量将饼吊熟,颇有顶炉拖底炉之意,故称拖炉饼。它以上白面粉为主料,辅以白砂糖、净板油、荠菜、芝麻、桂花等。吃口油而不腻,甜而不黏,集酥、甜、松、脆、香于一体,外形饱满,色泽金黄,酥层清晰。

千层饼,饼馒店或小食摊有卖,先将捏好的面团擀成阔带状,再将用盐拌好的胡葱平摊其上,卷好后捏拢入镬油氽,至微焦黄褐色时捞起。它以热吃为佳,皮脆而葱香。

糕 团

大方糕，时令性极强，清明上市，端午落市。莲影《苏州的小食志》说："春末夏初，大方糕上市，数十年前即有此品，每笼十六方，四周十二方系豆沙猪油，居中四方系玫瑰白糖猪油，每日只出一笼，售完为止，其名贵可知。彼时铜圆尚未流行，每方仅制钱四文，斯真价廉物美矣。但顾客之后至者，辄不得食，且顾客嗜好不同，每因争购而口角打架，店主恐因此肇祸，遂停售多年。迩来重复售卖，大加改良，七点钟前，若晨起较迟，则售卖已完，无从染指矣。"大方糕以出桂香村者为最佳，品种有甜咸之分，甜者有玫瑰、百果、薄荷、豆沙四种，咸者则为鲜肉馅。甜者因四色之不同，分别辅以松子仁、瓜子仁、核桃仁、青梅干、糖桂花、糖渍板油等，咸者也略加白砂糖。大方糕出笼即应市，皮薄馅重，表面洁白，内馅透明，花纹清晰。

香葱猪油糕，又名脂油糕，早在清代已有，袁枚《随园食单·点心单》说："脂油糕，用纯糯粉拌脂油，放盘中蒸熟，加冰糖捶碎，入粉中蒸好，用刀切开。"晚近以来，以咸味者为上。它常年应市，苏州城乡各肆都有，道光《元和唯亭志·物产》就称其为"里中佳制"之一。居人将它作早点尤实惠，既可独吃，佐以清茶，也能和大饼油条夹了一起吃。如和南瓜同煮，咸中有甜，清香肥糯，别具风味。此糕色泽莹润如玉，白绿相映，入口葱香满口，香咸肥糯。旧时现切现卖，后改为切块上市。

　　桂花糖年糕，春节传统食品，分红、白两种，红糖者加赤砂糖，白糖者加白砂糖，色不相同，然形制都如薄砖。糖年糕吃法颇多，可蒸可煮，可煎可烤。蒸了吃，只需将年糕切片后置于碗中，隔水蒸软后即可，为防粘碗，可将饼干屑或面包屑垫底；煮了吃，就是做成汤年糕，还可将糯粉小圆子同煮，盛入碗中，再加绵白糖；煎了吃，将年糕片放入菜油锅里，煎至起泡回软，另用小碟盛绵白糖，蘸食最妙；烤了吃，就直接将年糕片置铁钎或火钳上，搁火上烤软，具有独特之味，惟容易焦枯，故烤时不得分神。

　　猪油年糕，春节传统食品，以纯糯米粉作主料，加较多板油丁而成，可分玫瑰、薄荷、桂花、枣泥四味，分别呈红、绿、白、褐四色，合装一盒，最为惹眼，为新年里馈赠亲友的佳品。夏曾传《随园食单补证·点心单》说："苏之猪油年糕，油多粉腻，又加以玫瑰、桂花，尤香美。"

　　水方糕，旧时周庄特产，光绪《周庄镇志·物产》说："水方糕，以糖果脂油作馅，蒸熟出售，松软胜于他处。"

　　软香糕，清代苏州著名糕团，袁枚《随园食单·点心单》说："软香糕，以苏州都林桥为第一；其次虎丘糕，西施家为第二；南京南门外报恩寺则第三矣。"但失传已久，它的配料、形制、滋味，已无可稽考。

　　蜜糕，旧时以稻香村出品者著名，将糯米粉、白糖、蜜糖拌和糅透，再加入松子仁、核桃仁、瓜子仁、桂花、玫瑰花，做成的蜜糕色如白玉，镶嵌果仁，吃口柔软甜香。晚近以来，苏州茶食店多有蜜糕，品种增多，有百果蜜糕、清水蜜糕、喜庆蜜糕等。喜庆蜜糕色泽玫红，长方条形，彩盒包装，糕面或盒面上覆盖印有"喜庆蜜糕"或"百年好合"字样的红纸，作为喜庆人家必备的喜糕，故也称和合糕。夏传曾《随园食单补证·点心单》说："蜜糕，今苏州犹呼之。缔姻者以为聘礼，富家多至数十百匣，匣以红纸为之，与小瓶茶叶相称，女家受之，则以分赠戚族，以为喜意。"旧时稻香村、叶受和、赵天禄等店家承接订货，送糕上门，并当场开切、称量、包装。

　　绿豆糕，乃夏令清凉消暑佳品，端午节前后应市。有荤素两类，味分玫瑰、枣泥、豆沙等，糕形小巧油润，内嵌馅心，印纹清晰，故显得格外精致，特别适宜碧玉小家女作为茶点小食。用直所出绿豆糕尤佳，乾隆《吴郡甫里志·风俗·物产附》称为"里中佳制"之一。

松糕，因色泽嫩黄，又称黄松糕，为最常见的苏式糕点。吴江盛泽所出松糕颇有盛名，咸丰九年（1859）秋，英国人吟唎（A.F.Lindley）去盛泽采办蚕丝，在那里吃到了松糕，他在《太平天国革命亲历记》第三章中特记一笔："我特别记住了盛泽，因为我在这里吃到了中国最美味的松糕。"（王维周、王元化译）松糕的主要原料是米粉，粳糯相合，以糯为主，求粗不求细，蒸制时拌以赤糖，加糖腌猪油和胡桃肉，中夹赤豆沙，讲究一点的，糕面还嵌以松仁、瓜子仁、玫瑰花、桂花及红绿丝等，放入方形蒸笼内，用大火蒸，出笼时，软糯宜人，香甜可口。如将松糕放在通风罩篮里，多日不会变质，可随蒸随吃。李渔《闲情偶寄·饮馔部·谷食》说："糕贵乎松，饼利于薄。"由松糕之制，即能领悟笠翁的旨趣。

黄千糕，或写作黄扦糕，以糯粉为原料，掺以赤砂糖成金黄色，作长方形，糕身扁薄，糕面多嵌松子仁，含糖量较低，入口甜而不腻，清香扑鼻。各糕团店都有，旧时以稻香村、叶受和所出为最佳。

豇豆糕，以面粉、豇豆为主料，加赤砂糖、糖桂花、薄荷末等制成，其味独绝，为苏州糕团中绝无仅有。

鸡蛋糕，莲影《苏州的小食志》说："方糕之外，以鸡蛋糕最佳，向日只有黄色蛋糕，且入烘炉时，糕上遍涂菜油，苟手携不慎，必至污衣，嗣后发明白色蛋糕，俗名洋鸡蛋糕，色白净而无油，携带乃称便焉。"

肉团子，选用精细糯米粉，加水揉捏，至韧而不散，然后搓成圆形，包入肉馅，上笼蒸熟。谢墉《食味杂咏·圆团》自注："江乡俗名也，亦曰团子，其扁者谓之塌饼，纯糯米粉为之乃佳，杂粳米便带硬。"诗云："粘粟舂成白粲磨，屑为粉米出粗箩。捻将玉箸镂心巧，团就银毬运掌多。醢酱最宜豚拍里，糖霜还藉豕膏和。苏州城内城隍庙，千指朝朝茗饮过。"自注："苏州州城隍庙中团子最有名，食者座次常满。"

油氽团，也称油馓，始出吴江黎里，后各处都有，但仍以黎里所出为最佳。其做法同肉团子，入滚油锅氽制。馅子常见有豆沙馅、全肉馅，考究一点的还用猪油、白糖、松子、桂花等调制而成，色泽金黄，外脆内糯，香味沁脾，鲜肉馅者含卤汁，为秋季大快朵颐之物。

粢毛团，冬令名点，制作时粉团外粘以糯米，蒸熟后米粒饱满，状如芒刺，故吴人称为刺毛团。其味分甜咸两种，甜者以豆沙作馅，咸者用鲜肉作馅。

炒肉团，夏令名点，用精细糯粉作团，馅以鲜肉为主，辅以虾仁、扁尖、金针菜、黑木耳等，中有卤汁，外形似小笼包子，其上微露孔隙，能见馅心诸色。

糟团，以太仓璜泾所出最有名。相传始制于光绪三十一年（1905），时里中有女名邱三伯者经营小吃，生意不景气，就改制甜食糟团，用上好糯粉，和以少量酒糟，以猪油豆沙作馅，外裹桂花糖浆，滋味独异。应市那天，正好吹北风，糟团浓郁的香味，传至近处的义春园书场，听客循味而来，纷纷解囊，吃后赞不绝口，从此邱家糟团远近闻名。

青团子，在苏浙间流行久远，捣青草为汁，和粉作团，一般都是甜馅。所用青草，各地不一，或用艾叶，或用菜叶，而昆山正仪用一种名叫酱麦草的野草，相传晚清时里人赵慧用之于制团，至今已有一百多年的制销历史。正仪青团子绿似碧玉，亮似翡翠，清香扑鼻，能存放七天之久，不破不裂不硬不变色。正仪有南市周金宝、北市金仁源和文魁斋三家糕团店，均以青团子著名，选用上白软糯米，馅心有百果、豆沙、枣泥，并嵌入水晶般猪油一小方，吃起来甜而不腻，肥而不腴，满口清香。

闵饼，吴江同里特产。嘉庆《同里志·赋役·物产》说："闵饼，一名苎头饼，一名芽谷饼，在漆字圩，出闵氏一家，筛串精而蒸煎得法，为同川独步，著名远近，已百馀年，康熙初年、乾隆十二年县志载入，有此苎头饼之名。"其实苎头饼早在明中期已很有名了，沈周《咏苎头饼》云："粲萌方长折，作饵糈相仍。香剂圆从范，青膏软出蒸。女红虚郑缟，土宴夺唐绫。我有伤生感，临餐独不胜。"《吴郡岁华纪丽》卷四"麦芽饼"条说："麦芽饼色碧，用青苎头捣烂，和麦芽面、糯米粉，揉蒸成饼，以豆沙脂油作馅，甜软甘松，实山厨之珍味。新夏,人家争以携馈亲友。田妇亦以之馌饷亚旅,为耕锄之小食,亦谓之苎头饼。同里镇闵姓善制此饼,他处莫及,俗称闵饼。"闵饼的配料和蒸制方法有独到之处,秘不外传,而选用上等糯米粉和闵饼草嫩叶,则众所周知。所谓闵饼草,就是一种野生白苎,叶圆形,面青背白,中医称为"天青地白草",可以入药。闵饼以豆沙、桃仁、松子仁、糖猪油作馅心,为扁圆形,黛青色,光亮细洁,入口清香滑糯,油而不腻。1928年前后,同里人曾合资在上海三马路开设大富贵闵饼公司,受到普遍欢迎。惜其制法,今已失传。

麦芽塔饼,类乎苎头饼,惟用油煎之而成另类,吴江、昆山、太仓等地都有。蛾叟《盛泽食品竹枝词》云:"节令时逢食品多,饼师手段竟如何。南郊今日方迎夏,粉饵和同新麦搓。"说的就是麦芽塔饼,也称麦芽塌饼或立夏塌饼。苏曼殊游吴江,特别喜欢吃,范烟桥《茶烟歇》"苏曼殊与麦芽塔饼"条说:"麦芽塔饼,他处人都不解为何物,盖吴江民间之自制食品也。以麦芽与苎(俗称草头)捣烂为饼,中实豆沙,杂以枣泥脂油,其味绝美,既无馂饤之病,又少胶牙之患。常人能下三四枚,已称健胃,而苏和尚能下二十枚,奇矣。所谓塔饼者也,言可以叠置而不黏合也。春日田家有事于东畴,每制之以饷其佣工。童时观春台戏,吃麦芽塔饼,拉田氓话鬼,承平之乐,不知世变为何事。今伏莽遍地,农村荒落,不敢再作此想矣。"做麦芽塔饼,正是桃花流水鳜鱼肥的时候,先将苎草(也称将军头草)榨出汁来,和在大麦粉和米粉里,馅用的是细豆沙和桂花白糖渍过的猪油丁,大小仿佛青团子而扁,做好后放在油镬里煎,煎得两面焦黄即可,吃起来又甜又糯,清香四溢,难怪曼殊和尚口馋如此也。

闵糕,即吴江平望薄荷糕。道光《平望志·土产》说:"薄荷糕,以粳米水浸数日,碓粉和白糖入甑,甑底用薄荷,同蒸熟,亦能耐久。闵姓造者佳,又有杨姓者。乾隆乙酉年,高宗纯皇帝南巡,浙江巡抚熊学鹏曾备以充御膳,熊为书'雪糕'二字赠杨。"注引汪琬诗:"莺脰湖边春溶溶,红栏雪浪浮孤舫。停桡为问闵家糕,照眼生花璧月晃。薄荷舌底涌清凉,扑面江风海雨香。一滴中边蔗和蜜,软匀滑饱快初尝。我闻佛说供养乳汁美,钵里莲开功德水。兰浆桂露浸吴粳，玉碓金杵劳月姊。君不见薰莸同器飞蚊乐，肥牛割炙屠门嚼。娈童歌妓闹如云，蜂屯蝶恋纷驰逐。何似水米交成滋味永，冰轮印出秋珪玉。携归赠我素心人，意淡情长趣弥足。清言茗战牙颊芬，相逢漫遣斟醽醁。片片真疑贝叶经，高斋拟伴瞿昙读。"又引金粟《逸人逸事》："嘉禾张生苔堂至平望，市闵糕一甒，馈龙泓丁征君，征君以奉母，作歌略曰：'闵姓名糕深雪色，到眼团团秋半月。张生携馈登我堂，径尺浅浅疏筲筐。镂花绛纸相掩映，招人榜子看几行。兰馀斋专殊胜寺，久专此斋别无房。慈眼倚桿见莞尔，婆娑鹤发神扬扬。淡然无味天人粮，黄庭有语义允臧。老人食之寿而康，感生之馈足慨慷。揽笔作歌嗟学荒，独立矫首风吹裳。'逸人录歌一通，付市寿梓。今市闵糕者，人人得读征君歌矣。"这也是久远的事了，所谓"招人榜子"者，即广告也。王光熊《莺脰湖棹歌》云："梅花晴雪喜相遭，古寺联吟兴又豪。特爱老僧工饷客，孙家宫饼闵家糕。"自注："国初，孙禄斋善制饼，遂以名，店与闵糕驰名通省。糕，闵家为之，皆载入志。"孙家宫饼则早已失传了。

薄荷糕，一般做法与平望闵糕不同，以糯粉和米粉混合制作，形如墨锭而略大，上下层均为白色粉质，中间夹着淡绿色的白糖薄荷瓤子，色泽可爱，入口齿颊清凉，滋味甜润，乃夏季的清凉糕点。

斗糕，主料是粗磨米粉，馅心有白糖豆沙、玫瑰糖浆、薄荷糖浆等，很受吃客欢迎。朱大黑《斗糕大王王巧生外传》记抗战前后富仁坊西口斗糕大王的制作："斗糕大王工作有序，台面干干净净，动作利索，竹匾里盛粉，蚌壳爿就是量具和工具。只见他在斗糕模子里垫一片打了几个小洞的铜皮，再用蚌壳爿匀上些米粉作垫底，然后用刮刀把馅刮进模子，再用米粉垫满、刮平，就可蒸了。蒸糕的壶只有壶口，没有壶嘴，把模子往口上一放，蒸气从下而上，就起到蒸煮的作用。模子上可以再叠模子，能放三四层，只要不停地翻换，斗糕自能蒸熟。待到香气四溢，把模子里的糕反拍在白毛巾上，用粽箬衬着，送到顾客手里，一个个欢天喜地地捧着斗糕走了。"

海棠糕，其状与海棠不类，别具一格，价廉物美。此糕由来已久，咸丰兵火前已脍炙人口，潜庵《苏台竹枝词》云："绣带盈盈隔座香，新裁谜语费商量。海棠饼好依亲裹，寄与郎知依断肠。"民国时，海棠糕以玄妙观内赵永昌小摊所出为有名，用铁制模型烘翻出来，嵌入几块猪油，抹上一层糖油，既香又甜，引人入胜。

梅花糕，制法同海棠糕，海棠糕为甜点，梅花糕则有甜有咸，甜的用豆沙馅，上面撒些红绿丝，咸的用鲜肉馅。浅笑辑《小吃闲话》说："苏州玄妙观中之梅花糕，似即将海棠糕改变形式而成，味亦不恶。"梅花糕形状上大下小，与梅花并无相似之处。

盘笼糕，吴江盛泽特产，已有百年以上历史，《申报》曾有文介绍，饮誉沪上，畅销苏嘉湖，创始人金顺观，有"金顺记"招牌。制法是用铜皮将蒸笼分隔内、中、外三圈，将精白糯粉拌入白糖、猪油、红绿丝等，浅浅装满蒸笼，上灶以大火蒸透，揭开笼盖，甜香扑鼻，因糕心出笼形圆如盘，故以得名。当年盛泽丝号、绸庄、牙行鳞次栉比，商船塞满市河，往来上海、苏州、嘉兴的客商都要买点盘笼糕，作为馈赠亲友的礼品。

橙糕，常熟特产，相传翁同龢曾带入京中供德宗品尝。每当橙黄橘绿，应时而出。莲影《苏州的小食志》说："一曰橙糕，向日各糖店有楂糕而无橙糕，惟观前采芝斋独有之，每当九十月之间，新橙成熟，色烂如金，不久而橙糕上市矣，色黄而香，味甘而酸，食之，口颊生芳，大可醒酒。"其实，苏州诸肆都有橙糕，惟以采芝斋所出最佳。夏传曾《随园食单补证·补糖色单》说："橙糕，制与楂糕同，惟橙味太甜，不若楂糕之隽爽也，苏州有之。"橙糕用新鲜橙橘为原料，加蜜饯、冰糖精制而成，外观有橘红、橙黄两色，香味醇厚，甜中微酸，入口而化，并有平肝、理气、开胃、健脾的药用功效。

定胜糕，色呈淡红，松软清香，入口甜糯。做时用糕模，将米粉放入模内，一般用豆沙作馅，也有嵌入猪板油者。旧时盛泽风俗，亲戚往来，都以糕点相馈，女子缔姻称为受茶，例以定胜糕用红绿色题吉祥语于其上，送往男家。沈云《盛湖竹枝词》云："粆粗餦餭馈送劳，四时熟食亦堪豪。东邻有女茶新受，红绿忙题定胜糕。"郡城所制，旧时以稻香村为最佳。

糖　果

粽子糖，乃苏式糖果代表，为纯饧糖所制，煎煮既熟，俟其凝结未坚硬时，以剪刀铰之，成三角粽子形，故以得名。粽子糖在明代就有了，正德《姑苏志·土产》说："出昆山如三角粽者，名麻粽糖。"郑逸梅《瓶笙花影录》卷上"粽子糖"条说："顷于袁小修佚稿中，见有'中郎遗我粽子糖，留箧中犹未罄'云云。"明末清初，苏州粽子糖以谢氏所出最有名，顾震涛《吴门表隐》卷三说："谢家糖在洙泗巷口，明末谢云山创始。"粽子糖品种可分三味三色，玫瑰红色，薄荷绿色，纯糖本色，因其价廉物美，大街小巷处处有售。但滋味很有差别，以采芝斋所制历史最久，品质最好，故而也最受欢迎，旅苏游人常常作为苏州土产携归。采芝斋粽子糖很有特点，菱角分明，色泽鲜明，甜而不黏，化而不粘，甘美清香，滋润口舌；更有一种松仁粽子糖，如松香琥珀，油黄闪亮，吃起来油润甘香，别有风味，不仅有"甜头"，而且有"香头"。粽子糖在苏式糖果中最是常见，郑逸梅说："昔时每枚一文，今则每枚一铜元，生活程度，在此若干年中一跃而增至十倍，殊可惊也。粽子糖之佳者，入口渐化，了无渣滓，更有杂入松子仁及玫瑰酱为馅者，则甘芳尤较寻常者为胜，固不让舶来之朱古律、摩尔登专美。"

松子糖，由粽子糖变化而来，饧糖中嵌入松子，吃口松脆香甜。雷红《东南食味》说："糖果之中，松子糖自是一绝，重糖松子尤其美丽，集色、香、味三者之大成,白色细小的颗粒上黏着红色的玫瑰花屑,精致得可爱,如与海上的巧格力糖并列,判然是东方美人与西方美人的分别一样,前者的韵致,绝非西式糖果所能企及。"

梅酱糖,也作四角粽子状,晶亮金黄色,开口露馅,甜中带酸,且有玫瑰、桂花香味。旧时玄妙观东脚门口一枝香,出品精良,所制梅酱糖、麦精糖独出冠时,儿童买之,含饴为乐。梅酱糖后由采芝斋改进为薄皮多馅,并将梅子肉改为黄熟梅子泥,使其色香味形更佳。

脆松糖,因其形条状,长方扁平,也称为脆松糕,据说已有百年以上制销历史。脆松糖用白砂糖、饴糖、松子仁为原料,其中松子仁颗粒大而肥嫩,在糖中占很大部分,故而特别松脆。以采芝斋所出为最佳,既不胶牙,又齿颊留香。范烟桥《甜蜜蜜的苏州人》说:"稍稍讲究者,必取脆松糖,脆松糖之价,随松价上下,最贵时每斤近二元,虽比诸舶来之可可糖犹弗及,而一咀嚼间,所耗已足供贫家一日粮矣。"

脆糖球,为采芝斋出品,以核桃仁、白砂糖、饴糖、干玫瑰花等为主辅料,色泽金黄透明,形制自然美观,吃口松脆香甜,且富有营养,具有一定食疗功效。

松仁软糖,为采芝斋出品,以色泽鲜明、食不黏牙、肥润柔软、馀香萦口著名。它的品种较多,有本色、双色、三色、楂精、桂圆、黑枣、玫瑰、桂花等。选用肥嫩硕大的松子仁,分别选配山楂肉、桂圆肉、黑枣肉、玫瑰花、桂花等,不但有松仁的脂香,还有桂圆或黑枣的醇香,玫瑰或桂花的芳香,甚至还有山楂的微酸。

松子桂圆糖,精选松子仁、桂圆,乌黑光亮,外粘白糖,有松仁脂香,有桂圆醇香,香甜软糯,肥美可口,具有一定的食疗功效,据说能开胃益脾、补心长智、安神补血。

轻糖松仁,为采芝斋出品,以肥嫩、粒大、白净的松子仁为主料,拌上薄薄三层白糖,其色洁白,微有光亮,颗粒大小均匀,互不粘连,吃口清香甜美,风味隽永。

轻糖桃仁,与轻糖松仁仿佛,惟改松子仁为核桃仁,故其色洁白之中有点点小红，甜脆肥润，香松可口。

贝母糖，贝母属百合科多年生草本，中医用为止咳化痰、清热散结之药。采芝斋用贝母制糖，为食疗名品。旧时太监弄口文魁斋，专卖梨膏糖，名闻遐迩，因其形小而方，也称方糖。采芝斋乃在文魁斋梨膏糖基础上改制，种种名色不同，有白色的贝母糖、红色的玫瑰糖、黄色的桂花糖、绿色的薄荷糖、棕色的桂圆糖及橙黄色的橘子糖，花色多样，色彩鲜艳，既香又甜，齿颊留芳。

松子南枣糖，又名南枣子糕、南枣脯，实为软糖，采芝斋、文魁斋都有制售，且有较长的历史。它选用上等特大南枣和肥嫩硕大的松子仁，有的再嵌入花生米、核桃仁等，加绵白糖蒸制而成，甜肥软糯，醇香浓郁，营养丰富，尤受老人喜爱。

芝麻葱管糖，苏式饴糖代表。夏传曾《随园食单补证·补糖色单》说："葱管糖，形如葱管，大小不一，周围糁以芝麻，有实心者，有松脆成丝而中空者，大约以空者为佳。苏州谓之藕丝糖。"它是从民间自制糖果中演变而来的，糖皮以饴糖为原料，包裹绵白糖、芝麻等。乾隆《陈墓镇志·物产》说："以手炼之，洁白如霜，曰葱管糖。"正德《姑苏志·土产》说："出常熟直塘市，名葱管糖。"可见在城乡间极为普遍，有玫瑰、薄荷、桂花、椒盐诸品，外粘饱满白麻，内裹各色细馅，糖皮薄而馅料足，色泽鲜艳，口味迥异，酥松香甜兼顾。郡城所出，以同森泰为有名。后在葱管糖的基础上改制豆沙猪油摘包，风味更佳。

小米糖，夏传曾《随园食单补证·补糖色单》说："小米熬糖切方块，食之香而糯。此则以现做者为妙，吴门玄妙观有之。"周振鹤《苏州风俗·物产》附录"商店有名出品"，有"温大成，小米籽糖"之记。温大成在三清殿露台前，制法精良，将炒香小米和入饴糖，入锅熬后再加入猪油、红绿丝，随后倒入木框内，待冷却后切成薄片出售。

皮糖，又称牛皮糖，分芝麻薄皮糖、松仁厚皮糖两种。薄皮糖以芝麻、砂糖、淀粉为主料，制作时拉成薄薄的糖皮，两面粘上均匀的芝麻，席卷成短段卷子状，吃口香而柔糯，肥而甘润。厚皮糖以芝麻、松子仁、砂糖、淀粉为主料，经熬制成形，为狭长小条、圈成三层的长形卷状，晶莹光亮，富有营养。

乌梅糖，也称乌梅饼，选用乌梅泥、绵白糖、山楂炭、玫瑰花为主辅料，经捣烂，印板成形，为一种银元大小的扁圆印花糖，上下黑白分明，表层印纹清晰，上面覆有鲜红玫瑰花瓣，口味甜中带酸，食用清爽可口，已有百年以上历史，为夏令消暑的佳品。据周密《武林旧事》卷六"果子"条记载，南宋临安市食中已有乌梅糖，苏州所出或就是它的遗制。乌梅糖具有解热止渴、驱蛔清肠、退热抑菌、化食消积等食疗功效。

寸糖，太仓沙溪特产，乾隆《沙头里志·风俗·物产》说："寸糖，酥糖，裂糖（向出王姓者最佳，今所制不及）。"嘉庆《直隶太仓州志·风土下·物产》也说："寸糖，出沙溪镇。"寸糖即寸金糖，以饴糖精炼而成，似葱管而小，以寸为度，故以得名。吴江震泽也有，道光《震泽镇志·物产》说："寸金糖，以底定桥左右水为之，酥美而不胶齿，较胜于他处。"

玉露霜，太仓特产，嘉庆《直隶太仓州志·风土下·物产》说："玉露霜，取木瓜根，磨细澄粉，和薄荷糖霜蒸之，清芬可口。"在徐扬绘《盛世滋生图卷》上，木渎斜桥南堍一茶食店，就悬有"玉露霜"市招，与"状元糕"、"太史饼"等并列，可见是当时常见的糖食。

果酥，苏州特产，各肆皆有，将炒熟花生去壳与衣，入石臼，和糖春之，其烂如泥，味甘如蜜，入口而化。莲影《苏州的茶食店》说："糖果类中，又有所谓果酥者，系用炒熟落花生，和以白糖，入臼研之，气香而味厚，且花生内含蛋白质，及油分甚多，故可以补身，可以润肠，凡大便艰涩者食之，其效力之大，胜于食香蕉也。其品初著名于宫巷颜家巷口之惠凌村，而碧凤坊巷西口之杏花村，实驾而上之。盖惠凌村之果酥，质粗糙而甜分少，杏花村之果酥，质细腻而甜分多，甲乙之判，即在于是矣。"

栗酥，类乎果酥，惟将花生果玉改栗子。莲影《苏州的小食志》说："一曰栗酥，味隽于麻酥糖十倍，麻酥糖质料虽细，然必和以米粉，栗酥虽甜分不多，然无他质搀和，入口酥而香，为麻酥糖所不及。此品产于吴江，而苏地只有养育巷生春阳糖果店有之，馀店虽有之而不佳。"

糖果为老幼所喜欢，各地皆然，也各有特产，如孔尚任《节序同风录·十二月》说："食各种饧饴，总呼曰糖。有芝麻糖、苏子糖、豆面糖，皆切段卷叠成者；又有缠芝麻糖、缠糯米糖、缠黍米糖，不缠者曰白糖；又有糖绳、糖饼、糖团、糖角、糖条、糖瓜；又有糖条，内装果馅曰贯香糖，小段曰寸金糖；又有葱管糖，轻如麻秸，松脆不可手触者，食时各出以相赛。"苏州人则将糖果做出种种口味和样式，以上只是举例而已。其他还有不少，一梦《苏州食品之一般》就说："糖果如马玉山之宝塔糖、麦精糖，一枝香之桂元糖，以及野荸荠之各种罐头食物等，亦甚精美，价较海上为廉，均开设在观前大街。"

蜜 饯

　　九制陈皮，又称青盐陈皮，用青盐杂川贝等物，制销历史悠久，顾禄《桐桥倚棹录·市廛》说："陈皮，以虎丘宋公祠为著名。先止山塘宋文杰公祠制卖，今忠烈公祠及文恪公祠皆有陈皮、半夏招纸，制法既同，价亦无异。"并引朱昆玉《咏吴中食物》："酸甜滋味自分明，橘瓣刚来新会城。等是韩康笼内物，戈家半夏许齐名。"注曰："吴郡戈氏秘制半夏，为时所尚。"陈皮所用橘皮，未必从广东新会运来，大都取洞庭西山蟹橙之皮，想来当时洋货已大量输入，广东得风气之先，故而标榜广货，也算异味，这在近世的消费心态变化中，也可约略见得。取橙皮有九道工序，故称九制，成品呈橙黄色，片薄匀称，质地韧糯，含而品味，咸、甜、香、酸兼有，缓缓嚼食，津液徐来，具有解渴生津、理气开胃的功效。

　　糖渍青梅，苏州西山、光福一带梅林最盛，所产青梅松脆清酸，食之颇有回甘。小满前后，果农就摘青梅子，挑大者倒入缸中浴果，加入少量细盐，一昼夜后，即用铜针在每只梅子上刺八九针，然后用白糖腌制，每百斤梅子要用白糖八九十斤，半个月后，缸里泛起腌梅卤，吸入卤汁的梅子青绿发亮，三个月后就可出品。它的色泽青润，甜中带酸，嫩脆爽口，健脾开胃。雕梅是苏式蜜饯中的珍品，也就是糖渍青梅的工艺化制作，将青梅用刀划十三刀六环，去核后糖渍，顺着刀纹拉开，环环相扣，形似花篮，玲珑剔透，在青翠之中镶嵌一颗红樱桃,鲜艳夺目,不啻筵席上的佳丽。

风雨梅,用青梅加蜜糖等腌制,封贮瓷罐。徐珂《清稗类钞·饮食类》说:"娄江市上有糖梅,味极甘脆,名风雨梅。"夏传曾《随园食单补证·补糖色单》说:"风雨梅,光福、天平诸山寺妙品也。寺僧采梅腌之,色青而味脆,上口即碎,食尽无渣,其法非市肆所能及。游山客至,则出以供客,若买之,则名贵异常,不可多得。"

话梅,源于广东,1930年代前期传入苏州,为适应苏人口味,改制为苏式话梅。选用芒种后采摘的黄熟梅子,洗净后入缸用盐水浸泡,月馀取出晒干,晒干后用清水漂洗,再晒干,然后用糖料泡腌,再取出晒干,如此反复多次,人称"十蒸九晒,数月一梅"。出品时肉厚干脆,甜酸适度,可保存数年不变质。话梅能生津缓渴,从"望梅止渴"这个典故,便可知其功效了。苏州话梅,酸、甜、咸、香浑为一体,酸中有甜,甜中发咸,咸中带香,慢嚼细品,既能开胃,又能调味,也属茶食佳品。

苏橘饼,相传清代曾进入宫廷,故也有贡饼之称。它精选洞庭东山料红橘,划纹烫漂,榨汁去核,然后反复糖渍而成,果形完整,饼身干爽,表面有结晶糖霜,但仍保持橘红颜色,橘香浓郁,鲜洁爽口。除作闲食之外,也有用作月饼、糕点之馅的。

金橘饼,俗称奎金饼,为金橘的糖制品。金橘果实较小,与柑橘不同,皮肉都可口,上好的金橘无酸味。用金橘打扁,加冰糖蒸熟,晾干后盛磁罐中。它形态细巧,色泽金黄,饼身干爽,质地滋润,甘甜爽口,具有开胃健脾的食疗功效。童岳荐《调鼎集·铺设戏席部》说:"孙春阳家有金钱橘饼。"可见也是蜜饯中的名品。

金丝蜜枣,约两百年前产于安徽歙县,后传入苏州,经改造而自成一格。金友理《太湖备考·物产》说:"枣,最佳者名白露酥,出东山,此枣至白露始熟,故名。《本草》作'扑落酥',未详孰是。"白露酥即白蒲枣,农历八月成熟,果皮薄而光洁,肌质较松,甜味较淡,金丝蜜枣的原料便取于此。其成品,色如琥珀,长扁圆形,枣身干爽,表面纹丝均匀整齐,宛如金丝,并泛有白色糖霜,故俗称泛砂蜜枣,入口酥松甜糯。其中上品称为天香枣,枣形饱满肥大,伴有百果异香,做法是将白蒲枣洗净后,剔去枣核,填入百果馅心,有瓜子仁、核桃仁、青黄丁、松子仁、冬瓜糖、糖桂花等,再用糖液封口后进行焙烤。

糖佛手,属苏式雕花糖渍蜜饯,以胡萝卜为原料,色泽金黄透亮,形似纤纤素手,故以得名。糖佛手质地柔糯,食之清甜鲜洁,具有胡萝卜特有的芳香,可作闲食,也可作筵席的点缀。

橙皮脯,属苏式青盐蜜饯,用秋末时苏州所产香橙为原料,加白砂糖蜜渍,晒干后剪成方形薄小块,再用绵白糖拌和即成。其味清香可口,能增进食欲,顺气止咳,健胃化痰。

白糖杨梅干,同治《苏州府志·物产》说:"糖杨梅,以糖霜拌杨梅,藏之瓮,经年犹鲜,熏者亦佳。"选用洞庭西山杨梅,剔选只大而均匀者,用白砂糖精工蜜渍,再用绵白糖拌和。吃口甜中带酸,能止呕秽,消食消酒。

清水山楂糕,苏州所出者,有松子仁作点缀,故与别处不同。它的色泽透明鲜红,质地细腻软糯,滋味甜中带酸,酒后食之,更为适口。它有化食消积、止呕止泻、降底胆固醇等食疗功效,尤适宜动脉硬化性的高血压者食用。夏传曾《随园食单补证·补糖色单》则说:"山楂糕,以京师为佳,楂多而粉少故也。苏制嫩则嫩矣,而楂味太少。杭州楂糕则色紫而坚,斯为下矣。"

清水甘草梅皮,又称甜梅皮,取洞庭两山和光福一带的黄熟梅子皮精制,梅子皮愈薄愈佳,加白砂糖拌和晒干,反复多次乃成。其味甜中带酸,略微带咸,爽口开胃。

玫瑰酱,夏传曾《随园食单补证·补糖色单》说:"玫瑰酱,吴人家制之品也。法以玫瑰花用酸水钓取红色,和盐梅泡淡捣匀,色鲜红而味甘酸,醒酒之妙品也。如食藕粉、石花等,放少许尤佳。此种风味,必须细腻熨帖方见其妙,否则直似猪八戒吃人参果矣。"玫瑰酱属苏式清水蜜饯中的上品,采用鲜艳瓣厚、香味浓郁的玫瑰花,经梅卤腌制,能保持原有的色香,再经混合捣烂成酱,色泽鲜艳,酱细和润,甜酸适口,香味芬芳,具有越陈越香、色味不变的特色。用玫瑰酱蘸食粽子、馒头、面包、吐司等,风味更佳,且能增进食欲。

杂　食

　　粽子，可谓苏州点心中的大宗，四季皆有，夜深人静之际，沿街悠悠叫卖，惹人食欲。常见的粽子，有白水粽、赤豆粽、枣子粽、灰汤粽、水晶猪油豆沙粽等。灰汤粽，用少量碱水拌糯米后裹煮，糯而烂，可蘸玫瑰酱吃，适合老人和孩子食用；水晶猪油豆沙粽，包成长方形，在旧时属高档吃食。肉粽则入市较晚，莲影《苏州的小食志》说："一曰肉粽，凡糕团店所售者，只有素粽而无肉粽，惟大户人家，于大除夕前必制肉粽，以馈赠亲朋。其制法，以白糯米淘净滤干，和之以盐，使咸淡适中，再加少量之水，浸于瓦缸中一夜，待米涨透，另以盐肉洗净，去其外层粗皮，刀切长方成块，务令肥瘦适均，以米和肉，包以青箬，用武火煮于釜中，熟后勿即出，须闷闭多时，方可取食，其味殊腴美也。近日用盐肉者少，用鲜肉浸以酱油居多，但其味不如盐肉之美耳。迩来一般小贩，仿人家酱油浸肉之法，美其名曰火腿粽，有兼售豆沙猪油粽者，背负木桶，沿途唤卖，并有入茶社兜销者，其中最著名之小贩，厥惟蔡钰如，所售之粽，米烂而肉鲜。"鲜肉粽虽不及咸肉粽腴美，但入口香肥，咸中带鲜，所以称"火腿粽"者，盖其滋味仿佛也。火腿粽卖得并不贵，每只三十文，物有所值。

　　酒酿，担卖者很多，清明后上市，但佳者极少，范烟桥《吴中食谱》说："酒酿以玄妙观中黄氏所制无酒气，荷担者往往贪利，购自他处，不如远甚。"清末玄妙观内财神殿空地大树下，人设摊卖酒酿，味道纯正，苏人称

"大树边酒酿"。后将摊转给王源兴，在原地建楼四楹，窗明几净，宽敞明亮，所制桂花酒酿，米粒匀净，晶莹洁白，露液如新蜜，有甜醇酥糯之感。

豆腐浆，随处皆有，以王源兴所制为上品，甜浆有杏仁、松子、桂圆等作辅料，咸浆则有火腿片、肉松、虾米、紫菜等作辅料，浆内的油渣，有软有硬，悉听客便，并且咸浆用的都是上等秋油，故而非同一般。

烧卖，也称烧麦，为夏令点心，其时汤包落市，正好以烧卖代之。徐珂《清稗类钞·饮食类》说："烧卖亦以面为之，上开口有襞积，形略如荷包，屑猪肉、虾、蟹、笋、蕈以为馅，蒸之即熟。"烧卖南北皆有，苏式的顶端呈荷叶边状，周围有褶裥，中间束腰，底部圆整，馅心外露，以咸鲜为主，有鲜肉、虾肉、三鲜等。以三鲜烧卖尤知名，取虾仁、蟹粉、鲜肉三味调和馅心而成，为诸品中之上乘。

馒头，花色繁多，各有特色。观振兴的菜馒头，用黑木耳、金针菜、香豆腐干切成细屑，加重糖、轻盐，拌入浸透在菜油里的菜馅心里，独胜一筹。又有蟹粉馒头，范烟桥《吴中食谱》说："观振兴于秋日有蟹粉馒头，不解事者往往嫌其空洞无物，其实皆蟹油也，虽不及镇江馆所制之隽永，然在求镇江馆而不得之苏州，亦只能以此慰情胜无耳。"天和祥的大肉馒头，也名闻遐迩，《吴中食谱》说："言夫馒头，自以天和祥之大一品为最，惜乎无零售耳。"各邑也都有著名者，太仓城内陆家桥弄口沈永兴，创于咸丰初，1938年店主钱宝宝改进技艺，甜的有猪油豆沙馅，咸的有荠菜肉馅，也有用大白菜，风味独绝，其特点是壳薄不泄，馅鲜多汁，猪油豆沙馅取板油、豆沙，再加白砂糖制馅，入口肥甜鲜滑糯。常熟石梅，颇多茶馆，除卖茶外，兼卖点心，其中馒头最受食客青睐，皮薄如纸，以蟹肉、虾肉、猪肉、豆沙夹板油等作馅，可称丰满、鲜美、多汁，妙臻上品，为他处所无，童岳荐《调鼎集·点心部》特记有"常熟馒头"一款。

小笼馒头，馒头之小者也，用小笼蒸之。莲影《苏州的小食志》说："至于小笼馒头，向无此等名目，流行不过十年，由于松酵大馒头之粗劣无味，于是缩小之，馅以猪肉为主，有加以蟹粉者，有佐以虾仁者，甜者有玫瑰、豆沙、薄荷等，俱和以荤油，无论甜咸，皆以皮薄汤多为要诀。其蒸时不以大笼统蒸，而以小笼分蒸，每十枚为一笼，小笼之名，职是故耳。元妙观内五芳斋，宫巷太监巷内鸿兴馆，俱不恶。"另外，朱鸿兴则以五色小笼闻名。

汤包，乃馒头之别裁，早在乾嘉时代就开始流行，非仅苏州一地也，但苏州汤包以皮薄如纱、小巧玲珑、汁多味鲜著名，故称为绉纱汤包。此点在深秋至暮春上市，宜热吃，以蛋皮丝汤一碗佐食。前人于汤包制法，归结这样几句："春秋冬日，肉汤易凝，以凝者灌于罗磨细面之内，以为包子，蒸熟时汤融不泄。"食用时因汤包中卤汁甚烫，不可因其小而一口吞之，故前人有告诫："到口难吞味易尝，团团一个最危藏。外强不必中干鄙，执热须防手探汤。"姚民哀《苏州的点心》介绍了苏州汤包的细节："因其用松毛衬底之小蒸蒸熟，一蒸至多三十枚，食时皮薄卤多，且有松毛上之清香，风味别饶，为他处所不及。然而近来苏地汤包，以价值增高，原料加大，且多不用松毛衬底，与沪上之汤包，色味无异，未见所长。只护龙街邮政支局对面，有一家一半糕团铺，一半件头店（不卖面，只出售汤团、馄饨等者，谓之件头店），牌名钱万兴，尚用小蒸，形式较他家略小，所以他家每客十钱，售钱二百文，外加小账二十文，钱万兴只售一百五十文，且不收小账，故亦不有毛巾擦脸，不过衬底亦非松毛，虽较他家滋味略胜，而终乏清香。"

紧酵馒头，又称京酵，苏州人称兴隆馒头，含意美好，冬令上市，可在岁尾年头馈赠亲友。莲影《苏州的小食志》说："紧酵馒头，亦有名细点。吴俗凡探亲归来，必送盘四色或两色，紧酵馒头必居其一，俗名待慢盘，谓简慢来宾，以盘谢之也。因馒头一名兴隆，而待慢盘必用兴隆者，取其吉祥也。惟因此品为日常所需，故亦格外研究，最佳者肉细如泥，皮薄加纸，间有蒸熟之后更入油锅以煎之者，风味更胜。"所谓紧酵者，即做馒头时使用酵母不多，蒸熟后不如其他馒头松软膨胀，并且呈扇瘪状，但油氽后，馒皮膨胀饱满，食时外脆内松，肉馅汁多味鲜。紧酵馒头具有鲜明的时令特点，范烟桥《吴中食谱》说："汤包与京酵，以悬桥堍之兴兴馆为上，虽观振兴亦有所弗及。苏城点心随时令不同，汤包与京酵为冬令食品，春日为汤面饺，夏日为烧卖。岁时景物，自然更迭，亦不知其所以然也。"

汤团，即北方之汤圆，以水磨粉为之。苏州汤团的馅心，有鲜肉、虾肉、豆沙、玫瑰等。莲影《苏州的小食志》说："汤团有精制、粗制两种。粗制之汤团，形大如桃，甜用豆沙，咸用萝卜，间有加猪油。精制者大仅如核桃，系拣选上好猪肉，肥瘦均匀，刀斩如泥，和以上好酱油，有略加麻油者，于是肥美可口。此品各件头店（凡专售馒头、馄饨各品而不售大面者，谓之件头店）皆有之，但味佳者绝少，有过咸，有过淡，有剁肉不细，有皮粗而厚，顾客皆望望然去。向者以护龙街乐万兴为最，嗣以生意太佳，不肯如前考究，精美者变为粗劣，今惟观前街黄天源后来居上矣。"范烟桥《吴中食谱》也说："穗香斋为观前糕团业中后起之秀，所制汤团，皮薄而汤多，美味也。"姚民哀《苏州的点心》又说："皋桥头陆万兴之汤团，亦属著名点心，其优点不外皮薄酿多，惜乎味嫌略淡，喜咸者不甚赞成。"又有五色汤团，旧时以玄妙观小有天所制最有名，五色者，即一碗五只，分别用鲜肉、猪油豆沙、芝麻、玫瑰、百果五种馅心做成，吃一碗可尝到五种不同美味。至深秋时节，店肆又有桂花汤水圆应市，则是另一款时令佳品。

水饺，莲影《苏州的小食志》说："水饺，各面馆暨各件头店皆有之，皮坚而汁多，盖惟皮坚，则其汁不走入皮中，乃佳。资本较充之店，此品常备，馀者须临时定制。向系狭长形，今改为椭圆式，有时如烂纸一团，殊不雅观，不知何人创此新模样也。件头店之物品，每不若馄饨担上所制之佳，以其专精也。"

馄饨，各地皆有，称呼各异，四川称"抄手"，广东称"云吞"，新疆称"曲曲"，湖北称"包面"，江西称"清汤"，浙西称"便食"，皖南称"包袱"，苏州则向称馄饨，且以外观精致、内馅讲究闻名。《调鼎集·点心部》说："苏州馄饨，用圆面皮。"可见旧时苏州的馄饨皮擀成圆形，并非后来机轧的方形，故显得特别小巧玲珑。苏州馄饨店肆遍布街巷，在徐扬《盛世滋生图卷》上，城内外有多处悬有"精洁馄饨"、"小馄饨"的市招。顾震涛《吴门表隐》附集记"业有地名著名者"，就有"鼓楼坊馄饨"，其故处约在今十梓街一带。除馄饨摊铺外，更多是走街串巷叫卖馄饨的骆驼担，敲击梆子，现裹现煮现卖，鲜美可口。《浮生六记·闲情记趣》就记仓米巷口卖馄饨的鲍老，"其担锅灶无备"。苏州人周慕桥《大雅楼画宝》有画一幅，一副骆驼担，担主是一对夫妻，女的在叫卖，男的捧了一碗走到楼窗下，楼上的小姐正将一只小竹篮吊下来，真实记录了在里巷间叫卖馄饨的景象。民国初年，由于铁木结构轧面机的普及，促使了馄饨业的兴旺。莲影《苏州的小食志》说："盖有担上之馄饨，因挑担者只售馄饨一味，欲与面馆、件头店争冲，非特加改良不可，故其质料非常考究。"范烟桥《吴中食谱》也说："馄饨、水饺皆以荷担者为佳。旧时小仓别墅以虾子酱油作汤，肉斩极细，称独步，自谢客后，颇有难乎其选之慨。"小仓别墅在金狮巷，茶酒兼有，馄饨则是供客的点心。这一时期苏州馄饨店很多，稍有名气的，有阊门外大马路的福兴馆、夏兴馆孙记，上塘街的朱宏昌，山塘街的长兴馆。山塘星桥湾的何兴馆福记，齐门外大街的李同心、正兴馆，娄门外的复源馆，景德路的柯万兴，濂溪坊的左万元，中街路的张记，朱家庄的何正兴，临顿路的顺泰馆，护龙街的熊福兴，由斯弄的顺兴馆盛记等。苏州馄饨店不少是湖广人开设的，以家庭小肆为主，湖广帮的"打气馄饨"颇有特色，丢入沸水锅中浮在面上，需用爪篱漂了才沉下去。至1930年代前期，苏州城内外约有馄饨店百馀家，一般还兼营汤团和面。苏州馄饨有种种名色，如鲜肉馅大馄饨、虾肉馅大馄饨、蟹肉馅大馄饨、荠菜肉馅大馄饨等，特别是小馄饨，可称小食的极致，价格低廉，然滋味可口，其汤尤为鲜美。另外，还有糟油煎馄饨、生煎馄饨，那是苏人夏令馔食的妙品。

馓子，古称寒具，俗称火棒，庄季裕《鸡肋编》卷上说："食物中有馓子，又名环饼，或曰即古之寒具也。"李时珍《本草纲目·谷部》说："寒具，即今馓子也，以糯粉和面，入少盐，牵索纽捻成环钏之形，油煎食之。"苏州馓子以甪直所出较早，乾隆《吴郡甫里志·风俗·物产附》说："火棒，以面为之，状如连环，甫里独有。"今饼馒店皆有之矣。馓子用面粉制成，细如面条，呈环形栅状，入锅油氽而成。

粢饭团，由雪花糕演变而来，袁枚《随园食单·点心单》说："雪花糕，蒸糯米饭捣烂，用芝麻屑加糖为馅，打成一饼，再切方块。"至光绪初，夏传曾《随园食单补证·点心单》说："吴门担卖者，随手捏团，随卖随捏，其味颇佳，名曰糍团，亦曰雪团，即此。"其制法以糯米煮成烂饭，取适量裹豆沙后，分别滚上芝麻酥或松花粉而成，使食时不粘手指，味亦佳美。常熟等地称其为蒔团，为蒔秧开始之时令食品。晚近以糯米饭包裹玫瑰、薄荷、白糖，或包裹油条、白糖，不少苏州人有时将粢饭团当作早点，经济实惠。吴江盛泽风俗，重阳日家家以糯米、赤豆、枣子作饭，两碗合叠，滚成高圆形，称为粢团饭，与市井常见的粢饭团不同，蚍叟《盛泽食品竹枝词》云："并非梦得怕题糕，记取重阳节又遭。饭滚粢团和赤豆，欢呼今日去登高。"

油煎饺，用纯净糯粉裹馅入油锅炸之，松而不僵硬，糯而无韧性，色赭而不焦黑，肥润而适口。馅分甜咸两种，甜用白糖猪油夹沙，香甜可口；咸用鲜肉馅，多卤汁而鲜美无比。一般甜者为厚扁圆形，咸者为厚椭圆形，以资识别。

面衣饼，早先用烘烤法，夏传曾《随园食单补证·点心单》说："苏俗面衣，以葱油揉面成饼形，而后入爅盘爅之，与杭之软锅饼绝不相类。"后改入锅油氽，其味松脆，如果打入鸡蛋一只，吃口更佳。

蟹壳黄，烧饼的一种，因其形圆色黄似蟹壳而得名，元人戴表元《次韵答贵白》有"谁家盛设蟹黄饼"之咏，可见亦有所本。用油酥加酵面作坯，先制成扁圆形小饼，馅心有咸有甜，咸的有葱油、鲜肉、蟹粉、虾仁等，甜的有白糖、玫瑰、豆沙、枣泥等，外沾一层芝麻，贴在炉壁烘烤而成。此饼味美适口，皮酥香脆，乃是常食中的上品。

萝卜丝饼，摊肆甚多，乃街头巷尾一景。先将萝卜洗净刨成丝，略腌后放入葱末拌匀，另用面粉和冷水调成浆糊状，以椭圆形模勺中将面浆铺底，放入萝卜丝，再用面浆封面，入油锅内煎成金黄色，脱模即成。讲究的还在饼中放一只大鲜虾，经油煎后，饼鲜黄，虾鲜红，滋味更佳。

生煎馒头，民间省称生煎，起源于上海，约1920年代传入苏州，摊肆颇多，以吴苑深处所出为最有名。生煎分混水和清水两种，混水鲜肉馅中加入皮冻，清水则不加，以混水者较为流行。生煎的做法是，用半发酵面包馅，排放平底锅内，用油煎、喷水若干次即熟。其底部呈金黄色，硬香带脆，上部则呈白色，软而松，肉馅鲜嫩稍带卤汁，以出锅热吃为佳，吃口有芝麻或香葱滋味。

春卷，虽是家常点心，市间也有供应，莲影《苏州的小食志》说："一曰春卷，一名春饼，以水和干面入釜，烘成薄衣，再以煮熟之肉丝，或以煮烂之鲜肉，包之成卷，入油锅煎熟。人家于腊尾年头，用为馈赠之品，点心店中，近年始有之。观前街黄天源亦出售此点，用虾仁肉丝，以荤油七成、素油三成煎之，入口酥松可喜。"

粥，既是正餐，又是小食。旧时苏州粥店、粥担甚多，有鸡粥、菜粥、蛋粥、火腿粥、白糖莲心粥、赤豆粥、绿豆粥、蚕豆粥、焐酥豆糖粥等。焐酥豆糖粥为他处所无，将蚕豆和糯米粥分别烧煮，蚕豆用旺火转文火焐至酥烂，再加赤砂糖水和桂花，糯米粥里也加入赤砂糖，成为糖粥，食时先将粥盛入碗中，再将豆酥舀入粥里，有香甜之味，且价格低廉，深受食客喜爱。另有八宝莲心粥，以玄妙观西脚门三官殿小有天最有名，莲心之外，还加入米仁、白果等八品。粥店都长年供应香粳米粥，并兼卖粽子，奉送绵白糖、玫瑰酱，特别适宜在夏天进食，既果腹，又清凉消暑。

血糯，做法很多。血糯粥在粥中加白糖、红枣，为食疗佳品；炒血糯粉用开水冲调成糊，以作冬令滋补；血糯做的粉圆子、酒酿、元宵、红米酥等，为江南民间小吃。店家则有血糯八宝饭、血糯松子糕。血糯八宝饭用血糯、白糯蒸熟成饭，加入熟猪油、白糖、糖桂花、去核蜜枣、青梅肉、松仁、桃仁、瓜仁、冬瓜糖、金橘、莲心、糖板油等，用旺火复蒸，再下白糖，再淋油，即成，饭色红白相间，柔软滋润，香甜肥糯。血糯松子糕用血糯粉、白糯粉、松子仁、白糖蒸糕，冷却后切成菱形或长条小块，糕糯色喜，糖甜柔软，松子肥香。

山芋，一般都在秋冬间应市，有烘山芋、汤山芋、糖油山芋等。糖油山芋的原料一定要用宜兴产的，质细易酥，人称栗子山芋。先将山芋洗净，放入锅内焐烧，待半酥时，陆续加入白糖收膏，要求甜味透心而不焦糊，起锅后，再浇上事先熬成的糖油，即可供客。那山芋表面油光透亮，剖开满心通红，浓香扑鼻,入口味若山栗,甜糯可口,有的还放一点桂花,更有异常的浓香。旧时糖油山芋以黄天源所出最佳,1930年代前期,不少旅居东南亚的华侨寄来钱款邮购,寄出时必用油纸包裹,装入木箱,经数旬而滋味不减。沿街小摊也有卖糖油山芋的,因为粗货细做,各有各的功夫,生意都很好。

糖芋艿,苏州城乡都有,秋后上市。将芋艿切削洗净,大小匀称,加入黄砂糖、桂花并煨,香气扑鼻,甜味浓郁,色泽明莹,酥软而不烂,汤清而不腻,乃时令佳品。糖芋艿以担卖为多,也有店肆,以黄天源和城中芝草营桥畔一家最擅名,其味甜香松美,为他处所不及。

熟菱,卖熟馄饨菱的,都用一个紫铜锅煮菱,馄饨菱出锅时生青碧绿,菱肉洁白酥甜,特别诱人。夏传曾《随园食单补证·点心单》说:"吴门之馄饨菱,角团无刺,以铜锅煮熟,壳青不变,香糯异常,八九月茶肆有之。"旧时玄妙观内有"挑碗阿大"的铜锅菱,一只特大的紫铜大锅,装着百斤以上的馄饨菱,下面是大炭火炉,边上是一只很大的风箱,火焰熊熊,这是秋天傍晚闹市中一道绚丽风景。

煨熟藕,为塘藕熟吃的良法之一,将藕洗净后,将一端藕节切下,作为藕帽,在每个藕窍中塞入糯米,然后盖上藕帽,并插入竹钉,在大锅中铺荷叶,先用旺火再用文火煮熟,将熟藕取出后,削皮切片,装盘后浇桂花糖液,糖为赤砂糖,故色泽酱褐,入口清香甜糯。

鸡头汤,鸡头即芡实,凡入馔都为甜食,以作点心居多。烧煮时宜用砂锅,不宜用铁锅,将鸡头选净后放入砂锅煮熟,加了绵白糖,另备空碗放入桂花,再将鸡头汤盛入,时色呈玉白,颗粒如珠,甜润软糯,常作为筵席甜汤。鸡头于夏日上市,故鸡头汤与绿豆汤、冰西瓜、青莲藕同为解渴却暑之妙品。

栗子羹,出常熟王四酒家,用桂花栗子,重糖煮酥,淀粉勾芡,略加甜桂花,煮成即食。栗酥嫩而不化,汤味厚而不浊,桂香浓郁,甜而鲜洁,为众口交誉的时令小吃。

藕粉圆子,将松子仁、瓜子仁、核桃仁、金橘饼、芝麻、红绿丝等碾细,拌以桂花、白糖、猪油等,做成球状馅料,放入藕粉中,均匀筛动,使之粘上一层薄粉后，用漏勺放入沸水锅中烫过，如此反复四五次，使藕粉完全包裹馅子，再下锅煮熟，盛入糖桂花汤中。吃口既润滑，又柔劲，香甜爽口，且有健脾开胃、解酒提神的功效。旧时，玄妙观内小有天的藕粉圆子，滑爽可口，闻名苏城。

五香排骨，旧时并不入菜谱，而是零吃的杂食。程瞻庐《吴侬趣谈》说："近数年中，苏州风行一种油煎猪肉，名曰排骨。骨多肉少，每块售铜元五六枚，前此所未有也。一入玄妙观，排骨之摊，所在皆是。甚至茶坊酒肆，亦有提篮唤卖排骨，见者辄曰：'阿要买排骨？'老先生闻而叹曰：'排骨二字，音同败国，宜乎？国事失败，一至于是也！'"起先以异味斋所出为最佳，莲影《苏州的小食志》说："一曰五香排骨，初盛行于元妙观内各小食摊，但质粗而劣，且煮仅半熟，香味俱甚平庸，既而野味店效之，虽较小食摊略佳，而终嫌生硬难于咀嚼，与小食摊无异也，乃有小贩，自出心裁，改良精制，兜售于茶酒肆，其味特佳，如异味轩者是。"异味轩的排骨，最是松嫩鲜香。金孟远《吴门新竹枝》云："赤酱浓油文火煎，易牙风味忆陈言。郇厨掌故说排骨，吴苑今传异味轩。"自注："排骨之制，发明于沪上三十年前之陈言，其制法不得，吴苑有异味轩者，亦以排骨名，自谓得陈之秘制云。"后起的五芳斋排骨，也备受称道，袁昌《苏州与杭州》说："五芳斋有一大油锅，成千成万块排骨在锅熏炸，炸得锅里的油成分少，肉的味素的成分多。排骨出锅完全是肉香，搨上肉桂末，香味格外浓冽，一上口又嫩又鲜，任何山珍海味，都不能夺我排骨之好。五芳斋在苏州的名望很普遍，然而五芳斋不过玄妙观里一个摊头，设备简陋得令人不相信。"那时玄妙观里有不少排骨摊，五香热油之味四溢，现汆现卖，摊主用草纸一包，再撒些五香粉，十分好吃，还有汆排骨时遗落下的肉屑，苏州人称为小肉，也非常有滋味。

鱿鱼，旧时玄妙观内有好几处鱿鱼摊，以陶和笙、张小弟为有名，摊上置盆，盆中放着发得既大又白、肉质嫩软的鱿鱼，旁边是热油锅和风炉。喜欢油汆的，将鱿鱼放入油锅一溜，迅速捞起，剪成碎块，再有一份特制的甜酱，边蘸边吃，既嫩又爽。喜欢干烤的，将鱿鱼剪成木梳状，夹入铁丝夹子内，用风炉烘烤，吃时一条条撕下来，颇耐咀嚼。

酱螺蛳，最便宜的小吃之一，在玄妙观弥罗宝阁废墟上的酱螺蛳摊，一个铜元可买一盆。吃时，摊主给你一根发簪，用以剔出螺蛳肉，那螺蛳的肉和汤，实在鲜美异常。

炒海蛳，为初夏时令佳品。庞寿康《旧昆山风尚录·饮食》记东门街癞子阿二，"时至立夏，则卖海蛳，颗粒壮大，呈粉白色，清净而不易潮解，持之断尾极易，无潮湿涩手感。炒煮火候适宜，缩口即出，肥嫩鲜美，殆无匹敌"。

面筋百叶，面筋取白净而无麸皮杂质者，百叶则选细嫩洁白疏松者，用轻度碱水浸泡，使之柔软而不烂。又取精肥适度之猪肉切块，加入葱、姜、盐，刀斫均匀，粗细适中，旋以酱油、酒及糖少许拌和，将肉糜纳入面筋，包进百叶，使之饱满，然后烹煮。吃口外皮松嫩，馅多汁鲜，其汤则清而不浑，味甚适口。

喜蛋，即经孵化尚未成雏出壳的鸡鸭蛋，有全喜、半喜之分，头翼俱全的称全喜，略具雏形的称半喜。谢墉《食味杂咏·喜蛋》自注："喜蛋中有已成小雏者，味更美。近雏而在内者，俗名石榴子，极嫩，即蛋黄也；在外者曰砂盆底，较实，即蛋白也，味皆绝胜。"嘉兴人称之为鸭馄饨，朱彝尊《鸳鸯湖棹歌》云："鸭馄饨小漉微盐，雪后垆头酒价廉。听说河鲀新入市，蒌蒿荻笋急须拈。"自注："方回题竹杖诗：'跳上岸头须记取，秀州门外鸭馄饨。'"苏州街市间担卖喜蛋者甚多，爱吃者大有人在。

豆腐干，品类甚多，滋味各别，不但是登堂入室的妙品，也是街头巷尾的寻常小吃。顾震涛《吴门表隐》附集有"徐家衖口腐干"之记，或在晚明已名闻遐迩。民国时以潘所宜所酱园所出为有名，周振鹤《苏州风俗·物产》附录"商店有名出品"，有"潘所宜，豆腐干（别名素鸡）"之记。吴江震泽的豆腐干，有黑白两作，白作为绍帮，黑作为宁帮。黑作的名品黑豆腐干，相传创制于乾隆间俞氏聚顺号，选用上等黄豆，以盐卤点浆，配以晒油、饴糖、桂皮、茴香、菜油等调料，经出坯、烧煮、上黑三道工序，具有色泽乌黑、质韧连绵、味香醇厚的特点，因宜作茶食，故称茶干，道光《震泽镇志·物产》说："茶干,以豆为之,味香美。"吴江同里的豆腐干也曾畅销一时,嘉庆《同里志·赋役·物产》说:"腐干,在陆家埭,出陆国珍隆兴斋,精洁香细,远近驰名。"至同光之际,浒墅关豆腐干享有盛名。民国时,常熟西门外山前二条桥一带多豆腐干作坊,所制花色繁多,有荤有素,荤干有野鸡腐干、火腿腐干、虾米腐干等,制法精工,滋味鲜美,以陈大魁所出最有名;素干大小约一寸见方,用丝草扎成小捆出售,亦可零买。又有高庄豆腐干,豆腐干放在锅中蒸煮时,按比例放入细盐、红糖、甘草、茴香、桂花、橘皮、陈醋七种调料,使之色泽好,味道美,百吃不厌,去集上兜卖,深受食客喜好。汪曾祺《豆腐》说:"北京的苏州干只是用味精取鲜,苏州的小豆腐干是用酱油、糖、冬菇汤煮出后晾得半干的,味长而耐嚼。从苏州上车,买两包小豆腐干,可以一直嚼到郑州。"卤汁豆腐干是苏州特产,1930年代由津津牛肉素鸡作创制,一时风靡苏城车站码头,其色泽乌亮,鲜甜软糯,回味无穷,兼苏式卤菜和蜜饯两大风味,可作筵席冷菜拼盆之用。

素火腿,以豆腐衣叠积而煮之,莲影《苏州的小食志》说:"一曰素火腿,以腐衣制之,一名素鹅。其制法,以腐衣数十百张,撕去其边,另用黄糖调入上好酱油中,即以撕下之边,蘸以酱油,于每张腐衣上抹遍之,抹好一张,加上一张,约叠二十张,将腐边放入腐衣中,卷成长条,馀则仍照前法,再抹再卷,卷毕,入锅蒸熟之,即成。虽为素品,其味鲜美绝伦。腐衣须用糯性者,浙杭之货最佳,常州次之,至于苏州之腐衣,其性坚而不柔,不可制也。观前协和野味店,与常州小贩有往还,故常有之,至于他店,只有百叶所制之素鸡,其味太咸,而毫不鲜美也。"笋脯、酱萝卜中也有被称为素火腿的,喻其味佳也。

炒　货

　　西瓜子，周振鹤《苏州风俗·食馔》说："苏州各糖果店，如稻香村、野荸荠、叶受和、采芝斋、东禄、一枝香、嘉穗芳等，皆有水炒西瓜子出售。此种瓜子，形狭而长，肉厚而壳薄，且拣选皆极道地，其稍翘稍坏者，皆剔除务净，故既炒之后，肉甚洁白，香而且脆。其名目共有四种，一曰玫瑰瓜子，二曰桂花瓜子，（所谓玫瑰、桂花者，乃于既炒之后加以玫瑰、桂花等油也。）三曰甘草瓜子，四曰盐水瓜子，而尤以前二种为佳。"又同书《琐记》说："吴人善食西瓜子，能食其仁而其壳不碎者，更有能使其壳相连而不分为两瓣者，诚神乎其技矣。"金孟远《吴门新竹枝》云："懒抛针线懒看花，丁字帘前沙法斜。长日如年听春雨，湖园瓜子嗑银牙。"自注："瓜子，为闺中女儿消闲胜品，昔以采芝斋、黄埭瓜子风行江浙间，近有琴川小贩出售湖园瓜子，粒较粗而味较佳，行销各地，几夺采芝专利之席矣。"采芝斋瓜子，以玫瑰、奶油著名，粒粒如凤眼，壳薄仁厚，清香沁人。湖园瓜子本在常熟湖园门前设摊售卖，因选择严格，粒粒平整，炒制时又独有其法，加玫瑰水、奶油、盐水各色调味，香脆易剥，由是驰名苏沪。至于黄埭瓜子，为殷福熙者创制，在黄埭河渎桥东设殷瑞记，极一时之盛，后又有天福取代殷瑞记，在石家庄设分号，享誉京津一带。黄埭瓜子子面油光乌亮，入口一嗑，即成两瓣，子肉白嫩松脆，拌有玫瑰清香，嗑者以白丝帕擦手，帕上仍洁白无痕，不粘油腻之可见。

糖炒栗子，深秋初冬时处处可见。民国初年常熟有张三者，剔选良乡所出颗小而壳薄者，在井中浸数小时取出，放入敞口锅里，用铁砂和糖浆炒熟，甜美别致，著名于时。清末民初苏州名妓金凤，设一烟馆于大成坊，坊口有一栗子摊，以烟馆故，生意兴隆，利市三倍，郑逸梅《花果小品·栗》说："至今虽金凤老去，烟馆早干禁例，然大成坊栗子之名，乃不稍替，有戏仿唐诗云：'金凤不知何处去，栗香依旧满秋风。'"

熏青豆，也称翡翠豆，用未成熟的青毛豆制成，苏州产的青毛豆品种较多，以白毛青和黄毛弯角毛豆为最宜，尤其后者壳薄而肉扁大，出率高，看相好，质地糯，作熏青豆最宜。谢墉《食味杂咏·熏豆》自注："八月中秋，大黄豆嫩青时，采其荚，荚有毛，俗名毛豆，以盐汤瀹熟，剥其实烘之，名熏豆，亦曰炙豆，色味并秀美。"又，"乡俗烘豆，每即以灶内所烧稻草火灰筑实，盛炉中烘之，故不免烟火气，惟炭火者佳。"熏青豆吃口，有新鲜毛豆风味，可佐酒，也可作消闲零食。叶灵凤对"粒粒如绿宝石，如细碎的翡翠"一样的熏青豆推崇备至，《采芝斋的熏青豆》说："这是一种滋味很淡泊的小吃，可以用来送茶，也可以用来吃粥，大约送绍兴酒也不错。抓一小撮放在口里，嚼几嚼，起先仿佛淡而无味，渐渐的就有一种清香微咸而甘。尝着这种滋味，简直可以令你忘去了人世的名利之争似的。……嚼着微硬的熏青豆，我想到了田野，想到江南，想到家乡。"

笋豆，又称笋脯豆，用青毛豆和春笋经烧煮、晒干而成，民间煮食已逾两百年历史，作为坊肆制销也有百年了。其味甜中带咸，鲜美可口。叶灵凤《笋脯豆的滋味》说："这种笋脯豆，也是送粥下酒的妙品，因为它的味道不咸，而且耐咀嚼，又不是什么值钱的东西。一壶绍兴酒，两个人对酌，呷一口酒，随手摸几粒笋脯豆送入口中，是有一种淡泊家常的风味的。"

兰花豆，将蚕豆剥去半壳，剪开豆瓣，下油锅炒，豆瓣四裂，向外翻开，形似兰花样，称兰花豆，下酒最佳。尤侗《兰花豆》云："本来种豆向南山，一旦熬成九畹兰。莫笑吴侬新样巧，满盘都作楚骚看。"

油汆豆瓣，将蚕豆剥去全壳，入油锅炒松，撒上细盐。汪曾祺《食豆饮水斋闲笔》说："苏州有油酥豆板，乃以绿蚕豆瓣入油炸成。我记得从前的油酥豆板是撒盐的，后来吃的却是裹了糖的，没有加盐的好吃。"

甜咸花生米，又名甜咸果玉、椒盐花生米，1930年代应市，这是由于糖精发明并应用于食品制作的缘故。选用扬州所产扬庄花生，加糖精和精盐浸泡，用白石沙炒制。它的特点是粒粒肥大，色微黄起盐霜，甜咸口味适中，食后馀香满口，旧时以稻香村所出为最佳。

椒盐杏仁，杏仁有甜、苦两种，甜者可以食用，苦者可以入药。甜杏仁以魁杏为最佳，白玉边略次之，其中又以河北张家口所出为上乘，新疆伊犁的次之。采芝斋之椒盐杏仁，已有百年以上制售历史，即采用魁杏，成品色泽微黄，形如鸡心，甜中带咸，香脆可口，常食有益健康，特别是对过敏性哮喘患者特别有效。

椒盐核桃，乃苏式炒货的代表，选用衣薄、仁白、肥嫩、微甜的核桃仁，经精心加工而成，松香肥嫩，甜咸皆宜，味美醇郁，具有滋补强身的食疗功能。

店　肆

　　苏州的茶食糖果店、糕团店、炒货店很多，遐迩闻名，遍于各处，这里只能择要而谈。

　　野荸荠，由沈氏创于乾隆初年，颇负盛名，相传筑屋时，于地下掘得一只野荸荠，硕大可异，即以"野荸荠"三字为铺号，那只野荸荠就放在柜中陈列，一时遐迩纷传，生意大盛。嘉庆前后，苏城内外无人不知临顿路钮家巷口有家野荸荠，茶食精致可口，尤以肉饺著名，钱思元《吴门补乘·物产补》就有"野荸荠饼饺"之记，连当时苏州官府进呈宫廷的干湿蜜饯，也都由它来承办。由于野荸荠营业红火，同治六年（1867）有邹阿五者，假冒野荸荠字号，在养育巷开了一家茶食店，野荸荠店主沈世禄一纸告到官府，知府李铭皖予以禁止。入民国后，又出现了不少野荸荠，城内的道前街、景德路，郊外的黄埭、蠡墅等处，老荸荠、老野荸荠等字号的茶食店纷纷开设出来，有的自称为分号，乃至上海小东门外法租界内也有一家老野荸荠仁记茶食号，1933年实业部商标局编印的《东亚之部商标汇刊》有一张商标，公然称为"荸荠商标"。于此，正宗野荸荠一点办法也没有。1920年，店主沈坚志将店址迁至萧家巷口，由于几乎对直观前街，生意更加兴隆起来，一方面保持特色，另一方面更新品种，莲影《苏州的茶食店》说："野荸荠，素以肉饺及酒酿饼著名。肉饺制法，与稻香村略同。其酒酿饼，以酒酿露发酵，其气芬芳，质松而软，虽隔数天，依然其软如绵，所以为佳。"朱枫隐《饕餮家言·野荸荠稻香村》说："苏州野荸荠、稻香村之茶食，遐迩驰名，分肆遍于各埠，然其大本营，则稻香村在苏州观前街之洙泗巷口；野荸荠在临顿路之钮家巷口，今迁萧家巷口。其出品，稻香村从前专批发于各乡镇，故营业虽佳而制法甚粗，野荸荠则较精。惟近今有宁波人所开之叶受和，出而与之竞争，故稻香村亦大加改良，而野荸荠顿形退化，然其所制之肉饺、楂糕、云片糕、猪油糕、熏鱼等，则当推首屈一指也。"当时茶食业竞争激烈，至1930年，野荸荠终于支撑不住，将店盘出，迁至阊门外，先后有野荸荠丰记、野荸荠义记字号。1935年1月2日因电线走火，遭回禄之灾，百年老店顷刻间成为废墟。

王仁和，创设较早，俗呼王饽饽。其规模甚小，资本不丰，但名气绝响，几与野荸荠齐名。莲影《食在苏州》记下了它的兴衰小史："王仁和茶食店出世最先，而收场亦最早。其店初开张于十全街织署旁，即俗名织造府场。是该店出品并不见佳，而竟以月饼著名者何？盖以该店主自知手段太劣，货品欠佳，营业万难发达，乃异想天开，凡见织署中书吏、差役等经过其门，必邀渠至店休息，奉以香茗、水烟，日以为常，久之都稔。待月饼上市时，必赠以若干，乘间进言云：'小店生意清淡，可否拜烦在贵上人前，吹嘘一二，俾得购用小号货物，藉苏涸辙之鲋，则感戴无涯矣。'吏役等果在居停前，竭力揄扬该店茶食之佳。不久，织署中人，渐来购货。久之，凡官场中投桃报李之需，惟王仁和一家所包办，皆系织署所介绍者也。盖织造一职，必系清廷所亲信之满人，故自抚藩臬以下，皆谄媚逢迎之不暇。今织署中人，以王仁和货物为佳，则苏之官场自无敢异议矣。此外更有一宗生意，为王仁和独家所专利，非他店所能觊觎者，厥惟秋试年之月饼券。盖苏州向有紫阳、正谊两书院，为生童肄业之所，每月有官师两课，谓之月课，除师课由山长按月命题考试外，官课则由抚藩臬三大宪轮流当值。无论官师课，凡考列优等者，俱发给奖励金。惟逢秋试之年，于入闱之前，由抚宪增加一课，名为决课，谓如考优等者，决其今科必中式也。此课无论优劣，俱给奖金，必加给月饼券一纸，计糖月饼一匣。紫、正两书院肄业生，有七八百人，每逢秋试之年，必多报名额若干，至决课时，竟有一人作两三卷者，故决课与试者，有千数百卷之多，此千数百之月饼券，利自不菲矣。科举既废，而王仁和之命运，亦随士子之科名，同样寿终正寝矣。然王仁和既闭，王仁和之糖月饼犹盘旋于老学究之脑筋而不去。"王仁和既以糖月饼闻名，但又不佳，如何令人念念不忘，关键还是那些学子，多少年过去了，昔日抚台大人亲试的辉煌，乃是挥之不去的记忆，当然少不了那糖月饼的滋味。

稻香村，初设于观前街洙泗巷口，它的创始年代，说法不一，或说是乾隆三十八年（1773），或说是同治三年（1864）。莲影《苏州的茶食店》说："稻香村店东沈姓，洪杨之役，避难居乡，曾设茶食摊于洋澄湖畔之某村，生意尚称不恶。乱后归城，积资已富，因拟扩张营业，设肆于观前街。奈招牌乏人题名，乃就商于其挚友，友系太湖滨莳萝卜之某农，略识之无，喜观小说，见《红楼梦》大观园有'稻香村'等匾额，即选此三字，为沈店题名。此三字，与茶食店有何关系，实令人不解，而沈翁受之，视同拱璧，与之约曰：'吾店若果发财，当提红利十分之二，以酬君题名之劳！'既而，店业果蒸蒸日上，沈翁克践前约，每逢岁底，除照分红利外，更媵以鸡、鱼、火腿等丰美之盘，至今不替云。"至于稻香村的特色，《苏州的茶食店》说："稻香村茶食，以月饼为最佳，而肉饺次之。月饼上市于八月，为中秋节送礼之珍品，以其形圆似月，故以月饼名之。其佳处，在糖重油多，入口松酥易化，有玫瑰、豆沙、甘菜、椒盐等名目。其价每饼铜圆十枚。每盒四饼，谓之大荤月饼。若小荤月饼，其价减半，名色与大荤等。惟其中有一种，号清水玫瑰者，以洁白之糖，嫣红之花，和以荤油而成，较诸大荤，尤为可口。尚有圆大而扁之月饼，名之为月宫饼，简称之曰宫饼，内容，枣泥和以荤油，每个铜圆廿枚，每盒两个，此为甜月饼中之最佳者。至于咸月饼，曩年仅有南腿、葱油两种，迩年又新添鲜肉月饼。此三种，皆宜于出炉时即食之，则皮酥而味腴，洵别饶风味者也。若夫肉饺，其制法极考究，先将鲜肉剔尽筋膜，精肥支配均匀，然后剁烂，和以上好酱油，使之咸淡得中，外包酥制薄衣。入炉烘之，乘热即食，有汁而鲜，如冷后再烘而食，则汁已走入皮中，不甚鲜美矣。复有三四月间上市之玫瑰猪油大方糕者，内容系白糖与荤油，加入鲜艳玫瑰花，香而且甜，亦醺醺有味，但蒸熟出釜时，在上午六钟左右，晨兴较早之人得食之，稍迟则被小贩等攫夺已尽，徒使人涎垂三尺焉。"稻香村的方糕、黄千糕、定胜糕等也很有名，范烟桥《吴中食谱》说："初夏，稻香村制方糕及松子黄千糕，每日有定数，故非早起不能得。方糕宜趁热时即食，若令婢仆购致即减色，每见有衣冠楚楚者，立柜前大嚼，不以为失雅也。"又说："定胜糕亦以稻香村为软硬得宜，惜不易得热，必归而付诸甑蒸耳。"稻香村常年供应的茶食糕点，有猪油松子枣泥麻饼、杏仁酥、葱油桃酥、薄脆饼、洋钱饼、猪油松子酥、哈喱酥、豆沙饼、耳朵酥、袜底酥、玉带酥、鲜肉饺、盘香酥等。至于时令茶食糕点，春季有杏麻饼、酒酿饼、白糖雪饼、荤雪饼、春饼，夏季有薄荷糕、印糕、茯苓糕、马蹄糕、蒸蛋糕、绿豆糕，秋季有如意酥、巧果、佛手酥及各式酥皮饼，冬季有合桃酥、酥皮八件。此外，稻香村的熏鱼、野鸭也很有名，《吴中食谱》说："熏鱼、野鸭亦以稻香村为最，叶受和足望其项背而已，东禄则以新张，不得老汁汤，自追踵莫及矣。此三家非得鲭鱼不熏，所谓宁缺毋滥，其他野味店不能及其硬黄，而价亦倍于常物也。"金孟远《吴门新竹枝》云："胥江水碧银鳞活，五味调来文火燔。惹得酒徒涎欲滴，熏鱼精制稻香村。"自注："中秋节后，稻香村熏鱼上市，购以佐酒，味殊鲜美。"陆鸿宾《旅苏必读》特别提到了"香糟鲥鱼，稻香村特制品"。1926年，稻香村在原址翻建门面，张荣培撰联曰："稻秀柴门，想见文人常说饼；香生茗座，迎来诗客惯题糕。"又注册嘉禾牌商标，凡招纸上都印上稻穗相系、中有"禾"字的圆形标志。

采芝斋，创设历史可推至同治九年（1870），时有金荫芝者以五百枚铜元作本，在观前街吴世兴茶叶店门首设摊，主要经营粽子糖。光绪十年（1884）租得山门巷口的采芝斋古董店，正式开设茶食糖果店，经营自制的糖果、炒货、蜜饯等，生意兴隆。因店无名，苏人仍称采芝斋，金氏顺水推舟，费重金请费念慈写了市招，挂起"采芝斋"的金字招牌。有一个野话，说是光绪年间，苏州名医曹元恒应召入宫，为慈禧太后诊脉，以采芝斋贝母糖进奉助药，慈禧愈后大加赞赏，降懿旨，将贝母糖列为贡品。金氏借着这个传闻，自制黑底金字"贡糖"招牌一方,挂在店堂里。传至金氏第三代,金宜安主持采芝斋,又在观前街开设悦采芳,并在上海开分店,其堂兄弟等也各开设采芝春、广芝斋等,由于矛盾日重,祸起萧墙。传至第四代,金宜安长子金培元重振家业,在悦采芳址翻建三层楼房,于1942年落成,门首有张荣培联曰:"芝草撷精英,甘苦调和,花蜜蔗糖联一气;斋厨留清供,酸咸配合,药炉丹鼎许同功。"并大做广告,标明"只此苏城一家,别埠并无分出"。经多年努力,终于再现门庭若市的繁荣。采芝斋的脆松糖、软松糖、轻松糖、粽子糖、白糖杨梅干、九制梅皮、九制陈皮、玫瑰瓜子、奶油瓜子等,都享有盛名。范烟桥《吴中食谱》说:"凡于佳节自他处来吴门者,必购采芝斋之糖食,其中尤以瓜子与脆松糖为大宗。瓜子之妙处,粒粒皆经选择,无凹凸不平者,无枯焦不穗者,到口一磕,壳即两分,他家无此爽快。脆松糖无胶牙之苦,有芳颊之美。此外如查糕、榧子糖,虽并称佳妙,不足以独步也。"莲影《苏州的茶食店》也说:"凡茶食店,必兼售糖果,亦有专售糖果者,谓之糖果店。糖果店,以采芝斋为最佳,其著名之品,如玫瑰酱、松子酥、清水查糕、冰糖松子等是,更有橙糕一味,色黄气馥,其味甘酸,为他店所无者,殊堪珍贵也。"苏曼殊特别喜欢吃采芝斋的粽子糖,1915年在日本,写信给柳亚子:"计余在此,尚有两月返粤,又恐不能骑驴过苏州观前食紫芝斋粽子糖,思之愁叹!"又写信给邵元冲:"老大房之酥糖,苏州观前紫芝斋之粽子糖,君所知也。"紫芝斋当是采芝斋之误。

叶受和,本是杭州名店,夏曾传《随园食谱补证·点心单》说:"点心之名,不下百馀种,吾杭叶受和,茶食肆之巨擘,刻有名单,所列百数十种,大半雷同,不能色色尽善也。"在苏州观东的叶受和,乃其分号,开设于光绪十二年(1886)。但民间另有故事,说苏州叶受和是慈溪富绅叶树欣所创,莲影《苏州的茶食店》说:"叶受和店主,本非商人,系浙籍富绅。一日,游玩至苏,在观前街玉楼春茶室品茗,因往间壁稻香村,购糕饼数十文充饥。时苏店恶习,凡数主顾同时莅门,仅招待其购货之多者,其零星小主顾,往往置之不理焉。叶某等候已久,物品尚未到手,未免怒于色而忿于言。店伙谓叶曰:

'君如要紧，除非自己开店，方可称心！'叶乃悻悻而出。时稻香村歇伙某，适在旁闻言，尾随叶某，谓之曰：'君如有意开店，亦属非难，余愿助君一臂之力。'叶某大喜，遽委该伙经理一切，而店业乃成。初年亏本颇巨，幸叶某家产甚丰，且系斗气性质，故屡经添本，不少迟疑。十馀年来，渐有起色，今已与稻香村齐名矣。"叶受和做的月饼、肉饺虽不及稻香村，但零星食品则优美过之，如枣泥糕、绿豆糕、云片糕、小方糕、黄千糕、四色片糕、婴儿代乳糕、豆酥糖、芙蓉酥等，都制法甚精，饶有美味。特别是小方糕，不同于桂香村大方糕，大小仅大方糕的四分之一，仍五色馅心，且皮薄、底薄、馅薄，一盒买归，能尝到五种不同风味，故而大得食客欢迎。叶受和糕点还有一个特殊之处，虽说是苏式，却有宁式的特色。另外，叶受和的店堂柜台用铜皮包裹，比稻香村更富丽堂皇，并且注重广告效应，1929年翻造三层楼房的店铺，在正面墙上特塑"丹凤"商标，图案为一凤一凰中缀红牡丹，凤衔稻穗（暗指稻香村），凰踩荸荠（暗指野荸荠），也可见得同行竞争之激烈。

周万兴，在宫巷内，以米风糕为一枝独秀。莲影《食在苏州》说："玄妙观迤南，宫巷中之周万兴，年代亦悠久，专售米风糕者也。其糕质松而软，入口香甘，初出蒸笼时，糕形圆大如盘，有欲零售者，切糕之法，不以刀剖，而以线解，因其质太松故也。他种食品，如面风糕、鸡蛋糕等，皆以热食为可口，惟此糕则反是，故独为夏日之珍品。至于制糕之法，据云，以糯粳米各半，淘净晒干，磨为细末，更加酒酿发酵，入笼蒸熟即成。窃谓制法未必如此简单，或恐别有秘法，否则该店自开张伊始，何以从未有步其后尘而与之争利者。近十馀年，虽略有数家与之竞争，然质料不如周店远甚。盖周店之糕，虽隔数天，质略坚而味不变；他店之糕，清晨所购，至晚则味变酸臭，不知是何原因。周店生涯独盛，必非幸致，但糕之大如盘者，改为小如碗耳。"关于周万兴米风糕的秘制方法，也很有同行想去探窥，范烟桥《吴中食谱》记了一则故事："宫巷周万兴，制米风糕甚有名，寻常米风糕不能免酵味，而彼所制独否，故营业颇盛。有某甲羡之，赁其邻屋以居，每夜穴隙相窥，得其制法甚详，乃仿之，亦设一肆以问售，顾买者浅尝，辄叹不如远甚，卒弗振。于是更窃考其究竟，则见其杂搀一物于粉中，不审何名，因弃去不与之竞，自是其肆生涯益盛。每至岁首，制酒酿饼，皮薄而不韧，亦佳作也。"

桂香村，在东中市都亭桥堍，创设于乾隆年间，以五色大方糕而家喻户晓，五色即黑之芝麻、红之玫瑰、白之白糖、绿之薄荷、黄之鲜肉也。这种大方糕，造型精细，色泽鲜艳，底厚，馅多，面薄，特别是糕面，真薄如蝉衣，还模印出花卉、动物图案和桂香村的牌号，在糕面之下，各式馅心拌着猪油、白糖、蜂蜜，如琼浆般历历可见，诱人食欲，咬上一口，香甜肥糯，妙不可言。雷红《东南食味》说："阊门内有一家茶食店，名桂香村，在春暖时分，出售方糕，为苏城之最。他们的方糕，甜馅特别考究，豆沙里杂有桂浆，芳香特甚，来买方糕的必须预定，否则便有向隅之憾。譬如上海的沈大成，同样有方糕买，但其味觉上的差别，真如你用了一枝派克五十一，再写中国仿制的文士五十一金笔的差别一样，处处感到有天壤之别。"

赵天禄，由赵氏创设于乾隆年间，"天禄"者，取"天官赐禄"之意。民国时赵天禄丰号有一纸广告，可见其大概："本号开设苏州阊门外渡僧桥南堍，坐南朝北门面。佳制著名土产，干湿蜜饯，十景糖果，按时茶点，清水楂糕，剔拣各种香水瓜子，炙炼熏鱼，透味肉松，一应俱全。而本号久已驰名，所制各种食品，亦皆讲求卫生，精益求精，以顾诸君之雅意，荷蒙惠顾者，不胜欢迎之至，尚希认明本店招牌，庶不致误。"赵天禄之雪片糕、京果、酥糖、玫瑰猪油年糕等，具有自己的特色，在阊门内外声誉颇佳。

一品香，1917年江仲尧创设于石路小杨树里口，1937年被日机炸毁，1939年由章顺荃重设于石路姚家弄口。一品香经营糕点、糖果、蜜饯、炒货、野味五大类，由于制售得法，生意较为兴隆。它出产的名品，有奶油西瓜子，经两次生熟精选，故质量考究；松子枣泥麻饼，采用玫瑰花、松子仁、去核黑枣、糖渍板油丁，包馅均匀，圆周起纹双边，色泽褐黄油润，吃口极好，枣泥细腻醇郁，松仁肥嫩清香，麻仁粒粒饱满，且有玫瑰芬芳之气；南枣糖，取特级大南枣去核，枣必镶嵌松仁，入口甜而肥美，且有丰富的营养，适合老人胃口。此外，芝麻酥糖、杏仁酥等也很有名。

费萃泰和乾生元，木渎制销松子枣泥麻饼，具有悠久的历史，乾隆四十六年（1781）在木渎西街开办的费萃泰，即以松子玫瑰枣泥麻饼闻名，当地有"乔酒石饭费麻饼"之说，"乔酒"指乔裕顺的糟黄酒，"石饭"指石叙顺的菜肴，"费饼"就是指费萃泰的枣泥麻饼了。光绪七年（1881），费萃泰改由蒋富堂者经营，迁于邾巷桥北堍，更名乾生元，仍以枣泥麻饼为主业。这款麻饼以黑枣泥、松子仁、玫瑰花、糖猪油等为馅，形如满月，色泽金黄均匀，周边有均称的自然裂纹，但不露馅，吃口甜而不腻，香而不刺，油而不溢，松脆可口。1979年早春，电影演员赵丹游木渎，品尝乾生元枣泥麻饼后，作小词赞道："木渎好，生产节节高。石家饭店饮食美，下塘街弄倩女娇。麻饼呱呱叫。"

黄天源，约创设于道光初，为慈溪人黄启庭所业，本在东中市都亭桥堍，经营五色汤团、挂粉汤团、咸味粢饭糕、咸味猪油糕、黄松糕、灰汤粽、糖油山芋等。黄启庭父子相继去世后，店务由寡媳黄陈氏主持。同治十二年（1873），店中牵烧师傅顾桂林以银洋一千元、招牌年租大米十二石为价接盘。民国初年，迁玄妙观东脚门，租神州殿房屋营业，后又租观前街一楼一底为店面。时称都亭桥老店为西号，称观前新店为东号。黄天源以制销苏式糕团而名闻遐迩，品种繁富。据说每天有六十多种应市，并随四季更新花色，春季有圆松糕、糖切糕、青团子、肉团子，夏季有蒸松糕、白松糕、炒肉团、双馅、京冬菜团子、麻酥团、薄荷糕、王千糕，秋季有油酥糕、桂花条头糕、油氽团、南瓜团，冬季有大麻糕、冬至糕、粢毛团、萝卜团、糖年糕、猪油年糕等。这些时令糕团，适应苏州人的饮食习惯，故天天门庭若市，生意兴隆，天朦朦亮，就有人排队买刚刚出笼的热糕团。新年将至，供应糖年糕，店门前人流如潮，晨聚暮散。黄天源还有八宝饭、桂花赤豆圆子、肉汤团、五色汤团等，深受食客欢迎。入秋后，又有糖芋艿、焐熟藕、糖山芋应市，范烟桥《吴中食谱》说："每至秋日，糕团肆有大头芋艿，春深有窝熟藕，冬初有糖烧山薯，各有妙处，然不知者每以平凡忽之。因此等食品，家厨手制颇多，不以为奇，殊不知黄天源、乐万兴诸家有出色风味也。"

　　此外，城内外的苏式茶食店，还有文魁斋、一枝香、东禄、张祥丰等。朱枫隐《饕餮家言·采芝斋文魁斋》说："我国糖色，苏不如杭，然若苏州之采芝斋、文魁斋二家，则较西子湖边之出产，亦未遑多让也。其初，采芝斋仅售粽子糖，设摊于观前街吴世兴茶叶店门首；文魁斋专售梨膏糖，设摊于玄妙观场。今则皆已改摊为铺，采芝斋在观东之山门巷口，文魁斋在观西之太监弄口。惟改肆以后，文魁斋之营业大不如前，采芝斋则依然发达，其所制之各种糖食亦并皆佳妙。此外，有一枝香者，在玄妙观东角口，出品亦良，其所制之梅酱糖、麦精糖，尤为独出冠时。"东禄也在观前，范烟桥《吴中食谱》说："东禄铺张扬厉，所出物品亦不过尔尔，惟近制鸡肉饺，则殊可口。每傍晚，环立如堵者，多为此而来也。"张祥丰由张谦三创办于同治十三年（1874），设肆于山塘街通贯桥西，光绪二十六年（1900）又在胥门设分号张长丰，以经营蜜饯为主。至光绪末年，规模较大的蜜饯店仅有朱祥泰、益昌尧、张祥丰、张长丰四家，以后其他都倒闭，惟有张祥丰一家，几乎垄断苏州蜜饯业。至民国时，虽有成记、豫成丰、泰丰洽、张永丰等店家，但规模远不能和张祥丰相比。凡张祥丰所出，有"五福盘寿"、"五福盘五"、"平升三级"等商标。

　　广南居和马玉山，乃是两家广式糕饼点心店。莲影《苏州的茶食店》说："尚有广东茶食店两家，一名广南居，一名马玉山，地点俱在元妙观以西。茶食花色虽多，其制法粗而不精，其美不及苏州茶食远甚。惟中秋月饼，硕大无朋，其形小者如碗，大者如盘。小者，其价银自五分至数角不等。大者，自一银圆起，至数十银圆为止。有名七星赶月者，亦价银一圆，名目虽奇，其内容不过糖果等，和以盐蛋黄七枚而已，其味平常，并无佳处，即此一物，可例其馀。惟暑月素点，名冰花糕者，广东店独有之，其制法传自英京伦敦，故简称伦敦糕。凡广店规则，如物品于某日上市，必先期标名于水牌，藉以招徕主顾，'敦'字草书，与'教'字草体相似，店友不谙文义，故以误传讹，认敦为教，遂名此为伦教糕矣。'伦教'二字，何所取义？市侩不文，可笑已极，至今沿讹已久，即有文人为之指正，彼反将笑而不信也。"马玉山，广东人，1922年前以姓氏为号创办马玉山糖果饼干公司，设肆于观前街北仓桥对面，后新会赵达廷以四千银元接盘,于1927年更名广州食品公司。公司既经营上海冠生园、梅林、马宝山等产品,又聘用广东籍工人办工场,生产西式面包、蛋糕及广式糕点,以嘿罗面包、裱花蛋糕、广式月饼在苏州茶食糖果业内争得一席之地。同时,让小贩身背印有"广州食品公司"的面包箱在车站码头或走街串巷叫卖,以致嘿罗面包家喻户晓。然而在苏州并不人人适合广式口味,又因价格不便宜,生意不敌传统茶食店。1930年代,公司又自制冷饮,在二楼开设西餐厅。苏州沦陷后,赵达廷避难香港,公司的营业顿时萎缩下来。

小食点心,除城内外坊肆批零兼营外,玄妙观则是一个丛集去处,与南京夫子庙、上海城隍庙、长沙火宫殿齐名。这个小吃市场,形成历史悠久,顾禄《清嘉录》卷一"新年"条说:"茶坊、酒肆及小食店,门市如云。婆人装水烟为生者,逢人祇应,以些少钱会赠之。托盘供买食品者,亦所在成市"。那些小吃有荤素、甜咸、干湿、冷热之不同,随四季变换。其品种繁多,有鸡鸭血汤、荤素线粉汤、桂花莲子汤、绿豆汤、桂花糖芋艿、藕粉圆子、酒酿圆子、五色汤团、千张包子、虾肉馄饨、焐酥豆糖粥、牛肉汤、甜咸豆浆、汤炒面、梅花糕、海棠糕、扁豆糕、八宝饭、各式粽子、生煎馒头、油煎包子、油氽紧酵、小笼馒头、锅贴、春卷、油饼、蟹壳黄、糖油山芋、烘山芋、五香茶叶蛋、面筋塞肉、糖炒栗子、铜锅菱、酱螺蛳、焐酥豆、粢饭团、小馄饨、豆腐花、油氽臭豆腐、油氽粢饭糕等等。特别是1912年弥罗阁火毁以后,废墟上竟成了小吃摊的世界,无论富贵贫贱,男女老少,纷至沓来,故范烟桥《吴中食谱》说:"玄妙观为平民娱乐饮食之公共场所,而炒面、豆腐浆,则虽翩翩衣履之青年男女,亦有纡尊降贵以枉顾者。"

包　装

　　苏州向来注重食品包装，一般来说，酱货、腌腊、熟食用干荷叶，糕团用干箬叶，饼饵、糖果、蜜饯、炒货等用纸裹，水果用竹篮，茶叶用锡罐、瓷罐，乳腐用陶罐，花露用瓷罐，油、醋、酒等用瓷瓶、陶瓶。因食品不同，采用不同的包装形式和材料，大都比较简易，惠而不费，适应商品流通和市场销售的需要。

　　在食品包装史上，苏州最早使用饼匣，这是在美化商品上迈出的一大步。乾隆时袁栋《书隐丛说》卷四"饼匣"条说："市肆中货饼饵者，往往有匣以盛之，以极薄杉木板为之，一用之后，别无他用，长作弃物，非若包苴他物者之犹可以别用也。此饼匣者，无藉其有，却不可无，人之小有才而实无济于用者类是。"这种薄木饼匣，应该就是后来糕饼纸盒的滥觞，因未见实物留存下来，故难以详考匣内饼饵的分置。当纸盒流行后，就考虑到饼饵色泽、形状、图像等不同，在装盒时作合理安排。如东坡酥，每块糕上模压文字和花卉图案，如"进京贡品"、"福禄寿鼎"等。出售时用盒装，每盒二十四块，分两层，上层十二块均为"进京贡品"，下层十二块均为"福禄寿鼎"。如木渎枣泥麻饼，采用圆筒装，每筒十只，显得别致、美观。再如一品香的奶油西瓜子，采用马口铁听装，这是苏州炒货业的首创，除能持久保持瓜子质量外，又作为时新的包装形式，受到送礼者、受礼者的青睐。

苏州人家待客，向用果盘盛以茶食，既有礼节的规格，又十分方便，客来摆上桌子即可。1920年代，采芝斋、叶受和、稻香村等店家，摹仿果盘之制，作为茶食包装的新形式。这种果盘用裱花硬板纸做成，盘中分七格或九格，分别放上饼饵、糖果、蜜钱、炒货等，盒盖上镶嵌玻璃，其中茶食一目了然。因为果盒装茶食比单买散装茶食多费无几，特别适宜作访客的礼品，一时有相当销路。

仿单是历史悠久的包装纸和纸质广告，今存最早实物是北宋时"济南刘家功夫针铺"印制，既可夹在出售的针包里，也可作为针铺的包装纸，还可成为招贴。随着商品包装史的进步，这一形式更多地被落实到商品上，印成花纸，裹扎在商品之上，今水果篮上衬着的一张红纸，就是它的遗制，也被称为"招纸"或"纸裹"。如顾禄《桐桥倚棹录·市廛》就说："今忠烈公祠及文恪公祠皆有陈皮、半夏招纸。"再后来，就刷糊在纸盒上，甚至直接印制纸盒。

在苏州商业史上，仿单应用很广泛，主要见诸食品包装。《点石斋画报》记载了一个"赛行致病"的故事："苏垣尧峰山施某与同村人马某相善，日前万寿圣节期内，闻城中灯景之盛，马自夸捷足，与施约曰：'愿限二刻往返六十馀里，违则倍罚，能则汝以英饼一枚酬我。'施诺之，对准日晷，奋步疾行，不逾时而马已归来。施以为诳，马出城中稻香村茶食示之，凡稻香村售物必印日期于纸裹之上。施见其非妄，如约酬之，同赴酒家买醉。甫入座，马即口吐鲜血，一息奄奄。施大惊，急延伤科某医，索酬多金，始肯施治，戏真无益哉。"那是光绪二十年（1894）六月德宗生辰前后，苏城举行灯会。尧峰山马某向施某夸口，以二刻时间去苏州并返回，赌以英磅一枚，马某真如"神行太保"，但归来时已累得吐血。这个故事当然是虚构的，但"稻香村售物必印日期于纸裹之上"一句，可见当时稻香村的仿单上，已印有茶食生产的日期。

有的仿单印得很简单，红纸印黑字或金字而已。讲究的仿单，则印绘图画，有的有商家字号，有的并无字号，商家采购后，再加印字号。苏州茶食、糖果、糕团店家很多，仿单的需求量很大，这都由年画铺承印，也是年画铺生产品种的大项。但流传至今的，都为清末民初印制，并且是不署店家字号的通用类仿单。试举数例，三国故事仿单，共四张，每张的四角印字，分别是"进呈名点"、"官礼茶食"、"四时名点"、"佳品茶食"；吴王采莲仿单，四角有"改良食品"四字，上下左右有"四时茶食"四字；唐明皇游月宫仿单，四角有"卫生茶食"四字，上下左右有"四时茶食"四字。另有两幅，均有牌记"苏州朱荣记印"，当印制于民国年间。一幅四角有"嫦娥奔月"四字，画中有"唐明皇游月宫"小字；另一幅四角有"九美团圆"四字，乃画唐伯虎点秋香故事。这两幅的构图相同，四周边框有"暗八仙"图案，均为中秋月饼仿单。

上述仿单，人物故事生动，色彩鲜艳，套印准确，可见苏州木版年画对食品包装作出的贡献。

花船遗韵

　　苏州地处水乡泽国，湖泊众多，河流纵横，城内水巷蜿蜒，倚棹摇橹以行，最为便利。况且苏州自古便称佳丽之地，物产丰饶盛于东南，文采风流甲于海内，画舫朱楼，绮琴锦瑟，才子佳人，芳声共著。故挟妓携娟，花酒箫鼓，滥觞已久，成为古代苏州社会生活的一部分。白居易任刺史时，就以风流自赏，龚明之《中吴纪闻》卷一"白乐天"条说："白乐天为郡时，尝携容、满、蝉、态等十妓，夜游西武丘寺，尝赋纪游诗，其末云：'领郡时将久，游山数几何。一年十二度，非少亦非多。'可见当时郡政多暇，而吏议甚宽，使在今日，必以罪去矣。"宝历二年（826），白居易修筑自阊门外至虎丘的山塘，水陆并行，迤逦七里，作《武丘寺路》云："自开山寺路，水陆往来频。银勒牵骄马，花船载丽人。芰荷生欲遍，桃李种仍新。好住湖堤上，长留一道春。"赵㲜也有《入半塘》云："画船箫鼓载斜阳，烟水平分入半塘。却怪春光留不住，野花零落满庭香。"明清时期，山塘更其繁华，画舫笙歌，四时不绝。垂杨曲巷，绮阁深藏，银烛留髡，金觞劝客，真可谓是花天酒地，昼夜无休。钱泳《履园丛话·臆论》"醉乡"条就说："时际升平，四方安乐，故士大夫俱尚豪华，而尤喜狭邪之游。在江宁则秦淮河上，在苏州则虎丘山塘，在扬州则天宁门外之平山堂，画船箫鼓，殆无虚日。"

　　除山塘以外，苏州可供泛舟游赏的地方很多。从郡城而出，葑门外的黄天荡、澹台湖，稍远一点的，如横塘、石湖、枫桥，更远一点的，如天平山、支硎山，乃至洞庭东山及光福一带，都是水上游览的去处，垂杨系画船，柳阴停花舫，正是昔日一道绚丽的景致。

　　谢肇淛《五杂组·人部四》说："今时娼妓布满天下，其大都会之地动以千百计，其他穷州僻邑在在有之，终日倚门献笑，卖淫为活，生计至此，亦可怜矣。"又说："古称燕赵多佳人，今殊不尔。燕无论已，山右虽纤白足小，无奈其犷性何，大同妇女姝丽而多恋土重迁，盖犹然京师之习也。此外则清源、金陵、姑苏、临安、荆州及吾闽之建阳、兴化，皆擅国色之乡，而瑕瑜不掩，要在人之所遇而已。"苏州妓女向有盛名，她们大都工于一艺，或琵琶，或鼓板，或昆曲，或小调，莫不自幼习之，间也有能诗善画者，抚琴弹棋者。历史上，苏州名妓层出不穷，故凡作妓女营生，都说自己是苏州人。这种自我标榜在近代上海尤甚，朱文炳《海上竹枝词》记得十分形象："枇杷门榜尽姑苏，信步平康也自娱。但怕一声水老鼠，顿教鞋袜遍沾濡。""各处方言本自由，为何强学假苏州。做官也要娴官话，做妓焉能勿学不。""苏州女子美风骚，举止清扬意气高。惯喜笑人鸭屎臭，怒来大骂杀千刀。"徐珂《可言》卷九也说："沪多女闾，入其门，所闻皆吴语也，实则各省之人皆有之，其确为苏州人者，百不得一，大抵景翩翩一流人耳。翩翩，明妓，隶建昌乐籍，能诗，有'妾非吴中人，好学吴侬语'句。邑富家儿强委禽焉，未数月愤郁死。今之冶游者，闻妓作吴语，辄志得意满，非若刘惔之于王导有所不慊也。"又说："吾杭人之名隶乐籍者，颇不乏人，而必效颦吴语，托言吴籍，盖非若是，不足于取悦于人耳。"

凡喜好狎妓者，壶边日月，粉黛世界，真可谓醉生梦死的快乐时光，但也有不少人，因此而败名误事，甚至因此而丧身破家。袁学澜《续咏姑苏竹枝词》云："画舫相衔七里塘，烟花倾尽富家囊。名姬晚嫁厮养卒，荡子收场普济堂。"然而色不迷人人自迷，说起花船上的故事，大大小小，真是说不尽，有黄粱梦，有花月梦，有绮恨梦，也有荒唐梦，可以说是浮华世界的一个缩影。

坐着花船，挟妓而行，时间通常要五六个时辰，那就需要有酒食的安排，船菜、船点就是这样产生的。谈及船菜、船点，就得从冶游说起。

冶 游

明洪武初，对唐代以来的官妓制度进行了改革，因官妓由来都系臧获，故禁止官员嫖宿。刘辰《国初事迹》说："太祖立富乐院于乾道桥，男子令戴绿巾，腰带红搭膊，足穿带毛猪皮靴，不容街道中走，止于道傍左右行，或令作匠穿甲，妓妇皂冠，身穿皂褙子，出入不许华丽衣服。专令礼房典吏王迪管领，此人熟知音律，又能行乐府。禁文武官及舍人不许入院，止容商贾出入。院内夜半忽遗漏，延烧脱欢大夫衙，系寄收一应赃物在内。太祖大怒，库官及院内男子妇人处以重罪，复移武定桥等处。太祖又为各处将官妓饮生事，尽起赴京，入院居住。"至宣德初，更重申禁止官员嫖宿的规定。王锜《寓圃杂记》卷一"官妓之革"条说："唐宋间皆有官妓祗候，仕宦者被其牵制，往往害政，虽正人君子亦多惑焉。至胜国时，愈无耻矣。我太祖尽革去之，官吏宿娼，罪亚杀人一等，虽遇赦，终身弗叙，其风遂绝。"谢肇淛《五杂组·人部四》也说："两京教坊，官收其税，谓之脂粉钱，隶郡县者则为乐户，听使令而已。唐宋皆以官伎佐酒，国初犹然，至宣德初始有禁，而缙绅家居者不论也，故虽绝迹公庭而常充牣里闬。又有不隶于官，家居而卖奸者，谓之土妓，俗谓之私窠子，盖不胜数矣。"

其实，禁止官员嫖宿虽有明文，但终明之世，并未真正做到令行禁止。至晚明，此风更其炽热，甚至成为普遍现象。沈德符《万历野获编·果报》"守土吏狎妓"条记了苏州两个地方官的事:"今上辛巳壬午间,聊城傅金沙(光宅)令吴县,以文采风流为政,守亦廉洁,与吴士王百穀厚善,时过其斋中小饮,王因匿名妓于曲室,酒酣出以荐枕,遂以为恒。王因是居间请托,橐为之充牣。癸未甲申间,临邑邢子愿(侗)以御史按江南,苏州有富民潘璧成之狱,所娶金陵角妓刘八者亦在讞中。刘素有艳称,对薄日呼之上,谛视之,果光丽照人,因屏左右密与订,待报满离任,与晤于某所,遂轻其罪,发回教坊。未几邢去,令人从南中潜窜入舟中,至家许久方别。二公俱东省人,才名噪海内,居官俱有惠爱,而不衿曲谨如此。是时江陵甫殁,当事者一切以宽大为政,故吏议不见及云。"

如果说,官员为仕途前程尚有顾忌的话,广大士庶商贾则无所格制,更以狎妓嫖娼为第一风流事。李日华《紫桃轩杂缀》卷一记万历二十六年(1598)在苏州的冶游:"戊戌仲冬十五夜,泊吴阊门外,霜月满江,同沈伯宏子广、盛寓斋庸团饮张六姬船头,酒酣,客有弹三弦者,曲尽其妙。"崇祯六年(1633)复社举虎丘大会,四方清流纷至沓来,陆世仪《复社纪略》卷一说:"癸酉春,溥约集社长为虎丘大会。先数月前传单四出,期会约结。至日,山左、江右、晋、楚、闽、浙以舟车至者数千馀人,大雄宝殿不能容,生公台、千人石鳞次布席皆满,典庖司酝,荤载泽量,往来丝织,游人聚观,无不诧叹,以为三百年来未尝有也。"大会散后,各地与会者招邀俊侣,经过赵李,或泛扁舟,或登青楼,张乐欢饮,则野芳浜外,斟酌桥边,酒樽花气,月色波光,相为掩映,可称是一次罕见的冶游盛会。

晚明时期,金陵旧院姝丽,往往雅慕吴阊繁盛,轻装一舸,翩然而至,载赁皋庑,小辟香巢。本地人以她们从南都而来,称之为"京帮",其中翘楚,有董小宛、陈圆圆、卞赛卞敏姐妹、沙才沙嫩姐妹等,风流文采,倾倒一时。至清初,山塘妓家大略可分为京帮、维扬帮和本帮,献媚争妍,各树艳帜。关于明末清初的山塘冶游,文献记载很多,如冒襄《影梅庵忆语》就提供了不少故实。

入清以后,此风不稍减弱。如顺治七年(1650)四月至六月,余怀来游苏州，他在《三吴游览志》中于冶游行迹有较详的记录，不妨选抄四月的几节。初七日，"移舟三板桥，招王公沂相见。忆去年暮春，公沂与吴中诸君邀余清泛，挟丽人，坐观音殿前，奏伎丝肉杂陈，宫征竞作，或吹洞箫、度雅曲，或挝渔阳鼓，唱'大江东'，观者如堵墙。人生行乐耳，此不足以自豪耶"。十一日，"复至半塘，见舟中多丽人，急放中流，依稀登岸，回绕千人石，簇至平远堂"。十五日，"过章少章，偕往陆墓，访陆子玄。子玄云：'去岁此时，君乘画舫，挟意珠，招我于小桥古树下。今倏忽经年，可胜日月如流之感。'午，赴司李陈天乙之招，复饮于李素心、王伊人、徐丽冲，观女郎楚云演《拜月亭》。是时云为一伧父所阨，蛾眉敛愁，低首含泪。讯之，云是郡守客逞势狼戾，非人所堪。观其态色，真东坡所谓'石榴半吐红巾蹙'也"。十六日，"访楚云。其母浣月，故善歌舞。窗壁洁净，几榻香静，正引人著胜地也"。十七日，"是日诸君次第集，而楚云泛一叶，穿复道，出万绿之丛，以至亭下。于焉举酒，晶盘海错，杂然前陈，丽瞩洁冥，至斯已极"。二十七日，"红潮时润，黄莺乍啼，制芰春菇，濯襟选梦。友鸿携馔具，文饶持酒枪，玄升择笙簧，载歌姬，随风而至"。

山塘冶游，最宜花船，且看时人即兴之作，陆潜睿《吴门竹枝词》云："姊妹追随赛巧妆，艳阳新绿绮罗香。画船昏黑灵岩转，明日叮咛到上方。"黄任《虎丘中秋词》云："绣带流苏夹水香，邻桡三十六鸳鸯。屏窗扇扇刚刚对，只托微波一尺长。"杨模《虎丘竹枝词》云："斟酌桥边舣画船，碧纱窗里隐婵娟。绿杨深处红灯起，夜半犹闻奏管弦。"狄黄铠《山塘竹枝词》云："花满长堤水满塘，堤头金勒水连樯。相逢何必曾相识，半是王孙半丽娘。""金阊门外水东流，载酒看花处处游。占断春光三个月，夜深还上妓家楼。""一枝柔橹一枝篙，二八吴娃弄画桡。载得游人去何处，东风吹过半塘桥。"咏唱篇什之多，不胜枚举。

同光时吴县人俞达，署名鳌峰慕真山人撰《青楼梦》，第三十回写道："话说重集闹红会，三十六美依旧乐从，因此番人多，唤了十五只灯舫，金、钮为主，月素、小素、慧卿、竹卿、丽仙、绛仙坐了三舟，二十九美分坐十二舫，柔橹轻摇，鸣锣齐进，真个花围翠绕。河梁上人多遐瞩遥观，尽皆艳羡。片时抵山塘,龙舟争胜在着冶坊浜夸奢争华。挹香即命停桡,重新各处分派,一只船上俱带丝竹,使美人毕奏清音;一只船上使几位美人度曲。斯时也,月媚花姣,笙歌沸水,不胜欢乐。一只船上吟诗作赋,一只船上按谱评棋,那一边船上角艺投壶,这一边船上双陆斗彩,玻璃窗紧贴和合窗,舱中美人隔舟问答如比邻,然人愈众而兴愈多焉。靠东那一只船上彩衣扮戏,巧演醉妃;着西那一只船上射覆藏钩,名争才女。船头与船头相接,或疑纵赤壁之大观;舵尾与舵尾相连,仿佛横江东之铁锁。爱卿与竹卿、月素诸人讨古论今,以致往来游人尽皆驻足争观。过青田那日从白姆桥盐店衖而来,也至河滨一望,喟然叹曰:'金挹香何多若是之艳福也!'挹香因忙忙碌碌,未见青田;青田因新得洞泾馆地,亦匆匆而去。挹香或往丝竹船上,与美人弹琵琶、拨箜篌、品箫、吹笛、鼓月琴;或往度曲船上,与美人拍昆腔、翻京调、唱南词;或往吟诗船上,与众美人分韵拈阄、限题联句;或往斗彩船上,与美人替拼和、教吃张、戳台角、借牌闯。来来往往,真个风流推首,潇洒出群。闹至下午,方始开筵,十五船十五席,席席珍馐。"这段描写虽是小说家言,但山塘冶游的盛况,约略可见一斑。

花船冶游并非只在山塘一处,沈复《浮生六记·闺房记乐》记与芸娘从吴江回郡城,"返棹至万年桥下,阳乌犹未落也。舟窗尽落,清风徐来,纨扇罗衫,剖瓜解暑。少焉,霞映桥红,烟笼柳暗,银蟾欲上,渔火满江矣。命仆至船梢与舟子同饮。船家女名素云,与余有杯酒交,人颇不俗,招之与芸同坐。船头不张灯火,待月快酌,射覆为令"。席间,沈复与芸娘、素云调笑畅饮,"素云量豪,满斟一觥,一吸而尽。余曰:'动手但准摸索,不准捶人。'芸笑挽素云置余怀,曰:'请君摸索畅怀。'余笑曰:'卿非解人,摸索在有意无意间耳。拥而狂探,田舍郎之所为也。'时四鬟所簪茉莉,为酒气所蒸,杂以粉汗油香,芳馨透鼻"。过了几天,"鲁夫人误有所闻,私告芸曰:'前日闻若婿挟两妓饮于万年桥舟中,子知之否?'芸曰:'有之,其一即我也。'因以偕游始末详告之。鲁大笑,释然而去"。前人记写冶游经历的很多,但与妻子一起冶游,且如实写来,倒也并不多见。

舟　楫

苏州放舟游赏，四季不绝，但也有时令节会，顾禄《桐桥倚棹录·舟楫》便说："虎丘游船，有市有会。清明、七月半、十月朝为三节会，春为牡丹市，秋为木犀市，夏为乘凉市。"这是虎丘山塘的情形。六月二十四日荷花生日，楼船画舫，小艇野航，毕集葑门外黄天荡，袁宏道《荷花荡》说："舟中丽人，皆时妆淡服，摩肩簇舃，汗透重纱如雨。其男女之杂，灿烂之景，不可名状。大约露帏则千花竞笑，举袂则乱云出峡，挥扇则星流月映，闻歌则雷辊涛趋。苏人游冶之盛，至是日极矣。"八月十八日石湖行春桥看串月，又是一大盛会，画舫征歌，欢游竟夕，蔡云《吴歈百绝》云："行春桥畔画桡停，十里秋光红蓼汀。夜半潮生看串月，几人醉倚望湖亭。"一岁之中，尤以新秋时节棹游最宜，时溽暑初收，天气稍爽，泊舟水畔，浓绿成阴，垂阳罨画，浮瓜沉李，雪藕调冰，幽绝而闲雅。妇女出游，则以端午节观龙船竞渡时为最盛，山塘之外，胥江、南北濠、上下塘及枫桥西路水滨都有，各占一色，那天船价亦增数倍。《桐桥倚棹录·舟楫》说："小户妇女，多雇小快船，自备肴馔，载以俱往。豪民富室率赁灯船，罗袜藻水，脂香涨川，女从如云，语言嘈杂。灯船停泊之处，散在上津桥、接官亭、杨安浜、通贵桥、八房河头一带。城河狭窄，路通而不能入，以是女眷出游，每肩舆至闾门马头或接官亭、钓桥登舟，夜归则仆从候久，弃水登旱，舆帘下垂，花香徐拂，道旁行客知人家眷属归也。"又引李福

《虎丘游船词》:"秋罗衫子艳于霞,雅鬓争簪茉莉花,偷眼何人在篷底,东船西舫本无遮。""忽然归棹又相逢,人影灯残花气浓。上得香舆如驶去,静听街鼓响冬冬。"

袁学澜《吴郡岁华纪丽》卷三"画舫游"条说:"画舫之游,始于清明。其船四面垂帘帷,屏后另设小室如巷,香枣厕筹,位置洁净,粉奁镜屉,陈设精工,以备名姬美妓之需。船顶皆方棚,可载香舆。婢仆挨排头舱,以多为胜。城中富贵家起恒日晏,每至未申,始联络出游。或以大船载酒肴,穹篷如亭榭,数艘并集,衔尾而进,如驾山而来。舱中男女杂坐,箫管并奏,宾朋喧笑。船娘特善烹饪,后艄厨具,凡水盉笁帚、西灶箸馔、酱瓿醋瓠、镊勺盂铛、茱萸芍药之属,靡不毕具。湖鲜海错,野禽山兽,覆压庋阁。拙工司炬,窥伺厨夫颜色以施火候。于是画舫在前,酒船在后,篙橹相应,放乎中流,传餐有声,炊烟渐上,飘摇柳外,掩映花间,水砮回环,时往而复,谓之行庖。迨至日暮月升,酒阑筵罢,香舆候久,舍舟登岸,一时金阊门外,胥江埠头,火炬人声,衣香灯影,匆匆趋路,各归城邑。惟有带渚烟痕,满川月色,承平风景,真赢得一段好思量也。"

又同书"荡湖船"条说:"吴故水乡,非舟楫不行。苏城内外,四面环水,大艑小舫,蚁集鱼贯,而便于游赏者。春时则推荡湖船为称首,莫知其制何昉,不桨不帆,状戢然如小阁子。户之绮,幕之珠帘,窗之琼绣,金碧千色,蒿眼晃面。船娘多娇,不任舟楫事,捧舳理棹,盖间有能者。水北花南,人如天上,欸乃一声,春情俱荡。船之大者置二筵,小者受五六客,而妙丽闻四方。风雾月晓,烛爇成山,酒需若雾,管弦嗷嘈之声作于波上,罗袂藻野,脂香涨川。春日迨暇,招邀乎行春之桥,逍遥乎虎丘之塘,于堤柳缺处,时见红幕青盖,闲游士女,掩映往来,真济胜之具也。"

"荡湖船"又作"荡河船",乃载妓之船的泛称。破额山人《夜航船》卷一"腰斩荡河船"条说:"溺人者水也,载人者船也,载人而溺人者,船中之妓也。东南水路,此风处处有之。粤闽曰蛋船,曰蛋户,曰落篷,曰采珠户,曰肉花盍,曰人鲈瓮;汉湘曰长艄,曰后艄,又曰包艄,又曰叫乖乖,又曰花船;

温处曰夜叉，又曰夜撑；嘉湖曰余嫖；江右曰念殃；江北曰思娘，又曰思殃；海口曰落漈；湖上曰再摇摇。口号嘈杂，皆江湖无稽之谈，其为求乞则一也。而求乞如苏郡之荡河船，则又寓求乞于繁华之中，尤属可怪。沃土之民不材，女红所得几何，女谒所资无尽，况乎蔡姬荡舟，西施采莲，越女木兰，吴娘六柱，相沿既久，类成风气，奢侈过度，于今为烈。船中器具，则玻璃加漆，点铜水晶，錾花镶嵌，镂金云白，翡翠珊瑚，象牙碧玉，紫檀香楠，花梨红木。衣则玫瑰棉花，食则鸭脑豆腐。寻常罗绮，笑为村媪包皮，不屑衣也；寻常蔬果，鄙为老大食作，不屑吃也。龙井茶一瀹便倾，鹅梨饼半烧旋弃。装束则巧立名色，若元宝头、谷谷啼、斜插花、呼郎装、飞翅髻、后来好、虾壳衫、鸦头袜、天魔裙、嫦娥袖、观音兜、昭君带、闽州留香鞋、扬帮绣花袴，而且湖山供其顽耍，风月助其妖娆。箕踞艄棚，横陈舷板，频呼小妹，动唤阿娘。纤喉暖响，大腹销魂；娇盼流波，油头丧魄。嗟夫，人情类好淫也，见金夫不有躬，夜度娘常事。近闻若辈，偏装腔作态，南北两濠殷实弟子，多耗千金，而不得偿夙愿者，遂致镜中好影，画里芳肤，可亲不可昵也。噫，蛊惑滔天，脂膏涂地，愚夫不足惜，荡户实可诛。是时郡守汪公，即今闽省抚军，廉得积弊，着巡捕水利查拏船户若干，即于山塘桐桥汛，将玻璃关快、荡河等船只，架起两头，当腰截断，妇女着父夫领管，并各穿青布衫，帮家养灶，毋许蹈从前淫侈，以清风俗。吴中士民，至今称快事焉。"这是记乾隆末苏州知府汪志伊禁"荡河船"的事。

至嘉道间，山塘上的游船，顾禄《桐桥倚棹录·舟楫》作了介绍，供冶游之用的，主要有沙飞船、灯船、快船、逆水船四种，统称为花船，虽然它们的形制、大小、功能等有所不同，但不能截然予以分别。

一、沙飞船："沙飞船，多停泊野芳浜及普济桥上下岸，郡人宴会与估客之在吴贸易者，辄赁沙飞船会饮于是。船制甚宽，重檐走舻，行动揿舵撑篙，即昔之荡湖船，以扬郡沙氏变造，故又名沙飞船。今虽有卷艄、开艄两种，其船制犹相仿佛也。艄舱有灶，酒茗肴馔，任客所指。舱中以蠡壳嵌玻璃为窗寮，桌椅都雅，香鼎瓶花，位置务精。船之大者可容三席，小者亦可容两筵。

凡治具招携，必先期折柬，上书'水窗候光，舟泊某处，舟子某人'，相沿成俗，寝以为礼。迓客于城，则别雇小舟。入夜羊灯照春，凫壶劝客，行令猜枚，欢笑之声达于两岸。迨至酒阑人散，剩有一堤烟月而已。沈朝初《忆江南》词云：'苏州好，载酒卷艄船。几上博山香篆细，筵前冰碗五侯鲜。稳坐到山前。'盖承平光景，今不殊于昔也。"至咸丰初，潜庵《苏台竹枝词》云："野芳浜口斗红妆，吏部传呼去侑觞。更遣画船迎贵客，汪家公子陆家郎。"自注："沙蜇船皆泊野芳浜口，缙绅先生每乐游之。吏部指河阳君，汪、陆，城中绅富，而又兼姻娅者也。"至同治年间，邓尉花农《山塘竹枝词》云："往日沙飞一晌停，乱划画楫换轻舲。双敧翠袖怜春影，红闪琉璃万颗星。"

二、灯船："郡城灯船，日新月异，大小有三十馀舟。每岁四月中旬，始搭灯架，名曰试灯；过木犀市，谓之落灯。多于老棚上竖楣枋椽柱为檠，有镥有镦，灯以明角朱须为贵，一船连缀百馀，上覆布幔，下舒锦帐，舱中绮幕绣帘，以鲜艳夺目较胜。近时船身之宽而长几倍于昔。有以中排门扃锢，别开两窦于旁，如戏场门然。中舱卧炕之旁，又有小衕可达于尾。舱顶间有启一穴作洋台式者，穷以蠡窗，日色照临，纤细可烛。炕侧必安置一小榻，与栏楯桌椅，竞尚大理石，以紫檀红木镶嵌。门窗又多雕刻黑漆粉地书画。陈设则有自鸣钟、镜屏、瓶花。茗碗、吐壶以及杯箸肴馔，靡不精洁。值客必以垂髫女郎贡烟递茶，其人半买自外城，间有船娘已出者，大致因伺佳丽之登舟而设也。佳丽来自院中，与长年相表里，有主人携至佐酒者，有所招之客挈至自娱者。酒酣席散，无论主宾与侑觞之伎，各以番钱相饷，有幺三、幺四之目，幺则给与值舱之舟女，三、四则给与榜人，俗呼酒钱。良辰令节，狎侣招游，谓之'下虎丘'。必先小泊东溪，日晡，与诸色游船齐放中流，篙橹相应，回环水中，俗呼'水氅头'。少选，红灯一道，联尾出斟酌桥，迤逦至野芳浜，亦必盘旋数匝，谓之'打招'，与月辉波光相激射。传餐有声，睹爵无算，茉莉珠兰，浓香入鼻，能令观者醉心。设有不欲明灯者，亦任客所指。其头中尾舱，必燃灯一二十盏，以自别于快船。予时驾小艇，尽灭灯火，往来其间，或匿身高阁与树林深处，远而望之，不啻近斗牛而观列宿也。"道咸之际，苏州有潘痴子者，自制灯船，精丽异常，号称第一。潜庵《苏台竹枝词》云："火龙蜿蜿出波间，认是潘家第一船。五色华灯围翠袖，红榴花外起朱弦。"自注："时有潘痴子，自造一灯船，灯皆五色，作佛手、莲子及百花状，为船中第一。"俞达《青楼梦》第六回描写了苏州石家的灯舫："原来吴中的画舫与他处不同，石家的灯舫又比众不同。但只见，四面遮天锦幔，两旁扶手栏杆。兰桡桂桨壮幽观，装扎半由罗纨。两边门径尽标题，秋叶式雕来奇异。居中江木小方红几，上列炉瓶三事。舱内绒毡铺地，眉公椅分到东西。中挂名人画，画的是妻梅子鹤。四围异彩名灯挂，错杂时新满上下。"又，三十回描写船上放灯的景象："船上复将玳瑁灯、碧纱灯、排须灯、花篮灯点起，闹至薄暮，水面风生。挹香复命人将自己船上点起二十四孝灯、渔樵耕读灯，一霎时，灯光映水，水色涵灯，俯视河滨，有熠耀星球之势。"蔡云《吴歈百绝》云："灯船入夜尽张灯，五色玻璃列上层。赢得火光人面映，夜寒犹著薄吴绫。"自注："快船中最华者，船顶搭灯架数层，悬玻璃、明角、排须诸灯。其船必连缀而行，远望若火城然。灯船无有不载妓者，上灯后男女杂坐，皎若白昼，选调征歌，不三更不返也。"今存光绪间年画《虎丘灯船胜景图》，以灯船为主体，描绘工细，情景如画。另外，在乾隆间年画《姑苏石湖仿西湖胜景图》、《山塘普济桥中秋夜月图》上，也有灯船的造型。

三、快船："快船之大者即灯船之亚，亦以双橹驾摇，行运甚速，故名曰快船，俗呼'摇杀船'，有方棚、圆棚之别。户之绮，幕之丽，帘窗之琼绣，金碧千色，炫眼晃面，与灯船相仿佛，但不设架张灯耳。有等舟身甚小，位置精洁，只可容三四客者，谓之'小快船'，行动更疾如驶，即舒铁云诗所谓'吴儿驶船如驶马'是也。泊船之处，各占一所，俗呼'船涡'。捧轴理棹者多妇女，故顾日新有'理楫吴娘年二九，玉立人前花不偶。步摇两朵压香云，跳脱一双垂素手'之句。"苏州人也称快船为"水蜈头"，蔡云《吴歈百绝》云："辟暑天天闹虎丘，前连端午后中秋。船涡那得凉风到，急放一回水蜈头。"自注："其船群集冶坊浜，往来杂遝，快桨如梭，谓之水蜈头。"舒位《虎丘竹枝词》云："两岸园林夹酒楼，冶坊浜外最清幽。吴儿使船如使马，再出一回水蜈头。"方熊

《虎丘竹枝词》云："吴娘把楫倚中流，解作中流水鸳头。一片笙箫来水面，冶坊浜口唤停舟。"袁学澜《虎阜杂事诗》云："荡湖锣鼓闹如雷，妓舫争摇水鸳来。谁似风流文待诏，月中徐掉酒船回。"自注："吴中作坊市徒，五月初群雇划船竞渡，锣鼓阗聒，荡桨如飞。妓舫以双橹急摇，名水鸳头。文衡山《虎丘》诗：'满路碧烟风自散，月中徐掉酒船回。'"又《姑苏竹枝词》云："山塘七里集兰桡，水鸳争先急橹摇。花月平分三里半，船娘指点半塘桥。"

四、逆水船："有本船自蓄歌姬以待客者，近亦葺歌院，可以登岸追欢。其船多散泊于山塘桥、杨安浜、方基口、头摆渡等处。运动故作迟缓之势，似舟行逆水中，俗呼'逆水船'。其人间有负一时盛名者，分眉写黛，量鬓安花，虽未能真个销魂，直欲真个销金，盖亦色界之仙航、柔乡之宝筏也。船中弦索侑酒，又必别置辫发雏姬，女扮男装，多方取悦于客，俗呼'鼻烟壶'，言其幼小未解风情，只堪一嗅而已。舒铁云诗'不男不女船中娘'，正谓此也。闺秀席蕙文《虎丘竹枝词》云：'画舫珠帘竞丽华，玻璃巧代碧窗纱，吴歈宛转香喉滑，小调新翻剪靛花。'林焕《画舫雏姬词》云：'阳春二三月，杨柳垂堤边。柔波戛鸣橹，划破桐桥烟。豪贵扣舷坐，宾从何联翩。娇痴十龄女，短发垂双肩。岂知梦云乐，故作眉语传。一吹引凤箫，再拨鹍鸡弦。新歌翻子夜，博取黄金千。黄金有时尽，白璧终难坚。安得大海波，净洗出水莲。'"逆水船以雏妓为特色，但也不仅雏妓也，蔡云《吴歈百绝》云："快船争歇冶坊浜，一个船梢一女郎。闲煞歌声载来往，雏伶十五尚男妆。"自注："游船以玻璃锦幔为饰，驾双橹，名曰快船。有以舟载女伶，就游人求侑酒者，名曰碰船头。"潜庵《苏台竹枝词》云："鸭头初涨两三篙，临水樗蒲兴倍豪。最好绿阴船泊处，莫愁艇子醉葡萄。"自注："船有妓者，名逆水船。六月中泊舟柳阴下，聚客樗蒲，以消长夏。"还是顾禄说得明白，逆水船者，"运动故作迟缓之势"也。

袁学澜《虎阜灯船曲序》记下了道光初山塘花船的盛观："癸卯重午，余携家人观竞渡于虎阜，寓居青山桥畔之竦云楼，楼故吴阊灯船汇聚之所也。每至日衔西岭，月澄川练，画鹢群翔，遨游水次。初时一灯才上，晃漾波间，如骊龙戏珠，光摇不定。既而楫师燃炬，万点熬波，若宿海沸腾，晶荧四射，其灯则结架盘空，高低掩映。篙工矫捷，橹柔手熟，乘流往来，凌虚舞动，仿佛鳌山之驾海。及其舣榜行筋，笙歌迭奏，船唇比栉，不见寸澜。有游于物外者。乘小舟从暗处窥之，则见形形色色，翠翠红红，光彩陆离，争奇尽态，五花八门，莫可名状。于璃窗通透中，洞达一贯，连接数十船，珠帘绮疏，雏姬列坐，伊其相谑，罗裙酒翻，拇战传花，管弦合阵，无不眼花耳热，金迷纸醉焉。更有楼船，构灯棚三层，高齐两岸楼阁，与酒楼灯彩辉映联络。远而望之，则见火树银葩，芒侵珠斗，红云十里，影入星河，令观者夥颐挢舌，诧为靡丽。计其一夕之费，岂止中人十家产、贫户十年粮而已哉。"

另外，还有为冶游配套服务的船只，顾禄《桐桥倚棹录·舟楫》也作了介绍。如水果船："有等小本经纪之人，专在山塘河中卖水果为生。每值市会，操小划子船，载时新百果，往来画舫之间，日可得数百钱，俗呼水果船。"如杂耍船："杂耍之技，来自江北，以软硬工夫、十锦戏法、象声、间壁戏、小曲、连相、灯下跳狮、烟火等艺擅长。每岁竞渡市，合伙驾栏杆驳船，往来于山浜及野芳浜等处，冀售其技。"如摆渡船："虎丘每逢市会，有等老妪或乡间之人，操疲舟，驾朽橹，泊山浜、野芳浜，于灯船杂遝之际，渡人至上下塘买物或游玩乐便，每人只乞一二文，谓之摆渡船。然乘危履险，识者有覆溺之虑，宁行纤道，不敢褰裳也。"还有驳运客人的小船："人有于虎丘、浒关等处或入城勾当者，多雇乘小艇，往来代步，其值甚廉。艇制短小而窄，创于浒关之税厅，一篙一橹，行动捷如飞凫，俗呼'关快'，亦名'七里觃'。泊处有九，一在小普陀，一在花园衖口，一在快哂场，一在桐桥，一在缸甏河头，一在白姆桥，一在新桥，一在通贵桥，一在山塘桥。操舟者皆西郭桥八都、九都之乡人，不务农桑，专在水面日觅升合之供。犁旦已鼓枻而出，迫暮仍欸乃而还，虽寒暑晴雨无间也。"

这就构成了一个水上冶游行业的完善系统，一业之兴，活人无数。潘奕隽《虎丘诗和熊谦山方伯》云："桐桥迢递接金阊，天与贫民觅食乡。"又《陆谨庭默斋招游山塘》云："人言荡子销金窟，我道贫儿觅食乡。"花船就是一个很好的例子，这个行业提供了不少就业机会，以此来"安顿穷人"，也就维持了苏州的社会安定和经济繁荣。

清末虎丘山塘上的舟楫，仍有绚丽之观，陈去病《五石脂》说："灯舫皆吴门人所有，俗名淌板船，其家多张、沈二姓。先时其舟所泊处，即其居所在，临流小筑，位置天然，不啻秦淮水榭。故百数十年前，山塘风景特佳。自洪杨劫后，乐籍分散。三十年来，稍稍兴复，然多迁徙入城，依阊关北岸以居，亦称下塘，然非昔年城外之下塘矣，而操是业者，亦非前此诸姓，盖张、沈以外，又有三陈联翩雀起，盛称于时，而他姓之舟，亦复追踵继轨矣。灯舫始兴，颇尚明角琉璃灯，后玻璃灯盛行，则改用烧料明珠，穿以铁丝，扎成五色玻璃灯，方圆六角，随意构造，围以流苏，宛若璎珞，名曰珠灯，其制亦巧。大要自乾嘉以来，迄乎同光之际，此风最盛。入夜望之，晃耀独绝。故虽妇孺蠢俗，罔不知灯船之为美，而侈谭无已也。十数年来，竞尚结彩，争奇斗胜，以多为贵，几几无灯可观。在白昼暗彩，亦复大佳。若宵来月黑，众彩齐放，而中流黯然，波光不发，泛舟其间，殊乏豪兴。"

包天笑八岁时，随父亲坐了一次花船，至晚年记忆犹新，《钏影楼回忆录·坐花船的故事》说："怎么叫做花船呢？就是载有妓女而可以到处去游玩的船。苏州自昔就是繁华之区，又是一个水乡，而名胜又很多，商业甚发达，往来客商，每于船上宴客。这些船上，明灯绣幕，在一班文人笔下，则称之为画舫，里面的陈设，也是极考究的。在太平天国战役以前，船上还密密层层装了不少的灯，称之为灯船。自遭兵燹以后，以为灯船太张扬，太繁靡了，但画舫笙歌，还能够盛极一时。当时苏州的妓女，可称为水陆两栖动物。她们都住在阊门大街的下塘仓桥浜，为数不多，一共不过八九家。这里的妓院，陌生人是走不进的，只有熟识的人，方可进去。在门前也看不出是妓院，既没有一块牌子，也没有一点暗示。里面的房子，至少也有十多间，虽不是公馆排场，和中等人家的住宅也差不多。不过她们的房子，大概都是沿河，而且后面有一个水阁。她们自己都有船，平时那些小姐们是住在岸上的，如果今天有生意，要开船出去游玩时，便到船上来，侍奉客人。平时衣服朴素，不事妆饰，在家里理理曲子，做做女红，今天有生意来了，便搓脂滴粉的打扮起来了。那一天是农历七月十五日，中国人称之为中元节。苏州从前有三节，如清明节、中元节、下元节（十月初一日），要迎神赛会，到虎丘山致祭，而城里人都到虎丘山塘去看会，名之曰'看三节会'。而载酒看花，争奇斗胜，无非是苏州人说的'轧闹忙'、'人看人'而已。"

包天笑回忆，那天"由父亲领了，到一家人家，我也不知道什么人家来了。但见房栊曲折，有许多打扮得花枝招展的女人，有的拉拉我，有的搀搀我，使我觉得很不好意思。后来又来了几位客，大家说：'去了！去了！'我以为出门去了，谁知不是出前门，却向后面走去。后面是一条河，停了一条船，早有船家模样的人，把我一抱，便抱了进船里去了。但是那条船很小，便是苏州叫做'小快船'的，里面却来了男男女女不少人，便觉得很挤"。"后来那小船渐渐撑出阊门城河，到一处宽阔的河面，叫做方矶上，停有几条大船，把我们从小船上，移运到大船上去。方知道因大船进城不便，所以把小船驳运出来，小船大船，都是伎家所有。到了大船上，宽畅的多了，又加以河面广阔，便觉得风凉得多"。"他们特派了一个年约十二三岁的小姑娘名唤三宝的，专门来招呼我。指点岸上的野景，讲故事给我听，剥西瓜子给我吃。当吃饭的时候，她拣了我喜欢吃的菜，陪我在另一矮桌子上吃。吃西瓜的时候，她也帮助我在另一矮桌子吃，她好像做了一个临时小褓母"。这就是包天笑童年坐花船的记忆。

包天笑特别提到花船的"出厂"，这是苏州花船风俗的盛典："七月十五那一天，他们妓船生意最好。因为这些花船帮的规矩，在六月初开始，这些船都要到船厂去修理，加以油漆整补等等，到六月下旬，船都要出厂了。出厂以后，似新船一样，要悬灯结彩，所有绣花帷幕，都要挂起来了。而且从六月二十四日，游玩荷花荡（那个地方，亦叫黄天荡，都种着荷花。是日为荷花生日）起，船上生意要连接不断，如果中断了，便觉失面子。假使七月半看会那一天，也没有生意，真是奇耻大辱了。"范烟桥《出厂——吴门画舫史的一页》也说："从七月十五日起，看三节会，开船谓之出厂，意思说夏天画船去抹油揩漆，这天才出厂下水。船上满装灯彩，一直到八月十八日行春桥串月下彩，中间三十三天，要连日有生意才好，假使有一天间断，就得下彩，是非常扫兴的。所以本家非用全力拉拢客人不可，有时竟肯贬价迁就的。……这些话当然不摩登了，这么的旱荒，还有这种出厂的盛典么？虽是说腐化生活，却也见得当时苏州的繁荣，真有一点天堂味呢。"

至民国初年，花船依式样大小，有大双开、小双开之别，大都停泊在阊门渡僧桥畔和胥门万年桥畔。至1923年前后，花船已大为减少，凡花船者，大都以聚宴为主，当然也可以叫局。据陆鸿宾《旅苏必读》记载，当时夏桂林船停泊枣市上归泾桥，金阿媛船停泊万年桥，张天生船停泊万年桥昌记桐油巷后，吴云生船停泊新摆渡口，顾宝生船停泊枣栈杨家弄，张阿土船停泊葑门城内盛家带，李掌寿船停泊阊门外渡僧桥，沈松山船停泊胭脂河头。那都是大双开，如果游得远一点，可以叫轮船拖带，那是要另外加钱的。

苏州郡城外，吴江松陵垂虹桥也是花船麇集之处。潘柽章《吴江竹枝词》云："吴江胜事谁能数，长桥宛转晴虹吐。可怜画舫酒如渑，不浇三忠祠前土。"吴江盛泽的山塘，也仿佛虎丘山塘，沈云《盛湖竹枝词》云："山塘一带管弦柔，画舫参差古渡头。绝似金阊门外路，至今犹说小苏州。"自注："居民以绸绫为业，四方商贾辇金至者无虚日。山塘及升明桥一带皆画舫停泊处，淡妆浓抹，清歌妙舞，竹肉并奏，日以继夜，故至今有小苏州之称。今则如谈天宝矣。"

船 娘

　　在花船上作营生的女子,有妓女,有厨娘,有侍婢,一般称妓女为船娘,当然妓女兼而为厨娘的很多。范烟桥《茶烟歇》"船娘"条说:"苏州船娘,艳著宇内,与秦淮桃叶媲美,故《吴门画舫录》班香宋艳,与《秦淮画舫录》同为花史巨制,开《教坊记》、《北里志》之生面。近时顿见衰落,虽画舫依然,而人面不知何处去矣。尝见某笔记云,清人入关,颇不喜女闾,于是莺莺燕燕悉避诸舟中,因舟中佳丽独弗禁,遂成习惯而产生一船娘之名词。当时悉在七里山塘间,一舸容与,群花招展,指点景物,品量容颜,往往竟日不足,继之以烛,因此有热水船之称,意谓柔橹拨水,殆将腾腾有热气焉。洪杨后,尚有数舫载艳,惟已变旧时体制,主筋政者多为枇杷巷中人,仅以船菜博人朵颐。然春秋佳日,亦颇多主顾。夏初,黄天荡赏荷,更排日招邀。自废娼后,无复'画船箫鼓夕阳归'之况矣。"

　　船娘的出现,并非在清初,追溯起来,历史很悠久了。北宋庆历间,苏舜钦有《九月五日夜出盘门泊于湖间偶成密会坐上书呈黄尉》云:"青娥荡桨忽远至,虽有雅约犹嚬羞。彩舟鲜明四窗辟,兰酎辛滑嘉宾留。歌馀清冽贯众耳,笑动姿采生香幬。玉盘脍鲈光一色,饤簇殽核随所搜。"徐珂《可言》卷九解释说:"所乘之舫,疑即今之灯船;'青娥荡桨'句,言船娘也,俗曰梢婆;'歌馀'、'笑动'二句,言船妓也;'玉盘'、'饤簇'二句,言船菜也。"需要说明的是，当时实行官妓制度，民间船妓或船娘尚未出现，虽说船上冶游已作饮食之事，如梅尧臣《邵郎中姑苏园亭》有"我思白傅在三川，吴船虽有吴馔偏"之咏，但与后来的经营性船菜不是一回事。但当蒙元铁骑南下之时，船娘就出现了。徐大焯《烬馀录》乙编说："鼎革后，城乡遍设甲主，挈人妻女，有志者皆自裁，不幸有母姑儿女牵系欲求两全者，逃难无所，俯仰无资，竟出下策为舟妓，以舟人不设甲主，舟妓向不辱身也。虎丘、桃坞之间，遂多名妓，皆良家子耳，冯玉媛为某官聘媳，李巧巧为某学士女，曹大娘为某县令妻，沈二娘为某牧伯寡妾。"又说："桃坞别墅有池名小蠡湖者，中筑石舫，乱后仅存渔艇妓船，依为东道，好事者为供范蠡、西子之位，舟中人朔望顶礼。增筑两椽，题额者为是野鸳比翼之所，书'野舫'两字以嘲之。"凌泗、谢家福辑《五亩园志馀》"小蠡湖"条也说："榜人女似妓似眷，得独擅其利，春秋佳日，游船集虎丘、桃坞者，几成海市。"由此可见，作水上生涯的船娘，滥觞于元初。及至明清，山塘而外，阊门外诸流之上皆有，徐珂《可言》卷一就说："苏州齐门（当为阊门——引者注）外钱万里桥，清康熙朝曰贱卖女桥，流娼船多泊之，此更奇于朝歌、胜母、柏人之名矣。"

船娘招客，或艳妆倚坐花船的后艄棚架上，脉脉含情，秋波频送，苏州人称之为"鹦哥架"，黄任《虎丘竹枝词》云："湘帘画楫趁新凉，衣带盈盈隔水香。好是一行乌桕树，惯遮朱舫坐秋娘。"袁学澜《虎阜龙舟词》云："游赏连朝哄市阛，初三逢忌暂请闲。坐来鹦架临妆镜，检点银幡插髻鬟。"《续咏姑苏竹枝词》亦云："鹦架船娘诱客看，双翘自露绣红鸾。谁能见惯浑无事，当作空花一例观。"也有上岸拉客的，尤瀹《虎丘竹枝词》云："斟酌桥边卖酒浆，编篱插竹野花香。画船箫鼓才停处，跳板搴来上小娘。"嘉庆间雪樵居士《虎丘竹枝词》亦云："一字船排密似鳞，好同战舰舣河滨。酒兵报道新降敌，娘子军擒薄幸人。"但当时苏州船娘大都比较矜持，还是客人自己寻舟访艳居多。

叶楚伧好作狭邪之游，所作《金昌三月记》描写了民初所见的景象："方基画船，薄暮斯集。船娘多二十许丽人，织锦花鞋，青罗帕头，波光面影，一水皆香。最好是舳头笑语，月下微歌。风华少年，挟艳买桨，游虎丘山塘间。夕阳欲下，缓缓归来，辄集于方基。野水上杯，名茶列坐，笙歌隔水，珠玉回波。星转露稀，则两行红烛，扶醉而归。洵夜景之解人，欢场之韵迹也。"

船娘大都善于烹饪，坐花船以游，既可赏得艳色，又可尝得美食，这是花船最诱人的地方，清人于此颇多吟咏。张永铨《虎丘中秋竹枝词》云："轻桡满载状元红，海错山珍绮席同。醉后上山齐看月，荡河船系石桥东。"黄兆麟《苏台竹枝词》云："蒲鞋艇子薄帆张，柔橹一枝声自长。舵楼小妹调羹惯，烹得霜鳞奉客尝。"畹溪梅花庵主人《吴门画舫竹枝词》亦云："一声吩咐设华筵，盘菜时新味色鲜。人倦酒酣拳令毕，消魂待慢总须钱。"船娘不仅善烹饪，有的还善唱歌，周振鹤《苏州风俗·琐记》说："吴人善讴，而榜娘尤善，每当月白风清之夜，歌声袅嫋，断续悠扬，有'人间那得几回闻'之概。曲艳品云：'今尚吴歈，以其亮而润，宛而清。'斯得之矣。"

乾嘉年间，苏州很有几位花船名姝。据西溪山人《吴门画舫录》记载，"王香柳，行三，居濠上。吴门食单之美，船中居胜，而姬家则尤擅诸船之胜。鳖裙凫蹠，熊掌豹胎，爝以秋橙，酤以春梅，拟于郇公厨、李太尉也"。"朱月娥，行二，居阊门。姿容华赡，目激层波，船娘中香柳推逸品，姬推艳品。而扁舟一叶，恰受两三，远山芙蓉，若离若即。《随园诗话》载船娘事，有'嫦娥下舱'之句，而姬正以不肯下舱，罕过而问者"。又据个中生《吴门画舫续录·内编》记载，"周琴芳，行五，通贵桥船娘也。春情如水，秀色可餐，古鼎新泉，位置得所，食谱精微，肴核清妙。歌继桃叶之声，香薰鄂君之被，佳人拾翠，有不如仙侣同舟矣"。"王花於，名来珠，船娘之最著者也，居永福桥。玉颜光润，星眸莹然，肌不甚白而有细腻风光。语言便捷，工针黹，刺绣不外学，暇日则姊妹对绣，河庭帘卷，不啻临水双芙也"。"王芷香，名馥林，居永福桥。花於姊妹行，门庭相对，色艺亦相仿。花於以丰艳胜，芷香以清丽胜。而芷香能唱大净、老生诸阔口，饮兴颇豪，故桃叶临波，移船相近者，几于如火如荼矣"。

船娘未必都能摇橹点篙，那是另有专人任事的。《红楼梦》第四十回说，贾母等游大观园，"走不多远，已到了荇叶渚，那姑苏选来的几个驾娘，早把两只棠木舫撑来"。看了这几句，似乎苏州女子的操舟功夫特别好，那是并不尽然的，实在是因为苏州船娘的名气太大了。

船娘毕竟是水上生涯，稍有积蓄，就上岸另筑香巢，船菜之制，也就未必在船上了。当然岸居以后，还雇船或自家备船，容与碧波，陪随客人游乐。《吴门画舫续录·纪事》说："往时船娘缠头有馀，即购楼台于近水处，几案整洁，笔墨精良。春秋佳日，妆罢登舟，极烟波容与之趣。薄暮维船，登楼重宴，添酒回灯，宛若闺阁。遇风雨，不出门。至酷暑严寒，虽千呼不出。今不能矣，花柳逢场，亦转眼有盛衰之感。"从中也可看出船娘的变迁来。

至民国初年，船娘的主业，已几乎转移到操持花船的宴饮上了。徐珂《可言》卷十三说："江浙之好游宴而言肴馔者，辄曰船菜，灯船中人之所烹饪者也。江宁、苏州、无锡、嘉兴皆有之，不独广州、梧州也。及夕，船内外皆张灯，夏尤盛，舟子眷属恒杂佣保中，荡桨把舵，二八女郎且优为之，皆素足，船主有蓄妓以侑客者。春秋佳日，肆筵设席，且饮且饮，丝竹清音，山水真趣，皆得之矣。"范烟桥《出厂——吴门画舫史的一页》也说："苏州的船娘，是很香艳的名词。有许多人以为和江山船上的九姓姑娘一般，是以色相取悦于人。其实不然。伊们擅长烹调和伺应，只是一种圣洁的女子职业，不能和陆上单调的卖身的倡伎相提并论。间或有几个过于风骚，而附带发生些风流史，却是属于秘密的，大体总是规规矩矩的。不过在同光之际，苏州的倡伎，总是喜欢泥着狎客去坐船的，夕阳箫鼓，载着许多佳丽，软语清歌，真有一些诗情画意。"

至少从清初起，经过两百多年来船娘们的努力，花船上的菜肴和点心不断变化，形成了独特的风貌，脱颖而出，成为苏州饮食的精品，那就是船菜和船点。

由于一是狭邪之乐，二是朵颐之快，坐花船以游，成为苏州人的特殊享受，凡外来的客人，也向往着这种享受。清初苏州就流行这样一首打油诗："一饭家常便饭开，呼拳长饮肆中来。醉游且上酒船去，那管家无起火柴。"

可见花船自有这样一种诱惑。章法《苏州竹枝词》亦云："门外城中多酒船，酒船肴馔讲时鲜。无分风雨兼霜雪，说着闲游便出钱。"这一状况一直绵延至清末民初，当时周越然在苏州教书，《苏人苏事》说："余在苏时，尚有两事，一、吃馆子，二、坐花船——虽属荒唐，但不妨言之。当时馆子之佳而且廉者，司前街（？）之京馆鼎和居（苏人读如'丁乌鸡'）也，与之交易者，大半为官员，其次则为绅士，最次教员与学生。花船之最著名者，李双珠家（鸭蛋桥）也。两者余均享受之，而尤以末一年为最多。"这李双珠颇有艳名，叶楚伧《金昌三月记》也曾提及："李双珠，下驷也。顾其侍儿金凤绝佳，与双珠合唱《春秋配》、《乌龙院》，吴下歌场，一时无两。金凤父马翔云，为江湖名旦，双珠诸曲，皆受诸翔云。翔云老矣，乃留女以教双珠，主婢亦师生也。"因为李双珠是名妓，收入不菲，她家那只花船当是自备的。

船　菜

　　花船出游，或仅一艘，厨房就在后艄，有的则另有一艘尾随于后，专供烹饪之用，类乎于厨房，称为厨船，也称酒船。但毕竟是在船上，空间受到很大局限，不像岸上菜馆里那样宽绰，故只能小镬小锅，以炖、焖、煨、焙等火候菜为主。因为客人不多，一桌两桌而已，且准备时间充裕，也就成为精工细作的工夫菜。船菜首先讲究的就是食材的时令和新鲜，如章法《苏州竹枝词》所谓"酒船肴馔讲时鲜"。其次是讲究味道，因为客人大都精于品味，上船来吃，必异官厨、市厨、家厨所出，故船菜往往另辟蹊径，能做到味纯而不杂，汤清而不寡，汁蜜而不腻，酥烂脱骨而不失其形，滑嫩爽口而不乏其味。另外，还讲究菜肴的造型和色彩，搭配得当，让人赏心悦目。

　　周振鹤《苏州风俗·琐记》这样介绍船菜："苏州船菜，向极有名。盖苏州菜馆之菜，无论鸡鸭，皆一炉煮之，所谓'一锅熟'也，故登筵以后，虽名目各异，而味皆相类。惟船菜则不然，各种之菜肴皆隔别而煮，故真味不失。司庖者皆妇女，殆以榜娘而兼厨娘者，其手段极为敏捷，往往清晨客已登舟，始闻其上岸买菜，既归则洗割烹治，皆在艄舱一隅之地，然至午暑乍移，已各色齐备，可以出而飨客矣。其所制四面、四粉之点心，尤精巧绝伦，且每次名色各不同，亦多能矣。"

　　包天笑《六十年来饮食志》说："到苏州来的人，每歆美苏州的船菜，但船菜也不过取其精洁而已。凡厨子治菜，最好是只弄一桌，可以使他精心结构，多了便不好了。船菜是在船上吃的，船中只能摆一桌菜，而且他的厨房，就在后艄头，烹调好了，立刻便送到舱里来吃，色香味一概不走失。而且船摇到了风景佳丽的地方，腹中又微微有些饥饿的时候，再进那种美味，当然愈见佳妙了。所以我的主张，船菜只宜于船上吃，倘然送到了岸上去吃，便觉得走味了。一席船菜，向来是分两次吃的。无论到哪处去游玩，客人齐到船上，总要到十点钟至十一点钟，于是把船摇出去，午餐就算是一点吧，这一次吃的并非正桌，只不过是点心小食之类，直要下午六七点钟吃的一次，方才算是正桌，而午餐与晚餐所吃的菜，却不许相同。船菜中的优长之点，是汤好，点心好，但我却还有譬喻它一点，便是少得好。船菜都不十分丰富，俗语所谓'少吃多滋味'，这是文章中的简练精妙的小品，不是那种滥墨卷，使你生吞活嚼，食而不知其味者可比也。无锡也有船菜，然不及苏州的享盛名。有人嫌无锡的菜太甜，实在别地方人吃苏州菜，也觉得太甜咧。船菜其实就是花酒的一种，因为那种花船，都为伎家所有，所谓船菜者，质言之，便是花船上所制的菜罢了。"

叶圣陶对船菜也颇赞赏，《三种船》说："船家做的菜是菜馆比不上的，特称'船菜'。正式的船菜花样繁多，菜以外还有种种点心，一顿吃不完。非正式地做几样也还是精，船家训练有素，出手总不脱船菜的风格。拆穿了说，船菜所以好就在于只准备一席，小镬小锅，做一样是一样，汤水不混和，材料不马虎，自然每样有它的真味，叫人吃完了还觉得馋涎欲滴。倘若船家进了菜馆里的大厨房，大镬炒虾，大锅煮鸡，那也一定会有坍台的时候的。话得说回来，船菜既然好，坐在船里又安舒，可以眺望，可以谈笑，玩它个夜以继日，于是快船常有求过于供的情形。那时候，游手好闲的苏州人还没有识得'不景气'的字眼，脑子里也没有类似'不景气'的想头，快船就充当了适应时地的幸运儿。"

当时坐花船去郊外寺院烧香，去时只能吃素的，回来路上就可"开斋"了。唐鲁孙《江南珍味苏州无锡船菜》说："当年先慈在苏州，到七子山、灵岩进香礼佛，是包一只三舱两篷、竹帘锦幄的大船，一开船就是川流不息的各样甜咸素点，下午烧完香回程，船家在日落西山的时候，如果不是吃长斋的香客，他们就开始开席了，清缥紫鳞，奇味杂错，无不精美。这一桌菜，有个名堂叫'开斋席'，不但口味各异，而且花色繁多，一直吃到下船，才放箸停杯。这一天的花费，当然比苏州最贵的酒席还要拍双。可是哜嗫百品，恣餐竟日，也还算值得。"

道咸之际，乃苏州船菜的鼎盛时期，夏曾传《随园食单补证·戒单》说："苏州灯船菜有名，每游必两餐。一皆点心，粉者，面者，甜者，咸者，汤者，干者，约二十馀种；酒席则燕窝为首，鱼翅次之。闻乱前颇有佳者，今则船菜之名成耳食矣。"范烟桥追述胜国时的情形，《出厂——吴门画舫史的一页》说："在光绪中叶，苏州的伎家，集中在仓桥浜，有三家是自己备着画船的，两家姓陈，一称大陈，一称小陈，一家叫嘉福。倘然坐船，每天只须十二元，一切在内，并无酒钱小账等情，倒要吃两顿。中顿吃壳，四冷盆，四热盆，六小碗，八点心，外加小碗鱼翅，点心的制作极精，都是象形的，至今那些菜馆还在模仿着，称为船点。夜顿鱼翅全席，估计价值，似须蚀本，所以有人说伊们上菜极快，一等停箸，即行收去，把剩馀的菜蔬，留作后用的。其实未必如此挖打，因为伊们的手段是长线放鹞的，这一回蚀一点本，总有捞回机会的。请来的客人，须出台面钱二元，俗名探眼镜。倘然叫局的，大先生三元，小先生二元，在临行时客人悄悄地放在茶托里的。伎女要给本家一元，名坐场钱，本家给客人的跟随轿饭钱六百文，当时请客所费无多，而极有面子，所以门庭如市了。"

徐珂《可言》卷十三说得更详细："苏州高等之妓，曰长三，有岸帮、船帮之别。船帮者，在宣统时仓桥浜之陈介福、陈媛媛、小陈家，均自置画舫，自备酒筵，推为船菜之巨擘，客设席于船，船或行或泊，悉任便，夏日结彩于上，八九月去之，曰出厂，亦有呼之为热水船者，游者无虚日。今仅有阊门外同春坊第一家之筱双珠自备大号灯船，聘各帮庖人，治船菜殊佳，酒席费银币十二元，客欲置酒，必预定。至期午前九十时登舟，作留园、虎丘、寒山寺之游（三长可至天平山）。主妓（即与客相识之妓，近时妓家虽不蓄船，既登舟，即以主妓自居）偕女佣入舱侍客，客有自挈外局（非本船之妓曰外局）者，可同往，客登舟后，飞笺召之亦可。舟广可容二三十人，惟置酒之客例必博，曰牌局。主妓所得囊钱，麻雀每局十二元，每局八圈，圈之多寡，视客之多寡，以多为豪；扑克每局二三十元。客在船，得两饱。午为便席，称之曰点心，亦曰中顿。肴为八碟、六小碗，中有鱼翅，点心以米麦之粉、甜咸之馅为之，肴毕登，点心至，五光十色，精腴可口，计其数，则客各甜一咸一外，别有公共之九品，炒面一大盘，或走油肉、荷叶饼，四米粉、四麦粉所制之甜咸各半者也。入夜设正席，曰夜顿，则饮于泊舟原处之方基（地名），或在主妓妆阁。其食品为十八碟、三汤、三炒、点心、五大菜（中有鱼翅、全鸭。两餐菜单均由主人于预定时自择，亦有仅择大菜一二者）。入席后，客各出银币二元置于席，曰台面，为主妓所得。（俗谓之曰探眼镜。例如有十客，主妓即得酒钱二十元；有十局，主妓即得坐场钱十元。否则仅恃酒席费十二元，绝无利益可沾。宴客之主人，亦有恐客不齐而预包酒钱，由主人自出者。客之出酒钱也，在夜顿散席时，曩例，客将银币掷地，妓之男佣高叫曰：'谢谢某大少爷！'今则总谢而已。）主妓须付客之轿饭钱，每轿六百文，客或步行，主人亦必以轿饭票致客，以犒其仆或旅馆之侍役。牌局则每场发轿饭票四分，每分银币二角。"

徐珂有亲身经历，《可言》卷十三说："己未（中华民国八年）十月，予偕春音词社同人至苏，游天平山观红叶，乘夏关林（一作夏桂林——引者注）舟以往，虽灯船非妓家所有，妓家时亦赁之。登舟，见有盛于玻璃盘之香蕉、柚、橘、梨四果，可随意啖之。酒筵分午、夜两次。午筵物品有梨、柑、橘、荸荠、杏仁、糖莲子、糖落花生、金橘八碟，瓜子一大碟，陈于中央；四冷荤为排南（火腿之切厚片者）、白鸡、酱鸭、羊膏；四热荤为炒肉丁、炒肫肝、炒蟹粉、蚶羹；大碗为清汤鱼翅、五香鸽、烩虾圆、鸭舌汤、炒腰花、江瑶柱、汤火方（整块火腿清炖曰汤火方）、清蒸鲫鱼、八宝鸭、八宝饭。夜筵物品，九碟为排南、剥壳虾、鸭舌、肫肝、皮蛋、海蜇皮、橄榄、石榴、瓜子；大碗为红烧鱼翅、虾仁、汤泡肚、五香野鸭、蜜炙火腿、炒鱼片，亦尚有适口者，较之无锡，自有惭色。甜咸点心则远胜之，味之甜者，茨实、莲子外，曰大蒜头，曰小辫子，曰双福寿桃，曰秋叶，曰瓜棱，皆馒头，以形似故名，又有曰夜来香者；味之咸者，炒面、烧卖外，曰瘪嘴汤圆（以火腿、江瑶柱、虾米、菜屑为馅），曰木鱼饺，以形似也，又有曰火腿拉糕者，以面粉之成条者，杂火腿屑于中，至佳。午筵于中途进之甜咸之点心，即在是时。餐毕登山，归途进夜筵，则腹笥便便，不能下箸矣。又苏城河中有常日桩泊之小快船，曰双开门（中舱至船头左右可行者曰双开门，反是曰单开门），曰单开门，舟有玻璃窗、琉璃灯，舟子有女眷摇橹，治肴之事亦相间为之。庚申（中华民国九年）夏四月，予曾赁一双开门曰吴艬者，与鸥社同人游虎丘。晨九时许登舟，见有茶二壶、糖梅干、甘蔗、枇杷、西瓜四碟陈于几。十时解缆，十一时半至虎丘，游毕返舟，则点心席（若是之舟不能设盛筵，仅得食点心席，谓之曰船菜亦可）已具，俗所称八盆、六炒、四粉（米粉）、四面（麦粉）、二台心（台桌之俗称，以置于桌之中央，故曰台心）、二水点（有汤之点心，也人各一器）者是也。下酒者八盆，为甘蔗、枇杷（二果一盘）、西瓜子、火腿、拌猪腰、渍虾（去壳带尾）、野鸟、海蜇皮、拌黄瓜，盆之径七寸弱。俄而六炒至，则鱼唇、五香鸽、炒虾仁、海粉、烩蘑菇、炒肉丝，皆以碗盛之，碗之径亦七寸弱。主客凡八人，予食量固隘，客亦以味劣逡巡下箸。酒阑点心至，四粉为扁豆糕、火腿拉糕、佘油饺（猪油馅）、蒸粉饺（亦猪油馅），四面为蟹粉烧卖、玫瑰秋叶饺、虾饺、糖饼。两台心继之，则红焖猪肉佐之以荷叶卷也，虾仁炒面也。未几而二水点至，一为芙蓉蛋，一为楂玫汤（山楂、玫瑰相合而成）。至是而点心席告终，辍箸而起，评泊之，则众口一辞，谓肴馔固远逊无锡，较夏关林舟所制犹逊之，点心亦然。犹忆己未赁关林舟之费用，都凡银币二十二元，得尝午、夜二席，此则银币十一元，犒赏二元，仅得半饱之点心席，且舟可打头，八人危坐，殊以为苦，实皆为苏舟点心之虚名所赚也。归而告姜佐禹，谓廉甚，大讶，诘之，姜曰：'船娘承应巾茗（绞手巾、烹茗也），不名一钱，虽终日枵腹，亦尚有秀色之可餐也。'苏州灯船之得名，明已然，通州顾养谦《苏州歌》云：'阊庐城外木兰舟，朝泛横塘暮虎丘。三万六千容易过，人生只合住苏州。'苏州灯船之盛于此可见。虽宣统辛亥以还，一败涂地，然享有盛名逾五百年，亦云久矣，且当光宣之交，苏州船菜犹不恶也，义宁陈伯严吏部三立《和酬小鲁见寄》诗曾及之，诗云：'词流四五辈，常宴颇解颐。瓜艇七里塘，隅坐老画师。暖日耸毛发，枯风扇涟漪。小妇谙吴烹，粲饵献盘匙。菰粉荷叶糜，笋蒲炙薄耆。快哜顾巧笑，风味埒鸥夷。'"

至1924年前后，雇船、船菜、叫局的价格不靡，且读以下几种旧记。

陆鸿宾《旅苏必读》说："苏地船菜最为有名，各样小菜有各样之滋味，不比馆菜之同一滋味。菜有一顿头、两顿头之别，船有大双开、小双开之分，然虽曰大双开，究不能多请客人，故官场请客而人数多者，必用夏桂林船，菜亦嘉，船亦大，用轮船拖带，虎丘冷香阁，枫桥寒山寺，一日而可游两处。朝顿八大盆、四小碗、四样粉点、四样面点，两道各客点，酒用花雕，尽客畅饮。夜顿十二盆、六小碗，两道各客点，船、酒、菜一应，主人出洋三十元，轮船外加二十元，客人各出酒钱洋两元，亦有主人包出，不费客人者，主人加出洋十六元或十二元，或照到客每客两元不等。船上尽可叫局，各就自己所认识者出条叫之，名曰发符。每局洋三元，出船坐场洋一元，在坐客人各叫一，则主人必赔叫一局，为一排，或有叫两排、三排，主人亦必须两局、三局以赔之。有初到苏地，并无熟识倌人，则主人或在坐客人代为出条，则条上必书明某代。而局钱虽非熟识不必当场开销，熟客则三节总付，新客则于明后日至倌人家内茶会再开销。最好有二三局后倌人打合请客还席总算，若一局而即付者，谓为孤孀局，倌人甚不乐于此。"

陶凤子《苏州快览》说："船上所置之菜，名曰船菜，别样风味，名驰他方。有一顿头连船十元，二顿头连船二十元，不吃菜者六元，无论何之，均以一天计算，坐大双开者，亦可叫局。或山塘缓渡，或枫桥暂泊，或放棹石湖，或扣舷胥江，一声欸乃，山光纷扑，凭窗纵目，胸襟洒然，而浮家泛宅中，与二三知己浅酌低斟，远眺近瞩，赏心悦目，尤无复以加也。"

至1928年前后，价又稍涨，周振鹤《苏州风俗·琐记》说："其价值则一筵一席，从前连船约十五六元，近则各物飞涨，大抵非二三十元不办矣。"

船上筵席一般供午餐、晚餐两顿，午餐为八冷盆、四热炒、六小碗、四粉四面两道点心，晚餐为四冷盆、六热炒、四大碗，可吃到半夜下船。船菜一只一只上桌，筵席时间任客延长，故特别讲究烹饪技艺，否则经不起食客细品。据王四寿船菜单记录，正菜有三十道，各有名目，如珠圆玉润、翠堤春晓、满天星斗、粉面金刚、黄袍加身、王不留行、赤壁遗风、红粉佳人、江南一品、鱼跃清溪、八仙过海等，也不知究竟；冷盆八道是豆腐皮腰片、鲞松卷、出骨虾卤鸡、牌南、炝虾、糟鹅、胭脂鸭、熏青鱼；船点则有四粉、四面、两道甜点，四粉是玫瑰松子石榴糕、薄荷枣泥蟠桃糕、鸡丝鸽团、桂花糖佛手；四面是蟹粉小烧卖、虾仁小春卷、眉毛酥、水晶球酥；两道甜点是银耳羹、杏露莲子羹。

包天笑的回忆稍有不同，《衣食住行的百年变迁·食之部》说："苏州还有一种特级的筵席餐，名曰船菜。船菜是在船上吃的，画舫笙歌，群花围绕。这种菜，不贵多而贵精。可是一席菜，却分了三个时候吃，正符合了一日三餐之制。主宾们初到船上时，饷以点心，午餐饷以全餐的一小部分，晚餐饷以全餐的一大部分。名菜有蜜炙火方、五香乳鸽等等，总之是清丽的文章，不是浓重的论调也。其价值如何呢？可以答之曰，没有明价。原来坐一天船，吃一席菜，以及各种犒赏、花费等，都包括在内，全凭老爷赏赐，吝者至少亦给八十元，豪者可给百馀元，他们不加分析，亦可以说'此时无价胜有价'呢。"

旧时常熟也多挟妓冶游的事，但尚湖有花舫而无船菜，那是叫菜上船的。1930年，徐养文《常熟三日游记》说："游湖须驾船行，常熟名之快船，先一日即须雇定，价格则视船上玻璃窗多少而定其昂贵，少者隔为二间，可容七八人，多者载十数客，尚不拥挤，普通价目自廿元起，至七八十元不等。饭菜须先向菜馆预定，命其送至船上，菜价有五元、十元一桌者，其丰盛直与沪上十六元、二十元者相埒，但人少时，则三四元一桌，或略点几色，均无不可。"

花船上也有素斋，唐鲁孙《江南珍味苏州无锡船菜》说："玉灵芝是苏州荡口真正的吴娃，原本是苏州船娘做斋菜的能手。我们一行李骏孙、榴孙、竺孙三兄弟，都是从小茹素的，万茂之特地找她来做几样斋菜让李氏兄弟尝尝。她一人做了四菜一汤，四菜我只尝了素鹅、臭干子两样。素鹅是用湿豆腐皮裹上香菜、胡萝卜、笋丝、冬菇、木耳炸过再熏，色呈金黄，吃到嘴里别具馨逸。此菜端上桌来一扫而光，比荤菜更受欢迎，大家公认真的鹅肉绝无如此清隽甘醇。另一道是臭干子。芜湖臭干子本已驰名南北，而合肥李相府所做的臭干子是赫赫有名，给他们李家人吃臭干子，岂不是孔夫子门前卖《三字经》吗？谁知玉灵芝的臭干子，另具柔香，不输合肥李府所制。做臭干子的老卤，有用苋菜根的，也有用毛笋片的。把苋菜梗子切成三寸多长，用温水泡起来，泡上十多天，自然众香发越，再泡白豆干，吃时放上冬菇冬菜榨菜上锅大蒸。恶者菜上掩鼻，嗜之者认为上食珍味，那就是见仁见智，所嗜各有不同了。"

抗战胜利后，花船就渐渐销声匿迹了，但在它销声匿迹之前，船菜已被苏城菜馆引进，极大地丰富了市楼的品种。苏州沦陷时期，松鹤楼名厨陈仲曾之子陈志刚，与人合伙在大成坊口开办鹤园菜馆，专营船菜，悬市招"正宗苏帮船菜"，有船菜三四十款，如烂鸡鱼翅、鸭泥腐衣、蟹糊蹄筋、滑鸡菜脯、鸡鸭夫妻、炖球鸭掌、果酱爆肉、葱油双味鸭、虾爪虎皮鸡等，一时食客盈门，名声远播。

船　点

　　船点者，花船上之点心也，小巧玲珑，制作精致。范烟桥《吴中食谱》说："苏州船菜，驰名遐迩，妙在各有真味，而尤以点心为最佳，粉食皆制成桃子、佛手状，以玫瑰、夹沙、薄荷、水晶为最多，肉馅则佳者绝少。饮食业之擅场者，往往以'船式'两字自诩，盖船式在轻灵精致，与堂皇富丽之官菜有别。"

　　船点以原料的不同，分为两种，用米粉者称粉点，用面粉者称面点。粉点采用天然植物色素，通常以花果、动物、吉祥物等作造型。面点有酵面、呆面、酥面三种，以酥面居多，做成合子酥、眉毛酥、鸳鸯酥、蒸饺、藕粉饺、花边水饺、四色烧卖、鲜肉锅贴、虾仁春卷等。两者俱有馅心，或甜或咸，滋味各异。此外还有松子猪油枣泥拉糕、薄荷扁豆凉糕、栗子糕、八宝饭、三色豆茸等。像橘酪圆子、什景细米、冰糖莲子羹、桂花百果羹、银耳羹等甜点，也属于船点范畴。

　　因为船点是配合船菜的，故而不但讲求它的香、软、糯、滑，还特别讲求色彩和造型。其色彩，青色常用青豆末、薄荷末、青梅、绿瓜，红色常用火腿末、红麴米、玫瑰花、赤豆沙、赤砂糖，黄色常用桂花、黄瓜、蛋黄末、白芝麻、橘红、黄糖，黑色常用香菇末、黑芝麻、黑枣泥，白色常用白糖、松子仁、瓜子仁、米粉本色。其造型，有方有圆，方的有长方形、菱形，圆的有长圆形、扁圆形，还有桃子、绣球、佛手、荸荠、柿子、小鸡、小鹅、小鸭、小兔等，有的还做成"暗八仙"，如铁拐李的葫芦、吕洞宾的雌雄剑、汉锺离的风火扇、何仙姑的荷莲等。

自万历以后，苏州点心就有精工细作的追求，并且逐渐成为一种饮食时尚。如《红楼梦》第四十一回说贾母等来到藕香榭，"一时只见丫头们来请用点心，贾母道：'吃了两杯酒，倒也不饿。也罢，就拿了这里来，大家随便吃些罢。'丫头听说，便去抬了几张几来，又端了两个小捧盒。揭开看时，每个盒内两样。这盒内是两样蒸食，一样是藕粉桂花糖糕，一样是松瓤鹅油卷。那盒内是两样炸的，一样是只有一寸来大的小饺儿。贾母因问：'什么馅子？'婆子们忙回：'是螃蟹的。'贾母听了，皱眉说道：'这会子油腻腻的，谁吃这个？'又看那一样是奶油炸的各色小面果子，也不喜欢，因让薛姨妈吃，薛姨妈只拣了一块糕。贾母拣了一个卷子，只尝了一尝，剩的半个递与丫头了。刘老老因见那小面果子都玲珑剔透，各色各样，又拣了一朵牡丹花样的，笑道：'我们乡里最巧的姐儿们，剪子也不能铰出这样个纸来。我又爱吃，又舍不得吃，包他些家去给他们做花样子去倒好。'众人都笑了"。那两样蒸食和蟹粉小饺是江南点心，刘老老喜欢的小面果子，则可能是满族点心，至少是属于北方风味。入清以后，南风北渐，愈来愈烈，至《红楼梦》时代，出现这样精致的点心，已是情理之中的事了。

船点之制，并不是孤立现象，它的制作和品尝，固然是在花船这个具体环境里，但它的存在和发展，正是当时点心制作的大趋势，其中包括中馈所作，彼此是有交流的。乾隆中叶，毗陵女史钱孟钿所作《长日多暇手制饼饵糕糍之属饷署中亲串辄缀小诗得绝句三十首》，记咏了三十种点心，试举四种，《玫瑰糕》："剪碎孤霞一片飞，流香掩染露霏微。团将瑶粉为甜雪，不遣红酥斗玉妃。"《枣糕》："柳汁谁酬九烈神，安期瓜样共时新。即看百益红如许，不信青袍肯误人。"《菱角饺》："谁采青冰着意调，当筵风味剧难消。怪他圭角浑如许，才到庸中便折腰。"《玉糁糍》："粗粝凝脂白胜绵，装成蜜味彻中边。待分天上团圆影，乞与人间如意圆。"以此来咏船点名色，无有不当。

1956年10月，在玄妙观举行了一次大型的食品展览会，其中就有各种各样的船点，周瘦鹃《观光玄妙观》说："用各种色彩的面和粉做成人物、花果、龙凤、'暗八仙'和十二生肖等等，制作非常精巧，不知要费多少工夫。内中最引人注目的，是黄天源冯秉钧老师傅手制的一座三清殿全景，全用糯米粉制成，黑白分明，色调朴素，每一扇门，每一根柱子，都很精细地给塑造了出来，连殿前平台的三面石阑和一只古铜鼎，也一应俱全，真是一件匠心独运的艺术品。"

今苏州菜馆里的筵席点心，大都属船点旧规。更有创新者，如做大型粉点，纵横两尺见方，亭台楼阁无不备，更有小桥荷池，池中又浮花鸭数只，固然如微缩景观。但甚费工时，有的需要一天，有的一天还不够，米粉早就酸了。这种船点，只能看，不能吃，不如古人的饾饤之制，大概只有外国人喜欢。陆文夫在《吃空气》中说："说来你又不信，去年我们到国外去参加烹饪大奖赛，第一天我们做了四只苏州的拿手菜，色香味俱全，你吃了绝对会满意。可那评委看了不吭声，照顾点中国的名声，铜牌。得金牌的是什么呢，也不过是在蛋糕上用奶油做了一点花朵和动物什么的。我们一看，噢，这还不容易。第二天用船盆做了一个两尺长的万里长城，长城上下还有一百多个身穿各种服装的国内外的游人，个个栩栩如生。外国人一看，啊，危惹那也斯！金牌。其实，这玩意不属于烹饪，是无锡惠山的泥人。"

花　酒

苏州虽然以花船菜馔著名，但在妓家吃酒，也烹饪精致，别有风味，并非寻常店家可比，故于船菜之外，吃花酒也颇有名色，稍稍记述，聊备一格。

西溪山人《吴门画舫录》记乾嘉时苏州风尘中人，有郁素娟者，居下塘，"姬则如簧舌初调，轻清圆润，当于花间月下，携双柑斗酒尝之。能饮善笑，喜翩翩年少。尝席间有所属，客戏曰：'笑则若令饮。'烛未跋，生饮无算爵，酩酊大困矣。盖生貌美而量小，姬将乘之于醉，而生心醉于姬，遂欲假醅为鸳鸯之媒。玉谿生诗云'临酒欲拚娇'，姬与生之谓也"。有张珮仙者，居濠上，"院中如庭榭之绮丽，服饰之华奢，以及旨酒佳肴之美，器皿什物之精，人间艳福，为若辈享尽矣"。又有阿福者，居胥门，后迁申江，"性委宛，善饮酒，喜浮大白，酡颜星眼，强要人扶，倚绣榻，背银缸，解罗衿，捉玉腕，肌拊凝脂，春探豆蔻，香囊叩叩，丝履弓弓，处以却尘之褥，护以翡翠之衾，而姬不知也，盖玉山颓矣。此也仙所述。当此境者，令人真个销魂"。这些都是当时的名妓，以花酒独擅胜场，既有酒，又有色，沉迷于此者，实在也不是少数。

苏州妓家集中之地，几经变迁，范烟桥《茶烟歇》"倡寮"条说："乾嘉时，倡家多在山塘，即今冶坊浜一带，《吴门画舫续录》所谓'觅得百花深处泊，魂销只有冶坊浜'也。洪杨后，迁入城阃，即今仓桥浜一带，颇有秦淮水阁风光。商埠既辟，乃连袂出城，初集于青阳地，所谓'阊门过去盘门路，一树垂杨一画楼'也。（原诗为常熟宋玉才所作，其时当在康乾之际，不意二百年来复能印证。）后铁道置站于阊门，商市亦随以东移。莺莺燕燕，复迁于阿黛桥边，而旧时门巷，无从方弗矣。"包天笑《六十年来饮食志》说："谈起吃花酒，在苏州各倡家，都是自办菜肴，自雇厨子，而且每家都有著名拿手的菜。在晚清时代，这些倡家都住在阊门内仓桥浜一带，大概是沿河的，她们家里都有水阁河厅。她们的画舫，都停泊在阊门下塘一带，有人雇她们的船，便下船办菜，平时则住在岸上，我们称之为两栖动物。后来城外开了马路，把她们驱出了城外，仿照了上海夷场的样子，就差得多了。"

自沪宁铁路通车后，阊门外既是交通枢纽，又是阛阓之地，在以渡僧桥、新民桥、广济桥、鸭蛋桥为基点的范围内，形成了苏州妓女生涯最集中的地方。叶楚伧《金昌三月记》说："金昌亭，为苏州胜游荟萃之地。香巢十里，金箔双开，夕照一鞭，玉骢斜系。留园之花影，虎丘之游踪，方基之兰桨，靡不团艳为魂，碾香作骨。亭午则绿云万户，鬟儿理妆；薄暮则金勒香车，搴帷陌上。迨灯火竞上、笙箫杂闻时，则是郎醉如醇、妾歌似水矣。阿黛桥在后马路，为箫鼓渊薮，伎家栉比以居。同春、同乐诸坊，门临桥干，重阁覆云。下眺马路，斜照中，五陵年少，连骈而过，时与楼头眉黛眼波疾徐相映。余《金昌杂咏》云：'阿黛桥头夕照斜，玉鞭金勒碧幢车。重楼十二珠帘启，看煞梁溪浦醉华。'黛桥诸坊而外，则有美仁等里，在石路一方，毗接山塘，犹秦淮之有旧院。花栏琴榭，小林居之，插柳双门，遂成艳窟矣。"

叶楚伧常在妓家吃花酒，据《金昌三月记》记载，"绿梅影与花翡，姊妹行也，一色衣裳，两般娇小，哕哕然有雏凤竞鸣之概。虞山钱镜英昵之，至终日匿迹妆阁间，奉匜刷鞋，执美人役。伊家玫瑰酒，冠绝北里，余又酒人，至辄索饮，饮毕竟去，几忘其为赵李家也。""王三字宝宝，百花巷歌者女，居安乐里，丰腴朗润，尤以柔媚胜。豪于饮，百斗不醉，与余约，余作七绝一首，伊亦倍尽一觞，自夜戌初起至晓，余成《金昌杂咏》三十绝，伊亦连引三十觥，淹才垂尽，环颜亦酡矣。其婢阿巧，亦能饮。故角饮斗杯，每每令人思王三。《金昌杂咏》中联云：'花笺浣遍题诗墨，值得王三醉一宵。'即此事也""一夕过王三家，时方为某伧所赚，因唱别鹄离鸾之曲，声韵凄婉，不可卒听。余急止之曰：'忧能伤人，卿好饮，余试以酒忏之。'乃设四碟，咸瓜、莲子、杏仁、云腿，出其自酿玫瑰酒，挑灯对饮，婢巧儿剥果温酒以侍，酌不计觞，酡然乃已，初不知朝曦上窗、好鸟催妆也"。有时也携妓同登市楼，叶楚伧说："余与浦醉华诸子，于竞渡节前后宴集始，至中秋前后止，日以时计，郇厨陶酒，到处品题。新太和之肆应，九华楼之明敞，皆为金昌冠。一夕集吴下诸俊人，饮九华楼，倾金昌之秀，无不茕至，故浦有诗云：'帘内笙歌帘外月，几宵春满九华图。'"

妓家所制的美食，各擅所长，自成特色。叶楚伧说："王三家咸瓜，花翠家玫瑰酒，林霏家八宝鸭，周二宝家龙团茶，俱擅一时之美，而尤以王瓜、花酒为最。瓜着齿，脆嫩芬芳，咸不伤涩，令人有厌薄珍错之想。"

瓜果向为妓家必备，个中生《吴门画舫续录·纪事》说："吴门瓜果，无所不有。近出洞庭、光福、天池诸山，惟白杨梅只可贻赠，不肯售买；水蜜桃出沪渎；茄桃出荡口镇，桃之似茄者也；双凤西瓜出镇洋，子多檀香色，瓤黄白者为最，皮脆薄，甘美异常。厨娘预沉诸井，日长亭午，酒兴初阑，盛以晶盘，出诸瑶席。座中有不攘腕争取者，则知刚逢入月期矣。"此外，"近宋公祠法制半夏陈皮、仰苏楼各种花露，皆他处不能效。至西洋印花衫裙巾袖，以及五色鬼子阑干等物，青楼中皆视为寻常日用所不可无"。

至1920年代，苏州妓院依然兴盛，陶凤子《苏州快览》说："吴宫花草，素负盛名，阿黛桥畔之桃源坊、同春坊、同安坊，粉白黛绿，列屋而居，灯火上时，珠帘银箔间，笙歌相闻，珠笑玉香，花团锦簇，依旧繁华景象，寂寂湖山，亦不可少此点缀也。"虽说前清时也有在酒楼菜馆宴集叫局，但大都还是在妓院里。入民国后，情况颇有不同了，《苏州快览》说："客有问津者，多假菜馆叫局，但初次局票，须注明何人所代，始克久坐，否则语冷颜冰，一坐即去。叫局以后，即可造访妆阁，稍坐片刻，名曰打茶围，如欲且住为佳，则事前须做花头。做花头者，碰和吃酒也。其酒菜叫自菜馆，价格照例十元，先付仆役费，名曰下脚，其数五六元不等，又给车夫饭费，名曰轿饭账，每人数角一二元无定。照例至多五人，啤酒、荷兰水有喝一二打者，至少加给十元，如但吃酒而不碰和，谓之赤脚酒，妓院素不欢迎。盖吃酒往往蚀本，而碰和则可抽头也。迁就之妓，有一和一酒，即能住夜者，谓之三响头；其自视甚高者，须吃双台，甚或四酒八和，方许留髡。如值开账路头、收账路头、本家生日、倌人生日等，稔客例应报效和酒。此长三大概情形也。至于幺二，实与野鸡无异，每日晚间分住各旅社，闯入客室，效神女之自荐，价至贱，有二三元即可留宿，因此蹩脚大少趋之如鹜，以旅社为行乐地。二三年来，竟成风气。其次有所谓烟妓者，闾阎马路皆有，大概为江北奶奶，涂脂抹粉，状如罗刹，为贩夫走卒之销魂地，而梅毒之传染，较幺二尤甚，殆无有幸免者，幺二烟妓本卑卑不足道，既述长三，聊备一格耳。"就长三而言，或"碰和"，或"双台"，无非是花酒的名目。金孟远《吴门新竹枝》云："飞花搂月客齐来，弦索声喧醉玉杯。一夜豪华谁管得，珠光粉腻摆双台。"自注："客游平康者，例需报效和酒，顾非双台不足昭示豪华焉。"又云："猜拳行令意飞扬，此时销金风月场。酒绿灯红宾主盛，靠床人坐卖油郎。"自注："吃花酒时，主人往往坐近牙床，人称之曰卖油郎，以其可独占花魁也。"

另外，还有书寓，《苏州快览》说："书寓在城内观前附近一带，门前悬某某弹词之牌者皆是，亦妓女也，其不同者，妓女卖身，而书寓卖曲耳。有喜庆之事，可叫堂唱，其价约四五元，晚间七八点钟来，十一二点钟去，如欲留至天明，名曰包天亮，另须加价。仅能唱几曲小调或几出京戏者，名曰瞎子，则仅二三元，亦可包天亮。此种书寓，虽名谓卖曲，然大都兼操皮肉生涯。问津者须有人介绍，手续较妓院简省，亦须碰和，然所耗亦有甚于妓院者。至于不能唱曲，而暗营淫业者，名曰私门头，亦曰半开门，即私娼也，其夜度资不一，有贱至二三元者，有贵至十馀元者，亦有自高身价，须客做花头，一如长三者，其香巢与寻常人家不能辨别，故亦必有人引导介绍，否则难作入幕之宾也。"

凡作妓女营生，都说自己是苏州人，既标榜苏州人，书寓菜自然都以苏州风味作号召，朱文炳《海上竹枝词》云："吴姬也有善烹炮，聊为锺情备酒肴。若到节边吃水菜，只须少约几知交。"因此吃花酒，除饮酒取乐外，品尝佳肴也是一个重要内容。周劭在《令人难忘的苏菜》中回忆:"但真正地道的苏菜,在四十年代的上海却还有一个地方可以吃到,那便是上海的长三书寓。那里的所谓'花酒',是地道苏州大师傅所掌勺的苏菜。余生也晚,已够不上冶游花丛与娼门才子为伍的时代,但因为当律师的职业关系,给当事人打胜了官司,除了应受'公费'之外,当事人若是有钱的商人,总要另备一席丰盛筵席表示谢意。而那时上海风气还不像现在那么奢侈,一席万金不算稀罕,那时最高级菜馆的酒席也不过百金,商人为了致敬和摆阔,往往在长三书寓设宴。那个地方价钱是没有底的,可以摆'双台'甚至'双双台',同样一席酒加上'双双台'的嘉名,便须付四倍钱,不消说那花四倍钱的酒席当然是特别道地了。我对旧社会的娼门便只有吃的因缘,而且吃的正是地道的苏菜。"

吃花酒时常会出现"镶边酒"的情况,钱泳《履园丛话·笑柄》"镶边酒"条说:"近时俗尚骄奢,挟妓饮酒,殆无虚日。其座旁陪客,或有寒士,不能具缠头挥霍于筵前者,谓之镶边酒。余笑曰,昔杜少陵尝陪诸贵公子丈八沟携妓纳凉,诗所谓'公子调冰水,佳人雪藕丝'者,岂非镶边酒耶?""镶边酒"是指陪客喝不花钱的酒,含有贬义,在清末民初小说中时常提到,如韩邦庆《海上花列传》第二回说:"耐为啥要走哩?镶边酒末落得扰扰俚哉啘。"朱瘦菊《歇浦潮》第六回说:"万一有人将他请去吃了台镶边酒,打了次白茶围,明天报上准得有长篇大论的誉扬。""镶边酒"又省作"镶边",二春居士《海天鸿雪记》第一回也写道:"又云:'吃俚顿把大菜,俏个大不了的事?'想见篾片专吃镶边神气。""篾片"是指专门帮闲凑趣、图取馀润的门客。

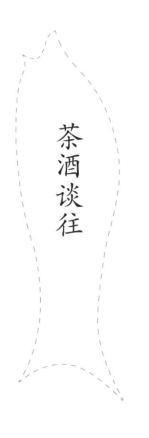

茶酒谈往

苏州素有吃茶饮酒的风气，茶和酒是城乡居民生活的重要组合元素。三国时吴郡人韦曜就有"以茶代酒"的故事，《三国志·吴书·韦曜传》说吴主孙皓，"每飨宴，无不竟日，坐席无能否率以七升为限，虽不悉入口，皆浇灌取尽。曜素饮酒不过二升，初见礼异时，常为裁减，或密赐茶荈以当酒，至于宠衰"。又，唐杨晔《膳夫经手录》说："茶，古不闻食之，近晋宋已降，吴人采其叶煮之，是为茗粥。"可见当时茶已开始流行，与酒一样作为日常的饮料，并使饮酒风气发生很大转变。

茶坊之设，起于何时，史无所记，汉王褒《僮约》有"武阳买茶"及"烹茶尽具"，说的是干茶铺，并非是卖茶水的坊肆。至南北朝，随着佛教的广泛传播，饮茶首先在寺院里流行起来。世称茶有三德，一是坐禅时通夜不眠，二是满腹时助以消化，三是可作戒欲之药。这些客观效果直接反映在人的生理上，而"茶禅一味"、"茶佛一味"则是茶和禅在精神上的相通，即都注重追求一种清远、冲和、幽静的境界，饮茶有助于参禅时的冥想和省悟，并体味出澄心静虑、超凡脱俗的意韵。苏州的云岩寺、华山寺、云泉庵、水月禅院等，或以水得名，或以茶得名，都可称饮茶的佳处，士大夫入寺问茶，汲泉烹茗，以香火钱为茶资，大概就是最早的卖茶了。以后转相仿效，遂成风俗。南宋初吴人凌哲，以通议大夫致仕，里居十馀年，龚明之《中吴纪闻》卷六"凌佛子"条记其"书室之前有一茶肆，日为群小聚会之地，公与宾客谈话，甚苦其喧，遣介使之少戢，已而复然，公不与较，因徙以避之。其长厚类如此，人目之为凌佛子"。可见在两宋时，苏州茶坊已很普遍。

苏州最早的酒肆，今已无可稽考，所见记载已在唐代。《太平广记·鬼二十二》引《广异记》，说广德间有范俶者"于苏州开酒肆"。朱长文《吴郡图经续记·往迹》说："大酒巷，旧名黄土曲。唐时有富人修第其间，植花浚池，建水槛风亭，酝美酒以延宾旅。其酒价颇高，故号大酒巷。"大酒巷即今之大井巷。又，白居易《夜归》云："皋桥夜沽酒，灯火是谁家。"陆龟蒙《和胥口即事》云："莫问吴趋行乐，酒旗竿倚河桥。"皋桥在城中，胥口则是太湖边的村落，可见城乡的一般情形。及至两宋，酒肆更其多矣。吴县人许洞，北宋咸平三年（1000）进士，解褐雄武军推官，以狂狷不逊除名，《吴郡志·人物六》记他回苏州后，"日以酣饮，尝从民坊贳酒，大有所负。一日忽书壁作酒歌数百言，人争往观，其酤数倍"。这"民坊"就是酒肆。

由于苏州是个高度繁荣的经济大城，茶酒需求量之大，令人咋舌。包世臣《齐民四术》卷二《庚辰杂著二》就谈到嘉庆年间酒在苏州的耗费情况："苏属地窄民稠，商贾云集，约计九属，有人四五百万口，合女口小口，牵算每人岁食米三石，是每岁当食米一千四五百万石，加完粮七十万石，每岁仍可馀米五六百万石。是五年耕而馀二年之食，且何畏于凶荒？然苏州无论丰歉，江、广、安徽之客米来售者，岁不下数百万石，良由槽坊酤于市，士庶酿于家，本地所产，耗于酒者大半故也。中人饭米半升，黄酒之佳者，酒一石用米七斗，一人饮黄酒五六斤者，不为大量，是酒之耗米增于饭者常七八倍也。烧酒成于膏粱及大小麦。膏粱一石得酒三十五斤，大麦四十斤，小麦六十馀斤。常人饮烧酒亦可斤馀，是亦已耗一人两日之食也。以苏州之稠密甲于天下，若不受酒害，则其所产之谷，且足养而有馀，其他地广人稀之所可知。"由此可见，苏州饮酒风气是何等兴盛。

随着人们日常生活水平的提高，至明清时期，茶和酒的品类更加繁复，加工技术更加进步，社会普及面也更加广泛。同时，饮与食的密切联系，品茗饮酒的礼仪习俗，茶酒所独有的保健药用功效，再加上商品经济的繁荣发展等因素，使茶酒文化的内涵不断延伸，并且成为相对独立的生活内容。

古人善于食，善于宴，也善于品茗饮酒，因此从宫廷皇室到民间寒舍，从官宦士绅到市井细民，在一年四季的饮食活动中，特别表现出对茶酒品类、礼仪、器具、环境等方面的关注，这种关注，绝不亚于对其他饮食活动的重视，诸如对茶品、茶制、茶水、茶食、茶规、酒类、酒仪、酒箴、酒令等等的讲究，进入了一个前所未有的地步。茶酒之事，虽属饮食的一端，却充分反映了各个地方各个历史时期不同的社会风尚、民间习俗和文化特色。

苏州的茶和酒，也是一个颇大的题目，只能泛泛而谈。

茶　风

　　苏州可供吃茶地方很多，如园亭，如僧寮，如山隈水畔，都是好去处。但就绝大部分茶客来说，喜欢"孵茶馆"，这个"孵"字用得实在妙不可言，就像老母鸡孵蛋似的坐在那里不动身。"孵茶馆"并不仅仅是一天的事，而是天天如此，不少人习惯固定"孵"在一家茶馆里，有的一"孵"数年甚至数十年。这种吃茶风气，与苏州人的经济生活环境有关。"孵茶馆"的主体人群，或是有薄田数亩，依靠租米可以过得很舒坦；或是有闲屋数处，租赁出去，每月都有固定的收入；或是开办一二间门面的店铺，自有人去料理琐碎，无需自己操劳。总之都是所谓闲人，平日里闲着，就要想方设法去消闲，清人松陵岂匏子《续苏州竹枝词》云："莫问朝饔与夕飧，点心荤素买来吞。取衣典押无他事，日饮香茶夜饮樽。"这"日饮香茶"就是消闲的办法之一。在家中自然也可吃茶，但更多闲人还是喜欢"孵茶馆"，既可消闲，又可与社会接触，在新闻媒体尚不发达的时代，茶馆是一处汇集各种信息的场所，既有时事大局，又有社会新闻、市井琐碎、风月情事、百货信息等，也就让他们怀有很大的兴趣，然而谈论交流国家大事，也许会惹祸，所以过去茶馆里总贴着"莫谈国是"的字条。

　　旧时在茶馆里吃茶，实在是苏州人的重要生活内容。包天笑《钏影楼回忆录·回到苏州》就说："苏州向来吃茶之风甚盛，因此城厢内外，茶馆开的极多。有早茶，有晚茶。所谓早茶者，早晨一起身，便向茶馆里走，有的甚于洗脸、吃点心，都在茶馆里，吃完茶始去上工，这些大概都是低一级的人。高一级的人，则都吃晚茶，夕阳在山，晚风微拂，约一二友人作茶叙；谈今道古，亦足以畅叙幽情。到那种茶馆去吃茶的人，向来不搭什么架子，以我所见的如叶鞠裳、王胜之等诸前辈，也常常在那里作茗战哩。"范烟桥《茶烟歇》"茗饮"条也说："苏州人喜茗饮，茶寮相望，座客常满，有终日坐息于其间不事一事者。虽大人先生亦都纡尊降贵入茶寮者，或目为群居终日，言不及义。其实则否，实最经济之交际场、俱乐部也。"

1923年，郁达夫来游苏州，《苏州烟雨记》说："早晨一早起来，就跑上茶馆去，在那里有天天遇见的熟脸。对于这些熟脸，有妻子的人，觉得比妻子还亲而不狎，没有妻子的人，当然可把茶馆当作家庭，把这些同类当作兄弟了。大热的时候，坐在茶馆里，身上发出来的一阵阵的汗水，可以以口中咽下去的一口口的茶去填补。茶馆里虽则不通空气，但也没有火热的太阳，并且张三李四的家庭内幕和东洋中国的国际闲谈，都可以消去逼人的盛暑。天冷的时候，坐在茶馆里，第一个好处，就是现成的热茶。除茶喝多了，小便的时候要起冷痉之外，吞下几碗刚滚的热茶到肚里，一时却能消渴消寒。贫苦一点的人，更可以借此熬饥。若茶馆主人开通一点，请几位奇形怪状的说书者来说书，风雅的茶客的兴趣，当然更要增加。有几家茶馆里有几个茶客，听说从十几岁的时候坐起，坐到五六十岁死时候止，坐的老是同一个座位，天天上茶馆来一分也不迟，一分也不早，老是在同一个时间。非但如此，有几个人，他自家死的时候，还要把这座位写在遗嘱里，要他的儿子天天去坐他那一个遗座。近来百货店的组织法应用到茶业上，茶馆的前头，除香气烹人的'火烧'、'锅贴'、'包子'、'烤山芋'之外，并且有酒有菜，足可使茶客一天不出外而不感到什么缺憾。像上海的青莲阁，非但饮食俱全，并且人肉也在贱卖，中国的这样文明的茶馆，我想该是二十世纪的世界之光了。所以盲目的外国人，你们若要来调查中国的事情，你们只须上茶馆去调查就是，你们要想来管理中国，也须先去征得各茶馆的茶客的同意，因为中国的国会所代表的，是中国人的劣根性无耻与贪婪，这些茶客所代表的倒是真真的民意哩！"

1931年，达祖《柔靡的苏州》说："至于吃茶听书，这又是苏州人很有名的消遣法，茶馆书场之多，为其他各县所望尘莫及的。人们没有事做，大多都上茶馆去消遣；谈论什么事务，也大多都上茶馆去解决。很有许多人一起身便上茶馆去吃早茶，到下午再到那里去吃第二次茶，数年如一日，或甚而至于数十年如一日，他们的一生，便全在那里混过了。再有听书的风气，也是苏州特盛，什么《三笑》、《珍珠塔》、《白蛇传》，和英雄气概的《水浒》、《三国志》、《七侠五义》等，说书的人说得神气活现，手舞足蹈，而听者也都是津津有味，静悄悄地坐着，有几个还张大了嘴，仿佛吃得着的样子。苏州人不知不觉地在茶馆书场中虚度了一生的，很多很多。"

1937年，翁传庆《苏州的茶馆》说："吃茶是有闲阶级的玩意，也是封建制度遗留下的病征，他们把吃茶看的非常重要，甚至于饭可以不吃。谈到吃茶，就联想到吃茶的艺术。因为真要去吃的话，一定会让茶给淹死，所以自有其吃法，五分钟喝一口，半个钟头喝一杯，时间分配得法，才能感到优游自得的真趣。除去吃茶以外，还可以带做些有益心身的事——年岁长一些的，拿着一串念珠，'阿弥陀佛'，或者带两三本诗集，细细去玩味；若是两个人的话，便以'黄河为界'，棋战起来，再添上几位'不语的真君子'。总之，吃茶的朋友永远是和——宝贵的光阴抗战的。吃茶虽然是奢侈性质的玩意，可是价钱却十分的大众化，普通一壶茶卖十一二文，讲究一些的也不过四十文，一壶茶既不限时间，又不限人数，假若有五六位经济专家，大可以从早六点开门，一直坐到下午八点'关门'为止，也不过十几文，水完了再添，概不加费。在茶馆里除去卖点心以外，更有卖地道苏州的零吃，都是精美有趣味的东西，像甘草瓜子、油花生米、酸梅……等等，价廉物美，吃茶的时候却似乎十分的需要。吃茶的人，种类复杂，三教九流，形形色色，在这里才可以看得到苏州的典型人物，所以茶馆也因人而设立。大大小小的茶馆，似乎没有法子去统计，其中最有名、最大的当推——'吴苑'，据他们堂倌说，可以容一千人。这真是使我们有些不敢相信了！"

1942年，金艺《苏州人的消闲艺术》说："吃茶是苏州人消闲生活的第一必修课。一清早起来，别的事且丢开不管，一股劲就跑到茶馆里，叫堂倌绞把手巾抹一下脸，再从咳嗽中吐出了隔宿的腻痰，随即捧住一支水烟筒燃起烟丝，悠闲自在地抽着，边抽边喝那所谓香茗的茶，好似有无限的风味，不忍失诸牛饮。待过片时，稍觉饥肠辘辘，乃叫上一碗本色大面，细嚼缓咽（绝对不是狼吞虎咽），点饥了事。然后接过当天的报纸，仔细阅读，一字不遗，牢记心头，备作谈话资料。斯时茶客渐多，少长咸集，群贤毕至，而谈话风生，由是而起矣。于是某人有女私奔，某地富家子浪漫挥霍，某寡妇倒贴小白脸等桃色新闻，如长江滚滚而来，滔滔不绝，说得头头是道，娓娓动听，令听者想见要人演说时之口才，不过尔尔。这样，上半天的光阴，不知不觉一刹时消磨过，下半天的消闲艺术，便沉醉于听书场中了。"

1944年，红蓼《天堂里的苏州近况一瞥》说："在这儿，茶馆是特别的娱乐场所。记得曾经涉过讼的《闲话扬州》上说，扬州人'上午皮包水'，'下午水包皮'。可是在这儿是整天底'皮包水'。上至绅士、公务员、教师、少爷、小姐……下至包车夫，睁眼凸肚的流氓，白相人提鸟笼的闲汉之类，都得在这里消磨时光，谈谈国事，说说家常，东家盗劫，西家奸情，那个女性漂亮，那个男子宿娼……耳听无线电里的热闹，说书先生的情神。噙着烟卷，颠着脚梗，真是廉价合算，好一个消遣场所。个中如吴苑、三万昌、品芳等茶寮，不论风雨雪落，每天高朋满坐，生意兴隆，近来又平添了上海分设来的大东茶室。虽云溽暑乍褪，秋热犹烈，还是觉得优闲，聊天解闷，呷盅清茶，沁人心脾，若是爱听书儿的，也有清歌妙曲，足以怡情。"

1944年，顾也文《闲话苏州》说："饮茶是苏州人一大节目，在致爽阁，品到了真正苏茶的风味。在吴苑深处，悠然饮茶，颇想学一学历代书香簪缨世裔摩挲字画、收旧书、买骨董的神气，孵茶馆一番，谈谈是非，说说物价，鼓动市井之谣，品评官府贪廉得失，嗑嗑瓜子，听听弹词，不迎时间，而去打发时间。可惜我与依都独缺耽搁浴室、乐天安命、自寻乐趣的苏州人情调。"

文载道将上海、苏州两地的吃茶风气作了比较，《苏台散策记》说："吃茶在上海，原是极其平凡普遍的。不过这里多少带些'有所为而为'的意味，譬如约朋友谈生意经之类。在苏州的吃茶，虽然一样有这类举动，然而更多的却是无所为而为。你尽可以从早晨泡上一壶清茶，招几件点心，从从容容的坐上它几小时。换言之，它是占据苏州人生活中的一部分。它的那种冲淡、闲适、松弛的姿态，大概是跟整个苏州人的性格不无关联。所以在紧张而活跃中过生活的上海人就无法调和适应了。再进一步说，它不啻反映了中国人的田园性格之一脉，自然，这和苏州的经济条件也息息相关。例如在比较贫脊的犷悍的其他区域里，就开不成这样风气了。"

茶　韵

苏州地产名茶，先后有水月茶、虎丘茶、天池茶、碧螺春等，以碧螺春得名最晚，约在明末清初，历经三四百年的扬芳，今已名闻天下。然而苏州人吃茶，未必都喜欢碧螺春，其他地方的名茶，像长兴岕茶、安吉白茶、西湖龙井、君山银针、六安瓜片、黄山毛峰、太平猴魁、信阳毛尖、婺源茗眉、金坛雀舌、雨花茶、惠明茶等等，都受到茶人的青睐，真是燕瘦环肥，各有所好。

晚明士大夫，特别讲求茶道，需要深谙其法的专门家来烹点，那在苏州是不乏其人的。冒辟疆就遇到几位，康熙十一年（1672），他在《斗茶观菊图记书钱虞山茶供说后》中回忆："忆四十七年前，有吴人柯姓者熟于阳羡茶山。每桐初露白之际，为余入岕，箬笼携来十馀种，其最精妙不过斤许数两，味老香深，具芝兰金石之性，十五年以为恒。后宛姬从吴门归余，则岕片必需半塘顾子兼，黄熟香必金平叔，茶香双妙，更入精微。然顾、金茶香之供，每岁必先虞山柳夫人，吾邑陇西之蒨姬与余共宛姬，而后他及。沧桑后，陇西出亡及难，蒨去，宛姬以辛卯殁，平叔亦死。子兼贫病，虽不精茶如前，然挟茶而过我者二十馀年，曾两至追往悼亡，饮茶如荼矣。……秋间又有吴门七十四老人朱汝圭携茶过访，茶与象明颇同，多花香一种。汝圭之嗜茶自幼，如世人之结斋于胎。年十四入岕，迄今春夏不渝者百二十番，夺食色以好之。有子孙为名诸生，老不受其养，谓不嗜茶为不似阿翁。每辣骨入山，卧游虎岫，负笼入肆，啸傲瓯香，晨夕涤瓷洗叶，啜弄无休，指爪齿颊与语言激扬赞颂之津津，恒有喜神妙气与茶相长养，真奇癖也。"其中提到的"柳夫人"是柳如是，"宛姬"是董小宛。陆树声《茶寮记》也提到一位擅长烹点天池茶的僧人："终南僧明亮者，近从天池来，饷余天池苦茶，授余烹点法甚细。余尝受其法于阳羡，士人大率先火候，其次候汤，所谓蟹眼鱼目，参沸沫沉浮以验生熟者，法皆同。而僧所烹点，绝味清，乳面不黟，是具入清净味中三昧者。"这反映了当时士大夫阶层流行的饮茶风气。

　　既介绍苏州茶事，还是说说碧螺春。人道是碧螺春如小家碧玉，清雅淡然，佳趣无穷，抑或有一种隐隐的情愫，丝丝缕缕地萦绕着。俞樾《春在堂随笔》卷二说："洞庭山出茶叶，名碧萝春。余寓苏久，数有以馈者，然佳者亦不易得。屠君石巨，居山中，以《隐梅庵图》属题，饷一小瓶，色味香俱清绝。余携至诂经精舍，汲西湖水瀹碧萝春，叹曰：'穷措大口福，被此折尽矣。'"曲园老人所啜者，乃碧螺春中的上品，难怪有如此的赞叹。淡远的旧事可以不说，说点近事吧，一向不善饮茶的宗璞，对碧螺春却颇多留恋，《风庐茶事》说："有一阵很喜欢碧螺春，毛茸茸的小叶，看着便特别，茶色碧莹莹，喝起来有点像《小五义》中那位壮士对茶的形容：'香喷喷的，甜丝丝的，苦因因的。'这几年不知何故，芳踪隐匿，无处寻觅。"情有独锺，而又不可复得，怅然之情，溢于纸面。又某年，汪曾祺在东山春在楼吃茶，那是新采焙的碧螺春，品啜之际，他不由得信服龚定庵所说的"天下第一"，然而这碧螺春却是泡在大碗里的，感到不可思议，似乎只有精致的细瓷茶具，才能与这种娇细的茶叶相得益彰，后来见到陆文夫，便问其故，陆文夫说碧螺春就是讲究用大碗喝，"茶极细，器极粗"，正是饮茶艺术的辩证法。汪曾祺听了，不禁莞尔。

　　碧螺春以雨前采焙为贵，潜庵《苏台竹枝词》云："邀客登楼细品茶，碧螺春试雨前嘉。一瓯移近红阑坐，为爱花香插鬓斜。"由于雨前碧螺春极嫩，烹点之法，大为简化。今人往往用洁净透明的玻璃杯，先放开水，不能太烫，然后放入茶叶，茶叶入水，渐渐下沉，这时杯中茸毛浮起，如白云翻滚，雪花飞舞，并散发袭人清香。朱琛《洞庭东山物产考·灌木部》说："碧螺春较龙井等为香，然味薄，瀹不过三次。"喝碧螺春茶，只能三开，第一开色淡、香微、味清，第二开色碧、香清、味醇，第三开色澄、香郁、味甘，此后就淡然了。

　　茶人对碧螺春都很钟情，有的还别出心裁，使之韵味更浓。周瘦鹃《洞庭碧螺春》记了一件事："一九五五年七月七日新七夕的清晨七时，苏州市文物保管会和园林管理处同人，在拙政园的见山楼上，举行了一次联欢茶话。品茶专家汪星伯兄忽发雅兴，前一晚先将碧螺春用桑皮纸包作十馀小包，安放在莲池里已经开放的莲花中间。早起一一取出冲饮，先还不觉得怎样，到得二泡三泡之后，就莲香沁脾了。我们边赏楼下带露初放的朵朵红莲，边啜着满含莲香的碧螺春，真是其乐陶陶。我就胡诌了三首诗，给它夸张一下：'玉井初收梅雨水，洞庭新摘碧螺春。昨宵曾就莲房宿，花露花香满一身。''及时行乐未为奢，隽侣招邀共品茶。都道狮峰无此味，舌端似放妙莲花。''翠盖红裳艳若霞，茗边吟赏乐无涯。卢仝七碗寻常事，输我香莲一盏茶。'末二句分明在那位品茶前辈面前骄傲自满，未免太不客气。然而我敢肯定他老人家断断不曾吃过这种茶，因为那时碧螺春还没有发现，何况它还在莲房中借宿过一夜的呢，可就尽由我放胆地吹一吹法螺了。"其实，这并不是汪星伯的发明，前人早就这样做了，沈复《浮生六记·闲情记趣》说："夏月荷花初开时，晚含而晓放。芸用小纱囊撮茶叶少许，置花心。明早取出，烹天泉水泡之，香韵尤绝。"王韬《漫游随录·古墅探梅》记甫里古刹海藏禅院，"池中多种莲花，红白烂漫，引手可摘。花时芬芳远彻，满室清香。余戚串家尝居此，每于日晚，置茶叶于花心，及晨取出，以清泉瀹之，其香沁齿"。这种做法元人已有了，称为莲花茶，见倪瓒《云林堂饮食制度集》。至明代仍在继续，屠隆《考槃馀事》卷四说："莲花茶，于日未出时，将半含白莲花拨开，放细茶一撮，纳满蕊中，以麻皮略扎，令其经宿。次早摘花，倾出茶叶，用建纸包茶焙干。再如前法，随意以别蕊制之，焙干收用，不胜香美。"元明时代还没有碧螺春，入清以后，这种莲花点茶法，用的是什么茶，沈复和王韬都没有说，想来应该是像碧螺春那样的嫩茶。

　　苏州人家吃茶，各有不同，以绿茶为主，也有吃红茶、吃香片、吃普洱、吃乌龙的，夏天吃清凉的野白菊茶、薄荷茶，冬天则吃酽冽的祁红、闽红、宁红、滇红、宜红。故苏州茶庄极多，清末民初，以上津桥的吴世美、中市街的鲍德润、玄妙观如意门的汪瑞裕、上塘街的吴馨记、南濠街的严德茂、万年桥的方裕泰为六大家，都是徽商，经销各地茶叶。清佚名《苏州市景商业图册》画有一家"仁太号"茶庄，两侧悬有"鲍仁太号家园松萝花香武彝发贩"、"鲍仁太号毛尖旗枪龙井细茶铺"的市招，店堂内有曲尺柜台，架上放着"毛尖"、"雨前"等茶罐，可见当时苏州一般茶庄的情形。

　　各邑市镇上则有一些特殊的吃茶风气，如周庄的"阿婆茶"，茶叶从安徽茶庄买来，并不讲究品质，先点茶酿，然后冲泡，茶食除糕点、糖果、蜜饯外，必有一款腌菜，故又称为"吃菜茶"，别成风俗。吴江近太湖乡间，则以熏豆茶待客。熏豆茶都用上等绿茶，加入熏青豆、胡萝卜丝、黑豆腐干、芝麻等冲泡，水是用紫铜茶吊在灶头上烧开，柴火用的是晒干的桑树枝丫，没有烟火气。熏豆茶喝起来，咸中带甜，甜中带鲜，又有点儿涩，故回味无穷。

茶　水

古今茶事，总将茶和水相提并论，精茶和真水融合，才称至高享受，才得至上境界。前人于此多有论述，许次纾《茶疏·择水》说："精茗蕴香，借水而发，无水不可与论茶也。"张大复《梅花草堂笔记》卷二"试茶"条说："茶性必发于水。八分之茶，遇水十分，茶亦十分矣；八分之水，试茶十分，茶只八分耳。"钱椿年《茶谱·煎茶四要》也说："凡水泉不甘，能损茶味之严，故古人择水，最为切要。"由此可知，水质直接影响茶味，佳茗配好水，方能相得益彰。

陆羽《茶经·五之煮》称烹茶之水，"用山水上，江水中，井水下"。首推山中乳泉，张源《茶录·品泉》说："茶者水之神，水者茶之体，非真水莫显其神，非精茶曷窥其体。山顶泉清而轻，山下泉清而重，石中泉清而甘，砂中泉清而洌，土中泉清而白。流于黄石为佳，泻于青石无用。流动者愈于安静，负阴者胜于向阳。真源无味，真水无香。"可见即使都是山泉，也有种种分别。

虎丘山泉，自古有名，张又新《煎茶水记》记刘伯刍"称较水之与茶宜者"，以"苏州虎丘寺石水第三"；又记陆羽论水，以"苏州虎丘寺石泉水第五"。此泉又称陆羽石井，在剑池旁，大石井面阔丈馀，上有辘轳，然湮塞已久。至南宋绍兴三年（1133），主僧如璧予以疏浚，泉又汩汩流出。四旁皆石壁，鳞皱天成，下连石底，渐渐狭窄，泉出石脉中，据说甘冷胜于剑池。郡守沈揆曾作屋覆之，又别筑亭于井旁，以为烹茶宴坐之所。明正德间，长洲知县高第重疏沮洳，构品泉亭、汲清亭于其侧，王鏊为撰《复第三泉记》，另请人在石壁题刻"第三泉"三字。除第三泉外，山道上有憨憨泉，相传为梁武帝时憨憨尊者遗迹，《桐桥倚棹录·山水》称"池水甚清，今居人于此汲泉烹茗"。后山又有响师虎泉，正德《姑苏志·人物二十三》说："惠响，吴兴人，姓怀氏，天监中居虎丘。不得甘泉，乃俯地侧听，得泉，今名曰虎跑泉。"

天平山白云泉，乃白居易题名，声名籍甚。唐宝历元年（825），白居易任苏州刺史，往游天平山，在山腰发现一泓清泉自石罅涓涓流出，挂峭壁，穿石隙，直流下山，作《白云泉》云："天平山上白云泉，云自无心水自闲。何必奔冲山下去，更添波浪向人间。"至北宋景祐元年（1034），范仲淹出知苏州，得陈纯臣《荐白云泉书》，有曰："山之中有泉曰白云泉，山高而深，泉洁而清。倘逍遥中人，览寂寞外景，忽焉而来，洒然忘怀，碾北苑之一旗，煮并州之新火，可以醉陆羽之心，激卢仝之思，然后知康谷之英、惠山之灵不足多尚。"范仲淹感念陈纯臣对家乡名胜的挚爱，欣然作《天平山白云泉》一诗。庆历中庐陵僧法远于此筑云泉庵，为汲泉品茗之处。至南宋，白云泉已名声大著，《吴郡志·山》说："山半白云泉，亦为吴中第一水。比年有寺僧师寿搜采岩峦，别立数亭，皆奇峭。又于白云之上石壁中得一泉如线，尤清冽云。"一线泉，丝连萦络，大旱不竭，明初杨基《一线泉》云："石窦小如针，泉飞一缕金。天风吹不断，穿过白云深。"寺僧且劈竹引泉入石盂，故又称钵盂泉。清乾隆三年（1738），范瑶于云泉庵废基重建云泉精舍，有白云亭、如是轩、兼山阁诸构，为品茗胜处。

洞庭西山多名泉，首推水月寺边一泓渟渊，苏舜钦《苏州洞庭山水月禅院记》说："旁有澄泉，洁清甘凉，极旱不枯，不类他水。"因在水月寺旁，故称水月泉，以烹水月茶为最宜。至南宋绍兴初，胡松年改名无碍泉，李弥大《无碍泉诗并序》说："水月寺东，入小青坞，至缥缈峰下，有泉泓澄莹澈，冬夏不涸，酌之甘冷，异于他泉而未名。绍兴二年七月九日，无碍居士李似矩、静养居士胡茂老饮而乐之。静养以无碍名泉，主泉僧愿年为煮泉烹水月芽，为赋诗云：'瓯研水月先春焙，鼎煮云林无碍泉。将谓苏州能太守，老僧还解觅诗篇。'"又有毛公坛下的毛公泉，潘之恒《太湖泉志》说："毛公炼丹井也，旁有石池，深广袤丈，大旱不涸。"皮、陆有唱和诗。又有上方坞的鹿饮泉，蔡羽《酌鹿饮泉记》说："鹿饮之量，不胜二瓿，而窍山成川，泆流几里，三周妙香之堂，浮诸桥梁，厥源邃哉。客有荷灶至大青者，再沸水，益甘冽。"据王维德《林屋民风·泉》记载，西山还有惠泉、军坑泉、龙山泉、黄公泉、华山泉、玉椒泉、紫云泉、隐泉、乌砂泉、石版泉、画眉泉等。

洞庭东山也多名泉，水质澄碧甘冽，为品茶家赞赏。翠峰天衣禅院有悟道泉，相传天衣义怀禅师汲水折担于此，于是悟道，故以得名，吴宽《谢吴承翰送悟道泉》云："试茶忆在廿年前，碧瓷移来味宛然。踏雪故穿东涧屐，迎风遥附太湖船。题诗寥落怜诸友，悟道分明见老禅。自愧无能为水记，遍将名品与人传。"又《林屋民风·泉》引录唐寅一绝："自与湖山有宿缘，倾囊刚可买吴船。纶巾布服怀茶饼，卧煮东山悟道泉。"此外，东山还有柳毅井、海眼泉、灵源泉、青白泉、碧雪泉、廉泉、天池、石潈泉、松雨泉、自芳泉、消渴泉、萃松泉、紫泉、天井泉、化龙泉、白龙泉等，其中不少在深坞幽谷之中，罕为人知。

光福以妙高峰下七宝泉最有名，顾元庆《云林遗事·洁癖》说："光福徐达左，构养贤楼于邓尉山中，一时名士多集于此，云林为犹数焉。尝使童子入山，担七宝泉，以前桶煎茶，后桶濯足，人不解其意，或问之，曰：'前者无触，故用煎茶；后者或为泄气所秽，故以为濯足之用耳。'"都穆《游郡西诸山记》说："泉生石间，环甃以石，形如满月，深尺许，掬饮甚甘。"据光绪《光福志·水》记载，光福一带还有玉泉、墨泉、观音泉、箬帽泉、喜鹊泉、挂杖泉、双膝泉、八德泉、法乳泉、钵盂泉、夹石泉、白鱼泉、白龙泉、铜泉等。

此外，支硎山的寒泉、碧琳泉，穹窿山的法雨泉、百丈泉，横山的双泠泉、洌泉，尧峰的宝云井，阳山大石的云泉等，都声名赫奕。

旧在京师，人们都慕望苏州山泉的甘冽醇厚，黄钊《帝京杂咏》云："碧潭饮马想春流，甘井应难此地求。且向春坊求正字，为因泉味似苏州。"然而岁月无情，山泉也在起变化，清初何焯《义门读书记》卷三十八"欧阳文忠公文上"条就说："以吾郡言之，虎丘石井，唐人品为第三，今不可食；天平山白云泉，发自范文正公，今水味亦减矣。"

烹茶的江水，以松江第四桥下之水最著名，《吴郡图经续记·杂录》说："张又新品天下之水，其二慧山泉，三虎丘井，六松江。陆鲁望好之，高僧逸人时致以助。松江水或以谓第四桥者最佳，盖差远井邑，宜更清耳。"《吴郡志·土物上》也说："松江水在水品第六，世传第四桥下水是也，今名甘泉桥，好事者往往以小舟汲之。""第四"者，乃当时自垂虹桥以南的第四座桥，郑元祐《吴江甘泉祠祷雨记》说："州之东行，涉江湖而为桥者相望，独第四桥之下水最深，味最甘，色湛湛寒碧，唐陆羽尝品第入《茶经》，则其异于众水也必矣。"洪武《苏州府志·土产》说："昔人以此水受天目山一派，所以唐人收入水品，往往于桥下汲之。常闻狎于水者云，桥左右有沟道，深至五丈，乃龙卧处，当以纸幂瓶口，系长竿下垂，破幂取之，水体轻而味甘，煮茶为佳。若取之破面，名是而实非也。"但后世情形便不同了，据金友理《太湖备考》卷首《吴江县沿湖水口图》标示，垂虹桥以南，依次为三江桥、观澜桥、仙槎桥、万顷桥、定海桥，然后才是甘泉桥，第四桥也就名不副实了。故就有陆羽品泉为第四之说，史鉴《运河志》说："又四里即甘泉桥也，下有泉甚深，味甚甘，色湛湛寒碧，唐陆羽尝品为第四，故又呼为第四桥。"《太湖备考·沿湖水口》就说："甘泉桥，七拱，桥下有甘泉，故名。陆羽品泉为第四，故又名第四桥。"如果作呆鸟般的考证，松江水品为第六，乃张又新《煎茶水记》所说，陆羽品题并无"第四"之说。

雨水和雪水也可烹茶。

先说雨水，苏州人称为天落水，古人则称天泉。屠隆《考槃馀事》卷四说："天泉，秋水为上，梅水次之。秋水白而冽，梅水白而甘。甘则茶味稍夺，冽则茶味独全，故秋水较差胜之。"苏州人家却以梅水烹茶，以为上品。

芒种之后，江南进入梅雨季节，天气阴晴易变，俗谚有"黄梅天，十八变"，往往多雨，古人有"黄梅时节家家雨"之语。旧时苏州人家都蓄贮黄梅时的雨水，称之梅水，作烹茶之用。顾禄《清嘉录》卷五"梅水"条说："居人于梅雨时，备缸瓮，收蓄雨水，以供烹茶之需，名曰梅水。徐士鋐《吴中竹枝词》云：'阴晴不定是黄梅，暑气薰蒸润绿苔。瓷瓮竞装天雨水，烹茶时候客初来。'"并按曰："长、元、吴《志》皆载'梅天多雨，雨水极佳，蓄之瓮中，水味经年不变'。又《昆新合志》云：'人于初交霉时，备缸瓮贮雨，以其甘滑胜山泉，嗜茶者所珍也。'"袁学澜《吴郡岁华纪丽》卷五"梅水"条也说："梅天多雨，檐溜如涛，其水味甘醇，名曰天泉。居人多备缸瓮蓄贮，经年不变，周一岁烹茶之用，不逊慧泉，名曰梅水。耽水癖者，每以竹筒接檐溜，蓄大缸中，有桃花、黄梅、伏水、雪水之别。风雨则覆盖，晴则露之，使受风露日月星辰之气，其甘滑清洌，胜于山泉，嗜茶者所珍也。"

周作人读了《清嘉录》的记述后，这样说："我们在北京住惯了的平常很喜欢这里的气候风土，不过有时想起江浙的情形来也别有风致，如大石板的街道，圆洞的高大石桥，砖墙瓦屋，瓦是一片片的放在屋上，不要说大风会刮下来，就是一头猫走过也要格格的响的。这些都和雨有关系。南方多雨，但我们似乎不大以为苦。雨落在瓦上，瀑布似的掉下来，用竹水溜引进大缸里，即是上好的茶水。"在他看来，"有梅水可吃实在不是一件微小的福气呀"（《夜读抄·〈清嘉录〉》）。

再说雪水，乃烹茶的妙品，这是古已有之的，白居易《晚起》有"融雪煎香茗"，辛弃疾《六幺令》有"细写茶经煮香雪"，元人谢宗可更有《雪煎茶》云："夜扫寒英煮绿尘，松风入鼎更清新。月团影落银河水，云脚香融玉树春。陆井有泉应近俗，陶家无酒未为贫。诗脾夺尽丰年瑞，分付蓬莱顶上人。"雪水是软水，用来泡茶，汤色鲜亮，香味俱佳，饮过之后，馀韵弥留齿颊间。

由烹茶的雪水，会让人想起《红楼梦》中的事来。第四十一回说贾母带了刘老老等人来到栊翠庵，要妙玉用好茶来饮，妙玉便用旧年蠲的雨水，泡了一盏老君眉给贾母。随后妙玉拉宝钗、黛玉进了耳房，宝玉也悄悄跟了来，妙玉又用另外的水给他们泡茶，宝玉细细吃了，果觉轻纯无比，赏赞不绝。黛玉便问："这也是旧年的雨水？"妙玉冷笑道："你这么个人，竟是大俗人，连水也尝不出来。这是五年前我在玄墓蟠香寺住着，收的梅花上的雪，统共得了那一鬼脸青的花瓮一瓮，总舍不得吃，埋在地下，今年夏天才开了。我只吃过一回，这是第二回了，你怎么尝不出来？隔年蠲的雨水，那有这样轻清？如何吃得？"收取梅花上的雪用来泡茶，似不多见，但作者并非杜撰，也是有根据的，据陆以湉《冷庐杂识》卷六"玉泉雪水"条记载，清高宗"遇佳雪必收取，以松实、梅英、佛手烹茶，谓之三清"。既然雪水可与梅瓣等烹茶，何妨直接从枝头梅花上收雪，这是一种神驰意远的艺术想象。

苏州城内外茶馆，每天用水量很大，不可能去汲山泉、蓄梅水，更不可能用雪水，而是采用胥江水。胥江自太湖而来，既清澄甘冽，又是"活水"，适宜烹茶。胥江上有专作这一营生的水船，每天摇船出去，至水流最急、水质最清的地方，打水上船，然后停泊在胥门外水码头，也有将水船摇到旧学前，附近的茶馆便雇挑夫到那里买水。苏州最大的茶馆吴苑深处，长期雇用挑夫八人，一日两趟去胥门外水码头挑水，他们身穿印有"吴苑"字号的蓝头夹，列队走街串巷，一路上口吟号子，便做了一路的广告，以此招徕茶客。也有自备船只去胥江打水的，郑逸梅《瓶笙花影录》卷上"吴门茶水之来源"说："吴门尚无自来水之设施，城中河道狭隘，水皆污浊，不堪煮茶。故较大之茶肆，往往特备一船，至胥门外，汲取胥江水，满载入城，但胥门无水关，必须绕道盘门，甚费周折。茶肆主人恐船役之水不由江也，于汲水处及盘门水关间，皆设有监督，监督者执有竹筹，船役必向取以为信，船泊埠头，别由伕役以桶担之；又恐伕役之水不由船也，又有小竹筹以为证。盖为卫生起见，不得不审慎严密也。然天下事无不有弊，使人防不胜防。此辈船役，异想天开，预于船底凿一孔，木塞以杜之，船既停泊，担去若干桶，潜行去塞，于是泾渭不分，取之无尽，船役乃大逸乐。茶肆主人不之察也，亦云狡狯矣。"这也是一桩趣闻。

侯官人何刚德是苏州最后一任知府，在职八年，至辛亥后退隐。他在任上时做了不少事，其中之一就是开凿公共饮用深水井。他在《话梦录》卷上《郡斋忆旧》中有诗一首云："淘河百计苦无由，凿井东瀛法可求。怎奈居民安惯习, 浊流声价重清流。"自注: "东洋井, 即自来水井也。余因苏州居民洗米、浣衣与涤便器聚在河畔, 秽浊不堪, 爰于京师雇匠凿东洋井三口。井成而汲者裹足不前, 金曰: '井水有毒, 不如河水饮之心安也。'苦劝之而卒不应。"何刚德的用意虽好, 但苏州百姓并不领情, 因为自青旸地被辟为日本租界后, 苏州人颇感屈辱, 很讨厌"东洋人"、"东洋货", "东洋井"自然也不例外。直到抗战沦陷时期, 北局青年会才打深水井, 水管从兰花街经松鹤楼, 进入大成坊, 玄妙观内的品芳、三万昌等茶馆设管接引, 观前一带的大茶馆也纷纷仿效。

茶　馆

　　以饮茶活动为中心的经营性场所，唐宋时称茶肆、茶坊、茶楼、茶邸，至明代始称茶馆，清代以后则惯称茶馆、茶社或茶室。明末清初，苏州茶馆已遍于里巷，章法《苏州竹枝词》云："任尔匆匆步未休，不停留处也停留。十家点缀三茶室，一里参差数酒楼。"乾隆以后更多了，乾隆《长洲县志·风俗》说："吴中无业资生之人，开设茶坊，聚四方游手，闲谈游戏，因而生事，盗贼假以潜踪。始则寺观庙宇，今且遍于里巷，最为风俗之害。"虎丘山塘一带就是麇集之处，顾禄《桐桥倚棹录·市廛》说："虎丘茶坊，多门临塘河，不下十馀处，皆筑危楼杰阁，妆点书画，以迎游客，而以斟酌桥东情园为最。春秋花市及竞渡市，裙屐争集。湖光山色，逐人眉宇。木樨开时，香满楼中，尤令人流连不置。又虎丘山寺碑亭后一同馆，虽不甚修葺，而轩窗爽垲，凭栏远眺，吴城烟树，历历在目。费参诗云：'过尽回栏即讲堂，老僧前揖话兴亡。行行小幔邀人坐，依旧茶坊共酒坊。'"清佚名《苏州市景商业图册》画了一家茶馆，悬着"上元馆"招牌，建筑纵向作一枝香轩式，横向作船篷式，四周不设窗棂，环以红栏，厅内安放茶桌四张，茶客两三人，堂倌正在茶灶前烹茶。这是不可多得的清代苏州茶馆图像。

　　苏州茶馆内，很早就有卖艺人的身影，吴伟业《望江南》词曰："江南好，茶馆客分棚。走马布帘开瓦肆，博羊饧鼓卖山亭。傀儡弄参军。"其中也包括评弹。评弹和茶馆有非常密切的关系，茶馆为评弹艺术的发展提供了天地，吃茶者有闲，天天不缺，而说书人也就能将长篇大书一天天说下去，这些固定的茶客也就是固定的听众了。章法《苏州竹枝词》云："不拘寺观与茶坊，四蹴三从逐队忙。弹动丝弦拍动木，霎时跻满说书场。"袁学澜《续咏姑苏竹枝词》亦云："蠡窗天幔好茶坊，赢得游人逐队忙。弹唱稗官明月夜，娇娥争坐说书场。"1934年，叶圣陶《说书》说："书场设在茶馆里。除了苏州城里，各乡镇的茶馆也有书场。也不止苏州一地，大概整个吴方言区域全是这批说书人的说教地。直到如今还是如此。听众是士绅以及商人，以及小部分的工人农民。从前女人不上茶馆听书，现在可不同了。听书的人在书场里欣赏说书人的艺术，同时得到种种的人生经验：公子小姐的恋爱方式，何用式的阴谋诡计，君师主义的社会观，因果报应的伦理观，江湖好汉的大块分金、大碗吃肉，超自然力的宰制人间，无法抵抗……也说不尽这许多，总之，那些人生经验是非现代的。"一般来说，旧时茶馆的说书，都在下午和晚上，晚上的演出时间，以燃尽一支蜡烛为限。有条件的茶馆都希望说书人去说书，称他们为"茶郎中"，因为有了说书人，生意就会更加兴隆。

苏州茶馆，向不准女子进入。道光十九年（1839），江苏按察使裕谦出示禁令九条，其中就有"不准开设女茶馆"，"男茶馆不准有妇女杂坐"，"男茶馆有弹唱词曲者，不论有目无目，止准男人，不准女人"（《吴门表隐》附集引）。这是有针对性的。玄妙观内有一处繁昌茶馆，创设于乾隆年间，至道光时，已成为游冶聚集之所，潜庵《苏台竹枝词》云："象梳缩髻麝油香，笑约邻娃到万昌。福橘猩红青果绿，问谁隔座掷潘郎。"袁学澜《续咏姑苏竹枝词》亦云："邻姬相约聚繁昌，满座茶香杂粉香。路柳墙花无管束，雄蜂雌蝶逐风狂。"这自然有伤风化，且不仅是一个两个茶馆，已成为一种普遍现象，如潜庵词云："玻璃棚上银蟾飞，玻璃棚下牵郎衣。为郎手理合欢带，今夜问郎归不归。"自注："茶室中以玻璃作天幔，上映星月，下庇风雨，桑中之约，辄定于茶烟澹沲间。"又云："郎爱风流三笑记，昨宵丝竹广场喧。郎心怎似侬心定，漫逐春风到蕙园。"自注："蕙园，茶室名。妇女听书者，每夕必三四十人。"其实，妇女上茶馆吃茶，大都是为了听书，这种风气自然难以禁绝。至光绪年间，谭钧培任江苏布政使，禁止民家婢女和女仆入茶馆吃茶，但风气沿习已久，虽有禁令而并无效果，谭一日出门，正见一位女郎娉婷而前，将入茶馆，问是谁，如实已告，谭大怒，说："我已禁矣，何得复犯！"即令随从将女郎的绣鞋脱去，并说："汝履行如此速，去履必更速也。"这个故事在坊巷间流传，正说明禁止妇女听书并不容易。为适应越来越多的妇女听书，茶馆里特设女宾专席，如梅园即辟一角，间以木阑，有二十馀座。当时吃茶加听书，约费七八个铜板，茶馆与说书人按书筹分成拆账，业内人称为拆签。

自道光至清末，苏州城内外的茶馆书场有三十多家，如观前街的云露阁、宫巷的桂芳阁、阊门外的湖田堂引凤园、临顿路的清河轩、道前街的雅仙居、兰花街的清风明月楼、吴县城隍庙的福泉、太监弄的老义和（后改吴苑深处）、皮市街的濒畅、临顿路萧家巷口的金谷、宫巷的聚来厅、中市街的中和楼（后改春和楼）、凤凰街的老蕙园、葑门外横街的椿沁园、胥门外的凤池、山塘街的大观园、濂溪坊的怡鸿馆等。其中最有影响的是老义和、濒畅、聚来厅、金谷四家，被称为"四庭柱"，都是名家响档演出的一流茶馆，场内可容听客二三百人。各邑有名的茶馆书场，常熟有湖园、仪凤、长兴、雅叙楼、雅集轩，昆山有畅乐园、老同春，太仓有鹿鸣楼、鸣园，吴江有祥园等。

民国年间，苏州茶馆业出现繁荣局面。自1920年代至1930年代，苏州城区的茶馆书场，有太监弄的吴苑深处，玄妙观内的三万昌、雅聚园（后改品芳）、雅月、吟芳，观前街的汪瑞裕、云露阁、文乐楼、彩云楼，北局兰花街的清风明月楼，察院场的赛金谷，皮市街的濒畅、齐苑、同春苑，临顿路的金谷、顺兴园、九如、中央楼、仝羽春、群贤居、方园、壶中天、望月楼，濂溪坊的怡鸿馆、沁园、顺园，宫巷的聚来厅、桂芳阁、如意阁，养育巷的胥苑深处、渭园，道前街的凤翔春、一乐天、雅仙居，府前街的凤鸣园，西贯桥的双凤苑，禅兴寺桥的庸昌，护龙街的彩云楼、啸云处、齐苑、北新园、桂馨，饮马桥的锦帆榭，古市巷口的怀古，中市街的德仙楼、中和楼，汤家巷的茂苑，泰伯庙前的凤苑，神仙庙前蒋厅的会园，干将坊宫巷口的同仁楼，南仓桥的引凤台，砖桥的春和，葑门外的椿沁园，娄门外的鸿园、升平楼，盘门外的春风得意楼、四海楼，阊门外的福安、长安、龙园、怡苑、玉楼春、汇泉楼、啸云天、民众茶园、大观楼、中央楼、鸿春、易安，另有一家集贤楼，不知其所在。苏州茶馆既多，招牌烂盈，令人眼花缭乱。曾有好事者，将几家茶馆的字号凑合一联曰："雅月玉楼春望月"，可惜无有应对者。此外，民国初胥门外有一家茶馆，号为丹阁轩，苏州人读如"耽搁歇"，也就是稍微歇一歇的意思，正切合茶馆的宗旨，很是有趣。

去茶馆不仅可以听书，还可以读报。当时家庭订阅报纸的很少，学校或公家单位订阅报纸的也不会多，而茶馆里则有报贩租报，付几个铜子，就可遍览当时报纸。叶圣陶早年日记里就记载了课馀到雅聚、老义和等茶馆吃茶的事，宣统三年（1911）九月他几乎天天到茶馆读报，了解革命军与北军的战事状况。在茶馆里租报阅读，至1930年代仍是，周劭《苏州的饮食》说："吴苑记忆中最深的是'租报'，那时上海的小报多到三四十家，鲁迅或洋人称它为'蚊报'，都是些言不及义的消闲读物，每张总也得二三个铜板，要买齐它倒也所费不赀。但到了吴苑，你只要花角把'小洋'，便会有报贩轮流掉换给你看尽当天上海的小报，因为每天头班火车到苏州不过七点钟，所以在吴苑吃早茶的茶客便能一早看到当天的沪报。"范烟桥《茶坊哲学》也说："苏州的茶坊，可以租看报纸，大报一份只须铜元四枚，小报一份只须铜元一枚，像现在报纸层出不穷，倘然多看几份，每月所费不赀，到了茶坊，费极少的钱，可以看不少的报纸，岂不便宜合算。还有许多新闻，是报纸所不载的，我们可以从茶客中间听到。尤其是在时局起变化的时候，可以听到许多足供参考的消息，比看报更有益。单就吴苑讲，有当地的新闻记者，有各机关的职员，他们很高兴把得到的比较有价值的消息，公开给一般茶客的。茶坊又是常识的供应所，因为茶客品类复杂，常有各种专门的经验，在谈话时发挥出来。我们平时要费掉许多工夫才能知道的，在茶坊可以不劳而获。所以图书馆是百科大学，茶坊是活的图书馆。"

1945年，杨剑花《风土清嘉的苏州》说："根据确实调查，省垣第八区

（即城厢）除去小茶馆不计外，一共有二十二处之多，每处平均能容纳茶客六百位至八百位，假使每爿茶寮统扯有七百名，那末这些茶寮就要容纳一万五千四百个人哪。从这个可惊的数目上看来，我们可以知道苏州人是怎样地具有啜茶癖嗜哩！"

　　陆文夫《门前的茶馆》记了山塘街上的一家小茶馆，那是抗战胜利后的事："小茶馆是个大世界，各种小贩都来兜生意，卖香烟、瓜子、花生的终日不断，卖大饼、油条、麻团的人是来供应早点。然后是各种小吃担都要在茶馆的门口停一歇，有卖油炸臭豆腐干的，卖鸡鸭血粉丝汤的，卖糖粥的，卖小馄饨的……间或还有卖唱的，一个姑娘搀着一个戴墨镜的瞎子，走到茶馆的中央，瞎子坐着，姑娘站着，姑娘尖着嗓子唱，瞎子拉着二胡伴奏。许多电影和电视片里至今还有此种镜头，总是表现那姑娘生得如何美丽，那小曲儿唱得如何动听等等之类。其实，我所见到卖唱姑娘长得都不美，面黄肌瘦，发育不全，歌声也不悦耳，只是唤起人们的恻隐之心，给几个铜板而已。茶馆店不仅是个卖茶的地方，孵在那里不动身的人也不仅是为了喝茶的。这里是个信息中心，交际场所，从天下大事到个人隐秘，老茶客们没有不知道的，尽管那些消息有时是空穴来风，有的是七折八扣。这里还是个交易市场，许多买卖人就在茶馆里谈生意。这里也是个聚会的场所，许多人都相约几时几刻在茶馆店里碰头。最奇怪的还有一种所谓的吃'讲茶'，把某些民事纠纷拿到茶馆店里评理。双方摆开阵势，各自陈述理由，让茶客们评论，最后由一位较有权势的人裁判。此种裁判具有很大的社会约束力，失败者即使再上诉法庭，转败为胜，社会舆论也不承认，说他是买通了衙门。"这是大千世界的一个缩影。

　　再介绍一点茶馆的服务。茶馆里都有堂倌，也就是负责堂口的茶博士，这不是一般人干得了的。现代京剧《沙家浜·智斗》中阿庆嫂有一段唱："垒起七星灶，铜炉坐三江，摆开八仙桌，招待十六方，来的都是客，全凭嘴一张，相逢开口笑，过后不思量，有什么周详不周详。"但阿庆嫂开的毕竟是小镇上的春来茶馆，不同于苏州的茶馆。苏州茶馆的堂倌，全凭"周详"两字取悦茶客，老茶客的职业、家庭、习惯、性情、嗜好，甚至听书的曲目流派，无不悉记于心，投人所好，讨人欢喜，不仅嘴上敷衍功夫了得，且手脚勤快，真是全心全意为你服务。譬如老茶客一到，就引到老座位上，老茶客大半有固定的座位，万一这座位给人占了，他自有办法让占坐的茶客愉快地换座，然后用客人专用的茶具泡好茶，再取出专为这位客人准备的香烟，哪位客人吸什么牌子的烟也绝不会弄错，并且为客人点上，在香烟尚未盛行的时代，则是一把水烟筒，装上一锅烟丝，再递上纸捻。到了吃早餐或下午吃点心的老辰光，不用客人打招呼，就将点心端了上来，如果吃面，吃什么浇头，面的软硬，汤的咸淡，重青还是免青，无不尽如人意。这一点，似乎是每个茶客都公认的，莳溪《苏州的茶馆》就说："假使你要吃些东西的话，茶馆里更其要比什么地方便利得多，五香排骨、异味酱鸭舌、熏糖豆沙粽子，以至五香豆、冰糖山楂，都有人送到你面前，任你挑选，买不买听便，决不会演出茶资加倍的丑把戏来。不单如此，你要吃任何茶馆里的东西，也可以叫茶博士去买来，像暑天应时的三虾面、卤鸭面，你要吃的话，只消劳一声嘴。"另外，堂倌对每位老茶客离去的时间，也大约有数，如果恰好下雨，路远的，门前早已歇好黄包车，离家近的，套鞋雨伞已替你从家里取来了。堂倌还有一本小折子，记着茶客的名字、住址，将平日里的赊账，一笔笔记清，逢年过节便向茶客结算。老茶客都将茶馆服务视为一种享受，偿清赊欠后，必给一笔小费，这于堂倌来说，确是较为丰厚的收入。

范烟桥《吴苑感逝录》就记载了吴苑的一位薛姓堂倌："薛保，常熟人，脾气之和顺，记忆力之强，眼关六着，耳听八方，可算得标准堂倌。倘然他一天不到，请一位代庖者来，包管弄得手忙脚乱，因为啥老爷吃红的，啥少爷有紫砂茶壶，东三台要烧饼，是免青免麻免油酥，西二台要面，是蹄髈轻骨加红油，只有他能够有条不紊，按步就班，安排得一点不差。所以有几位老茶客，竟因为他去世了，不再到吴苑吃茶，而搬到桂芳阁或是蓬瀛去的。至今还有些久客他乡，重到吴苑，还提起这老锡保的芳名的。"

凡茶馆的老顾客，都有"吃跶茶"的资格，程瞻庐《苏州识小录·茶寮》说："苏人吃板茶之风颇盛（按日必往茶寮，谓之板茶），亦有每日须至茶寮二三次者。一次泡茶以后，茶罢出门，茶博士不收壶去，仅将壶倚戤一边，以待其再至三至，名曰'戤茶'。取得'吃戤茶'之资格者，非老茶客不可。仅出一壶茶之费，而可作竟日消遣。茶博士贪其逢节有犒赏，故对于此辈吃戤茶者，奉承之惟恐不至也。"

另外，堂倌的续水也让人称绝，苏州人称为"凤凰三点头"。那时泡茶都是茶壶，喝茶另有白瓷茶碗，堂倌拎着长嘴吊子前来续水时，左手拿起茶壶时用一只手指勾起茶盖，右手将吊子嘴凑近壶口，待水柱出来，将吊子一拉，一条白练从一尺多高的半空里飞泻入壶，待壶中的茶水浅满恰到好处时，吊子陡然落下壶口时打住，壶外边是滴水也无的。

陶凤子《苏州快览》说："苏人尚清谈，多以茶室为促膝谈心之所，故茶馆之多，甲于他埠。其吸引茶客之方法，全侍招待周到，故茶役之殷勤和平，尤非他埠所能及。近年来各茶馆竞相装饰，多改造房屋，如吴苑深处、茂苑等，院宇曲折，花木扶疏，身临其地，与知友二三，饮茗谭笑，殊觉别有雅趣。其茶费大概铜元八枚或十枚，其次者只四五枚而已。"茶客对茶馆的选择，有道里的远近、兴趣的契合、环境的适宜、服务的周全诸多因素，并且往往习惯成自然，几乎固定在一个茶馆。但苏州茶馆大小不一、雅俗并存，还各有其特色，有茶水的不同，茶食的不同，甚至有茶客职业的不同。

苏州晚近的吃茶佳处，首推太监弄吴苑深处，原名老义和，创始无考，道光二十年（1840）改号意和园，人称老意和，1912年由陆氏接办后，改号吴苑深处，省称吴苑。门首有联曰："吴宫花草已无存，骚客消闲，应怀古迹；苑宇幽深称独步，雅人品茗，胜读茶经。"门面五开间，前后四进，出后门即为珍珠弄。楼下有五个堂口，楼上有五开间大堂口和后面一个小堂口。各个堂口各有特色，方厅中有木雕挂落，分隔成前后两间；四面厅四面空敞，冬暖夏凉，坐厅中可望庭院里的湖石花木；爱竹居以幽静著名，窗外竹影婆娑；话雨楼则在楼上，布置雅洁，最宜读书手谈。吴苑里各个堂口，各据一方，雅俗不同，自成一体，故能各得其所，如爱竹居多文人雅士，故堂中悬联曰："有丛篁万个，环精舍三楹，静对自饶名士气；分槐火半炉，漾茶烟一缕，清谈别有雅人风。"乃张荣培所撰。吴苑的茶客川流不息，四季盈门，自早至晚，每天茶客逾千人。金孟远《吴门新竹枝》云："金阊城市闹红尘，吴苑幽闲花木新。且品碧螺且笑语，风流岂让六朝人。"自注："吴人有品茗癖，而吴苑深处为邑中人士荟集之所，一盏清茗，清谈风月，不知身在十丈软红尘中矣。"

郑逸梅《逸梅丛谈》"苏州的茶居"条说："我们苏州人真会享福，只要有了些小家私，无论什么事都不想做。他们平常的消遣，就是吃茶。吃茶的最好所在，就是观前吴苑深处。那茶居分着什么方厅咧，四面厅咧，爱竹居咧，话雨楼咧，听雨山房咧，不像上海的茶馆，大都是个几开间的统楼面，声浪嘈杂，了无清趣可比。所以那班大少爷们，吃了饭没有事，总是跑去泡壶茶，消磨半日光阴。因为他们的生活问题，早已解放，自有一种从从容容优哉游哉的态度。好得有闲阶级，大都把吴苑深处作为俱乐部，尽可谈天说地，不愁寂寞。他们谈话的资料，有下列的几种，一、赌经，二、风月闲情，三、电影明星的服装姿态，四、强奸新闻，五、讽刺社会……一切世界潮流，国家大计，失业恐慌，经济压迫，这些溢出谈话范围以外的，他们决不愿加以讨论。多谈了话，未免口渴，那么茶是胥江水煮的，确是绝妙的饮料，尽不妨一杯连一杯的喝着。多喝了茶，又觉嘴里淡出鸟来，于是就有托盘的食品来兜卖，有糖山楂、桂圆糖、脆松糖、排骨、酱牛肉，甚而至于五香豆也有特殊的风味，所以同社徐碧波君，他在上海常托苏友代买吴苑的五香豆，其馀可想而知了。点心方面，什么玫瑰袋粽、火腿粽子、肉饼，就是要叫松鹤楼的卤鸭面也便捷得很。这种口福，真不知吴侬几生修到呢！到了傍晚的时候，那些古董掮客，带了些玲珑古雅的文玩，名人的书画金石，供客赏鉴。赏鉴满意，购一两件带回去顽顽，也是怪有趣的。"

吴苑的小吃很多，包天笑《钏影楼回忆录·回到苏州》说："吴苑门前有一个饼摊，生煎馒头与蟹壳黄（饼名）也是著名的。此外你要吃什么特别点心，邻近都是食肆，价廉物美，一呼即至。至于那些提篮携筐的小贩们，真是川流不息。"范烟桥《吴中食谱》也说："吴苑为零食所荟集，且多精品，如排骨为异味斋所发明，虽仿制者不一而足，俱有一种可憎之油味。异味斋之排骨，其色泽已不同凡响，近长子发明一种肉脯，不及其雅俗共赏，闻此法已为再传，当时其开山老祖所制，更觉津津有味云。卖糖山查，为苏州小贩一种应时之职业，盖天热即不能制。有一烟容满面之小贩，所制特出冠时，非至电炬已明不肯上市，甫入茶肆，购者争集，往往不越一二小时，已空其洋铁之盘矣。吴苑之火腿及夹沙粽子，亦为有名之点心，米少而馅多，且煮之甚烂，几如八宝饭，老年人尤喜之。"他在《吴苑感逝录》中又说："以前总是嫌长子的糖价钱太贵，现在想吃他的炒杏仁、南枣糖，尽化钱也办不到啦。他见阿福的排骨当行出色，就精心结撰地发明了肉脯，去掉肥肉和筋，比排骨入味。总而言之，他所制的糖果，比众不同，就是贵一点，究竟比巧克力贱得多，老友黄转陶是他的老主顾。"

凡有客人来苏州，主人都请他们去吴苑吃茶吃点心。1936年7月，朱自清来苏州，叶圣陶就邀他到吴苑，朱自清在日记中说："在中国式茶馆吴苑约一小时，那里很热。"1943年4月，周作人一行到苏州，也曾去吴苑，《苏州的回忆》说："我们第一早晨在吴苑，次日在新亚，所吃的点心都很好，是我在北京所不曾见过的，后来又托朋友在采芝斋买些干点心，预备带回去给小孩辈吃，物事不必珍贵，但也很是精炼的，这尽够使我满意而且佩服，即此亦可见苏州生活文化之一斑了。这里我特别感觉有趣味的，乃是吴苑茶社所见的情形。茶食精洁，布置简易，没有洋派气味，固已很好，而吃茶的人那么多，有的像是祖母老太太，带领家人妇子，围着方桌，悠悠的享用，看了很有意思。"1944年2月，苏青、文载道等游苏州，汪正禾邀他们去吴苑，文载道《苏台散策记》说："吴苑的吃茶情形，跟记忆中的过去，倒并未两样，除了人数的拥挤之外，而茶客和茶客之间，也没有像上海那样的分成很严格的阶级。相反，倒是短衫同志占着多数。这也见得吃茶在苏州之如何'平民化'了。听说吴苑的点心售卖是有一定的时间，我们这一天去时大约是九点钟光景吧，已经熙熙攘攘的不容易找出隙地了，幸而给鲁风先生找到二张长方桌，大家围拢来随便的用点甜的、咸的、湿的、干的点心后，就乘'勃司'到了灵岩。"那次周劭因为赶着编《古今》，没有一起来，但他战前曾在苏州住过一年，对吴苑留下很深的印象,《苏州的饮食》说:"最大的一个去处便是吴苑,为吃茶的胜处。这家啜茗之所,可不像老舍笔下的茶馆那样寒伧,而是轩敞宽广,四通八达,并且是多方面经营,集饮食和娱乐之大成。座位也不是方桌长凳那样单调,而是偃卧宽坐,各遂所欲。茶叶除了特别讲究的茶客,并不像北京那样必须自备,红、绿、花茶,各取所需,所费不过'小洋'一二角,以视今日上海的一茗三四十金,相去何啻天壤;而且上午罢饮,还可关照保留到下午,不另收费。有些茶客茗具是自备的,长期存在吴苑,并且不准洗涤,茶渍水痕,斑驳重叠,在所不惜。……吴苑的最大一角是书场,著名的评弹艺人无不从这里弹唱才能成名;但我这个人没有耐心,要听一位小姐或丫环走一条扶梯得花个把月时间,便没有这种闲处光阴了。"

一个吴苑几乎是苏州社会的缩影。舒諲《吃茶的艺术》说:"苏州人也爱坐茶馆,多半是'书茶',即为听评书、弹词而每日必到的老茶客。这种茶馆遍布大街小巷,而我却爱上'吴苑'。这里庭院深深,名花异草,煞是幽雅,似乎不见女茶客,也不卖点心,闲来但嗑嗑瓜子。茶馆是男人的世界。"苏州其他茶馆,女茶客也很少。

三万昌相传创于乾隆年间,几度兴废,屡易其主。它坐落在玄妙观西脚门,后进直通大成坊,三开间门面,前后左右有四个堂口。莲影《食在苏州》说:"儿时即闻有'喝茶三万昌,撒鸟(即小便)牛角浜'之童谣,一般搢绅士夫,以及无业游民,其俱乐部皆集中元妙观,好事之徒,乃设茶寮以牟利。初只三万昌一家,数十年后,接踵而兴者,乃有熙春台与雅聚两家,熙春台早经歇业,而雅聚亦改为品芳矣。回溯三万昌开张之始,尚在洪杨以前。每当春秋佳日,午饭既罢,麇聚其间。有系马门前,凭栏纵目者;有笼禽檐下,据案谈心者。镇日喧阗,大有座常满而杯不空之概。间有野草闲花,为勾引浪蝶狂蜂计,亦于该处露其色相焉。百馀年来,星移物换,一切风尚,与昔大不相同,惟此金字老招牌之三万昌,依然存在,而生涯之鼎盛,犹不减当年,尽有他乡商旅,道经苏州,辄问三万昌茶室在何处者。噫,盛矣!"

公园里的茶室,也被人称道,郑逸梅《逸梅丛谈》"苏州的茶居"条说:

"还有公园的东斋、西亭，都是品茗的好所在。尤其是夏天，因为旷野的缘故，凉风习习，爽气扑人，浓绿荫遮，鸟声聒碎。坐在那儿领略一回，那是何等的舒适啊！东斋后面更临一池，涟漪中亭亭净植，开着素白的莲花。清香在有意无意间吹到鼻观，尤是令人神怡脾醉。公园附近有双塔寺，浮图写影在夕照中，自起一种诗的情绪、画的意境来。惜乎不宜于冬，不宜于风雨，所以总不及吴苑深处的四时皆春，晴雨无阻。"然而在一些人眼里，在公园吃茶，还有其他收获，金孟远《吴门新竹枝》云："一盏新茶映夕阳，柳阴时度紫兰香。偈来爱向公园坐，看遍吴娃斗晚妆。"自注："夏日品茗，最宜公园，柳阴花下，每多浓抹吴娘，一盏香茗，可以永夕。"原来吃茶也能赏得美色。1930年代，西亭里的平江弈社颇有影响，张一麐《苏州平江弈社记》说："往岁王君乙舟，始创平江弈社于公园之西亭，西亭者，王君赁地所建之茶肆也。王君嗜茶而善弈，宦游归来，藉此坐隐。同社郭同甫、杨寿生诸君亦皆一时名手，研究之馀，辄与各地同好往还竞赛，六年以来，已卓然为江南名社矣。"

临顿路悬桥巷口的九如茶馆，堂口兼营书场，有一间雅室，辟为茶客对弈之处，窗明几净，南面一排落地长窗外是个小庭院，北面矮窗外是一个夹弄天井，有几丛幽篁。屋里中间是张大菜台，供下围棋者坐，四周贴墙是几张小方桌，供下象棋者坐。苏州几个棋道高手常于此一边吃茶，一连手谈，几乎天天相聚，日日酣战。如果上午一盘棋没下完，可以将茶壶盖反过来盖，下午再来，残局依然在那里，也不必再付茶资。

北局的长乐茶社，也集中了一批棋人，金孟远《吴门新竹枝》云："袖手旁观恬澹情，怕谈打劫盛平生。风晨雨夕隐长乐，棋子丁丁听一枰。"自注："北局长乐茶社，为棋家荟集之所，小集雅人，手谈数局，日长消遣，莫妙于此。"

金狮巷的小仓别墅，环境最为幽雅，周振鹤《苏州风俗·琐记》说："小仓别墅则卉石错立，绿痕上窗，消夏湾也，且有扬式点心，则饶滋味。但自甲子战后，满城风雨，别墅亦即歇业，迄今尘封，架上鹦鹉，不闻呼茶声矣。"

沦陷时期，北局百货公司屋顶也是一个吃茶去处，谷水《旧地重逢》说："近来又平添了百货公司屋顶茶场，虽然天气燠热，还是觉得优闲，谈谈说说，喝着清茶，若是爱听书儿的，也有清歌妙曲。"

旧时苏州茶馆在三伏天里，以金银花、菊花点汤，称为"双花饮"，袁学澜《姑苏竹枝词》有"螺杯浅酌双花饮，消受藤床一枕凉"之咏。及至黄昏，普通市民就纷纷去玄妙观里吃"风凉茶"，既乘风纳凉，又是吃茶的继续。袁学澜《吴郡岁华纪丽》卷六"观场风凉茶"条说："吴城地狭民稠，衢巷逼窄。人家庭院，隘无馀步，俗谓之寸金地，言不能展拓也。夏日炎歊最盛，酷日临照，如坐炊甑，汗雨流膏，气难喘息。出复无丛林旷野，深岩巨川，可以舒散招凉。惟有圆妙观广场，基址宏阔，清旷延风，境适居城之中，居民便于趋造。两旁复多茶肆，茗香泉洁，饴饧、饼饵、蜜饯、诸果为添案物，名曰小吃，零星取尝，价值千钱。场中多支布为幔，分列星货地摊，食物、用物、小儿玩物、远方药物，靡不圆萃。更有医卜星相之流，胡虫奇姐之观，蹴弋流枪之戏。若西洋镜、西洋画，皆足以娱目也。若摊簧曲、隔壁象声、弹唱盲词、演说因果，皆足以娱耳也。于是机局织工、梨园脚色，避炎停业，来集最多。而小家男妇老稚，每苦陋巷湫隘，日斜辍业，亦必于此追凉，都集茶篷歌坐，谓之吃风凉茶。"同治十一年（1872）八月二十四日《申报》刊平江散人《苏城圆妙观竹枝词》十四首，其中一首云："六月宵来风送凉，茶棚烛店各匆忙。金吾禁撤灯如昼，终夜人烧雷祖香。"这也是夏夜苏城的一道景观。

常熟的茶馆，清末民初集中在石梅一带，有枕石轩、挹辛庐、望山轩、新梅岭等，邑人吃茶，都往石梅而去，金廷桂《琴川竹枝词》云："石梅凉透夕阳斜，裙屐风流各品茶。太仆祠前来倚槛，雪红衫艳胜荷花。"王锺俊《琴川竹枝词》亦云："茶坊都傍石梅开，游客如云接踵来。走马看花忙不了，无人过访读书台。"到新年里，石梅茶馆的生意特别兴隆，杨无恙《石梅新年竹枝词》云："绍兴人喊卖兰花，摊满宜兴粗细砂。枕石望山争座位，檀香橄榄雨前茶。"佚名《旧历新年竹枝词》亦云："行行已到石梅场，锣鼓声喧杂戏忙。枕石挹辛来小坐，此间要道看烧香。"自注："枕石轩、挹辛庐两茶寮，在白衣庵左右，为烧香人必由之路。虞俗妇女一至新年，例烧年香，借以游览。"另外，西门内还有一处逍遥游茶馆，地临山崖，泉水甘美，邑人乐往啜茗。东麓有船厅一座，洞明豁朗，布置精雅，一度由经理人袁润生改建为剧场，因连年损亏，只好仍开茶馆。1930年代后，虞山风景区建设逐步完善，山上山下，点缀茶室颇多，1936年3月22日《申报》报道："此间北门公园中，所有房产大都有人建造开设茶肆，其中有环翠小筑，为全园所最富丽处。其茶客多系地方所谓士绅、退职行政人员及现在之机关职员，生活优裕消闲，故名义虽称茶肆，但不啻系一握于县政治势力人员之俱乐部，外人绝鲜插足其间，致邑社会间咸称其为环翠系。该所规定之老茶客，每日早晚两次，绝少缺席者。"1945年6月25日《申报》又有署名香粟的《常熟见闻》，这样说："今于虞山之北辟为北新公园，东麓辟为虞山公园，布置清秀，风景宜人，自朝至暮，游人众集，一般世家子女消磨终日于公园茶室，对为国尽力于烽火连天之场之勇士，早已忘怀。"

昆山茶馆也多，庞寿康《旧昆山风尚录·饮食》说："吾邑人士，亦嗜茶成癖。旧时朱门豪户，龙井、碧露春；平民寒士，茶梗、茶屑，此仅在家煮饮而已。至于长年闲暇人物，则日必往街市茶坊品茗，以消磨时光。当时大茶坊有鸿园、大观楼、三层楼，茶座舒适，有报纸阅看。朋辈相聚，大多谈天说地，评古论今，排各户家谱，道里巷见闻。市中糯米糕团、面制杂点以及盘托篮垂各类食品、炒果，俱可入内兜售，由茶客任意选食。大面、汤包、馄饨等由各店店伙入坊兜揽，如有需食者，店伙立即回店，通知司灶燃煮，顷刻间送达食客，食毕收碗收款。老茶客午后复至，以原壶送上冲水，不另取费。有词一阕调寄《谢秋娘》：'时光好，朝曦上楼东。人自悠闲佳茗品，狮峰雀舌复乌龙。日日醉泉宫。'"

吴江盛泽地处苏浙交界处，富庶繁华，可敌北方一邑，茶馆之多，自在情理之中。据1946年统计，镇上有茶馆四十六家，著名的有登仁楼、松园、步瀛、万泉楼、第一园、荷园、洪春楼龙凤园、万云台、万祥园、第一春、得意楼、仝羽春等。沈云《盛湖竹枝词》云："五楼十阁步非遥，杯茗同倾兴自饶。晨夕过从无个事，赌经恶谑座中嚣。"自注："镇人多嗜茶，晨夕麇集，各有一定之所，友朋初晤，辄问何处吃茶。茶馆率名某楼某阁，触处皆是，有五步一楼、十步一阁之概。"盛泽素有"书码头"之称，十几家茶馆有说书，茶客只要付略高于茶资的费用，就可以一边品茗，一边听书，若然逢到响档书，往往座无虚席。

吴江同里也是一个巨镇，乡脚很大，每天来的四乡农船塞满市河，茶馆业颇发达，徐深《三十年代同里商业市容》说："记得当时镇上的茶馆总共有三四十家，凡是水埠头和桥堍，总有一家茶馆。从市东栅算起，较大的有新填地洋桥堍的同乐茶苑，泰来桥堍的迎春阁，升平桥的第一楼茶苑，竹行埭的阅报社，南埭的南苑、福安，西埭的协安，还有太平桥的三逢轩、荷花荡的民众茶苑等。大的茶楼，楼上辟有雅座，是专供镇上一些士绅、工商界、知识分子吃茶商谈、交流信息之需。大的茶馆都有对外供应的水灶，夏天内部附设清水盆汤浴室。每天上午八九点钟，四乡农民乘船上街采购生活用品、生产资料，办完事情，总要到船埠附近的茶馆泡上一壶茶，稍事休息，碰见熟悉的亲友谈谈心，交流交流生产情况和市场行情，听听茶馆里传播的小道新闻。肚子饿了，喊上一碗肴头面，或到三珍斋买些猪头肉、豆腐干，打几两白酒，几个人怡然自得边吃边谈家常，一直到下午点把钟开船为止。另外，同里镇的渔民也较多，一般早市把鱼卖掉后，男客就在茶馆一坐，泡壶茶，歇歇脚，顺便理理线钩，修补一下鱼网。所以，上午是茶馆店生意兴旺的时间，下午营业就比较清淡。"

即使规模不大的集镇，也有很多茶馆，如昆山巴城1935年就有茶馆十九家，据民国《巴溪志》附录《巴城镇工商业统计表》记载，它们是致和轩、恒裕、万顺、福兴、景仙园、双凤楼、东如意轩、仪凤园、西如意轩、东畅园、龙云崛、陆家园、米厂合作社、巴溪书场、集贤园、升畅园、东升楼、寿康园、保安，其中不少是茶馆书场。常熟支塘有一家蔡家茶馆，也是茶馆书场，姚文起《支川竹枝词》有"蔡家茶馆人如海，为听新书匝数围"之咏。

还有一个吃茶去处，就是寺院。庞寿康《旧昆山风尚录·寺观》记玉峰山巅华严寺的茶座："右首蝴蝶门两扇，上有对联：'室雅何须大，花香不在多。'室内深宽方丈，陈设古雅，供游人休憩。就座后，寺僧进香茗果点，香茗泡于精致绘画之精瓷托底盖碗中,茶香沁人;果点则分盛于精致之九子果盘中,有桂圆、蜜枣、玫瑰胡桃糖、陈皮梅瓣、轻糖松子、蛋圆、松方、枣泥饼、西瓜子之类,任客品茗取食。虽久坐,亦无怠慢之意。客去时酬以银币一二或角币若干,僧则合掌而谢,从不计较多寡。此种美德,可谓已入佛门矣。寺之西南沿数级石阶而下之僧舍与东山之观音堂茶座,待客亦如是。"

茶馆风气也随时代而变化,苏州乡村有一种茶馆,俗称"来扇馆",往往附以博局,民国初年推动社会教育,辟为民众茶园,作了移风易俗的努力。还有苏州的舞厅,最早是供香槟酒、汽水、橘子水等西式饮料的,后来改为供茶,称为"茶舞",范烟桥《茶烟歇》"茗饮"条就说:"今曰茶舞,则于薄晚行之,而舞客不必费香槟也。"在舞厅里吃茶,与在茶馆吃茶,意义不同,性质各异,附带一笔而已。

茶　会

　　1934年，周越然重游苏州，《在苏六小时》说："余在苏任职有五年之久，对于苏人风俗习惯，知之极明，而于其大街小巷，亦甚熟悉，然皆在清末时也。今者道路加阔矣，洋房加多矣，出门乘车矣，驴马绝迹矣，平门变为要道矣，废居改成公园矣……种种新事业、新发展、新建设，指不胜屈，皆为余居苏时所无。尚有未改去者，士绅之往吴苑饮茶一事也。苏地茶园与申江异。苏人之往之者，大半皆士绅，且彼等所谈者，非国政，即哲理，绝无粗声暴气，相打相骂等事。倦时躺躺椅子，看看日报，吃吃小食，费钱不多，而能寓休息于尽知天下事之中。苏之茶园，实即欧美之国俱乐部；而申地茶园，大多为'茶会'所据，可往讲话，不便谈心。"

　　其实，周越然说的茶会，苏州早就有了，比上海茶会的历史更长一点。顾震涛《吴门表隐》附集就说："米业晨集茶肆，通交易，名茶会。娄齐各行在迎春坊，葑门行在望汛桥，阊门行在白姆桥及铁铃关。"那尚在嘉道年间。苏州"孵茶馆"中的一批人，他们天天到茶馆里去，就是参与本行的茶会，进行交易，了解行情，商定行价，统一行规，同时又是与同业交际联谊。

　　苏州各个行业的茶会，各在不同的茶馆。清末民初，米油酱业在玄妙观三万昌，石灰瓦业、营造业在玄妙观品芳，绸缎业、锡箔香烛业在汤家巷梅园，棉布棉纱业在中市街中和楼，南北货业在阊门外乐荣坊彩云楼，鸭行孵坊业在石路福安居,豆腐业在临顿路仝羽春,五洋业(火柴、肥皂、卷烟、蜡烛、煤油)在北局红星,蚕茧业在枣市街明园,水上运输业在小日晖桥易安,顾绣业在汤家巷茂苑,笺扇雕刻业在河沿街胜阳楼,房产业在宫巷桂芳阁,可分业(业主)、蚂(白蚂蚁,房产经纪人)、催(收租人)、数(账房师爷)四类。至抗战胜利后,各茶会所在的茶馆稍有变化,菂溪《苏州的茶馆》说:"今天为喝茶而喝茶的人,究竟要比战前少了许多。那些刺探商业消息带做黑市交易而去喝茶的人,却占据茶客中的十分之七八,像他们这样的上茶馆,内行人谓之'上茶会'。苏州城内各茶馆里有各各不同的茶会,像棉纱、黄金、珠宝的茶会是在梅苑茶馆,绸织业在吴苑深处,粮食业在三万昌,旧货、丝业在春苑。每当清晨七八时或下午四五时,便是他们茶叙的时间。那时候万头攒动,市价的忽上忽下,全在这些人的嘴里喊出来,抛出补进,卖空买空,茶馆差不多成了商业的战场。经济的破产和畸形交易的消长,在这小小的角落里也显得很清楚。"据不完全统计,苏州先后有商业性茶会近五十家。借茶馆做生意,是苏州商界的一大特点,也是苏州茶馆的一大特色。茶会虽不是固定组织,但某一行业在某一茶馆某一室,早茶还是午茶,全凭约定俗成。茶会的交易,以趸批为主,卖方随带样品,如米商带"六陈"小纸包,布商带布角小样,注明商号和库存数量,一俟价格谈妥,买方带走小样,以样验货。茶会一般以现款现货交易为主,少数商品也有期货。

以三万昌的米油酱业茶会为例,约始于光绪初年,茶会的时间、堂口都分开。油米杂粮茶会在南面堂口,一般每天上午以米业为主,又以糙米为大宗;下午则为米麦六陈及油料、油脂、茶油、油子的交易。米行、米店的老板、经理或代理人,每天就像上班一样去那里吃茶谈生意。他们有固定的座位,茶资记账,逢节结算,也没有抢着惠钞的场面。抗战胜利前后,三万昌茶会最盛,五洋、黄金等都在此卖出买进,由于各业茶会无可容纳,将面粉业茶会移至贴邻的品芳。

除了商业性茶会外,茶馆里的茶客也是"物以类聚,人以群分"。曾朴《孽海花》第二回就写道:"单说苏州城内玄妙观,是一城的中心点,有个雅聚园茶坊。一天，有三个人在那里同坐在一个桌子喝茶，一个有须的老者，姓潘，名曾奇，号胜芝，是苏州城内的老乡绅；一个中年长龙脸的姓钱，名端敏，号唐卿，是个墨裁高手；下首坐着的是小圆脸，姓陆，名叫仁祥，号搴如，殿卷白折极有工夫。这三个都是苏州有名的人物。"正说话间，"唐卿忽望着外边叫道：'肇廷兄！'大家一齐看去，就见一个相貌很清瘦、体段很伶俐的人，眯缝着眼，一脚已跨进园来；后头还跟着个面如冠玉、眉长目秀的书生。搴如也就半抽身，伛着腰，招呼那书生道：'怎么珏斋兄也来了！'"潘曾奇是潘遵祁，道光二十五年（1845）翰林，官侍讲衔编修；钱端敏是汪鸣銮，同治四年（1865）翰林，官工部左侍郎；陆仁祥是陆润庠，同治十三年（1874）状元，官东阁大学士；肇廷是顾肇熙，同治三年（1864）举人，官台湾道署布政使；珏斋是吴大澂，同治七年（1868）翰林，官湖南巡抚。此时陆、吴尚未出道，这五人自然不会和引车卖浆者一起吃茶。这家雅聚园茶坊，后来改名品芳，茶客以道士居多。养育巷胥苑深处为教育界聚集处，且布置精雅，四周靠墙设卧榻，可来此吃"戤茶"。观前街云露阁多文人雅士，中学生也多茶聚于此。宫巷桂芳阁多市楼厨师，阊门外辛园、玄妙观春园多厨小甲（官厨业行头）。胥门外盛家弄漱芳为胥江三镇头面人物议事之处。护龙街彩云楼、东中市春楼、北局长乐、公园西亭、临顿路九如和金谷多下棋者。汤家巷茂苑、道前街凤翔春、沿河街胜阳楼为律师和涉讼人聚集处，且有"律师掮客"奔走其间。玄妙观玉露春为斗蟋蟀处，旧学前桐春园为斗黄头处，汤家巷茂苑则为鸟市一角。观前街汪瑞裕茶号特设茶座，凡买其茶叶者，可免费品茗，其门首有张荣培一联："当门有如意吉祥，高处薄星辰，揽胜近连天庆观；满座皆卢全陆羽，清谈畅风月，消闲来会地行仙。"当时《大光明报》主笔顾益生、姚啸秋等常驻其三楼，吃茶编报。太监弄吴苑深处是苏城最大茶馆，茶客日逾千人，则以堂口为分别，进门为旧货商，楼上是建筑商和木业商，挂落前是流氓，挂落后是报业人士，四面厅是社会名流、士绅，爱竹居是省议员和地主，话雨楼则是作家、画人，像范烟桥、程小青等常在此茗谈。

这一情形，苏州各邑几乎相同，庞寿康《旧昆山风尚录·饮食》说："鸿园扶梯上面入楼处，悬一小红牌，上书'午后米业茶社'，意即楼上下午不接待非米业茶客，专为米商熟悉行情、联络行谊、交易买卖之场所。其他茶坊亦各有以某行当相聚的饮早茶，以便于应事主之聘请召唤，如道士、鼓手、缝纫、泥水木工及当时称脚班之搬运装卸工等，此类人物，聚叙茶会，以应临时雇用，生活实赖之，饮茶者非悠闲也。其他行旅客商，等候车船或约会亲朋，亦往茶坊品茗以待。亦有同行或其他人物，发生争执而相持不下者，则邀集同行中人或有关人士，当众评理，调解纠纷，名之谓'吃讲茶'。以上所述，大多均非为饮茶而饮茶，实为假借其场所而已。至于真正为品茗或口渴而赴茶坊饮茶者，则寥寥无几。"吴江盛泽的茶客，也各有去处，得意楼、全羽春是丝绸领业者，快活林是丝织工人，梅园是士绅。

茶　食

　　周作人《丁亥暑中杂诗》有一首《茶食》,作于1947年8月,当时他正在南京老虎桥坐牢,不知怎地忽想起苏州的茶食来,起首便云:"东南谈茶食,自昔称嘉湖。今日最讲究,乃复在姑苏。粒粒松仁缠,圆润如明珠。玉带与云片,细巧名非虚。"苏州茶食被知堂老人如此推崇,并不意外。虽说老人是绍兴人,后又长期住在北京,但对苏州茶食一向是称赏的,在文章里也不止一次地提到。所谓茶食,也就是随便吃吃的闲食,吃茶的时候,放上几小碟,使得清淡小苦之外,还有一点其他的滋味。而今所谓茶食,未必是在吃茶时享用,甚至反之,以茶食为主,以茶为辅,不使吃得唇燥舌干也。

　　南北的茶食,颇有一些不同,1950年周作人在《亦报》上写过一篇《南北的点心》,其中说:"至于玉带糕、寸金糖之属,要在南方店铺如稻香村等才可以买到,这显明的看出点心上的界线来了。这是什么缘故呢,我当初也不明了。后来有人送我一匣小八件,我打开来看,不知怎的觉得很是面善,忽尔恍然大悟,这不是佛手酥么,菊花酥么,只要加上金枣龙缠豆或桂花球,可不是乡下结婚时分送的喜果么? 我怎么会忘记了的呢? 我又记起茶食店的仿单上的两句话,明明替我解决了疑问,说北方的是官礼茶食,南方的是嘉湖细点。大概在明朝中晚时代,陈眉公、李日华辈,在江浙大有势力,吃的东西也与眉公马桶等一起的有了飞跃的发展,成了种种细点,流传下来,到了礼节赠送多从保守，又较节省，这就是旧式饽饽成为喜果的原因了。"在同题的另一篇未刊稿里，他又说："例如糖类的酥糖、麻片糖、寸金糖，片类的云片糕、椒桃片、松仁片，软糕类的松子糕、枣子糕、蜜仁糕、橘红糕等。此外有缠类，如松仁缠、核桃缠，乃是在干果上包糖，算是上品茶食。"这些都是南方茶食的代表，周作人分析了它们的来源："'嘉湖细点'这四个字，本是招牌和仿单上的口头禅，现在正好借用过来，说明细点的起源。因为据我的了解，那时期当为前明中叶，而地点则是东吴西浙，嘉兴湖州正是代表地方。我没有文书上的资料，来证明那时吴中饮食丰盛奢华的情形，但以近代苏州饮食风靡南方的事情来作比，这里有点类似。明朝自永乐以来，政府虽是设在北京，但文化中心一直还是在江南一带。那里官绅富豪生活奢侈，茶食一类也就发达起来。就是水点心，在北方作为常食的，也改作得特别精美，成为以赏味为目的的闲食了。"这个题目，实在可以写篇大文章，然而作者已归结得很精辟了。

茶馆里兼卖茶食，已有悠久的历史，清初赵沺《虎丘杂咏》云："红竹栏干碧幔垂，官窑茗盏泻天池。便应饱吃蓑衣饼，绝胜西山露白梨。"又，沈朝初《忆江南》词曰："苏州好，茶社最清幽。阳羡时壶烹绿雪，松江眉饼炙鸡油。花草满阶头。"晚近以来，茶食的品种越来越多，并且因时令而变化，像夏天有扁豆糕、绿豆糕、斗糕、清凉薄荷糕，值得一提的，有一种袋粽，并不用箬叶包裹，而是将糯米灌入薄布袋里，比现在的红肠粗些长些，煮熟出袋，切成一片片装在盆里，另外还加上一碟玫瑰酱。玉白的片片袋粽，蘸着鲜红的玫瑰酱，真是美艳夺目，香糯清甜，爽口不腻。当秋虫唧唧之时，则有新鲜的南荡鸡头、桂花糖芋艿和又糯又香的铜锅菱。其他像生煎馒头、夹肉饼、朝板饼、香脆饼、蟹壳黄、蛋面衣以及鲜肉粽、咸肉粽、猪油豆沙粽等，则四季都有，随时可食。如果想换换口味，吃点咸味的，则可让茶馆的跑堂给你去买，各种面食和卤菜，像熏脑子、熏蛋、五香鸭翅膀、五香茶叶蛋、五香豆腐干。进了茶馆，可以说想吃什么就有什么。

茶馆里还有兜卖食物的小贩，他们布衣短衫，干净利落，头顶藤匾，里面有一只只草编小蒲包，盛着各种各样的吃食，精细洁净，甜咸俱备，有出白果玉、嘉兴萝卜、甘草脆梅、西瓜子、南瓜子、香瓜子、茨菇片、五香豆、兰花豆、糖浆豆、腌金花菜、黄连头，还有甘草药梅爿、拷扁橄榄、拷扁支酸、山楂糕、陈皮梅、冰糖金橘、冰糖蜜橘等等，甚至于话梅、桃爿、梅饼，真可谓是琳琅满目，色彩纷呈。这些茶食很受茶客的欢迎，因为都是小贩自制自销，精选原料，精心制作，并讲究时新，适合节令，小量生产，有各家独特的风味，有的还是几代祖传的名品。

有的茶食铺子，就与茶馆毗邻，有的甚至就设在茶馆内。如吴苑店堂内的丁金龙饼摊，做各式甜咸糕饼，出炉即以供客；鸭蛋桥长安茶馆的近邻王承业王云记饼店，做生煎馒头、蟹壳黄、盘香饼、鲜肉粽子、夹沙粽子等，拿到茶馆里，还热气腾腾，甚至生煎馒头的"嗞嗞"声还没有停息。

还有一个消费茶食的地方，就是澡堂。旧时苏州闲人多，流传着一句俗话，"早上皮包水，午后水包皮"，就是说，上午孵在茶馆里吃茶，下午孵在混堂里泡浴。泡浴活络了浑身筋骨，十分轻松，但也有点累了，甚至有点饥饿，就泡一壶茶，再吃点什么。混堂里能吃到各种茶食点心，一是小贩进来兜卖，二是吩咐伙计去叫来，顷刻之间，像生煎馒头、蟹壳黄、盖浇面、鲜肉汤团、酒酿圆子、加水薄鸡蛋的馄饨，就出现在你的榻旁茶几上了。

至于在家中待客，落座后先是进茶，然后进茶食，也就是糖果、脯饵、糕点之类的小吃。茶食大都放在果盆里，果盆有玻璃高脚的，有银制高脚的，也有用瓷碟的。有的人家则用果盘，果盘有七子盘、九子盘之分，七子者七个瓷碟，九子者九个瓷碟，放着不同的茶食。讲究的果盘用红木制成，或者是嵌银镶螺的扬州漆器，形状有方有圆，也有平面作瓜果状的，以方形红木果盘来说，掀开盒盖，盘架上正中一只瓷碟，四周环绕六只或八只略小的瓷碟，或方或圆，瓷碟都飞金沿边，并精绘山水花鸟仕女，风格浑然一体，很有观赏价值。

酒　兴

饮酒是日常生活的重要内容，陈廷灿《邮馀闻记初集》卷下说："古者设酒，原从大礼起见，酬天地，享鬼神，欲致其馨香之意耳。渐及后人，喜事宴会，借此酬酢，亦以通殷勤，致欢欣而止，非必欲其酩酊酕醄、淋漓几席而后为快也。今若享客而止设一饭，以饱为度，草草散场，则大觉索然，故酒为必需之物矣。但会饮当有律度，小杯徐酌，假此叙谈，宾主之情通而酒事毕矣，何必大觥加劝，互酢不休，甚至主以能劝为强，客以善避为巧，竞能争智之场，又何有于欢欣者。"

不少苏州人很有酒兴，有的平时在家，就要喝几盅，如果有饭局，那是必定要有酒的，即使没有饭局，有人也要到街头巷尾的酒店里去喝一杯。陆文夫《屋后的酒店》介绍了这种酒店："苏州在早年间有一种酒店，是一种地地道道的酒店，这种酒店是只卖酒不卖菜，或者是只供应一点豆腐干、辣白菜、焙酥豆、油汆黄豆、花生米之类的下酒物，算不上是什么菜，'君子在酒不在菜'，这是中国饮者的传统观点。如果一个人饮酒还要考究菜，那只能算是吃喝之徒，进不了善饮者之行列。"凡去小酒店，喝的大都是黄酒，苏州人所谓"灌黄汤"，那是含有贬义的，还有一个词，称为"落山黄"，因为这常常是在太阳落山以后，金孟远《吴门新竹枝》云："延陵美酒郁金香，生愿封侯得醉乡。携取杖头钱数串，晚来风味落山黄。"自注："苏人好晚酌，夕照衔山，则相约登酒家楼，一杯在手，万虑多消，吴语称之曰落山黄。"

酒人中既有独酌的，自得其乐，但独乐乐不如众乐乐，故更多的苏州人平日里就要寻个理由，聚在一起喝他一顿，图的就是一个开心。范烟桥《鸥夷室酒话》说："吾乡有一谚曰'酒落快肠'，盖言快活时饮酒不易醉也。然吾人往往于百无聊赖时借酒排遣，不亦适得其反欤？就余之经验言，在不快活时饮酒，其量顿窄；狂欢飞扬，则酒力有如神助。故能于不快活时勉强行之，使之饮过其量，自然有一种忘却本来之乐，所谓'一醉解千愁'，可与'酒落快肠'语互相发明也。"聚集多人同饮，则更能"酒落快肠"也。至于由谁来惠钞，则想出种种办法。醵资会饮大致有四种方式。

一、如会饮者十人，人出一元，共十元，其中一人主办其事，而酒食之资及杂费须十二元，结账时各人再补出二角。此属平均分配，苏州人俗呼"劈硬柴"。

二、如会饮者十人，人出一元，共十元，也是其中一人主办其事，而酒食之资及杂费总有超出，这畸零之数，由主办人承担。如此则主办人所出也就稍多。

三、如会饮者十人，估算这次酒食之资及杂费需十元，先由一人以墨笔画兰草于纸上，只画叶不画花，十人则十叶，于九叶之根写明钱数，数有大小，多者数元，少者数角，一叶之根无字，不使其他九人见之。写好后将纸折叠，露其十叶之端，由画兰者请九人在叶端自写姓名，九人写毕，画兰者也将自己姓名写上，然后展开折纸，何叶之姓名与何叶之钱数相合，即依数出钱。这样出资者共九人，另有一人因叶根无字，可赤手得以醉饱。这种吃法，苏州人俗呼"撒兰花"。

四、如会饮者十人，各出一次酒食之资及杂费开销，迭为主人，以醉以饱，十次而为一轮，钱之多少则不计。这种吃法，苏州人俗呼"车轮会"或"抬石头"。

醵资会饮，可丰可俭，确定办法后，视银数的多少，定会饮的繁简。旧时苏州一般商行职员发薪后，相约去太监弄鸿兴面馆吃小锅面，面与浇头同煨在锅里，有什景、三鲜、虾仁、火鸡，浇头鲜味深入面中，面热汤浓，连锅端上，各人按自己的食量挑面舀汤，吃得称心如意，当然也要喝点酒的。银行、钱庄的职员，收入相对较丰，他们聚餐的档次就要高一点。每当秋风乍起，菊黄蟹肥之时，他们就相约三五知己到玄妙观西脚门的蟹贩那里，买一串阳澄湖大闸蟹，再到马咏斋买几包油鸡、烧鸭、五香麻雀，来到宫巷元大昌酒店，让店里代为煮蟹，再要上一斤花雕，个个吃得心满意足，才相辞回家。

除醵资会饮外，有"罗汉斋观音"，则是多人请一人的聚宴，一般在知交同事、师门兄弟之间，有人因事离职，另就他业，也有因亲戚提携，求学深造，这时送行饯别，所费众人分摊，以表惜别之情。当然也有"观音请罗汉"的，如外出多年，事业有成，衣锦归来，邀请往昔同学朋友，设宴叙旧。

旧时常熟，结社集会的风气很盛，有的利用神祇诞日，招集善男信女，缔结如关爷社、雷素社、观音会等；有的则带有公益事业性质，如以消防为名，斋供祝融的火烛会；有的则是松散型的经济组织，往往是行业同人。由一人或数人倡议，集十馀人为一会，分期举行。一般每年分两期举行，醵金摊缴，聚零为整，使成巨款，先由倡议者（称为头总、二总、三总、四总）挨次坐收，继由合伙人拈阄，凭骰子点色大小决定胜负，胜者收取巨批会款。每次会期，都要办会酒。各色各样的社酒、会酒，名目繁多，不胜枚举，无非借个名义一饱口福。豪门巨室固然这样，即中产之家也不例外，竞相效尤，社会风气奢侈一时。更有不借名义专为聚餐而结成团体的，民国时常熟就有一个"酒团"，由沈同午、方山塘、潘天慧等十馀人组成，专事赌酒豪饮，其中沈的酒量最大，自夸百杯不醉，号称"酒牛"，被推为"团长"。

一般社酒、会酒所用的荤素筵席，都是四果食、四冷盆、两汤两炒、两点心和六大碗，荤的不外乎鱼肉鸡鸭，素的是蘑菇、香蕈等，煮法的巧妙，各地不同。常熟东乡一带盛行"十六会签"，那是会酒、社酒中特等筵席，包括四冷盆、四热炒、四点心和四大菜（全鸡全蹄等），每人座前除杯箸外，置有折叠的草纸一方，加上一道红纸签条，以备吃客随时揩拭桌上的油腻。西乡佛会的菜席上，必有红烩油氽豆腐和红枣汤，尤为特色。还有一种社酒，叫做

"公堂宴",城内城隍庙举行赛会前夕,例须"坐夜堂",提审阴曹地府的人犯,扮作皂隶差役吃喝呵叱,审讯毕,社里当值的人就在殿上聚饮,故称为"公堂宴",又称"斋班头",每席四人,分配每人一份,不仅是酒菜,还有其他物事,陈列桌上,光怪陆离。活人吃的酒席,却像死人的祭筵,也算是吃的一种极致了。

"蝴蝶会"是会饮的另一种方式。范烟桥《歌哭于斯亭随笔·蝴蝶会》说:"'蝴蝶会'原名'壶碟会',是五七个友好,各人提着一壶酒,携着一碟菜,聚拢来作一回酒集。所费无多,却可以兼尝数味,很有趣味的。有的稍稍增华一点,改碟为碗,质量比较丰腴些,但是出自各家烹调,浓淡不同,滋味各异,也比向酒家定一席菜来得实惠而可口。不过事前必须各自认定何种菜蔬,否则雷同了,便嫌太单调了。有一回,十个人倒有五个人都是红烧肉,吃得油腻难堪,幸亏中间有一个人把咸蛋、豆腐、虾米屑用麻酱油拌了一大碗,无异一服清凉散,在当时大得其宜,反而把红烧肉搁置一边。还有恐怕吝啬的人取巧,只认作廉的肴馔,所以也得有价值的限定,不要过奢,不要过俭。"民国时酒人组织的"蝴蝶会"很多,如郑逸梅《淞云小语》说:"醉月社,蝴蝶会式之聚餐团体也。每人各携一肴去,并纳资百金为沽酒之需,于是有酒有肴,客满座,而复于月白风清之良夜举行之,兴趣殊浓也。"

苏州人既好饮,历史上出过不少有名的酒人,"古来圣贤皆寂寞,惟有饮者留其名",最有名的大概就是张旭,李肇《唐国史补》卷上说:"旭饮酒辄草书,挥笔而大叫,以头揾水墨中而书之,天下呼为张颠。醒后自视,以为神异,不可复得。"《旧唐书·贺知章传》也说:"时有吴郡张旭,亦与知章相善。旭善草书,而好酒,每醉后,号呼狂走,索笔挥洒,变化无穷,若有神助,时人号为张颠。"清初又有顾嗣立等,阮葵生《茶馀客话》卷二十"顾嗣立称酒帝"条说:"江左酒人,以顾侠君为第一,至今人犹艳称之。少时居秀野园,结酒人社,家有饮器三,大者容十二斤,其两递杀。凡入社者各先尽三器,然后入座,因署其门曰:'酒客过门,延入与三雅,诘朝相见决雌雄,匪是者毋相溷。'酒徒望见,慑伏而去。亦有鼓勇思得一当者,三雅之后,无能为矣。在京师日,聚一时酒人，分曹较量，亦无敌手，同时称酒帝。"徐珂《清稗类钞·饮食类》也说："康雍以还，承平日久，辇下簪裾，宴集无虚日，琼筵羽觞，兴会飙举。凡豪于饮者，各有名号，长洲顾侠君嗣立曰酒王，武进庄书田楷曰酒相，泰州缪湘芷沅曰酒将，扬州方觐文觐曰酒后（时未留须），太仓曹亮畴彝曰酒孩儿（年最少也）。五人之外，如吴县吴荆山士玉，侯官郑鱼门任钥、惠安林象湖之瀳、金坛王篛林澍、常熟蒋檀人涟、蒋恺思洞、汉阳孙远亭兰苾，皆不亚于将相，荆山尤方驾酒王。每裙屐之会，座有三数酒人，辄破瓮如干，罄爵无算，然醉后则群嚣竞作，弁侧屦僛，形骸放浪，杯盘狼藉。惟荆山饮愈邑，神愈惺，酬醋语默，不失常度，夷然洒然，略无矜持抑制之迹。其阂量，非同时侪辈所及，而歉然不以善饮之名自居。荆山一寒士，弱不胜衣，貌癯瘠无泽，而享盛名，跻右艳。昔人云：'魏元忠相贵在怒时，李峤相贵在寐时。'荆山之相，必贵在醉时也。"在上述酒人中，苏州人占了很大比例。

苏州人好酒，兴味之浓，北方人都难以想象，郑逸梅《鲸饮会》说："吴中多酒徒，薄暮昏黄之际，酒徒之趋酒家，有如百川之朝宗于海。且善饮者不择肴，野苜蓿、落花生一二碟，即可下酒数斤。有据柜而酹饮者，尤为个中熟客，佣保不敢懈怠也。酩酊之馀，往往掷箸抛壶，恣肆无状。壶以锡制，坠地辄成坎陷，然酒家不之责，盖利其坎陷可减酒之容积也。赵东塘、许蔚生、张薇伯诸子，酒龙也。近忽异想天开，组织一鲸饮会，与会者凡十人。一日正午，自金阊徒步进城，由阿黛桥至观前，相距五六里间，酒家林立，十人按家依次而饮，每家必饮三杯，无或间越。盖预约有规例也。有甫抵都亭桥已醉不能步者，则雇车先归，谓为败亡，有至护龙街而颓倒瓮畔如毕吏部者，惟赵、许二人直饮至观前而止，则时已十时许，家家闭户矣。此一役也，赵、许二人，各盖尽酒十有五斤，于是阖城喧传，以为谈柄。"

有的虽不是苏州人，但长期生活在苏州，自然也受本地风气熏染，如张问陶、何绍基就是，瞿兑之《杶庐所闻录》"名士嗜好"条说："昔何子贞绍基嗜酒，尤好以金华火腿佐绍酒。其嗜好与张船山问陶略同，船山官知府时，尝奉大府檄讯巨案，但索金华精脯一盘，绍酒一坛，酒未半而案结。"更多是在市井间，甚至连姓氏也没有留下，范烟桥《茶烟歇》"酒量"条就举了一个例子："洪杨后，里中来一行脚僧，背负胡芦，上黏红签云：'奉母命戒酒，每日饮十二胡芦。'估其量，不下二十斤。好事者拉之赌饮，能独尽十斤，面不改色，态度安娴如未饮。叩其来历，含糊以应。越日失所在，殆玄黄中失意英雄也。"

苏州男子大都能饮，女子也有能饮者，虽然人数不多，却也可见巾帼真不让须眉。范烟桥《鸥夷室酒话》说："女子能饮者少，惟余戚陆女士有一斤量，且饮后面不改色，惟桃花上面而已。"又说："任杏生姻丈有母，每夜必饮，任丈亦宏量，虽在外酬酢已饮多酒，既归仍须奉卮，与其母同饮，否则不欢。寿逾古稀，犹能饮一饭盂云。"

酒　品

　　南茶北酒，确乎是茶酒特产的大体概括，但旧时苏州的酒，也很有名。洪武《苏州府志·土产》说："苏州酒昔见于题咏者有三，曰洞庭春，曰木兰堂，曰白云泉，惟洞庭春名独传远，至宝祐中始废。"钱思元《吴门补乘·物产补》说："苏州酒，除志所载外，如陆机松醪，见宋伯仁《酒小史》；齐云、清露、双瑞，见《南宋市肆记》；徐氏酒，见王穉登《吴社编》。久为名流所赏，今市中若双福珍、天香、玉露等，只一味甜耳，清冽则有洞庭之山酒。"苏州历史上的名酒，不止这些，浏览所及，唐代就有一种五酘酒，《吴郡志·土物上》说："五酘酒，白居易守洛时有《谢李苏州寄五酘酒》诗。今里人酿酒，麴米与浆水已入瓮，翌日又以米投之，有至一再投者，谓之酘。其酒则清冽异常，今谓之五酘，是米五投之耶？"北宋天圣时孙冕为郡守，传五酘酒酿法于木兰堂，称木兰堂酒，梅尧臣《九月五日得姑苏谢士寄木兰堂官酝》云："公田五十亩，种秫秋未成。杯中无浊酒，案上惟丹经。忽有洞庭客，美传乌与程。言盛木兰露，酿作瓮间清。木兰香未歇，玉盎贮华英。正值菊初坼，便来花下倾。一饮为君醉，谁能解吾醒。吾醒且不解，百日毛骨轻。"

　　至明代，何良俊《四友斋丛说·娱老》品评南北名酒，就提到"苏州之小瓶"，这"小瓶"究竟是什么，何良俊没有说。他还提到一种松江酒："松江酒旧无名，李文正公尝过朱大理文徵家，饮而喜之，然犹为其所诒，实苏州之佳者尔。癸酉岁予以馈公，公作诗二首，于是盛传，凡士大夫遇酒之佳者，必曰此松江也。"这松江酒，实际就是"苏州之佳者"。

明中叶后，苏州最著名的酒，大概就是三白酒，创制于何时，已难以确考。徐渭《渔鼓词》云："洞庭橘子凫茭菱，茨菰香芋落花生。娄唐九黄三白酒，此是老人骨董羹。"可见在嘉靖年间，三白酒已是苏州著名特产了。王世贞《酒品前后二十绝》有咏三白酒，小序曰："顾氏三白酒，出吴中，大约用荡口法小变之，盖取米白、水白、麹白也。其味清而冽，视荡口稍有力，亦佳酒也。"诗云："顾家酒如顾家妇，玉映清心剧可怜。嗣宗得醉纵须醉，未许狼藉春风眠。"范濂《云间据目抄·记风俗》说："华亭熟酒，甲于他郡，间用煮酒、金华酒。隆庆时，有苏人胡沙汀者，携三白酒客于松，颇为缙绅所尚，故苏酒始得名。年来小民之家，皆尚三白，而三白又尚梅花者、兰花者，郡中始有苏州酒店，且兼卖惠山泉。自是金华酒与弋阳戏，称两厌矣。"由此可知，三白酒在隆庆时已传播甚远，所谓"梅花"、"兰花"者，那是画在酒瓮封泥上的图案，以别其高下。时人都以三白酒作为衡量酒质的标准，如董含提到松江地产酒，《三冈识略》卷七"松酿"条说："迩来居民取泖水为之，清冽无比，又有名'刘酒'者，凡燕会及享上官皆用之，不减惠泉醇醪、虎丘三白。"

苏州三白酒很有市场，然而产品畅销了，往往就会粗制滥造。谢肇淛《五杂组·物部三》说："江南之三白，不胫而走半九州矣，然吴兴造者胜于金昌，苏人急于求售，水米不能精择故也。泉冽则酒香，吴兴碧浪湖、半月泉、黄龙洞诸泉皆甘冽异常，富民之家，多至慧山载泉以酿，故自奇胜。"三白酒的酿制办法的，被浙人学了去，但学去之后，也未必都能如吴兴之酒，四明人薛岗《天爵堂笔馀》就说："南则姑苏三白，庶几可饮。若吾郡与绍兴之三白，及各品酒，几乎吞刀，可刮肠胃。"可见即使如酒乡绍兴或颇多清冽甘泉的四明，酿制的三白酒也往往不得要领。

入清以后，三白酒仍属酒中佳品。袁枚《随园食单·茶酒单》记有"苏州陈三白酒"："乾隆三十年，余饮于苏州周慕庵家。酒味鲜美，上口粘唇，在杯满而不溢，饮至十四杯。而不知是何酒，问之，主人曰：'陈十馀年之三白酒也.'因余爱之,次日再送一坛来,则全然不是矣,甚矣!世间尤物之难多得也".佳酿之不再,好事之难全,简斋老人感慨颇深。但这个知识渊博的美食家认为,三白酒的"三白",即是"酀白",这大概是方言读音差异造成的误解。"酀白"是白酒的泛称,《周官·天官·酒正》有"三曰盎齐",郑玄注:"盎犹翁也,成而翁翁然葱白色,如今酀白矣。"其实王世贞已说得很清楚,"三白"乃"米白、水白、麯白也"。三白酒是白酒中的上品,谢墉《食味杂咏·白酒》自注:"忆幼时沽白酒,每斤银一分下,下次尚有半分头、四厘头之名,其贱极矣,此名小酒。若大酒,为三白,为女贞,亦不过银二分。"当时苏州流行的酒不止一种,但都不及三白酒,《随园食单·茶酒单》说:"如苏州之女贞、福贞、元燥,宣州之豆酒,通州之枣儿红,俱不入流品,至不堪者。"

还有一种名酒,谓之靠壁清,王世贞《酒品前后二十绝》曾咏之,小序曰:"靠壁清白酒,出自家乡,以草药酿成者,斗米得三十瓯。瓿置壁前,一月后出之,味极鲜冽甘美。"诗云:"酒母啾啾怨夜阑,朝来玉液已堪传。黄鸡紫蟹任肥美,与汝相将保岁寒。"顾禄《清嘉录》卷十"冬酿酒"条说:"以草药酿成,置壁间月馀,色清香冽,谓之靠壁清,亦名竹叶清,又名秋露白,乡间人谓之杜茅柴,以十月酿成者尤佳,谓之十月白。"沈朝初《忆江南》词曰:"苏州好,天气正清和。满地红茵莺粟绽,一庭翠幕牡丹多。酒色嫩新鹅。"自注:"苏城俱于腊底酿酒,四月中谓之窨清,色味俱佳。"这窨清应该就是靠壁清。

历史上,苏州环石湖地区是酿酒业的集中之地,乾隆《吴县志·风俗》说:"新郭、横塘、李墅诸村,比户造酿烧槽为业,横金、下保、水东人并为酿工,远近皆用之。"袁学澜《姑苏竹枝词》云:"数点梨花明月寺,一陂春草牧牛庵。青山荷锸行随意,新郭家家是酒帘。"自注:"牧牛庵在新郭镇,隋杨素移郡横山下,新郭即其遗址,其民皆酿酒为业。"晚清时,新郭、横塘、蠡市诸乡,比户造酒,而其酿酒人,多自横泾而来,故有横泾烧酒之说。光绪九年(1883)十月十八日《申报》报道:"酒为苏城出产之一,烧酒之锅聚于横泾,燥酒之作盛于蠡墅,盖以石湖之水,清而且腴,挹彼注滋,固甚便也。近日酒价顿跌,每做二千斤,不过十二三元,可谓贱极。"横泾还有一座酒仙庙,乃酿酒业奉祀，顾震涛《吴门表隐》卷九说："酒仙庙在横金镇，祀杜康、仪狄，宋元丰二年建，酿酒同业奉香火。"有人出了一个上联"横塘镇烧酒"求对，无人能对出下联，因这五字的偏旁是金、木、水、火、土五行，实属难矣。

康熙时，五龙桥西仙人塘，以状元红最著名，其用生泔酒浸秫米饭酿成，味极醇厚，章法《苏州竹枝词》云："仙人塘畔酒家翁，佳酿陈陈瓮尽丰。载向市廛零趸卖，乞儿都醉状元红。"道光时，苏州又有以洞庭真柑酿酒，称为洞庭春色，袁学澜《姑苏竹枝词》云："洞庭春色满杯中，泛艇垂虹数友同。正是莼香鲈脍熟，三高祠下醉秋风。"晚近又有煮酒，周振鹤《苏州风俗·物产》说："惟煮酒以腊月酿成，煮过，泥封，经两三岁最醇。或加木香、砂仁、金橘、松仁、玫瑰、佛手、香橼、梅兰诸品，味更清冽。"

吴江盛泽出产的酒，除三白酒、杜茅柴外，还有生泔酒，即冬酿酒，蚍叟《盛泽食品竹枝词》云："生泔薄酒好消闲，有客提壶市上来。更尽一杯成浅醉，天寒一样可酡颜。"沈云《盛湖竹枝词》也有"生泔白酒暖茅柴"之句，自注："生泔、三白、茅柴，俱土酒名。"吴江同里也出酒，嘉庆《同里志·赋役·物产》说："酒，出漆字圩孙氏，名孙三白；出冲字圩梅氏，名梅松雪，并远近驰名。"

苏州人家自酿米酒，有"菜花黄"和"十月白"之分，都以酿造时节得名，"菜花黄"酿于菜花时节，略带黄色，"十月白"则酿于十月，色如玉液，两者都清冽醇厚。蔡云《吴歈百绝》云："冬酿名高十月白，请看柴帚挂当檐。一时佐酒论风味，不受团脐只爱尖。"自注："吴下酒惟十月造者最清冽，名十月白。湖蟹有'九雌十雄'之目。"持螯下酒，自是美食胜事。常熟北门外盛产桂花，那里的居民自酿桂花白酒，用糯米和桂花同蒸酿造，清洁醇厚，有浓郁的桂花香，特别适口，乃常熟民间的佳酿，王四酒家以此饷客。

还有一种鲫鱼酒，郑逸梅《逸梅小品续集》"鲫"条说："家酿中有鲫鱼酒者，贮最佳之烧酒于巨瓮，购方出水之乌背活鲫鱼二尾，刳洗去鳞，瓮口架以竹片，置鲫于其上，然后密封之。凡若干日发酵，则酒气熏蒸，鲫鱼之肉也骨也，悉化于酒中，无遗蜕残骸之存留，饮之纯而不渣。高阳酒徒闻之，定必为之重涎三尺。"这鲫鱼酒是很少有人提到的。

酒　店

　　旧时苏州酒店很多，有儿歌唱道："一爿小酒店，两个极东家，三个开弗起，四个小酒甏，五香豆腐干，六色紫腌豆，开子七日天，赚子八个小铜钱，究竟纳亨，实在真关店。"(《吴歌甲集》)这样的酒店，大都由女子当垆。唐寅《散步》便有"卖酒当垆人袅娜，落花流水路东西"之咏。大概当垆女都有几分姿色，就是所谓"活招牌"也。即使面貌平常，但善于应酬，秋波笑语，在酒人眼里，又添几分妩媚。故历来写到酒店，都为当垆女描绘几笔，如冯班《戏和吴中竹枝词》云："垆头红袖正留宾，千里青枫入眼春。卖尽鸡豚与新酒，江边贾客赛江神。"狄黄铠《山塘竹枝词》云："绿杨堤上杏花楼，红粉青娥映碧流。卖酒卖茶兼卖笑，教人何处不勾留。"袁学澜《姑苏竹枝词》亦云："齐女门前绿草肥，桃花桥畔燕双飞。鸦鬟窈窕当垆妇，飘荡春心在酒旂。"

　　苏州向有夜市，夜里的酒店，生意更是兴隆。黄任《虎丘中秋词》云："楼前玉杵捣绀牙，帘下银灯索点茶。十五当垆年少女，四更犹插满头花。"潜庵《苏台竹枝词》云："卓氏门前金线柳，折腰有意倩人扶。盈盈十五当垆女，夜半犹闻唤滴苏。"自注："漏下十馀刻，尚有闹市。唐六如诗云'五更市买何曾绝'是也。暖酒，曰急须，俗谓滴苏。"潜庵之作，在咸丰十年(1860)兵火前，遭乱以后，就景象顿异了。

　　自同光以后，直至1940年代，苏州酒店日益兴旺，几于满街遍巷，随处都有。范烟桥《鸥夷室酒话》说："吴门酒家几乎遍地皆是,可知酒人之多。以观前而论,已有七处,每至电炬初明,座客渐满,胡天胡帝,不知天地为何物。虽甲乙之际,烽火连天,警告频闻,不遑宁处,而老主客仍须向柜台应卯也。善饮酒者不上菜馆,以菜馆重菜不重酒也,而酒家则反是。春时亦只红心山芋、马兰头,一则碧绿如翡翠,一则嫩红如珊瑚,成绝妙色调,且爽脆可口,不下珍羞。然有数客,并此亦谢绝,仅以一铜元易甘草五香豆二十馀粒,可下酒一斤,斯真专为吃酒而来矣。"他在《苏味道》中又说:"酒店和菜馆不同,酒店只卖酒,不卖菜,至多备些小碟子,大概是素的如发芽豆之类,其他是应时节的,春天有马兰头、拌笋,夏天有黄瓜,秋天有毛豆、雪里蕻,冬天有辣白菜。至于荤的,由小贩挽着篮来供给的。到酒店吃酒的,都是内家,要辨别酒的好坏,不是醉翁之意不在酒的。最经济的,吃'戤柜台酒',没有座位,立在柜台的外面,讲讲山海经,说说笑话,看看野景,也可以下酒,和俄罗斯的'吧'有相似的作风。所不同的苏州是静的,他们是动的,所以吃柜台酒的决不会打起来的。"

1920年代,苏州城区的主要酒店,有福康泰(南濠街)、王济美(分设察院场、张广桥、道前街三处)、宝裕(分设渡僧桥、东中市两处)、章东明(西中市)、全美(阊门大马路)、老万全(观前街)、益大(平桥)、元大昌(石路)、延陵穗记(申衙前)、同福和(观前街)、其昌(分设观前街、石路两处)、金瑞兴(分设东中市、西中市、鸭蛋桥、石路四处)、复兴(山塘街)、宝丰(临顿路)、大有恒(石路)、方吉泰高粱(渡僧桥北)、东升(西中市)、王三阳(临顿路)、张信号行(山塘街)、童大义(沿河街)、谭万泰(东中市)、丰泰(上塘街)等。以上所举,都是规模较大或有楼座的酒店,其中老万全和元大昌,最为苏人熟知。

老万全在观前街,莲影《食在苏州》说:"老万全,开张于光绪初年,今观东同福和酒肆,即老万全之原址也。该店以绍酒著名,且以地点适在城中,故阊城之具刘伶癖者,莫不以此为消遣之场。每当红日衔山,华灯初上,凡贵绅富贾,诗客文人,靡不络绎而来。时零售菜肴之店,尚未盛行,且各酒肆豫备供客下酒者，仅腐干、芽豆耳，然老饕难偿食欲，辄唤奈何，因以为利者，乃设小食摊于该店门前，如虾仁炒猪腰、醋煮鲖鱼之类，物美价廉，座客称便焉。数十年来，生意非常发达，嗣后与之争利者多，营业遂一落千丈，今已休业矣。"

元大昌，早先开设在阊门外石路，后徙城中宫巷，先在路东，后在路西。它的经营一如其他酒店，惟所供之酒，堪称上乘，日销三十馀坛，且于客人一视同仁，不分轩轾。每天四五点钟就开始营业了，夜幕降临以后，只要天不下雨雪，整个楼上楼下，灯火通明，酒客满座。店堂里兜卖各式酒菜的很多，门外就有熏胴摊，民国后期在前堂置办简易炉灶，可为顾客添些热炒、面点之类。周劭《令人难忘的苏菜》另记一件趣事："我每到元大昌喝酒，总要到附近野味店选购一些熟菜下酒。那些野味店都各自为政，不像现在上海的熟食店是大一统的大锅菜，所以各有不同的风味。说也稀奇，竟有一些流传的笑话在此得到印证的。我碰到过一位同在元大昌饮酒的常客，这个人倒并不如孔乙己的寒伧，但他到野味店总是在盘中捞起一只湿淋淋的醉蟹，在手中顿顿分量，问问价钱，然后放还原处，立刻到元大昌，叫来了酒，便以手指所沾为下酒之物。我从不见到他另行有什么别的菜肴，便这样直到酒尽去店为止。天下之大，无奇不有，不是我亲眼目睹，谁也当我是在造笑话。"

还有一家王宝和，开在太监弄，曹聚仁《吴侬软语说苏州》说："吴苑的东边有一家酒店，卖酒的人，叫王宝和，他们的酒可真不错，和绍兴酒店的柜台酒又不相同，店中只是卖酒，不带酒菜，连花生米、卤豆腐干都不备。可是，家常酒菜贩子，以少妇少女为多，川流不息。各家卖各家的，卤品之外，如粉蒸肉、烧鸡、熏鱼、烧鹅、酱鸭，各有各的口味。酒客各样切一碟，摆满了一桌，吃得津津有味。这便是生活的情趣。"

范烟桥《鸥夷室酒话》还介绍了两家："护龙街渔郎桥畔有一酒家，以家常便馔饷客，如白切肉、笋片荡里鱼、莼菜汤、虾子豆腐等等，令人有出自家厨之疑。惜其地湫隘，略无花木之胜，若置之西子湖边，必能招得几许诗人词客来也。""前年金狮巷小仓别墅卖酒，以扬州厨子治菜，趋之者甚众，以价昂渐多裹足，且皆以现成瓶酒供客，尤为酒人所弗喜，因瓶酒易败味，制者往往和以烧酒，于是辛辣干燥，不堪向迩矣。然风帘微飏，花气袭人，绝好一酒场也。后以主人王乔松将弃其星卜之生涯，归老田园，乃杜门谢客焉。"

苏州更多的是街头巷尾的小酒店，在青龙牌前的曲尺柜台，只有几盘自制的下酒菜，像虾、笋、豆、蛋之类的冷菜，如果想要添一两只热菜，可着堂倌往近处的菜馆饭店买来，事后一并算给。酒菜都很便宜，据陶凤子《苏州快览》记载，"京庄每斤一角二分，花雕每斤一角三分，小账加一"。店堂内没有什么陈设，只有两三只方桌，十来条长凳，它的顾客大都是负贩肩挑、引车卖浆之流。但也有例外，民国时护龙街大井巷北有一家文学山房，堪称东南旧籍名铺，当时南北藏家都来访书，张元济、孙毓修、叶景葵、傅增湘、朱希祖、顾颉刚、郑振铎、阿英、谢国桢等常常光顾，主人江杏溪善于交际，凡有三四名家来店，常邀至富仁坊口的朱大官酒店小酌，虽说是弄堂里的简陋小肆，但菜肴精核可口，价又极廉，促膝谈心，交流心得，探讨宋元椠刻、校抄源流，则另是一种书缘。此外，像名书家萧蜕（退庵），也常常在宫巷碧凤坊口的小酒店里悠然独酌。

那时的酒店，供应的酒，种类也不多，只有洋河大麯、绍兴花雕、横泾烧酒以及红玫瑰、绿豆烧等花色酒。这些酒都向酒行秤重量批进，以容器计量卖出。容器是一种竹制的端子，分四两、半斤、一斤（十六两制），然后倒入容量相同的串筒，递给顾客，酒后点串筒多少结账。这串筒用薄铁皮制成，圆形筒状，上面的圆口大于筒身，边上有把。集饮的人多了，桌上的串筒放不下，就往地上掼，掼瘪了不要紧，店主只有高兴，似乎越瘪越好，瘪了的串筒就容纳不下端子里本来就不足的分量，店主又可稍稍赚一点。至于烧酒的质量，那是用一种用红茶等煎成的液体来检验成色，分十色、五色、平酒三种，平酒是低度酒，每一百市斤十色酒可加水十斤兑成平酒，但不少酒店加水过多，酒味便淡。这种酒中兑水的事，古已有之，明万历间长洲知县江盈科在《谐史》中说过一个笑话："有卖酒者，夜半或持钱来沽酒，叩门不开，曰：'但从门缝投进钱来。'沽者曰：'酒从何出？'酒保曰：'也从门缝递出。'沽者笑。酒保曰：'不取笑，我这酒儿薄薄的。'"民国时，吊桥汇源长是洋河大麯的专营店家，以信誉著称，但据说他们的洋河大麯里仍加入本地的土烧，只是饮者不易分辨而已。

秋风起，酒店里也就有蟹供应了，蟹有大小雌雄之分，价格不同，每只的价格就写在蟹壳上。两三知己持螯对饮，也是胜事。金孟远《吴门新竹枝》云："杏花村里酒家旗，金爪洋澄映夕晖。最是酒徒清福好，菊花初绽蟹初肥。"自注："秋来洋澄湖蟹上市，酒店中多兼售者，以爪尖作金黄色者为上品，酒徒一杯在手，对菊持螯，风味独绝。"客人自己买了蟹，可让酒店代为煮蒸，梅痴《蟹杂俎》曾记一事："苏城干将坊言子祠旁，有酒垆焉，地湫隘，酒亦劣，惟其后圃可半亩，春花秋菊，位置得宜。曾于观前街以小青蚨五百易蟹一小筐，约五六只，独行踽踽，将归而与妇共之。过酒垆，当垆一老叟招之曰：'今日有佳酿，盍就后圃开樽。'笑应其招，得片时清静地，徐徐领略黄花紫蟹之旨趣。"

大小酒店里，还时常有提篮小卖下酒菜的少妇，穿梭往来于酒座之间。抗战胜利后，从事小卖的少妇更多了，不少是汉奸的家属、富商的弃妇，她们曾经养尊处优，又能亲自掌勺，烧得一手苏式小菜。同样一只虾仁跑蛋，一经她们烹调，就不同凡响，只见洁白晶莹的虾仁镶嵌在金黄色的蛋糊面上，鲜红的番茄片加上生青的辣椒条，色香味俱臻上乘。还有像香醋拌黄瓜、笋片拌莴苣等，也都是以色诱人、以味取胜的佐酒佳品。即使是用葱姜加香料烧的酱螺蛳，热气腾腾，加上胡椒粉，实在又是一味极好的酒肴。虽说是相同的菜，因为是不同人家烧出来的，故滋味又有不同，今天吃这家的，明天吃那家的，换换口味，再作一番评议，当然还会评议菜之外的人。楚人《闲话解放前夕的元大昌酒店》就说："只待客人坐定，（她们）便会细声细气地询问着你：'阿要鲞松？''阿要尝尝伲格虾饼？''阿要吃熏蛋？''阿要试试刚做的熏田鸡，蛮鲜啦！'还有人甚至会问你：'阿要香椿头……喏，香豆腐干拌马兰头，爽口得来，阿要来一盆？'等等，简直叫你不知先要哪样才好。当然这些出卖菜肴的，决不是什么庖师名厨，多数倒是些破落户的中年妇女。她们一般衣着素淡洁净，眉目清秀端正，而略带几分愁容，举止亦颇娴雅不俗。各人所携的考篮、菜盒里，拿来飨客的，无非都是她们在家亲手制作的清淡不腻、味道鲜美的私房菜肴、下酒隽品。"

这些提篮小卖的少妇，也时常与顾客搭话，她们都自称大家出身，以示有别于寒门女子，与她们渐渐熟了，她们中的一些人，就会推说家中有急事，问你借些小钱，并留下地址，欢迎你去坐坐，如果真去了，常常会有艳遇，苏州人就称这种人为"私门头"。在她那里，除美色外，也有美食，民国时人王德森《吴门新竹枝词》云："私街小巷碰和台，妇女欢迎笑语陪。兼善烹调多适口，吝翁也把悭囊开。"

陆文夫《屋后的酒店》描写了当时酒店里的情景："酒店里的气氛比茶馆里的气氛更加热烈，每个喝酒的人都在讲话，有几分酒意的人更是嗓门宏亮，'语重情长'，弄得酒店里一片轰鸣，谁也听不清谁讲的事体。酒鬼们就是欢喜这种气氛，三杯下肚，畅所欲言，牢骚满腹，怨气冲天，贬低别人，夸赞自己，用不着担心祸从口出，因为谁也没有听清楚那些酒后的真言。也有人在酒店里独酌，即所谓喝闷酒的。在酒店里喝闷酒的人并不太闷，他们开始时也许有些沉闷，一个人买一筒热酒，端一盆煏酥豆，找一个靠边的位置坐下，浅斟细酌，环顾四周，好像是在听别人谈话。用不了多久，便会有另一个已经喝了几杯闷酒的人，拎着酒筒，端着酒杯捱到那独酌者的身边，轻轻地问道，有人吗？没有。好了，这就开始对谈了，从天气、物价到老婆孩子，然后进入主题，什么事情使他们烦恼什么便是主题，你说的他同意，他说的你点头，你敬我一杯，我敬你一杯，好像是志同道合，酒逢知己。等到酒尽人散，胸中的闷气也已发泄完毕，二人声称谈得投机，明天再见。明天即使再见到，却已谁也不认识谁。"

酒店之设，遍及城乡，如常熟北门就有不少家，王锺陵《琴川竹枝词》云："北门风景最清幽，茶社才离酒国游。莫道侑觞无妙品，红鸡炒栗菌熬油。"如吴江城里也酒店鳞次，金之浩《松陵竹枝词》云："行行处处酒帘斜，三月阳春烂漫夸。梅里居人无雅致，梅花不种种桃花。"太仓人吃酒，喜以黄雀下酒，故酒店都烹治出售，邵廷烈《娄江杂词》云："木落霜飞气渐寒，重阳节后菊初残。鲈羹莼菜寻常味，黄雀啾啾又上竿。"自注："地出黄雀，八九间取

以入馔,味极腴美。"太仓近海的小村落也有酒店,汪元治《烟村竹枝词和葆
馀》云:"蕙兰为带芰荷裳,大好当垆窈窕娘。一角青帘高出树,风吹满店酒
篘香。"值得一说的是,周庄有家德记酒店,仅一楼一底,楼上是堂口,楼下是
灶间,1920年前后,柳亚子寄寓周庄,时常与叶楚伧等在此饮酒,店主为母女
两人,寡母当垆,女儿阿金劝酒,据说阿金颇有姿色,故而生意不薄,后来柳
亚子将诸君在那里咏唱的诗词辑集刊印,题名《迷楼集》。如今迷楼已修缮
一新,作为周庄的一处旅游景点。

这类小酒店的存在,直至公私合营,在这之前的1951年,何满子在苏州
华东人民革命大学学习,他在《苏州旧游印象钩沉》中回忆当时常常在傍晚
与贾植芳去酒店小酌的情景:

"开头是不择店家,后来就固定在临顿路上那家王姓的酒店,叫什么店
号记不起了,也许就没有店号。临街一开间的门面,有四张小桌子和一些矮
椅子。当时没有卖瓶头酒的,都是零酤。老贾和我都还有点量,白干是每人半
斤,绍兴酒则每人大约二斤。老贾专喝白干,但这家的白干不佳,我就改喝苏
绍。一次店主人还郑重其事地献出了一小坛陈酿,据称已是二十年的旧藏。启
封后已凝缩得只剩大半坛,酽如蜂蜜,沾唇黏舌。经潘伯鹰开导,方知必须掺
以通常的新酒方能饮用。果然香醇异常,为平生所饮过的最陈年的老酒,令
人难以忘怀。但更难忘的是那时在酒店里吃到的菜肴,那也算是我一生中所
享受到的难得的口福。菜肴不是酒店供应的。酒店里也出售菜肴,只是小碟
发芽豆、猪头肉、凉拌海蜇之类,我们通常也要一两碟。所说的可称之为'口
福'的,是小姑娘和妇女们提着食盒到酒店来兜卖的。这些都是地主家的妇
女,烧的全是过去做给主人享用的家常美味,和通常餐馆供应的菜肴比起来
别具一格,风味大异。餐馆里的菜肴大抵带一种无以名之只好称之为'市场
味'的流行口味,犹如罐头食品那样规格一律,带有批量生产的统货味道,而
这些妇女提来卖的却是精致的家常菜肴。苏州人是讲究吃食的,地方绅士等
有钱人家尤其精于食事,即使寻常菜肴也都精美别致。通常的红烧牛肉、鸡
脯、虾球、葱烤鲫鱼等并不名贵的品色,滋味都各有与众不同的个性,和餐馆

中的菜肴相比，一品味就觉得不是庸脂俗粉，真叫大快朵颐。"

何满子于此不由感叹："我们尝到的是苏州大家巧妇的美食，这种机遇应当是空前绝后的，那些日子我们真过上了苏州的地主饕餮家的生活。"也可以说，大家巧妇的美食，入市兜卖，也是日常中馈精馔的延伸，乃是形成"苏帮菜"的重要因素。

旧时苏州买醉的地方，不仅在酒店，酱园也是一个去处。

民国初年，苏州有两家酱园最有名，一是在星桥下塘的潘氏所宜酱园，取"食肉用酱各有所宜"之意；一是在半塘的顾氏得其酱园，取"不得其酱不食"之意，均取《论语》中语，真很有意思。还有一家王颐吉，在司前街南口三多桥堍，金孟远《吴门新竹枝》云："王颐吉外酒旗招，矮桌芦帘月映瓢。一片闲愁无着处，自携杯箸喝元烧。"苏城酱园，经营酱作、酒作、醋作、乳腐作、豆腐干作五作。所供之酒，大都出自家酒作，营业同酒店，也有下酒卤菜供应，有的还代客温酒，但例无堂倌招呼，一杯一箸，都得自己取携。潘所宜、顾得其、王颐吉等酱园的酒作，以自制土黄酒为主，俗称"元烧"，各有不同的特色。吴江盛泽镇西北隅有圆明寺，旧名白马寺，旁有酱园一家，以自制酒冰雪烧负有盛名，蛟叟《盛泽食品竹枝词》云："佛寺圆明古白马，出门西笑尽徘徊。腐干还有盐筋豆，冰雪烧刀吃一开。"这"一开"乃盛泽方言，也就是一盅的意思。

陆文夫《屋后的酒店》说："我更爱另一种饮酒的场所，那不是酒店，是所谓的'堂吃'。那时候，酱园店里都卖黄酒，为了招揽生意，便在店堂的后面放一张桌子，你沽了酒以后可以坐在那里慢饮，没人为你服务，也没人管你，自便。那时候的酱园店大都开设在河边，取其水路运输的方便，所以'堂吃'的那张桌子也多是放在临河的窗子口。一二知己，沽点酒，买点酱鸭、熏鱼、兰花豆之类的下酒物，临河凭栏，小酌细谈，这里没有酒店的喧闹，和那种使人难以忍受的乌烟瘴气。一人独饮也很有情趣，可以看着窗下的小船一艘艘咿咿呀呀地摇过去。特别是在大雪纷飞的时候，路无行人，时近黄昏，用朦胧的醉眼看迷蒙的世界。美酒、人生、天地，莽莽苍苍有遁世之意，此时此地畅饮，可以进入酒仙的行列。"饮酒至此，可算是渐入佳境了。

酒 令

　　酒令者，乃是劝酒助兴的一种游戏。早在先秦，就有"当筵歌诗"、"即席作歌"的饮酒风俗。迟在西汉初年，已形成酒令，《史记·齐悼惠王世家》记高后宴客，令刘章为酒吏，刘自请曰："臣，将种也，请得以军法行酒。"高后允许，"顷之，诸吕有一人醉，亡酒，章追，拔剑斩之而还，报曰：'有亡酒一人，臣谨行法斩之。'太后左右皆大惊。业已许其军法，无以罪也"。此事虽有宫廷斗争的背景，但饮酒行令，且有监酒，已是当时的风气。有人还创作令辞，以供行令之用，如《后汉书·贾逵传》记其人"又作诗、颂、诔、书、连珠、酒令凡九篇"。至唐代，饮酒行令已很盛行，白居易《与梦得沽酒闲饮且约后期》云："闲征雅令穷经史，醉听清吟胜管弦。"韩愈《人日城南登高》云："令征前事为，觞咏新诗送。"诗中的"令"，就是行令。迄至明清，酒令更其繁盛，常以骰子、酒筹、叶子等作行令之具，内容更是五花八门，囊括世间万象。纵观酒令史，雅俗共存，繁简并行，已成为一个广泛且又深厚的传统文化系统。

　　因各地饮酒风俗不一，行令有同有不同，即使在苏州，也各有情形。如何良俊《四友斋丛说·娱老》说："余处南京、苏州最久，见两处士大夫饮酒，只是掷色，盖古人亦用骰子。惟松江专要投壶猜枚，夫投壶即开起坐喧哗之端矣。"吴江行令，特色鲜明，弘治《吴江志·风俗》说："凡设席会客，以干、格、起、住四字为酒令。干者，务要饮干，不留涓滴；格者，不得拦格，听其自斟；起谓不许起身；住谓不得叫住。犯此四字，皆罚。主人出席，禀令自饮一杯，席长供馔，圆揖还位。众宾推举能饮者一人或二人，名曰监令，一席听其觉察。凡语言喧哗、礼容失错者，皆议罚，或监令自犯，则众宾为之检举。其间亦有不能饮者，则禀于席长，定其分数。此令一出，四座肃然，主人安坐而客皆醉，所谓吴江酒令也。"这种行令风俗，明初流行于吴江，并影响周边地区，故有"吴江酒令"之称。

明代苏州所行酒令，形式甚多，口令是常见的一种，答不上或答错的，都要饮酒。褚人穫说了两个故事：

"明末吾郡有妓曰陈二，四书最熟，人称四书陈二。一日，与诸名士同饮，共说口令，欲言有此语无此事者。众皆引俗谚，二云：'缘木求鱼。'众称赏。一少年故折之曰：'乡人守籗者皆植木于河中，而栖身于上以拽罾，岂非有是事乎？'罚二酒。二饮讫，复云：'挟泰山以超北海。'众竞叹赏之，少年卒无以难。"（《坚瓠壬集》卷四"四书陈二"条）

"万历中，袁中郎（宏道）令吴日，有江右孝廉某来谒，其弟现为都郎，与袁有年谊，置酒舟中款之，招长邑令江萝（盈科）同饮，将偕往游山。舟行之次，酒已半酣，客请主人发一口令。中郎见船头置一水桶，因云：'要说一物，却影合一亲戚称谓，并一官衔。'指水桶云：'此水桶非水桶，乃是木员外的箍箍（哥哥）。'盖谓孝廉为部郎之兄也。孝廉见一舟人手持苕帚，因云：'此苕帚非苕帚，乃是竹编修的扫扫（嫂嫂）。'时中郎之兄伯修（宗道）、弟小修（中道）正为编修也。萝属思间，见岸上有人捆束稻草，便云：'此稻草非稻草，乃是柴总把的束束（叔叔）。'盖知孝廉原系军籍，有族子现为武弁也。于是三人相顾大笑。"（《坚瓠补集》卷六"雅令相戏"条）

饮酒行令的风俗，也在不断变化，清初苏州府城就不大时兴口令了，但行令仍有地方特色。松陵岂匏子《续苏州竹枝词》云："酒令新传大买盆，连声请候撤连吞。豁拳唱曲尤高兴，祖父何妨对子孙。"词下自注说了四点，一是"吴人饮酒不说口令，惟取色子速掷，十掷名曰大盆。或一掷几快，一快几杯。以此席买彼席，彼席亦答"；二是"一令初行，连声请候，或对邻或左右邻，俱请候一杯，名曰苏州候。酒例无小杯，以撇饮之"；三是"吴人豁拳，多有唱曲。赢者吃酒，输者唱曲，以此定例"；四是"子弟苟能饮酒唱曲者，便是苏州尤物，即祖孙父子，亦豁一拳以见高低"。

色子者，骰子也，将骰子投掷盆内，令其成彩，一掷不成，许其再掷，一般可二三掷，苏州人则以十掷为"大盆"，即一次干净最高额度的酒。当开始行令，一人饮时，可使同席的对面一人和左右两人同饮，并且一起一口干了，称为"苏州候"。旧时苏州酒令的名目，繁多而复杂，如今已难以一一解释清楚了，而"唱曲"则最有意思，这在其他地方是没有的。

唱曲，又称唱拳，松陵岂匏子说"赢者吃酒，输者唱曲"，只是这种酒令的大概，它的具体过程要复杂得多。周越然《唱拳》介绍了晚近的情形："苏州士女，多能唱拳。唱拳者何？先歌而后豁拳也。歌辞美雅，调亦文静，其动听不亚于湖州人之'六门景'。兹由舍亲小高君觅得原句，特转录于后，以供众览，并以保存民间文学也。'头品里格顶戴呀，双眠二花翎，三星高照，四喜共五经，六合又同心，七巧八马，提督有九门，十全里格齐美呀。拳要豁得清，酒要吃得明。'上文男女二人共唱。毕后，开始豁拳，或冠以'全福'，或直喊'一品'、'两榜'、'三元'、'四喜'、'五魁'等等，均无不可。待胜负分而饮酒后，则续唱下引之语，且另成一局：'忙把酒来饮，吃得两眼昏。抬头望月，一路进城，耳听得谯楼上，鼓打一更，提壶把酒斟，吃得浑沌沌，今宵归家，必定到二更。'唱毕后，重行豁拳饮酒。量大者可复唱上文，改'二更'为'三更'、'四更'、'五更'，直到'天明'为止。此法既能缓饮，又能醒酒，参加者不必狂醉，而消遣独多，发明者必聪明人也。唱拳昔盛行于妓院中，后渐衰，因所谓'大少爷'者不皆为苏人，不皆能唱也，且唱时必附加手势，尤属不易。今沪上书寓中，能此者尚多。一对美男丽女，带唱带演，继以饮酒，其声其状，旁观者无不动魂也。"

苏州常见的还有击鼓催花令，类乎击鼓传花的孩儿游戏，范烟桥《鸥夷室酒话》说："最易博人笑噱者，为击鼓催花令。以最不善饮者至隔室，或背席坐击鼓，而席间以花相递，鼓止，花亦止，花止于谁何之手，谁何当饮。善击鼓者，时而疏如滴漏，时而急如骤雨，使在席者无可捉摸，人人有急求嫁祸于人之念，一种急促匆忙之态，殊可笑也。"这种酒令，又称羯鼓催花令、击鼓传花令，《金瓶梅词话》第五十四说，西门庆等在应伯爵郊园中吃酒，"酒兴将阑，那白来创寻见园厅上架着一面小小花框羯鼓，被他驮在湖山石后，又折一枝花来，要催花击鼓。西门庆叫李惠、李铭击鼓，一个眼色，他两个就晓得了，从石孔内瞧着，到会吃的面前，鼓就住了"。可见这是可以作弊的。明代中叶，击鼓催花令就在苏州流行，褚人穫《坚瓠庚集》卷三"击鼓催花"条说："李西涯赴吴原博饮，席上用击鼓催花令，戏成一律曰：'击鼓当筵四座惊，花枝落绎往来轻。鼓翻急雨山头脚，花闹狂蜂叶底声。上苑枯荣元有数，东风去住本无情。未夸刻烛多才思，一遍须教八韵成。'"

即使是拇战或射覆，苏州人也别出心裁，范烟桥举吴江同里退思园第二代主人任传薪（味知）家的事，《鸥夷室酒话》说："任君味知家有套杯十事，大者容酒十两，小者容酒半两，中间等差增减。用之有两法，一则拇战，一则射覆。拇战以先负者饮小杯，而大杯则为最后五分钟之决胜。射覆先以一物于密处置任何一杯中，故杂列十杯于盘，令人猜度，不中则注酒于所举之杯，而令之饮，中则藏覆者饮全盘，其已饮去者免，事虽简单，而颇具精思。有时须置小杯中，使人不屑视之；有时须置大杯中，使人不敢尝试。盖不中，须自饮，酒力不胜者，往往避之。有时须置折中之杯间，使首尾均不能中，黠者察言观色，令人捉摸不定，纯乎心理作用，要之仍不脱'知己知彼，百战百胜'之金科玉律耳。若其馀不能命中，留剩一杯未猜，则亦归负于猜者。故最后之一猜，万目睽睽，固无异诸侯军作壁上观也。"

范烟桥《鸥夷室酒话》说："酒令中飞觞最为普遍，然以限制略严为佳。譬如限唐诗，限宋词，限《古文观止》，限《四书》，若随意举一成语，未免太滥太宽，必至杜撰而后已。某日星社雅集，飞一片字，瞻庐举乾隆谐作'一片一片又一片，二片三片四五片，六片七片八九片'，三句几至，遍席皆饮，哄堂大笑。"

郑逸梅《瓶笙花影录》卷上"拇战"条说："犹忆我吴星社，每逢雅集，辄于席间作捉曹操之令。各拈蜀魏将名之纸卷一，掩覆之，由诸葛亮点将出战，遇敌例必斗，拇战为之，负者饮，直至捉得曹操始止，是较寻常拇战为有味。"

劝酒之具，以酒筹较普遍，这是古已有之的，晋嵇含《南方草木状》卷下"越王竹"条就说："越王竹，根生石上，若细荻，高尺馀，南海有之。南人爱其青色，用为酒筹云。"饮酒时用它来记数或行令。范烟桥《鸥夷室酒话》说："家大人在里中有蝴蝶会，每择春秋佳日，各以一两簋家肴与会。先叔蔼人公曾制一酒筹，选古诗中之有'秋'字者百馀句，饮美酒，吟佳句，颇有一唱三叹之致。后各以事牵，此举久废，而酒筹亦为吾辈玩弄，散失殆尽矣。……用酒筹者，须各有耐心，往往拈得一筹，席间尚无此事发生，宜密藏此筹，勿使人知，俟事有凑巧，乃举筹相视，便觉趣味盎然。"

还有用劝酒之具的，以酒胡子最普遍。酒胡子又称捕醉仙、劝酒胡、指巡胡等，大都削木而成，形象和装束均作胡人模样。唐人卢汪《酒胡子》云："同心相遇思同欢，擎出酒胡当玉盘。盘中虺虺不自定。四座清宾注意看。可亦不在心，否亦不在面。徇客随时自圆转，酒胡五藏属他人。十分亦是无情劝，尔不耕，亦不饥，尔不蚕，亦有衣。有眼不能分黼黻，有口不能明是非。鼻何尖，眼何碧，仪形本非天地力。雕镂匠意苦多端，翠帽朱衫巧妆饰。长安斗酒十千酤，刘伶平生为酒徒。刘伶虚向酒中死，不得酒池中拍浮。酒胡一滴不入眼，空令酒胡名酒胡。"行令时，将酒胡子置于盘中，一边旋转酒胡子，一边在席间传递酒筹，酒胡子力尽而倒，此筹传至谁手，谁人饮酒。也有只转酒胡而不传筹子的，窦苹《酒谱·酒令十二》说："多有捕醉仙者，为偶人，转之以指席者。"后来又用不倒翁来代替酒胡子，晚清署名"酒家南董麴禅氏"在《折枝雅故》卷五中说："吾家昔藏有此酒器，系旧磁，今久遗失，有时取不侧翁置盘中，以手拧之，祝曰：'糊涂虫，糊涂虫，撞着何人吃一钟。'俟其定时，面向何人者饮，殆酒胡子之遗法。"范烟桥《茶烟歇》"不倒翁"条也说："不倒翁为劝酒之具，以手扳翁便俯，俟其仰也，面对谁何，即令浮白。"

不倒翁，又称跌弗倒、扳弗倒等，处处皆有，惟苏州虎丘所出最有名，《虎阜志·物产》说："不倒人，纸泥为之，饰以缋采。"康熙间施於民《虎丘百咏·不倒翁》云："胡旋蹁来大可嘲，脚跟真是不坚牢。背人倏尔如孙凤，向客怡然似李猫。只可尊前为狎具，岂堪筵上订深交。料君到处逢迎惯，转笑经生等系匏。"彭彣《咏跋弗倒》云："虎丘游客泛归桡，傀儡累累两袖豪。时式正宜添假面，官方聊与着红袍。随人簸弄形如醉，镇日踟跌体更劳。叹息物情偏好异，俄然跋倒笑声高。"虎丘不倒翁都作朝官装束，正含有嘲讽的意味。李斗《扬州画舫录·新城北录下》记优伶故事说："小丑滕苍洲短而肥，戴乌纱，衣皂袍，着朝靴，绝类虎丘山拔不倒。"以物喻人，可知它特殊的造型特点。

《红楼梦》第六十七回说，薛蟠自苏州回家，给宝钗的一箱东西中，就有"虎丘带来的自行人酒令儿，水银灌的打金斗小小子，沙子灯，一出一出的泥人儿的戏，用青纱罩的匣子装着"。"自行人酒令儿"，即顾禄《桐桥倚棹录·市廛》卷十记的"自走洋人"，它"机轴如自鸣钟，不过一发条为关键，其店俱在山塘。腹中铜轴，皆附近乡人为之，转售于店者。有寿星骑鹿、三换面、老跎少、僧尼会、昭君出塞、刘海洒金钱、长亭分别、麒麟送子、骑马鞑子之属。其眼舌盘旋时，皆能自动。其直走者，只肖京师之后辁车，一人坐车中，一人跨辕，不过数步即止，不耐久行也"。时人用这种玩具来行酒令，也就得了这个名儿。

劝酒之具甚多，范烟桥《鸥夷室酒话》还记了一种："余家有一酒仙，立磁碗中，覆以幂而露其顶，贮水便浮，用时以指捺之使下，指去，任酒仙自起，视其面对何人，何人当饮。惟略可舞弊，且有时界限不易分清也。"

如果将劝酒之具，一一罗列出来，不啻是传统生活史的有趣材料。

饮酒行令，至少有两方面的意义，一是循规劝酒，一是活跃气氛。其实，酒令虽然普遍，有人也不以为然，阮葵生《茶馀客话》卷二十"饮酒须有节制"条就说："俗语云，酒令严于军令，亦末世之弊俗也。偶尔招集，必以令为欢，有政焉；有纠焉，众奉命惟谨。受虐被凌，咸俯首听命，恬不为怪。陈几亭云：'饮宴苦劝人醉，苟非不仁，即是客气，不然亦蠢俗也。君子饮酒，率真量情，文士儒雅，概有斯致。夫惟市井仆役，以逼为恭敬，以虐为慷慨，以大醉为欢乐，士人而效斯习，必无礼无义不读书者。'几亭之言，可为酒人下一针砭矣。偶见宋人小说中《酒戒》云：'少吃不济事，多吃济甚事，有事坏了事，无事生出事。'旨哉斯言！语浅而意深。又，几亭《小饮壶铭》曰：'名花忽开，小饮；好友略憩，小饮；凌寒出门，小饮；冲暑远驰，小饮；馁甚不可遽食，小饮；珍酝不可多得，小饮。'真得此中三昧矣。若酣湎流连，俾昼作夜，尤非向晦息宴之道。亭林云：'樽罍无卜夜之宾，衢路有宵行之禁。故见星而行者，非罪人，即奔父母之丧。酒德衰而酣饮长夜，官邪作而昏夜乞哀，天地之气乖而晦明之节乱，所系岂浅鲜哉。'《法言》云，侍坐则听言，有酒则观礼，何非学问之道。"饮酒确乎需要节制，晚近苏州饮酒不复行令，既是世风的转移，又是节制意识的体现。

风味随谭

　　我国幅员辽阔，由于各地的风俗、气候、食材、嗜好等等的不同，饮食活动也就有很大的差异。钱泳《履园丛话·艺能》"治庖"条就说："饮食一道如方言，各处不同，只要对口味。口味不对，又如人之情性不合者，不可以一日居也。"又说："同一菜也，而口味各有不同。如北方人嗜浓厚，南方人嗜清淡；北方人以肴馔丰、点食多为美，南方人以肴馔洁、果品鲜为美。虽清奇浓淡，各有妙处，然浓厚者未免有伤肠胃，清淡者颇能自得精华。"食材是决定口味的重要因素，魏晋时张华《博物志》卷一"五方人民"条就说："东南之人食水产，西北之人食陆畜。食水产者，龟蛤螺蚌以为珍味，不觉其腥也；食陆畜者，狸兔鼠雀以为珍味，不觉其膻也。"近人柴萼《梵天庐丛录》卷三十六"嗜好不同"条也说："国人嗜好不同，述之颇饶趣味。如苏人喜食甜，无论烹调何物，皆加以糖；鄞人喜食臭，列肴满席，非臭豆腐臭咸芥，即臭鱼臭肉也；赣人、楚人喜食辣苦，每食必列辣椒一器，有所谓苦瓜者，其苦如荼，而甘之若芥焉；鲁人好食辛，常取生葱、生蒜、生韭菜等夹于馒饼中食之；晋人喜食醋，有家藏百年以前者，其宝贵不亚于欧人之视数世纪前之葡萄酒也；粤人嗜好最奇，猫鼠蛇豕，皆视为珍品，酒楼菜馆有以蛇鼠作市招者；鄂人喜食蝎子，捉得即去其毒钩，以火炙而食之，云其味之美，逾于太羹。前清时，襄阳某关兼课蝎子税。又鲁人亦食蝎子及蝗蝻，常去其头于油中炸食之，谓有特殊风味。而潮州人尤奇，常取鲜鱼鲜肉任其腐败，自生蛆虫，乃取而调制之，名曰肉芽鱼芽，谓为不世之珍。"1948年，范烟桥《食在中国》更作了通俗的解说："中国的肴馔，因地域的不同，与人民嗜好的不同，各有其不同的烹馔方法，而最大的差别，是甜酸苦辣，各趋极端。大概黄河流域以及长江上游，都爱辣的，长江下游都爱甜的，易地而处，便觉得不合胃口，虽出名厨，也不会津津有味的。所以孟子说的'口之于味，有同嗜也'，大约他没有到过江南来，所尝到的，都是黄河流域差不多的滋味，按之实际，是不合理的，口之于味，不尽同嗜的。还有动物、植物的取舍，也是不同的。江南人爱虾蟹，西北连虾蟹都没有见过，或许要怀疑，和江南人见广东人吃蛇猫一般，舌挢不下了。有几个广东青年，不敢吃西湖莼菜，是同一理由。"

正因为如此，各地有各地的菜肴特色和烹饪技艺，形成不同的系统。至明清时期，主要菜系已经初步形成，徐珂《清稗类钞·饮食类》说："肴馔之有特色者，为京师、山东、四川、广东、福建、江宁、苏州、镇江、扬州、淮安。"近几十年来，研究菜系者成为时髦，众说纷纭，意见并不一致，有四大菜系说，八大菜系说，也有十二大菜系说等，争议很大，其中公认的四大菜系，即鲁菜、川菜、苏菜、粤菜，其他有影响的菜系，还有京菜、沪菜、闽菜、湘菜、鄂菜、浙菜、皖菜、秦菜等。有人归结内陆各地的口味，说是东酸、西辣、南甜、北咸，那是并不尽然的。

在各家菜系中，苏州风味能得中庸之道，独擅胜场。周劭《令人难忘的苏菜》说："建都达七百多年的北京，其实是没有什么特色菜肴可言，只是京师五方杂处，做官的来自南北各地，取长补短，成了一个以'京苏大菜'为号召顾客的京菜，这便是苏州菜和直、鲁、豫北方菜揉合的产物。在本世纪四十年代广东菜大举进入上海之前，京苏大菜和徽菜是上海最重要的菜馆。"不但是"京苏大菜"，就是苏州本帮菜，在保持自己特色的同时，因地制宜，兼容并蓄，不断改良。这也是有原因的，自明代中叶开始，苏州就是一个移民规模很大的城市，来自浙江、安徽、江西、福建、广东、湖南、湖北、山东、山西、河南等地的创业者、就业者辐辏一地。以雍正初为例，仅南濠一带，福建客商有万馀人，安徽等地的染坊踹布工匠有二万馀人。各地移民的饮食生活，必然带来各地风味的交流和融合。

然而苏州的本帮菜肴，并不因为五方杂处而失去特色，相反它的生存和发展，因为是以高质量的物质生活和精神生活为基础，既有得天独厚的食料来源，又有历史悠久的饮食传统，加以奢侈风气的引导，讲求时鲜，讲求节令，讲求口味，讲求色彩和造型，更重要的还有家厨、官庖、市食、僧斋的精心烹调，他们各自的技艺也交融汇合，取长补短，独擅一技的庖人，比比皆是。诚如钱泳在《履园丛话·艺能》"治庖"条所说："凡治菜以烹庖得宜为第一义，不在山珍海错之多，鸡猪鱼鸭之富也，庖人善则化臭腐为神奇，庖人不善则变神奇为臭腐。"就这样逐渐形成了苏州本帮菜肴的鲜明特色和完善系统。

自古以来，苏州人就讲究食品加工之道，莫旦《苏州赋》咏道："食味则酿柑荫冰，庖鳖脍鲤；蜜蟹拥剑，金齑玉脍；莼羹鱼炙，鲤腴虾子；糖团春茧，花糕角黍；五酘之酒，四桥之水；渚山之茶，顾村之乳；鲊兮荷包，面兮棋子；鲵干传浸井之方，盐虀为御冬之旨。"俞明《苏帮菜》说得更具体："旧时的大官人家，则用高价雇佣名厨，食不厌精，主人是设计师，发挥形象思维，厨师则是营造师，千方百计去满足主人的口腹之欲。几百年间，苏城为商贾集散地，官僚回归林下的休憩所，资产者金屋贮娇的藏春坞，豪绅吃喝嫖赌的游乐场，发扬海内独树一帜的苏帮菜肴为适合此等需要应运而生，与京、粤、川、扬等各帮分庭抗礼。很多众口交誉的名菜都出自家厨，比如明代宰相张居正爱好吴馔，官府竞相仿效，吴地的厨师都被雇去做家庭厨子。吴人唐静涵家的青盐甲鱼和唐鸭，被《随园食单》列为佳肴。清徐珂著《清稗类钞》载'凡中流社会以上人家，正餐小吃无不力求精美'。这些中等人家雇不起家庭厨子，便亲自下庖厨采办。烹饪艺术本是一种创造，在不断的翻新和扬弃中发展，主人中不乏有文化修养并且心灵手巧之辈，于是便有不少使饕餮者垂涎三尺之创造。陈揖明等著《苏州烹饪古今谈》中有精辟的论述：'在千百年的苏州烹饪技术长河中，民间家庖是本源，酒楼菜馆是巨流……使苏州菜系卓然特立，名闻全国。'而且，民间庖厨和酒肆菜馆的'汇流'也是常有的事，在沪宁一带，包括苏州，社会变革和战乱使一些巨绅豪门家道中落，他们之中有些人开菜馆以维持生计，用自创的拿手菜招徕食客，一些用'煨'、'焖'、'炖'、'熬'等方法文火制作的功夫菜，是这些酒家的特色。此外，如上文所述，一些知识阶层，虽雇不起家庭厨师，却上得起酒楼，他们是君子远庖厨，动嘴不动手，成年累月，他们成了'吃精'，他们是酒肆的常客，和跑堂厨子结成至交，从事'共建活动'，创制了一些用料时鲜、做法讲究、色香味俱佳的名肴，高度发达的头脑和长期劳动的积累使饮食这个行当的名帮菜成为一种艺术生产。"

这就是苏州本帮菜肴之"源"和"流"的关系，故也就能不断推陈出新，创造出人间美味。点心杂食也不例外，往往由家食而成为市食，精益求精，品种繁多，成为整个苏式饮食内容的组成部分。

奢　尚

苏州本帮菜肴和点心杂食的形成，有诸多因素，其中奢侈风气的引领，最是重要，具体反映在饮食活动中，就是食不厌精，脍不厌细，席不厌丰，宴不厌华。周履靖《易牙遗意叙》说："今天下号极靡，三吴尤盛，寻常过从大小方圆之器，俭者率半百，而食经未有闻焉，可怪也。"常辉《兰舫笔记》也说："天下饮食衣服之侈，未有如苏州者。衣料出自苏城，其值少低于他省，犹不足异。至食物，则莫贵于此矣，而士民会客，一席动值三四金，甚有至七八金者，官席无论也，此亦太平日久所至，然而暴殄天物矣。"可见苏州人对饮食的追求，已达到了一种极致。

以常熟为例，瀛若氏《琴川三风十愆记·饮食》说："邑中食物之求丰求美，始于典商方时茂家。每宴客，率以侈。碗以宋式为小，易以养文鱼之大者；碟以三寸为小，易以盛香圆之大者。煮猪蹄，甜酱黄糖，全体而升之俎，谓之金漆蹄幢；烧羊肘，白糖白酒，全体而升之俎，谓之水晶羊肘；烧鸡及鸭，每俎必以双，亦全体不支解。他品率称是，一时富家争效之。而明时庶人宴会之制，器用浅小，簋止六，或缺其一，间用木刻鱼形盛诸豆，以备数。至此而其风大变矣。于是有钱副使者，富而宦，宦而益富，里居时，好宾客，其夫人克勤中馈职，善造酒馔，所取以新、清、精三字为上品，其著闻于邑者数种，今列于左。一羊腰，从刲羊家买生腰子，连膜煮酥取出，剥去外膜切片，用胡桃去皮捣烂,拌羊腰炒炙,俟胡桃油渗入,用香料、甜陈酒、厚酱油烹之,味之美,熊掌不足拟也。或无羊腰,即用猪腰,如前法制之,并佳。一鳖裙,鳖自江北贩来者不用,惟产于本地里河者,宰之,略煮取出,剔取其裙,镊去黑翳,极净纯白,略用猪油爆煿,和姜桂末,乃出供客,入口即化,异味馨香,咸莫知其为鳖也,因别其名曰荤粉皮。一蒸野鸭,家鸭肥浓,不足贵也,必野鸭之网得者,燂毛极净,乃空其腹,用五香和甜酱、酱油、陈酒实其中,而缝其隙,外用新出锅腐衣包之,乃蒸,蒸烂去皮,自颈至腿,节节开解之,抽其骨,只存头脚,仍用全体,再用五香、甜酱、酱油、陈酒等料入原汁中,微火煨之,视汁将干,乃取出供客。馀若山中花鸡、刺蝟、鹰等物之有脂者,皆用腐衣包裹而蒸,故脂不漏而味腴。一鸭舌,从厨司家或酒馆中广收得之,熟而去其舌中嫩骨,竖切为两,同笋芽、香菌等入麻油同炒,泼以甜白酒浆,客食之,疑为素品中麻姑之类,而味不同,此为杂品中第一。一雄鸡冠,亦厨司家、酒馆中收得者,绢裹置藏糟中,经宿,亦用麻油、甜白酒浆,同笋芽、香菌等炒之,客嗜其味,而莫知为何物,此为杂品中第二。一鸡鸭肾,亦收之厨司家及酒馆中,沃以酒浆,取泉水煮为羹,和以鲜笋芽或鲜嫩松花菌,味美异常,此为杂品中第三。一鸽蛋,先期付钱于养鸽者,逐日收积,白汤煮熟,去壳,廿颗圆匀,光白可爱,作汤点。又香莲米磨粉为团,松子仁入洁白洋糖,捣烂为馅,与鸽蛋并陈,作汤点,客或携归一二枚,香气满袖,此为汤点中胜品。一鲫鱼舌,亦广收之厨司家、酒馆中者,白酒浆沃之,泉水煮为汤,略糁细葱心一撮,作酒后汤品,极为清贵。一青鱼尾,选青鱼之大而鲜者,断其尾,淡水煮之,取出劈作细丝,抽去尾骨,和笋、菌、紫菜为羹,或研胡椒末,调白莲藕粉作腻,而滴以米醋少许,酒后啜之,神思爽然,味回于口,此又羹汤中别具一种风韵也。以上数种,虽过于求美,然浓肥之味,十不列一,尚有卫身颐养之遗意,抑或非厥性所好也,而好胜者必踵而增华,而副使家新、清、精三字为食馔上品者,风又为之一变。"

在这种奢风引领下,踵事增华是必然的事,况且常熟邻江,江鲜盛出,其烹饪之法,更是异乎寻常。《琴川三风十愆记·饮食》又说:"于是太原氏以蒸鳗擅誉，颍川氏胜之以无骨刀鱼，徐厨夫以燉鲥鱼鸣技于春时，邵声施家则胜之以四时皆有，事辄番新，实古昔先民口所未尝也。蒸鳗者，择肥大粉腹鳗鱼，去肠及首尾，寸切为段，拌以飞盐，竖排之镟中，沃以甜白酒酿，隔汤燉之，数沸后，加以原酱油，复煮数沸，视其脊骨透出于肉，就镟内箝去其骨，然后用葱椒拌洁白糖肥猪油厚铺其面，入锅再燉数沸，视猪油融入镟底，乃出供客。此味最浓厚，贪于饮食者一言及，口中津每涔涔下也。而颍川氏曰：'是未足奇也。'春初刀鱼出，先于总会行家下钱，凡刀鱼之极大而鲜者，必归陈府，令治庖者从鱼背破开，全其头而联其尾，先铺白酒酿于镟中，摊鱼糟上，隔汤燉熟，乃抽去脊骨，复细镊其芒骨至尽，乃合两片为一，头尾全具，用葱椒盐拌猪油，厚盖其面，再蒸之，迨极熟不敢置之他器，举镟出供，味鲜而无骨，细润如酥，主未及举箸而请，客先欲染指而尝矣。鲥鱼本美味，为南方水族中贵品，向用煎，或用煮，自厨夫徐姓始作炖者，约略如王氏蒸鳗、陈氏蒸鲚之制，但加洁白洋糖，不切段，不去鳞，味更腴而鲜洁，视煎及煮者，尤觉风味不同，人皆争嗜之，然春尽则有，夏尽则无，未能常继也。乃邵氏宴宾，虽在秋冬皆具，客问何来，邵曰：'其来不易。'每春将暮，命仆夫善腊鱼族者，携银钱及洋糖、椒末、飞盐、上好藏糟等料，舟载至海头，坐守居停主人家，俟渔人举网一得鱼，即去肠留鳞，用洋糖实其腹中，复搽之鳞上，随用藏糟厚铺瓮底，加椒末、飞盐若干，放入鱼，又用糟厚盖其上，又加椒末、飞盐若干，积满瓮口，手拳筑实，细泥封固，至家必掘地窖贮之，恐炎天溃败也。客述主人言如此，然此犹未若食河豚者事更烦也。常邑边海，春日多河豚，人皆知其有毒，食之者少。自李子宁起家牙行，讲究食品，隔年取上黄豆数斗，拣纯黑及酱色者去之，复拣其微有黑点及紫晕者去之，纯黄矣，必经他手逐粒再拣，乃煮烂，用淮麦面拌作酱黄，六月中入洁白盐合酱，稀纱作罩，晒之烈日中，酱熟入瓮，覆之瓮盆，石灰封固，名为河豚酱。据云，豆黑色、酱色及微有紫黑斑者作酱，烧河豚必杀人，而晒酱时或入烟尘，烧河豚亦有害，故必精细详慎如此。其治河豚也，先令人至澄江，舟载江水数缸，凡漂洗及作汁等水，皆用江水为之。河豚数双，割去眼，抉去腹中子，剖其脊，血洗净，用银簪脚细剔肪上血丝净尽，刌其肉，取皮全具，置沸汤煮熟，取出绷之木板上，用镊细箝其芒刺，无遗留，然后切皮作方块，同肉和肪及骨，猪油炒之，随用去年所合酱入锅烹之，启镬盖必张伞其上，蔽烟尘也，用纸钉蘸汁，火燃则熟，否则未熟。每烹必多，每食必尽，而卒无害，以是著名于时。年年二三月间，朋党醵金聚会于其家，上下匆忙，竟似以食河豚为一年极大事者，饕餮淋漓，恣啖为快，春初及夏初，殆无虚日。至邑人食蟹尤有可笑者，蟹出潭塘为最肥大，爪黄者谓之金爪蟹，向用煮，或以煮则黄易走漏，味不全，用线缚，入笼蒸之，味更美，斯足饫矣。乃有周麻子者，自都中归，又翻一新法为爆蟹，遂开酒馆于西城，秋时来顾者，昼夜无虚坐。其法将蟹蒸熟，置之铁筛，炭火炙之，蘸以甜酒麻油，须臾壳浮起欲脱，二螯八足，骨尽爆碎，脐胁皆解开，用指爪微拨之，应手而脱，仅存黄与肉，每人一分，盛碟中，姜醋浇之，随口快啖，绝无刺吻抵牙之苦。其术秘不肯授人，人效其法炙之，蟹焦而骨壳如故。或云，彼于春夏间赂丐者捕蛇千头，剥皮煮烂，蛇肉浮起成油，贮之于器，隐取用之，炙时所云麻油者，实即蛇油也。人信为然，不三四年，人无爆蟹者，于是邑中仍兴食蒸蟹会。……是时海禁严，凡海错之自广闽者，贵于白金，人仅恣口于本土易致之物。未几，海禁弛，珍错毕至，于是士大夫以为宴客，以为无海味不足为观美，每席首品，必用燕窝，彼处每斤须五六金，至苏则倍之。其他若鲨翅、密刺等物，间以供客，人又尝异味，不思鱼肉矣。"

即使是平常之物，如豆腐、春笋，也别出心裁，成为席上珍品。宋咸熙《耐冷谭》卷二说："康熙初，神京丰稔，笙歌清宴，达旦不息，真所谓'车如流水马如龙'也。达官贵人，盛行一品会，席上无二物，而穷极巧丽。王相国胥庭熙当会，出一大冰盘，中有腐如圆月。公举手曰：'家无长物，只一腐相款，幸勿莞尔。'及动箸，则珍错毕具，莫能名其何物也，一时称绝。至徐尚书健庵，隔年取江南燕来笋，负土捆载至邸第，春光乍丽，则出之而挺爪矣。至会期，乃为煨笋以饷客，去其壳，则为玉管，中贯以珍羞，客欣然称饱。咸谓一笋一腐可采入食经。此梅里李敬堂大令集闻之其曾大父秋锦先生，恐其久而遂轶，录以示后人者。今其孙金澜明经遇孙检得之，属同人赋诗焉，其首倡一绝云：'一品会中一品官，珍馐争欲斗冰盘。民康物阜升平乐，莫作寻常杯酒看。'"

苏轼《老饕赋》云："盖聚物之夭美，以养吾之老饕。"吴曾《能改斋漫录·事实二》"饕餮"条说："颜之推云：'眉毫不如耳毫，耳毫不如项绦，项绦不如老饕。'此言老人虽有寿相，不如善饮食也。故东坡《老饕赋》盖本诸此。"苏州历史上的老饕，无可指数，试举一二。

五代吴人萧璡，陶穀《清异录·馔羞门》说："吴门萧璡，仕至太常博士，家习庖馔，慕虞悰、谢讽之为人。作卷子生，止用肥荠，包卷成云样，然美观而已，别作散饤麦穗生，滋味殊冠。"萧氏所作"卷子生"，乃属油饼一类。

五代吴越国中吴军节度使孙承祐，吴任臣《十国春秋·吴越十一》说："承祐在浙日，凭藉亲宠，恣为奢侈，每一燕会，杀物命千数，家食亦数十器方下箸，设十银镬，構火以次荐之。尝馔客，指其盘曰：'今日，南之蚱蜢，北之红羊，东之鰕鱼，西之嘉粟，无不毕备，可云富有小四海矣。'"又说："后归宋，扈从太宗北征，以橐驼负大斛贮水养鱼，自随至幽州南村落间，日已旰，西京留守石守信与其子驸马都尉保吉诸人尚未朝食，适遇承祐，即延所止幕舍中，脍鱼具食，穷极水陆，人皆异之。"

明常熟人陈某，陆容《菽园杂记》卷十四说："陈某者，常熟涂松人，家颇饶，然夸奢无节，每设广席，肴饤如鸡鹅之类，每一人前必欲具头尾。尝泊舟苏城沙盆潭，买蟹作蟹螯汤，以螯小不堪，尽弃之水。狎一妓，为制金银首饰，妓哂其奢，悉抛水中，重令易制。积岁负租及官物料价颇多，官府追偿，因而荡产。乃僦屋以居，手艺蔬，妻辟纑自给。邻翁怜其劳苦，持白酒一壶、豆腐一盂馈之，一嚼而病泄累日。妻问曰：'沙盆潭首饰留今日用，何如？'某云：'汝又杀我矣！'"

明常熟人沈三胖，瀛若氏《琴川三风十愆记·饮食》说："偶忆旧闻，故明时有沈三胖者，居北郭，富于财，每日辄杀数牲，犹云苦无下箸处。其妻好淡泊，屡劝其惜福，无太侈，不听。年五十后，财尽乏食，依栖一室，妻以菜羹进，稍入口即呕，宁忍饥不食。一亲戚馈以熟肉一盘，一餐即尽，缘肠胃饿损，过饱而死。其妻与一老婢纺织存活，值岁饥，市无米者已浃旬，自分与老婢皆作饿鬼,忽思废园中有蔓衍于高树者,或是山药,掘而食之,可延残喘一二日。乃令老婢掘其根,得一物如东瓜形,盖何首乌也,乃取而食之。每晨各食一片,至夜不饥,而神气日旺,半年乃尽,而岁已丰,米多价廉,仍得存活。一日,因爨下无薪,破屋中所铺木板已朽,令老婢拆为薪。婢入即忽随板而陷,盖地板下乃窖也,别无他物,惟泥封酒瓮五十具,启之皆似水,面结冰二寸许。有邻翁闻之来视,诧曰:'此上首房主人所藏醴也,鼎革时兵乱,主人移居于乡,遂遗忘耳,迄今已三十馀年,此酒真琼浆矣。其面上凝结如冰,酒之精华无疑。'皆取而尝之,略无酒味,俄而三人不觉酩酊。邑中好事者争购之,每瓮与之廿金,沈妻以是终其天年,衣食颇足。"

清吴县人陆锡畴,徐珂《清稗类钞·饮食类》说:"吴人陆茶坞,名锡畴,水木明瑟园之主人也。性嗜客,豪于饮,尤讲求食经。吴中故以饮馔夸四方,其父研北已盛有名,至茶坞而益上。他处有宴会,膳夫闻座中有茶坞,辄失魄,以其少可多否也。其家居,无日不召客,一登席,则穷昼继夜不厌。全谢山太史祖望尝以酒户为朋辈所推,然深畏茶坞,每至园,不五日而即病,往往解维遁。茶坞诮之曰:'是所谓以六千里而畏人者也。'坐是,遂以好事落其家。然家愈落,好事愈甚。其后世故局促,吴之富人多杜门谢酬应,无复昔时繁华之盛,而茶坞犹竭蹶持之。"

清常熟人蒋赐棨,字戟门,官至户部左侍郎。他不但讲究饮食之道,还会下厨烹饪,袁枚亦向其讨教。《清稗类钞·饮食类》说:"蒋戟门观察能治肴馔,甚精,制豆腐尤出名。尝问袁子才曰:'曾食我手制豆腐乎?'曰:'未也。'蒋即著犊鼻裙,入厨下。良久擎出,果一切盘餐尽废。袁因求赐烹饪法。蒋命向上三揖,如其言,始授方。归家试作,宾客咸夸。毛俟园作诗云:'珍味群推郇令庖,黎祈尤似易牙调。谁知解组陶元亮,为此曾经一折腰。'盖其中火腿杂物甚多,以油炸鬼所炸者为最奇。"在这品豆腐里,搀入油条,那是别有滋味的。

清吴江八坼杜某,破额山人《夜航船》卷七"紫檀煨鳗"条说:"煨紫檀者,八尺镇败子故事。素封杜某,世代典商,家伙什物,华丽且多,食指浩繁,内外百馀口，又极重食品，人各有所嗜。每买食物，无论粗细，务调和精到始下口，一物不备，唇勿沾焉。冬月广买乌背鲫鱼，养贮花缸，家人妇女，环而玩其上下游泳，既而烹之，椒、葱、姜、酒絮屑等物，主人必亲自检点。家事一切，置之勿管，坐是中落。子某，贪馋更甚，煎熬燔炙之外，别具多端，膏腴千亩，尽丧于羹碗中。性既馋，又极懒，揣其意，当碗捻箸，犹以为劳，直少代之者耳。家产荡然，无担石储，烹熟膻芗，仍不辍也。有担鳗鲡来歇其厅事，问君要鳗否？杜涎其肥活，眈眈目之，曰：'无钱，奈何？'卖者曰：'无钱，物件亦可。'盖近村一带悉知其贪啖，故贩卖者争笼络之，明知其无钱，冀出物换，利不又加三倍乎？鳗正所以饵杜也。奈杜室如悬磬，一无所有，偶见房内交椅两座，堆积败絮焉，杜弃絮于地，掇一椅出，曰：'要否？'卖者故作难色，曰：'廓落恐不中用，看君情面，捉四条巨粗去。'肩椅而出。椅乃紫檀木，人欲购之，嫌其无偶，曰：'觅对来，好成交易。'卖者曰：'我其图之。'明日再担去，见杜曰：'昨日鳗好乎？'曰：'好。'卖者曰：'今日更好。'杜曰：'今日更无钱。'卖者曰：'今日更以椅换。'杜索然曰：'家无常物，仅存两椅，一椅当钱换鳗，一椅当柴煨鳗，今日只好立而看鳗。'卖者气昏，曰：'如此懒馋，吾见亦罕。'"

清苏州两绅，钱泳《履园丛话·杂记下》"四字"条说："嫖、赌、吃、著四字，人得其一，即可破家，有兼之者，其破更速。吴门有二绅俱官县令，一好吃，一好赌。好吃者，有一妪善烹调，一仆善买办，其蒸炙之法，肴馔之美，迥非时辈庖人所能梦见。每一日餐费至十馀金，犹嫌无下箸处。其后家事日落，妪仆亦相继死，至不能食糠粃，卧死牛衣中。其赌者，家中无上无下俱好之，游人之徒亦由此入门，凡田地产业书籍器用尽付挎蒱，不及十年，一家荡然。其人死后，至两女尚未适人，亦邀群儿赌博，不知其所终云。"

晚清潘氏三兄弟，朱枫隐《饕餮家言·谐对》说："吾苏潘姓，有兄弟三人，食量皆甚豪。惟其一则必嘉肴美膳，方肯下箸，人称之曰'天吃星'；一则稍可通融，人称之曰'地吃星'；一则不择美恶，但图醉饱，人称之曰'狗吃星'。'狗吃星'三字甚新，可对'狼餐会'。"

即使到了民国年间，苏州吃风仍盛，女子也不甘落后。徐珂《可言》卷十二说："至于今日，苏之繁雄，迥不逮昔，谋生之道，且日益艰困，而城市中人犹美食之是求，妇女亦然，每餐非肉食不饱，酒楼茶室，亦时有其踪迹，此苏女之食不厌精也。"

食量大者，不能算是老饕，但好吃能吃，也是老饕的基本素质。这里只记一人，他就是康熙间官至刑部尚书的昆山人徐乾学。阮葵生《茶馀客话》卷八"饮啖过人"条说："徐原一司寇罢归吴门，一日饮门下士贾生斋，高据一席，庖人穷极丰腆，巨鼎高豆，每食必尽。门人轮执爵更番为寿，继贾生以玉缸进，容三升，司寇一饮尽，如鲸吸川也。司寇体丰硕，箕踞高坐，腹昂然凸起高出案。每食一器，令左右二伴先置玉盘于心胸凸起之处以盛豆，自以巨叉攫而啖之，须臾辄尽数器。饮酒则门生故吏争为侑进，满堂酣饱剧醉，夜以继日，而司寇如未尝饮食，殆所谓'填巨壑灌漏卮者'耶！"钱泳《履园丛话·旧闻》"南州逸事"条也说："玉峰徐大司寇乾学，善饮啖，每早入朝，食实心馒头五十、黄雀五十、鸡子五十、酒十壶，可以竟日不饥。"梁章钜《归田琐记》卷二"食量"条又说："相传国初徐健庵先生食量最宏，在京师数十年，无能与之对垒者。及解官言归，众门生醵饯之，谓将供一日醉饱也。安一空腹铜人于座后，凡先生进一觞，则亦倒一觞于铜腹，以至肴馓羹汤皆然。铜腹因满而倒换者已再，而先生健啖自若也。"

特 色

  《论语·乡党》说："不时,不食。"《礼记·内则》说："凡食齐视春时。羹齐视夏时,酱齐视秋时,饮齐视冬时。凡和,春多酸,夏多苦,秋多辛,冬多咸,调以滑甘。"又说："春宜羔豚,膳膏芗;夏宜腒鱐,膳膏臊;秋宜犊麛,膳膏腥;冬宜鲜羽,膳膏膻。"袁枚作了进一步引申,《随园食单·须知单》说："夏日长而热,宰杀太早,则肉败矣;冬日短而寒,烹饪稍迟,则物生矣。冬宜食牛羊,移之于夏,非其时也;夏宜食干腊,移之于冬,非其时也。辅佐之物,夏宜用芥末,冬宜用胡椒。当三伏天而得冬腌菜,贱物也,而竟成至宝矣;当秋凉时而得行鞭笋,亦贱物也,而视若珍羞矣。有先时而见好者,三月食鲥鱼是也;有后时而见好者,四月食芋艿是也。其他亦可类推。有过时而不可吃者,萝卜过时则心空,山笋过时则味苦,刀鲚过时则骨硬。所谓四时之序,成功者退,精华已竭,褰裳去之也。"这是古人的饮食经验的总结。

  苏州物产丰饶,尤其是鱼腥虾蟹四季不绝,蔬菜鲜果应候而出,故苏州菜肴的一大特点就是讲求时令,并大致形成春尝头鲜、夏吃清淡、秋品风味、冬食滋补的饮食传统。一些名菜佳肴,四时八节各有应市时间。如春季有碧螺虾仁、樱桃汁肉、莼菜汆塘片、松鼠桂鱼等,夏季有西瓜童鸡、响油鳝糊、清炒虾仁、荷叶粉蒸鸡镶肉等,秋季有雪花蟹斗、鲃肺汤、黄焖鳝、早红橘酪鸡,冬季有母油船鸭、青鱼甩水、煮糟青鱼等。

苏州菜肴讲究选料，要求生、活、鲜、嫩，以采用地产之物为多，如娄门大鸭、太湖白虾或青虾、阳澄湖大闸蟹、湖猪、三黄鸡、娄门大鸭、南园菜蔬、葑门外"水八仙"等。即使是调料，也不掉以轻心。同是一物，因菜肴名色不同，选择的大小轻重也各有不同。

苏州菜肴更讲究烹饪技艺，精于刀工火候，以炖、焖、煨、焐、蒸见长，并结合炸、爆、溜、炒、煸、煎、烤、煮、汆等其他烹饪手段，融会贯通，先期以腌、酱、糟、腊，辅之以剞、叠、穿、扎、排、卷等手法。在火候的掌握上，更有急火、文火之分，以适合不同的烹饪需要。

苏州菜肴的成品，讲究五味、五色、五香调和。徐珂《清稗类钞·饮食类》说"苏州人之饮食"条说："苏人以讲求饮食闻于时，凡中流社会以上之人家，正餐、小食，无不力求精美，尤喜食多脂肪品，乡人亦然。至其烹饪之法，概皆五味调和，惟多用糖，又喜加五香，腥膻过甚之品，则去之若浼。"具体来说，菜肴的色、香、味、形俱佳，乃属上乘。所谓色者，即不同菜肴汤羹，要求呈现不同的色彩，或浓油赤酱，或清爽淡雅，或红绿相映，或青白相间，全凭厨师匠心独运，并且整席菜肴，在色彩上也有对比，有烘托，摆设得恰到好处。香是菜肴上桌后散发的气味，款款不同，以菜肴的原料本味为贵，以轻淡缥缈为上。味便是入口的滋味，追求本色真味，不但是入口的感觉，还讲求回味。形是菜肴的表现形式，主要是指菜肴本身经烹调后的造型，还包括冷盆的拼搭，围边的点缀，以及一些必要的雕镂类"看菜"。另外，像响油鳝糊、天下第一菜、松鼠桂鱼等，还要上菜店伙的配合，上桌挂卤浇油时，任其发出声响，如果食客听不到，也就失去了意趣。

苏州人的饮食口味，与其他地方有很大不同，并且也不断变化。周振鹤《苏州风俗·琐记》说："苏人食欲上之习惯，喜烂喜甜。无论荤素各物，其稍考究者，必用文火（即炭墼火），慢慢使之烂若醍醐，故入口而化，不烦咀嚼。是固合于卫生，然胃肠因是失其消化能力，偶食生硬之物，即不免有腹痛之患，亦一弊也。至于鸡肉、鸭肉之红烧者，例必以冰糖收汤，嗜甜之习，亦他处所不及。若夫辛辣各品，如葱、蒜、椒、辣、莞菜等，绝对非苏人欢迎。近来酬酢场中，亦有沾染北方风味，而嗜之者然究属少数也。"苏州人口味的不断变化，也使得菜肴不断变化提升。

金匮人钱泳，寄寓常熟，往来苏州，从苏州饮食活动的实际出发，结合袁枚的饮食学说，提升了烹饪的文化品位，阐述了苏州饮食的文化意义。他的观点，集中在《履园丛话·艺能》"治庖"一组。首先是厨人的天分，善于摸索规律，掌握要领，他说："随园先生谓治菜如作诗文，各有天分，天分高则随手煎炒，便是嘉肴，天分不高虽极意烹庖，不堪下箸。"又说："古人著作，汗牛充栋，善于读书者只得其要领，不善读书者但取其糟粕，庖人之治庖亦然。"苏州厨人往往能得烹饪的要领，包括原料、剁切、火候、调料的使用，时候的把握，等等，淋漓尽致地表现出一盆一锅的精华所在。其次是如选材备料，他说："欲作文必需先读书，欲治庖必需先买办，未有不读书而作文，不买办而治庖者也。譬诸鱼鸭鸡猪为《十三经》，山珍海错为《廿二史》，葱菜姜蒜酒醋油盐一切香料为诸子百家，缺一不可。治庖时宁可不用，不可不备。用之得当，不特有味，可以咀嚼；用之不得当，不特无味，惟有呕吐而已。"还有就是食客和规制，他说："喜庆家宴客，与平时宴客绝不相同。喜庆之肴馔如作应制诗文，只要华赡出色而已；若平时宴饮，则烹调随意，多寡咸宜，但期适口，即是嘉肴。"苏州厨人于此了然于心，几十席或上百席，虽能应付裕如，然而只求不坏；一席两席，小锅小炒，精心烹制，以获赞美，使得声誉不败。再如说："或有问余曰：'今人有文章，有经济，又能立功名、立事业，而无科第者，人必鄙薄之，曰是根基浅薄也，又曰出身微贱也，何耶？'余笑曰：'人之科第，如盛席中之一胾肉，本不可少者。然仅有此一胾肉，而无珍馔嘉肴以佐之，不可谓之盛席矣。故曰经济、文章，自较科第为重，虽出之捐职，亦可以治民。珍馔嘉肴，自较胾肉更鲜，虽出之家厨，亦足以供客。'"苏州厨人讲求配菜，调理席面，既有重点，又有陪衬，荤素搭配，贵贱相宜，将一席菜肴作为一个整体来看待，有时也会出现"喧宾夺主"的现象，那就是厨人的神来之笔了。

常熟菜肴，属于苏州本帮体系，因多用地产食材，故能独擅胜场。徐珂《可言》卷十二说："常熟之馔，佳异于金阊，金阊人亦盛称之。以冷热之荤素五品杂置一大盘（荤者为火腿、白鸡、虾仁，素者为百叶、豆腐、干丝），曰'攒盆'。此外之著称者，为烤鸭、樱桃肉、苹果豆腐、松子鸡、糟鸭舌掌、炒脊脑、罗汉菜，皆有特味。又有曰'教化子鸡'者，鸡不去毛，涂以泥，就火烤之，熟则泥毛皆脱，肉至嫩，味殊隽。俗呼丐曰'教化子'，丐之烹饪，器不具，为术简，故曰'教化子鸡'。丐能知味，可以傲天下之有口者矣。丐以不填沟壑为幸，乃能极口腹之欲，宜达官贵人之相竞夸豪，积果如山岳，列肴同绮绣，如《梁书·贺琛传》之所言矣。"

食　单

袁栋《书隐丛说》卷二"食经食谱"条说："饮食，人之大欲，然必从事于此，购求精美，不亦陋乎。韦巨源有《食谱》，谢讽有《食经》，何曾有《食单》，虞悰有《食方》，段文昌《食经》至有五十卷，孟蜀《食典》至有一百卷，异矣。"惜乎苏州历史上，地方菜馔的文献记载极少，且零零碎碎，不成系统。

乾隆朝，高宗六举南巡，南巡膳食的原始档案藏于中国第一历史档案馆，今已影印出乾隆三十年（1765）、四十五年（1780）、四十九年（1784）三次南巡的《江南节次膳底档》，汇编为《清宫御膳》一函五册，从中可梳理出当时苏州菜点的部分名目。

乾隆三十年（1765）南巡，自正月十八日起程，至四月二十日返跸。苏州织造普福差遣家厨张成、张东官、宋元三人为皇上治膳，二月十四日他们在宝应境内的海棠庵大营上船，以后随驾而行，至三月二十一日止。三人一路上做的菜点，均记录在案。

张成做的菜肴，有肥鸡徽州豆腐、蒸笋糟肉、燕窝春笋烩五香鸡、鸡肉攒丝汤、燕笋炖棋盘肉、燕窝攒汤、肉片炒面筋、葱椒咸淡肉、春笋葱椒九子、火熏虾米炖白菜、苏鸡、肥鸡燕窝丸子、肥鸡撺鸡蛋糕、燕笋酥鸡、肥鸡油煸白菜、荸荠炖肉、火熏拆肉、锅烧鸭丝春笋丝、苏州丸子、肥鸡拆肉、手撕火熏撺鸭子、江米馕猪肚、烂鸭拆肉、鹿筋酒炖羊肉、鹿筋酒炖鸭子、莲子鸭子、燕窝莲子鸭子、燕窝烩五香鸭子、炒鸡大炒肉、炒鸡大炒肉炖白菜、燕窝鸭丝、酒炖鸭子、火熏葱椒鸭丝、火熏葱椒鸭子、燕窝鹿筋五香鸭子、鸭子苏羹、燕窝火熏锅烧鸭丝、肥鸡火熏虾米油煸白菜、燕窝火熏鸭丝、酒炖肉、鸭子火熏炖小白菜、燕窝锅烧鸭丝、多葱肝肠、东坡肉镟子、糟火腿等。

宋元做的菜肴，有腌菜炒燕笋、燕窝炒鸭丝、肥鸡鸡冠肉、醋溜肉糕、鸭子火熏撺豆腐热锅、燕窝火熏肥鸡丝、醋溜荷包蛋、糖炒鸡、燕笋葱椒羊肉、肥鸡锅烧、烩银丝、鸡丁炒黄豆芽、苏州丸子、鸡丝炒燕窝、肉片醋溜燕笋、腌菜花春笋炖鸡、苏羹烫膳、豆豉鸡、炒杂办、黄焖鸡炖肉、火熏鸭子、醋溜锅烧鸡、火熏春笋红白鸡、火熏加线五香肉、鸭子烩燕窝丸子热锅、肥鸡撺鸭腰、莲子酒炖鸭子、鸡丝拌蒇茉菜、肥鸡煨豆腐、野鸡爪、燕窝拆鸭拆肉、白酒糟鸭子、鲜虾醋溜鸭腰、熏小鸡、春笋糟锅烧肉、梨丝拌蒇茉菜、燕窝火熏鸭子、春笋丝炖肉、糟肚子、肥鸡鸡冠炖软面筋、肥鸡鸡冠肉、燕窝燕笋火熏鸭子、肥鸡火熏炖白菜、春笋五香羊肉、燕窝炒鸡丝、锅烧鸡丝春笋丝、青韭炒鲜虾、肥鸡撺子炖豆腐、锅烧鸭丝水笋丝、小虾米炒韭菜、炒鸡肉片炖豆腐、春笋蘑菇粉子肉、肥鸡鹿筋拆肉、鹿筋酒炖羊肉、燕窝拌鸭丝、鸭羹炖豆腐、糖醋锅渣、燕窝肥鸡、虾米酱、煤八件鸡、炒鸡肉片炖豆腐、酒炖肉、燕窝拌鸡、江米馕猪肚、肥鸡火熏春笋、青韭炒肉丝、肉片炖豆腐、燕窝锅烧鸭丝、燕窝丸子、东坡肉、肥鸡火熏丝、肥鸡徽州豆腐、葱椒鸭子、肥鸡拆肉、炒鸡毕云片豆腐、松子大丸子、燕窝火熏鸭丝、拆鸭烂肉、麻辣鸡、糟火腿、麻酥榛子、多葱肝肠；做的点心，有鸭子麦片馄饨、烂鸭面等。

张东官在三人中最不起眼，仅做了几道点心，如栗子糕、肉馅包子、鸭子火熏煎粘团、澄沙馅煤油堆等。

张成和宋元做的菜馔，不少是相同的，但做法并不一样，故同一种菜，两人分别做过，也就让高宗尝到不同的滋味。

这次高宗南巡，地方大员也进呈菜点。

苏州织造普福就时有进呈，普福家厨役当不止张成、张东官、宋元三人，据档案记载，另有孙成做的火熏鸭子炖白菜。普福所进菜肴有糯米鸭、万年青炖肉、燕窝鸡丝、春笋糟鸡、八宝鸭子、春笋烩糟鸡、火熏加线肉、酒炖鸭子、十锦豆腐、火腿鸡、八仙松丸子、酒炖馕鸭子、燕窝把、燕窝火熏鸭子、栗子炖鸡、莲子鸭子、熏鸡晾苤子糟鸭子鸭蛋凉定、松子鸡、江米火熏糟鸭腰野鸡爪糟鹿筋糟猪蹄筋糟春笋凉定、咸肉等；所进点心，有鸭子火熏馅煎粘团、火熏鸭子馅包子、白面千层糕、甄尔糕等。

两江总督尹继善也时有进呈，尹在苏州有府第，且家厨之制精湛。兹录高宗驻跸苏州时，尹所进菜肴，有燕窝鸭子唵子热锅、茄干、野鸡沫、燕窝白菜丝汤、苏油野鸡爪、苏油炒面筋、羊蹄筋、羊血炖羊肉、莲子馕鸭子、燕窝炖白菜、糟鸭子、咸肉、春笋糟火熏、燕窝拌锅烧鸭丝等；所进点心，有烧饼、粳米膳等。

江苏巡抚庄有恭，驻节苏州，则进呈香珠米膳。

乾隆四十五年（1780）南巡，自正月十二日起程，至五月初九日返跸。因乾隆三十三年（1768）"两淮预提盐引案"发，追究前任两淮盐政普福，当年秋后被处决，家人仆役散尽，张东官辗转入长芦盐政西宁家为厨役。此次南巡，西宁荐之，随驾而行。起程当天总管萧云鹏奉旨："赏长芦盐政西宁家厨役张东官一两重银锞二个。钦此。"正月十五日在涿州紫泉行宫早膳起，就有张东官所做菜点的记录。他做的菜肴，有葱椒鸭羹热锅、万年青酒烧肉、火熏白菜头热锅、口蘑面筋白菜头热锅、糖醋山药、春笋爆炒鸡、燕窝烩五香鸡、酒炖东坡蹄镟子、火熏东坡鸭子、烩苏肉、春笋锅烧鸭子、春笋拆鸡、春笋盐炒鸡、燕窝糕锅烧鸭子、酱汁肉等；做的点心，有猪肉馅绉纱馄饨、火熏春笋豆腐馅提折包子、火熏豆腐馅提折包子等。至五月初八日，驻跸黄新桥行宫，总管萧云鹏奉旨："赏长芦盐政西宁家厨役张东官一两重银锞二个。今日晚膳不用张东官做膳，就叫他回西宁那里去。钦此。"

乾隆四十九年（1784）南巡，自正月二十一日起程，至四月二十三日返跸。其时张东官已是御膳房做膳厨役，依例随驾治膳，自正月二十四日在涿州行宫进早膳起，一路所做菜点，有白菜头热锅、肥鸡酒炖东坡、燕窝鸡糕酒炖鸭子热锅、莲子春笋酒炖鸭子、葱椒鸭子热锅、春笋山药酒炖鸭子、葱椒鸭羹热锅、酒炖鸭子、鸡蛋糕酒炖鸭子热锅等。据故宫博物院苑洪琪说，二月初六日驻跸长清境内灵岩寺行宫，和珅、福隆安向苏州织造传旨："膳房做膳苏州厨役张东官，因他年迈，腰腿疼痛，不能随往应艺矣。万岁爷驾幸到苏州之日，就让张东官家去，不用随往杭州。回銮之日，亦不必叫张东官随往京去。"又传旨："再着苏州织造四德另选精壮苏州厨役一二名，给膳房做膳。"

至闰三月初九日在江宁灵谷寺中膳时，已有沈二官、朱二官所做菜肴。据档案记载，沈二官做的有荸荠酒炖鸭子、火熏鸡糕锅烧鸭子、口蘑软筋白菜、水笋丝、炒鸡肉片煎都茄子镟子等，朱二官做的有鸭子火熏白菜、燕窝火熏口蘑肥鸡、口蘑炖面筋、炖菠菜豆腐、燕窝葱椒火熏鸭子等。据说，乾隆五十八年（1793）夏在承德避暑山庄举行万寿节，沈、朱两人仍在膳房做膳。

苏州厨役所治，大吏所进，都属官厨精华，虽然仅是一个菜名，但多少可知它们的食材和主要烹饪手段，进而可藉以了解乾隆时代苏州地方菜点的情况。

袁枚不但喜欢吃，也研究吃，《随园食单序》说："古人进髻离肺，皆有法焉，未尝苟且。'子与人歌而善，必使反之，而后和之'。圣人于一艺之微，其善取于人也如是。余雅慕此旨，每食于某氏而饱，必使家厨往彼灶觚，执弟子之礼。四十年来，颇集众美。有学就者，有十分中得六七分者，有仅得二三分者，亦有竟失传者。余都问其方略，集而存之。虽不甚省记，亦载某家某味，以志景行。自觉好学之心，理宜如是。"终于写成《随园食单》，初刊于乾隆五十七年（1792）。《随园食单》所举也是乾隆年代的食品，兹举明确为苏州厨役所制者如下：

鲟片，"尹文端公自夸治鲟鳇最佳，然煨之太熟，颇嫌重浊。惟在苏州唐氏吃炒鲟鱼片甚佳。其法切片油炮，加酒、秋油，滚三十次，下水再滚起锅，加作料，重用瓜、姜、葱花。又一法，将鱼白水煮十滚，去大骨，肉切小方块，取明骨切小方块，鸡汤去沫，先煨明骨八分熟，下酒、秋油，再下鱼肉，煨二分烂起锅，加葱、椒、韭，重用姜汁一大杯"（《江鲜单》）。

尹文端公家风肉，"杀猪一口，斩成八块，每块炒盐四钱，细细揉擦，使之无微不到，然后高挂有风无日处。偶有虫蚀，以香油涂之。夏日取用，先放水中泡一宵，再煮，水亦不可太多太少，以盖肉面为度。削片时，用快刀横切，不可顺肉丝而斩也。此物惟尹府至精，常以进贡"（《特牲单》）。

蜜火腿，"取好火腿，连皮切大方块，用蜜酒煨极烂，最佳。但火腿好丑高低，判若天渊，虽出金华、兰溪、义乌三处，而有名无实者多，其不佳者，反不如腌肉矣。惟杭州忠清里王三房家，四钱一斤者佳。余在尹文端公苏州公馆吃过一次，其香隔户便至，甘鲜异常。此后不能再遇此尤物矣"（《特牲单》）。

唐鸡，"鸡一只，或二斤，或三斤。如用二斤者，用酒一饭碗，水三饭碗；用三斤者，酌添。先将鸡切块，用菜油二两，候滚熟，爆鸡要透。先用酒滚一二十滚，再下水约二三百滚，用秋油一酒杯，起锅时加白糖一钱。唐静涵家法也"（《羽族单》）。

野鸭，"野鸭切厚片，秋油郁过，用两片雪梨夹住炮炒之。苏州包道台家制法最精，今失传矣"（《羽族单》）。

煨黄雀，"黄雀用苏州糟，加蜜酒煨烂，下作料，与煨麻雀同。苏州沈观察煨黄雀并骨如泥，不知作何制法。炒鱼片亦精。其厨馔之精，合吴门推为第一"（《羽族单》）。

鱼脯，"活青鱼去头尾，斩小方块，盐腌透，风干，入锅油煎，加作料收卤，再炒芝麻滚拌起锅。苏州法也"（《水族有鳞单》）。

汤鳗，"鳗鱼最忌出骨，因此物性本腥重，不可过于摆布，失其天真，犹鲥鱼之不可去鳞也。清煨者，以河鳗一条，洗去滑涎，斩寸为段，入磁罐中，用酒水煨烂，下秋油起锅，加冬腌新芥菜作汤，重用葱、姜之类，以杀其腥。常熟顾比部家，用纤粉、山药干煨，亦妙。或加作料，直置盘中蒸之，不用水"（《水族无鳞单》）。

青盐甲鱼，"斩四块，起油锅炮透。每甲鱼一斤，用酒四两、大回香三钱、盐一钱半，煨至半好，下脂油二两，切小豆块再煨，加蒜头、笋尖，起时用葱、椒，或用秋油，则不用盐。此苏州唐静涵家法。甲鱼大则老，小则腥，须买其中样者"（《水族无鳞单》）。

《随园食单》所举苏州菜肴，介绍得比较详细，包括食材、调料、刀工、火候、流程等多个方面，反映了这些菜肴的具体面貌，并为后人演绎提供了依据。

光绪初，钱塘人夏曾传研究《随园食单》，写了一本《随园食单补证》，他在序中说："顾先生是书仅详烹调之事，略无征引，致人以琐屑鄙之。余偶于武林市肆翻阅是书，意欲为之笺证，比至吴下，岁暮无聊，爰购诸书广为搜辑，为之一一梳栉，务术其原，其有相似者，亦比类而书之。"因为作者曾在苏州生活多年，故其补证常举苏州食事为例，兹摘出有关菜肴如下：

斑鱼，"斑鱼，吴中盛行，又名巴鱼。考《本草》之说，则毒过于河豚，如何吴人以为常饵而未闻有毒？或然斑鱼虽河豚之别种，以意而实；或即《正字通》之鲥鱼，并无毒也。其肝吴人谓之斑肺，鲜嫩之至，而腥亦异常，非胃厚者不能受，食之生疑。其肉则以之为蟹粉作料，直臧获材耳，即以鸡汁煨之，终嫌粗劣"（《江鲜单》）。

蹄膀，"苏俗宴客，必用蹄膀，且必使胫骨耸出碗外，以表敬客之意。考《祭统》曰：'凡为俎者，以骨为上。'吴人其以祭礼事生人耶，已可笑矣"（《特牲单》）。

红煨肉，"杭有炖肉者，以肉一大方煨至极烂而锋棱不倒，俗厨颇不易办，吴门庖人俞某庶几焉。杭人又称为东坡肉，愚谓此乃'酥'字隐语，非谓出自坡公也"（《特牲单》）。

蜜火腿，"谚云：'三年出一个状元，三年出不得一只好火腿。'旨哉斯言也。若真好火腿，断不可蜜炙，只须白煮，加好酒，以适中为度，用横丝切厚片（太薄则味亦薄）便佳。汤不可太多，多则味淡；亦不可太少，若滚干重加，真味便失。煮亦不宜过烂，烂则肉酥脱而味亦去矣。或生切薄片，以好酒、葱头，饭锅上蒸之，尤得真味，且为省便。或用一大方者，则杭俗谓之画包火腿。苏俗则宴客必用撞方，其皮上店家戳记必存之，不肯洗去，所以敬客也。

火撞松细胜于肉,尤宜行路"(《特牲单》)。

松菌,"吴门夏日卖鲜菌者甚多,闻其味鲜甚,然亦竟有中毒而死者,不可不慎"(《杂素菜单》)。

莼菜,"莼菜以西湖为上,苏之太湖亦有之,然出水已老,而肥则过之。宜用清鸡汤,以不搀一物为佳,用火腿、肉汁便嫌重浊。煮不可太烂,亦不可太生。吴人不知食法,先以盐一揉,去其涎,然后入油锅炒之,此焚琴煮鹤之流也,可发一笑"(《杂素菜单》)。

夏曾传相对缺乏厨下经验,他的补正,一是笺引文献,二是记述饮食风尚,但因是咸同时代的记录,亦不可多得。

乾嘉间,常熟张家墅毛荣,乃当地的一位名厨,晚年总结经验,写下《食谱》一卷。郑光祖《一斑录·杂述二》"名厨佳制"条抄录了"末后杂馔中数事",计菜品十二款,又附爨锅方、糖蹄方两则:

"茯苓鸡,用肥鸡切块,每净鸡肉一斤,配白茯苓(向药店买)五钱,同入汤,略加白酒、酱油,嫌淡,酌加飞盐,又加葱姜,宜神仙烧,有别味。"

"鸡糊涂,用肥鸡入油锅,加酒及酱油,稍加白糖,烧使烂,起去骨,将熟鸡肉切块,连汁装碗底。另用生鸡肉合肝杂切片,入油锅,加酒、酱油、糖花炒,又加入放好小占参与竹笋、香菌、熟南腿片,一同炒好,加腻,起作碗面。"

"鸭糊涂,用鸭入汤,文火烧烂去骨,切块,又用笋与香菌、熟南腿片共入原汤,加腻,盛碗面,糁沙仁末。"

"羊眼馔,向熟羊肉店收取熟羊眼十数对,剔去眼黑珠,下锅,加白酒、头酱油、糖花,盛碗,上加橘皮丝、蒜花。"

"羊脚馔,冬月收鲜羊爪,风干,至春夏用之,煮使极烂,去骨,盛小碗,浇以红烧鸡肉汁,蒸令入味,面糁沙仁末。"

"冻羊膏,盛夏用羊肉紧汤煮极烂,盛钵内,闷井水中冻之,立成羊膏,与冬月不异。"

"汤鳗,披鳗两面,皮连肉,勿令带骨切,入鲜汤,加姜汁,佐以笋与香菌、熟南腿片,盛宜小碗。"

"汤鲤,用鲤鱼肝煮烂,换鲜汤,加姜汁,佐以糟鲤鱼,盛碗,加葱椒。"

"鸟骰,用团米鸟或刺蝱鹰为上,治净入碗,灌鲜汤,加白酒、头酱油、冰糖、葱姜,蒸使极烂。"

"干刺蝱鹰,于七月中买刺蝱鹰,治净剖腹,去腹中一切及喉管头足,炒飞盐拌令周遍,合碗中,隔井水凉之;越宿,取视盐花化成小珠者,以指抹匀,挂风燥处,以竹丝撑其腹,吹一日夜,仍收碗中;明日,复挂吹之,必干,以湿手巾揩去盐味,仍吹干。十数只入瓶,灌菜油没头,勿使露,久不坏,油亦无伤。至冬及春取用,沥去油,每只切四块,盛碗,灌白酒,蒸之烂。其妙在汁,酌加一切作馔佳,或以汁调蛋蒸之,加其肉于碗面,亦佳。"

"面筋干,以生面筋作条如笔管,挂晒日中令干,收藏永不坏。用之以清水浸一宿,使透软,乃煮熟,切两半,佐以香菌、笋片作汤。人当饱喽肥甘之后,尝此愈觉清趣。"

"八宝豆腐,用好豆腐切不大不小之块,滚水捞之,去泔水,沥干;另以鲜鸡肉与肝切片,同虾肉入油锅,烹白酒,加下一切,或如竹笋、松菌、鲜莲子、木耳、香菌、熟南腿片之类,酌加酱油、糖花,已熟,乃以豆腐倾入,同滚盛用。然须各物共计一半,而豆腐不及一半,必佳。"

"附爊锅方:肉果(二个),丁香(一钱),肉桂(一钱),白芷(三钱),三奈(一钱),右香料五味入纱袋,黄酒十碗,菜油三碗,酌加飞盐,同入锅。爊以肥鸡为上,一切山鸟皆佳,烧滚即用文火煨。忌爊猪羊牛肉与鸭。一切物在锅冷定不起,虽暑月不即败。"

"附糖蹄方:黄酒十碗,酱油五碗,稍加白糖,八角、茴香不妨稍多,碱须少,各宜量肉多寡酌用。猪肉须择嫩而薄皮,无恶气者方可用。苏城陆稿荐驰名四远,无他法也。"

嘉道间苏州市食的菜点,顾禄《桐桥倚棹录·市廛》据山塘三山馆、山景园、聚景园出品,编了一份食单:

"所卖满汉大菜及汤炒小吃,则有烧小猪、哈儿巴肉、烧肉、烧鸭、烧鸡、烧肝、红燉肉、荸香肉、木犀肉、口蘑肉、金银肉、高丽肉、东坡肉、香菜肉、果子肉、麻酥肉、火夹肉、白切肉、白片肉、酒焖踵、硝盐踵、风鱼踵、绉纱踵、燂火踵、蜜炙火踵、葱椒火踵、酱踵、大肉圆、煠圆子、溜圆子、拌圆子、上三鲜、汤三鲜、炒三鲜、小炒、燂火腿、燂火爪、煠排骨、煠紫盖、煠八块、煠里脊、煠肠、烩肠、爆肚、汤爆肚、醋溜肚、芥辣肚、烩肚丝、片肚、十丝大菜、鱼翅三丝、汤三丝、拌三丝、黄芽三丝、清燉鸡、黄焖鸡、麻酥鸡、口蘑鸡、溜渗鸡、片火鸡、火夹鸡、海参鸡、芥辣鸡、白片鸡、手撕鸡、风鱼鸡、滑鸡片、鸡尾搨、燉鸭、火夹鸭、海参鸭、八宝鸭、黄焖鸭、风鱼鸭、口蘑鸭、香菜鸭、京冬菜鸭、胡葱鸭、鸭羹、汤野鸭、酱汁野鸭、炒野鸡、醋溜鱼、爆参鱼、参糟鱼、煎糟鱼、豆豉鱼、炒鱼片、燉江鲚、煎江鲚、燉鲥鱼、汤鲥鱼、剥皮黄鱼、汤黄鱼、煎黄鱼、汤着甲、黄焖着甲、斑鱼汤、蟹粉汤、炒蟹斑、汤蟹斑、鱼翅蟹粉、鱼翅肉丝、清汤鱼翅、烩鱼翅、黄焖鱼翅、拌鱼翅、炒鱼翅、烩鱼肚、烩海参、十景海参、蝴蝶海参、炒海参、拌海参、烩鸭掌、炒鸭掌、拌鸭掌、炒腰子、炒虾仁、炒虾腰、拆燉、燉吊子、黄菜、溜卞蛋、芙蓉蛋、金银蛋、蛋膏、烩口蘑、炒口蘑、蘑菇汤、烩带丝、炒笋、荁肉、汤素、炒素、鸭腐、鸡粥、十锦豆腐、杏酪豆腐、炒肫干、煠肫干、烂焙脚鱼、出骨脚鱼、生爆脚鱼、煠面筋、拌胡菜、口蘑细汤。点心则有八宝饭、水饺子、烧卖、馒头、包子、清汤面、卤子面、清油饼、夹油饼、合子饼、葱花饼、馅儿饼、家常饼、荷叶饼、荷叶卷蒸、薄饼、片儿汤、饽饽、拉糕、扁豆糕、蜜橙糕、米丰糕、寿桃、韭合、春卷、油饺等,不可胜纪。"

从上述食单来看,至嘉道年间,苏州饮食中的北方菜肴仍占有一定比例,属于满汉风味相交融合的最后阶段,同时具有苏州特色的菜点已脱颖而出,越来越多地占据席面,越来越多地受到食客的喜爱,也越来越多地传播开去。

今存1956年公私合营后松鹤楼的油印菜谱,分冷盘类、热炒类、炸熘类、鸡鸭类、肉类、鱼类、什类、汤类、著名菜肴、预约菜肴、甜菜类,共有一百七十八道。其中著名菜肴,有蜜汁卤鸭、白汁元菜、黄焖鳝、松鼠桂鱼、白汤鲫鱼、清燉鲥鱼、三虾煎豆腐、焖肉煎豆腐、开洋鸡油菜心、雪花鸡球、美味汁肉、樱桃肉、炒三虾、特别大虾仁、糟熘塘鳢片、虾仁烂糊、黄焖着甲、荠菜栗子黄焖鸡；预约菜肴有香酥肥鸭、龙穿凤翼、金银蹄、燉南方、燉南蹄、南腿烧燉鸭、挂炉烧鸭、黄泥煨鸡、焖鸡鱼翅，虾仁鱼翅、三丝鱼唇、冰汁银耳、虾子扒参；甜菜类有炒三泥、拔丝山药、沙高丽、橘酪圆子。从这份菜谱来看，六十多年前的苏帮名菜，与今天已无多大差别。

流　风

　　明清时期,苏州在全国影响很大,北京城里的"苏州街"、"苏州巷"、"苏州胡同"就有好几处,其他城市是很少有这种荣耀的。就一地影响来说,会馆的建立是一个标志,如康熙二十二年(1683)《建元宁会馆记》说:"京都为万国朝宗之地,通计天下各郡,不逮穷陬僻壤,皆义建有会馆,俾群乡之人客至如归,型仁讲让,共知王道之易,诚盛事也。"苏州各邑在北京均设会馆,据李若虹《朝市丛载》卷三"会馆"条记载,长元吴会馆在延寿寺街路西,长吴会馆在长巷下三条胡同,常昭会馆在烂面胡同南头路西,昆新会馆在琉璃厂沙土园路东,太仓会馆在宣武门外球芝巷北,江震会馆在贾家胡同北头路东。凡一地会馆的多少和规模,视一地京官的多寡贫富而定,从苏州会馆之设,可知苏州籍京官人数之多。自明永乐十八年(1420)正式徙都北京后,每三年一次会试,以江南各省举子最多,而京师各衙门的大小官吏,也以江南人为最多,这样就逐渐形成了一个以官僚为中心的社会阶层。邓云乡《江南风俗,京都"南风"》说:"这个阶层讲吃,讲穿,讲第宅,讲园林,讲书画文玩,讲娱乐戏剧,岁时节令,看花饮酒,品茗弈棋,无一不以江南为尚。在这样的历史影响和延续下,江南风俗在北京就变成最高贵、最风雅、最时尚的了。"

　　就饮食而言,苏州风味不仅合乎江南人,能在五方杂处的京师风靡起来,大人物的倡导,也是有力的推动。王世贞《嘉靖以来首辅传·张居正》说:

"始所过州邑邮，牙盘上食，水陆过百品，居正犹以为无下箸处。而真定守无锡人，独能为吴馔，居正甘之，曰：'吾行路至此，仅得一饱餐。'此语闻，于是吴中之善为庖者，召募殆尽，皆得善价以归。"这样一来，以苏州风味为代表的南味，也就成为时尚，且看前人的咏唱，乾隆间杨米人《都门竹枝词》云："不是西湖五柳居，漫将酸醋溜鲜鱼。粉牌豆腐名南炒，能似家园味也无。""家住江南烟水浔，鱼虾蚶蟹遍胡阴。北来要作尝鲜客，一段鳗鱼一段金。"嘉庆间佚名《都门竹枝词》云："干爹爱吃南边菜，请到儿家仔细尝。每味上来夸不绝，那知依旧庆云堂。"得硕亭《草珠一串》云："华筵南来盛当时，水爆清蒸作法奇。食物不时非古道，而今古道怎相宜。"京师店家有苏造肉、苏造糕、苏造酱等，相传均由宫廷传出而成为市食，或说苏造肉出自"苏灶"，乃御厨苏州人张东官所制。《清稗类钞·饮食类》说："又有苏造糕、苏造酱诸物，相传孝全后生长吴中，亲自仿造，故以名之。"孝全是宣宗后钮祜禄氏。

晚近以来，此风尤盛，吴思训《都门杂咏》云："水陆纷陈办咄嗟，南北庖丁尽易牙。底事老饕难下箸，偏夸异味在侬家。"张伯驹编《春游琐谈》卷四录稼庵（谢良佐）《中国菜》也说："中国肴馔，制作甚精，各家食谱著录无虑数千百种。近数十年最流行者有广东菜、福建菜、四川菜、扬州菜、苏州菜，皆南菜也。又有山东菜、河南菜，皆北菜也。大抵南菜味浓厚，色泽鲜美，为北菜所不及。"以苏州为代表的南味，在京师广泛流行，可以市肆中的饭馆、酒店、点心铺为例。

先说饭馆，京师推重苏馆，明代后期苏州厨师已远赴京师主厨，为人所重，史玄《旧京遗事》就说："京师筵席以苏州厨人包办者为尚，馀皆绍兴厨人，不及格也。"清中期以后，以苏馆作号召的南味饭馆，遍布于京师外城。得硕亭《草珠一串》云："苏松小馆亦堪夸，南式馄饨香片茶。可笑当垆皆少妇，馆名何事叫妈妈。"自注："宣武门外有妈妈馆。"杨瑸昶《都门竹枝词》亦云："羊角新葱拌蜇皮，生开变蛋有松枝。锦华苏式新开馆，野味输他铁雀儿。"道光以后更多了，著名的就有义盛居、广和居等，崇彝《道咸以来朝野杂记》

说："义盛居者，在宣武门外达智桥口内，南省京官多饮于此，盖南味也。以四喜大丸子出名，其他清蒸类亦佳，鱼类亦佳。此肆名不甚彰，非普遍于众口者，亦广和居之比也。先君与李莼客在户部日，尝集于此，盖在同治末光绪初也。"又说："广和居在北半截胡同路东，历史最悠久，盖自道光中即有此馆，专为宣南士大夫设也。其肴品以南爊腰花、江豆腐、潘氏清蒸鱼、四川辣鱼粉皮、清蒸干贝等脍炙众口。故其地虽湫隘，屋宇甚低，而食客趋之若鹜焉。"《北平风俗类征·市肆》引杨寿枏《觉花寮杂记》："燕京广和居酒肆，在宣武门外北半截胡同，肴馔皆南味，烹饪精洁，朝士喜之，名流常宴集于此。辛亥后，朝市变迁，肉谱酒经，亦翻新样，惟此地稍远尘嚣，热客罕至，未改旧风。"鲁迅在北京时，就是广和居的常客。还有一家三胜馆，夏仁虎《旧京琐记·市肆》说："南人固嗜饮食，打磨厂之口内有三胜馆者以吴菜著名。云有苏人吴润生阁读，善烹调，恒自执爨，于是所作之肴曰吴菜。余尝试，殊可口。庚子后，遂收歇矣。"至清末民初，此风更盛了，瞿兑之《杶庐所闻录》"光宣朝士风尚"条说："满人虽讲求服饰而饮馔不知求精，宣统以前内城无南式菜馆，苏、闽、粤、川之菜，皆朝贵所未尝。及外务、邮传、度支、商部先后设立，尚侍曹司多用南人，俸给优厚，日事征逐，始尚饮食。有用火腿一只煮汁以制鱼翅而弃其肉者，有酾百金专食鱼翅一味者，有日食双凫者。满人虽侈，亦望而却步。"

再说酒店，京师酒店，各有情形，震钧《天咫偶闻·北城》说："京师酒肆有三种，酒品亦最繁。一种为南酒店，所售者女贞、花雕、绍兴、竹叶青之属，肴品则火腿、糟鱼、蟹、松花蛋、蜜糕之属。一种为京酒店，则山左人所设，所售则雪酒、冬酒、涞酒、木瓜、干榨之属，而又各分清浊，清者，郑康成所谓一夕酒也。又有良乡酒，出良乡县，都中亦能造，止冬月有之，入春则酸，即煮为干榨矣。其肴品则煮咸栗、肉干、落花生、核桃、榛仁、蜜枣、山楂、鸭蛋、酥鱼、兔脯之属，夏则鲜莲藕、榛、菱、杏仁、核桃，佐以冰，谓之冰碗。别有一种药酒店，则为烧酒，以花蒸成，其名极繁，如玫瑰露、茵陈露、苹果露、山楂露、葡萄露、五加皮、莲花白之属，凡有花果，皆可名露，售此者并无肴核，又须自买于市。而诸肆向不卖菜，饮毕，亦须向他食肆另买也。"有的酒店也供菜肴，南酒店自然是南味，京酒店、药酒店也兼有南味。至于所饮之酒，也以南酒为主，即使并非南酒，也以南酒的标准予以考察，史玄《旧京遗事》说："易州酒如江南之三白，泉清味冽，旷代老老春。刑部街以江南造白酒法酝酿酒浆，卖青蚨尤数倍，如玉兰腊白之类则京师之常品耳。"刘廷玑《在园杂志》卷四也说："京师馈遗，必开南酒为贵重，如惠泉、芜湖、四美瓶头、绍兴、金华诸品，言方物也。"做冰碗的水果，也以江南所出为美，虽价高而不计，乾嘉时佚名《燕台口号一百首》云："据钱小聚足盘桓，消暑还须点食单。水果不嫌南产贵，藕丝菱片拌冰盘。"苏式酒店，别有佳味，汪耐寒《故都的饮食》说："有倪先生者，吴人，尝设雪香斋酒肆于韩家潭，其于杯中物之调配烹煮，具有心得。每应东道之召，来主觞壶之政，则铢两悉称，寒温咸宜，一般酒徒，几无倪先生不乐。"

还有点心铺，《北平风俗类征·饮食》引徐凌霄《旧都百话》："南人喜甜，肴馔果点，以糖为庖制之要素，甜味太浓，吃惯了南点者，不无单调之感。但旧都的点心铺、饽饽铺，却又喜欢标南糖、南果、南式、南味。明明是老北京的登州馆，也要挂'姑苏'二字。近年在鲁豫等省设分号，则写京都。又自稻香村式的真正南味，向华北发展以来，当地的点心铺受其压迫，消失了大半壁的江山。现在除了老北京逢年逢节还忘不了几家老店的大八件、小八件、自来红、自来白外，凡是场面上往来的礼物，谁不奔向稻香村、稻香春、桂香村、真稻香村、老稻香村乎？糖多固是一病，但制法松软，不似北方饽饽式的点心之干硬，此乃南胜于北之大优点。"稻禅《新都门竹枝词·稻香村》云："美味调和五样香，老号到此费评量。只怜尝遍姑苏品，偏爱熏来好腊肠。"又，陈莲痕《京华春梦录·香奁》说："姑苏稻香村，以售卖糕饼蜜饯著名，招额辉煌，谓他埠并无分出。然都门操糕饼蜜饯业者，以'稻香村'三字标其肆名，几似山阴道上之应接不暇。南姬初来，以北土人情，多有未谙，即食品起居，亦时苦不便，以是饮食所需，多趋稻香村，名酒佳茶，饧糖小菜，不失南味，并皆上品，以观音寺街及廊房头条两肆为巨擘。然其居停伙伴，来自维扬，皆非江南产，而标名则曰'姑苏分出'。商侩薄德，惟利是图，作伪袭名，正彼惯技耳。"
陈莲痕是苏州人，久客京师，也能吃到苏州点心，同书说："频年作客，乡思弥
剧，童时在故乡所食之雌饭团（糯米蒸熟，中和糖馅，团成圆饼，名曰雌饭，
实则乃煮饭之转音也）、汤包、蟹壳黄等，都中均无购处，惟寒葭潭之某小肆
中则有售者。宿酒初醒，春眠慵起，嘱奴购取，颇足慰秋风莼鲈之思。""雌
饭团"今均作"粢饭团"。

　　晚清时前门外大栅栏东口路北的滋兰斋，还有馨兰斋、乾泰号、同泰号、
金兰斋等，均以经营南点心著名。民国时期，北京主要有两家经营南味的大
店，一家是城东的稻香春，一家是城西的桂香村。稻香春在东安市场北门路
西，1916年由张森隆创设，糕点四季叠出，花式众多，由于油糖重，放十几天
也不会干，苏式的就有杏仁酥、核桃酥、八珍云片糕、水晶绿豆糕、枣泥麻
饼、烧蛋糕饼、蒸蛋糕饼、肉松饼、萝卜丝饼、鲜肉饺、炸花边饺等；还聘来上
海陆稿荐技师，专门制作苏州的酱鸭、酱鸡、酱汁肉、熏鱼、熏肉等，顾客争
相购买，在市上有很好的声誉。桂香村创办于1916年，设址前门外观音寺（今
大栅栏西街），不久在西单北大街白庙胡同开办分店，自制糕点有梅花蛋糕、
方蛋糕、卷蛋糕、桃酥、猪油夹沙蛋糕、蒸蛋糕、杏仁酥、袜底酥、椒盐三角
酥、太师饼、云片糕、桃片糕、枣泥麻饼、五香麻糕、椒盐烘糕、定胜糕、绿
豆糕、眉毛肉饺、苏式月饼、鲜花玫瑰饼、龙凤喜饼、重阳花糕、鲜花藤箩饼
以及各种南糖，其中苏式月饼有枣泥、豆沙、玫瑰、干菜、葱油等馅；逢年过
节还自制年糕、元宵、粽子等，年糕有猪油玫瑰年糕、桂花白糖年糕，元宵有
白糖、豆沙、桂花、黑麻等馅，粽子则有枣泥、豆沙、咸肉、火腿等馅；自制的
南糖有寸金糖、麻酥糖、豆酥糖、浇切麻片、花生糖、粽子糖、松子糖、芝麻
皮糖、桂花皮糖等，还有各种瓜子、熏青豆、五香花生米、椒盐核桃、琥珀桃
仁等；自制的熟食有酱汁肉、熏鱼、酱鸡、糟鸭、肉松、风鸡、笋豆、五香豆腐
干、兰花豆腐干等。桂香村经销的苏州蜜饯有金橘饼、陈皮、话梅、五香橄榄
等，深受顾客青睐。至于稻香村，京师不知有多少家，一说桂香村前身即稻香
村；北平沦陷时期由稻香春原职工刘松泉开办一家稻香村，设址东安市场北

门路东，与稻香春竞争。

无论市店，还是家厨，多雇用苏州厨子，这是北京的风尚，直至晚清依然，徐珂《清稗类钞·豪侈类》说："光绪季年，京曹官风尚豪侈，即以饮馔言之，无不罗列珍错，食前方丈。有久居京师之某侍郎亦然，所佣庖人，中西兼备，中肴皆苏扬名手，人必有一二品之擅长者，西肴则欧美名庖任之。"即以鸭子为例，"红焖而甘腴者，仿苏州制也"。

上海自道光二十三年（1843）开埠后，由一个滨海小县迅速发展成为繁华的"十里洋场"，尽管华洋杂处，五方辐辏，但因为毗邻苏州，深受苏州风气影响，开埠后以苏州移民为最多，故苏州饮食仍主导市场。

先说菜馆，黄式权《淞南梦影录》卷三说："苏馆则以聚丰园为最。"池志澂《沪游梦影》更有详记："上下楼室各数十，其中为正厅，两旁为书厅、厢房，规模宏敞，装饰精雅，书画联匾，冠冕堂皇。有喜庆事，于此折笺召客，肆筵设席，海错山珍，咄嗟立办。门前悬灯结彩，鼓乐迎送，听客所为。其寻常便酌一席者，则以花鸟屏花隔之，左肴右藏，色色精美。上灯以后，饮客偕来，履舄纷纭，觥筹交错，繁弦急管，馀音绕梁，几有酒如池肉如林，蒸腾成霈之象。虽门首肩舆层累迭积，而邀客招妓之红笺使者犹络绎于道，其盛可知矣。"清末沪上著名苏馆，还有孙山馆、状元楼等，洛如花馆主人《春申浦竹枝词》云："愿郎莫赴孙山馆，愿郎早赴状元楼。状头他日能如愿，金花也得插侬头。"民国初则首推德和馆，胡祥翰《上海小志·酒肆》说："沪上酒肆，初仅苏馆、宁馆、徽馆三种，继则京馆、粤馆、南京馆、扬州馆纷起焉。苏馆以带钩桥北德和馆为最，因翻建房屋停业。"至1920年代，上海的苏馆仍占有相当市场，严独鹤《沪上酒食肆之比较》说："苏馆之最著名者，为二马路之太和园，五马路之复兴园，法大马路之鸿运楼，平望街之福兴园。苏馆之优点，在筵席之定价较廉，而地位宽敞。故人家有喜庆事，或大举宴客至数十席者，多乐就之。若真以吃字为前提，则苏馆中之菜，可谓千篇一律，平淡无奇，殊不为吃客所喜。必欲加以比较，则复兴园似最胜，太和园平平，鸿运楼有时尚佳，有时甚劣。去年馆中同人叙餐，曾集于鸿运楼，定十元一桌，而酒菜多不满人意，甚至荤盆中之火腿，俱含臭味，大类徽馆中货色，尤为荒谬。福兴园于苏馆中为后起，菜亦未见佳处。顾余虽不甚喜食苏馆中酒菜，而亦有不能不加以赞美者，则以鱼翅一味，实以苏馆中之烹调为最合法，最入味，决无怒发冲冠之象，此则为其馀各派酒馆所不及也。"在这段文字后，施济群按道："独鹤所论，似偏于北市。以余所知，则南市尚有大码头之大醰楼，十六浦之大吉楼，所制诸菜，味尚不恶。"天籁《吃在新年里》比较了上海的川馆、苏馆、平馆、闽馆、宁馆、教门馆，各有特色，于苏馆介绍说："苏菜是苏帮馆子的菜，颇有吴门风味，价也便宜，他们有只告化鸡，烧法特别，肉酥而出骨，吃进嘴又鲜又嫩，据说烧的时候，将鸡杀好，除去肚杂，加油盐酱葱屑，而后四周涂以烂泥，成一圆球，投在火内煨上十二小时，而后敲去泥，便成一美味的告化鸡。现在鸡价飞涨，这一味菜，至少要四五块钱。其馀如鲃肺汤、圆菜面，圆菜面就是甲鱼斩做块头做面交头，也只有苏帮有这味菜。"钱一燕《吃在上海》归纳说："苏帮各菜，以甜美细腻称，在上海的潜势力着实可惊。"

再说其他店家，如面馆到处都有，不少是苏州人开设的，在苏式面基础上略作变化，以适合十里洋场五方杂处的口味。苏式面馆都以汤面为主，也有拌面、炒面、锅面，浇头面有爆鱼面、醋鱼面、肉面、虾仁面、火腿面、火鸡面、羊肉面等，并往往兼售馒头、汤包。蒋通夫《上海城隍庙竹枝词》云："葱油面与蛋煎饼，常熟吴闻各一邦。手段高低吾未判，但求不碎善撑腔。"苏式点心也有广阔的市场，陈不平《谈谈点心》说："至于五芳斋、北万馨、沈大成，这几爿却完全是苏式点心店，价钱虽贵，但货物却真不错，像鸡肉馄饨、虾仁馄饨、春卷、汤团之属，的确鲜美绝伦，津津有味。吴人食品之考究，于此可见一斑了。"至于苏式茶食店、熟食店，引领沪上风气，李维清《上海乡土志》记"著名店铺"，就有"稻香村之茶食"、"陆稿荐之熟食"等。颐安主人《沪江商业市景词·姑苏糖果店》云："姑苏糖食各般陈，糕饼多嵌百果仁。蜜饯驰名成十景，天府贡品竞尝新。"

即使在家中宴饮，也以苏菜为尚，周瘦鹃记1946年元旦在丁氏家的年酒，《记迎年之宴》说："由丁氏家厨自办，中如雪里蕻烧鸭丝、烂鸡鱼肚、鲥鱼头尾、川糟等等，色香味俱上上，尤其是湖葱红烧野鸭，纯粹苏味道，合座称美不绝，要我宠之以诗，我就胡诌了一首打油诗：'家乡风味记从头，此是郇厨第一流。妙绝湖葱烹野鸭，樽前把箸梦苏州。'席间丁医师畅谈他最近往苏州去作四日之游，把苏州说得真像天堂一样，撩起了我的一片乡愁，即使不吃湖葱烧野鸭，也要悠然梦苏州了。"

杭州的情形也是如此。如面馆，范祖述《杭俗遗风·饮食类》"苏州馆"条说："苏州面店所卖之面，细而且软，有火鸡、三鲜、焖肉、羊肉、燥子、卤子等，每碗廿一文、廿八文，或三四十文不等，惟炒面每大盘六十四文，亦卖各小吃，并酒、点心、春饼等均全。此为荤面店，又有素面店，专卖清汤素面与菜花拗面，六文或八文起码。如上一斤，则用铜锅，名铜锅大面，并卖羊肉馒首、羊肉汤包。再三四月间添卖五香鳝鱼，小菜面汤亦各二文。"这是同治初的情形，延至民国年间，洪岳按道："苏州面店，各处皆有，就其佳者而论，以太平坊之六聚馆为最，所售虾黄鱼面，尤为鲜美，且通年皆有。盖他家用汤，皆以肉骨熬成，独彼用火腿或笋煮成，故其味优于人也。并卖各种过桥面，过桥面者，作料与面分为两起，如小吃然，故名。一至秋深，则兼售大河蟹。惜座位不甚宽畅，亦一缺陷耳。若素面店，以三元坊之浙一馆为最，专售素食，不卖荤腥，其冬菇笋面亦佳。"再如熟食和点心，清末佚名《杭俗怡情碎锦·饮食类》记"苏州店"有"酱肉，肘子，陆稿荐酱鸭，鸡，肚肠，各式酱货"。又记"苏州点心店"："近年苏人在市口开设馄饨、肉馒首、烫面饺、烧买。同和改换毓香斋。"且记有"粘团，火腿肉馅，细沙白糖、粗粉黄白绽式糕，野荸荠、颐香斋各样茶食，猪油粘糕，桂花粘糕，夏则松粉方糕，冬有条头糕、黄白粘糕、块楂糕等类，熏青鱼"种种名色。

其他地方也都有专营苏州食品的店家，如扬州便有苏式小饮的字号，李斗《扬州画舫录·冈西录》说："苏式小饮食肆在炮石桥路南，门面三楹，中藏小屋三楹，于梅花中开向南窗，以看隔江山色，旁有子舍十馀间，清洁有致。"同书《虹桥录下》说："北人王蕙芳，以卖果子为业，清晨以大柳器贮各色果子，先货于苏式小饮酒肆，次及各肆，其馀则于长堤尽之。"由此可见苏式小饮在诸肆中的地位。又，董伟业《扬州竹枝词》云："问他家本是苏州，开过茶坊又酒楼。手种奇花供客赏，三春一直到三秋。"金长福《海陵竹枝词》云："茶棚精雅客频邀，嫩叶旗枪味自超。闲坐雨轩留小啜，芝麻卷子又斜糕。"自注："茶社之名，雨轩最古。近有南京馆、京江馆、苏馆、扬馆、泰馆之分。肉面、馄饨可补《梦华录》所未及。"如南京，周在浚《秦淮竹枝词》云："北人才得解征鞍，也学吴侬事事酸。金碗银盘都不用，素磁月下试龙团。"可见苏州饮食风气的流行。嘉庆时淮清桥沿河有新顺馆，捧花生《画舫馀谭》说："新顺，盖吴人，盘馔极丰腴。"又，1937年第二期《首都周刊》刊登建康路中段"苏州新记采芝斋"的一则广告："精美细点，香水瓜子，中外美酒，罐头食物，熏鱼肉松，荤素月饼，喜庆糕桃，送礼佳品。"佳梅《南北饮食说两京》说："食品店也星棋一样罗列着，苏州人开的很多，'采芝斋'、'稻香村'及其他的上面，总冠以'姑苏'两字。苏州技师做的东西，是巧妙些，糖食、肉饺及熏烤品，质味佳胜，故趋之者甚多。操着苏州口音的售物员，对于顾客，总是带着几分笑容，手段也很敏捷。"1940年代，南京开设的苏馆有吴宫、松鹤楼、苏州店等，以船菜作号召，生意鼎盛一时。如广州，黄洪《羊城竹枝词》云："水绕重城俨画图，风流应不让姑苏。何人更作红云宴，留得江心一颗珠。"冼冠生《广州菜点之研究》说："广州与佛山镇之饮食店，现尚有挂姑苏馆之名称。"这大概只是一种往昔时尚的标识，不会是苏菜的专馆。如成都，定晋岩樵叟《成都竹枝词》云："三山馆本苏州式，不及新开四大园。请客何须自设馔，包来筵席省操烦。""苏州馆卖好馄饨，各样点心供晚餐。烧鸭烧鸡烧鸽子，兴龙庵左如云屯。"如西安，马场门有苏馆四如春，1936年《西京游览指南》称"价码比较便宜，调制膳食，亦颇可口"。

　　苏州食风的流行，不但在当时一线府城，下县小邑也受这种时尚引领。如湖广宜都，李日华《紫桃轩杂缀》卷三说："余在江州，所饮绝无佳酒，官厨排当，则仰建昌之麻姑，或远载苏之三白。"如福建上杭，黎士宏《闽酒曲》云："新泉短水柏香浮，十斛黎香载扁舟。独教吴儿专价值，编蒲泥印冒苏州。"自注："上杭酒之佳者曰短水，犹缩水也。载货郡中，冒名三白，然香气甘冽，竟能乱真矣。"如山东潍县，郑燮《潍县竹枝词》云："三更灯火不曾收，玉脍金虀满市楼。云外清歌花外笛，潍州原是小苏州。"

有的地方则将苏州的传统饮食加以改造，成为当地的特色饮食。如船菜，始创于苏州，扬州、无锡、嘉兴等地纷纷仿效，无锡船菜曾一度后来居上，颇饶声誉，但仍以苏州为"正宗"。至晚清，船菜进入上海市楼，同治十一年（1872）五月十三日《申报》有《酒馆琐谈》的报道，称"其时，浦五房亦以姑苏船菜擅名"。至民国初年，船菜更风行了，徐珂《闻见日抄》"船菜"条说："船菜以无锡为冠，次为苏州，又次为嘉兴，珂皆得尝之。久未出游，而沪之大加利餐社，于丁卯增设船菜；东亚酒楼，粤人所设也，戊辰正月乃弃乡味而以船菜号召，食指动矣。"《现世报》1938年第二十期登了一则静安寺路慕尔鸣路口绿舫船菜社的广告，上面印着五行字："吃过苏州船菜的，请来温习一次；未吃苏州船菜的，请来尝试一回，包你们都能满意！"不管这船菜来自哪里，都是以苏州作标榜的。再如蓑衣饼，晚明始创于苏州虎丘，至乾隆后逐渐消歇，想不到同光之际，蓑衣饼演化成了杭州吴山的酥油饼。徐珂《闻见日抄》"苏杭名吃酥油饼"条说："吾杭吴山诸茗肆，以酥油饼著称，一枚之值，自数十钱至一千有奇，光绪初叶已然。杭人不甚嗜之，以油糖过多，甘而腻也。四方游客之登吴山者必啖之，相与啧啧称杭州油酥饼不置。其实苏州早有之，即蓑衣饼也。"

苏州饮食对其他地方的影响，以上只是举例而已。

市　声

市声者，招徕买卖之声音也，大凡有三种情形，一是叫卖吆喝，二是韵语说唱，三是器乐音响，这在苏州都有很悠久的历史。如《史记·范雎蔡泽列传》记伍子胥奔吴，"鼓腹吹篪，乞食于吴市"；赵彦卫《云麓漫钞》卷七记朱勔父朱冲"以微物博易于乡市自唱"。当然更多是兜卖食材和小食的市声，晚年范成大住在城中西河上，即今桃花坞大街，作《雪中闻墙外鬻鱼菜者求售之声甚苦有感三绝》，就是咏叫卖鱼菜的市声；又作《自晨至午起居饮食皆以墙外人物之声为节戏书四绝》："菜市喧时窗透明，饼师叫后药煎成。""朝餐欲到须巾里，已有重来晚市鱼。"当叫卖声传来，石湖老人就知道是什么时辰了。

苏州街市的叫卖声，文献记录很少，这里介绍一点叫卖吃食的情形。

卖酱油热螺蛳，叫卖者大都是家道中落的小家碧玉，当晚霞与麻雀齐归的黄昏，她们就挽着一只竹篮出门了，篮里放一只用棉衣捂紧的砂锅，由小巷拐入大街，就开始唤卖："阿要酱油热螺蛳？"软绵绵的，羞怯怯的，那些小酒店里，顿时热闹起来，调羹的舀螺蛳声，"咝咝"的嗍螺蛳声，"丁当"的螺蛳壳落碟声，再加上席间酒客的猜拳嬉闹声，那是旧时苏城热闹的一景。

卖豆腐花，一副锅灶歇在街头巷口，顾客来了，摊主取一只敞口白瓷青花碗，用一柄扁平铜勺，将生豆腐一片片舀入汤镬中，须臾即将豆腐花连汤带水舀出，然后加入榨菜末、虾米、蛋丝、肉松、紫菜、油渣、蒜叶、香葱等佐料，喜欢吃辣的，还可加点辣油和胡椒粉，真是热吃的美味。卖豆腐花的，叫卖声只有一个字"完"，拖音到自然转为"安"音才收住。这里的"完"，或许就是"喂"，算是一种招呼，但要比"喂"婉转平和；也可能是"碗"，原来这叫卖的吆喝是"喝碗豆腐花"，"喝"字叫得短促，"碗"是字叫得悠长，"豆腐花"三字叫得轻而快，渐渐也就省去了。

卖白果，叶圣陶《卖白果》说："我们试看看他的担子。后面有一个木桶，盖着盖子，看不见盛的是什么东西。前头却很有趣，装着个小小的炉子，同我们烹茶用的差不多，上面承着一只小镬子；瓣状的火焰从镬子旁边舔出来，烧得不很旺。在这暮色已浓的弄口，便构成个异样的情景。他开了镬子的盖子，用一爿蚌壳在镬子里拨动，同时不很协调地唱起来了：'新鲜热白果，要买就在数。'发音很高，又含有急促的意味。"叶圣陶又回忆起儿时听过的热白果叫卖歌："烫手热白果，香又香来糯又糯；一个铜钱买三颗，三个铜钱买十颗。要买就来数，不买就挑过。"他说："这真是粗俗的通常话，可是在静寂的夜间的深巷中，这样不徐不疾，不刚劲也不太柔软地唱起来，简直可以使人息心静虑，沉入享受美感的境界。"《苏州歌谣谚语》记录了另一首热白果叫卖歌，这样唱道："烫手笋来热白果，香是香来糯是糯，一个铜板买三颗，一粒开花两粒大，颗颗才像鸡蛋大，要卖白果就来数。"这首叫卖歌，似乎轻松随意，然而有腔有调，字音清晰，柔软可人，十分动听，再加上装白果的铅丝笼周边悬有一两只小小铃铛，晃动起来，发出一串串欢乐跳跃的声音来，更引得孩子们馋涎欲滴。

卖糖粥，这常常自黄昏时分开始，旧时是挑骆驼担的，晚近以来稍稍变迁，叫卖者用一根宽扁担挑着两只木桶，木桶下用铁箍着两只小炉子，炉火正旺，前面木桶上还挂着一只竹梆或木梆，摊主一边敲着梆子，"笃，笃，笃"，一边吆喝"卖糖粥，卖焐酥豆粥"。应声而来的，大都是孩子，拿着只空碗奔出门来，摊主先是在一个桶里舀了大半碗晶莹的糯米粥，又在另一个桶里舀一勺焐酥豆，那粥乌黑透红，厚厚的，香香的，几乎溢出碗口。

卖五香焙酥豆，叫卖声是那样欢快热烈，仿佛如小快板："吃格味里道，尝个味里道，要吃格滋味。"

卖三角包，三角包是糖馅面食，状作三角，故以名之，其叫卖声曰："要买三角包，三分洋钿买一包。"声音高昂而悠扬。

卖肉粽、茶叶蛋，那往往是在夜深人静之际，卖夜食的担子串街过巷，"火腿呀……肉粽子"，"五香……茶叶蛋"，特别是在西风萧瑟的深秋，那声音更显得苍老深沉。

卖油氽臭豆腐，王铭和《门前看街景》说："一个白发苍苍的老人，挑了一担备有沸滚油锅的小担，见我们立在门前，立马停下来，口内吆喝'臭呀豆腐干嗳……'，他氽出来的豆腐干，外面裹上一层色泽金黄的表皮，颇有异香，你买几块，他就在铅丝筛盘上以铁钳拣了，用稻草芯子一串。"

卖大饼、油条，大饼、油条以热吃为佳，但街巷间也有叫卖者，那都是穷人家的孩子，挽着大竹篮，一边走，一边喊："大饼……油条……""大饼……油条……"

卖面筋百叶，庞寿康《旧昆山风尚录·饮食》记某人专做面筋百叶，"每日傍晚，担其食品，沿街叫卖'面筋百叶，百叶面筋'，其声清亮，响彻云霄。因属佐餐佳味，且货价低廉，闾里间闻其声，即取盛器，先后奔赴其停担处，争相购买，稍迟即有向隅之憾。"

卖瓜，苏州人家大都邻河，四乡八郊的农人摇着船儿，载着蔬菜瓜果进城来，橹声欸乃，夏天里水巷里一声声"河浜嘟卖西瓜"，苏州人称之为"叫浜"，范烟桥《谈瓜》说："叫浜之声调，极抑扬清脆，愈热则叫之愈力，若凉秋，便如寒蝉不劲矣。其词大概为'阿要买……豁辣脆唉……西瓜啊'，'西瓜'两字，有高唱入云之妙，若在远处闻之，几疑有十七八女郎之歌，其实多为乱头粗服之乡妇也。"另有一种西瓜小贩，设摊街市，既卖整瓜，又卖切开的瓜瓤，一边操刀，一边吆喝："杀腊里末甜咳，三分洋钿买一块！"到了秋天，水巷里一声声"大生南瓜"，悠悠传入两岸临河人家，水面上馀音袅袅。

卖扦光荸荠，旧时小贩将扦干净的荸荠串在竹签上，十个一串，卖给路人吃，嘴里不停地吆喝："阿要买扦光嫩甜梨？"这嫩甜梨就是荸荠。

卖嫩山芋，光绪年间昆山东门街有癞子阿二，制售四季杂食，沿街唤卖，春节过后，就卖嫩山芋，色泽红润，松脆甘甜，水分较多，有切片，有整只，叫卖"一格钿一片嫩山芋"，"一格钿"乃吴语，即一文钱。

卖五香甜白糖，即芝麻葱管糖，庞寿康《旧昆山风尚录·饮食》记昆邑南街许阿瑞，"上午在家配料操作，下午出担，走街串巷，大声叫卖'五香甜白糖'，其声调嘹亮悦耳，在寂静无声之街巷中，虽隔街隔巷亦可闻之"。

卖青菜，陆文夫《青菜与鸡》说："在菜蔬之中，青菜是一种当家菜，四季都可种，一年吃到头。苏州小巷里常有农妇挑着担子在叫喊：'阿要买青菜？……'那声音尖脆而悠扬，不像是叫卖，简直是唱歌，唱的是吴歌。特别是在有细雨的清晨，你在朦胧中听到'阿要买青菜……'时，头脑就会立刻清醒，就会想见那青菜的碧绿生青，鲜嫩水灵。"

卖腌金花菜黄连头，范烟桥《茶烟歇》"苏蔬"条说："苏州人好吃腌金花菜，金花菜随处有之，然卖者叫货，辄言来自太仓，不知何故？且其声悠扬，若有一定节奏者。老友沈仲云曾拟为歌谱，颇相肖也。山塘女子，稚者卖花，老者卖金花菜与黄连头，同一筠篮臂挽，风韵悬殊矣。""腌金花菜黄连头"的叫卖声，被评弹艺人徐云志吸收到唱腔中去。

卖螺丝蚬子，沈云《盛湖竹枝词》云："鱼羹鲑菜足庖厨，渔妇高呼又满衢。青壳螺同青口蚬，一春风味在梅湖。"自注："梅湖在王江泾界，入春后，'剪好螺丝'、'梅家荡蚬子'之声聒耳。"

卖燠黄雀野鸡，浦薛凤《万里家山一梦中》说："春季夏初，偶有臂挽着盖竹箱，内置香料配煮而火候恰到好处之黄雀与野鸡，高声呼喊'山鸟（读若刁）野鸡脯'，其香扑鼻，其肉鲜嫩，此则可遇不可求。"

卖熟食，小贩挽着竹篮，嘹亮地吆喝道："酱肉……酱鸭……""下腭……脑角……"时萌《饮食文化旧貌》记常熟城里，"夏日，街头熟食担子曳着长声叫卖'鸡笃面筋，肠脏肚子……'大肠软烂，面筋蕴有鸡味，肚丝绝嫩，浇以虾子酱油，更清爽可口"。

卖糟货，这是在酒店里叫卖，楚人《闲话解放前夕的元大昌酒店》说："只有一个瘦瘦身材的中年汉子，雅号'聋聋'的，他却胸前挂着一个白布围身，挽着一只特制的铅皮圆桶，老在满堂酒桌之间往来高声嚷嚷：'阿要糟鸡，阿要糟鸭，阿要糟蹄子？'酒客们由于他的糟法特异，物美价平，倒也生意不恶。"

苏州的叫卖声，有腔有调，有的曼长，有的短促，不熟悉方言，一时也弄不明白。如冬天叫卖"生炒大白果"，在第二字上曼声；秋天叫卖"铜锅子熟菱"，在第三字上引长；冬春间叫卖"檀香橄榄"，春夏间叫卖"火腿粽子"，叫卖都短促。

以吹奏乐器、敲击响器来作买卖招徕，在市上很流行。

卖糖，最早是吹箫，《诗·周颂·有瞽》"箫管备举"，郑玄笺："箫，编小竹管，如今卖饧者所吹也。"王应麟《汉制考》卷四说："卖饧之人，吹箫以自表也。"可见汉代已是如此。宋祁《寒食假中作》云："草色引开盘马路，箫声催暖卖饧天。"王十朋《次韵潘先生寒食有感》云："花媚韶光柳弄烟，箫声处处卖饧天。"曹学佺《木渎道中》云："卖饧时节近，处处有吹箫。"吹箫卖糖的，一边走一边吹着箫，神情颇为悠闲。这种箫是黄铜制的，较短，只有五个孔，吹奏起来，音色激越、清脆，很远就能听到，与竹箫的低沉、伤感迥然不同。元代则已有敲锣卖糖的，何中《糖担圣人》云："曾记少时八九子，知礼须教尔小生。把笔学书丘乙己，惟此名为上大人。忽然糖担挑来卖，换得儿童钱几文。岂知玉振金声响，仅博糖锣三两声。"（褚人穫《坚瓠补集》卷一引）至明万历时，太仓更有夜市，徐渭《昙阳》云："托钵求朝饭，敲锣卖夜糖。"清代更有敲钲卖糖的，蔡云《吴歈百绝》云："昏昏迷雾已三朝，准备西风入夜骄。深巷卖饧寒意到，敲钲浑不似吹箫。"晚近还有以破烂换糖的，挑着担子，走街串巷，担子的木匣里放着麦芽糖，切糖时需用较重的铁刀，再用另一把铁刀背敲打，长长的糖块才能切落下来，故那"丁丁当当"的声音，也是招徕孩子们的市声。

卖鱼，唐宋以来，太湖渔民卖鱼，论斗不论斤，并击鼓招徕，正德《姑苏志·风俗》说:"渔人以鱼入市,必击鼓卖之。"汪芑《光福竹枝词》云:"斜阳鱼鼓隔溪闻,船聚潭东市价分。中妇数钱翁换酒,小鱼论斗不论斤。"袁学澜《田家四时绝句》云:"平桥小汊水漾洄,风飐芦丛下鸭媒。野市数声鱼鼓动,趁墟人买蛤蜊回。"

卖馄饨,挑着一副骆驼担,一端是滚滚沸腾的锅子,还有一组小格子,分别放着酱油、盐、醋、辣酱、葱末、大蒜、生姜、味精,另一端是一层层的竹抽屉,放着生皮子、包好的生馄饨、拌好的鲜肉馅,竹抽屉上有一口小竹橱,放着洗净的碗和调羹。卖馄饨也敲竹梆或木梆叫卖,"的笃,的笃,的的笃",那是另一种节奏,苏州人称为"热烙烙"的。馄饨担上大小馄饨都有,小馄饨皮子薄,汤水鲜,虽只有星点的肉,却特别讨人喜欢,价格也最便宜。

还有以拍打货物来作买卖招徕的,旧时情形难以细说,五十年前的卖棒冰,则是一例。盛夏时节,常见卖棒冰的小贩,背着一只木制的棒冰箱,沿街串巷兜售,他们并不吆喝,只是用一块木板敲击箱子,"啪啪啪",孩儿们就纷纷奔出门来,赤豆棒冰四分,奶油雪糕六分。

道光初,有佚名者刊刻《韵鹤轩杂著》,卷二有一条记载了当时苏州以响器作招徕:"百工杂技,荷担上街,每持器作声,各为记号。"其中有关饮食的有两条,一是"卖油者所鸣小锣,曰厨房晓";一是"卖熟食者所敲小木梆,曰击馋"。就在道光年间,苏州人石渠作《街头谋食诸名色每持一器以声之择其雅驯可入歌谣者各系一诗凡八首》,有关饮食的有"引孩儿"、"催饥"、"厨房晓"三首。至民国年间,苏州人潘昌煦仿石渠又作六首。

"引孩儿",石渠《引孩儿》题注:"卖糖者所击小锣。"诗云:"庭阶个个乐含饴,放学归来逐队嬉。底事红鞋快奔去,门前为有引孩儿。"潘昌煦《引孩儿》题注:"卖糖者所系之小钲。"诗云:"纸鸢竹马恣游嬉,寒食清明放学时。乞得青蚨从阿母,出门刚值引孩儿。"

"催饥",即《韵鹤轩杂著》说的"击馋":石渠《催饥》题注:"状似小木梆,卖点心所击",诗云:"乱如寒柝中宵击,静以木鱼朝课时。才是午牌人饱饭,一肩熟食又催饥。"潘昌煦《催饥》题注:"卖熟食者所系之小木梆,亦名击馋。"诗云："骆驼担子样偏奇，五味酸咸位置宜。怪底吴儿耽口腹，午餐才了又催饥。"

"厨房晓"，石渠《厨房晓》题注："似铜钲而薄且小，卖麻油者所击。"诗云："提壶小滴清香绕，蔬菜盘中未应少。肉食朱门正击肥，人来曾否厨房晓。"潘昌煦《厨房晓》诗云："菜园已被羊群扰，润泽枯肠未应少。于今薄俗惯揩油，此事岂只厨房晓。"

这种用响器来作招徕的，又称"代声"，乃是叫卖声的延伸，适合流动性商贩的实际需要。

著　述

　　芸芸众生中，好吃知味者无可胜数，尤其是苏州，人数更多了，陆文夫《美食家》写的朱自冶，便是"因好吃成精而被封为美食家"的，当然这是小说人物，属于具有当代意义的典型形象。在苏州历史上，不少美食家还留下著作，但许多早已湮没无闻，如相传南宋郑虎臣所撰《集珍日用》，如瀛若氏《琴川三风十愆记·饮食》提到的常熟"孙封翁著《同嗜录》，陆比部有《食经注》，虽一时游戏之笔，亦见攸好之同"等等，今都无可稽考。这里就至今尚存的饮食著述，略作介绍。

　　叶清臣，字道卿，宋苏州长洲县人，天圣二年（1024）进士，累官翰林学士，权三司使，皇祐元年（1049）出知河阳。著有《述煮茶泉品》，原附于张又新《煎茶水记》后，仅五百馀字，专论茶水。有《百川学海》本、《说郛》本、《古今图书集成》本、《四库全书》本等。

　　韩奕，字公望，号蒙斋，明初苏州府吴县人，居乐桥，博学工诗，精医理，终身未仕。著有《易牙遗意》两卷，《四库全书总目·子部·谱录类存目》著录："是编仿古食经之遗，上卷为酝造、脯鲊、蔬菜三类，下卷为笼造、炉造、糕饼、汤饼、斋食、果实、诸汤、诸药八类。周履靖校刊，称为当时豪家所珍。考奕与王宾、王履齐名，明初称吴中三高士，未必营心刀俎若此，或好事者伪撰，托名于奕耶。周氏《夷门广牍》、胡氏《格致丛书》、曹氏《学海类编》所载古书，十有九伪，大抵不足据也。"考其内容，大多摘自浦江吴氏《中馈录》和高濂《遵生八笺·饮馔服食笺》。有《夷门广牍》本、《景印元明善本丛书十种》本。

钱椿年，字宾桂，号友兰，明苏州府常熟县人。著有《茶谱》，赵之履《茶谱续编》说："友兰钱翁，好古博雅，性嗜茶，年逾大耋，犹精茶事。家居若藏若煎，咸悟三味，列以品类，汇次成谱，属伯子奚川先生梓行之。"是编分茶略、茶品、艺茶、采茶、藏茶、制茶之法、煎茶四要、点茶三要、茶效诸目，附竹炉并分封六事。有《顾氏明朝四十家小说》本、《格致丛书》本、《茶书二十七种》本、《山居杂志》本、《说郛续》本等。

顾元庆，字大有，明苏州府长洲县人，居黄埭，筑室阳山大石东麓，号大石山房，以辑印善本为事。曾删校刊刻钱椿年《茶谱》。又辑倪瓒故事为《云林遗事》一卷，其中有饮食一目，记有蜜酿蝤蛑、煮蟹、黄雀馒头、雪盒菜、熟灌藕、莲花茶、糟馒头、煮决明八种烹饪之法，多为吴下风味。有《顾氏明朝四十家小说》本、《璅探》本、《说郛续》本、《五朝小说大观》本、《借月山房汇钞》本、《泽古斋重钞》本等。

张源，字伯渊，号樵海山人，明苏州府吴县人，世居洞庭西山。著有《茶录》一卷，顾大典小引说："洞庭张樵海山人，志甘恬澹，性合幽栖，号称隐君子。其隐于山谷间，无所事事，日习诵诸子百家言，每博览之暇，汲泉煮茗，以为愉快。无间寒暑，历三十年，疲精殚思，不究茶之指归不已，故所著《茶录》，得茶中三昧。"全卷分采茶、造茶、辨茶、藏茶、火候、汤辨、汤用老嫩、泡法、饮茶、香、色、味等二十馀条。有喻政《茶书》本，题作《张伯渊茶录》。

黄省曾，字勉之，号五岳山人，明苏州府吴县人，嘉靖十一年（1532）魁乡榜，屡试不第，著述以终。著有《稻品》一卷，一作《理生玉镜稻品》，专记水稻品种。又著《种芋法》一卷，一作《芋经》，以汇录前人有关记载为主。又著《养鱼经》一卷，一作《鱼经》、《种鱼经》，分述鱼秧、养鱼、鱼品。以上三种均有《百陵学山》本、《丛书集成初编》本、《景印元明善本丛书十种》本。

吴禄,字子学,号宾竹,明苏州府吴江县人,曾任县医学候补训科。著有《食品集》两集又附录一卷,上集记谷部三十七种,果部五十八种,菜部九十五种,兽部三十三种;下集记禽部三十三种,虫鱼部六十一种。附录十八则,多摘自前人著述,标目为五味所补、五味所商、五味所走、五脏所禁、五脏所忌、五脏所宜、五谷以养、五果以助、五畜以益、五菜以充、食物相相、服物忌食、妊娠忌食、诸兽毒、诸鸟毒、诸鱼毒、诸果毒、解诸毒。有嘉靖三十五年(1556)刻本。

邝璠,字廷瑞,号阿陵,明河间府任丘县人,弘治六年(1493)进士,授吴县知县,十二年(1499)迁升徽州同知,官至瑞州知府。其在吴县任上编订《便民图纂》十六卷,钱曾《读书敏求记》卷三称"镂版于弘治壬戌之夏"。卷一为《农务图》十五幅,卷二为《女红图》十六幅,每图各系吴语竹枝词一首,以下依次为耕获、桑蚕、树艺、杂占、月占、祈禳、治吉、起居、调摄、牧养、制造。此书乃民间日用手册,内容大体适应江南地区的情况。其中颇多有关饮食,如"治吉类"有"造酒醋"、"造面"、"造酱"、"腌藏瓜菜"、"腌腊下饭"诸法;"起居类"有"饮食宜忌"、"饮酒宜忌"、"饮食反忌"、"解饮食毒"等;"制造类"上卷则全部有关烹饪技艺,如"熟梅汤"、"造酒麴"、"造千里醋"、"治饭不馊"、"造乳饼"、"煮诸肉"、"烧肉"、"四时腊肉"、"腌鸭卵"、"腌藏鱼"、"糟鱼"、"酒蟹"、"酱蟹"、"煮蛤蜊"、"酱茄"、"香萝卜"、"收藏柑橘"、"收藏橄榄"等等。有万历二十一年(1593)于永清刻本、上海古籍出版社《中国古代版画丛刊》本等。

张丑,原名谦德,字叔益,更字青父,号米庵,明苏州府嘉定(一说昆山)县人,徙居长洲,好收藏,精鉴赏。著有《茶经》一卷,分三篇,上篇论茶,中篇论烹,下篇论器,乃明代重要茶书之一。有万历三十四年(1606)刻本、丁丙跋明抄本、《美术丛书》本等。

王世懋,字敬美,号麟洲,明苏州府太仓州人,世贞弟,嘉靖三十八年(1559)进士,官至太常寺少卿。著有《学圃杂疏》一卷,《四库全书总目·子部·谱录类存目》著录:"兹编皆记其圃中所有,暨闻见所及者,分花、果、蔬、瓜、豆、竹六类,各疏其品目及栽植之法,大致以花为主,而草木之类则从略。"有《广百川学海》本、《宝颜堂秘笈》本、《说郛续》本、《丛书集成初编》本等。

周文华,字含章,明苏州府吴县人,居通安桥。著有《汝南圃书》十二卷,《四库全书总目·子部·谱录类存目》著录:"前有万历庚申陈元素序,称之曰光禄君,不知为光禄何官也。文华自序称因见允斋《花史》,嫌其未备,补葺是书。凡分月令、栽种、花果、木果、水果、木本花,条刺花、草木、花竹、木草、蔬菜、瓜豆十二门,皆叙述栽种之法,间以诗词。大抵就江南所有言之,故河北苹婆、岭表荔支之属,亦不著录,较他书剿剟陈言,侈陈珍怪者,较为切实。惟分部多有未确,如西瓜不入瓜豆而入水果,枸杞不入条刺而入蔬菜,皆非其类。"苏州市图书馆藏明末刻本。

陈鉴,字子明,清高州府化州人,万历四十六年(1618)经魁,历官华亭知县。顺治初因私藏义军入狱,出狱后寄寓苏州城郊。著有《虎丘茶经注补》一卷,卷首自述:"陆桑苎翁《茶经》漏虎丘,窃有疑焉。陆尝隐虎丘者也,井焉,泉焉,品水焉,茶何漏?曰非漏也,虎丘茶自在《经》中,无人拈出耳。予乙未迁居虎丘,因注之补之,其于《茶经》无以别也,仍以注补别之,而《经》之十品备焉矣。"然少有新意,记载亦芜杂。又著有《江南鱼鲜品》一卷,记述吴中鱼类,包括品名、形体、性味等,属皆可入馔者,列举者有鲥鱼、刀鲚、鲤鱼、鳢鱼、青鱼、鲈鱼、菜花小鲈、鳜鱼、白鱼、鳊鱼、火箭鱼、姆鼻鱼、鳢鱼、鲖鱼、玉筋鱼、鲫鱼、面条鱼、黄鳝、黄鱼等。此两种均有《檀几丛书》本。

尤侗,字同人,一字展成,号悔庵,晚号艮斋、西堂老人,清苏州府长洲县人,康熙十八年(1679)举博学鸿词,授检讨,预修《明史》。著有《真率会约》和《簋贰约》,可见清初士大夫向往的饮食风尚。前者小序说:"宋潞公、温公相约为真率会,脱粟一饭,酒数行,过从不间一日,前辈典型,令人仰止。而习俗骄奢,转相夸斗,可叹也。仆家居多暇,辄与同志仿而行之,大约直率有二意焉,人则宁质以救伪也,物则宁俭以砭侈也,因列条例如左。"提出了关于会饮的人、期、地、具、事、礼六个方面的具体设想和建议。后者出则是家庭日常宴客的简约，提出规格、人数、食器、时间等要求。此两种均有《檀几丛书》本。

陆廷灿，字秩昭，号漫亭，清苏州府嘉定县人，官崇安知县、候补主事。著有《续茶经》三卷又附录一卷，以补续陆羽《茶经》，《四库全书总目·子部·谱录类》著录："自唐以来，茶品推武夷，武夷山即在崇安境，故廷灿官是县时习知其说，创为草稿，归田后订辑成编，冠以陆羽《茶经》原本，而从其原目采摭诸书以续之。上卷续其一之源、二之具、三之造，中卷续其四之器，下卷自分三子卷，下之上续其五之煮，六之饮，下之中续其七之事、八之出，下之下续其九之略、十之图，而以历代茶法附为末卷，则原目所无，廷灿补之也。自唐以来，阅数百载，凡产茶之地、制茶之法，业已历代不同，即烹煮器具亦古今多异，故陆羽所述，其书虽古，而其法多不可行于今。廷灿一一订定补辑，颇切实用。"有雍正十三年（1735）寿椿堂刻本、《四库全书》本、《茶书七种》本。

吴林，字息园，清苏州府长洲县人。著有《吴蕈谱》一卷，引言说："凡蕈有名色可认者采之，无名者弃之，此虽言一乡之物，而四方贤达之士宦游流寓于吴山者，当知此谱而采之，勿轻食也。然林以醯鸡之见，尚多阙漏，俟诸好事者广识而续之，亦悯世之一功，此作谱之大意也。"凡记苏州西郊山中野生蕈二十六种，分上中下三品，另列不可食的毒蕈，以便识辨。谱后附录《斫蕈诗》四首，自注："康熙癸亥岁，一春风雨，菜麦尽烂，种子无粒，是年产蕈极多，若松花飘坠，着处成菌。"可知成书于康熙二十二年（1683）。有《赐砚堂丛书》本、《昭代丛书》本。

褚人穫，字学稼、稼轩，号石农，清苏州府长洲县人，博闻广识，雅好著述。著有《续蟹谱》一卷，自序说："予性嗜蟹，读傅肱《蟹谱》，未免朵颐，既作蟹卦，复隶蟹事，以补傅谱之所未备，名曰《续蟹谱》。"共得四十条，又增补两条。有《赐砚堂丛书》本、《昭代丛书》本。

钱泳，字立群，号梅溪，清常州府金匮县人，曾入毕沅幕，入国子监，试京兆不遇，奉母卜居常熟翁庄，筑写经楼。所著《履园丛话·艺能》有"治庖"一组，叙述了他的烹饪观、美食观，从理论上丰富了饮食活动的文化内涵。有道光十八年（1838）钱氏述德堂刻本、《清代笔记丛刊》本、《笔记小说大观》本、中华书局《清代史料笔记丛刊》点校本等。

陆燿，字朗夫，一字青来，清苏州府吴江县人，居芦墟，乾隆十七年（1752）举人，官至湖南巡抚。著有《甘薯录》一卷，辑录前人关于甘薯的记载，分辨类、劝功、取种、藏实、制用、卫生六目。有乾隆四十一年（1776）刻本、《赐砚堂丛书》本、《昭代丛书》本、《海粟庐丛书》本等。

毛荣，字聚奎，清苏州府常熟县人，居张家墅（今属白茆），乾隆、嘉庆时在世。辑存《食谱》一卷，为平生烹饪经验总结。据郑光祖《一斑录·杂述二》"名厨佳制"条记载，某中丞（即浙江巡抚、甘肃布政使王亶望）娶常熟张家墅王氏为妾，"春暮百花竞放，中丞喜人有花容，花如人面，开盛筵赏之，诸姬称美吴馔，女独无言"，中丞问之，王氏说："欲似我张墅毛厨所治，恐未逮也。"中丞问其详，王氏说："妾家住江乡，春初鲀美，秋暮鸡肥。毛厨名荣，字聚奎，烹饪独绝，张墅与附近之梅林镇重筵者必致之，近墅郑氏有句曰：'鲀来张墅全无毒，鸡到梅林别有香。'应可证也。"中丞"立将荣物色到浙，荣一时名震西湖，后中丞不久坐法，荣归，名又重于乡里。切思与荣同事者，不少其人，多年习熟，所治应无大异，乃一经假手，知味者必立辨为非出荣手，则荣之艺，真有不可及者。后荣不久下世，其侄孙毛观大随先君到滇，艺远不逮，惟遗荣食谱一册，流落余箱。今检出视之，法制纷繁，皆人所共知，余欲著名厨之佳制，翻阅全册，无可著意，姑将末后杂馔中数事录之"。今毛荣《食谱》所存，仅此而已。

童叶庚，字松君，号睫巢，清太仓州崇明县人，咸丰间官德清知县，光绪间归隐郡城。著有《睫巢镜影》，乃集作者自创游戏诸作，收酒令《月夜钟声》、《六十四卦令》、《七十二候令》、《合欢令》等。有光绪十六年（1890）武林任有容斋刻本。

孙福保，清苏州府吴县人，光绪十五年（1889）举人，后任省立苏州图书馆编辑员。著有《植物近利志》一卷，介绍各种果树、蔬菜以及其他经济作物的栽培。有《农学丛书》本、《通学斋丛书》本等。

　　李公耳,民国常熟县人。著有《家庭食谱》,中华书局1917年初版,自序说:"言虽俚俗,切近事实,妪媪稚女,皆可通晓。"全书分十类,依次为点心、荤菜、素菜、盐货、糟货、酱货、熏货、糖货、酒、果,共介绍二百二十八种食品,每种又分材料、器具、制法、注意四项论述,其烹饪用料和方法,具有吴中家庭特点。另有《西餐烹饪秘诀》,世界书局1922年初版,介绍西方诸国日常烹饪诸品。

　　时希圣,民国常熟县人。继李公耳《家庭食谱》,续编三册。《家庭食谱续编》,中华书局1923年初版,介绍二百零五种食品,风味以常熟地方家庭食品为主,还述及辣油、笋油、小磨麻油、砂糖、白糖、冰糖等作料的制作方法。《家庭食谱三编》,中华书局1925年初版,介绍二百二十五种食品,其中有些并非当时一般家庭可以制作,还述及啤酒、香槟酒等西方输入的饮料,介绍制法,都不正确,或为想当然耳。《家庭食谱四编》,中华书局1926年初版,自序称"本书半由编者心得,半由经验家口述,兼参照务实家专书而成","以备一般新家庭之应用",介绍三百六十四种食品,其中点心类多采入西式,如香蕉布丁、西米布丁、德国土斯、白塔蛋糕、芥伦子蛋糕等,也非为一般家庭可以制作。另著《素食谱》,中华书局1925年初版,称是"为提倡素食主义之实际著作",概分冷盆、热炒、小汤、大汤、点心五辑,每辑介绍五十种食品,每种分作料、用具、方法、附注四段。

　　上述饮食著述,包括食风、食材、烹饪、茶事、酒令诸多方面,反映了苏州人对中国饮食文化作出的贡献。

后　记

　　二十年前，我应约为文化局组织的"苏州文化丛书"写了两本书，其中一本是《姑苏食话》，费时半年完稿，2004年由苏州大学出版社印行。因为这是第一本系统介绍苏州饮食活动的书，社会反响较大，屡屡重印，可以说是出乎意料地销行。但我对这本书并不满意，该说的遗漏较多，既已说的谬误不少，谋篇布局也不尽合理。十年前就作了一次增订，费时四个多月，改动了结构，补写了一些题目，增加了十四万字，2014年由山东画报出版社印行。岁月如流，又匆匆六七年过去，去年开始对这本书又作了修订，主要做了以下的事，再一次调整了篇章构架，使之更趋合理；删落一些引文，使之更简洁干净；充实了一些内容，不少是近年来发现的材料，同时使之更系统化。就总体篇幅来说，大概又增加了两万来字。我所有改版重印的书，都不改书名，这一本有点例外，因为几经修订，与前两版的面貌很不一样，宗旨比较明确，内容比较完善，系统也比较全面，不是当初"食话"的随想随谈了，于是就改名《吴门饮馔志》。

　　这本书完成后，我对苏州饮食的"宏大叙事"，可以告一段落了。我很清楚，对苏州饮食的研究和描述，随着时间的推移，一定还可以更加深入，但二十年来断断续续在做这件事，总有点厌烦了，还是让其他有兴趣的学者去做吧，相信一定会做得更好。因此这本《吴门饮馔志》，对我来说，就是一个

"终极版"的"定本"了。

生活在继续，写作也在继续，对于饮食方面，我想以后好好做一个践行者，跟随诸多美食家和大厨们，获得更多机会遍尝甘脆肥醲，食不厌精，脍不厌细，没有穷尽，也没有极致，人生有此福气，自然是最好不过了。有了品味美食的经验，也就可以从欣赏、品尝、体味的角度写点什么，印出一两本随笔，也就很满意了。至于究竟能否做到，自己也有点怀疑，那就只能期待以后有更多的闲暇，或就以此作消遣吧。

王稼句

2022年4月22日于听橹小筑北窗下